Berichte des German Chapter
of the ACM

H. Oberquelle
R. Oppermann
J. Krause (Hrsg.)

Mensch & Computer 2001

Berichte des German Chapter of the ACM

Im Auftrag des German Chapter of the ACM
herausgegeben durch den Vorstand

Chairman
Wolf-Rüdiger Gawron, BMW AG, Petuelring 130, 80788 München

Vice Chairman
Prof. Dr. Günter Riedewald, Universität Rostock, Einsteinstraße 21,
18052 Rostock

Treasurer
Eckard Jaus, CSC Ploenzke Consulting GmbH, Zettachring 2,
70567 Stuttgart

Secretary
Roland Dürre, Interface Connection GmbH, Leipziger Straße 16,
82008 Unterhaching

Band 55

Die Reihe dient der schnelleren und weiten Verbreitung neuer, für die Praxis relevanter Enrwicklungen in der Informatik. Hierbei sollen alle Gebiete der Informatik sowie ihre Anwendungen angemessen berücksichtigt werden.

Bevorzugt werden in dieser Reihe die Tagungsberichte der vom German Chapter allein oder gemeinsam mit anderen Gesellschaften veranstalteten Tagungen veröffentlicht. Darüber hinaus sollen wichtige Forschungs- und Übersichtsberichte in dieser Reihe aufgenommen werden.

Aktualität und Qualität sind entscheidend für die Veröffentlichung. Die Herausgeber nehmen Manuskripte in deutscher und englischer Sprache entgegen.

Mensch & Computer 2001

1. Fachübergreifende Konferenz

Herausgegeben von

Horst Oberquelle
Reinhard Oppermann
Jürgen Krause

B.G. Teubner Stuttgart · Leipzig · Wiesbaden

Die Deutsche Bibliothek – CIP-Einheitsaufnahme
Ein Titeldatensatz für diese Publikation ist bei
Der Deutschen Bibliothek erhältlich.

1. Auflage März 2001

Alle Rechte vorbehalten
© B. G. Teubner GmbH, Stuttgart/Leipzig/Wiesbaden 2001

Der Verlag Teubner ist ein Unternehmen der Fachverlagsgruppe BertelsmannSpringer.

Das Werk einschließlich aller seiner Teile ist urheberrechtlich geschützt. Jede Verwertung außerhalb der engen Grenzen des Urheberrechtsgesetzes ist ohne Zustimmung des Verlages unzulässig und strafbar. Das gilt besonders für Vervielfältigungen, Übersetzungen, Mikroverfilmungen und die Einspeicherung und Verarbeitung in elektronischen Systemen.

www.teubner.de

Umschlaggestaltung: Peter Pfitz, Stuttgart
Druck und buchbinderische Verarbeitung: Präzis-Druck GmbH, Karlsruhe
Gedruckt auf säurefreiem Papier
Printed in Germany

ISBN 3-519-02748-8

Programmkommitee

Oberquelle, Horst, Universität Hamburg (Vorsitzender)
Oppermann, Reinhard, GMD, Sankt Augustin, Universität Koblenz-Landau (Vorsitzender)
Arend, Udo, SAP AG, Walldorf
Bente, Gary, Universität Köln
Bleimann, Udo, Fachhochschule Darmstadt
Bauer-Wabnegg, Walter, Bauhaus-Universität Weimar
Cremers, Armin B., Universität Bonn
Degen, Helmut, Siemens AG, München
Eisenecker, Ulrich, Fachhochschule Kaiserslautern
Engel, Andreas, Universität Koblenz-Landau
Fach, Peter, SAP AG, Walldorf
Frank, Ulrich, Universität Koblenz-Landau
Gellersen, Hans-Werner, Universität Karlsruhe
Gorny, Peter, Universität Oldenburg
Grote, Gudela, ETH Zürich
Hamborg, Kai-Christoph, Universität Osnabrück
Hampe, Felix, Universität Koblenz-Landau
Henseler, Wolfgang, GFT-PIXELFACTORY, Offenbach
Herczeg, Michael, Medizinische Universität Lübeck
Herrmann, Thomas, Universität Dortmund
Hesse, Friedrich, Universität Tübingen
Kasten, Christoph, Projektträger Arbeit und Technik, Bonn
Klotz, Ulrich, IG Metall, Frankfurt am Main
Krause, Jürgen, IZ Sozialwissenschaften, Bonn, Universität Koblenz-Landau
Lenk, Klaus, Universität Oldenburg
Luczak, Holger, RWTH Aachen
Maaß, Susanne, Universität Bremen
Mangerich, Jürgen, Zuehlke Engineering, Eschborn-Frankfurt
Meyer-Ebrecht, Dietrich, RWTH Aachen
Möslein, Kathrin, Technische Universität München
Nake, Frieder, Universität Bremen
Puttnies, Hans, Fachhochschule Darmstadt
Rauterberg, Matthias, Technical University of Eindhoven
Reichwald, Ralf, Technische Universität München
Reiterer, Harald , Universität Konstanz
Schwabe, Gerhard, Universität Koblenz-Landau
Stary, Christian, Universität Linz
Streitz, Norbert, GMD, Darmstadt
Strothotte, Thomas, Universität Magdeburg
Szwillus, Gerd, Universität GH Paderborn
Thomas, Christoph G., humanIT GmbH, Sankt Augustin
Wulf, Volker, Universität Bonn
Wünschmann, Wolfgang, Technische Universität Dresden
Ziegler, Jürgen, FhG-IAO, Stuttgart

Organisationskomitee

Krause, Jürgen, IZ Sozialwissenschaften, Bonn, Universität Koblenz-Landau (Vorsitzender)
Cremers, Armin, Universität Bonn
Hampe, Felix, Universität Koblenz-Landau
Herfurth, Matthias, IZ Sozialwissenschaften, Bonn
Wulf, Volker, Universität Bonn

Veranstalter

Gesellschaft für Informatik (GI),
Fachausschuss „Mensch-Computer-Interaktion"

German Chapter of the
Association for Computing Machinery (ACM)

Mit Unterstützung von:

GI FG 4.9.1 „Hypertextsysteme"
GI FG 5.14 „CSCW"
GI FA 6.2 „Verwaltungsinformatik"
Gesellschaft für Arbeitswissenschaft (GfA)
Deutsche Gesellschaft für Psychologie (DGPs)
Hochschulverband Informationswissenschaft (HI)
Österreichische Computer Gesellschaft (OCG)
Schweizer Informatiker Gesellschaft (SI) / FG Software-Ergonomics
Forum Typografie, Arbeitskreis Hamburg e. V.
Deutscher Multimedia Verband (dmmv)

Sponsoren

 SAP AG, Walldorf

GFT|PIXELFACTORY

SIEMENS

IBM Deutschland

SEL-ALCATEL

Inhaltsverzeichnis

Vorwort 13

Eingeladene Vorträge

Constantine Stephanidis
From User Interfaces for All to an Information Society for All:
Challenges and Opportunities 17

Karen Holtzblatt
Contextual Design: Experience in Real Life 19

José L. Encarnação
The Next Generation of Computer Supported Interaction and Communication 23

Georg Trogemann
Computer und Kreativität 25

Angenommene Vorträge

Benutzbarkeit für Alle

Brigitte Steinheider, Georg Legrady
Kooperation in interdisziplinären Teams in Forschung, Produktentwicklung
und Kunst 37

Claudia Moranz, Kai-Christoph Hamborg, Günther Gediga
Untersuchungen zur vergleichenden Evaluation einer natürlichsprachlichen
Bibliothekssoftware 47

Susanne Maaß, Florian Theißing, Margita Zallmann
Computereinsatz und Arbeitsgestaltung in Call-Centern 59

Tobias Richter, Johannes Naumann, Holger Horz
Computer Literacy, computerbezogene Einstellungen und Computernutzung bei
männlichen und weiblichen Studierenden 71

Rupert Röder
Das (lernende) Subjekt am Computer - eine pädagogische Reflexion 81

Frank Thissen
Das Medium und die Botschaft.
Zur Bedeutung der Metainformationen in virtuellen Lernumgebungen 91

Frank Fuchs-Kittowski, Elke Vogel
Kooperative Online-Beratung im Electronic Commerce:
Der COCo-Ansatz zur kooperativen Wissenserzeugung 103

Waltraud Schweikhardt, Nicole Weicker
Mathematik am Computer für Blinde 115

Ralf Klischewski
Descartes goes Internet
Die Benutzungsschnittstelle als Akteur-Netzwerk-Portal 125

Informationsgeräte im Alltag

Michael Wissen, Markus Alexander Wischy, Jürgen Ziegler
Realisierung einer laserbasierten Interaktionstechnik für Projektionswände 135

Hans-Werner Gellersen, Dirk Reichtsteiger, Karsten Schulz, Oliver Frick, Albrecht Schmidt
Paper-to-Web: Papier als Eingabemedium für Formulare im World-Wide Web 145

Kerstin Röse
Kultur als Variable des UI Design 153

Mobile Systeme

Carsten Magerkurth, Thorsten Prante
„Metaplan" für die Westentasche:
Mobile Computerunterstützung für Kreativitätssitzungen 163

Tom Gross, Marcus Specht
Awareness in Context-Aware Information Systems 173

Computer & Lernen

Sven Grund, Gudela Grote
Multimediales Lernen: Wie wichtig ist die Gegenständlichkeit? 183

Berit Rüdiger
Neues CSCL-Unterrichtskonzept in einer neuen Schulart der Informatik 193

Patricia Arnold
Communities of Practice im Fernstudium -
netzgestützte „Alltagsbewältigung in Eigenregie" 205

Kooperatives Handeln

Christoph Clases
Cooperative Model Production in Systems Design to Support Knowledge Management . . . 215

Huberta Kritzenberger, Michael Herczeg
Benutzer- und aufgabenorientierte Lernumgebungen für das WWW 225

Hansjürgen Paul
TEAMS – Awareness durch Video Conferencing und Application Sharing 235

Multimodalität

Katharina Seifert, Jörn Hurtienne, Thorb Baumgarten
Untersuchung von Gestaltungsvarianten blickgestützter Mensch-Computer-Interaktion . . . 245

Christian Leubner, Jens Deponte, Sven Schröter, Helge Baier
BodyTalk - Gestenbasierte Mensch-Computer-Interaktion zur Steuerung eines
multimedialen Präsentationssystems 255

Ipke Wachsmuth, Ian Voss, Timo Sowa, Marc E. Latoschik, Stefan Kopp, Bernhard Jung
Multimodale Interaktion in der Virtuellen Realität 265

Gary Bente, Nicole C. Krämer
Psychologische Aspekte bei der Implementierung und Evaluation nonverbal
agierender Interface-Agenten 275

Daniel Moldt, Christian von Scheve
Emotions and Multimodal Interface-Agents: A Sociological View 287

Visualisierung & Design

Harald Reiterer, Gabriela Mußler, Thomas M. Mann
A Visual Information Seeking System for Web Search 297

Wallace Chigona, Thomas Strothotte, Stefan Schlechtweg
Interaction With Multiply Linked Image Maps:
Smooth Extraction of Embedded Text 307

Maximilian Stempfhuber, Bernd Hermes, Luca Demicheli, Carlo Lavalle
Enhancing Dynamic Queries and Query Previews:
Integrating Retrieval and Review of Results within one Visualization 317

Maximilian Eibl, Maximilian Stempfhuber
Multimodale Recherchezugänge: Neue Wege bei der Konzeption der integrierten
Informationssysteme ELVIRA und GESINE 327

Gert Zülch, Sascha Stowasser
Eine Navigatorsicht zur Visualisierung von produktionsorientierten Datenbeständen ... 337

Usability Engineering und Evaluationsmethoden

Nico Hamacher, Jörg Marrenbach
WEFEMIS - ein Werkzeug zur Evaluierung interaktiver Geräte 345

Richard Oed, Anja Becker, Elke Wetzenstein
Welche Unterstützung wünschen Softwareentwickler beim Entwurf von
Bedienoberflächen? 355

Hartmut Rosch
Zwischen Kreativität und Methodik:
Wo bleibt die Ergonomie für den Konstrukteur? 365

Eduard Metzker, Michael Offergeld
Computer Aided Improvement of Human-Centered Design Processes 375

Workshops

Florian Dengler, Wolfgang Henseler, Hansjörg Zimmermann
Mobile Informationssysteme – Hard- und Softwaregestaltung im sozialen Kontext 385

Peter Mambrey, Volkmar Pipek, Gregor Schrott
Kommunikation und Kooperation im Wissensaustausch in virtuellen Verbünden 387

Frank Leidermann, Michael Pieper, Harald Weber
Design for All
Konzepte, Umsetzungen, Herausforderungen 389

Werner Schweibenz
Heuristische Evaluation von Web-Sites 391

Rudolf Wille
Menschengerechte Wissensverarbeitung: Was kann das sein? 393

Michael Müller-Klönne
„Mensch und Computer in Bewegung". Theater, Bewegung und Improvisationen 395

Hubertus von Amelunxen, Michael Herczeg
Die Epistemologie der Medienkunst 397

Udo Bleimann, Harald Reiterer
Kommunikationsdesign und Visualisierung von Informationen 399

Michael Beigl, Hans-W. Gellersen, Norbert Streitz
Mensch-Computer-Interaktion in allgegenwärtigen Informationssystemen 401

Wolfgang Wünschmann, Martin Engelien, Hans-Günther Dierigen
Accessibility von Arbeitsplätzen für blinde Menschen 403

Birgit Bomsdorf und Oliver Schönwald
Abwicklung internetbasierter Lehre: Erfahrungen und Perspektiven 405

Kai-Christoph Hamborg, Marc Hassenzahl, Rainer Wessler
Gestaltungsunterstützende Methoden für die benutzer-zentrierte Softwareentwicklung ... 407

Kerstin Röse, Jürgen D. Mangerich
Interdisziplinäre Arbeit: Wunsch oder Wirklichkeit? 409

Albrecht Schmidt, Tom Gross, Oliver Frick
WAP - Interaktionsdesign und Benutzbarkeit 413

Barbara Schlüter, Ingeborg Töpfer, Ulrich R. Buchholz
„Die Geschichte von der Insel 2001". Eine Schreibwerkstatt 415

Heike Gaensicke, Torsten Junge, Thomas Lilienthal
Computernutzung durch blinde und sehbehinderte Menschen:
Produktqualität, Ausbildungskonzepte, Web-Standards 417

Michael Boronowsky, Ingrid Rügge, Anke Werner
Trends im Wearable Computing 421

Uta Pankoke-Babatz, Ulrike Petersen
Vom Umgang mit der Zeit im Internet 423

Oliver Märker, Thomas F. Gordon, Matthias Trénel
Online-Mediation 425

Bettina Törpel, Eva Hornecker, Anette Henninger
Informatisierung der Arbeit: Praxis - Theorie - Empirie 427

Birgit Bomsdorf, Gerd Szwillus
UML und Aufgabenmodellierung: Softwaretechnik und HCI im Dialog 429

Kathrin Möslein, Renate Eisentraut, Michael Koch
Designing Service Communities 431

Poster

Wolfgang Prinz
TOWER
Theatre of Work Enabling Relationships 433

Marcel Goetze, Thomas Strothotte
Interactive Graphical Reading Aids for Functional Illiterate Web Users 435

Sandro Leuchter, Thomas Jürgensohn
Situation Awareness-Training für Fluglotsenschüler 437

Stephanie Aslanidis, Brigitte Steinheider
Adaptive Oberflächen im Prototypen-Entwicklungsprozess 439

Meike Döhl
Walkthrough vs. Videokonfrontation -
Vergleich zweier Methoden zur formativen Software-Evaluation 441

Ernianti Hasibuan, Gerd Szwillus
Towards a Task-Based System Administration Tool for Linux Systems 443

Michael Hatscher
Joy of use – Determinanten der Freude bei der Software-Nutzung 445

Thomas Herrmann, Kai-Uwe Loser
Exploration und Präsentation von Diagrammen sozio-technischer
Systeme in SeeMe 447

Anja Naumann, Jacqueline Waniek, Josef F. Krems
Nutzerverhalten bei hypertextbasierten Lehr-Lernsystemen 449

Richard Pircher
Postgraduale Weiterbildung zum/r Wissensmanager/in 451

Alexander Voß, Rob Procter, Robin Williams
„Being There, Doing IT":
from User-centred to User-led Development 453

Adressen
der Herausgeber und Autoren 455

Vorwort

Zur Vorgeschichte der „Mensch & Computer 2001"

Die Informatisierung aller Lebensbereiche hat ausgangs des 20. Jahrhunderts bereits viele Menschen zu Nutzern von Computertechnik gemacht - ob sichtbar am Arbeitsplatz, in Lernumgebungen oder integriert in Gegenstände des täglichen Lebens. Seit Inkrafttreten der Bildschirmarbeitsverordnung ist ein Mindestmaß an ergonomischer Gestaltung im Arbeitsleben gesetzlich gefordert.

Die Gebrauchstauglichkeit der neuen Technik wird generell zu einem zentralen Qualitätsmerkmal. Erfolgreiche Geräte und Systeme müssen gleichzeitig nützlich für die zu erledigenden Aufgaben, benutzbar im Sinne einer intuitiven Verständlichkeit und möglichst geringen Ablenkung von der Aufgabe und ansprechend im Sinne von Ästhetik und Spaß an der Nutzung gestaltet sein. Erst so können neue Benutzer gewonnen werden. Gebrauchstaugliche Software eröffnet dann auch neue Potenziale zur Reorganisation von menschlicher Arbeit, von Lernen und Freizeit. Die benutzergerechte Gestaltung interaktiver Software stellt damit nicht nur einen wichtigen Beitrag für eine menschengerechte Zukunft der Informationsgesellschaft dar, sie hat auch zunehmend wirtschaftliche Bedeutung.

Es gibt viele Ansätze, zu einer verbesserten „Usability" beizutragen, die über das Anfang der 80er Jahre angemessene Konzept der Arbeitsplatzrechner mit Schreibtisch-Metapher hinausgehen: Multimediale Info-Räume und -Welten, Agenten, allgegenwärtige Computer (ubiquitous computing), tragbare Computer in Alltagsgegenständen, Groupware, WWW usw. Es werden Werkzeuge und Methoden zur Unterstützung der Gestaltung sowie zur Einbeziehung der Gebrauchstauglichkeit in die Software- und Organisationsentwicklung bereitgestellt.

Diese Aktivitäten zur benutzergerechten Gestaltung von interaktiven Systemen und zum sinnvollen Einsatz in Anwendungskontexten zeigen bereits Erfolge, sind aber weit verstreut - sowohl über Fächer wie über Gliederungen der Gesellschaft für Informatik (GI) und anderer Fachgesellschaften und Institutionen hinweg. Der Diskurs zwischen einer interdisziplinär ausgerichteten Informatik, Nachbardisziplinen bis hin zu Förderungsinstitutionen und der Industrie findet bisher eher sporadisch statt. Manche, aber längst nicht alle Firmen haben damit begonnen, Experten, Methoden, Werkzeuge für die benutzergerechte Gestaltung zu suchen und intensiv einzusetzen. Die Zersplitterung und teilweise Sprachlosigkeit zwischen den Akteuren sowie die mangelnde Wahrnehmung der Bedeutung des Themas Gebrauchstauglichkeit behindern jedoch innovative Lösungen, obwohl das Potenzial im deutschsprachigen Raum groß ist.

Um die weitere Entwicklung aktiv mitzugestalten, wurde aus der Gesellschaft für Informatik heraus von einer TaskForce Anfang 1999 ein **Memorandum** erarbeitet, welches unter dem Titel

Mensch & Computer 2000: Information, Interaktion, Kommunikation

zu gemeinsamen Anstrengungen zur Entwicklung dieses zentralen Zukunftsthemas im deutschsprachigen Raum aufrief. Es stellte eine Vision vor, die verkürzt folgendermaßen aussieht:

Informatiksysteme werden sich Anfang des 21. Jahrhunderts schnell weiter verbreiten. Einerseits werden sie zum Aufbau einer allgegenwärtigen Informationsinfrastruktur beitragen, von der das Internet eine erste Idee liefert. Andererseits wird auf der Basis dieser Infrastruktur eine Vielfalt von interaktiven Systemen entstehen, die der aufgabenspezifischen Informationssammlung, -auswertung und -verbreitung dienen und die Kooperation zwischen Menschen unterstützen. Die Anwendungsbereiche werden sich vom Arbeitsleben über das Lernen bis in alle Bereiche des täglichen Lebens ausbreiten. Zusätzlich zu den vertrauten Arbeitsplatzssystemen werden mobile Miniatursysteme ebenso wie großflächige Interaktionsmöglichkeiten verfügbar sein. Integrierte Computer in Info-Geräten oder Info-Landschaften werden vielfach nicht mehr als solche erkennbar sein. Die Verfügbarkeit von Information und Informationsverarbeitung über Netze - unabhängig von dedizierten Endgeräten (pervasive computing) - erlaubt eine grundlegend neuartige, prozessbegleitende Unterstützung von Tätigkeiten mit neuen Chancen und Gestaltungsaufgaben. Diese Systeme sind einer ständigen Evolution unterworfen; daher sind flexible, dynamisch anpassbare Systeme notwendig: anpassbar an sich verändernde Prozesse, aber auch an sich verändernde Aufgabenstellungen und Kontexte.

Die Entwicklung interaktiver Systeme wird in den größeren Kontext einer nachhaltigen Entwicklung zu stellen sein, in der mit den knappen und wertvollen Ressourcen der Welt schonend umgegangen wird. Bezogen auf die Mensch-Computer-Interaktion und die Kooperation wird es darum gehen müssen, aus einer Analyse der jeweiligen Stärken und Schwächen zu Unterstützungssystemen zu kommen, die die Spielräume für die individuelle und gesellschaftliche Weiterentwicklung erhalten und erweitern.

Es gibt zunehmend renommierte Forscher im Bereich der Mensch-Computer-Interaktion, die vorschlagen, von einer technikzentrierten Weiterentwicklung zu einer aufgaben- und menschenzentrierten Entwicklung überzugehen, um die ständig wachsende Komplexität von Anwendungssystemen überhaupt in den Griff zu bekommen. Die Einbeziehung von Design-Qualifikationen sowie ein starker Kontextbezug der Gestaltung werden für unabdingbar gehalten. Dabei wird die große Bedeutung einer sauberen, ingenieurmäßigen Realisierung nicht verkannt, aber Benutzer und Gebrauchstauglichkeit werden als Ausgangspunkt der Gestaltung gewählt.

Die zugehörigen Entwicklungsprozesse müssen zyklisch sein, Benutzer und Anwendungskontext intensiv einbeziehen und die Brauchbarkeit von Lösungsansätzen auf der Basis von Prototyping überprüfen: Gebrauchstauglichkeit muss mindestens denselben Stellenwert bekommen wie die Qualität der technischen Realisierung. Zusätzlich wird eine Bewertung hinsichtlich gesellschaftlicher Zielvorstellungen (Nachhaltigkeit, globale Wettbewerbsfähigkeit, Bekämpfung der Arbeitslosigkeit etc.) als Diskussion im gesellschaftlichen Rahmen unausweichlich sein.

Keine Einzelperson wird in der Lage sein, eine Produkt- oder Anwendungsentwicklung allein zu machen; keine Einzeldisziplin ist in der Lage, dieses Aufgabenfeld allein zu bewältigen. Im Kleinen werden Spezialistenteams einzusetzen sein, die in der Lage sind, miteinander zu kooperieren. Im Großen wird es auf die Etablierung einer transdisziplinären Gemeinschaft, eines Netzwerkes, ankommen, in dem ein fächerübergreifender Austausch stattfindet, in dem Perspektiven gekreuzt werden können und gemeinsame Lernprozesse stattfinden. Über die traditionell in der Software-Ergonomie aktiven Disziplinen Informatik, Psychologie und Arbeitswissenschaft hinaus sind traditionelle Ergonomie, Grafik- und Produktdesign, Soziologie, Wirtschafts- und Organisationswissenschaften sowie weitere Disziplinen zur Mitwirkung aufgefordert. Es wird dabei keinen „one best way" geben; es wird notwendig sein, jeder beteiligten Disziplin mit Respekt vor ihren Stärken zu begegnen. Es wird Kooperation und Wettbewerb um gute Lösungen geben. Vor allem aber bedarf es eines passenden Forums, um den intensiven Austausch zu unterstützen!

Anliegen und Ausgestaltung der Konferenz

Der Fachausschuss „Mensch-Computer-Interaktion" der GI und seine Fachgruppen haben zusammen mit interessierten Mitgliedern anderer Fachgruppen, dem German Chapter of the ACM und anderen Fachgesellschaften die Initiative ergriffen, um das oben skizzierte Querschnittsthema „Mensch & Computer" mit allen interessierten Personen und Organisationen auf der Ebene von Tagungen gemeinsam neu anzugehen. Als erste gemeinsame fachübergreifende Konferenz findet diese

„Mensch & Computer 2001" in Bad Honnef (bei Bonn)

statt. Sie steht in der Tradition der Software-Ergonomie-Tagungen, die gemeinsam von GI und German Chapter of the ACM seit Anfang der 80er Jahre im Zweijahresrhythmus ausgerichtet wurden, will aber deutlich über deren Rahmen hinausgehen.

Sie verbindet vier eingeladene Vorträge von renommierten Experten und Expertinnen, 34 Fachvorträge zu unterschiedlichen Themengebieten, die vom Programmkomitee aus über 100 Einreichungen ausgewählt wurden, sowie ein reichhaltiges Angebot an Workshops, Postern, Ausstellungen und Videobeiträgen. Sie bietet vielfältige Formen der Beteiligung und des Austausches zwischen Forschung, Entwicklung und Nutzungserfahrungen in einem breiten Spektrum von Anwendungskontexten.

Diese Konferenz soll der Auftakt sein für eine neue Serie, die sich hoffentlich zu einem zentralen jährlichen Ereignis im deutschsprachigen Raum für alle entwickeln wird, die an der menschengerechten Gestaltung der Informationstechnik interessiert sind.

Danksagungen

Eine solche Konferenz kann nur dann erfolgreich sein, wenn es Menschen gibt, die ihre Zeit und Expertise in den Dienst der gemeinsamen Sache stellen. An dieser Stelle sei allen Personen herzlich gedankt, die durch ihre Mitarbeit an dem Memorandum, an der Konzeption der neuen Konferenz und an ihrer Ausgestaltung mitgewirkt haben, sei es in der TaskForce, im Programmkomitee oder im Organisationskomitee.

Ein großer Dank geht auch an alle Fachgesellschaften und Organisationen, die diese erste „Mensch & Computer"-Konferenz aktiv unterstützt haben.

Ein besonderer Dank geht an das Informationszentrum Sozialwissenschaften (IZ) in Bonn und an die Universität Koblenz-Landau, die die größte Last der Organisationsarbeit getragen haben. Frau Adansi, Frau Zacharias und Herrn Herfurth danken wir für ihren unermüdlichen und sehr erfolgreichen Einsatz.

Dem Teubner-Verlag und ganz besonders Herrn Dr. Spuhler und Frau Laux sei für die unkomplizierte Zusammenarbeit bei der Herstellung dieses Konferenzbandes gedankt.

Auch die finanzielle Unterstützung durch Sponsoren wird zum Erfolg des neuen Unternehmens „Mensch & Computer" beitragen. Die Stiftung Kommunikationsforschung / SEL-ALCATEL stellt wiederum die Mittel bereit, um einen Forschungspreis vergeben zu können (als „Best Paper"-Preis). Der im Rahmen der Konferenz zu vergebende „Sonderpreis Mensch-Computer-Interaktion" des Bundeswettbewerbs Informatik wird von IBM Deutschland bereitgestellt. Die SAP AG (Walldorf) hilft durch Bereitstellung von Mitteln, die es uns ermöglichen, allen teilnehmenden Studierenden diesen Tagungsband kostenlos zur Verfügung zu stellen. Die Firma GFT PIXELFACTORY unterstützt die Ausrichtung eines Workshops und sorgt für angenehme Pausen. Die Firma Siemens trägt ebenfalls zu einem Workshop bei. Allen Sponsoren sei an dieser Stelle herzlich gedankt.

Wir wünschen den Teilnehmerinnen und Teilnehmern sowie allen, die diesen Konferenzband später lesen, eine spannende und anregende „Mensch & Computer 2001".

Bonn, im Januar 2001

Horst Oberquelle   Reinhard Oppermann   Jürgen Krause

From User Interfaces for All to an Information Society for All: Challenges and Opportunities

Constantine Stephanidis
Institute of Computer Science (ICS), Foundation for Research and Technology-Hellas (FORTH), Science and Technology Park of Crete, Heraklion, Crete, GR-71110, Greece
Department of Computer Science, University of Crete

The radical innovation in Information Technology and Telecommunications, the ever-growing demand for information access, and the proliferation of computers across the different industry sectors and application domains, are the driving forces of the on-going paradigm shift towards an Information Society. Such an evolution brings about radical implications on the current and future HCI research focus and agenda. Firstly, it becomes increasingly complex for designers to know a priori the profiles of the users, and, therefore, it becomes necessary to design for the broadest possible end-user population. This raises implications on design methodology and instruments, as well as on the technical and user perceived qualities to be delivered. Secondly, designers should progressively adapt their thinking to facilitate a shift from designing tools for productivity improvement, to designing computer-mediated environments of use. Finally, another challenge lies in shaping the construction of novel communication spaces. It is more than likely that no single design solution, analogy or metaphor will be adequate for all potential users or computer-mediated human activities. Design will increasingly entail the articulation of diverse concepts, deeper knowledge and more powerful representations to describe the broader range and scope of interaction patterns and phenomena.

The realization of these trends led researchers to engage in and explore new pathways that would elevate HCI to address the challenges. One of those pathways builds on the notion of *User Interfaces for All*, which was proposed as a research theme in the framework of the ACCESS project[1], and was introduced in the international bibliography in 1995 [Stephanidis, 1995; Chapter 1 in Stephanidis, 2001]. The underlying vision of *User Interfaces for All* is to offer an approach for developing computational environments that cater for the broadest possible range of human abilities, skills, requirements and preferences. Consequently, *User Interfaces for All* should not be conceived as an effort to advance a single solution for everybody, but rather, as a new perspective on HCI that alleviates the obstacles pertaining to Universal Access in the Information Society.

The roots of *User Interfaces for All* are to be traced in the notions of *Universal Design*. The term *Universal Design* is well known in several engineering disciplines, such as, for example, civil engineering and architecture, with many applications in interior design, building and road construction, etc. While existing knowledge may be considered sufficient to address the accessibility of physical spaces, this is not the case with Information Society Technologies, where *Universal Design* is still posing a major challenge. Universal Access to computer-based applications and services implies more than direct access or access through add-on (assistive) technologies, since it emphasizes the principle that accessibility should be a design concern, as opposed to an afterthought. To this end, it is important that the needs of the broadest possible end-user population are taken into account in the early design phases of new products and services.

---

1   The ACCESS TP1001 (Development platform for unified ACCESS to enabling environments) project was partially funded by the TIDE Programme of the European Commission, and lasted 36 months (January the 1st, 1994 to December the 31, 1996).

In an effort to provide a deeper insight towards Universal Access in the Information Society, the *Unified User Interface development* methodology was developed in the context of European collaborative R&D project work[2] [Chapters 19 to 24 in Stephanidis, 2001]. It is a new methodology conveying a new perspective on the development of user interfaces, and providing a principled and systematic approach towards coping with diversity in the target users groups, tasks and environments of use. Unified User Interface (U^2I) development entails an engineering perspective on interactive software, and a collection of tools that allow the specification of a user interface as a composition of abstractions. A U^2I comprises a single (unified) interface specification, targeted to potentially *all* user categories. The U^2I development methodology has been validated in various application domains in the ACCESS project, while its most extensive application has taken place in the development of the AVANTI[3] Web browser. The distinctive characteristic of the AVANTI Web browser is its capability to dynamically tailor itself to the abilities, skills, requirements and preferences of the end-users, to the different contexts of use, as well as to the changing characteristics of users, as they interact with the system [Chapter 25 in Stephanidis, 2001].

Despite the recent rise of interest in the topic of Universal Access, and the indisputable progress in R&D, many challenges still lie ahead. An effort to identify some of them is reported in [Stephanidis et al., 1998; Stephanidis et al., 1999]. One of the challenges is the availability of tools to design and implement Universal Access features. In the past, the availability of tools was an indication of maturity of a sector and a critical factor for technological diffusion. As an example, graphical user interfaces became popular once tools for constructing them became available, either as libraries of reusable elements (e.g., toolkits), or as higher-level systems (e.g., user interface builders and user interface management systems). In the area of Universal Access, methods and tools for building interactive systems exhibiting the required properties are still at the infancy stage. The recent literature reports on only few related efforts (e.g., [IPIE, 1995; Stephanidis, 2001]). Additional research is needed to define novel user interface architectural frameworks to facilitate context-sensitive processing, and provide alternative interactive embodiments of computational systems.

References

[IPIE, 1995] Institute for Personalised Information Environment: FRIEND21 Human Interface Architecture Guidelines. Tokyo, Japan.

[Stephanidis, 1995] Stephanidis, C. Towards User Interfaces for All: Some Critical Issues. *Panel Session "User Interfaces for All - Everybody, Everywhere, and Anytime"*. In Y. Anzai, K. Ogawa & H. Mori (Eds.), *Symbiosis of Human and Artifact - Future Computing and Design for Human-Computer Interaction [Proceedings of the 6th International Conference on Human-Computer Interaction (HCI International '95)]*, Tokyo, Japan, 9-14 July (vol. 1, pp. 137-142). Amsterdam: Elsevier, Elsevier Science.

[Stephanidis et al., 1998] Stephanidis, C., Salvendy, G., Akoumianakis, D., Bevan, N., Brewer, J., Emiliani, P-L, Galetsas, A., Haataja, S., Iakovidis, I., Jacko, J., Jenkins, P., Karshmer, A., Korn, P., Marcus, A., Murphy, H., Stary, C., Vanderheiden, G., Weber, G., & Ziegler, J. Toward an Information Society for All: An International R&D Agenda. *International Journal of Human-Computer Interaction*, 10 (2), 107-134.

[Stephanidis et al., 1999] Stephanidis, C., Salvendy, G., Akoumianakis, D., Arnold, A., Bevan, N., Dardailler, D., Emiliani, P-L., Iakovidis, I., Jenkins, P., Karshmer, A., Korn, P., Marcus, A., Murphy, H., Oppermann, C., Stary, C., Tamura, H., Tscheligi, M., Ueda, H., Weber, G., & Ziegler, J. (1999a). Toward an Information Society for All: HCI challenges and R&D recommendations. *International Journal of Human-Computer Interaction*, 11 (1), 1-28.

[Stephanidis (ed.), 2001] Stephanidis, C. (ed.): User Interfaces for All – Concepts, Methods and Tools. Mahwah, NJ: Lawrence Erlbaum Associates, ISBN 0-8058-2967-9 (2001) 728 pages.

2   The Unified User Interface development methodology and related tools were developed in the framework of the ACCESS Project.
3   The AVANTI AC042 (Adaptable and Adaptive Interaction in Multimedia Telecommunications Applications) project was partially funded by the ACTS Program of the European Commission, and lasted 36 months (September the 1st, 1995 to August the 31, 1998).

Contextual Design: Experience in Real Life

Karen Holtzblatt
InContext Enterprises, Harvard (USA)

Contextual Design is a state-of-the-art approach to designing products directly from an understanding of how the customer works.

Dr. Holtzblatt's talk describes the key steps in the Contextual Design process:
- gathering initial data from customers to find out what to build,
- developing a single picture of a market or customer population,
- responding with an innovative design,
- structuring the system to meet the expectations of users, and
- testing the system structure through rapid iteration with users.

Each point in the process will be illustrated with examples drawn from Dr. Holtzblatt's wide experience coaching and running development teams across the industry and world. She will describe each technique and how it addresses problems of development in organizations. Using examples from real people in real organizations struggling with real design problems she will share her experience.

Following is a short description of the process.

Contextual Design

Great product ideas come from a marriage of the detailed understanding of a customer need with the in-depth understanding of technology. The best product designs happen when the product's designers are involved in collecting and interpreting customer data and appreciate what real people need. Contextual Design gives designers the tools to do just that.

Contextual Design starts with the recognition that any system embodies a way of working. A system's function and structure forces particular strategies, language, and work flow on its users. Successful systems offer a way of working that customers want to adopt. Contextual Design is a method which helps a cross-functional team come to agreement on what their customers need and how to design a system for them.

Contextual Inquiry

The first problem for design is to understand the customers: their needs, their desires, their approach to the work. Yet the work has become so habitual to the people who do it that they often have difficulty articulating exactly what they do and why they do it.

Contextual inquiry is an explicit step for understanding who the customers really are and how they work on a day-to-day basis. The design team conducts one-on-one field interviews with customers in their workplace to discover what matters in the work. A contextual interviewer observes users as they work and inquires into the users' actions as they unfold to understand their motivations and strategy. The interviewer and user, through discussion, develop a shared interpretation of the work.

Team interpretation sessions bring a cross-functional team together to hear the whole story of an interview and capture the insights and learning relevant to their design problem. An interpre-

tation session lets everyone on the team bring their unique perspective to the data, sharing design, marketing, and business implications. Through these discussions, the team captures issues, draws work models, and develops a shared view of the customer whose data is being interpreted and their needs.

„When I was coding I was behind a mirror... but when I sat together with the user in front of the system, I felt like I was looking through the mirror and becoming aware that there was a human being on the other side."—Contextual Design user

Work Modeling

People's work is complex and full of detail. It's also intangible—there's no good way to write down or talk about work practice. Design teams seldom have the critical skill of seeing the structure of work done by others, looking past the surface detail to see the intents, strategies, and motivations that control how work is done.

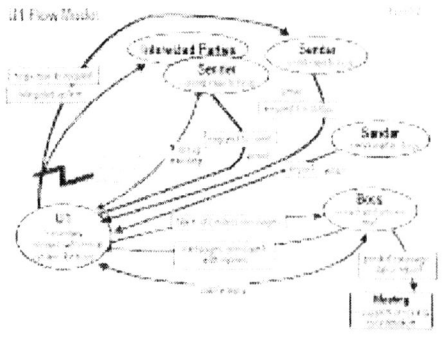

Work models capture the work of individuals and organizations in diagrams. Five different models provide five perspectives on how work is done: the *flow model* captures communication and coordination, the *cultural model* captures culture and policy, the *sequence model* shows the detailed steps performed to accomplish a task, the *physical model* shows the physical environment as it supports the work, and the *artifact model* shows how artifacts are used and structured in doing the work.

Consolidation

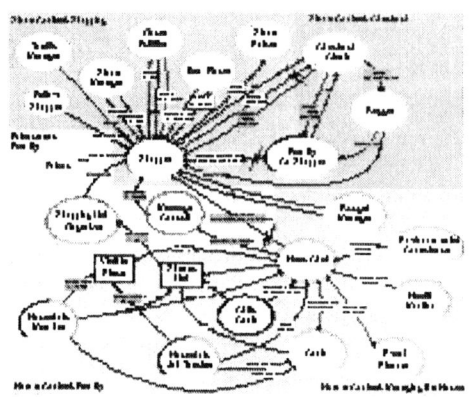

Systems are seldom designed for a single customer. But designing for a whole *customer population*—the market, department, or organization that will use the system—depends on seeing the common aspects of the work different people do.

Consolidation brings data from individual customer interviews together so the team can see common pattern and structure without losing individual variation. The *affinity diagram* brings together issues and insights across all customers into a wall-sized, hierarchical diagram to reveal the scope of the problem. *Consolidated work models* bring together each different type of work model separately, to reveal common strategies and intents while retaining and organizing individual differences.

Together, the affinity diagram and consolidated work models produce a single picture of the customer population a design will address. They give the team a focus for the design conversation, showing how the work hangs together rather than breaking it up in lists. They show what matters in the work and guide the structuring of a coherent response, including system focus and features, business actions, and delivery mechanisms.

Work Redesign

Any successful system improves its users' work practice. A design team's challenge is to invent and structure a system which will improve customers' work in ways they care about.

Work redesign uses the consolidated data to drive conversations about how to improve the work by using technology to support the new work practice. This focuses the conversation on how technology helps people get their jobs done, rather than on what could be done with technology without considering the impact on people's real lives.

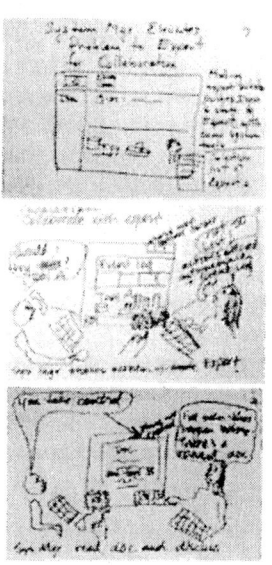

The redesigned work practice is captured in a *vision*, a story of how customers will do their work in the new world we invent. A vision includes the system, its delivery, and support structures to make the new work practice successful. The team develops the details of the vision in *storyboards*, 'freeze-frame' sketches capturing scenarios of how people will work with the new system.

User Environment Design

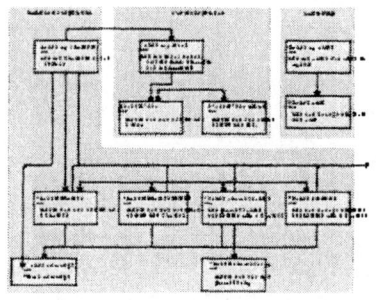

The new system must have the appropriate function and structure to support a natural flow of work through the system. Just as architects draw floor plans to see the structure and flow of a house, designers need to see the 'floor plan' of their new system—hidden behind user interface drawings, implemented by an object model, and responding to the customer work. This 'floor plan' is typically not made explicit in the design process.

The *User Environment Design* captures the floor plan of the new system. It shows each part of the system, how it supports the user's work, exactly what function is available in that part, and how the user gets to and from other parts of the system—without tying this structure to any particular user interface.

With an explicit the User Environment design, a team can make sure the structure is right for the user, plan how to roll out new features in a series of releases, and manage the work of the project across engineering teams. Using a diagram which focuses on keeping the system coherent for the user counterbalances the other forces that would sacrifice coherence for ease of implementation or delivery

Mockup and test

Testing is an important part of any systems development. It's generally accepted that the sooner problems are found, the less it costs to fix them. So it's important to test and iterate a design early, before anyone gets invested in the design and before spending time writing code. And the simpler a testing process you have, the more you can do multiple iterations to work out the detailed design with your users.

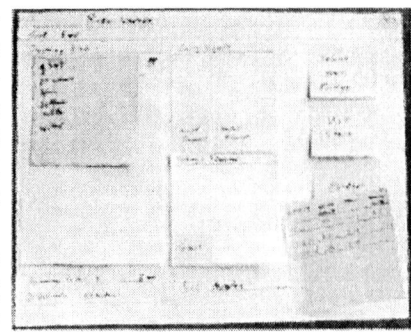

Paper prototyping develops rough mockups of the system using Post-its to represent windows, dialog boxes, buttons, and menus. The design team tests these prototypes with users in their workplace, replaying real work events in the proposed system. When the user discovers problems, they and the designers redesign the prototype together to fit their needs.

Rough paper prototypes of the system design test the structure of a User Environment Design and initial user interface ideas before anything is committed to code. If you've built a User Environment design derived from customer data, your base structure should be good and you'll quickly be able to focus on the UI. Otherwise, you'll spend longer working out the base structure in paper.

Paper prototypes support continuous iteration of the new system, keeping it true to the user needs. Refining the design with users gives designers a customer-centered way to resolve disagreements and work out the next layer of requirements. The team uses several paper prototype sessions to improve the system and drive detailed user interface design.

The complete methode is described in:

Beyer, H.; Holtzblatt, K. (1998): Contextual Design. Defining Customer-Systems. San Francisco: Morgen Kaufmann

Adressen der Autoren

Karen Holtzblatt
President
InContext Enterprises, Inc.
249 Ayer Rd, Suite 304
Harvard, MA 01451-1133
USA
karen@incent.com
www.incent.com

The Next Generation of Computer Supported Interaction and Communication

José L. Encarnação
Fraunhofer-Institut für Graphische Datenverarbeitung

Extended Abstract

A human being's daily activities – professional or private – are based on a broad range of interactions with numerous external objects: discussing project plans with colleagues, setting up a multimedia presentation in the conference room, editing documents, delegating travel planning to a secretary, driving a car, buying a ticket from a vending machine, visiting an exhibition, controlling the TV at home, etc.

As computers are becoming more and more ubiquitous, moving from the desktop into the infrastructure of our everyday life, they begin to influence the way we interact with this environment – the (physical) entities that we operate upon in order to achieve our daily goals. The most important aspect of future human-computer interaction therefore is the way, computers support us in efficiently managing our personal environment. This might be called the ecological level of user-interface design.

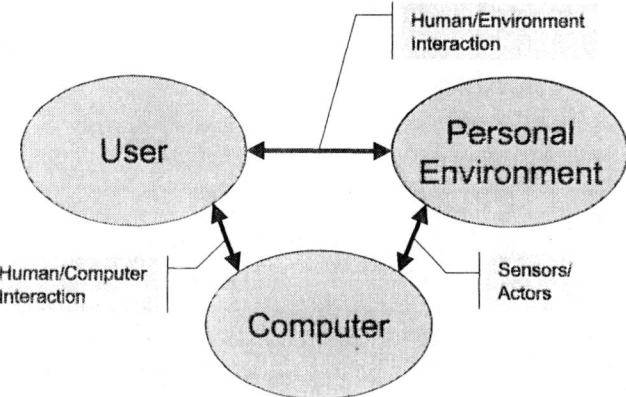

At the ecological level, we look at future developments from the perspective of helping a user in achieving his individual goals and purposes by providing computer-based assistance for interacting with his personal environment.

The goal is to have the computer acting as a mediator between the user and the environment – e.g., giving the user hints for operating an obstinate ticket vending machine, reminding him of things he wanted to tell a colleague just approaching across the corridor, etc. Because the machine has no direct access to the human/environment interaction, it needs to achieve the desired effects indirectly through the other interfaces: i.e., by sensing the environment, by cleverly guessing the user's goals and future interactions with the environment, and by proactively providing the user with information needed for those activities (or by actively controlling the environment itself).

Central challenges for providing such personal ubiquitous assistance are:
- Understanding the user's goals and the specific strategies employed by the user for achieving these goals.
- Sensing and understanding the user's personal environment and the ways the current environment influences his activities and strategies.

In addition, in order to minimize the cognitive (and sensomotorical) gap between human/computer interaction on the one side and human/environment interaction on the other side, natural (anthropomorphic) interaction should be supported: Multimodal interfaces lead the way with features such as:
- speech input (command phrases as well as natural dialog) and output,
- video based interaction (e.g., gesture and position recognition),
- avatars as graphical output metaphors,
- haptic feedback for buttons and knobs (e.g., in a car environment).

These technologies are implemented as a modular system from which different user interfaces depending on the requirements of certain appliances can be build.

Two major application areas currently investigate the use of natural interaction and personal ubiquitous assistance for creating ecological interfaces:
- On the professional side, the office environment will be reorganized by means of agent-based assistant systems in order to reduce time consuming routine tasks and unnecessary interrupts. Progress in the fields of delegation-based interfaces, intelligent assistant systems, man-machine-communication, mobility, and security will lead to new multimedia workspaces.
- On the other hand, interactive appliances will allow a unified and simplified access to the gadgetry of modern life. Having a single, personal control with a customized user interface for interacting with appliances at home (e.g. audio/video-appliances, washing machine), in the streets (e.g. ticket-vending machine), on the road (e.g., car stereo and air conditioning), on-site or remote, will make us feel at home everywhere.

As outlined above, the ecological level is concerned with exploiting new ways for helping a user in interacting with the various objects in his personal environment in order to achieve his individual goals and purposes effectively and successfully. Common to both application areas outlined above is the proactive and environment-sensitive nature of the underlying solution concepts. The systems need to use knowledge on the user's individual goals, her strategies for achieving them, and the dependencies of those strategies on the user's current personal environment for anticipating the next steps of the user. In doing this, those systems effectively become intimate personal assistants to the user – up to the degree that they might be regarded as a kind of mental prosthesis: (simplified) projections of the user's mind and his specific cognitive structures onto a different (electronic) substrate.

In the presentation, we will discuss current major research activities focusing on the area of Natural Interfaces and Personal Ubiquitous Assistance.

Adressen der Autoren

Prof. Dr.-Ing. José L. Encarnação
Fraunhofer-Institut für Graphische Datenverarbeitung
Rundeturmstr. 6
64283 Darmstadt
jle@igd.fhg.de

Computer und Kreativität

Georg Trogemann
Fachbereich Kunst- und Medienwissenschaften, Kunsthochschule für Medien Köln

Zusammenfassung

Computer haben nicht nur die Produktionsprozesse der Wirtschaft irreversibel verändert, sondern auch die Produktion ästhetischer Objekte und kultureller Kommunikations- und Ausdrucksformen. Die neuen digitalen Werkzeuge ermöglichen nicht nur neue Stilmittel, die ohne die Unterstützung durch den Computer nicht denkbar wären, sie sind vielmehr immer stärker ganz aktiv an kreativen Prozessen beteiligt. Produkte aller Art werden nicht mehr nur technisch produziert, sondern zunehmend auch mit technischer Unterstützung entworfen. Obgleich sich immer mehr Bereiche des Kreativen als programmierbar erweisen, gilt in den meisten theoretischen Modellen zur Kreativität noch der strikte Gegensatz von Inspiration und Mechanismus. Bisher fehlen noch geeignete Formalisierungen, die Kreativität als spontane Inspiration und gleichzeitig als soziales Produkt erklären könnten. Formale Modelle sind aber die Voraussetzung und operationale Grundlage für ein symbiotisches kreatives Zusammenwirken von Computer und Mensch. Erste Überlegungen zeigen, dass fundierte formale Modellierungen kreativer Prozesse auf grundlegende Probleme der theoretischen Informatik zurückführen, z.B. Selbstreferenz, Selbstmodifkation und Hierarchisierung in formalen Systemen.

1 Kreativ-Werkzeuge als Herausforderung für die Informatik

Von den neuen computerbasierten Informations- und Kommunikations-Technologien werden tiefgreifende Veränderungen unserer Kultur erwartet, so z.B. der Wechsel von verbalen in visuelle und von narrativen in interaktive Kommunikations- und Erlebnisformen. Gleichviel ob alle Erwartungen erfüllt werden, gewinnen in dem Maße wie sich die neuen Technologien ausbreiten auch die sogenannten „Kreativ-Industrien" weiter an Bedeutung. Hierzu zählen u.a. Industrien wie Film, Architektur und Design, und vor allem weite Bereiche der sogenannten Neuen Medien. So wird das „Content Design", also die Aufbereitung der Inhalte und der Produktionsprozess von interaktiven Anwendungen, in Zukunft eine zentrale Rolle bei der Informationsvermittlung und der Konstruktion von Erlebniswelten einnehmen. Aber auch die Forschungen in Natur- und Ingenieurwissenschaften werden immer stärker mit und durch den Computer betrieben. Wie weit bestimmen hier die Werkzeuge die Ergebnisse und vor allem die Sichtweisen mit? Die Entwicklung von formalen Systemen und Werkzeugen, die kreatives Arbeiten, wissenschaftliches und künstlerisches Forschen, oder komplexe Entscheidungsprozesse verstehen helfen und software-technisch unterstützen, zählt zu den großen Herausforderungen zukünftiger interaktiver Programmsysteme.

Sowohl Wissenschaft als auch Kunst sind in erster Linie soziale Konstruktionen. Die traditionelle und auch heute noch verbreitete Auffassung, die Kreativität als Leistung des singulären Individuums sieht, das im einsamen Ringen reine Originale hervorbringt, ist überbewertet. Kreativität ist immer gleichzeitig ein persönlicher und ein gesellschaftlicher Prozess. Prinzipiell sollte die Frage vermieden werden, ob das Individuum als Schöpfer oder als Geschöpf von Kultur, Wissenschaft, Kunst, Wirtschaft und Technik gesehen werden muss. Vielmehr erzeugen sie sich gegenseitig, sind also Erzeugende und Erzeugte gleichermaßen.

Der Computer als entwurfsgenerierendes und entscheidungsunterstützendes Medium steht noch am Anfang seiner Entwicklung. Aber auch schon jetzt beeinflussen Computer – bewusst oder unbewusst - die Ergebnisse der Arbeitsprozesse. Fundierte Untersuchungen zu kreativen

Mechanismen und zum kreativen Zusammenspiel von Mensch und Maschine sind schon deshalb wichtig, weil wir den Einflüssen der Werkzeuge ohnehin schon ausgesetzt sind, uns bleibt nur die Möglichkeit sie zu verstehen. Entscheidend ist, wie der Computer in Zukunft besser und bewusster in kreative Arbeitsprozesse eingebunden werden kann. Zwei Punkte sollten bei der Konzeption kreativitätsunterstützender Systeme bedacht werden:

- Alle existierenden Modelle und Theorien von Kreativität, sowohl diejenigen, die von der Inspiration des autonomen Genies ausgehen, als auch jene, die soziale Kommunikationsprozesse ins Zentrum stellen, können in kreativitätsunterstützenden Systemen Berücksichtigung finden. Häufig konzentrieren sich konstruktive computerbasierte Ansätze auf den eingeschränkten Bereich der individuellen, inspirierten Kreativität, die nun autonom von der Maschine erzeugt werden soll. Wichtig ist aber, beide Prozesse, den individuellen wie den gesellschaftlichen, gleichermaßen zu unterstützen.
- Entscheidend ist die Kreativität des Gesamtsystems, das symbiotische Zusammenspiel von Mensch und Computer. Welche Bereiche und Phasen des kreativen Prozesses dabei sinnvollerweise vom Benutzer und welche vom Computer übernommen werden, bleibt skalierbar. Am linken Ende der Skala hat der Benutzer die gesamte kreative Arbeit zu leisten und die Maschine ist lediglich ein Werkzeug im herkömmlichen Sinn. Am anderen Ende vollbringt die Maschine autonom kreative Leistungen. Am interessantesten und schon heute realisierbar sind Systeme, die im mittleren Bereich der Skala liegen, d.h. bei denen Neues durch das inszenierte Zusammenspiel beider „Partner" entsteht.

2   Sichtweisen der Entstehung des Neuen

Es existiert eine Fülle von Literatur zu den Themen Kreativität, Emergenz und Innovation. Der vorliegende Beitrag kann der Vielfalt und Tiefe der Ansätze nicht annähernd gerecht werden. Eine allgemein akzeptierte Definition der Begriffe, geschweige denn eine Beschreibung, die einer maschinellen Implementierung direkt zugänglich wäre, existiert allerdings nicht. Im folgenden wollen wir die Ansätze zur Analyse des Phänomens der Kreativität grob in drei Kategorien einteilen: 1. Kreativität als spontane Inspiration, 2. Kreativität als soziales Produkt, 3. Maschinelle und maschinenunterstützte Kreativität. Die verschiedenen Sichtweisen sollen zunächst exemplarisch verdeutlicht werden. Die „Kreativität der Natur" (Binnig 1989), eine Sichtweise, die auch emergenten physikalischen und biologischen Prozessen Kreativität zuspricht, und die insbesondere für die konstruktivistischen Modelle der maschinellen Kreativität eine wichtige methodische Quelle sein kann, bleibt hierbei weitgehend ausgeblendet. Sie würde den Rahmen des Beitrages sprengen. Komplexe dynamische Systeme, Selbstorganisation, Autopoiesis, Chaostheorie und Evolution sind einige einschlägige Begriffe, unter denen die entsprechenden Forschungsarbeiten stattfinden. Ein philosophischer und computertheoretischer Einstieg in das Thema Kreativität und Emergenz sind die Untersuchungen von (Syed Mustafa Ali 1999), insbesondere Kapitel 6 über Poiesis.

2.1   Kreativität als spontane Inspiration

Eine der ersten Darstellungen des Ablaufs kreativer Prozesse stammt von dem französischen Mathematiker Poincaré. Er analysierte mathematische Beweise und stellte fest, dass nicht der einzelne Schritt entscheidend für das Verständnis eines Beweises ist, sondern die Gesamtstruktur. Die Frage für ihn war, wie können solche Gesamtmuster erzeugt und verstanden werden? Auf der Basis der Darstellungen Poincarés formulierte Wallas 1926 eine Analyse des kreativen Denkens und schlägt ein vierstufiges Verfahren vor (Partridge und Rowe 1994): 1. Preparation, die Phase des konzentrierten Arbeitens und Datensammelns. 2. Inkubation, als Phase der Erholung und des unbewussten Verarbeitens, während das Bewusstsein mit anderen Dingen beschäftigt ist. 3. Illumination, als der Moment der Einsicht. 4. Verifikation, die Überprüfung der Ergebnisse. Der eigentliche „Mechanismus der Kreativität" bleibt bei diesem oder ähnlichen Modellen vollkommen ungeklärt, der „schöpferische Akt" wird lediglich als Erleuchtung, als „Aha-" oder „Heureka-Erlebnis" charakterisiert.

Arthur Koestler hat den schöpferischen Akt als „Bisoziation" (binary association) von zwei oder mehr Gedankenmatrizen beschrieben, d.h. das in Beziehung setzen zweier Bezugsrahmen, die vorher nicht miteinander verbunden waren (Koestler 1964). Im kreativen Prozess kommt es zu einer Verschmelzung von Gegensätzen. Was bisher unvereinbar gegenübergestellt war, ist nun permanent miteinander verbunden. Das Syntheseprodukt ist mehr als die Summe seiner Teile, es vollzieht den Sprung auf eine neue Qualitätsstufe. Einen weiterreichenden Erklärungsversuch für die Vorgehensweise des menschlichen Geistes bei der Lösung von Problemen beschreibt Edward de Bono mit seiner Gegenüberstellung von vertikalem und lateralem Denken (de Bono 1970). Während das vertikale Denken ständig Informationen reduziert und analysiert um sie in ein bestimmtes rationales Muster einzupassen, versucht das laterale Denken simultan die Synthese neuer Muster. Beim vertikalen Denken sind Klassen, Kategorien und Symbole fix, das Denken steht unter der Kontrolle eines dominanten Bezugsrahmens. Das laterale Denken dagegen versucht, unabhängig von bisherigen Erfolgen weitere alternative Bezugsrahmen zu entwickeln. Koestlers Unterscheidung zwischen dem „Denken auf einer Ebene" und der kreativen Bisoziation, das viele Fragen nicht beantwortet, läßt sich gut in de Bonos Konzept des vertikalen und lateralen Denkens integrieren (Hampden-Turner 1991). Die „Inspirationalisten" (Shneiderman 2000) betrachten Kreativität als ureigene menschliche Fähigkeit. Die These, die hinter den Ansätzen von de Bono, Michalko (Michalko 1998) u.a. steht ist aber die, dass Kreativität durchaus lehr- und lernbar ist (z.B. Brainstorming, freie Assoziation). Allerdings wird meistens übersehen, dass diese Verfahren die spontaneistische bzw. intuitionsgeleitete Auffassung von Kreativität nicht ersetzen, sondern radikal vertiefen (wollen), insofern als formalisierbare Aspekte der Kreativität an die Routine bzw. an die Maschine abgegeben werden können und das kreative Subjekt für genuinere Kreativitätsleistungen befreit wird.

2.2 Kreativität als soziales Produkt

Der Psychologe Mihaly Csikszentmihalyi ist der Überzeugung, dass die Frage: Was ist Kreativität? ersetzt werden muss durch die Frage: Wo entsteht Kreativität? „Jeder Kreative entwickelt sich in einem bestimmten Kontext, zu dem vielerlei gehört, auch das Arbeitszimmer und die Landschaft, Familie und Freunde, auch Förderer, die in manchen Lebensabschnitten notwendig sein können" (Csikszentmihalyi 1997). Kreativität wird eingebettet gesehen in eine praktizierende Gemeinschaft, in der Konventionen entstehen, zur Anwendung kommen und hinterfragt werden. Der Einzelne gilt als abhängig von den Prozessen, die Anerkennung und Ablehnung generieren. Ein ähnliches Bild entwickelt Peter Weibel für die Kunst, die er als soziale Konstruktion betrachtet (Weibel 1997). Der Künstler ist nicht das Genie, das originale Werke produziert, sondern im wesentlichen Übersetzungsarbeit leistet, individuelle Interpretationen von Geschichte. Die Bewertung der kreativen Leistung findet im sozialen Feld der Kultur statt, nämlich durch die Kritiker, Galeristen, Kuratoren und Sammler. Kunst ist somit nicht zuletzt Konsensbildung. Kritik am Konsens ist nur erfolgreich, wenn auch sie wieder Konsens erzielt. In der Sprache der Informatik heißt das, Regelveränderung kann erst dann erfolgreich sein, wenn das Ergebnis als neue Regel formuliert werden kann. In (Shneiderman 2000) wird diese Gruppe als „Situationalisten" bezeichnet. Für Situationalisten müssen Werkzeuge es ermöglichen, leicht auf frühere Arbeiten zuzugreifen, sich mit Mitgliedern eines Arbeitsgebietes zu beraten, und die Ergebnisse der Arbeit anderen zur Verfügung zu stellen, d.h. sie in den gesellschaftlichen Prozess zurückzuführen.

2.3 Maschinelle und maschinenunterstütze Kreativität

Ein früher Ansatz, Kreativität in Maschinen nachzubilden, sind die „Schöpferischen Automaten" des Kybernetikers Tihamér Nemes (Nemes 1967). Nemes wehrt sich gegen das von Lady Lovelace vorgebrachte Argument, Maschinen könnten nur ausführen, was ihnen vorher befohlen wurde. Er fragt, was denn wäre, wenn man den Mechanismus der Originalität selbst in die Maschine einbauen würde? Für ihn als Kybernetiker ist „die Originalität kein metaphysisches Etwas: sie hat ihre eigenen Naturgesetze, die erforscht und nachgebildet werden können". Die Erforschung schöpferischer und ganz allgemein geistiger Funktionen kann nach Nemes auf drei verschiedene Weisen durchgeführt werden: 1. Subjektiv, d.h. introspektiv (durch Beobachtung des eigenen Inneren). 2. Objektiv, d.h. behavioristisch (Beobachtung des Verhaltens anderer Personen). 3. Konstruktiv, d.h. mit Hilfe der Kybernetik, die die Analyse eines Prozesses als technische Aufgabe auffasst. Interessant ist, dass die Methode der Selbstbeobachtung aufgeführt wird, die in der gegenwärtigen KI- und Kreativitäts-Forschung nur eine untergeordnete Rolle spielen. Als Beispiele für Ausnahmen sind (Wiener 1996) und (Konolige 1988) zu nennen. Unter Kreativität wird bei Nemes allerdings ausschließlich Problemlösungskompetenz verstanden, wobei er sich explizit auf die Arbeiten Pólyas (Pólya 1957) bezieht, die er versucht weiterzuentwickeln und auf eine allgemeine Programmstruktur abzubilden. Tihamér Nemes und seine Versuche der Mechanisierung der Kreativität haben inzwischen viele Nachahmer gefunden. Einige Einstiegspunkte sind (Boden 1990), (Hofstadter 1996), (Bringsjord, Ferucci 2000), (Sims 1991 und 1994) und (Partridge, Rowe 1994). Aus den Ansätzen zur maschinellen Kreativität soll der Ansatz von Ben Shneiderman (Shneiderman 1999 und 2000) herausgehoben werden. Er zeichnet sich dadurch aus, dass er – im Gegensatz zu den anderen Ansätzen - die sozialen Prozesse bei der Kreativitätsunterstützung in den Mittelpunkt stellt. Sein „Genex Framework" (generator of excellence) besteht aus einem Vier-Phasen-Modell, das die Benutzung digitaler Bibliotheken und den ständigen Austausch mit Gleichgesinnten und Ratgebern ins Zentrum stellt.

Im Zusammenhang mit kreativen Automaten muss allerdings ganz allgemein auf den Unterschied von Intelligenz und Kreativität im Problemlösungsverhalten hingewiesen werden. Die KI Forschung hat sich historisch weitgehend mit der Implementierung von Intelligenz und weniger mit der direkten Implementierung von Kreativität im Bereich der Problemlösung befasst. Die enge Verbindung von Kreativität und Problemlösung ist gewiss ein erster Schritt, der jedoch Kreativität noch zu eng an Intelligenz bindet. Es gibt durchaus hohe menschliche Intelligenz ohne jegliche Kreativität, und nicht jeder Kreative ist notwendigerweise auch hoch intelligent. Psychologisch betrachtet, sind Intelligenz und Kreativität zwei weitgehend disjunkte Funktionen. Eine stark vereinfachende Sichtweise ist die Unterteilung von Problemlösungsprozessen in eine kreativen Phase, in der die Aspekte sich ausweiten und divergieren, gefolgt von einer analytischen Phase, die auf einen Erkenntnispunkt hin konvergiert.

Andererseits muss natürlich generell die Frage gestellt werden, ob nicht beide Bereiche - Intelligenz und Kreativität - durch die bisher enge Perspektive der Problemlösungs-Szenarien zu eingeschränkt gesehen werden. Fest steht, nur wenn es gelingt, zu eigenen Fragestellungen der maschinellen Kreativität (in Differenz zur KI-Forschung) vorzudringen, können auch eigenständige Theorien, Methoden und Anwendungen entstehen. Zur Verwirklichung von kreativitätsunterstützenden Systemen sollten deshalb zunächst neue Kooperationsformen zwischen Künstlern, Computerwissenschaftlern und Ingenieuren organisiert werden, um den Erfahrungsaustausch zwischen diesen heterogenen Gruppen zu forcieren. Erste Ansätze zu einer solchen Kooperation leistet z.B. die Universität Loughborough, in dem sie ein Forum für Künstler, Designer und Informatiker etabliert hat und eine entsprechende staatliche Förderung organisieren konnte. In diesem Rahmen finden dort auch seit 1993 Konferenzen mit dem Titel „Creativity and Cognition" statt (Candy und Edmonds 1993, 1996, 1999). Als weiterer avancierter Ort ist die Kunsthochschule für Medien Köln zu nennen. Hier hat sich die Verbindung zwischen Informatik und Kunst aus den Fragen der medialen Praxis heraus zum zentralen Forschungsgegenstand entwickelt. In staatlich unterstützten Forschungsvorhaben werden die Wechselwirkungen von künstlerischer Praktik und Informatik sowohl unter der Perspektive einer Ausweitung künstlerischer Ausdrucksformen, als auch der Veränderung der zugrundeliegenden technischen Konzepte und formalen Strukturen untersucht. Weltweit entstehen ähnliche Labore, in denen das Zusammenwirken von Kreativität und Computer auf dem Prüfstand steht. Der renommierte HCI-Experte Ben Shneiderman hat vor kurzem „Creativity Support Systems" zur Herausforderung für die Interface-Entwicklung im kommenden Millennium erklärt (Shneiderman 2000).

3 Introspektion, Selbstmodifikation und Heterarchie als Bedingungen für kreative Problemlösungssysteme

Kreative Problemlösungsprozesse werden meist als mehrstufiges Phasenmodell dargestellt. Die einzelnen Methoden – gleichviel ob sie aus drei, vier, oder fünf Phasen bestehen – sind sich weitgehend ähnlich. In der (den) ersten Phase(n) wird versucht, Daten zu sammeln und dem eigentlichen Problem näher zu kommen und es zu verstehen. In der (den) folgenden Phase(n) werden Ideen, Lösungsvorschläge und Pläne entwickelt und angewendet. In der (den) letzten Phase(n) schließlich wird zurückgeblickt und eine Bewertung der Ergebnisse durchgeführt. Aus der Vielzahl der Lösungen wird eine Auswahl getroffen und die Ergebnisse kommuniziert. Diese klassische Sichtweise ist für konstruktive Prozesse allerdings wenig hilfreich. Die einzelnen Phasen enthalten wenige oder keine Hinweise auf Operationalisierbarkeit. Weder wird erklärt, wie es zum Problemverständnis kommt, noch wie Ideen und Pläne entstehen, noch welchem Geist die Bewertungskriterien entspringen. Letztlich wird an diesen Punkten wieder auf die spontane Inspiration zurückverwiesen.

3.1 Wie entstehen Probleme?

Bei den bisher betrachteten Modellen handelt es sich vorwiegend um eine problemlösungsorientierte Auffassung von Kreativität. Dagegen braucht es oft gerade Kreativität, um ein Problem überhaupt zu schaffen, ebenso um es zu erkennen. Muss Kreativität generell mit Problemlösung verbunden sein? Welche Probleme lösen kreative Künstler? Umgekehrt heißt es auch, Probleme sind Lösungen vorhergegangener Probleme. Kann es in manchen Bereichen also überhaupt Lösungen geben, oder vielmehr nur Fortschritte in der Problemstellung? Wie bereits weiter oben festgestellt, kann die enge Verbindung von Kreativität und Problemlösung nur ein erster Schritt sein, der allerdings Kreativität eng an Intelligenz bindet. All dies ist für die Implementierung und Realisation in Maschinen zu beachten.

In der kognitiven Psychologie werden Design-Probleme als schlecht definiert (ill-defined) und nicht abgrenzbar (open-ended) bezeichnet (Bonnardel 1999). Design-Probleme gelten als schlecht definiert, weil Designer anfänglich nur eine unvollständige und ungenaue Repräsentation des Design-Ziels haben. Problemabgrenzung und Problemlösung sind nicht zwei zeitlich getrennte Phasen, sondern ein iterativer, gemeinsam fortschreitender Prozess. Designprobleme gelten andererseits als offen, weil es keine eindeutige korrekte Lösung für ein gegebenes Problem gibt, sondern viele mögliche Lösungen. Im Gegensatz zu mathematischen Problemen, gibt es keinen Zeitpunkt, zu dem das Problem als endgültig gelöst betrachtet werden kann. Auch konstruiert jeder Designer im Verlaufe des Arbeitsprozesses seine eigene Problemspezifikation und beschäftigt sich immer mehr mit einer Aufgabe, die eng mit seiner eigenen Person und Sichtweise verknüpft ist. Unterschiedliche Designer, denen die gleiche Aufgabe gestellt wird, werden zu unterschiedlichen Problemdarstellungen, Ideen und Lösungen kommen.

Selbst in den ursprünglichsten Anwendungsgebieten formalisierter Problemlösung - der Softwareentwicklung - treten die Schwächen gegenwärtiger mathematisch-formaler Sichtweisen deutlich zutage. Aufgrund der anhaltenden Softwarekrise sind die in der Praxis stehenden Softwareentwickler inzwischen überzeugt, dass Informatiker die Komplexität industrieller Softwaresysteme nicht mehr beherrschen können. Sie fordern eine Reform der Informatik, in der die Fähigkeiten eines koordinierenden Ingenieurs im Vordergrund stehen - und nicht die eines Mathematikers. Im Gegensatz zur Mathematik ist im Bereich der Softwareentwicklung 1. die Problemstellung nie vollständig, sondern läßt Ermessensspielraum der ausgehandelt werden muss, 2. müssen die zur Lösung zur Verfügung stehenden Bausteine teilweise erst durch einen mühsamen Kommunikationsprozess gewonnen werden, und 3. ist die Lösung nur arbeitsteilig erreichbar, d.h. Fachleute aus verschiedenen Disziplinen müssen an einem koordinierten Kommunikationsprozess teilnehmen. Primärer Kenntnisbedarf sind also nicht formale Methoden, sondern Kommunikationsmittel (Trogemann 2000).

Die Problemfindung und –eingrenzung wird bei den meisten Problemlösungsprozessen unterbewertet. Für problemlösungsorientierte Kreativprozesse ist aber gerade die Bestimmung des Problems der halbe Weg zur Lösung. Die selbstbestimmte Definition von Zielen, etwa als der Entwurf von neuen Horizonten (Kontexten, Rahmenbedingungen) ist deshalb neben Problemlösungs- und Bewertungsprozessen und -Strategien eine der großen Herausforderungen für die Formalisierung. Problemdenken in kreativen Prozessen bezieht die Persönlichkeit des Analysierenden mit ein, ist also ein selbstreferentieller Prozess.

3.2 Wie entstehen Lösungs- und Bewertungsverfahren?

Nach Gotthard Günther können alle gegenwärtigen Computer nur Pseudo-Entscheidungen treffen. Der output jedes Computers ist vollständig bestimmt durch drei Faktoren: a) der Struktur der Maschine; b) dem Input (Programmierung); und c) der Information, die sich bereits aufgrund früherer Programmierungen in der Maschine befindet (der Geschichte der Maschine).

„Pseudo-decisions are characterized by the fact that their alternatives always lie within the conceptual range of the programmer. This, of course, does not exclude that the programmer is completely taken by surprise when faced with the decision a computer has made. (...) What is important in this case is that the possible choices were implicitly generated outside the computing system." (Günther 1970)

Um von „echten" Entscheidungen sprechen zu können, fordert Günther die maschinelle Fähigkeit der „Selbsterzeugung von Wahlmöglichkeiten", um dann über die selbst erzeugten Alternativen Entscheidungen zu treffen.

„On the other hand, a machine, capable of genuine decision-making, would be a system gifted with the power of self-generation of choices, and the acting in a decisional manner upon its self-created alternatives. (...) A machine which has such a capacity could either accept or reject the total conceptual range within which a given input is logically and mathematically located. It goes without saying that by rejecting it the machine displays some independence from the programmer which would mean that the machine has the logical and mathematical prerequisites of making decisions of its own which were not implied by the conceptual range of the programme. But even if we assume that the machine accepts affirmatively the conceptual context of the programme qua context, this is by no means the same as being immediately affected by the specifique contents of the programme that the programmer feeds into it. If we call the first attitude of the machine critical acceptance of the programme and the latter naive acceptance, then it must be said that the differences of their handling a given input in both cases are enormous. In the first case a conceptual and therefore structural context is rejected this does not necessarily imply that also the specific content of the programme are rejected. They still may be accepted, but moved to a different logical or mathematical contexturality." (Günther 1970, p.6-7)

Zeitgenössische Arbeiten zu dieser Problematik finden sich bei Peter Cariani, der sich auf den Günther Kollegen Gordon Pask bezieht. Siehe dazu z.B. Robert Saunders.

„Implications for Design Computing: The emergence of new observational abilities is the current focus of work being done in design computing. The goal is the construction of creative design systems able to sense and adapt to changing requirements and potentials in a design. The task of creative design requires that the system encounter situations which are unforeseen. Cariani sums up the challenge that is facing design computing in the following way. „To build devices which find new observational primitives for us, they must be made epistemically autonomous relative to us, capable of searching realms for which we have no inkling." This seems to sum up our current ambitions for constructing creative design systems very well and it points us in the direction of a necessary requirement for doing so. But, what is an epistemically autonomous device and what are the implications of it's use? An epistemically autonomous device is one capable of choosing its own semantic categories as well as its syntactic operations on the alternatives. An epistemically autonomous device therefore is not constrained by the semantic categories of an observer. How is such a device to be put to useful work if one of necessary conditions for its utility means that it may not share any common semantic categories with its users?" (Saunders 1998)

Einer der wesentlichen, wenn auch keineswegs ausreichenden Aspekte kreativer Systeme ist ihre Fähigkeit der Problemlösung verbunden mit Lernverfahren. Die gegenwärtigen Lösungs- und Bewertungsverfahren innerhalb problemlösender Systeme sind dagegen relativ einfach strukturiert. In der Regel sind sowohl die Lösungsverfahren als auch die Bewertungsmethoden starr vorprogrammiert. Es verändert sich weder der Algorithmus, noch der den Algorithmus konfigurierende Datensatz. Diese Systeme werden in der Literatur auch als „Lernen 0" bezeichnet (von Goldammer, Kaehr 1989). „Lernen I" steht für Systeme, bei denen aus eigener Leistung eine Adaption des gespeicherten Datensatzes an eine veränderte Situation erfolgt. In die Kategorie von Lernen 0 und I gehören sowohl Modelle der Neuroinformatik, Genetische Algorithmen, als auch alle bekannten mathematischen Klassifikations- und Optimierungsverfahren. Genetische Programmierung dagegen gehört zum Bereich Lernen II, da nicht nur die Operanden des Systems (die Datensätze) sondern auch die Operatoren (die Algorithmen) verändert werden. Programme erzeugen als output andere lauffähige Programme. Dies führt auch zum Konzept der Emergenten Genetischen Programmierung bzw. Emergenten Evolutionären Programmierung (Crutchfield, Mitchell 1995). Auf Lösungsstrategien (und Bewertungsverfahren) innerhalb mehrstufiger Kreativprozesse bezogen bedeutet das, die Methoden werden nicht unreflektiert auf das Problem angewendet, sondern die Lösungsstrategie selbst wird von einem übergeordneten Verfahren kontrolliert. Dieses Schema kann nun so fortgesetzt gedacht werden. Ein Algorithmus der nächst höheren Ebene beschreibt die Änderungen im Algorithmus auf der jeweils darunter liegenden Ebene. In Abbildung 1 ist das Prinzip für die ersten 3 Ebenen dargestellt. In der Literatur werden solche Systeme als Meta-Level-Architekturen bezeichnet oder werden unter dem Schlagwort Computational Reflection behandelt (Maes und Nardi 1988). Der Ablauf des Schemas ist dort strikt serialisiert und erfolgt in Abbildung 1 von oben nach unten. Der Umtausch des Operators (Lösungsverfahren1) der Objektberechnung zum Operanden (Daten1) der Meta-Berechnung wird durch die Umtauschrelation beschrieben (Doppelpfeil in Abbildung 1). Das Strukturschema eines derartigen reflexiven Berechnungssystems entspricht der offenen Proemialrelation Günthers (Kaehr, Mahler 1995). Der Proemialkombinator ist allerdings insofern allgemeiner, als er im Gegensatz zum strikten Nacheinander in der Computational Reflection die simultane Verkopplung von Objekt- und Metaberechnung erlaubt. Er bietet damit ein paralleles Modellierungskonzept für reflexive Systeme.

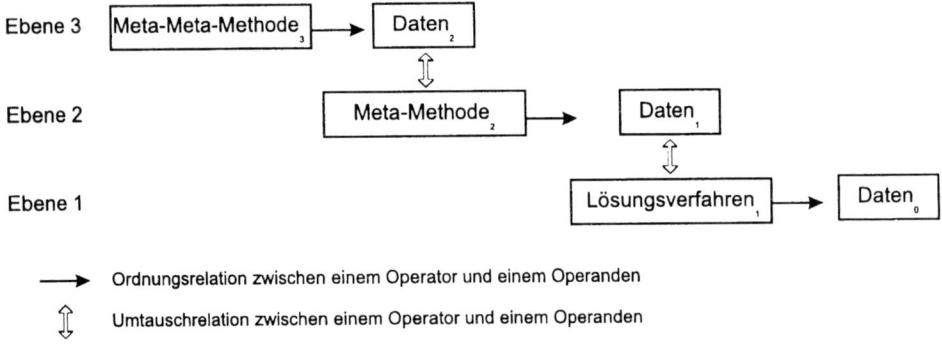

Abb. 1:   Untersten 3 Ebenen der offenen algorithmischen Introspektion

3.3   Die Aufhebung des Grundes

In der Informatik wäre der spontanen Inspiration nur der Sprung aus dem Regelsystem gleichzusetzen. Die Frage ist, wie diese Form der Diskontinuität eines Prozesses formalisiert werden kann. Der Sprung aus dem Regelsystem erfordert als Minimalbedingungen Introspektion und Selbstmodifikation. Innerhalb streng determinierter Systeme wie dem Computer, kann diese Selbsterzeugung, die ja gerade nicht anderweitig determiniert sein soll, nur aus dem Formalismus selbst kommen, sie ist also selbstreferenziell. Es kann nur in ein neues Regelsystem gesprungen werden, das aber nicht schon vorher existiert hat, sondern das durch das simultane Zusammenspiel eines verteilten Systems erzeugt wird. Das heterarchische System muss sich selbst so modifizieren, dass sowohl Absprungszeitpunkt und -ort, als auch der Landeplatz selbstgeneriert sind. Als erster Formalisierungsversuch könnten die sich selbstreproduzierenden Automaten John von Neumanns gesehen werden (Von Neumann 1966). Zunächst werden die Komponenten als Operanden an den neuen Ort kopiert, dabei gegebenenfalls auch soweit modifiziert, dass sie einen neuen Kontext beschreiben. Am neuen Ort werden sie dann als Operatoren gestartet. Der erstmalige Start der Operanden als Operator könnte als so etwas wie ein Sprung aus dem System interpretiert werden. Die Regeln, die vorher als Daten behandelt wurden, sind jetzt selbst Regeln, die nun möglicherweise die Kontrolle über die Regeln übernehmen, von denen sie generiert wurden. Es sind allerdings, wie das von Neumannsche Modell zeigt, trickreiche Konstruktionen erforderlich, damit Systeme sich selbst reproduzieren und dabei weiterentwickeln. Das System ist nicht mehr streng hierarchisch organisiert, sondern heterarchisch. Wer worüber die Kontrolle hat, ist nicht festgeschrieben, sondern eine Frage des Zeitpunktes. Da es hierbei um Probleme des Grundes, ontologisch, epistemologisch, logisch usw. geht, werden nun auch für Informatiker Heideggers Arbeiten zur Problematik und Auflösung des Grundes wichtig. Zumal in der angelsächsischen Literatur Heidegger (Der Satz vom Grund) bereits mit Erfolg in den Computerwissenschaften verarbeitet wird. Siehe dazu insbesondere (Syed Mustafa Ali 1999). Die formale Problematik von Selbstbezug und Grund ist auch ausführlich durch (Varela 1979) behandelt worden.

In ähnlicher Weise erfordert der Wechsel der Bezugsrahmen bzw. das Erzeugen immer neuer Bezugsrahmen im Koestlerschen Modell oder das laterale Erzeugen neuer Ideen bei de Bono heterarchische Konstruktionen. Wir verlangen vom System eine Erweiterung seines eigenen Kontextes. Der Mechanismus der Erweiterung darf aber nicht ebenfalls schon vorgegeben sein. Die einfachste Grundstruktur, die in der Lage ist, diesen Prozess abzubilden, ist die geschlossene Proemialrelation. Während bei der offenen Proemialrelation noch immer ein fester unveränderlicher Fixpunkt der Berechnung gegeben ist, nämlich der Operator der höchsten Ebene, können bei der geschlossenen Proemialrelation die Start-Algorithmen im Laufe des Prozesses irreversibel und vollständig zugunsten neuer Algorithmen überschrieben werden. Das rückgekoppelte verteilte System zieht sich selbst aus dem Sumpf der Startbedingungen. Dies ist allerdings nur möglich, wenn das System nicht mehr unter den Kategorien der ontologisch-semantischen Identität betrachtet wird. Ansonsten verfängt sich das System in Antinomien und trivialisert sich zu nichts (brauchbarem). Von computerwissenschaftlicher Seite hat insbesondere B.C. Smith auf die Notwendigkeit einer Neuformulierung des logisch-ontologischen Identitätssatzes hingewiesen und dazu Pionierarbeiten vorgelegt, die das etwas verfrühte Unternehmen Günthers (1962: Cybernetic Ontology) im Nachhinein legitimieren:

> „Real-world computer systems involve extraordinarily complex issues of identity. Often, objects that for some purposes are best treated as unitary, single, or „one", are for other purposes better distinguished, treated as several. Thus we have one program; but many copies. One procedure; many call sites. One call site; many executions. One product; many versions. One Web site; multiple servers. One url; several documents (also: several ; one Web site). One file; several replicated copies (maybe synchronized). One function; several algorithms; myriad implementations. One variable; different values over time (as well as multiple variables; the same value). One login name; several users. And so on. Dealing with such identity questions is a recalcitrant issue that comes up in every corner of computing, from such relatively simple cases as Lisp's distinction between eq and equal to the (in general) undecidable question of whether two procedures compute the same function. The aim of the Computational Ontology project is to focus on identity as a technical problem in its own right, and to develop a calculus of generalized object identity, one in which identity – the question of whether two entities are the same or different – is taken to be a dynamic and contextual matter of perspective, rather than a static or permanent fact about intrinsic structure." (Smith 1996)

Eine mehr formale Thematisierung und Formalisierung im Sinne eines operationalen Modells, basierend auf der Polykontexturalen Logik und der Morphogrammatik, findet sich in (Kaehr, Mahler 1993).

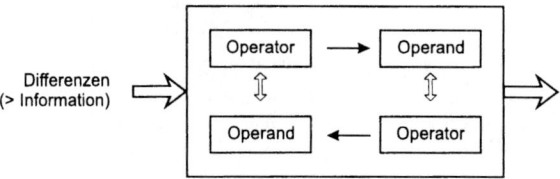

Abb. 2:   Geschlossene Proemialrelation

In Abbildung 2 ist das Grundschema der geschlossenen Proemialrelation (Kaehr, Mahler 1995) skizziert. Aus dieser Grundstruktur heraus kann das System sich entfalten. Wiederum laufen, wie bei der offenen Proemialrelation, die Prozesse simultan ab. Nach Günther besteht ein System, das eine Erweiterung seines eigenen Kontextes vornehmen kann aus einem kognitiven und einen volitiven Prozess (Günther 1979). Der volitive Prozess strukturiert die Umgebung und legt den Kontext fest, in dem die empfangenen Signale (nicht zu verwechseln mit Information) eine Bedeutung erhalten. Der kognitive Prozess klassifiziert und abstrahiert die Daten und erzeugt Inhalte und Bedeutung innerhalb des gewählten Kontextes. Beide Prozesse sind zueinander komplementär, es macht keinen Sinn, sie unabhängig voneinander betrachten zu wollen.

4 Ausblick: Individual-Software vs. Massen-Produkt

Softwaresysteme, die heute kommerziell vertrieben werden sind Massenprodukte. Um das Verhalten der Produkte individueller zu gestalten, bieten viele Programme die Möglichkeit, bis zu einem bestimmten Grad, eine Anpassung an die individuellen Präferenzen des Benutzers vorzunehmen. Diese benutzerselektierte Anpassung, z.B. mit Hilfe von Profildateien und Präferenzmenüs, ist sehr eingeschränkt und wird wenig benutzt. In den letzten Jahren wurden deshalb eine Reihe von Methoden entwickelt, mit deren Hilfe das System sich selbständig an den Benutzer und die Bedürfnisse der konkreten Interaktion adaptiert (Schneider-Hufschmidt, et.al. 1993). Hierzu bildet das System nach verschiedenen Methoden Annahmen über den Benutzer, die bei komplexeren Anpassungen in einem Benutzermodell gespeichert und verwaltet werden. Adaptivität und Benutzermodellierung sollen die Bedienbarkeit eines Systems im Hinblick auf Effizienz, Fehlerrate und Verständnis verbessern helfen.

Zur Verwirklichung von kreativitätsunterstützenden Systemen müssen ähnliche Mechanismen entwickelt werden. Gefragt sind Methoden, die auf den Aufbau einer längerfristigen Beziehung zwischen System und Benutzer abzielen, d.h beide Seiten machen eine gemeinsame Entwicklung durch, dabei findet eine gegenseitige Adaption statt. Die Zielsetzung ist hierbei nicht in erster Linie die Verbesserung der Effizienz oder die Verringerung der Fehlerrate, sondern die Ausweitung des Leistungsspektrums und der Funktionalität des Gesamtsystems - bestehend aus Benutzer und Computersystem. In diesem Zusammenhang spielt die Benutzermodellierung ebenfalls eine wichtige Rolle, jedoch müssen die Erkenntnisse über die Interaktionsverläufe zu neuen Funktionalitäten und schließlich auch zur Herausbildung neuer Kontexte führen. Das Ziel sind Systeme, deren formale Grundstrukturen sich während der Benutzung verändern und wachsen können, d.h. nicht nur die Daten ändern sich, sondern auch die Algorithmen und mit ihnen der Kontext in dem das System agiert. Die größte Herausforderung ist damit die Formalisierung von Systemen, die ihr Verhältnis zu ihrer Umwelt selbstbestimmt ändern können, d.h. die während sie ausgeführt werden in der Lage sind, in neue selbst erzeugte Kontexte zu wechseln.

Literaturverzeichnis

Binnig, G. (1989): Aus dem Nichts – Über die Kreativität von Mensch und Natur. München: Serie Piper
Boden, M. (1990): The Creative Mind, Myths & Mechanism. London: Weidenfeld and Nicolson
Bonnardel, N. (1999): Creativity in design activities: The role of analogies in a constrained cognitive environment. In: Candy, L.; Edmonds, E. (Hrsg.): Creativity & Cognition. New York: ACM Press, S. 158 –165
Bringsjord, S.; Ferucci, D. (2000): Artificial Intelligence and Literary Creativity: inside the mind of BRUTUS, a storytelling machine. Mahwah u.a.: Lawrence Erlbaum Associates
Candy, L.; Edmonds, E. (Hrsg.) (1993): Creativity and Cognition. International Symposium, Loughborough University, England
Candy, L.; Edmonds, E. (Hrsg.) (1996): Creativity and Cognition. Second International Symposium, Loughborough University, England
Candy, L.; Edmonds, E. (Hrsg.) (1999): Creativity and Cognition. Proceedings of the third International Symposium, Loughborough University, England. New York: ACM Press
Crutchfield, J.P.; Mitchell, M. (1995): The Evolution of Emergent Computation. Santa Fe Institute, SFI Technical Report 94-03-012
Csikszentmihalyi, M. (1997): Kreativität. Stuttgart: Klett-Cotta
de Bono, E. (1970): Lateral Thinking: Creativity Step by Step. New York: Harper & Row
Günther, G. (1970): Proposal for the Continuation of an Investigation of a Mathematical System for Decision-Making Machines Under Grant: AF-AFOSR 68-1391. Department of Electrical Engineering, University of Illinois, Urbana
Günther, G. (1979): Cognition and Volition, A Contribution to a Cybernetic Theory of Subjectivity, in: Beiträge zu einer operationsfähigen Dialektik, Bd. II, Meiner Verlag Hamburg

Hampden-Turner, C. (1991): Modelle des Menschen - Ein Handbuch des menschlichen Bewußtseins. Weinheim u.a: Beltz Verlag

Hofstadter, D. R. (1996): Die Fargonauten – Über Analogie und Kreativität. Stuttgart: Klett-Cotta

Kaehr, R.; Mahler, T. (1995): Proömik und Disseminatorik. In: Selbstorganisation - Jahrbuch für Komplexität in den Natur-, Sozial- und Geisteswissenschaften. Band 6: Ziemke, A.; Kaehr, R. (Hrsg.): Realitäten und Rationalitäten. Berlin: Duncker & Humblot, S. 111-159

Kaehr, R. Mahler, T. (1993): Morphogrammatik: Eine Einführung in die Theorie der Form. Klagenfurter Beiträge zur Technikdiskussion 65

Konolige, K. (1988): Reasoning by Introspection. In: Maes, P.; Nardi D. (Hrsg.): Meta-Level Architectures and Reflection. Amsterdam u.a.: North Holland Elsevier, S. 61 - 74

Koestler, A. (1964): The Act of Creation. New York: Macmillan

Maes, P.; Nardi D. (1988): Meta-Level Architectures and Reflection. Amsterdam u.a.: North Holland Elsevier

Michalko, M. (1998): Cracking Creativity. Berkeley: Ten Speed Press

Nemes, T. (1967): Kybernetische Maschinen. Stuttgart: Berliner Union GmbH, S. 237-243

Partridge, D.; Rowe, J. (1994): Computers and Creativity. London: Intellect Books

Pólya, G. (1957). How to Solve it: A New Aspect of Mathematical Method (second edition). New York: Doubleday Anchor Books

Saunders, R. (1998): Implications for Design Computing.
http://www.arch.usyd.edu.au/~rob/study/EmergenceAndArtificialLife.html

Schneider-Hufschmidt, M.; Kühme, T.; Malinowski, U. (Hrsg.) (1993): Adaptive User Interfaces: Principles and Practise. Amsterdam: North Holland Elsevier

Shneiderman, B. (1999): User Interfaces for Creativity Support Tools. In: Candy, L.; Edmonds, E. (Hrsg.): Creativity & Cognition. New York: ACM Press, S. 15 –24

Shneiderman, B. (2000): Creating Creativity: User Interfaces for Supporting Innovation. In: ACM Transactions on Computer-Human Interaction, Vol. 7, No. 1, March 2000, S. 114-138

Sims, K. (1991): Artificial Evolution for Computer Graphics. Siggraph 91 Conference Proceedings. In: Computer Graphics, Volume 25, Number 4, Reading u.a.: Addison Wesley, S. 319-328

Sims, K. (1994): Evolving Virtual Creatures. Siggraph 94 Conference Proceedings. In: Computer Graphics, Annual Conference Series, Reading u.a.: Addison Wesley, S. 15-22

Smith, B. C. (1996): On the Origin of Objects, Cambridge: MIT Press

Syed Mustafa Ali (1999): The Concept of Poiesis and its Application in a Heideggerian Critique of Computationally Emergent Artificiality, Brunel Univ.

Trogemann, G. (2000): Irritation versus Intuition. Notizen zur Situation der Informatik, in: Fiktion als Fakt, „Metaphysik" der neuen Medien, Jahrbuch für Internationale Germanistik, Reihe C, Band4/5, Bern u.a.: Verlag Peter Lang, S. 45 - 59

Varela, F. (1979): Priciples of Biological Autonomy, Amsterdam: North Holland

von Goldammer, Kaehr (1989): „Lernen" in Maschinen und lebenden Systemen, in: Design & Elektronik, Verlag Markt und Technik, Ausg. 6, S. 146-151

von Neumann, J. (1966): Theory of self-reproducing Automata. Edited and completed by A.W. Burks, Urbana: University of Illinois Press

Weibel, P. (1997): Kunst als soziale Konstruktion. In: Müller. A.; Müller K.; Stadler F. (Hrsg.): Konstruktivismus und Kognitionswissenschaft. New York u.a.: Springer-Verlag, S. 183-197

Wiener, O. (1996): Schriften zur Erkenntnistheorie. Wien u.a.: Springer Verlag

Adressen der Autoren

Prof. Dr. Georg Trogemann
Kunsthochschule der Medien
Fachbereich Kunst- und Medienwissenschaften
Peter-Welter-Platz 2
50676 Köln
trogemann@lmr.khm.de

Kooperation in interdisziplinären Teams in Forschung, Produktentwicklung und Kunst

Brigitte Steinheider, Georg Legrady
Fraunhofer Institut für Arbeitswirtschaft und Organisation, Stuttgart /
University of California, Santa Barbara / Merz Akademie, Stuttgart

Zusammenfassung

In diesem Beitrag wird ein Modell zur Unterstützung von interdisziplinären Kooperationen vorgestellt, welches anhand von interdisziplinären Forschungs- und Entwicklungsteams in Forschungsinstituten und Wirtschaftsbetrieben validiert wurde. Dem Modell zufolge bestimmen Kommunikation, Koordination und Wissensintegration die Qualität von Kooperationen. Durch die unterschiedlichen Perspektiven der Fachdisziplinen im Team wird die Kreativität gefördert und neues Wissen kann entstehen. Eine Voraussetzung dafür ist die Integration der unterschiedlichen Wissensdomänen und mentalen Modelle und die Schaffung einer gemeinsamen Wissensbasis. Unseren Untersuchungen zufolge treten gerade in den Bereichen der Koordination und Wissensintegration in interdisziplinären Teams häufig Probleme auf, weniger im Bereich der Kommunikation. Diese Probleme verlängern die Produktentwicklungszeiten, erhöhen damit die Kosten und sind mit Qualitätseinbußen verbunden, während auf subjektiver Ebene die Teammitglieder über höhere Arbeitsbelastung und geringere Arbeitszufriedenheit klagen.

In einer Fallstudie wird dieses im FuE-Bereich validierte Modell auf ein internationales und interdisziplinäres Team im Bereich der digitalen Medienkunst angewendet, und die Entwicklung einer digitalen online-Museumsinstallation sowie die dabei aufgetretenen Probleme beschrieben. Damit sollte untersucht werden, ob die Ergebnisse auch auf Teams außerhalb des F&E-Bereiches übertragbar sind. Zusätzlich sollte festgestellt werden, welchen Einfluss die räumliche Verteilung der Teammitglieder (Helsinki, Budapest, Stuttgart, Paris), die unterschiedlichen Nationalitäten und die Heterogenität der Disziplinen (Künstler, Graphiker, Ingenieure, Informatiker, Kurator) und Rollen auf die Kooperationsprobleme hat. Bei diesem Kunst/Design/Engineering/Informatiker-Team traten ähnliche Probleme auf, wie in den vorhergehenden Untersuchungen. Der größte Unterstützungsbedarf zeigte sich im Bereich der Koordination und Wissensintegration, so dass die Ergebnisse aus dem FuE-Bereich auch auf interdisziplinäre Projektteams im Bereich der digitalen Medienkunst übertragen werden können.

1 Einleitung

Die zunehmende Komplexität von Produkten und die gestiegenen Anforderungen an die Innovativität im F&E-Bereich lassen sich nur durch neue Organisationsformen, wie die Bildung von multidisziplinären Projektteams bewältigen. Dabei handelt es sich meist um Teams von Fachleuten unterschiedlicher Qualifikation und Herkunft, die zeitlich befristet an einem gemeinsamen Projekt arbeiten, wobei räumliche und zeitliche Nähe selten gegeben ist. Aufgrund der zunehmenden Globalisierung bzw. Fusionierung sind diese Entwicklungsteams zunehmend international besetzt und können unternehmensübergreifend, räumlich verteilt und in wechselnder Zusammensetzung kooperieren. Vor allem im Bereich der Produktentwicklung ist die Zusammenarbeit von Experten unterschiedlicher Fachrichtungen essentiell, wie z. B. die Kooperation zwischen Ingenieuren, Ergonomen, Designern etc. Durch die Zusammenführung von Expertenwissen aus unterschiedlichen Bereichen in kooperativen Teams verspricht man sich synergetische Effekte sowie die Nutzung und Verstärkung der kreativen Potentiale der Teammitglieder. Durch die Bildung dieser Teams verändert sich jedoch auch die Art der Zusammenarbeit zwischen den an der Produktentwicklung beteiligten Personen und die Kooperationsanforderungen steigen.

Auch im Kunstbereich hat durch die Integration digitaler Medien eine Verschiebung von individueller Einzelarbeit hin zu Künstlergruppen bzw. interdisziplinären Teams stattgefunden: die verwendeten Technologien und das dazu notwendige Wissen sind so komplex und spezialisiert, dass ein Einzelner nicht mehr in der Lage ist, diese Bereiche abzudecken, sondern Experten für die Entwicklung der einzelnen Komponenten von digitalen Kunstwerken notwendig sind. Damit ändert sich auch die Rolle des Künstlers, dessen Aufgabe es nun ist, Projektleitungsfunktionen zu übernehmen und die einzelnen Komponenten zu integrieren, wodurch die kooperativen Anforderungen steigen. Diese Entwicklung hin zu interdisziplinären Teams lässt sich auch im Bereich der wissenschaftlichen Forschung beobachten, wo ebenfalls disziplinäre Trennungen aufgegeben werden und versucht wird, Wissen aus unterschiedlichen Domänen zusammenzuführen, um damit der gestiegenen Komplexität und Spezialisierung Rechnung zu tragen.

Die intensive Zusammenarbeit und Kooperation zwischen Experten unterschiedlicher Domänen ist bisher noch weitgehend unerforscht. Dieses Thema wurde in der arbeitswissenschaftlichen Forschung vernachlässigt, und es gibt nur wenige empirische Studien über Produktentwicklungsprozesse in Teams (z.B. Wehner, Raeithel, Clases & Endres 1996; Badke-Schaub & Frankenberger 1997; Frankenberger 1997; Teufel et al. 1995). Dabei handelt es sich häufig um Fallstudien in einzelnen Unternehmen bzw. in einem einzelnen Entwicklungsteam, die nur bedingt auf andere Unternehmen übertragbar sind. In unseren Untersuchungen, die im Rahmen des Sonderforschungsbereiches 374 „Entwicklung und Erprobung innovativer Produkte - Rapid Prototyping" durchgeführt wurden, steht die Frage im Zentrum, wie die kooperative Arbeit bei der Entwicklung innovativer Produkte erleichtert und gefördert werden kann. Ziel unserer Untersuchungen ist es, geeignete Modelle und Instrumente zur Analyse, Bewertung und Gestaltung interdisziplinärer kooperativer Arbeit in der Produktentwicklung zu entwickeln.

2 Kooperationsmodell

Viele Modelle der Kooperation berücksichtigen nur die Aspekte der Kommunikation und Koordination (z.B. Teufel et al. 1995) und vernachlässigen die in interdisziplinären Teams ablaufenden Prozesse und die durch die Verschiedenartigkeit der aufeinander treffenden Disziplinen entstehenden Schwierigkeiten. Erfahrungen mit interdisziplinären Teams haben gezeigt, dass Kooperieren mehr als Kommunizieren bedeutet. Es bedeutet das Verfolgen gemeinsamer Ziele und gegenseitige Unterstützung; dafür sind vielfältige Abstimmungsvorgänge, d. h. Koordination nötig. Ein häufiger Grund für das Scheitern einer Kooperation liegt in der Tatsache, dass der unterschiedliche fachliche Hintergrund der einzelnen Gruppenmitglieder vernachlässigt wird. Aus diesem Grund halten wir eine Erweiterung des Kooperationsmodells um den Aspekt der Wissensintegration und die Schaffung einer gemeinsamen Wissensbasis, eines „common ground" (Clark 1996) für notwendig (siehe auch Ganz & Warschat 1997). Eine funktionierende Kooperation in einem Expertenteam, wie z. B. bei der Produktentwicklung, wäre demnach durch folgende Prozesse gekennzeichnet (siehe Abbildung 1):

- Der Kommunikationsprozess ermöglicht es den Akteuren Daten, Informationen und Wissen auszutauschen, hierbei spielen auch interkulturelle Faktoren eine Rolle. Dieser Prozess wird durch technische Kommunikationsmöglichkeiten unterstützt.
- Der Koordinationsprozess regelt die Beziehung zwischen den Akteuren und Aktivitäten, indem er individuelle Arbeitsbeiträge im Sinne des übergeordneten Ziels integriert und harmonisiert (Malone & Crowston 1994). Koordinationsanforderungen ergeben sich vor allem durch die geteilten Ressourcen, die Produzenten-Konsumenten-Beziehungen, die Gleichzeitigkeitsbeschränkungen und die Abhängigkeiten zwischen den Teilaufgaben. Der Koordinationsprozess kann durch Projektmanagement-Tools unterstützt werden.
- Der Wissensintegrationsprozess ist der partielle Austausch von Wissen der beteiligten Akteure. Hierdurch wird eine gemeinsame Verständnisbasis über Arbeitsinhalte, herzustellende

Produkte und Betriebsmittel als Arbeitsgrundlage geschaffen. Wissensintegration ist die Basis für die Kommunikation und Koordination, denn ohne ein gemeinsames Verständnis wichtiger Begriffe und ihrer Zusammenhänge kann bei der Kommunikation der kooperierenden Experten keine Information transportiert werden und damit ist auch keine Koordination möglich. Im Gegensatz zu den beiden ersten Teilprozessen besteht hier noch ein großer Entwicklungsbedarf zur digitalen Unterstützung dieses Prozesses.

Kommunikation
Befähigt die Akteure zum Daten-, Informations- und Wissensaustausch

Koordination
Bewältigt die Abhängigkeiten zwischen Akteuren und Aktivitäten; Integriert und harmonisiert individuelle Aufgaben im Hinblick auf übergeordnete Ziele

Wissensintegration
Ermöglicht die Zusammenarbeit mit Hilfe gemeinsamer mentaler Modelle, Metaphern und Analogien

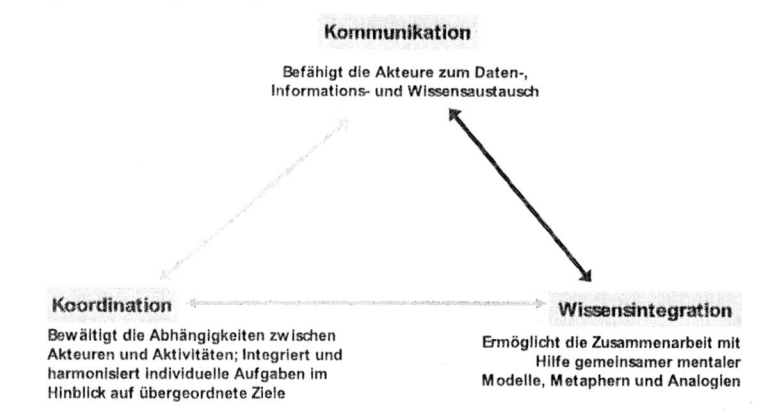

Abb. 1: Modell der Kooperation

Wir nehmen an, dass die Teilprozesse des Kooperationsmodells von ihrer Bedeutung her gleichwertig sind. Kommunikation ist zwar die Basis für Kooperation, aber ohne die anderen Prozesse der Koordination und Wissensintegration ist eine erfolgreiche Kooperation nicht möglich. Im Engineering-Bereich unterliegt das Wissen einem exponentiellen Wachstum, so dass zwangsläufig eine zunehmende Spezialisierung erfolgen muss. Damit Experten unterschiedlicher Fachbereiche effizient zusammenarbeiten können, muss ein Grad an Wissensintegration erreicht werden, der eine Kooperation im Rahmen der gestellten Aufgabe ermöglicht, gleichzeitig aber einem ökonomischen Prinzip genügt, d.h. möglichst wenig Zeit und Kosten verursacht. Es ist daher vor allem die Wissensintegration, die für den Erfolg kooperativer Produktentwicklungsprozesse von zentraler Bedeutung ist.

Während die Rolle der Kommunikation und der Koordination häufig untersucht wurde, wurde der Prozess der Wissensintegration bzw. des „groundings" in interdisziplinären Teams erst in letzter Zeit zunehmend beachtet (z.B. Wehner et al. 1996; Wehner, Clases & Manser 1999). Zur Schaffung dieses common ground werden zwei Informationsquellen angenommen: ein allgemeines Grundverständnis der anderen Fachdisziplin (communal common ground) sowie die konkreten Erfahrungen in der aktuellen Zusammenarbeit mit dem Vertreter einer anderen Fachdisziplin (personal common ground; siehe auch Bromme im Druck). Zur Validierung dieses Modells wurden mehrere Untersuchungen durchgeführt.

3 Förderliche und hinderliche Bedingungen für interdisziplinäre Kooperationen

Mit Hilfe einer explorativen Studie (N=24) bei Mitarbeitern interdisziplinärer Forschungs- und Entwicklungsteams eines Forschungsinstitutes wurden erste Hinweise für die Validität dieses Modells gefunden. Mittels leitfadengestützter Interviews wurden konkrete Kooperationsprojekte hinsichtlich der drei Teilprozesse beschrieben, wobei jeweils die Hälfte der Befragten viel (mehr als 5 Jahre) bzw. wenig Kooperationserfahrung hatte (weniger als 5 Jahre). Es wurden förderliche und hinderliche Bedingungen für die Teilprozesse der Kooperation identifiziert und der Zusammenhang zwischen der Kooperationserfahrung und Maßnahmen zur Schaffung einer gemeinsamen Wissensbasis untersucht.

Als förderlich für die Kommunikation wurden von den Befragten Gemeinsamkeiten der Kooperationspartner, Sympathie, Offenheit, Vertrauen, Fairness und Kompromissbereitschaft angesehen. Positive Rahmenbedingungen waren geeignete Räumlichkeiten, ausreichend Zeit und der Einsatz von Visualisierungshilfen. Informelle Kontakte verbessern das Verständnis füreinander und motivieren. Als hinderlich für die Kommunikation wurden Mentalitätsunterschiede (national/international) sowie unterschiedliche Muttersprachen angesehen. Negativ bewertet wurde außerdem die räumliche Entfernung zwischen Projektpartnern, Probleme durch den Einsatz von Kommunikationstechnologien sowie häufige Unterbrechungen.

Hinsichtlich der Koordination wurden als förderliche Bedingungen eine konkrete Problemstellung und gemeinsame Ziele, ein klarer Zeitplan, die Einhaltung von Absprachen, eine stabile Teambesetzung, wenig Mehrfachbelastungen und ein systematisches Projektmanagement genannt. Hierbei spielt vor allem die Person des Teamleiters und seine Erfahrung, sowie die Vor- und Nachbereitung von Meetings, die Dokumentation des Prozesses und das Controlling eine wichtige Rolle.

Bezüglich der Wissensintegration wurde vor allem die Interdisziplinarität und damit die unterschiedlichen Fachsprachen, Begrifflichkeiten und Herangehensweisen als Problem thematisiert (z.B. Welten trafen aufeinander). Dies wird dadurch noch erschwert, dass die Wissensintegration häufig nicht bewusst abläuft, sondern erst beim Auftreten von Missverständnissen als Problem erlebt wird. Problematisch ist weiterhin ein Wechsel in der Teambesetzung, da mit jedem neuen Teammitglied der Wissensintegrationsprozess wieder neu vollzogen werden muss.

Förderliche Bedingungen für die Wissensintegration waren ein explizites Erarbeiten eines gemeinsamen Ziel- und Problemverständnisses (common ground), Sorgfalt bei Kommunikationsvorgängen (z.B. visualisieren, konkretisieren, nachfragen, Beachten auch von Gestik und Mimik) und das Bemühen, die Perspektive der anderen Teammitglieder zu verstehen (Perspektivenwechsel). Teammitglieder sollten motiviert sein, interdisziplinär zu arbeiten, und anderen Sichtweisen gegenüber offen sein und diese akzeptieren können. Es ist wichtig, eine gemeinsame Projektterminologie zu entwickeln, indem gleich zu Anfang Begriffe und ihre Zusammenhänge definiert werden. Die Wissensintegration wird außerdem erleichtert durch das Vorhandensein von Grundkenntnissen der anderen Fachdisziplin. Dieses ist wichtig, um zu einer gleichen Einschätzung der Problemstellungen des Projektes zu kommen, für ein geteiltes (Begriffs-)Verständnis und hilfreich für die Suche nach Lösungen; weiterhin verringern die Grundkenntnisse der anderen Fachrichtung das Unverständnis und die daraus entstehenden Konflikte.

Erfahrung mit interdisziplinären Teams ist vorteilhaft: Wissensintegration wird meist nicht bewusst betrieben, sondern erst beim Auftreten von Problemen. Personen mit Kooperationserfahrung kennen die Probleme der Interdisziplinarität und können bei auftretenden Problemen schneller gegensteuern (z.B. durch Begriffsklärung, Erläuterung von Konzepten und Perspektivenwechsel). Die Notwendigkeit gemeinsamer Ziele und einer gemeinsamen Vorgehensweise sind allen Befragten bekannt, doch erst durch Vorerfahrung in interdisziplinärer Kooperation wird deutlich, dass hierzu eine gemeinsame Verständigungsbasis geschaffen werden muss. Grundkenntnisse über das Fachwissen der anderen Disziplinen (communal common ground) erleichtert die aktuelle Projektarbeit dadurch, dass es die Bildung eines persönlichen Grundverständnisses zwischen den Kooperationspartnern beschleunigt (personal common ground). Mit zunehmender Kooperationserfahrung steigt dieser communal common ground und damit erreicht man schneller personal common ground im aktuellen Projekt. Die Übernahme der Perspektive der anderen Disziplinen begünstigt die Entwicklung eines common grounds, dabei muss zumindest ein Teammitglied zu dieser Perspektivenübernahme aufgrund seiner Erfahrung fähig sein. Ob die Wissensintegration gelungen ist, d.h. ein gemeinsames Aufgabenverständnis vorliegt oder noch Unklarheit bezüglich der Aufgabe bzw. der Lösungsansätze bestehen, kann im Regelfall erst anhand von Artefakten festgestellt werden. Insofern ist es wichtig, möglichst schnell Prototypen zu erstellen, da erst anhand von sichtbaren Ergebnissen der Grad der Wissensintegration festgestellt und damit gegebenenfalls frühzeitig Maßnahmen zur Schaffung einer gemeinsamen Wissensbasis getroffen werden können.

Aus diesen qualitativen Aussagen wurde ein Fragebogen zur Erfassung der Probleme bezüglich der Kommunikation, Koordination und Wissensintegration bei interdisziplinären Kooperationen entwickelt, der in den nachfolgenden Studien eingesetzt wurde.

4 Empirische Überprüfung des Modells

In den weiteren Untersuchungen wurden dieses Modell mit Hilfe des Fragebogens bei vier verschiedenen Stichproben validiert und die Zusammenhänge zwischen Problemen bei den Teilprozessen der Kooperation und objektiven bzw. subjektiven Wirkungen erfasst.

In der ersten Untersuchung mit 40 Mitarbeitern in interdisziplinären Forschungs- und Entwicklungsteams eines Forschungsinstitutes wurde das Modell validiert und subjektive Erklärungsansätze für die Ursachen von Kooperationsproblemen identifiziert (Steinheider & Burger 2000). Die Befragten sollten ein konkretes Kooperationsprojekt schildern und die subjektiven Ursachen für Schwierigkeiten innerhalb einer bestimmten Phase hinsichtlich ihres Einflusses bewertet. Die interne Konsistenz der drei Subskalen war befriedigend bis gut (Cronbach's Alpha zwischen .72 und .86), und die Korrelationen zwischen den Skalen waren niedrig (r zwischen .24 und .39). Bezüglich der subjektiven Ursachen für die Kooperationsschwierigkeiten wurden, im Vergleich zu Kommunikation und Koordination, die Items der Wissensintegration am häufigsten genannt. Die häufigsten Beschwerden lauteten, dass „Teammitglieder unterschiedliche Zielvorstellungen für dieses Projekt hatten" (N=28), sich „die eigene Sichtweise den anderen Mitgliedern nur unzureichend verdeutlichen konnten" (N=27), „nicht bereit waren, sich auf eine andere Sichtweise einzulassen" (N=27); „stark durch andere Projekte beansprucht wurden" (N=25) und „in ihrer jeweiligen fachlich–methodischen Denkweise verhaftet blieben" (N=23). Andererseits wurde „fehlende fachliche Kompetenz" (N=5) und „fehlendes Interesse an der Zusammenarbeit mit anderen Fachdisziplinen" (N=6) als Erklärung für die Probleme nur selten genannt: dies deutet darauf hin, dass es nicht an Motivation oder Kompetenz mangelt, sondern dass Methoden und Strategien für die Integration der verschiedenen Wissensdomänen fehlen.

In der nächsten Untersuchung mit Mitgliedern von interdisziplinären F&E-Teams eines Forschungsinstitutes (N=31; Steinheider 2000a) wurden die Zusammenhänge zwischen den Teilprozessen der Kooperation und dem subjektiven Belastungsempfinden (Weyer, Hodapp & Neuhäuser 1980) untersucht. Die Ergebnisse zeigen signifikante lineare Zusammenhänge zwischen Koordination und subjektiver Belastung, d.h. mit zunehmenden Koordinationsproblemen steigt das Stressempfinden an. Insbesondere Fluktuation innerhalb der Teams führt zu zunehmenden Koordinationsproblemen.

Zur weiteren Überprüfung der Bedeutung der Wissensintegration für Kooperationsprozesse wurde der Fragebogen an Leiter von Forschungs- und Entwicklungsabteilungen in deutschen Unternehmen verschickt (N=86; Steinheider 2000b). Ziel dieser Untersuchung war es nachzuweisen, dass Probleme bei der Wissensintegration nicht nur von den Betroffenen selber genannt werden, sondern auch mit einer schlechteren Bewertung der Ergebnisse der Zusammenarbeit verbunden sind. Dazu sollten die Forschungs- und Entwicklungsleiter die Probleme ihrer F&E-Teams bewerten sowie ihre Zufriedenheit mit den Leistungen der Teams bezüglich der Einhaltung von Zeit, Kosten und Qualität einschätzen. Die Ergebnisse zeigen, dass nur Probleme mit der Wissensintegration signifikant die Einschätzung der Leistungen verschlechtern, nicht aber Probleme mit der Kommunikation und der Koordination. Diese Studie belegt die bisher nicht ausreichend beachtete Bedeutung der Wissensintegration und zeigt ein großes Potential für Maßnahmen, die auf die Förderung einer gemeinsamen Wissensbasis von interdisziplinären F&E-Teams abzielen.

In der folgenden Untersuchung wurde der Fragebogen an Mitglieder von F&E-Teams in der Produktentwicklung deutscher Unternehmen versendet (N=97; Reiband & Steinheider, in Vorbereitung). Die Mitglieder dieser Teams sollten die Häufigkeit von Kooperationsproblemen angeben sowie die Einhaltung von Zeit, Kosten und Qualität des Produktentwicklungsprozesses bewerten. Den Ergebnissen der Studie zufolge, sind Probleme bezüglich der Kommunikation, Koordination und Wissensintegration mit längeren Produktentwicklungszeiten und sinkender Qualität verbunden, während keine Zusammenhänge mit den Kosten nachgewiesen werden konnten. Darüber hinaus klagen die Mitarbeiter mit zunehmenden Kooperationsproblemen über stärkere Arbeitsbelastung und geringere Arbeitszufriedenheit. Probleme bezüglich der Teilprozesse der Kooperation zeigen sich insbesondere in großen Teams und bei Teilnahme externer Partner. Die Kooperation im Team wird begünstigt durch Kooperationserfahrung der Teammitglieder, Wissen über Produktentwicklungsprozesse, die Integration aller Mitglieder in die Produktentwicklung, eine Netzstruktur der Gruppe (im Gegensatz zu Untergruppen) und klare Interaktionsregeln. Die Ergebnisse dieser Untersuchungen sind in Abbildung 2 zusammengefasst.

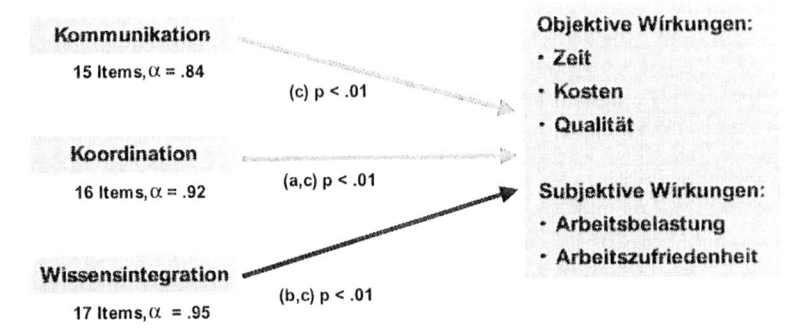

Abb. 2: Kommunikation, Koordination und Wissensintegration als Prädiktoren für objektive und subjektive Wirkungen von interdisziplinären F&E-Teams; Ergebnisse von drei Untersuchungen: a) F&E-Teams (Steinheider 2000a); b) F&E-Leiter (Steinheider 2000b); c) F&E-Teams in der Produktentwicklung (Reiband, Steinheider in Vorbereitung)

Insgesamt belegen diese Untersuchungen die Bedeutung von Kommunikation, Koordination und Wissensintegration in interdisziplinären F&E-Teams, wobei insbesondere Probleme der Koordination und Wissensintegration die Effektivität der Teamarbeit beeinträchtigen und mit negativen subjektiven Wirkungen auf die Teammitglieder verbunden sind. Die Teilprozesse der Kooperation werden wiederum von Merkmalen der Teammitglieder (Kooperationserfahrung, Wissen über Produktentwicklungsprozesse) bzw. Strukturmerkmalen der Gruppe (Netzstruktur, Integration aller Mitglieder, Interaktionsregeln) beeinflusst.

5 Fallstudie: Pockets full of memories – Kooperation in einem internationalen interdisziplinären Team im Kunstbereich

In einer anschließenden Fallstudie sollte untersucht werden, ob in internationalen und interdisziplinären Kooperationen im Bereich der digitalen Medienkunst ähnliche Probleme auftreten wie in Forschungs- und Entwicklungsteams in Forschungsinstituten bzw. Wirtschaftsunternehmen. Bei der Kooperation handelte es sich um die Entwicklung einer digitalen online Museumsinstallation, die im Centre Pompidou von April bis September 2001 gezeigt werden wird. Die Installation besteht aus einem Archiv, das von den Museumsbesuchern selber konstruiert wird, indem sie persönliche Gegenstände aus ihren Taschen und deren Beschreibung beitragen. Diese Gegenstände werden gescanned und damit Bestandteil einer ständig wachsenden Datenstruktur, die mit Hilfe eines Fragebogens und mit Kohonens self-organizing map (1995) strukturiert wird. In dem Fragebogen werden die Besucher gebeten, ihre Objekte mit Hilfe von Kategorien und Schlüsselbegriffen zu beschreiben und mittels eines semantischen Differentials zu bewerten (Osgood 1952). Diese Daten werden durch Algorithmen in Gruppen gemäß der Ähnlichkeit ihrer Beschreibungen organisiert. Der Algorithmus, die self-organizing map, positioniert Gegenstände in einer zweidimensionalen Matrix in Relation zu anderen, bereits eingegebenen Gegenständen nach Ähnlichkeit. Das ganze Archiv wird auf die Museumswände projiziert und kann auch über das Internet betrachtet werden. Das Publikum kann über Terminals mit diesen Daten interagieren und diese verändern, in dem es Gegenstände hinzufügt, und die Beschreibungen von jedem Gegenstand bzw. ähnlichen Gegenständen abrufen. Darüber hinaus kann das Publikum in der Ausstellung bzw. über Internat Kommentare und Geschichten zu den Objekten hinzufügen. Ziel des Projektes ist es, das Publikum in die Erstellung dieses digitalen Archivs einzubeziehen und mit diesem Archiv interagieren zu lassen. Das Archiv der Gegenstände wird damit auch ein Ort für die Sammlung und den Austausch von individuellen Geschichten.

Dieses Projekt stellt eine interdisziplinäre Zusammenarbeit zwischen einem amerikanischen digitalen Medienkünstler (Konzeption), finnischen kognitiven Wissenschaftlern (SOM, Kohonen self-organizing map-Alogrithmen), ungarischen Ingenieuren/Künstlern (Hard- und Software-Entwicklung), deutschen Designern und einem französischen Kurator dar. Die Dateneingabe erfolgt mittels eines digitalen Fragebogens, der von einer deutschen Psychologin mitentwickelt wurde. Aufgrund der räumlichen Verteilung der Beteiligten (Helsinki, Budapest, Stuttgart und Paris) fand die Kommunikation hauptsächlich über e-mail bzw. Telefon statt; es wurde in Englisch bzw. Französisch (Kurator/Künstler) kommuniziert. Die Komplexität dieser Entwicklung ist aufgrund der Innovativität, dem Anspruch der Integration von Wissenschaft und Kunst und der technischen Realisierung außerordentlich hoch.

5.1 Strukturmerkmale des Teams

Schwierigkeiten entstanden aufgrund der Größe der Gruppe (circa 12 Personen waren involviert), wobei es auch Fluktuationen gab (so war der Projektleiter des finnischen Teams nur in der Anfangsphase beteiligt, danach wurde das Projekt von einem seiner Studenten bearbeitet). Zusätzlich wurde die Zusammenarbeit durch die Struktur der Gruppe in Form von Untergruppen erschwert: Informationen wurden anfangs zwischen dem finnischen und dem ungarischen Team über den Projektleiter, den Künstler, weitergeleitet, dies führte zu Missverständnissen, da ihm das Wissen über Konventionen bei den Datenformaten fehlte; dies besserte sich nachdem die Kommunikation zwischen beiden Gruppen direkt per e–mail erfolgte. Da aufgrund terminlicher Schwierigkeiten der Projektstart mit den unterschiedlichen Untergruppen zu unterschiedlichen Zeiten erfolgte, konnten auch zunächst keine klaren Regeln und Normen der Interaktion etabliert werden; dies begünstigt Kooperationsprobleme. Erschwerend war darüber hinaus, dass den meisten der Beteiligten konkrete interdisziplinäre Kooperationserfahrungen fehlten und nur das ungarische Ingenieur-/Künstlerteam über Produktentwicklungswissen verfügte.

5.2 Probleme bezüglich der Kommunikation

Aufgrund der räumlichen Entfernung waren persönliche Treffen selten und die Kommunikation fand hauptsächlich über e-mail statt. Dies machte es anfangs schwierig, Vertrauen zwischen den Beteiligten aufzubauen, und zwar um so mehr, als sich nur der Künstler und das ungarische Teams vorher kannten. Darüber hinaus gab es wenig Gemeinsamkeiten zwischen den Teammitgliedern: neben den unterschiedlichen Muttersprachen und kulturellen Hintergründen variierten auch das Alter (zwischen 25 und 51 Jahren) und die Berufserfahrung stark (Student bis langjährige Tätigkeit). Insbesondere am Projektstart gab es starke Spannungen zwischen den Subgruppen und es war nur schwer möglich, Schwierigkeiten offen anzusprechen. Darüber hinaus war die Kompromissbereitschaft der Beteiligten zunächst gering: Dies war hauptsächlich auf die hohen Ambitionen der jüngeren, wenig projekterfahrenen Teammitglieder zurückzuführen.

5.3 Probleme bezüglich der Koordination

Das Projekt stand von Anfang an durch einen relativ engen Zeitplan unter Zeitdruck: Mit der Teamarbeit wurde im Juni 2000 begonnen und der Prototyp wurde bereits im Dezember 2000 auf einer Konferenz in Paris präsentiert. Die Einhaltung dieses Zeitplans wurde durch die Mehrfach-Belastungen einzelner Teammitglieder erschwert. Aufgrund der fehlenden Erfahrung einzelner Teammitglieder dauerten einzelne Teilschritte länger als geplant und Vereinbarungen wurden nicht eingehalten. Dies hatte aufgrund der Abhängigkeit der Aufgaben untereinander Zeitverzögerungen nachfolgender Schritte zur Konsequenz. Probleme ergaben sich auch aus den unterschiedlichen Vorstellungen über die Ziele des Projekts und über die einzelnen Beiträge und Kompetenzen: Jede Disziplin empfand ihren Teil an der Aufgabe als zentral und versuchte diesen zu optimieren. Dadurch wurden teilweise zusätzliche Aufgaben ausgeführt bzw. die Beiträge konnten nicht integriert werden. Dies lag auch am Projektmanagement: die fehlende Erfahrung des Teamleiters mit der Abwicklung solcher Projekte führte dazu, dass Besprechungen zuwenig vorbereitet wurden und es wenig verbindliche Dokumentationen und Protokolle von Gesprächen gab. Aufgrund der hohen Ansprüche an die Innovativität dieses Projektes, konnten die Ziele am Anfang nicht klar definiert werden und es wurde nur eine sehr grobe Projektplanung vorgenommen. Der Teamleiter wollte bewusst die einzelnen Beiträge nicht zu stark determinieren, sondern von der disziplinären Vielfalt lernen und die Ergebnisse integrieren. Dies lässt dem Einzelnen einerseits viel Freiraum bei der Entwicklung und Umsetzung eigener Ideen, andererseits führte diese offene Situation gerade am Projektstart zu Unsicherheit und erhöhte die subjektive Belastung. Auch die vertragliche Situation war unklar: mit den Beteiligten wurden keine bindenden Verträge abgeschlossen bzw. Aufträge erteilt, was wiederum zu Nachverhandlungen aufgrund des hohen Aufwandes führte.

5.4 Probleme bezüglich der Wissensintegration

Aufgrund der unterschiedlichen Wissensdomänen war es zunächst schwierig, ein gemeinsames Grundverständnis für das Projekt zu entwickeln. Dies gelang erst dann, als die ersten Prototypen programmiert waren, die das Verständnis erleichterten. Dieses Grundverständnis musste mit jedem neu hinzugekommenen Teammitglied neu erarbeitet werden. Problematisch war auch die verwendete Terminologie, da teilweise gleiche Inhalte unterschiedlich benannt wurden; dies führte zu Missverständnissen, die durch Begriffsdefinitionen geklärt wurden. Gerade in der Anfangsphase war es sehr mühsam, dieses fachspezifische Denken zu überwinden und sich in die Perspektive der anderen Disziplinen hineinzuversetzen. Dies wurde durch die Teamsprache Englisch noch erschwert; die einzelnen Unterteams führten daraufhin zusätzliche Vorbesprechungen durch, um sich auf eine Position zu einigen. Die fehlende Erfahrung mit Interdisziplinariät konnte durch die hohe Motivation der Gruppe, gemeinsam eine innovative Installation zu entwickeln, überwunden werden. Zusätzlich verfolgten die Beteiligten mit diesem Projekt eigene Ziele, wie z.B. Imagegewinn durch die Teilnahme an einer Ausstellung im Centre Pompidou. Dies motivierte auch in schwierigen Phasen, in denen Zweifel an dem positiven Ausgang des Projektes aufkamen Insgesamt wurde diese Entwicklung von allen als „äußerst anstrengend" beurteilt.

6 Fazit

Es wurde ein Modell zur Unterstützung von Expertenkooperationen bestehend aus den Teilprozessen der Kommunikation, Koordination und Wissensintegration entwickelt und in verschiedenen Untersuchungen bei F&E-Teams in Forschungsinstituten und Wirtschaftsunternehmen validiert. Die Erfahrungen und Ergebnisse aus einer internationalen und interdisziplinären Kooperation im Bereich der digitalen Medienkunst stehen im Einklang mit den Ergebnissen der vorher beschriebenen Untersuchungen. Aufgrund der hohen Innovativität und Komplexität der Aufgabe, der sehr heterogenen Teamzusammensetzung und der fehlenden Teamerfahrung fast aller Mitglieder waren die Anforderungen an die Kooperationsfähigkeit sehr hoch. Nur aufgrund der hohen Motivation und des Know-Hows der Beteiligten war es dennoch möglich, innerhalb kurzer Zeit einen funktionsfähigen Prototypen zu erstellen und zu präsentieren.

Für die erfolgreiche Zusammenarbeit von interdisziplinären Teams ist der zentrale Aspekt der Wissensintegration zu betonen. Dieser Prozess wurde bisher wenig beachtet, ist unseren Untersuchungen nach aber ausschlaggebend für den Erfolg von interdisziplinären Teams. Hier besteht noch großer Forschungsbedarf, da Strategien und Methoden zur Integration des heterogenen Wissens fehlen. Die Fallstudie belegt das Innovationspotential bei Verwendung von disziplinärem Wissen bzw. Methoden in fachfremden Kontexten (so wurden Kohonens self-organizing maps bisher hauptsächlich in der Forschung zur Organisation und Clusterung von Daten z.B. in der Biostatistik eingesetzt): Die Motivation zur Zusammenarbeit mit anderen Wissensdomänen besteht gerade in dem Einbringen einer neuen Perspektive, durch die innovative und damit kreative Lösungen überhaupt erst möglich werden. Dies kann durch diese Installation belegt werden, bei der State-of-the-art-Konzepte und neue Technologien eingesetzt, adaptiert und zu einer innovativen Museumsinstallation integriert werden. In weiteren Untersuchungen soll nun geklärt werden, wie das innovative Potential interdisziplinärer Teams durch die Entwicklung von Methoden und Strategien zur Integration des Wissens noch verstärkt und gleichzeitig die subjektiven Belastungen durch die Kooperationsanforderungen verringert werden können.

7 Literatur

Badke-Schaub, P. & Frankenberger, E. (1997): Analysing Teams by Critical Situations: Empirical Investigations of Teamwork in Engineering Design Practice. Vortrag auf dem Fifth European Congress of Psychology, July 6th – 11th 1997, Dublin, Ireland.

Bromme, R.: Beyond one's own perspective (im Druck): The psychology of cognitive interdisciplinarity. In: Weingart, P.; Stehr, N. (Eds.): Practicing interdisciplinarity. Toronto: Toronto University Press.

Clark, H. H. (1996): Using language. Cambridge: Cambridge University Press.

Frankenberger, E. (1997):Arbeitsteilige Produktentwicklung –Empirische Untersuchung und Empfehlungen zur Gruppenarbeit in der Konstruktion. Düsseldorf: VDI-Verlag.

Ganz, W.; Warschat, J. (1997): Kooperation im Engineering: Strategische Kooperation in Kleinbetrieben. In: H.-J. Bullinger (Hrsg.): Produktentwicklung – innovativ und konkurrenzfähig. Stuttgart: Fraunhofer IRB-Verlag, S. 67-91.

Kohonen, T. (1995): Self-organizing maps. Berlin: Springer.

Malone, T.; Crowston, K. (1994): The interdisciplinary Study of Coordination. ACM Computing Surveys Vol 26 No. 1, pp. 87-119.

Osgood, C.E. (1952): The nature and measuring of meaning. Psychological Bulletin, 49, 197-237.

Reiband, N.; Steinheider, B. (in Vorbereitung). Kooperation in der Produktentwicklung.

Steinheider, B.; Burger, E (2000): Kooperation in interdisziplinären Teams. In: Gesellschaft für Arbeitswissenschaft e.V. (Hrsg.): Komplexe Arbeitssysteme – Herausforderungen für Analyse und Gestaltung. Dortmund: GfA-Press, S. 553-557.

Steinheider, B. (2000a). Arbeitswissenschaftliche Konzeptionierung kooperativer Arbeitsformen für die Entwicklung innovativer Produkte. Unveröffentlicher Forschungsbericht für Deutsche Forschungsgemeinschaft, Stuttgart.

Steinheider, B. (2000b): Cooperation in interdisciplinary R&D teams. In: Proceedings of ISATA 2000: Simultaneous Engineering &Rapid Product Development. Epsom: ISATA-Düsseldorf Trade Fair, S. 125-130.

Teufel, S.; Sauter, C.; Mühlherr, T.; Bauknecht, K. (1995): Computerunterstützung für die Gruppenarbeit. Bonn: Addison-Wesley.

Wehner, T.; Clases, C. & Manser, T. (1999): Wissensmanagement – State of the Art, Einführung in ein transdisziplinäres Thema und Darstellung der arbeits- und sozialwissenschaftlichen Perspektive. In: Kumbruck, C.; Dick, M. (Hrsg): Harburger Beiträge zur Psychologie und Soziologie der Arbeit. Hamburg: Technische Universität Hamburg-Harburg.

Wehner, T.; Raeithel, A.; Clases, C.; Endres, E (1996).: Von der Mühe und den Wegen der Zusammenarbeit. In: Endres, E.; Wehner, T. (Hrsg.): Zwischenbetriebliche Kooperation – Die Gestaltung von Lieferbeziehungen. Weinheim: Psychologie Verlags-Union.

Weyer, G.; Hodapp, V.; Neuhäuser, S. (1980): Weiterentwicklung von Fragebogenskalen zur Erfassung der subjektiven Belastung und Unzufriedenheit im beruflichen Bereich (SBUS-B). Psychologische Beiträge, 22, S. 335-355.

Adressen der Autoren

Dr. Brigitte Steinheider
Fraunhofer Institut für Arbeitswirtschaft
und Organisation
Nobelstr. 12
70569 Stuttgart
brigitte.steinheider@iao.fhg.de

Prof. Dr. George Legrady
Merz-Akademie Stuttgart
Teckstr. 58
70190 Stuttgart

george.legrady@merz-akademie.de

Untersuchungen zur vergleichenden Evaluation einer natürlichsprachlichen Bibliothekssoftware

Claudia Moranz, Kai-Christoph Hamborg, Günther Gediga
Universität Osnabrück, FB Psychologie und Gesundheitswissenschaften,
Arbeits- und Organisationspsychologie, Institut für Evaluation und Marktanalysen

Zusammenfassung

In drei Evaluationsuntersuchungen (eine Feldstudie, zwei Laboruntersuchungen) wurden das natürlichsprachliche Bibliothekssystem OSIRIS (Osnabrueck Intelligent Research Information System) und das strukturiertsprachliche Bibliothekssystem OPAC (Online-Public-Access-Catalog) im Hinblick auf ihre Benutzbarkeit verglichen. Während sich bei erfahrenen Nutzern ein recht starres Suchverhalten bei der Nutzung des OPAC abzeichnete, konnte das OSIRIS-System von Computeranfängern bei der Themensuche effektiver und - bei bestimmten Sucharten - tendenziell effizienter als das OPAC-System genutzt werden. Allerdings ließ sich auch hier die verbreitete Vorstellung von der Einfachheit und unmittelbaren Verständlichkeit von NL-Systemen generell nicht bestätigen. Suchmöglichkeiten bei OSIRIS werden insbesondere von mit dem OPAC vorerfahrenen Nutzern nicht immer erkannt, was für eine Implementierung von Unterstützungskonzepten spricht, wie zum Beispiel adäquates Feedback, explizite Eingabehinweise oder Nutzertraining.

1 Einleitung

Literaturrecherchen mit strukturierten Abfragesprachen sind besonders für unerfahrene Nutzer häufig schwierig. Oftmals ist kein Wissen über die zugrunde liegende Datenstruktur vorhanden und noch seltener die Fähigkeit, Boolesche Operatoren zu nutzen. Gerade im Umgang mit OPACs (Online Public Access Catalog) wird von Nutzungsproblemen, wie zu viele Treffer, zu wenig Treffer oder Orientierungslosigkeit (Schulz, 1994) berichtet. Verschiedene Studien kommen zu dem Ergebnis, dass Nutzer bislang eher (Such-) Strategien mit Zusatzaufwand verfolgen (vgl. Dreis, 1994, Rossoll, 1996, Schulz, 1990, 1994). So wurde z.B. beobachtet, dass sehr große Treffermengen auf Relevanz durchgesehen werden, statt sie mit Booleschen Operatoren einzugrenzen. Weiterhin wenden OPAC-Nutzer u. U. nicht nur ineffiziente Suchstrategien an, sondern müssen darüber hinaus auch insgesamt *mehr* Strategien als erforderlich generieren, um zum gewünschten Ergebnis zu gelangen. Zum Beispiel formulieren Nutzer für *ein* Suchanliegen *mehrere* Abfragen, statt mit Hilfe der Trunkierungstechnik nur eine einzige einzugeben.

Als Alternative zum OPAC wurde an der Universität Osnabrück ein natürlichsprachliches System entwickelt (OSIRIS; Recker et al., 1996, Ronthaler, 1998) und parallel zu dem bestehenden OPAC-System für die Nutzer der Universitätsbibliothek, Studierende und Mitarbeiter der Universität, per WWW zugänglich gemacht. In drei Evaluationsstudien wurde untersucht, ob durch das natürlichsprachlich zu bedienende System die dargestellten Nutzungsprobleme des OPAC vermieden werden können.

Nach Auffassung zahlreicher Autoren ist natürliche Sprache gerade für unerfahrene Nutzer der beste Weg, mit Computern zu kommunizieren (s. Ogden & Bernick, 1997). Die vermutete Überlegenheit natürlichsprachlicher Systeme gegenüber durch strukturierte Abfragesprachen zu bedienende Systeme wie OPACs wird allerdings kontrovers diskutiert. Die Ergebnisse verschiedener Evaluationsstudien in diesem Bereich weisen keine einheitliche Tendenz auf (vgl. Biermann et al., 1983; Fink et al., 1985; Jarke et al., 1985; Small & Weldon, 1983; Shneiderman, 1978; Turtle, 1994; Walker & Whittaker, 1989).

2 Gegenstand der Evaluation

Das Bibliothekssystem OPAC war standardmäßig über Telnet zugänglich und verfügte entsprechend über eine zeichenorientierte Benutzungsschnittstelle (CUI). Das System wird kommandosprachlich bedient. Suchabfragen werden mittels einer strukturierten Abfragesprache formuliert, die nicht auf einer natürlichen, sondern auf einer künstlichen Eingabesyntax basiert. Folgende Suchmodi stehen dem Benutzer zur Verfügung: *Titelstichwörter, Personennamen, Körperschaften, Kongresstitel, Serientitel, Systematik, Nummern* und *Signaturen*. Durch die Verwendung Boolescher Operatoren lassen sich Suchabfragen modifizieren.

Das natürlichsprachlich zu bedienende Bibliothekssystem OSIRIS ist in einem gemeinsamen Projekt der Universitätsbibliothek Osnabrück (UB) und des Instituts für semantische Informationsverarbeitung der Universität Osnabrück ab 1996 entwickelt worden. Zum Zeitpunkt der hier dargestellten Untersuchungen lag OSIRIS in der Version 2.0 vor. Das System ist als WWW Anwendung realisiert und verfügt entsprechend über eine grafische Benutzeroberfläche. Als Suchmodi stehen dem Benutzer eine *Themensuche*, eine *Autorensuche*, eine *schnelle Suche* (Formalrecherche) und eine *Zeitschriftensuche* zur Verfügung. OSIRIS akzeptiert natürlichsprachliche Sucheingaben. Diese werden syntaktisch und semantisch analysiert, um die Abbildung der Anfrage auf die vorhandenen Daten zu verbessern. Komposita beispielsweise werden zerlegt, flektierte Formen normalisiert und Plural wird auf Singular zurückgeführt (Morphologiekomponente). Häufige und einfache Eingabefehler (zum Beispiel Verdoppelung, Buchstabendreher) werden erkannt und dem Benutzer konstruktiv rückgemeldet. Das heißt, es wird nicht nur auf einen eventuell vorliegenden Rechtschreibfehler hingewiesen, sondern man bekommt eine korrigierte Version der Eingabe vorgelegt. Bei der *Formalrecherche* nach einem bestimmten Buch eines Autors erledigt OSIRIS für den Benutzer die AND-Verknüpfung automatisch. Des Weiteren dürfen Titelstichwörter von der im Titel vorliegenden Form abweichen. Die Themensuche erfolgt durch die Vervollständigung des Halbsatzes „Suche Literatur zum Thema...", wobei Entsprechendes für die anderen Suchmodi gilt. Zusätzlich zu den konkreten Titeln, aber auch in Null-Treffer-Situationen sieht OSIRIS ein Browsingangebot in den Klassenbezeichnungen der Systematik vor (vgl. Recker et al., 1996). Es sind drei charakteristische Eigenschaften, die OSIRIS im Gegensatz zum klassischen OPAC-System auszeichnen und die die Benutzbarkeit des Systems für die Literatursuche verbessern sollen:

- eine robuste, natürlichsprachliche Benutzerschnittstelle zur Datenbank,
- eine intelligente, automatische Aufbereitung des verfügbaren Datenbestandes in einer Wissensbasis,
- eine funktionale graphische Benutzeroberfläche.

Ausgangspunkt für die Untersuchungen war die Frage, ob das natürlichsprachliche Abfrageparadigma nach Benutzbarkeitsaspekten Vorteile gegenüber dem durch die strukturierte Abfragesprache zu bedienenden System bringt. Den Untersuchungen wurde das Benutzbarkeitskonzept nach ISO 9241/11 mit den Teilkomponenten: Effizienz, Effektivität und Akzeptanz zugrunde gelegt. Die erste Evaluationsuntersuchung wurde im Feld, die zwei folgenden im Labor durchgeführt.

3 Untersuchung 1

In dieser Evaluationsstudie wurden insgesamt 120 Nutzer der UB Osnabrück im Feld zu den Programmen befragt und Nutzungszeiten erfasst. Je 30 Personen arbeiteten mit:

(1.) dem Standardsystem der Bibliothek (Telnet/OPAC),
(2.) mit der zum Evaluationszeitpunkt aktuellen Version des OSIRIS-Systems (Version 2.0) und
(3.) zusätzlich mit einer HTML Version des OPAC (OPAC/HTML) als auch
(4.) einer älteren OSIRIS Version (Version 1.1), die hier nicht weiter berücksichtigt wird.

Bei der gewählten Stichprobengröße und einem α -Niveau von 0,05 kann (bei 1-ß = 0.80, df = 2) von mittleren bis großen Effekten ausgegangen werden (Bortz & Döring, 1995).

Die Untersuchung wurde von zwei wissenschaftlichen Hilfskräften in einem von der UB Osnabrück zur Verfügung gestellten Untersuchungsraum durchgeführt. Die Teilnehmer der Untersuchung wurden am Eingang der Universitätsbibliothek akquiriert. Die Teilnahme an der Untersuchung wurde mit 10 DM vergütet.

Zu Beginn der Untersuchung wurden Angaben zur Person (Alter, Geschlecht), Computervorerfahrung und der Rechercheabsicht des Bibliotheksbesuchs erhoben. Danach hatten die Untersuchungsteilnehmer bedarfsweise die Möglichkeit, das genutzte System fünf Minuten zu explorieren. Dies war insbesondere darum notwendig, weil der OPAC/HTML der Öffentlichkeit zum Zeitpunkt der Untersuchung nicht zur Verfügung stand. Dies gilt auch für OSIRIS 2.0, das zwar per Internet zugänglich war, aber zum Evaluationszeitpunkt noch nicht standardmäßig in der Bibliothek zur Verfügung stand. Nach der Explorationsphase führten die Untersuchungsteilnehmer die beabsichtigte Recherche durch. Hierfür gab es kein Zeitlimit. Die Bearbeitungszeit wurde von den Versuchsleitern gestoppt. Nach Beendigung der Recherche wurden die Untersuchungsteilnehmer zu der Qualität und Quantität der Rechercheergebnisse und der Bewertung des Systems nach ergonomischen Gesichtspunkten befragt.

3.1 Ergebnisse

Mit den untersuchten Systemen arbeiteten jeweils 14 weibliche und 16 männliche Benutzer. Die Gruppen wurden gematcht, um geschlechtsspezifische Effekte auszuschließen. Die Untersuchungsgruppen unterscheiden sich nicht signifikant in Bezug auf das Alter der Teilnehmer ($M_{OPAC/Telnet}$ = 27,57, $M_{OPAC/HTML}$ = 27,73, M_{OSIRIS} = 28,10; F = 0,71, p = 0,93). Von den Teilnehmern der Untersuchung hatten über 80% (OPAC/Telnet Gruppe) bzw. über 90% (OPAC/HTML, OSIRIS Gruppe) Vorerfahrung mit dem OPAC/Telnet, aber nur 3% aus der OSIRIS-Gruppe mit ihrem System 5 Personen aus der OPAC/Telnet Gruppe hatten keine Erfahrung mit einem der Systeme im Gegensatz zu einer Person aus der OPAC/HTML Gruppe und keiner Person aus der OSIRIS Gruppe. Eine Person aus der OPAC/HTML Gruppe hatte Vorerfahrung sowohl mit OPAC/Telnet als auch mit OSIRIS. Bezüglich der Vorerfahrung mit den untersuchten Systemen kann zusammengefasst werden, dass dem Großteil der Probanden der OPAC/Telnet bekannt war, nicht jedoch das OSIRIS-System (und auch nicht der OPAC/HTML).

Aus den von den Untersuchungsteilnehmern genannten Recherchezielen wurden vier Kategorien gebildet. Die Reliabilität der Kategorien wurde durch Zuordnung der Rechercheziele durch zwei unabhängige Rater überprüft. Sie kann als befriedigend bezeichnet werden (Kappa = 0,63). In den Fällen, in denen die zwei Rater nicht übereinstimmten, wurden ein Drittrating und eine Zuordnung durch „Mehrheitsentscheidung" vorgenommen. In drei Fällen stimmten die drei Rater nicht überein. Diese Fälle wurden im Folgenden nicht weiter berücksichtigt. Die Kategorien lauten: 1.) Suche nach einem Thema, 2.) Suche nach einem speziellen Buch, Autor, Titel, 3. Suche sowohl nach 1. und nach 2. und 4.) Suche nach einer Zeitschrift.

Den Ergebnissen zufolge wollten die Nutzer zum größten Teil Themensuchen vornehmen (49,4%). An zweiter Stelle steht die Suche nach einem bestimmten Buch, Titel oder Autor (29,9%), gefolgt von komplexeren Suchabsichten, die sowohl Themensuche und die konkrete Suche nach einem bestimmten Buch, Titel oder Autor umfassten (19,5%). Nur in einem Fall bestand die Absicht, nach Zeitschriften zu suchen (1,1%). Die Häufigkeitsverteilung der Rechercheziele über die untersuchten Systeme zeigt keine bedeutsamen Abweichungen von den erwarteten Häufigkeiten

Die für die Recherche benötigte *Bearbeitungszeit* ist ein wichtiger Indikator für die Effizienz der Systeme. Die Mediane der Bearbeitungszeiten mit dem OPAC/Telnet (11,5 Min), OPAC/HTML (11,0 Min) und OSIRIS 2.0 (9,0 Min) unterscheiden sich nicht signifikant voneinander (Kruskal Wallis (KW-) Test, $Chi^2 = 1,11$, df = 2, p = 0,57).

Zur Bewertung der Effektivität der Systeme wurden die Untersuchungsteilnehmer mit einem Fragebogen (fünfstufigen Ratingskala mit den Antwortkategorien: „stimmt nicht", „stimmt wenig", „stimmt mittelmäßig", „stimmt ziemlich", „stimmt sehr" und zusätzlich: „keine Angabe") befragt, ob:
- alle Informationen, nach denen gesucht wurde, auch gefunden wurden (Frage R1),
- die gefundenen Informationen inhaltlich den Erwartungen entsprachen (Frage R3),
- die Informationen genau die Informationen enthielten, nach denen gesucht wurde (Frage R4).

Zusätzlich wurde die Angemessenheit der vom System gefundenen Informationsmenge beurteilt („zu wenig", „genau richtig", „zu viel", Frage R2).

Die Beantwortung der Fragen R1 bis R4 ergibt keine statistisch unterschiedliche Bewertung der Systeme (KW- Tests mit df = 2, *Frage R1*: $Chi^2 = 1,38$, p = 0,50; *Frage R2*: $Chi^2 = 3,6$, p = 0,17, *Frage R3*: $Chi^2 = 3,16$, p = 0,21; *Frage R4*: $Chi^2 = 1,66$, p = 0,44). Die Effekte, die hier zwischen $\varphi = 0,1$ und $\varphi = 0,2$ variieren, zeigen, dass bei den Fragen R1 bis R4 und für die Bearbeitungszeit bestenfalls kleine – und damit sicherlich wenig relevante – Unterschiede zwischen den Systemen zu beobachten wären.

Die *ergonomische Bewertung* der untersuchten Programme wurde mit einer deutschen Übersetzung der Kurzversion des „Questionnaire for User Interface Satisfaction" (QUIS) durchgeführt (Shneiderman, 1992). QUIS umfaßt fünf neunstufige Skalen mit geschlossenem Antwortformat. Die fünf Skalen lauten: 1.) Gesamtbewertung, 2.) Bildschirm, 3.) Fachwörter und Systeminformationen, 4.) Erlernen und 5.) Fähigkeiten des Systems. Die Reliabilität der Skalen wurde systemspezifisch bestimmt (Cronbachs α). Mit Ausnahme von Skala 5 erwiesen sie sich als befriedigend bis gut.

Abbildung 1 zeigt die Befragungsergebnisse. Hohe Skalenwerte der neunstufigen Skala drücken eine positive Systembewertung aus. Auf der ersten („Gesamteindruck des Systems") und der letzten Skala („Fähigkeiten des Systems") liegen die Systembewertungen weitgehend überein. Auf der zweiten („Bildschirm"), dritten („Fachwörter und Systeminformationen") und vierten Skala („Erlernen") zeigen sich Unterschiede bis zu ca. einem Skalenpunkt zugunsten des OSIRIS-Systems. Abgesehen von der Skala „Bildschirm" (QUIS 2), auf der OPAC/HTML etwas besser bewertet wird, sind die Profile der beiden OPAC-Systeme weitgehend identisch.

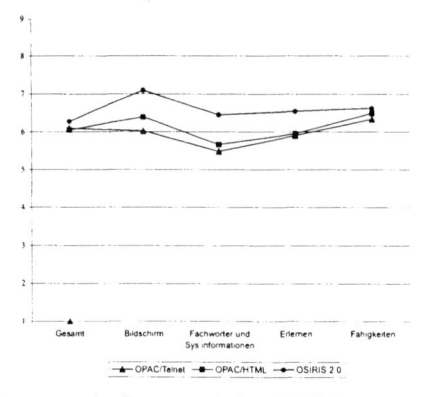

Abb. 1: Bewertung der Systeme mit dem QUIS-Fragebogen

Der statistische Vergleich von OSIRIS 2.0 und dem OPAC/HTML zeigt auf der Skala „Bildschirm" (QUIS2) einen tendenziell signifikanten Effekt (p = 0,075). Auf den weiteren Skalen unterscheiden sich die beiden Systeme statistisch nicht bedeutsam. OSIRIS 2.0 und OPAC/Telnet unterscheiden sich auf der Skala „Bildschirm" (QUIS2) signifikant (p = 0,009) und auf den Skalen „Fachwörter und Systeminformationen" (QUIS3, p = 0,059) und „Erlernen" (QUIS 3, p = 0,058) tendenziell.

3.2 Zusammenfassung

In Untersuchung 1 finden sich keine statistisch signifikanten Unterschiede zwischen den Systemen in Bezug auf deren Effektivität und Effizienz. Dies ist insofern bemerkenswert, als die Nutzer in der Studie über Vorerfahrung mit dem OPAC-, nicht jedoch mit dem OSIRIS-System verfügten. Nach ergonomischen Gesichtspunkten zeigen sich Stärken des natürlichsprachlichen OSIRIS-Systems im Verhältnis zum OPAC/Telnet auf den Skalen, die die Benutzungsschnittstelle, aber auch die die Erlernbarkeit betreffen. Die Skalenprofile von OPAC/Telnet und OPAC/HTML verlaufen, mit Ausnahme der „Bildschirm"- Skala, nahezu parallel. OSIRIS wird jedoch auch bezüglich dieser Skala tendenziell besser als der ebenfalls mit graphischer Benutzungsschnittstelle versehene OPAC/HTML bewertet. Daher kann vermutet werden, dass die bessere ergonomische Bewertung von OSIRIS nicht alleine auf die graphische Benutzungsoberfläche zurückzuführen ist.

4 Untersuchung 2

In Anlehnung an die ISO 9241/11 wurde in dieser und der folgenden Untersuchung die Effizienz von OPAC/Telnet und von OSIRIS 2.0 in Laboruntersuchungen evaluiert (vgl. Moranz, 2000). Bei der *Effizienz* geht es zum einen darum, innerhalb welcher Zeit relevante Bücher gefunden werden (*zeitliche* Effizienz). Zum anderen aber - und hier liegt der Schwerpunkt der Untersuchungen - werden im Rahmen der Effizienzbetrachtung Aspekte der menschlichen Handlungsregulation beleuchtet. Dabei wird in Anlehnung an handlungstheoretische Modelle nach Norman (1986) und Hacker (1986) untersucht, inwieweit das eine oder andere Bibliothekssystem die Nutzung in der Weise unterstützt, dass die objektiv vorhandenen Funktionalitäten der Systeme erkannt und sinnvoll für die Generierung von Handlungs- respektive Suchstrategien genutzt werden können (*mentale* Effizienz). Die *Effektivität* wird daran festgemacht, ob relevante Bücher gefunden werden.

Die abhängigen Variablen der Untersuchungen 2 und 3 sind (a) die Suchstrategien, d.h Strategiearten und Anzahl der Strategiewechsel, (b) die pro Aufgabe benötigte Zeit und (c) der Erfolg der Aufgabenbearbeitung. Die unabhängige Variable ist die Art des Bibliothekssystems (OPAC versus OSIRIS).

4.1 Methode

Die Untersuchungsgruppen waren in bezug auf die genutzten Systeme unterschiedlich vorerfahren. Die Teilnehmer der OPAC-Gruppe (N = 10) verfügten im Umgang mit diesem Bibliothekskatalog über durchschnittliche Vorerfahrung. Die Teilnehmer der OSIRIS-Gruppe (N = 10) hatten dagegen mit diesem System noch nicht gearbeitet, da es zu dem Untersuchungszeitpunkt noch nicht öffentlich zugänglich war. Es wurden jeweils drei vorgegebene Suchaufgaben bearbeitet:
- eine Themensuche (Autor oder Titel sind hierbei nicht bekannt, lediglich das Thema ist vorgegeben),
- eine Autor-Titel-Suche (sowohl der Autor als auch der Titel des gesuchten Buches sind bekannt).

Darüber hinaus gab es eine Aufgabe zu Zeitschriftensuche, auf die an dieser Stelle nicht weiter eingegangen wird (vgl. dazu ausführlicher Moranz, 2000). Im Anschluss an die Aufgabenbearbeitung wurden die Versuchspersonen mit der Methode der Videokonfrontation (s. Hamborg & Greif, 1999) zu den verwendeten Suchstrategien befragt.

Tabelle 1: Kategoriensystem der Suchstrategien

Kategorie	Erläuterung
Strategien bei der Ersteingabe	*(Die in der Aufgabe gegebene Information wird in eine Suchabfrage transformiert.)*
Grober Filter	Die in der Aufgabe gegebene Information wird nicht vollständig genutzt. Z.B. wird nur der Autor eingegeben, obwohl Autor und Titel bekannt sind.
Direkte Übernahme	Alle in der Aufgabe gegebenen Informationen werden in der Suchabfrage berücksichtigt.
Strategien im weiteren Suchverlauf	*(Eine bereits getätigte Suchabfrage wird modifiziert.)*
Suche eingrenzen	Alle Aktionen, die dazu dienen, das Suchergebnis zu verkleinern oder zu spezifizieren, z.B. durch die Verwendung Boolescher Operatoren.
Suche erweitern	Alle Aktionen, die dazu dienen, das Suchergebnis zu vergrößern, z. B. durch Weglassen von zuvor in der Suchabfrage verwendeten Wörtern.
Umformulieren	Modifizieren einer Suchabfrage ohne Eingrenzen oder Erweitern.
Hinweise aufgreifen	Informationen aus vorherigen Suchabfragen für die Formulierung der neuen Suche verwenden, z. B. Beispiel Notationen oder Schlagwörter.
Fachgebiete durchsehen	Das Browsingangebot bei OSIRIS wird wahrgenommen.
Scrollen	Durch Scrollen oder Blätter in den angezeigten Dokumenten auf passende Titel stoßen.
Zusatzinformationen einholen	Alle Aktionen, die dazu dienen, mehr Informationen über bestimmte Dokumente einzuholen. Ein Beispiel ist das Anwählen des Vollanzeigemodus, um das Erscheinungsjahr herauszufinden. Aber auch das Lesen von Hilfetexten fällt hierunter.
Sonstige	Hierunter fallen alle die Strategien, die sich keiner der aufgeführten Kategorien zuordnen lassen.

Für die statistische Auswertung der Suchstrategien wurden die Strategienennungen der Versuchspersonen aus dem Interviewprotokoll extrahiert und mit Hilfe der *Qualitativen Inhaltsanalyse* (Mayring, 1997) zu Gruppen zusammengefasst. In Tabelle 1 ist das Kategoriensystem für die Strategien dargestellt. Die Reliabilität wurde durch ein Expertenrating geprüft. Sie kann nach Robson (1993) als gut bezeichnet werden (Kappa = 0,71). Es stellte sich bei der Kategorienbildung als sinnvoll heraus, zwischen Strategien der Ersteingabe, sprich solchen, die sich auf die zuerst getätigte Eingabe pro Aufgabe beziehen, und Strategien im weiteren Suchverlauf zu differenzieren. Zum einen wird die in den Suchaufgaben zugrunde gelegte Information in eine Suchabfrage transformiert und zum anderen wird die bereits getätigte Suchabfrage modifiziert.

4.2 Ergebnisse

Die Auswertung dieser Untersuchung hat hinsichtlich der *mentalen* Effizienz ergeben, dass OPAC-Nutzer bei der Autor-Titel-Suche signifikant häufiger von der ineffizienten Suchstrategie „Grober Filter" Gebrauch machten und die Verknüpfungsfunktion über Boolesche Operatoren nicht ausnutzten (Chi^2 = 5,625, df = 1, p = 0,018, φ = 0,530), das System also vergleichsweise wenig effizient nutzten. Darüber hinaus konnten bezüglich der verwendeten Strategiearten keine weiteren Unterschiede gefunden werden. Im Bereich der Themensuche wechselten OSIRIS-Nutzer signifikant häufiger ihre Strategien (M_{OSIRIS} = 3,00, s_{OSIRIS} = 1,56; M_{OPAC} = 1,10, s_{OPAC} =

1,29; t = -2,967, p = 0,008, d = -0,7). Abbildung 2 und Abbildung 3 dienen der Visualisierung der vorgenommenen Strategiewechsel.

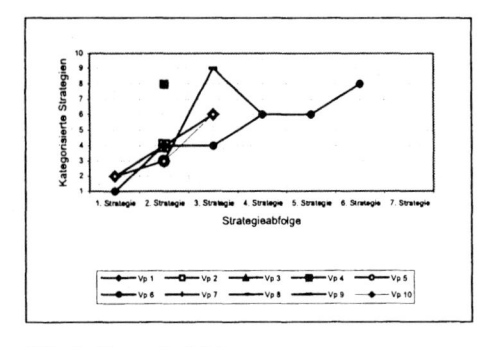

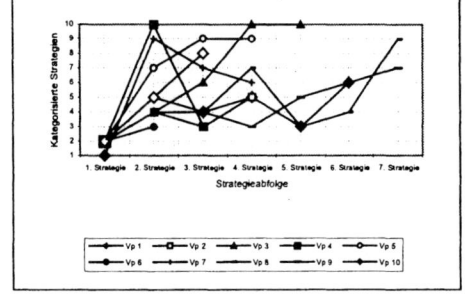

Abb. 2: Strategieabfolge:
Themensuche - OPAC (Studie I)

Abb. 3: Strategieabfolge:
Themensuche - OSIRIS (Studie I)

Auf der Y-Achse sind die verschiedenen kategorisierten Strategien abgetragen, auf der X-Achse die Abfolge der Strategien, wobei sich hinter „1. Strategie" die Strategien der Ersteingaben verbergen, weshalb die Graphen in der Regel bei Kategorie 1 oder 2 respektive „Grober Filter" oder „Direkte Übernahme" beginnen. Ab der „2. Strategie" handelt es sich dann um Strategien im weiteren Suchverlauf. Die einzelnen Graphen respektive Punkte sind den jeweiligen Versuchspersonen zugeordnet und überlagern sich teilweise. Einzelne Punkte bedeuten, dass die entsprechende Versuchsperson bis auf eine keine weiteren Strategien mitgeteilt hat.

Was die *zeitliche* Effizienz angeht, so konnte weder bei der Autor-Titel-Suche noch bei der Themen- oder Zeitschriftensuche ein statistischer Beleg für Unterschiede zwischen den Systemen bezüglich der Bearbeitungszeiten gefunden werden. Auch im Hinblick auf die Effektivität konnten keinerlei Unterschiede zwischen den Systemen ermittelt werden.

5 Untersuchung 3

In Untersuchung 3 verfügten die Probanden weder mit OPAC (N = 10) noch mit OSIRIS (N = 10) über Vorerfahrung. Das Ziel bestand darin, zu untersuchen, ob sich die in Untersuchung 2 ermittelten Ergebnisse auf Merkmale der Bibliothekssysteme zurückführen lassen oder von der unterschiedlichen Vorerfahrung der Untersuchungsgruppen abhängen. Es wurden dieselben Suchaufgaben wie in Untersuchung 2 bearbeitet.

Das Erhebungs- und Auswertungsverfahren entsprechen denen aus Untersuchung 2. Die Intercoderreliabilität der Strategiekategorisierung kann wiederum als gut bezeichnet werden (Kappa = 0,77).

5.1 Ergebnisse

Die Auswertung zeigt in Bezug auf die *mentale* Effizienz auf dem 10%-Niveau für die Ersteingaben der Themensuche signifikante Unterschiede: OSIRIS-Nutzer haben hier häufiger die gesamte in der Suchaufgabe gegebene Information übernommen als OPAC-Nutzer (Chi^2 = 2,813, df = 1, p = 0,094, φ = 0,375), das System also tendenziell effizienter genutzt. Auch haben OSIRIS-Nutzer im weiteren Verlauf der Themensuche erkennbar die Strategie „Fachgebiete durchsehen" verwendet (Chi^2 = 11,250, df = 1, p = 0,001, φ = 0,75). Was die Autor-Titel-Suche betrifft, so konnten keine Unterschiede im Hinblick auf die Strategiearten gefunden werden. Bei OPAC und OSIRIS haben annähernd gleich viele Strategiewechsel stattgefunden (vgl. auch Abbildung 4 und Abbildung 5).

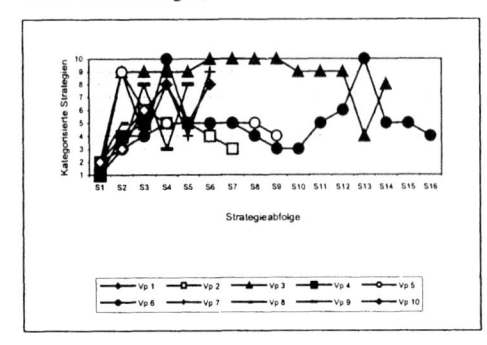

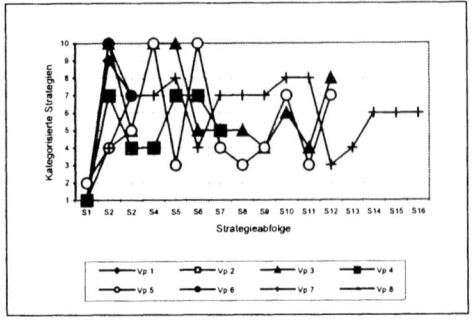

Abb. 4: Strategieabfolge:
Themensuche - OPAC (Studie II)

Abb. 5: Strategieabfolge:
Themensuche - OSIRIS (Studie II)

Die Systeme unterscheiden sich jedoch bei 10% Irrtumswahrscheinlichkeit hinsichtlich der benötigten Bearbeitungszeit (*zeitliche* Effizienz) (Themensuche: Median (Md)$_{OPAC}$ = 238 Sekunden, Md$_{OSIRIS}$ = 96,5 Sekunden, p = 0,091, zweiseitiger U-Test; Zeitschriftensuche: Md$_{OPAC}$ = 393 Sekunden, Md$_{OSIRIS}$ = 50 Sekunden, p = 0,001, zweiseitiger U-Test).

Weiterhin konnten mit OSIRIS insgesamt mehr Personen die in der Themensuche geforderte Titelzahl als mit OPAC finden (Chi^2 = 3,60, df = 1, p = 0,058, φ = 0,424), hier zeigt sich also ein *Effektivitätsvorteil* zugunsten von OSIRIS.

6 Zusammenfassung und Diskussion

Die Untersuchungen 1 und 2 wurden mit Nutzern durchgeführt, denen das OPAC-System, nicht aber das OSIRIS-System vertraut war. In keiner der beiden Untersuchungen finden sich Unterschiede zwischen dem natürlichsprachlichen (OSIRIS 2.0) und dem durch die strukturierte Abfragesprache zu bedienenden System (OPAC/Telnet) in Bezug auf die zeitliche Effizienz und die Effektivität. Wohl aber wird die weniger effiziente Nutzung des OPAC-Systems bei der Realisierung von Suchstrategien (bei der Autor-Titel Suche) deutlich. Dies erscheint aufgrund der unterschiedlichen Vorerfahrung der Probanden in diesen Untersuchungen bemerkenswert. Für *gleichermaßen* unerfahrene Nutzer (Untersuchung 3) zeigen sich jedoch Vorteile des OSIRIS-Systems mit Bezug auf die Effektivität und bedingt für die Effizienz (zeitliche Effizienz, Effizienz der Formulierung von Suchabfragen) bei der am häufigsten verfolgten Suchart (Themensuche).

Die Befunde zu den Strategiewechseln aus Untersuchung 2 und 3 lassen vermuten, dass die, im Unterschied zu OSIRIS, geringe Varianz der Strategiewechsel bei der Bedienung des OPAC in Untersuchung 2 ein Routinisierungseffekt der Vorerfahrung der OPAC Nutzer ist. Sie finden sich nicht bei den wenig vorerfahrenen Nutzern (Untersuchung 3).

Es finden sich weitere Belege dafür, dass weder unerfahrene noch gelegentliche OPAC-Nutzer in der Lage sind, Boolesche Operatoren zu benutzen (vgl. Dreis, 1994; Rossoll, 1996; Schulz, 1990, 1994). Die Benutzer entscheiden sich bei der Autor-Titel-Suche mit OPAC entweder für die Komponente „Autor" oder für die Komponente „Titel", ohne beides zu verknüpfen. Bei OSIRIS hingegen wurde die gesamte in der Aufgabe gegebene Information, also Autor *und* Titel, von den Benutzern in der Suchformulierung übernommen. Eine mögliche Erklärung wäre, dass ein Beispiel für eine solche Suche unter dem Suchmodus *Quick-Info* explizit angegeben ist. OSIRIS übernimmt hier für den Benutzer automatisch die Verknüpfung von Autor und Titel.

Nach ergonomischen Gesichtspunkten wurde das natürlichsprachliche OSIRIS-System (Untersuchung 1) auf den Skalen zur Qualität der Bildschirmdarstellung und der Terminologie, aber auch, im Falle des OPAC/Telnet, in Bezug auf die Erlernbarkeit, (tendenziell) besser als die OPAC-Systeme bewertet. Da sich die Profile der ergonomischen Bewertung von OPAC/Telnet und dem OPAC/HTML mit graphischer Benutzungsoberfläche kaum unterscheiden, kann angenommen werden, dass die positive Bewertung von OSIRIS nicht alleine auf dessen graphische Benutzungsoberfläche zurückzuführen ist.

Als Fazit kann aus den Untersuchungen gezogen werden, dass sich für das untersuchte NL-System (OSIRIS) ergonomische Stärken (Bildschirm, Wording, Erlernbarkeit) im Vergleich zu dem mit der strukturierten Abfragesprache zu bedienenden System (OPAC/Telnet) bei Stichproben mit unterschiedlicher Vorerfahrung (Untersuchung 1) abzeichnen. Es finden sich jedoch keine Vorteile (aber auch keine Nachteile) in Bezug auf die Effektivität und Effizienz (Untersuchung 1 und 2). Nur für mit beiden Systemen gleichermaßen unerfahrene Nutzer schlägt sich die plausible Vorstellung bezüglich der Einfachheit und unmittelbaren Verständlichkeit von NL-Systemen in Form besserer Effektivität und Effizienz zugunsten des NL Systems nieder (Untersuchung 3). Für gelegentliche oder erfahrene Nutzer steht diese Analyse noch aus. Für die hier berücksichtigten Systeme könnte sie erst jetzt vorgenommen werden, nachdem OSIRIS hinreichend lange im Einsatz ist. Bei der Interpretation der Befunde sollte man jedoch in Betracht ziehen, dass nicht unbedingt die Option für eine natürlichsprachliche Eingabe bei OSIRIS für eine größere Effizienz respektive Effektivität des NL-Systems in Untersuchung 3 ausschlaggebend gewesen sein muss. Vielmehr dürfte auch die Aufbereitung und Präsentation der Ergebnisse zu der höheren Effektivität von OSIRIS beigetragen haben. Insbesondere muss hier die Browsing-Möglichkeit erwähnt werden, die durch die unerfahrenen Nutzer als sinnvolle Suchvariante erkannt und genutzt wurde (Untersuchung 3). Die tendenzielle Überlegenheit von OSIRIS in Bezug auf die zeitliche Effizienz fand sich in Untersuchung 3 u.a. im Bereich der Zeitschriftensuche, die in dieser Form durch OPAC nicht angeboten wurde.

Die Tatsache allein, dass es sich um ein natürlichsprachliches System handelt und dass infolgedessen auch „natürliche" Eingaben möglich sind, reicht zur adäquaten Bedienung solcher Systeme nicht aus. Sowohl OPAC-vorerfahrenen als auch gänzlich unerfahrenen Nutzern ist keinesfalls klar, dass OSIRIS eine Verknüpfung von Autor und Titel bei der Formalrecherche übernimmt (Untersuchung 2 und 3). Nutzer, von denen man aufgrund ihrer Vorerfahrung annehmen kann, dass sich bei ihnen ein in bezug auf OPAC schon routinisiertes Suchverhalten herausgebildet hat, übertragen dieses auch bei der Themensuche auf OSIRIS und legen sich selbst im Sinne eines „negativen Transfers" Restriktionen auf (Untersuchung 2). So halten sie sich bei der Formulierung ihrer Suchabfragen an die zwar bei OPAC, nicht aber bei OSIRIS vorgeschriebene Begrenzung der maximalen Anzahl einzugebender Wörter. Es wird ersichtlich, dass OSIRIS nicht selbsterklärend ist. Vielmehr muss das NL-System seine „Angebote" besser vermitteln und deutlich machen, was möglich ist und was nicht. Explizite Hinweise auf die Eingabemöglichkeiten bei OSIRIS (wie sie ja bei der Autor-Titel-Suche im Ansatz schon vorhanden sind) wären als Unterstützung für den Nutzer hilfreich. Wünschenswert ist darüber hinaus ein für den Nutzer verständliches Feedback darüber, wie das System die Sucheingaben weiterverarbeitet. Auch ein entsprechendes Nutzertraining ist durchaus denkbar. Andernfalls werden die Bedienungsmöglichkeiten von OSIRIS insbesondere von den durch OPAC-Vorerfahrung geprägten Probanden nicht vollständig erkannt und genutzt.

7 Literatur

Biermann, A.W., Ballard, B.W. & Sigmon, A.H. (1983): An experimental study of natural language programming. *International Journal of Man-MachineStudies*, 18, 71-87.

Bortz, J. & Döring, N. (1995). *Forschungsmethoden und Evaluation für Sozialwissenschaftler.* 2. Auflage. Berlin: Springer.

Dreis, G. (1994): Benutzerverhalten an einem Online-Publikumskatalog für wissenschaftliche Bibliotheken. Ergebnisse und Erfahrungen aus dem OPAC-Projekt der Universitätsbibliothek Düsseldorf. *Zeitschrift für Bibliothekswesen und Bibliographie*, [Sonderheft] (57). Frankfurt am Main: Vittorio Klostermann.

Fink, P.K. & Sigmon, A.H. & Biermann, A.W. (1985): Computer control via limited natural language. *IEEE Transactions on Systems, Man, and Cybernetics*, 15, 54-68.

Hacker, W. (1986). *Arbeitspsychologie: Psychische Regulation von Arbeitstätigkeiten.* Bern: Huber.

Hamborg, K.-C. & Greif, S. (1999). Heterarchische Aufgabenanalyse. In H. Dunckel (Hrsg.). *Psychologische Arbeitsanalyse.* Zürich: VDF-Verlag (S. 147 – 177).

ISO (1995). *ISO 9241. Ergonomische Anforderungen für Bürotätigkeiten mit Bildschirmgeräten. Teil 11: Anforderungen an die Gebrauchstauglichkeit - Leitsätze.* International Organization for Standardization.

Jarke, M., Turner, J.A., Stohr, E.A., Vassiliou, Y., White, N.H. & Michielsen, K. (1985): A field evaluation of natural language for data retrieval. *IEEE Transactions on Software Engineering*, 11, 97-114.

Mayring, Ph. (1997). *Qualitative Inhaltsanalyse. Grundlagen und Techniken.* 6. Auflage. Weinheim: Deutscher Studien Verlag.

Moranz, C. (2000). *OPAC oder OSIRIS? Evaluationsstudie zum Vergleich der Benutzbarkeit eines strukturiert- und eines natürlichsprachlichen Bibliothekssystems.* Unveröffentlichte Diplomarbeit am Fachbereich Psychologie und Gesundheitswissenschaften der Universität Osnabrück.

Norman, D.A. (1986). Cognitive engineering. In D.A. Norman & S.W. Draper (Eds.). *User centered system design. New perspectives on human-computer interaction* (pp. 31-61). Hillsdale, New Jersey: Lawrence Erlbaum Associates, Publishers.

Ogden, W.C. & Bernick, P. (1997). Using natural interfaces. In M. Helander, T.K. Landauer & P. Prabhu (Eds.). *Handbook of Human-Computer Interaction* (pp. 137-161). Elsevier Science.

Recker, I., Ronthaler, M. & Zillmann, H. (1996): OSIRIS. *Bibliotheksdienst*, 30 (5), 833-848.

Robson, C. (1993). *Real world research: a resource for social scientists and practitioner-researches.* Oxford: Blackwell.

Rossoll, E. (1996) Fortbildung: Round Table, Benutzeranleitung für den OPAC. *Bibliotheksdienst*, 30 (1), 107-111

Ronthaler, M. (1998). Osiris: Qualitative Fortschritte bei der Literaturrecherche. In J. Dassow & R. Kruse (Hrsg.). *Informatik '98: Informatik zwischen Bild und Sprache; 28. Jahrestagung der Gesellschaft für Informatik.* Berlin: Springer.

Schulz, U. (1990): Einige Aspekte zukünftiger Inhaltserschließung und Online-Benutzerkataloge. *Bibliothek*, 14 (3), 226-235.

Schulz, U. (1994): Was wir über OPAC-Nutzer wissen: Fehlertolerante Suchprozesse in OPACs. *ABI-Technik*, 14 (4), 299-310.

Shneiderman, B. (1978): Improving the human factors aspect of database interacting. *ACM Transactions on Database Systems*, 3, 417-439.

Shneiderman, B. (1992): *Designing the User Interface. Strategies for Effective Human-Computer Interaction.* 2nd Edition. Reading, Massachusetts: Addison-Wesley Publishing Company.

Small, D.W. & Weldon, L.J. (1983): An experimental comparison of natural and structured query language. *Human Factors*, 25 (3), 253-263.

Turtle, H. (1994): Natural language vs. Boolean query evaluation: a comparison of retrieval performance. In *Proceedings of the 17th Annual International Conference on Research and Development in Information Retrieval* (pp. 212-221). London: Springer-Verlag.

Walker, M. & Whittaker, S. (1989): *When natural language is better than menus: a field study.* Technical Report. Bristol: Hewlett Packard Laboratories.

Adressen der Autoren

Claudia Moranz
Zehntfeldstr. 199
81825 München

cmoranz@gmx.de

Dr. Kai-Christoph Hamborg
Universität Osnabrück
FB Psychologie und Gesundheitswissenschaften
Arbeits- und Organisationspsychologie
Seminarstr. 20
49069 Osnabrück
khamborg@uos.de

Günther Gediga
Universität Osnabrück
FB Psychologie und Gesundheitswiss.
Institut f. Evaluation und Marktanlysen
Brinkstr. 19
49143 Jeggen

Computereinsatz und Arbeitsgestaltung in Call-Centern

Susanne Maaß, Florian Theißing, Margita Zallmann
Universität Bremen, Fachbereich Mathematik und Informatik

Zusammenfassung

In Call-Centern entstehen z. Z. viele Bildschirmarbeitsplätze. Im Mittelpunkt der Arbeit von Call-Center-AgentInnen steht die Interaktion mit KundInnen. Mit Sachkompetenz und kommunikativem Geschick müssen sie computergestützt Dienstleistungen erbringen. In drei Bremer Call-Centern wurden Arbeitsplatzanalysen und Softwareevaluationen durchgeführt. Die Untersuchungen ergeben überwiegend geringe Handlungsspielräume und hohe Belastungen durch besondere Konzentrationsanforderungen, Zeitdruck und unangemessen gestaltete Software. Maßnahmen zur Verbesserung der Arbeitsgestaltung werden diskutiert.

0 Einleitung

Güter und Dienstleistungen werden aufgrund ihrer Massenproduktion immer weniger unterscheidbar. Deshalb wird eine Differenzierung am Markt zunehmend durch das Angebot produktbezogener Zusatzdienstleistungen versucht. Telefonische Information und Beratung, Bestellabwicklung und persönliche Ansprache von potentiellen KundInnen sollen helfen, die Kundenbeziehung im Sinne der Unternehmen zu verbessern. Erreichbarkeit ist dabei ein wesentliches Ziel.

Call-Center werden heute als Mittel zur kostengünstigen und effektiven Realisierung dieser neuen Zugänglichkeit und Handlungsfähigkeit gesehen. Call-Center (CC) sind besondere organisatorische Einheiten, in die der Kundenkontakt betriebsseitig verlagert wird. Sie können intern betrieben, ausgelagert oder auch völlig unabhängig betrieben werden, um Dienstleistungen für verschiedene Auftraggeber zu erbringen (Dienstleistungs-CC). Möglich wird diese Bündelung durch den integrierten Einsatz von Telekommunikations- und Computertechnik. Anrufverteilung, Datenzugriff, Kundenkontaktmanagement sind Bereiche, für die z.Z. neue Software entwickelt wird.

Beschäftigungspolitisch wird in diesen neuen Dienstleistungsbereich viel Hoffnung gesetzt („Job-Maschine Call-Center") und CC-Ansiedlungen werden subventioniert. Allerdings handelt es sich bei diesem Boom womöglich nur um ein Übergangsphänomen. Aufgrund der Standardisierung der Arbeitsabläufe in Massenbereichen der CC-Dienstleistungen ist bereits abzusehen, dass weitere Aufgabenanteile in die Technik verlagert werden; z.B. gestatten Interactive-Voice-Response-Systeme (IVR), Teildialoge zu automatisieren. Falls die KundInnen die damit verbundenen Veränderungen der Dienstleistung akzeptieren, ist vorauszusehen, dass mittelfristig viele CC-Arbeitsplätze wieder entfallen werden. Studien weisen darauf hin, dass durch den Einsatz von Informationstechnologien wie Sprachcomputer oder Web-Anwendungen die Hälfte der bestehenden Call-Center-Arbeitsplätze eingespart werden könnten, insbesondere in niedrig qualifizierten Bereichen (vgl. Hamburger Abendblatt 2000).

Call-Center bearbeiten vielfältige Aufgaben. Diese reichen von hochstandardisierten Telefontätigkeiten mit niedrigen Anforderungen, wie der herkömmlichen Telefonauskunft, bis hin zu komplexen, qualifizierten Beratungstätigkeiten, wie sie etwa im Finanzsektor anzutreffen sind. Allerdings ist der Bildungsstand der heutigen AgentInnen auch in den niedrig qualifizierten Bereichen sehr hoch.

Das Projekt „Computereinsatz und Arbeitsgestaltung in Call-Centern" (ComCall)[1] an der Universität Bremen beschäftigt sich besonders vor dem Hintergrund von Arbeitsmarkt- und Qualifizierungspolitik, Gesundheitsschutz an Bildschirmarbeitsplätzen und Software-Ergonomie mit Call-Center-Arbeit und ihrer technischen Unterstützung. Ziel ist die Entwicklung von neuen Konzepten zur Gestaltung der Arbeit von Call-Center-AgentInnen im Hinblick auf zukunftssichere, vielseitige, qualifizierte Arbeit mit möglichst geringen körperlichen und psychischen Belastungen. Das Projekt kooperiert mit drei Bremer Call-Centern.

Hier wird der Projektstand zur Mitte der Laufzeit dargestellt. *Abschnitt 1* beschreibt die Untersuchungsfragen und die Methodik. *Abschnitt 2* stellt allgemeine Merkmale der CC-Arbeit dar und berichtet damit über den ersten Teil der Untersuchungsergebnisse. *Abschnitt 3* schildert im Detail die festgestellten besonderen Bedingungen und Belastungen bei CC-Arbeit. In *Abschnitt 4* werden Ansatzpunkte für die Umgestaltung von CC-Arbeit im Sinne der Projektzielsetzungen diskutiert.

1 Untersuchungsziele und Vorgehen

Zum Bereich Call-Center gibt es erst wenig wissenschaftliche Literatur. Bei den meisten Veröffentlichungen handelt es sich um Beschreibungen und Anleitungen aus Sicht von CC-Betreibern (vgl. Bittner et al. 2000). Im Bereich Gesundheitsschutz gibt es erste Forschungen. Gutowski et al. (1999) untersuchten z.B. in einem Gesundheitsförderungsprojekt psychische Belastungen und Ergonomie in Call-Centern am Beispiel der Telefonzentrale der Stadt Dortmund. Isic et al. (1998) beschäftigten sich aus arbeitspsychologischer Sicht mit Stress bei Dienstleistungsarbeit und führten Fragebogenerhebungen in Call-Centern durch. Scherrer und Wieland (1999) entwickeln auf der Basis von Interviews und Fragebogenerhebungen psychologische Instrumente zur Belastungs- und Beanspruchungsdiagnostik. Seit Beginn des ComCall-Projektes wurden außerdem mehrere neue Forschungsprojekte zur Untersuchung des Zusammenhangs zwischen Service-Qualität und Arbeitsbedingungen, Kunden- und Mitarbeiterzufriedenheit, Kundenorientierung und Neo-Taylorisierung der Arbeit aufgesetzt.

ComCall richtet den Blick auf den Arbeitsplatz der Call-Center-AgentIn. Ausgangspunkt des Projektes bilden die Fragen: Welche spezifischen Eigenschaften zeichnen CC-Arbeit aus? Welche besonderen Anforderungen und Belastungen wirken an diesen neuartigen Arbeitsplätzen? Welche Spielräume gibt es bei der Organisation von CC-Arbeit? Welche besonderen Anforderungen ergeben sich aus den Spezifika der CC-Arbeit für die Gestaltung von CC-Software? Und inwieweit unterstützt Software die Arbeit der AgentInnen? Das Projekt setzt also seinen Schwerpunkt auf die Untersuchung von Arbeitsorganisation und Software mit dem Ziel, für beide Bereiche Gestaltungskonzepte zu entwickeln.

Vorbereitend wurde eine Marktübersicht zu CC-Software erstellt. Zur Klärung der Geschäftsprozesse in unseren Partner-CC führten wir Leitfadeninterviews mit Verantwortlichen durch. Die bestehende Arbeitsorganisation untersuchten wir an Hand von 12 Arbeitsplatzanalysen; die Software wurde durch 4 Usabilitytests und 2 Expertenreviews evaluiert. Alle Untersuchungsergebnisse wurden zunächst mit den AgentInnen abgestimmt und dann in den jeweiligen Betrieben vorgestellt, wobei auch erste Gestaltungsmöglichkeiten diskutiert wurden.

Im Rahmen der Arbeitsplatzanalysen beobachteten und analysierten wir das praktische Arbeitshandeln der CC-AgentInnen sowie die organisatorischen und technischen Rahmenbedin-

---

[1] Das Projekt wird durch den Bremer Senator für Arbeit und den Europäischen Sozialfonds im Bremer Programm "Arbeit und Technik" gefördert.

gungen der Aufgabenbearbeitung an exemplarischen Arbeitsplätzen. Wir wählten dafür die Methode der Kontrastiven Aufgabenanalyse im Büro (KABA, Dunckel et al. 1993), die auf der psychologischen Handlungsregulationstheorie beruht. Die Methode hat sich bei Arbeitsplatzanalysen nach Arbeitsschutzgesetz und Bildschirmarbeitsverordnung bewährt und führt zu differenzierten qualitativen Aussagen. In jeweils etwa dreistündigen Beobachtungsinterviews wurden AgentInnen an den ausgewählten Arbeitsplätzen bei ihrer Arbeit beobachtet und zu Einzelheiten der Aufgabenbearbeitung befragt. Die Aufgaben wurden anhand von Kriterien menschengerechter Arbeitsgestaltung, den sog. „Humankriterien", bewertet. Körperliche und psychische Belastungen aufgrund von organisatorischen und technischen Arbeitsbedingungen wurden detailliert festgehalten.

Bei der Anwendung der Methode auf die ersten Arbeitsplätze zeigte sich allerdings, dass die KABA-Kriterien die tatsächlichen Anforderungen der Tätigkeit von CC-AgentInnen nicht vollständig erfassen, da sie sich nur auf die sachliche Aufgabenkomponente beziehen und den kommunikativen Charakter der Situation außer Acht lassen. Daher mussten wir die Kriterien für die weiteren Analysen erweitern.

Um angesichts der Vielfalt der in Call-Centern herrschenden organisatorischen Bedingungen und bearbeiteten Aufgaben verallgemeinerbare Ergebnisse zu erzielen, wurde bei der Auswahl der untersuchten Arbeitsplätze darauf geachtet, ein möglichst breites Spektrum an organisatorischen Kontexten und Aufgabentypen zu erfassen.

Die Untersuchungen wurden in 3 Bremer Call-Centern unterschiedlicher Größe, organisatorischer Anbindung und inhaltlicher Ausrichtung durchgeführt. Es handelt sich um ein Dienstleistungs-CC mit 50 MitarbeiterInnen, ein großes ausgegründetes CC mit einem zusätzlichen Service-Center für Fremdauftraggeber (insgesamt 400 MitarbeiterInnen) und das interne CC eines Handelsunternehmens mit 40 MitarbeiterInnen.

Die untersuchten Arbeitsaufgaben reichten von hochstandardisierten, niedrig qualifizierten Tätigkeiten wie Adressverifikation oder Bestellannahme bis zu komplexen, qualifizierten Tätigkeiten wie Reisebüroservice oder technische Beratung. Es wurden sowohl reine Telefontätigkeiten als auch Aufgaben, die neben dem Kundenkontakt auch vor- und nachgelagerte Sachbearbeitungstätigkeiten umfassten, analysiert. Tätigkeiten zur Bearbeitung eingehender Anrufe (Inbound), solche, bei denen aktiv nach außen telefoniert wird (Outbound), und Mischformen wurden in die Untersuchung einbezogen. Neben Arbeitsplätzen mit ausschließlich telefonischer Kommunikation untersuchten wir auch Arbeitsplätze, an denen zusätzlich Faxe und E-Mails bearbeitet wurden.

Unsere Vorgehensweise richtete ihren Blick vor allem auf die Arbeitsaufgaben und die organisatorisch-technischen Bedingungen ihrer Bearbeitung und nicht auf die konkreten Personen, die die Aufgaben bearbeiteten. So ließen sich Bedingungskonstellationen identifizieren, die zu Belastungen und Behinderungen führten. Dadurch können die Analyseergebnisse auf gleichartige Arbeitsplätze übertragen werden und es lassen sich Vorschläge zur Umgestaltung entwickeln.

Im Anschluss an die Arbeitsanalysen wurde an einigen der untersuchten Arbeitsplätze geprüft, inwieweit die eingesetzte Software den Anforderungen der Arbeitsaufgaben entsprach und welche konkreten Gestaltungsmängel die AgentInnen bei der Aufgabenbearbeitung behinderten. Im Rahmen von Usabilitytests wurde die Arbeit der AgentInnen mit den Softwaresystemen sowohl im realen Arbeitsvollzug als auch anhand von nachgestellten typischen Aufgabenstellungen und Anrufsituationen beobachtet und protokolliert. Zusätzlich wurden auf Grundlage solcher Standardaufgaben Expertenreviews durchgeführt. Die Ergebnisse dieser Untersuchungen wurden teilweise in Workshops mit AgentInnen diskutiert und ergänzt.

Die angewendeten Verfahren ergänzen sich. Während Expertenreviews die Eigenschaften von Software systematisch nach softwareergonomischen Kriterien bewerten, beziehen Usabilitytests und Workshops die Perspektive der BenutzerInnen und ihr Wissen über Arbeitsabläufe und Einsatzkontext der Software explizit ein (vgl. Ansorge, Haupt 1997).

2 Dienstleistungsarbeit im Call-Center

Bei aller Verschiedenartigkeit der untersuchten Arbeitsplätze konnten wir in unseren Analysen Gemeinsamkeiten aller Arbeitsplätze identifizieren. Diese werden im Folgenden dargestellt.

Die Interaktion der AgentInnen mit AnruferInnen oder Angerufenen ist ein wesentlicher Bestandteil ihrer Arbeitsaufgabe. Die AgentInnen müssen im Gespräch eine Dienstleistung realisieren: die Antwort auf eine Frage, eine Buchung, Informationen über ein Produkt. Über diesen *sachlichen* Aspekt hinaus stellt der Interaktionsprozess selbst einen wichtigen Teil der Dienstleistung dar. Das Gespräch muss kompetent und effizient, professionell freundlich, zuvorkommend und flexibel zur Zufriedenheit der KundInnen geführt werden; dies wird als *kommunikativer* oder *sozialer* Aspekt der Dienstleistung bezeichnet. Der Verlauf, den die Interaktion und damit der Arbeitsablauf der AgentIn nimmt, wird nicht nur durch die sachlichen, sondern auch durch diese sozialen Aspekte der Interaktion beeinflusst.

Nach Nerdinger (1994) ist bei der Erstellung persönlicher Dienstleistungen der Bediente immer auch Ko-Produzent der Dienstleistung. Auch im Call-Center sind die GesprächspartnerInnen durch ihre Rolle im Interaktionsprozess an der Realisierung des Gesprächsergebnisses wesentlich beteiligt. Ihr Verhalten und damit auch der Verlauf, den die jeweilige Interaktion nimmt, ist für die AgentIn nicht im Einzelnen vorhersehbar oder planbar. Schon bei einfachen Bestellaufnahmen, die sachlich einem eindeutigen Standard folgten, ließen sich in den Gesprächen immer wieder unterschiedliche Gesprächsverläufe beobachten.

Gleichzeitig sollen die AgentInnen aber das Gespräch so steuern, dass die Vorgaben der Auftraggeber, die zudem im Widerspruch zu den Kundenerwartungen stehen können, eingehalten werden. In diesem Zusammenhang spielt die Arbeit mit den eigenen und fremden Gefühlen eine wesentliche Rolle. Die AgentIn muss im Gespräch neben den sachlichen Absichten auch den emotionalen Zustand der GesprächspartnerInnen wahrnehmen, mit deren möglicherweise negativen Gefühlen umgehen, selbst angemessene, meist positive Gefühle zeigen und darüber hinaus die Emotionen der GesprächspartnerInnen zu deren Zufriedenheit und in geschäftlich gewünschter Weise beeinflussen. Dieser Aspekt von Dienstleistungsarbeit wird als „Gefühlsarbeit" oder „emotionale Arbeit" bezeichnet (Hochschild 1990).

So sind bei jeder Aufgabenbearbeitung im Call-Center sachliche und soziale Aspekte miteinander verwoben, und nicht selten sind die Anforderungen an die kommunikative Kompetenz sogar höher als die Anforderungen an die sachliche Kompetenz. Insbesondere Frauen werden als CC-Agentinnen angeworben, weil man gerade bei ihnen besondere Kommunikationsfähigkeiten erwartet. Jedoch wird die Flexibilität in der Kommunikation, die für guten Service notwendig ist, meist als persönliche Eigenschaft gesehen, wenig geschult und nicht als (geldwerte) professionelle Kompetenz gewürdigt.

Bei der CC-Arbeit ist die Interaktion mit dem Gesprächspartner fest eingebunden in eine informations- und kommunikationstechnische Infrastruktur. Die Anrufverteilung erfolgt automatisch über ein ACD-System (Automatic Call Distribution); gesprächsbegleitend und in der Nachbereitung wird mit betrieblichen Anwendungen und Kundenmanagementsystemen (z. B. Front-Office-Systemen) gearbeitet. Diese Software ist zu bedienen, es sind die richtigen Eingaben zu machen, Systemausgaben schnell zu erfassen und sachgerecht zu interpretieren. Technische Probleme sind ggf. im Gespräch zu überspielen.

So arbeiten AgentInnen in einer doppelten Vermittlerposition zwischen Unternehmen und KundInnen und zwischen dem technischen System und KundInnen. Sie müssen sich gleichzeitig mit sachlichen, kommunikativen und technischen Anforderungen auseinander setzen.

3 Bedingungen der Call-Center-Arbeit

Im Folgenden werden einige wesentliche Ergebnisse unserer Arbeitsplatzanalysen und softwareergonomischen Untersuchungen dargestellt. Zunächst werden die Anforderungen der CC-Arbeit anhand der KABA-Humankriterien charakterisiert. Dann werden besondere Belastungen aufgrund der Arbeitsorganisation und der Gestaltung der untersuchten CC-Software erläutert.

3.1 Einschätzung anhand der Humankriterien

Die Kontrastive Aufgabenanalyse arbeitet ursprünglich mit sieben, z.T. noch unterteilten, Kriterien. Unsere Ergebnisse werden schwerpunktmäßig hinsichtlich der Humankriterien Entscheidungsspielraum, Kommunikationserfordernisse, zeitliche Planungserfordernisse und Zeitbindung dargestellt, weil diese unter dem Blickwinkel einer besseren Gestaltung der CC-Arbeit besondere Relevanz haben.

Der *Entscheidungsspielraum* kennzeichnet, welchen Freiraum die AgentInnen zur Planung ihres Vorgehens bei der Aufgabenbearbeitung haben. An den untersuchten Arbeitsplätzen war seine Ausprägung abhängig vom Komplexitätsgrad der Arbeitsaufgaben. An Telefonplätzen mit kurzzyklischen, hochstandardisierten Tätigkeiten wie Bestellannahme oder Adressverifizierung war der Arbeitsablauf meistens durch betriebliche Vorgaben festgelegt und der Entscheidungsspielraum niedrig. Bei komplexeren Tätigkeiten wie Reisebüroservice oder technischer Beratung hatten die Beschäftigten größere Spielräume.

Nur zum Teil wurden den AgentInnen explizit Spielräume gewährt, etwa hinsichtlich der Preisgestaltung oder der Lieferantenauswahl. Entscheidungsspielräume ergaben sich mit zunehmender Komplexität der Arbeitsaufgabe vor allem dadurch, dass bei der Bearbeitung des Kundenanliegens unvorhergesehene Ausnahme- und Problemfälle auftraten, auf die die betrieblichen Vorgaben nicht anwendbar waren. In diesen Fällen mussten die AgentInnen selbstständig Lösungen finden, um den Vorgang zu einem erfolgreichen Abschluss zu bringen.

Die niedrigen Einstufungen der meisten CC-Arbeitsaufgaben bzgl. des Entscheidungsspielraums charakterisieren nur den sachlichen Aufgabenaspekt. Angeregt durch Studien zu Stress durch Emotionsarbeit (Zapf et al. 1999) führen wir als zusätzliches Kriterium den *Interaktionsspielraum* ein, jedoch ohne dafür eine Stufenskala zu entwickeln, wie sie für die anderen Humankriterien existiert. Damit bezeichnen wir die Handlungsmöglichkeiten, die die AgentInnen zur eigenständigen professionellen Gestaltung des Gesprächsverlaufes haben, z.B. den selbstbestimmten Einsatz von Emotionen oder Spielräume für eine situationsabhängige Gesprächsführung.

An den untersuchten Arbeitsplätzen wurde in unterschiedlichem Maße von betrieblicher Seite versucht, das Gesprächsverhalten der AgentInnen zu standardisieren und dadurch ihren Interaktionsspielraum einzuschränken. Es gab Regelungen der Gesprächsdauer, einzelne Anweisungen zur Gesprächsführung (freundliches Verhalten, persönliche Anrede des Kunden, Ergebnisorientierung), Empfehlungen oder Vorgaben zur Gesprächsstruktur (Begrüßung – Bedarfsanalyse – Angebot – Verabschiedung) bis hin zu verbindlichen Gesprächsskripten mit wörtlich vorgeschriebenen Formulierungen.

Bei einfachen Tätigkeiten legten die Vorgaben den Gesprächsverlauf oft weitgehend fest, z.B. durch Fragesequenzen. Bei komplexeren Tätigkeiten gab es meist nur Verhaltensempfehlungen. Je enger die betrieblichen Vorgaben waren, desto häufiger erwiesen sie sich in Gesprächssituationen als unangemessen oder behindernd. Offensichtlich erfordert der offene Charakter der mündlichen Kommunikation mit den KundInnen Spielräume für eine flexible Gesprächsführung und setzt dadurch den Standardisierungsbemühungen in CC Grenzen.

An allen untersuchten Arbeitsplätzen war der Gesprächsverlauf eng mit der Interaktion mit dem EDV-System verwoben. Dementsprechend beeinflusste auch die Gestaltung der Software den Interaktionsspielraum in vielfältiger Weise. So wurde der Gesprächsverlauf in einigen Fällen durch eine starre Abfolge von Eingabemasken vorstrukturiert oder bestimmte Informationen mussten verbindlich erfragt werden, weil das EDV-System sie forderte.

Teilweise entstanden diese Software-bedingten Einschränkungen des Interaktionsspielraums ungewollt oder durch technische Beschränkungen des eingesetzten Systems. In einigen Fällen wurde die Software aber auch gezielt eingesetzt, um betriebliche Anforderungen an die Gestaltung der Kundeninteraktion durchzusetzen (vgl. Theißing 2001). In diese Kategorie fallen sogenannte interaktive Gesprächsskripte, bei denen Frage-Antwort-Sequenzen voreingestellt werden, die die AgentIn dann im Kundengespräch abarbeiten muss.

In allen untersuchten Call-Centern waren die AgentInnen in „Teams" eingeteilt. Die *internen Kommunikations- und Kooperationserfordernisse* für die AgentInnen waren jedoch grundsätzlich niedrig. Gemeinsame aufgabenbezogene Abstimmung und Planung war so gut wie nie nötig, es wurden lediglich Informationen weitergeleitet oder Anweisungen der Teamleitung entgegengenommen. Die *externen Kooperationserfordernisse* ließen sich überwiegend nur als niedrig bis knapp ausreichend einstufen und waren nur bei komplexeren Tätigkeiten höher. So erforderten Reisebüro-Dienstleistungen per Call-Center etwa Klärungen und Abstimmungen, z.B. mit Fluggesellschaften, Hotels und Autovermietungen.

Die *zeitlichen Planungserfordernisse* lagen überwiegend im gestaltungsbedürftigen Bereich. Insbesondere bei den Inbound-Tätigkeiten, bei denen das Anrufverteilungssystem die Reihenfolge vorgibt und die Aufträge nacheinander am Stück abgearbeitet werden, bestand für die AgentInnen überhaupt kein Erfordernis zur zeitlichen Planung des Arbeitsablaufs. Auch ist die *Zeitbindung* von Inbound-Tätigkeiten extrem hoch, da durchgeschaltete Anrufe direkt beantwortet werden müssen. Bei den untersuchten Outbound-Tätigkeiten waren die Bearbeitungsfristen länger (Bearbeitung einer Adressmenge innerhalb einer Schicht). Die einzelnen Gespräche dauerten im Schnitt zwischen 2 und 20 Minuten, häufig unter 4 Minuten. Fax- und E-Mail-Aufträge unterlagen aufgrund ihres asynchronen Charakters keiner so strikten Zeitbindung. Die Tendenz ging aber dahin, sie in den durch Telefonarbeit bestimmten Arbeitsfluss der AgentInnen einzubinden und die Bearbeitungsfristen kurz zu halten.

Bezüglich der übrigen Humankriterien entsprachen die untersuchten CC-Arbeitsplätze etwa der herkömmlichen Büro- und Verwaltungsarbeit. Die *Vielfalt* lag meist im mittleren Bereich und war nur bei sachlich komplexeren Tätigkeiten höher. Der *sachliche Aufgabenzusammenhang*, d.h. die Arbeitsorganisation, war in hohem Maße *durchschaubar*. Auf der kommunikativen Ebene müssen AgentInnen aber immer mit Überraschungen rechnen, denn die emotionale Verfassung und das Interaktionsverhalten der GesprächspartnerInnen ist nicht vorhersehbar. Abhängig von den bearbeiteten Aufgaben sind gewisse Emotionen an Arbeitsplätzen wahrscheinlicher als andere, z.B. negative Kundenemotionen in der Reklamationsannahme. Die Einflussnahme der AgentInnen, die *Gestaltbarkeit des Aufgabenzusammenhangs*, war jedoch auf der sachlichen und der sozialen Ebene gering.

3.2 Call-Center-spezifische Belastungen

Psychische Belastungen bei der Arbeit entstehen nach KABA durch punktuelle Behinderungen und dauerhafte Über- oder Unterforderung des menschlichen Regulationsvermögens. Wir behandeln hier die Belastungsfaktoren Zeitdruck, Konzentrationsanforderungen sowie unergonomische Softwaregestaltung, die wir in unseren Analysen in hohem Maße festgestellt haben. Weitere körperliche und psychische Belastungen, die wir hier nicht genauer darstellen, ergaben sich aufgrund der Gestaltung von Arbeitsplatz und Arbeitsumgebung: Bildschirmarbeit, das Arbeiten an gemeinsam genutzten Telefonplätzen, die Benutzung von Headsets, der hohe Geräuschpegel. Auch Auswirkungen von Leistungskontrollen, Schichtarbeit und Entlohnungsmodellen behandeln wir hier nicht.

An vielen untersuchten Arbeitsplätzen stellten wir *Zeitdruck* fest. Er entstand durch quantitative Vorgaben (Adressmenge pro Schicht), aber auch durch knapp kalkulierten Personaleinsatz in Relation zum erwarteten Anrufvolumen, so dass der Strom von Aufträgen ohne Pausen floss. Verstärkend wirkten leistungsabhängige Lohnanteile. Nur selten konnten AgentInnen das Arbeitsvolumen durch Überstunden abbauen; statt dessen versuchten sie, innerhalb der Gespräche Zeit zu sparen, beispielsweise indem zur Nachbearbeitung gehörende Systemeingaben vorgezogen und parallel zur Gesprächsführung erledigt wurden. AgentInnen sind aber vom Kooperationsverhalten ihrer Gesprächspartner abhängig; ein umständlicher Kunde kann den angestrebten Servicelevel, an dem CC-Arbeit quantitativ gemessen wird, absenken.

Zusätzlich ließ sich an allen untersuchten Arbeitsplätzen ein gesprächsimmanenter Zeitdruck feststellen, der dadurch entsteht, dass die fachlichen Aufgaben während des Kundengesprächs bearbeitet werden müssen. Auf Kundenanforderungen muss schnell reagiert werden und auch bei komplizierten Aufgabenstellungen dürfen keine Gesprächspausen entstehen; bei Outbound-Telefonaten muss schnell und geschickt die emotionale Abwehr der Angerufenen in Neugier verwandelt werden.

Die *Konzentrationsanforderungen* waren an allen untersuchten Arbeitsplätzen sehr hoch. Dies rührt daher, dass die AgentIn mit Kundengespräch und Systembedienung gleichzeitig in zwei unterschiedlichen Kontexten arbeiten muss. Sie hört, spricht, liest und schreibt; sie bedient parallel Computer und Telefon und darf dabei den Gesprächsfaden weder inhaltlich noch emotional aus der Hand geben. Nicht nur komplexe Beratungstätigkeiten, sondern auch kurzzyklische Tätigkeiten mit standardisiertem Ablauf erfordern durchgehende Konzentration.

Zusätzliche Konzentrationsanforderungen ergaben sich an Arbeitsplätzen mit Aufgaben, die neben der reinen Telefontätigkeit auch vor- und nachgelagerte Sachbearbeitungstätigkeiten umfassten, wie z.B. Reisebüroservices. Hier war es den AgentInnen aufgrund hoher Zielvorgaben bezüglich der Erreichbarkeit bei gleichzeitig knappen Personalkapazitäten oft nicht möglich, sich während der Sachbearbeitungsphase eines Falles aus der Anrufverteilung auszuschalten. Deshalb wurden sie bei der Bearbeitung regelmäßig von neuen Anrufen unterbrochen und erhielten neue Aufträge, ohne die alten abgeschlossen zu haben. Um alle Fälle parallel bearbeiten zu können, mussten sie den Überblick über die verschiedenen Bearbeitungsstände behalten und in der Lage sein, sich bei eingehenden Anrufen schnell von einem Fall auf den anderen umzustellen.

Auch die *Software* spielte als Belastungsfaktor eine wichtige Rolle. Ein wesentlicher Mangel bestand darin, dass in ihrer Gestaltung oft nicht berücksichtigt wurde, dass im CC-Kontext aufgabenangemessene Systeme auch interaktionsangemessene Systeme sein müssen. Die von uns untersuchten Systeme orientierten sich in ihrer Gestaltung vor allem an den sachlichen Aspekten der Arbeitsaufgabe. Angesichts des Umstandes, dass dieselbe Aufgabe in sehr unterschiedlichen Gesprächsverläufen bearbeitet werden kann, erwiesen sich diese rein an der Sachaufgabe orientierten Systeme als unflexibel und behinderten dadurch den Gesprächsverlauf.

So behandelte ein Reisebuchungssystems den Verkauf einer Reise als eindeutigen, durch die sachlichen Erfordernisse strukturierten Arbeitsablauf. Wurde eine Buchungsmaske verlassen, in der ein ausgewähltes Reiseangebot schon erfasst, aber noch nicht abschließend gebucht war, gingen die eingegebenen Daten verloren. Tatsächlich gab es aber immer wieder Situationen, in denen KundInnen, auch nachdem sie sich bereits für ein Angebot entschieden hatten, noch Fragen zu Zusatzangeboten oder Angebotsdetails stellten und vor Abschluss der Buchung beantwortet haben wollten. In diesen Fällen musste die Agentin die Buchungsmaske verlassen, was den Verlust der bereits eingegebenen Daten zur Folge hatte. Wurde der Buchungsvorgang wieder aufgenommen, mussten die Daten, zum Verdruss der Agentin und der Kunden, erneut eingegeben werden.

Wenn in der Gestaltung spezieller CC-Software die kommunikativen Aspekte der Arbeit in den Blick genommen werden (etwa bei interaktiven Gesprächsleitfäden), geschieht dies oft unter der Annahme, dass sich die Gespräche in festen Bahnen bewegen. Es fehlt den EntwicklerInnen offensichtlich ein ausreichendes Wissen über die Erfordernisse der Arbeitssituation.

Ein weiteres Ergebnis unserer Analysen bestand darin, dass softwareergonomische Mängel, wie sie bei betrieblichen Anwendungssystemen durchaus üblich sind, sich unter den Bedingungen der CC-Arbeit mit ihren hohen Konzentrationsanforderungen und ihrem gesprächsimmanenten Zeitdruck besonders gravierend auswirken.

Die mangelhafte Darstellung der benötigten Informationen durch zu hohe Informationsdichte, fehlende Strukturierung oder schlechte Lesbarkeit erhöhte die ohnehin schon hohen Konzentrationsanforderungen und beeinflusste die Qualität des Gesprächsergebnisses negativ. Angesichts der vielfältigen Gesprächssituationen stellte die Strukturierung von Informationen ein besonderes Problem dar. Bei einigen Systemen war die Informationsdarstellung stark modularisiert, um die einzelnen Bildschirmanzeigen übersichtlich zu halten. Dies führte dazu, dass AgentInnen die in der aktuellen Situation relevanten Daten nicht gemeinsam, sondern auf unterschiedlichen Masken oder Registerkarten angezeigt bekamen. Andere Systeme führten möglichst viele in einem Kundenkontakt potentiell relevante Informationen auf einer Bildschirmanzeige zusammen, wodurch unübersichtliche Bildschirmanzeigen mit hoher Informationsdichte entstanden. AgentInnen mussten die im konkreten Fall relevanten Informationen unter einer Vielzahl irrelevanter Dialogelemente identifizieren.

Eine umständliche Gestaltung der Dialoge, fehlende Vorgabewerte, Mehrfacheingaben und vor allem zu lange Antwortzeiten verschärften den gesprächsimmanenten Zeitdruck. Antwortzeiten von mehreren Sekunden sind auch bei herkömmlichen Bürosystemen belastend. Im Kontext der CC-Arbeit machen solche Wartezeiten jedoch eine flüssige Gesprächsführung unmöglich und führten in einigen Fällen dazu, dass Telefonate abgebrochen werden mussten. Probleme bereiteten auch Systeme, die nicht durchgängig auf die Bedienung mit der Tastatur hin gestaltet waren. Hier führten häufige Griffwechsel zwischen Maus und Tastatur und die mit der Maus notwendigen Positionierungen zu zusätzlichen Beanspruchungen.

Zusammenfassend ergibt sich folgendes Bild: Der größte Teil der von uns untersuchten Arbeitsplätze wies geringe Spielräume und hohe Belastungen auf, was auf einen hohen Gestaltungsbedarf hindeutet. Die psychischen Belastungen lagen vorwiegend im Bereich der Regulationsüberforderungen. Schwerwiegende ergonomische Mängel der Software bestanden bzgl. der Aufgabenangemessenheit.

4 Gestaltungsoptionen

Lässt sich Call-Center-Arbeit menschengerecht und weniger belastend gestalten? Im Folgenden wollen wir aus den Ergebnissen unserer Analysen einige Schlussfolgerungen für die Bereiche Arbeitsorganisation, Qualifizierung und Softwaregestaltung ziehen.

- *Arbeitsplätze mit ausschließlich kurzzyklischer Telefonarbeit sind aus arbeitspsychologischer Sicht nicht vertretbar. Die Arbeit muss durch höherwertige sachliche Aufgabenanteile angereichert werden.*

Bei kurzzyklischen Telefontätigkeiten besteht angesichts niedriger Handlungsspielräume und Kooperationserfordernisse sowie enger zeitlicher Randbedingungen besonderer Gestaltungsbedarf. Diese Tätigkeiten sollten mit weiteren Aufgaben angereichert werden.

In gewissem Umfang könnte eine Erweiterung der Spielräume durch die Re-Integration von sog. Back-Office-Tätigkeiten in die Aufgaben von CC-AgentInnen erreicht werden. Dies ist für interne Call-Center, die noch stärker in Geschäftsprozesse eingebunden sind, einfacher zu realisieren als für Dienstleistungs-Call-Center.

CC-AgentInnen könnten auch Teile der Vorbereitungs-, Steuerungs- und Auswertungsaufgaben mit übernehmen, die heute von ProjektassistentInnen oder TeamleiterInnen ausgeführt werden. Sie sollten beispielsweise an der Entwicklung der Gesprächsleitfäden beteiligt werden. Oft lässt sich erst im Arbeitsprozess feststellen, dass die Vorgaben das kundenorientierte Arbeiten eher behindern als unterstützen. Es sollten Wege institutionalisiert werden, auf denen diese Erfahrungen regelmäßig untereinander abgeglichen werden und in die Arbeitsorganisation zurückfließen können.

Auch im Zuge von Software-Neuentwicklung, -kauf, -anpassung und -einführung ist das Know-how der AgentInnen wertvoll und bislang ungenutzt. Sie könnten systematisch in die Formulierung von Anforderungen und die Evaluation einbezogen werden, die erforderlichen Handbücher und Anleitungen verfassen und testen und neue MitarbeiterInnen einarbeiten.

Denkbar ist auch die Bildung von Projektteams analog zu den teilautonomen Gruppen in der Fertigung, die die Arbeitsteilung und Einsatzplanung flexibel und selbstverantwortlich organisieren.

- *Standardisierte Freundlichkeit garantiert keine erfolgreiche Kundeninteraktion. Die Arbeit der CC-AgentInnen muss professionalisiert werden und die AgentInnen müssen ausreichend Spielräume für ihre Arbeit erhalten.*

Kundenorientierung und hohe Dienstleistungsqualität sind heute strategische Unternehmensziele. Dazu sind gut qualifizierte AgentInnen erforderlich, denen von betrieblicher Seite die nötigen Spielräume eingeräumt werden, um den Kundenkontakt professionell und flexibel zu gestalten. Umso mehr überrascht es, dass für die Ausbildung der heutigen CC-AgentInnen ein eindeutiges Qualifikationsprofil fehlt (vgl. Kruschel & Paulini-Schlottau 2000). Eine fundiertere Qualifikation versetzt die AgentInnen in die Lage, den vielfältigen Anforderungen ihrer Rolle professionell gerecht zu werden, ohne sich persönlich zu verausgaben.

Es genügt aber nicht, eine frontale Vermittlung zusätzlicher Inhalte in Kursen vorzusehen. Gerade bezüglich der sozialen Aufgabenkomponente müssen neue Konzepte gefunden werden. Der Stellenwert von Sozialkompetenz und die Möglichkeiten ihres Erwerbs werden in der bildungspolitischen und berufspädagogischen Debatte zunehmend diskutiert. Pädagogische Konzepte, die die reflektierte Selbstwahrnehmung und die Nutzung biographischer Ressourcen, d.h. persönlicher Lebenserfahrungen, gerade bei der Qualifikation für personenorientierte Dienstleistungsberufe in den Mittelpunkt stellen (Friese et al. 2000), erscheinen uns auf Weiterbildungen für CC-AgentInnen gut anwendbar.

Der Versuch, die Qualifikationsanforderungen im Call-Center durch eine weitgehende Standardisierung der Abläufe möglichst gering zu halten, führt in eine Sackgasse. Angesichts der Vielfalt der Kundenanforderungen und Gesprächsverläufe werden rigide Vorgaben schnell zur Behinderung für AgentInnen und KundInnen. Den AgentInnen müssen deshalb ausreichende Entscheidungs- und Interaktionsspielräume eingeräumt werden, damit sie im Kundenkontakt situationsangemessen agieren können.

- *Software, die sich in ihrer Gestaltung allein an den sachlichen Aufgabenaspekten orientiert, ist für den Einsatz in CC nicht geeignet. CC-Software muss interaktionsangemessen gestaltet sein.*

Die an Agentenarbeitsplätzen eingesetzte Software sollte die vorstrukturierte und doch hochgradig flexible Interaktion mit den KundInnen so unterstützen, dass Standardschritte einfach zu durchlaufen, Abweichungen davon aber immer möglich sind. So darf das System den Gesprächsverlauf nicht durch eine starre Maskenabfolge vorstrukturieren. Die AgentIn sollte die Abfolge einzelner Arbeitsschritte flexibel an den Gesprächsverlauf anpassen können. Gleichzeitig sollte das System der AgentIn aber Informationen darüber geben, welche der sachlich notwendigen Arbeitsschritte noch zu bearbeiten sind. Die Software muss darüber hinaus zuverlässig verfügbar sein und kurze Antwortzeiten garantieren.

CC-Arbeit erfordert immer eine hohe Konzentration, auch der gesprächsimmanente Zeitdruck lässt sich nicht vermeiden. Darum muss die Software die nötigen Informationen zur rechten Zeit klar anzeigen bzw. leicht eingeben lassen. Zusammengehörige Informationen einer Arbeitsaufgabe müssen gemeinsam und übersichtlich strukturiert angezeigt, irrelevante Informationen ausgeblendet werden. Ein Problem besteht darin, dass es auch von der Gesprächssituation abhängt, welche Daten gerade relevant und welche irrelevant sind. Hier sind neue Konzepte gefordert, mit denen sich Informationen situationsabhängig und doch übersichtlich darstellen lassen.

Die Bildschirmanzeigen sollten möglichst konfigurierbar sein. Auch die Vorgabewerte von Feldern müssen leicht einstellbar sein, bereits eingegebene oder gespeicherte Daten in andere Felder zu übernehmen sein und Eingaben auf ihre Plausibilität überprüft werden.

Zusätzlich sollte die Software innerhalb von Projekten und auch projektübergreifend eine flexible Arbeitsteilung mit wechselnden Zuständigkeiten (Gruppenarbeit, Rotation) unterstützen. Beispielsweise sollte die Steuerung des Arbeitsvolumens im Team grundsätzlich von allen Arbeitsplätzen aus möglich sein. Ein flexibles Berechtigungskonzept ist ergänzend nötig.

Zur Zeit wird die Call-Center-Diskussion von der Zielsetzung bestimmt, die Zugänglichkeit der Produkte und Dienstleistungen durch eine Ausweitung der Kommunikationswege zu erhöhen. Beispielsweise soll die Technik des Shared-Browsing einen gemeinsamen Zugriff der Interaktionspartner auf Webseiten unterstützen. Die dadurch eröffneten Möglichkeiten der Visualisierung und Kooperation bieten Chancen, die Kundeninteraktion im CC-Kontext zu erweitern. Kombinationen der Telefonarbeit mit neuen Kommunikationswegen führen aber auch zu neuen Anforderungen an die Agentenarbeit und verändern die Arbeitsbedingungen. Es muss untersucht werden, welche softwareergonomischen Anforderungen sich daraus ergeben.

Auf der Grundlage unserer Untersuchungen sind wir zuversichtlich, dass es in allen wichtigen Gestaltungsbereichen Optionen im Sinne einer Verbesserung der Arbeitsbedingungen gibt. Darüber hinaus haben wir Anhaltspunkte dafür, dass mit solchen Veränderungen gleichzeitig die Servicequalität für die KundInnen steigt, die heute in erster Linie an Erreichbarkeit und geringen Wartezeiten festgemacht wird. Eine Rücknahme von Standardisierung und Arbeitsteilung kann zu umfassenderem Service und mehr Verlässlichkeit der im Call-Center beginnenden Dienstleistungsketten führen. In unserem Projekt werden wir aufbauend auf den dargestellten Analyseergebnissen nunmehr diese Gestaltungsoptionen in den Partner-Betrieben weiter konkretisieren und exemplarisch erproben.

Literatur

Ansorge, P.; Haupt, U. (1997): Experten-Reviews und Usability-Testing als Beratungs- und Qualifizierungsinstrumente. In: Liskowsky, R.; Velichkovsky, B.M.; Wünschmann, W. (Hrsg.): Software-Ergonomie '97. Stuttgart: Teubner, S. 55-69.

Bittner, S.; Schietinger, M.; Schroth, J.; Weinkopf, C. (2000): Call-Center – Entwicklungsstand und Perspektiven. Eine Literaturanalyse. Projektbericht des Instituts Arbeit und Technik 2000-01, Gelsenkirchen.

Dunckel, H.; Volpert, W.; Zölch, M.; Kreutner, U.; Pleiss, C.; Hennes, K. (1993): Kontrastive Aufgabenanalyse im Büro - Der KABA-Leitfaden. Zürich/Stuttgart: Verlag der Fachvereine/Teubner.

Friese, M.; Thiessen, B.; Schweizer, B.; Piening, D. (2000): Mobiler Haushaltsservice. Ein innovatives Konzept für die Ausbildung und Beschäftigung von Hauswirtschaftern/-innen. Abschlußbericht zur wissenschaftlichen Begleitung. Senator für Bildung, Wissenschaft und Kunst und Sport, Bremen, 77-181.

Gutowski, D.; Beermann, B.; Lück, P. (1999): Bericht über das Projekt der Gesundheitsförderung in der Telefonzentrale der Stadt Dortmund. Manuskript, Dortmund: AOK und Bundesanstalt für Arbeitsschutz und Arbeitsmedizin.

Hamburger Abendblatt (2000): Call Center: Jeder zweite Job bedroht. Hamburger Abendblatt, 25.5.2000.

Hochschild, A.R. (1990): Das gekaufte Herz. Zur Kommerzialisierung der Gefühle. Frankfurt: Campus.
Isic, A.; Dormann, C.; Zapf, D. (1998): Belastungen und Ressourcen an Call-Center-Arbeitsplätzen. In: Zeitschrift für Arbeitswissenschaften, 3, S. 202-208.
Kruschel, H.; Paulini-Schlottau, H. (2000): Ausbildung oder Fortbildung für den Call-Center-Bereich? In: Berufsbildung in Wissenschaft und Praxis, 3, S. 30-34.
Nerdinger, F. W. (1994): Zur Psychologie der Dienstleistung. Stuttgart: Schäffer-Poeschel.
Scherrer, K.; Wieland, R. (1999): Belastung und Beanspruchung bei der Arbeit im Call-Center: Erste Ergebnisse einer Interview-Studie und arbeitspsychologischen Belastungsanalyse. In: Kastner, Michael (Hrsg.): Gesundheit und Sicherheit in neuen Arbeits- und Organisationsformen. Herdecke: MAORI-Verlag, S. 221-233.
Theißing, F. (2001): Interaktionsarbeit und Softwaregestaltung. Beitrag zur Tagung „Neue Medien im Arbeitsalltag", 10./11.11.2000, TU Chemnitz. Erscheint 2001.
Zapf, D.; Vogt, C.; Seifert, C.; Mertini, H.; Isic, A. (1999): Emotion Work as a Source of Stress: The Concept and Development of an Instrument. In: European Journal of Work and Organizational Psychology, 8, S. 371-400.

Adressen der Autoren

Prof. Dr. Susanne Maaß / Margita Zallmann / Florian Theissing
Universität Bremen
FB Mathematik und Informatik
Bibliotheksstr. 1
28359 Bremen
maass@informatik.uni-bremen.de
marza@informatik.uni-bremen.de
theissing@informatik.uni-bremen.de

Computer Literacy, computerbezogene Einstellungen und Computernutzung bei männlichen und weiblichen Studierenden

Tobias Richter, Johannes Naumann, Holger Horz

Universität Köln, Psychologisches Institut, LS Allgemeine Psychologie /
Universität Mannheim, LS Erziehungswissenschaften II, VIROR

Zusammenfassung

In einer Reihe von Studien haben sich Unterschiede zwischen männlichen und weiblichen Studierenden hinsichtlich Computer Literacy-Variablen, computerbezogenen Einstellungen und tatsächlicher Computernutzung gezeigt. Die Befunde sind jedoch teilweise inkonsistent und die resultierenden Effektgrößen variieren. In dieser Untersuchung wurden 451 Studierende wirtschaftswissenschaftlicher Fächer mit dem Inventar zur Computerbildung (INCOBI) befragt, das Computer Literacy-Variablen, computerbezogene Einstellungen und Aspekte der Computer- und Internetnutzung erfasst. Für alle Variablen ergaben sich Geschlechtsunterschiede, wenn auch in unterschiedlicher Höhe. Männer wiesen umfassenderes theoretisches und praktisches Computerwissen, eine höhere Vertrautheit mit dem Computer, mehr Sicherheit im Umgang mit dem Computer und positivere Einstellungen auf als Frauen und nutzten den Computer bereits länger und intensiver. Die Geschlechtsunterschiede in den psychologischen Variablen ließen sich nur partiell auf die Dauer der bisherigen Computernutzung zurückführen. Sowohl bei Männern als auch bei Frauen ergaben sich selbst bei Berücksichtigung der Dauer der bisherigen Computernutzung Zusammenhänge zwischen psychologischen Variablen und Maßen der aktuellen Computernutzung. Die Geschlechtsunterschiede in der aktuellen Computernutzung konnten nur unvollständig durch Sicherheit im Umgang und computerbezogene Einstellungen erklärt werden. Die Ergebnisse werden im Hinblick auf ihre praktischen Implikationen diskutiert.

1 Einleitung

In unserer Gesellschaft haben der Computer und die modernen Informationstechnologien (vor allem das Internet) schon jetzt eine solche Bedeutung gewonnen, dass computerbezogene Fähigkeiten und Kenntnisse mitentscheidend für den Erfolg in den meisten qualifizierten Berufen sind. Auch der Lernerfolg in Schule und Studium hängt in zunehmendem Maße davon ab, wie gut Schüler/innen und Studierende mit dem Computer als Lehr- und Lernmittel zurecht kommen (z. B. Weidenmann & Krapp 1989). Daher ist die Gleichheit der Chancen auf eine gelingende Teilnahme an der Informations- und Technologiegesellschaft zu einer zentralen sozialen Frage geworden.

Vieles spricht dafür, dass Frauen in diesem Bereich bislang insgesamt weniger günstige Möglichkeiten haben als Männer (Reisman 1990). Der Umgang mit dem Computer wird in den Medien tendenziell als männliche Aktivität dargestellt (z. B. Ware & Struck 1985). In der Sozialisation von Jungen und Mädchen ist der Computer maskulin stereotypisiert (z. B. Schründer-Lenzen 1995), Jungen werden häufiger als Mädchen darin unterstützt, den Computer zu nutzen (z. B. Rochelau 1995), Mädchen zeigen bei Misserfolgen mit dem Computer ungünstigere Attributionsmuster als Jungen (z. B. Nelson & Cooper 1997) und durchlaufen in der Schule seltener als Jungen eine techniknahe Sozialisation (z. B. Lander 1995). In einer Reihe von Studien vor allem aus dem angelsächsischen Bereich zeigen sich auch bei Studierendenpopulationen Geschlechtsunterschiede in computerbezogenen Kompetenzen (z. B. Weil & Rosen 1995), in der tatsächlichen Computernutzung und in computerbezogenen Einstellungen (vgl. die Metaanalyse von Whitley 1997) sowie in Computerängstlichkeit (vgl. die Metaanalyse von Chua, Chen & Wong 1999). Allerdings treten Geschlechtseffekte keineswegs immer auf, und die Effektgrößen variieren stark zwischen verschiedenen Studien. Zum Teil dürfte dies auf mangelnde Vergleichbarkeit und unklare Messeigenschaften der verwendeten Instrumente (vor allem mangelnde Differenzierung zwischen verschiedenen Konstruktaspekten) zurückzuführen sein (Kay 1993; Whitley 1997). Zudem gibt es Hinweise darauf, dass sich in den letzten Jahren die Geschlechtsspezifität von Computer und Internet verändert hat (Schwab & Stegmann 1999; vgl. aber Berghaus 1999). An systematischen multivariaten Analysen von Geschlechtsunterschieden bei Studierendenpopulationen besteht jedoch gerade im deutschsprachigen Raum nach wie vor ein eklatanter Mangel.

Vor diesem Hintergrund verfolgt diese Untersuchung eine wesentlich praktische Fragestellung. Wir haben männliche und weibliche Studierende hinsichtlich einer Reihe von Computer Literacy-Aspekten, computerbezogenen Einstellungen und Aspekten der Computer- und Internetnutzung miteinander verglichen. In Abgrenzung zur Mehrzahl der bisher vorliegenden Studien wurde dabei besonderer Wert auf eine theoretisch und inhaltlich differenzierte Erfassung der erhobenen Konstrukte gelegt. Auf diese Weise war es möglich, Geschlechtsunterschiede in computerbezogenen Variablen in Bezug auf eine Reihe von detaillierten Fragestellungen zu untersuchen:

- Hinsichtlich welcher Computer Literacy-Aspekte, computerbezogenen Einstellungen und Computernutzungsvariablen unterscheiden sich männliche und weibliche Studierende, und wie groß sind diese Unterschiede?
- Inwieweit lassen sich Geschlechtsunterschiede in den erhobenen psychologischen Variablen auf Unterschiede in der Dauer der bisherigen Computernutzung zurückführen?
- Unterscheiden sich die Zusammenhänge von psychologischen Variablen und Variablen der aktuellen Computernutzung zwischen Männern und Frauen?
- Inwieweit lassen sich Geschlechtsunterschiede in der aktuellen Computernutzung auf Unterschiede in Computerängstlichkeit und computerbezogenen Einstellungen zurückführen?

2 Methode

2.1 Stichprobe und Durchführung

Im Rahmen einer umfangreicheren Evaluation wurden 474 Studierende wirtschaftswissenschaftlicher Studiengänge an der Universität Mannheim befragt, die im Sommersemester 2000 die Pflichtveranstaltung „Kosten- und Erlösrechnung" besuchten. Die Teilnahme an der Befragung war Voraussetzung für eine spätere Teilnahme an computergestützten Tutorien, die zur Vorbereitung der Studierenden auf die Abschlussklausur dieser Veranstaltung dienten. Es war den Befragten jedoch freigestellt, jedes Item eines jeden Fragebogens als „nicht beantwortet" zu kennzeichnen. Nur 28 Studierende verweigerten grundsätzlich eine Teilnahme und wurden nicht-computergestützten Tutorien zugewiesen. Als zusätzlicher Anreiz wurden unter allen Teilnehmern/innen, die die Fragebogen vollständig bearbeiteten, insgesamt 50 Gutscheine für Reisen, Bücher und Eintrittskarten verlost. Auf diese Weise resultierten 451 vollständige Datensätze, von 254 (56%) Männern und 197 (44%) Frauen. Das mittlere Alter der Studierenden betrug 21.7 Jahre ($SD = 1.6$), und sie studierten seit durchschnittlich 2.7 Semestern ($SD = 1.1$). Die Studierenden beantworteten eine WWW-Version der Fragebogen innerhalb der ersten sechs Vorlesungswochen.

2.2 Messinstrument

Sämtliche der hier untersuchten Variablen wurden mit dem Inventar zur Computerbildung (INCOBI, Richter, Naumann & Groeben in Druck) erhoben. Das INCOBI ist ein Instrument für die umfassende Erhebung von Computer Literacy (vier Skalen) und inhaltlich differenzierte Erfassung computerbezogener Einstellungen (acht Skalen), das insbesondere für Studierendenpopulationen entwickelt worden ist. Richter et al. (in Druck) berichten für die Computer Literacy-Skalen gute interne Konsistenzen (Cronbachs Alpha) von .84 bis .91 (bei je 11-12 Items) und für die Einstellungsskalen befriedigende interne Konsistenzen von .76 bis .88 (bei je 5-7 Items). Zudem liegen aus verschiedenen Studien Hinweise auf die Konstrukt- und Kriteriumsvalidität des Instruments vor (Naumann & Richter in Druck; Richter, Naumann & Groeben 2000). Paper-Pencil- und WWW-Version des INCOBI haben sich als psychometrisch äquivalent erwiesen (Richter, Naumann & Noller, 1999).

Computer Literacy. Zur Erfassung *theoretischen* (deklarativen) *Computerwissens* und *praktischen* (prozeduralen) *Computerwissens* wurden als objektive Maße die beiden entsprechenden Wissenstests des INCOBI (Wertebereich 0-12) und als subjektive Maße die Skala zur *Vertrautheit mit verschiedenen Computeranwendungen* (Wertebereich 0-48) und die Skala zur *Sicherheit im Umgang mit dem Computer* (Wertebereich 0-4) verwendet. Die Skala zur Sicherheit im Umgang mit dem Computer ist zur Erfassung des positiven Gegenpols kognitiver Computerängstlichkeitskomponenten konzipiert.

Computerbezogene Einstellungen. Computerbezogene Einstellungen wurden mit den vier Einstellungsskalen des INCOBI erfasst, die sich auf den Computer als Gegenstand *persönlicher Erfahrungen* beziehen (Wertebereich 0-4). Je zwei dieser vier Skalen beziehen sich auf den Computer als *Lern- und Arbeitsmittel* oder den Computer als *Unterhaltungs- und Kommunikationsmittel* (also zwei grundlegend verschiedene Verwendungsweisen) sowie auf den Computer als *nützliches Werkzeug* oder den Computer als *unbeeinflussbare Maschine*. Der getrennten Erfassung von positiven und negativen Einstellungskomponenten liegt die Vorstellung einer bipolaren Repräsentation computerbezogener Einstellungen zugrunde (vgl. Pratkanis 1989; Naumann, Richter, Groeben & Christmann 2000).

Computernutzung. Erhoben wurden die *Dauer der bisherigen Computernutzung* (in Jahren), die durchschnittliche Dauer der *aktuellen Computernutzung* und der *aktuellen Internetnutzung* (pro Woche in Stunden). Zusätzlich wurde die Nutzung von Computer- bzw. Internetanwendungen erfragt und die *Anzahl genutzter Computeranwendungen* sowie die *Anzahl genutzter Internetanwendungen* ermittelt.

3 Ergebnisse

Die Daten wurden gemäß den genannten Forschungsfragen (s. Abschnitt 1) in mehreren Schritten analysiert. Zunächst wurde für alle erhobenen Variablen geprüft, ob und in welcher Höhe Geschlechtsunterschiede bestehen. Dann wurde für die erhobenen Computer Literacy-Aspekte und computerbezogenen Einstellungen untersucht, in welchem Ausmaß bestehende Geschlechtsunterschiede auf Unterschiede in der Dauer der bisherigen Computernutzung zurückführbar sind, ergänzt durch eine getrennte Analyse von Männern und Frauen in Bezug auf bi- und multivariate Zusammenhänge zwischen psychologischen Variablen und Maßen der aktuellen Computer- und Internetnutzung. Schließlich wurde geprüft, inwieweit sich Geschlechtsunterschiede hinsichtlich der aktuellen Computer- und Internetnutzung durch Unterschiede in der Sicherheit im Umgang mit dem Computer und Unterschiede in computerbezogenen Einstellungen erklären lassen.

3.1 Einfache Geschlechtervergleiche

Wie aus Tabelle 1 ersichtlich, unterscheiden sich Männer und Frauen hinsichtlich aller 13 betrachteten Variablen. Männliche Studierende erzielen im Mittel höhere Werte in den objektiven und subjektiven Computer Literacy-Variablen, artikulieren positivere Einstellungen und nutzen den Computer und das Internet bereits länger, häufiger und mit einer größeren Bandbreite von Anwendungen als weibliche Studierende. Die Unterschiede bleiben bei einer α-Adjustierung signifikant (13 simultane Tests, α = .05).

Das Ausmaß der Geschlechtsunterschiede variiert jedoch stark (zur Interpretation der Effektgrößen s. Cohen 1988). Mittlere bis hohe Effektgrößen ergeben sich für die Computer Literacy-Variablen (f-Werte von 0.27 bis 0.42), für die Dauer der bisherigen Computernutzung ($f = 0.37$), die zeitliche Intensität der aktuellen Computer- und ($f = 0.33$ bzw. $f = 0.29$) und die Anzahl der genutzten Internetanwendungen ($f = 0.27$). Für die Einstellungsvariablen und die Zahl der genutzten Computeranwendungen sind dagegen nur kleine bis mittlere Effektgrößen (f-Werte von 0.14 bis 0.25) festzustellen.

Tab. 1: Mittelwerte, Streuungen und univariate Geschlechtervergleiche für Computer Literacy-Variablen, computerbezogene Einstellungen und Variablen der tatsächlichen Computernutzung

	Männer (n=254)		Frauen (n=197)				
	M	SD	M	SD	F	η^2	f
Computer Literacy							
Theoretisches Computerwissen	8.98	2.52	7.36	2.40	47.2***	.10	0.33
Praktisches Computerwissen	8.69	3.44	5.97	2.92	77.2***	.15	0.42
Vertrautheit mit Computeranwendungen	22.99	10.40	17.56	8.75	35.8***	.07	0.27
Sicherheit im Umgang	2.67	0.71	2.19	0.83	42.3***	.09	0.31
Computerbezogene Einstellungen							
Lernen u. Arbeiten/nützlich	3.38	0.60	3.20	0.65	9.8**	.02	0.14
Unterhaltung u. Kommun./nützlich	2.71	0.83	2.37	0.80	19.4***	.04	0.20
Lernen u. Arbeiten/unbeeinflussbar	1.00	0.77	1.40	0.86	27.2***	.06	0.25
Unterhaltung u. Kommun./unbeeinflussbar	0.80	0.67	1.05	0.79	13.8***	.03	0.17
Computernutzung							
Computernutzung bisher (Jahre)	6.84	3.64	4.39	2.83	62.8***	.12	0.37
Computernutzung aktuell (Stunden/Woche)	10.67	8.92	5.50	5.12	54.1***	.10	0.33
Internetnutzung aktuell (Stunden/Woche)	6.20	6.83	2.89	2.84	41.8***	.08	0.29
Anzahl genutzter Computeranwendungen	3.44	1.30	2.86	1.15	24.9***	.05	0.23
Anzahl genutzter Internetanwendungen	4.03	1.34	3.33	1.22	33.0***	.07	0.27

Anmerkungen Erläuterungen zu den Variablen s. Abschnitt 2.2.
* $p < .05$, ** $p < .01$, *** $p < .001$, 2-seitig.

3.2 Geschlechtervergleiche hinsichtlich der psychologischen Variablen bei Auspartialisierung der Dauer der bisherigen Computernutzung

Bei Berücksichtigung der bisherigen Computernutzung als Kovariate (Tabelle 2) ergibt sich für sieben der acht Computer Literacy- und Einstellungsvariablen weiterhin ein signifikanter Geschlechtseffekt. Allerdings sinkt die Größe der erzielten Effekte gegenüber den unbereinigten Vergleichen durchweg ab; bei den vier Computer Literacy-Variablen sind die Geschlechtseffekte mit mittleren Effektgrößen assoziiert (f-Werte von 0.23 bis 0.33), bei den drei signifikanten Unterschieden hinsichtlich computerbezogener Einstellungen ergeben sich nurmehr kleine Effektgrößen (f-Werte von 0.10 bis 0.14). Ein Vergleich der η^2-Werte für den Effekt der Kovariate und des Geschlechts zeigt, dass der durch die Dauer der bisherigen Computernutzung erklärte Varianzanteil in sieben von acht Fällen größer ist als die Varianzaufklärung, die sich durch eine zusätzliche Berücksichtigung der Geschlechtszugehörigkeit erzielen lässt.

Tab. 2: Univariate Geschlechtervergleiche für Computer Literacy-Variablen und computerbezogene Einstellungen bei Auspartialisierung der Dauer der bisherigen Computernutzung

	Effekt der Kovariate			Effekt des Geschlechts		
	b	t	η^2	F	η^2	f
Computer Literacy						
Theoretisches Computerwissen	.31	6.9***	.10	31.2***	.06	0.25
Praktisches Computerwissen	.36	8.5***	.14	50.1***	.10	0.33
Vertrautheit mit Computeranwendungen	.42	9.7***	.18	29.5***	.06	0.25
Sicherheit im Umgang	.34	7.4***	.11	20.6***	.05	0.23
Computerbezogene Einstellungen						
Lernen u. Arbeiten/nützlich	.17	3.5**	.03	3.1	.01	0.10
Unterhaltung u. Kommun./nützlich	.11	2.3*	.01	9.4**	.02	0.14
Lernen u. Arbeiten/unbeeinflussbar	-.32	-6.8***	.10	8.4**	.02	0.14
Unterhaltung u. Kommun./unbeeinflussbar	-.22	-4.4***	.04	4.2*	.01	0.10

Anmerkungen Erläuterungen zu den Variablen s. Abschnitt 2.2.
* $p < .05$, ** $p < .01$, *** $p < .001$, 2-seitig.

3.2 Bi- und multivariate Zusammenhänge zwischen psychologischen Variablen und Maßen der aktuellen Computernutzung

Bei den Männern und bei den Frauen sind die psychologischen Variablen mit Ausnahme des theoretischen Computerwissens (in der Stichprobe der weiblichen Studierenden) in mittlerer Höhe mit den Maßen der aktuellen Computernutzung korreliert (s. Tabelle 3). In der Stichprobe der weiblichen Studierenden ergeben sich in 25 von 32 Fällen numerisch höhere Zusammenhänge als bei den männlichen Studierenden. Diese Unterschiede sind jedoch nur in sechs Fällen signifikant, in zwei Fällen zeigen sich bei den Männern signifikant höhere Zusammenhänge (vgl. die fett-kursiv gesetzten Korrelationen in Tabelle 3).

Tab. 3: Zusammenhänge von psychologischen Variablen und aktueller Computernutzung bei Männern und Frauen

	Männer (n=254)				Frauen (n=197)			
	Computer-nutzung	Internet-nutzung	Computer-anwendun-	Internetan-wendun-	Computer-nutzung	Internet-nutzung	Computer-anwendun-	Internetan-wendun-
Computer Literacy								
Theoretisches Computerwissen	.30***	.23***	.25***	.17**	.15*	.10	.19**	.13
Praktisches Computerwissen	.37***	.27***	.32***	.25***	.44***	.26***	.40***	.39***
Vertrautheit mit Computeranwendungen	.28***	.24**	.33***	.34***	.32***	.29***	.40***	.47***
Sicherheit im Umgang	.37***	.26***	.32***	.29***	.37***	.30***	.43***	.41***
Computerbezogene Einstellungen								
Lernen u. Arbeiten/nützlich	.32***	.22***	.38***	.32***	.40***	.26***	.45***	.20**
Unterhaltung u. Kommun./nützlich	.31***	.30***	.16*	.40***	.32***	.34***	.34***	.42***
Lernen u. Arbeiten/unbeeinflussbar	-.34***	-.25***	-.31***	-.32***	-.37***	-.32***	-.34***	-.34***
Unterhaltung u. Kommun./unbeeinflussbar	-.34***	-.30***	-.22***	-.38***	-.37***	-.35***	-.43***	-.44***

Anmerkungen Erläuterungen zu den Variablen s. Abschnitt 2.2.
* $p < .05$, ** $p < .01$, *** $p < .001$, 2-seitig.

Zusätzlich wurden getrennt für Männer und Frauen schrittweise Regressionsanalysen mit der zeitlichen Intensität der aktuellen Computer- bzw. Internetnutzung als Kriterium durchgeführt (Tabelle 4), wobei die Dauer der bisherigen Computernutzung auspartialisiert wurde. Damit sollte untersucht werden, welche Kombinationen psychologischer Variablen (zusätzlich zur bisherigen Computernutzung) zur Vorhersage der tatsächlichen Computernutzung geeignet sind, und ob sich die Menge der besten Prädiktoren zwischen Männern und Frauen unterscheidet. In der Tat werden lediglich bei den Frauen die Sicherheit im Umgang mit dem Computer sowie Einstellungsaspekte, die sich auf den Computer als unbeeinflussbare Maschine beziehen, in das endgültige Modell aufgenommen. Die Anwendung der für Männer und Frauen getrennt ermittelten Modelle auf die jeweils andere Stichprobe führt jedoch nicht zu einer wesentlich schlechteren Modellgüte: Die anhand der Gruppe der Männer ermittelten Prädiktoren erzielen in der Gruppe der Frauen ein R^2 von .32 (Kriterium: Computernutzung) bzw. .16 (Kriterium: Internetnutzung); umgekehrt haben die anhand der Stichprobe der Frauen ermittelten Modelle in der Gruppe der Männer ein R^2 von .28 (Kriterium: Computernutzung) bzw. .18 (Kriterium: Internetnutzung).

Tab. 4: Schrittweise Regressionsanalysen mit der zeitlichen Intensität der Computer- bzw. Internetnutzung als Kriterium und den psychologischen Variablen als Prädiktoren. Wiedergegeben sind die Beta-Gewichte (mit t-Werten) nach dem letzten Analyseschritt (Kriterium für Aufnahme: $p < .10$; für Eliminierung: $p > .15$).

Prädiktoren	Männer (n=254)		Frauen (n=197)	
	Computer-nutzung	Internet-nutzung	Computer-nutzung	Internet-nutzung
Computernutzung bisher (Jahre)	.09 (1.4)	-.07 (-1.1)	.08 (1.1)	-.04 (-0.6)
Theoretisches Computerwissen				
Praktisches Computerwissen	.19 (2.8**)	.14 (1.9+)	.20 (2.8**)	
Vertrautheit mit Computeranwendungen	.21 (2.8**)	.28 (3.6***)	.20 (2.9**)	.19 (2.6*)
Sicherheit im Umgang				.18 (2.2*)
Lernen u. Arbeiten/nützlich	.15 (2.5*)		.21 (3.1**)	
Unterhaltung u. Kommun./nützlich	.16 (2.7**)	.20 (3.3**)		
Lernen u. Arbeiten/unbeeinflussbar			-.16 (-2.2*)	
Unterhaltung u. Kommun./ unbeeinflussbar				-.19 (-2.2*)
Modellgüte	$R = .55$ $R^2 = .30$ $F(1,249) =20.1$ $p < .001$	$R = .45$ $R^2 = .20$ $F(1,250) =15.2$ $p < .001$	$R = .58$ $R^2 = .33$ $F(1,192) =18.0$ $p < .001$	$R = .43$ $R^2 = .19$ $F(1,193) =10.3$ $p < .001$

Anmerkungen Erläuterungen zu den Variablen s. Abschnitt 2.2.
$+ p < .10$, $* p < .05$, $** p < .01$, $*** p < .001$, 2-seitig.

3.3 Geschlechtervergleiche hinsichtlich der aktuellen Computer- und Internetnutzung bei Auspartialisierung von Sicherheit im Umgang mit dem Computer und computerbezogenen Einstellungen

Um zu untersuchen, inwieweit die Geschlechtsunterschiede in der aktuellen Computer- und Internetnutzung durch Sicherheit im Umgang mit dem Computer und computerbezogene Einstellungen vermittelt sind, wurden Kovarianzanalysen mit simultaner Einbeziehung der zeitlichen Intensität der aktuellen Computer- bzw. Internetnutzung als abhängigen Variablen durchgeführt.

Für beide Maße der aktuellen Computernutzung führt die Einbeziehung von Sicherheit im Umgang mit dem Computer und computerbezogenen Einstellungen zu einer Reduktion des Geschlechtseffekts (vgl. Tab. 1), der jedoch in beiden Fällen signifkant bleibt. Wie Tab. 5 zu entnehmen ist, können Sicherheit im Umgang mit dem Computer und drei der vier untersuchten Einstellungsaspekte insgesamt etwa 8% der Varianz der zeitlichen Intensität der aktuellen Computernutzung aufklären. Durch die Geschlechtszugehörigkeit werden zusätzlich etwa 4% der verbleibenden Varianz erklärt, $F(1, 245) = 16.2$, $p < .001$. Für die zeitliche Intensität der aktuellen Internetnutzung als abhängige Variable (vgl. Tab. 6) ergibt sich im multivariaten Kontext aller Kovariaten lediglich ein Effekt der Sicherheit im Umgang mit dem Computer und einer Einstellungsskala (gemeinsam etwa 4% Varianzaufklärung). Für den Effekt der Geschlechtszugehörigkeit ergibt sich ein η^2 von etwa 3%, $F(1, 245) = 13.3$, $p < .001$.

Tab. 5: Kovarianzanalyse mit der zeitlichen Intensität der aktuellen Computernutzung (Stunde/Woche) als abhängige Variable und Sicherheit im Umgang und computerbezogenen Einstellungen als Kovariaten

Varianzquelle	β	t	η^2	F	η^2	f
Sicherheit im Umgang	.19	3.2**	.02			
Lernen u. Arbeiten/nützlich	.15	3.1**	.02			
Unterhaltung u. Kommun./nützlich	.17	3.5***	.03			
Lernen u. Arbeiten/unbeeinflussbar	-.12	-2.0*	.01			
Unterhaltung u. Kommun./unbeeinflussbar	-.01	-0.1	.00			
Geschlecht				16.2***	.04	0.20

Anmerkungen Erläuterungen zu den Variablen s. Abschnitt 2.2.
* $p < .05$, ** $p < .01$, *** $p < .001$, 2-seitig.

Tab. 6: Kovarianzanalyse mit der zeitlichen Intensität der aktuellen Internetnutzung (Stunde/Woche) als abhängige Variable und Sicherheit im Umgang und computerbezogenen Einstellungen als Kovariaten

Varianzquelle	β	t	η^2	F	η^2	f
Sicherheit im Umgang	.13	2.1*	.01			
Lernen u. Arbeiten/nützlich	.05	1.0	.00			
Unterhaltung u. Kommun./nützlich	.20	3.9***	.03			
Lernen u. Arbeiten/unbeeinflussbar	-.06	-1.0	.00			
Unterhaltung u. Kommun./unbeeinflussbar	-.05	-0.8	.00			
Geschlecht				13.3***	.03	0.17

Anmerkungen Erläuterungen zu den Variablen s. Abschnitt 2.2.
* $p < .05$, ** $p < .01$, *** $p < .001$, 2-seitig.

Zu Kontrollzwecken wurden zusätzlich Kovarianzanalysen für Sicherheit im Umgang mit dem Computer und die vier untersuchten Einstellungsaspekte als abhängige Variablen gerechnet, in denen in getrennten Analysen die zeitliche Intensität der aktuellen Computer- bzw. Internetnutzung als Kovariaten einbezogen wurden. Damit sollte geprüft werden, ob die Daten allein die Annahme einer Mediatorenrolle der genannten psychologischen Variablen stützen, oder ob auch umgekehrt Geschlechtsunterschiede in diesen Variablen durch Unterschiede in der aktuellen Computer- bzw. Internetnutzung vermittelt sein können. Das letztere scheint der Fall zu sein: Bei Einbeziehung der aktuellen Computernutzung als Kovariate ergibt sich für alle abhängigen Variablen ein signifikanter Effekt der Kovariate (alle Beträge der t-Werte > 6.8, alle p-Werte $< .001$, alle η^2-Werte $> .10$). Bei Einbeziehung der aktuellen Internetnutzung als Kovariate tritt gleichfalls für alle abhängigen Variablen ein signifikanter Effekt der Kovariate auf (alle Beträge der t-Werte > 4.5, alle p-Werte $< .001$, alle η^2-Werte $> .04$).

4 Diskussion

Nach unseren Ergebnissen bestehen zwischen männlichen und weiblichen Studierenden Unterschiede in allen untersuchten computerbezogenen Variablen. Die deutlichsten Unterschiede haben sich in Computer Literacy-Aspekten (vor allem theoretisches und praktisches Computerwissen, Sicherheit im Umgang mit dem Computer) und in der tatsächlichen Computernutzung gezeigt, während die Unterschiede in computerbezogenen Einstellungen geringer waren (vgl. dazu auch Whitley 1997). Unter der Voraussetzung, dass die mit dem INCOBI erhobenen Computer Literacy-Aspekte tatsächlich Schlüsselkompetenzen für eine individuell wie sozial erfolgreiche Partizipation an der computer- und informationsorientierten Gesellschaft darstellen, sind demnach weibliche Studierende gegenüber männlichen Studierenden nach wie vor in beträchtlichem Ausmaß benachteiligt. Die Unterschiede in den Einstellungsskalen deuten zwar auch auf Akzeptanzprobleme seitens der Studentinnen hin; diese sind offenbar aber wesentlich weniger gravierend als die Unterschiede hinsichtlich computerbezogener Kompetenzen und der subjektiven Sicherheit im Umgang mit dem Computer.

Die Geschlechtsunterschiede in den erhobenen psychologischen Variablen ließen sich zu einem großen Teil, aber nicht vollständig auf die Dauer der bisherigen Computernutzung zurückführen. Hier zeigt sich ein ähnliches Muster wie bei den einfachen Geschlechtervergleichen, insofern sich Unterschiede in computerbezogenen Einstellungen egalisieren, wenn die Dauer der (bei den Frauen sehr viel kürzeren) bisherigen Computernutzung berücksichtigt wird, während Unterschiede hinsichtlich computerbezogener Kompetenzen und der Sicherheit im Umgang immer noch praktisch bedeutsam bleiben. Soll an der Hochschule ein technologisches 'gender gap' vermieden werden (Berghaus 1999), ist es mit Abwarten also vermutlich nicht getan: Die vorliegenden Ergebnisse lassen eine gezielte Förderung von Computerkenntnissen bei Frauen sinnvoll erscheinen und legen zugleich Interventionen nahe, die auf subjektive Variablen wie Computerängstlichkeit abzielen.

Zugleich haben sich sowohl für Männer als auch für Frauen bemerkenswerte Zusammenhänge von psychologischen Variablen und Variablen der aktuellen Computernutzung gezeigt, die auch bei Berücksichtigung der Dauer der bisherigen Computernutzung bestehen blieben. Für die Annahme, dass für Männer und Frauen differentielle Zusammenhänge von psychologischen Computernutzungsvariablen bestehen, haben sich allerdings bestenfalls schwache Hinweise ergeben. Den vorliegenden Ergebnissen lassen sich in dieser Hinsicht also keine Informationen über geschlechtsspezifische Fördermöglichkeiten entnehmen.

Die wesentlich geringere Computer- und Internetnutzung bei weiblichen Studierenden konnte nur teilweise mit Unterschieden in der Sicherheit im Umgang mit dem Computer und computerbezogenen Einstellungen erklärt werden. Dies kann daran liegen, dass relevante Mediatoren – etwa computerbezogene Interessen (vgl. van Eimeren et al. 1999) – nicht berücksichtigt wurden. Weitere Einschränkungen der Aussagekraft der vorliegenden Ergebnisse ergeben sich aus dem korrelativen Charakter der Untersuchung und ihrer Anlage als Querschnitt; so wird von den Daten z. B. auch die Annahme gestützt, dass Geschlechtsunterschiede in computerbezogenen Einstellungen auf die Intensität der Computernutzung zurückzuführen sind. Für eine genauere Interpretation von Geschlechtsunterschieden in der Computer- und Internetnutzung, insbesondere im Hinblick auf vermittelnde psychologische Variablen, sind detailliertere Kausalanalysen mit längsschnittlichen Daten erforderlich.

5 Literatur

Berghaus, M. (1999): Student und interaktive Medien: Theoretische Überlegungen und empirische Befunde zur „AlphaBITisierung" der Hochschulen. In: Medienpsychologie 11, 260-276.

Chua, S. L.; Chen, D. T.; Wong, A. F. L. (1999): Computer anxiety and its correlates: A meta-analysis. In: Computers in Human Behavior 15, 609-623.

Cohen, J. (1988): Statistical power analysis for the behavioral sciences. Hillsdale, NJ: Erlbaum.

Kay, R. H. (1992): An analysis of methods used to examine gender differences in computer-related behavior. In: Journal of Educational Computing Research 8, 272-290.

Lander, B. (1995): Computerinteresse und Geschlecht. Fördert eine techniknahe Sozialisation das Interesse am Computer? In: Zeitschrift für Frauenforschung 13 (4), 40-50.

Naumann, J.; Richter, T. (in Druck): Diagnose von Computer Literacy: Computerwissen, Computereinstellungen und Selbsteinschätzungen im multivariaten Kontext. In: Frindte,W.; Köhler, T. (Eds./Hrsg.):

Internet-based teaching and learning (IN-TELE) 99. Proceedings of IN-TELE 99 / IN-TELE 99 Konferenzbericht. Internet Communication Vol. 3. Frankfurt/M.: Lang.

Naumann, J.; Richter, T.; Groeben, N.; Christmann, U. (2000). Content-specific measurement of attitudes: From theories of attitude representation to questionnaire design. In Blasius, J.; Hox, J.; de Leuw, E.; Schmidt, P. (Eds.): Social science methodology in the new millenium: Proceeedings of the 5th International Conference on Logic and Methodology [CD-ROM]. Köln: Zentralarchiv für empirische Sozialforschung.

Nelson, L. J.; Cooper, J. (1997): Gender differences in children's reactions to success and failure with computers. In: Computers in Human Behavior 13, 247-267.

Pratkanis, A. R. (1989): The cognitive representation of attitudes. In: Pratkanis, A. R.; Breckler, S. J.; Greenwald, A. G. (Eds.): Attitude structure and function. Hillsdale, NJ: Erlbaum. Pp. 70-98.

Reisman, J. (1990): Gender inequality in computing. In: Computers in Human Services 7, 45-63.

Richter, T.; Naumann, J.; Groeben, N. (in Druck): Das Inventar zur Computerbildung (INCOBI): Ein Instrument zur Erfassung von Computer Literacy und computerbezogenen Einstellungen bei Studierenden der Geistes- und Sozialwissenschaften. In: Psychologie in Erziehung und Unterricht.

Richter, T.; Naumann, J.; Groeben, N. (2000): Attitudes toward the computer: Construct validation of an instrument with scales differentiated by content. In: Computers in Human Behavior 16, 473-491.

Richter, T.; Naumann, J.; Noller, S. (1999): Computer Literacy und computerbezogene Einstellungen: Zur Vergleichbarkeit von Online- und Paper-Pencil-Erhebungen. In: Reips, U.-D.; Batinic, B.; Bandilla, W.; Bosnjak, M.; Gräf, L.; Moser, K.; Werner, A. (Eds./Hrsg.): Current internet science - trends, techniques, results / Aktuelle Online Forschung - Trends, Techniken, Ergebnisse. Zürich: Online Press [WWW document]. Available URL: http://dgof.de/tband99/

Rochelau, B. (1995): Computer use by school-age children: Trends, patterns, and predictors. In: Journal of Educational Computing Research 12, 1-17.

Schründer-Lenzen, A. (1995): Weibliches Selbstkonzept und Computerkultur. Weinheim: Deutscher Studien Verlag.

Schwab, J.; Stegmann, M. (1999): Die Windows-Generation: Profile, Chancen und Grenzen jugendlicher Computernutzung. München: KoPaed.

van Eimeren, B.; Gerhard, H.; Öhmichen, E.; Mende, A.; Grajzyk, A.; Schröter, C.; Thoma, S. (1999): Internet – (k)eine Männerdomäne: Geschlechtsspezifische Unterschiede bei der Online-Nutzung und –Bewertung. In: Media Perspektiven 8, 423-429.

Ware, M. C.; Stuck, M. F. (1985): Sex-role messages vis-a-vis microcomputer use: A look at the pictures. In: Sex Roles 13, 205-214.

Weidenmann, B.; Krapp, A. (1989): Lernen mit dem Computer, Lernen für den Computer: Einleitung der Herausgeber zum Themenheft. In: Zeitschrift für Pädagogik 35, 621-636.

Weil, M. M.; Rosen, L. D. (1995): The psychological impact of technology from a global perspective: A study of technological sophistication and technophobia in university students from twenty-three countries. In: Computer in Human Behavior 11, 95-133.

Whitley, B. E. (1997): Gender differences in computer-related attitudes and behavior: A meta-analysis. In: Computers in Human Behavior 13, 1-22.

Adressen der Autoren

Tobias Richter / Johannes Naumann
Universität zu Köln
Lehrstuhl Allg. Psychologie
Psychologisches Institut
Herbert-Lewin-Str. 2
50931 Köln
tobias.richter@uni-koeln.de
johannes.naumann@uni-koeln.de

Holger Horz
Universität Mannheim
Lehrstuhl Erziehungswissenschaften II
Kaiserring 14-16
68131 Mannheim
holger.horz@phil.uni-mannheim.de

Das (lernende) Subjekt am Computer - eine pädagogische Reflexion

Rupert Röder
Mainz

Zusammenfassung

Das Verhältnis von Mensch und (Medien-) Maschine erweist sich, entgegen dem ersten Anschein, als ein klassisches pädagogisches Thema. Die pädagogische Sicht führt zu spezifischen Gesichtspunkten, was Medien didaktisch leisten können und wie sie zu gestalten sind. Diese stehen im Kontrast zu der Tradition einer Medientheorie, die letztlich auf einer magischen Identitäts- und Repräsentationsvorstellung beruht.

1 Subjekt(e) und Maschine(n): die pädagogische Perspektive

Ureigener Gegenstand der Pädagogik scheinen nicht Mensch und Computer/Maschine, entsprechend dem Tagungsthema, zu sein, sondern 'Mensch und Mensch': Klassisch gesprochen beschäftigt sich die Pädagogik mit dem Verhältnis von *Erzieher* und *Zögling*. Soziologisch formuliert, geht es um das Verhältnis der erziehenden Person (deren Warte die Pädagogik primär teilt, insofern:) *Ego* ('Ich')) auf der einen Seite, der belehrten und erzogenen Person, *Alter* ('der/die andere'), auf der anderen Seite.

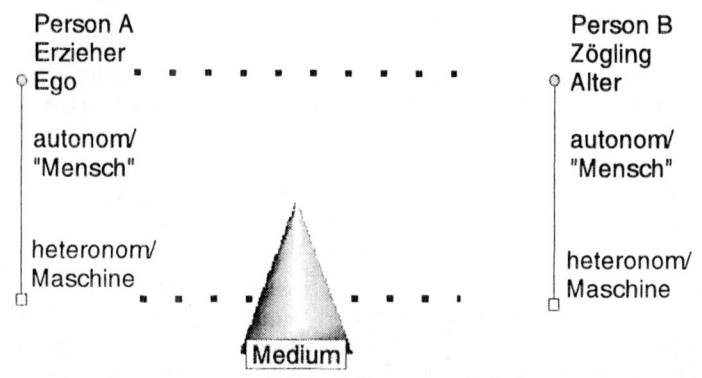

```
Person A                              Person B
Erzieher                              Zögling
○ Ego                                 ○ Alter

autonom/                              autonom/
"Mensch"                              "Mensch"

heteronom/                            heteronom/
Maschine                              Maschine

              ▲
           Medium
```

Entscheidend für die Pädagogik ist, dass es sich hierbei um ein widersprüchliches Verhältnis handelt.

Der Erzieher denkt und handelt als freier und vernünftiger, schöpferischer Mensch, ist *Subjekt* im emphatischen Sinn des Wortes. Unter ideologiegeschichtlichem Blickwinkel lässt sich konkretisieren, er wird als Person (traditionell als Mann) gesehen, die oder der so selbstständig und vernünftig agiert, wie es dem Ideal des rationalen freien Unternehmers auf dem Markt entspricht (vgl. Eagleton 1994).

(Selbstgestellte) Aufgabe des Erziehers ist es nun, *Schöpfer seines Zöglings* zu werden, welcher einmal, mehr oder weniger, 'werden soll wie er selbst', d.h. *Subjekt werden soll*. Wie bereits der einschlägige biblische Bericht darlegt, geraten Erzeuger in theoretische und praktische Schwierigkeiten mit ihren Geschöpfen, wenn zu deren gewünschten Wesenseigenschaften Selbstständigkeit und Freiheit gehören. Diese Wesenszüge können, ja müssen sich auch gegen den Willen ihres Schöpfers richten, ohne dass sie als solche eliminiert werden dürften. Die hieraus resultierenden Antinomien sind seit Jahrtausenden Gegenstand des theologischen Disputs.

Unter pädagogischem Vorzeichen heißt dies, dass die Widerspenstigkeit des Zöglings nicht analog zu einer zu überwindenden Widerständigkeit eines formbaren Materials beim schöpferisch tätigen Handwerker und Künstler gedeutet werden kann. Vielmehr artikuliert sich in ihr wenigstens die Anlage zur Autonomie des Zöglings, deren Entwicklung gerade Erziehungsziel ist.

Der traditionell pejorative Gebrauch von Begriffen wie 'unfolgsam' und 'eigensinnig' darf also nicht verdecken, dass Gehorsam und Unterwerfung des Zöglings immer nur als Mittel begriffen werden dürfen, um dessen eigenen Sinnen und seinem eigenen freien Willen Raum zu schaffen. Dieser soll, so jedenfalls der heimliche oder offen geäußerte Wunsch des Erziehers, am Ende autonom, aus eigener Motivation gespeist, seine Ziele entwickeln und verfolgen - dabei freilich gerade danach streben, was auch heteronom, im Sinne seines Erzieher bzw. des generalisierten Erziehers Staat und Gesellschaft wünschenswert sei.

Das Dilemma hat klassisch Immanuel Kant (1724-1804) formuliert:

> „*Ich soll meinen Zögling gewöhnen, einen Zwang seiner Freiheit zu dulden, und soll ihn selbst zugleich anführen, seine Freiheit gut zu gebrauchen. Ohne dies ist alles bloßer Mechanism, und der [aus - rr] der Erziehung Entlassene weiß sich seiner Freiheit nicht zu bedienen.*" (Kant 1803, S.32)

Damit eine weitere Ebene von Widersprüchen nicht unerwähnt bleibt, sei vermerkt, dass der historische wie auch aktuell praktische Zusammenhang des Erziehungsziels 'Autonomie' zu den Erfordernissen einer kapitalistischen Ökonomie sich heute besonders deutlich zeigt. Wer als Mitarbeiter bei den größeren und kleineren Playern auf den Neuen Märkten der Internetwirtschaft, aber auch in anderen Firmen einer am Share-Holder-Value orientierten Ökonomie 'mitspielen' möchte, muss als Eintrittsvoraussetzung mitbringen, dass er oder sie von sich aus hundertprozentig engagiert und 'ergebnisorientiert' denkt und handelt. M.a.W., Willen und Motivation stellen sich hier aus freien Stücken in den Dienst der Marktinteressen der betreffenden Firma. Das Handlungsethos des Menschen soll quasi mikrokodiert sein in den Formen der Verwertungslogik des Kapitals.

Wenn in der Pädagogik traditionell der Widerspruch zwischen erzieherischer Heteronomie-Praxis und Autonomie-Ziel virulent ist und auch der Widerspruch zwischen der Autonomie der Subjekte und deren gesellschaftlicher Mikrokodierung nicht ignoriert werden sollte, folgt, dass die Pädagogik nicht nur das Verhältnis von Menschen als Subjekten thematisieren kann.

In Wirklichkeit befasst sie sich mit den Relationen von Personen, die unter zweifachem Blickwinkel konstituiert sind. Zum einen können sie als autonome Bildner ihrer Welt angesehen werden. Zum anderen sind sie heteronom disponiert: geprägt vom *Mechanism*, wie Kant sagt, vom Maschinenhaften des Menschen (was in diesem Kontext als Negativfolie für das 'eigentliche Menschsein' dient). Für Kant zeigte sich dabei im sinnlichen, empirischen In-der-Welt-Sein des Menschen bereits dessen physikalisch erfassbare und damit quasi mechanische Existenz.

Das pädagogische Verhältnis von Erzieher und Zögling wäre demnach eigentlich zu betrachten als ein Verhältnis von als heteronom wie auch als autonom auffassbaren *Aspekten* im Grunde beider Personen, des Erziehers wie des Zöglings.

Die Konsequenz lautet, dass an die Stelle einer reinen Beziehung 'von Mensch zu Mensch', welche, wie die pädagogische Tradition nicht frei von Ambivalenzen will, von 'pädagogischem Eros' getragen sei, eine potentielle Kontaktaufnahme auch der 'mechanischen' Anteile zweier Personen tritt. Dies ist in obenstehendem Diagramm bereits eingetragen.

Entscheidend ist nun: Alle Übergänge in dem Diagramm markieren nicht nur einen Anschluss, sondern auch dessen (potentiellen) Bruch. Die kommunikative oder wie auch immer zu deutende Verbindung kann auf jedem Teilstück, an jeder Kante des Diagramms, auf spezifische Weise scheitern. Möglicherweise artikuliert A seine Intentionen nicht angemessen in seinem 'mechanischen' Kontext. Oder B nimmt den sich ihm darbietenden Kontext nicht hinreichend wahr. Oder die Vermittlung der Kontexte von B und A misslingt.

Positiv gewendet bedeutet dies, dass die Relationen des Diagramms anstelle kommunikativer Kurzschlüsse eine Vielzahl konformer wie auch paradoxer *Gesetzmäßigkeiten des Übergangs* repräsentieren. Diese *schwachen* im Sinne von nicht-determinierenden Gesetzmäßigkeiten gälte es zu erforschen, ihnen wäre Rechnung zu tragen. Gerade die Brüche garantieren dabei die Offenheit und fruchtbare Dynamik des Ganzen.

Die Sichtweise ist im Ergebnis verwandt mit Feststellungen aus der Analyse des 'Erziehungssystems' von Niklas Luhmann und Karl-Eberhard Schorr (1979). Luhmann und Schorr haben eindringlich die stets reale Möglichkeit des Abbrechens der Handlungsketten, der Diskordanz von Auslöser und Wirkung in der Lehr- und Lernsituation beschrieben. Das systemtheoretische Stichwort hierzu ist die 'doppelte Kontingenz', d.h. das nicht zwangsläufige Auf- und Auseinanderfolgen der Ereignisse des Systems. In den Kontingenzstrukturen des Systems gründet nach Luhmann und Schorr das unausweichliche 'Technologiedefizit' in Unterrichtsprozessen; dieses gibt seinerseits die Bedingungen für das spezifische reflexive (nicht technologische) Handeln in den Lehr- und Lernprozessen vor.

Statt dass nun nach einem Ort für technische Medien als spezieller Inszenierung mechanischer Kontexte in den brüchigen, offenen Strukturen der Kommunikation gesucht worden ist, hat der Mediendiskurs traditionell eine andere Richtung eingeschlagen.

2 Magische Medien: zur suggerierten Einheit von 'medialem Instrument' und didaktisch-instrumentalem Medium

'Mittelinstanz' ist ein anderes Wort für 'Medium' (vom lateinischen *medium*, das 'Mittlere'). Die Verwendung didaktischer Medien in Lehr- und Lernprozessen bedeutet erst einmal nichts anderes, als dass in das obige Diagramm eine weitere vermittelnde Zwischeninstanz eingeführt wird, die nach ihrer Bauart zunächst auf der 'mechanischen' Ebene anzusiedeln wäre.

Die Magie des Medienbegriffs liegt nun darin, dass das Medium und insbesondere die Computer-Maschine als Medium scheinbar über sich selbst hinauswächst und quasi einen unmittelbaren Zugang zum Menschen erlangt:

Insofern das Medium physikalisch-technisch und heute zunehmend softwaretechnisch gebaut ist, verfügt es auf der einen Seite über eine technische, 'mechanische' Konstitution, die wie bei jeglicher Technik planvoll zustande gebracht wird. Sie bietet sich insbesondere dazu an bzw. realisiert per se, zu vorgegebenen Zwecken Mittel bereitzustellen und diese zielsicher zu verwirklichen. Das heißt, Medien sind technische, heute insbesondere softwaretechnische Konstruktionen, die für eine instrumentell-determinierende Funktion prädestiniert scheinen. Für die Anwendung des Computers hat diese *Werkzeugperspektive* generell eine hohe Bedeutung (s. etwa Budde und Züllighoven 1990).

Auf der anderen Seite erscheinen Medien kommunikativ und persönlich konnotiert. Sie präsentieren sich als lediglich zeitversetzte personale Ausdrucksform bzw. als zeitversetzte Ansprache durch Personen. Sie scheinen von daher äquivalent zu authentischer, unvermittelter personaler Kommunikation zu wirken. Konkret produzieren, speichern und reproduzieren sie Abbildungen aller Art, Repräsentationsformen, *Zeichen* für die Gestalten der unmittelbaren Erfahrung und der Begegnung mit anderen Personen. Scheinbar erweisen sie sich daher zumindest tendenziell als funktional identisch mit direkter Kommunikation, die sich ja auch immer in Zeichengestalt abspielt. Speziell der Computer übernimmt in dieser Perspektive immer mehr die Rolle des Universalmediums. Im Zeitalter 'multi-medialer' Repräsentation globaler Wissensressourcen scheint er sogar die Aussicht zu eröffnen, dass am Ende die 'bessere' Kommunikation die über das Medium vermittelte sein könnte.

In der Kombination beider Aspekte leuchtet die Chance auf, authentische (oder gar 'hyperauthentische') Kommunikation technisch-konstruktiv nachzubauen und dabei sie für eigene Zwecke in Dienst zu nehmen. Insbesondere der Computer positioniert sich als 'semiotische Maschine', als eine Einheit von medialem Instrument und instrumentalem Medium, die die Prozesse der Zeichenwahl und Zeichendarbietung als Werkzeug gestaltbar macht (s. Nake 1993). In der Anwendung für die Unterrichtssituation erscheint es plausibel, dass die neuen Computermedien, wie das Credo aller Propheten von Lerntechnologien schon immer lautete, die optimale Lehrsituation verwirklichen lassen. Das Geheimnis des zugleich einfühlsamen und packenden Zugriffs des guten Erziehers und Lehrers auf den Zögling müsste nur entschlüsselt und nachgeahmt werden. So könnten die neuen Lehrtechnologien den besten Lehrer zum automatisierten privaten Coach für alle machen - oder wenigstens relativ guten Unterricht für die Massen preiswert auf den Didaktikmarkt bringen.

In solchen Vorstellungen artikuliert sich der Traum einer Kommunikation, die sich ihrer Brüche entledigt hat und sich mit Hilfe instrumentell-determinierend konstruierter, aber kommunikativ wirksamer Medien mit gleicher Funktionsorientierung und Zielgewissheit gestalten lässt wie irgendein anderes technisches System. Seine Adäquatheit zum rezipierenden Subjekt bezieht das Medium dabei aus seiner Kommunikationsgestalt, seinen Reiz aus der von seinem technischen Charakter geerbten Funktionalisierbarkeit. In anderen Kontexten als dem des Lehrens und Lernens würde die Idee des ferngesteuerten Zugriffs auf personale Kommunikation als Alptraum empfunden. Eigenartigerweise wird dies im Bereich des Lehrens und Lernens nicht unbedingt so gesehen. Vielmehr wird der schwebende Charakter des Medienbegriffs zwischen Kommunikationsbezug und instrumenteller Konstruktion gern akzeptiert und ausgebeutet.

Es mag nun überraschen: So sehr im Wandel begriffen die aktuellen Ansätze für Lerntechnologien auch jeweils sind und so sehr diese dem Hype bezüglich der jeweils neuen und allerneuesten Technik unterliegen, die Geschichte des Glaubens an die mediale Technisierbarkeit der Lehre reicht mindestens bis in die Anfänge technologischen Denkens in der Neuzeit zurück. Im Grunde unberührt von allen technischen Revolutionen und Revolutiönchen hat sich die Idee gehalten und fortgepflanzt, dass und sogar auf welche Weise eine medial automatisierte Kommunikation in die Ebene menschlichen Lehrens und Lernens vordringen und die sonst dort eigentlich beobachtete Autonomie bzw. die Kontingenzen des Handelns aushebeln kann.

Anstatt dies im einzelnen für neuere Ansätze zu verfolgen (vgl. Röder 1998), möchte ich hier nur auf das Konzept einer 'mechanischen Didaktik' verweisen, das einer der Urväter der Pädagogik als wissenschaftlicher Disziplin, Johann Amos Comenius (1592-1670), verfochten hat. Am präzisesten hat er es in einer Abhandlung entwickelt, deren barock-ausführlicher Untertitel das Projekt bereits aufreißt: *Die Didaktische Maschine, mechanisch konstruiert: um nicht länger stehen zu bleiben (in den Angelegenheiten des Lehrens und Lernens), sondern Fortschritte zu machen* (Comenius 1657a).

Es sei, so führte Comenius in dieser (im übrigen auch mediendidaktisch sehr anregenden) Schrift aus dem Jahr 1657 aus, wünschenswert,

> *„dass die Methode der menschlichen Bildung mechanisch ist: das heißt, dass sie alles so zuverlässig vorschreibt, dass alles, was nach ihr gelehrt, gelernt und gehandelt wird, unmöglich nicht vorankommen kann; in gleicher Weise wie es bei einer gut konstruierten Uhr, einem Wagen, einem Schiff, einer Mühle, und einer beliebigen artifiziell ablauffähigen Maschine der Fall ist".* (§21)

Die Zuverlässigkeit und Funktionssicherheit der mechanischen Apparate, die die aufblühende Ingenieurskunst seiner Zeit hervorbrachte, wollte Comenius auch in das Gebiet des Lehrens und Lernens tragen. Wir verstehen Comenius besser, wenn wir gewärtigen, dass der Comenianische Maschinenbegriff historisch und sachlich unserem Begriff des Systems näher steht als unserer traditionellen Vorstellung einer Maschine.

Mit Ersetzung von 'Maschine' durch 'System' hören sich die Comenianischen Aussagen modern und auch für uns nicht unplausibel an. Comenius' Interesse war im Grunde die Entwicklung eines Lehr-Systems, einer systematischen Didaktik, die einen zuverlässigen Leitfaden für das Unterrichten liefern sollte. Heute würde der Terminus 'System' zunächst wie selbstverständlich als nichttechnisch wahrgenommen (wobei allerdings der Begriff auch an Schärfe verliert). Spätestens in dem Moment, in dem Medien, insbesondere Computermedien ins Spiel kommen, werden dann 'didaktische Systeme' aber auch für uns wieder zu Maschinen, deren Wirkung mechanisch-funktional beschrieben werden kann.

Und da auch für Comenius der praktische Ansatzpunkt eines reformierten Unterrichts wesentlich darin bestand, die zu seiner Zeit neue Medientechnologie - den Buchdruck - zu nutzen, liegen alte und neue Maschinen- und Mediengläubigkeit, die alte und neue Vorstellung der Nutzbarkeit des medialen Instruments als instrumentales Medium, erstaunlich nahe beeinander. Es ist verblüffend, wie Comenius mit Worten, die beinah aus den Werbeschriften aktueller CBTs stammen könnte, sein System, seine Lehrtechnologie (von ihm auch als 'Didachographie' bezeichnet), beschrieben hat:

„*(1) Mit einer kleineren Menge Lehrender können weit mehr unterrichtet werden als bei den jetzt üblichen Unterrichtsverfahren.*
(2) Die Schüler werden wirklich etwas lernen;
(3) denn der Unterricht hat Niveau und ist attraktiv.
(4) Auch wer weniger begabt ist oder langsamer auffasst, wird einen Bildungserfolg erzielen.
(5) Und schließlich werden auch die glücklich mit dem Lehren werden, die nicht für diesen Beruf geschaffen sind: Weil jemand nicht so sehr auf die eigene Fähigkeit angewiesen ist, was und wie er unterrichten soll, als dass er vielmehr den vorbereiteten Unterricht - wobei auch die Medien vorbereitet sind und zur Verfügung stehen - der Jugend nahebringen und einflößen wird." (Comenius 1657b, Kap. 32 §4)

Comenius selbst explizierte nun auch bereits die zentrale Vorstellung, welche eine bruchlos-instrumentale Funktion des didaktischen Mediums konkret erst möglich erscheinen lässt: Es ist die Vorstellung, Lernen sei im wesentlichen identisch mit der Rezeption von außen vorgebbarer Inhalte, die durch die Sinnes-Kanäle in den Geist eindringen und sich in diesen einschreiben. Comenius fragte:

„*Willst du also, dass jemand etwas weiß? Zeige es ihm, durch die ungetrübten Sinne: Und er wird es wissen. Willst du, dass er vieles weiß? Zeige ihm vieles. Und wenn er alles wissen soll, musst du ihm alles zeigen. Von unbegrenzter Kapazität nämlich ist diese innere Tafel des Geistes; sie ist stets bereit aufzunehmen, was auch immer auf ihr gezeichnet wird. Und dies geschieht auf keine andere Weise als durch viel Sehen, Hören, Erfahren.*" (MD §36)

Die Vorstellung der Vermittlung geistiger Inhalte durch Implantation zeichenhafter Ersatzobjekte in eine *tabula rasa* zeigt sich hier noch entwaffnend naiv formuliert. Im Kern unverändert, nur in elaborierterem Gewand bildet sie - wie im einzelnen zu verfolgen wäre - bis heute den Kern der meisten Anschauungen zur didaktischen Wirksamkeit von Medien und auch des Computers. Erinnert sei nur an den Glauben an den Effekt graphischer Benutzungsoberflächen mit Desktopmetaphorik. Indem eine Metapher in graphischen Symbolen präsentiert wird (also auf dem Weg über ein mindestens zweifaches Abbildverhältnis), soll Software 'selbsterklärend' und 'von allein' verstehbar werden - als würden die Symbole auf dem Bildschirm, wenn sie wahrgenommen werden, automatisch sozusagen in Wissen transsubstantiieren und sich in die ursprünglich intendierten Wissensinhalte retransformieren.

Die Identifikation von medialer Maschine und instrumentellem Medium kreist, zu Comenius' Zeiten wie heute, um die Idee ins Medium inkorporierbarer und medial kopierbarer, sozusagen beliebig *beambarer Repräsentationen* (wobei diese Vorstellung heute gern kodierungstheoretisch aufpoliert wird). Die Repräsentanten des Wissens gelten dabei als vollgültige Stellvertreter der repräsentierten Wissensgegenstände und sollen alle physischen und kontextuellen Transformationen ohne wesentliche Einbußen an Wirkungsmacht überstehen.

Obiges Diagramm wäre demgemäß zu interpretieren, dass das Medium zwar nur zeichenhafte Repräsentationen transportiert, aber dies den gleichen Rang habe, als würden die Dinge bzw. das Verständnis von ihnen selbst von Mensch zu Mensch weiterwandern.

Es zeigt sich: Im Kern liegt dieser Medienvorstellung eine magische Identifizierung von Repräsentant und Repräsentiertem, von Zeichen und Bezeichnetem zugrunde - sie hat sich nur wenig von dem alten Glauben an die Zauberzeremonie entfernt, bei der das Traktieren einer Puppe Unglück über die dargestellte Person bringen kann.

Nach den Gesichtspunkten der Semiotik würde dabei das Verschwinden der Differenz von Signifikant und Signifikat bedeuten, dass der semiotische Prozess, das *Bezeichnen*, in sich zusammenfiele.

3 (Computer-) Medien des Lernens von Subjekten

Aus dem Blickwinkel eines pragmatischen Dualismus von Subjekt und maschinell-mechanischem Kontext, wie er in Abschnitt 1 projektiert wurde, sind alle Konzepte von Medienwirkung und Mediengestaltung verfehlt, die die Differenz von Subjektverstehen und mechanisierbarer Zeichenkommunikation ignorieren. Solche Konzepte würden implizieren, dass der kontingente Charakter der *Übergänge* zwischen den Stationen in obigem Diagramm unterlaufen werden könnte. Die Autonomie des lernenden Subjekts wäre ausgehebelt, die Produktivität seiner Schnittstellen und Reibeflächen zu seinen Kontexten außer Funktion gesetzt. Mit dem semiotischen Prozess würden auch die Kreativität des in spe schöpferisch Lernenden theoretisch stillgelegt bzw. bei einer entsprechenden Mediengestaltung auch praktisch abgeblockt. Ich erinnere nur an den Extremfall des 'programmierten Unterrichts' aus den 60er Jahren, dessen Prinzipien noch heute in vielen Computermedien weiterwirken.

Als weiterführend erweist sich eine Kritik der magischen Identifikation von Präsenz und medialer Repräsentation, die einer berühmten Textstelle zu entnehmen ist, welche nochmals 2000 Jahre vor dem Comeniustext verfasst wurde.

Der griechische Philosoph Platon urteilte über die Chancen, Wissen im Medium des Textes oder des Bildes zu transportieren:

> *„dieses Schlimme hat doch die Schrift [...] und ist darin ganz eigentlich der Malerei ähnlich; denn auch diese stellt ihre Ausgeburten hin als lebend, wenn man sie aber etwas fragt, so schweigen sie gar ehrwürdig still. Ebenso auch die Schriften: Du könntest glauben, sie sprächen, als verständen sie etwas, fragst du sie aber lernbegierig über das Gesagte, so bezeichnen sie doch nur stets ein und dasselbe."* (Platon, Phaidros 275)

Wer fühlt sich heute bei diesen Sätzen nicht an die mehr oder weniger intelligenten Dialogfunktionen und Experten moderner Softwareumgebungen erinnert. Erst folgen wir gern der Suggestion, wir seien bei ihnen in verständiger Betreuung. Wir holen uns Rat bei ihnen und folgen ihren Anweisungen. Sobald wir aber lernbegierig nachfragen möchten, weil uns eine Hilfetext, ein Ratschlag nicht plausibel wurde oder ein Aufruf in einer unverständlichen Fehlermeldung endet, schweigt das Programm 'gar ehrwürdig still'. Oder es spult 'nur stets ein und dieselbe' Meldung immer wieder ab.

Das Faszinierendste an diesen uralten Sätzen ist, dass ihre Aktualität und Vitalität im Widerspruch zu ihrem Inhalt steht. Hinterrücks scheint wenigstens Platons Text, entgegen seiner eigenen Aussage, ja doch lebendig zu sein.

Einen ersten Hinweis, wie die Diskrepanz von totem Text und lebendigem Verständnis aufzulösen sein könnte, gibt Platon an der betreffenden Textstelle selbst. Dem zitierten Ausschnitt geht der Satz voraus:

Das (lernende) Subjekt am Computer - eine pädagogische Reflexion

„Wer also eine Kunst in Schriften hinterläßt, und auch wer sie aufnimmt, in der Meinung, daß etwas Deutliches und Sicheres durch die Buchstaben kommen könne, der ist einfältig genug [...], wenn er glaubt, geschriebene Reden wären noch sonst etwas als nur demjenigen zur Erinnerung, der schon das weiß, worüber sie geschrieben sind."

Andeutungsweise findet sich hier dem Konzept der stellvertretenden Repräsentation im Medium die Vorstellung entgegengesetzt, dass, was im Medium niedergelegt sei, lediglich als Stütze für die *Erinnerung* diene. Diese Vorstellung lässt sich im Kontext der Platonischen Philosophie interpretieren. Ich denke aber, dass sie auch einen ganz eigenen Wert als These hat, die relativ unabhängig vom Platonismus (jedoch im Sinne von Platons literarischem Konzept) zu würdigen ist.

Das Medium bietet also nach Platons Ansicht nicht die magische Verdopplung des Autors, Platon kommt aus seinen Werken nicht original zu uns. Wer ein Werk eines Autors liest, kann nicht Authentisches passiv rezipieren. Vielmehr kann er oder sie nur *sich* eine Vorstellung *bilden*. Das Medium präsentiert nur so etwas wie *erinnernde* Hilfslinien, die erst wieder mit Leben erfüllt werden müssen.

Mit anderen Worten, die heutige 'Lebendigkeit' Platonischer Texte beruht selbstverständlich auf der *Projektion* unserer eigenen lebhaften Vorstellungen in die alten Texte, wobei diese gleichwohl uns helfen können, unsere eigenen Vorstellungen aus- und weiterzuführen. Das Medium birgt keine Homuncula, keine adäquaten Objektmodelle, keine umfassende Simulation oder Repräsentation seines Gegenstands, sondern ist ein Hilfsmittel, welches dem schöpferischen Subjekt Hilfs- und An-Haltspunkte gibt, ein Objekt selbst zu (re-) konstruieren.

Schon von dem mittelalterlichen Philosophen Thomas von Aquin stammt eine Unterscheidung zwischen zwei Weisen der Repräsentation, die diesen schwierigen Begriff klären hilft: Vorstellbar sei erstens eine *nachbildende* Repräsentation, die als ein funktionsähnliches Simulations-Modell des Originals zu denken wäre. Thomas von Aquin führt selbst das Beispiel des 'Simulacrums' an: So hieß ursprünglich die Götterstatue, in der nach antiker Vorstellung die Gottheit persönlich gegenwärtig ist und sich also tatsächlich selbst re-präsentiert. Zweitens gebe es die *vestigiale*, zeichenhafte Repräsentation, die wie eine Spur im Schnee nur einen Hinweis auf das Original darstellt, ohne ansonsten im Wesen oder in seiner Leistungsfähigkeit dem Original ähnlich zu sein (Scheerer 1990, S.11).

Wenn wir heute nicht mehr an die antiken Götter oder andere magische Identitätskonstruktionen gewillt sind zu glauben, können Medien für uns nur *Repräsentationen im zweiten Sinn* enthalten. Sie bieten lediglich *An-Haltspunkte, mit deren Hilfe wir uns als Lernende und Verstehende unsere Gegenstände rekonstruieren und konstruieren.*

Diese Sicht auf Medien kann identifiziert mit dem, was heute unter dem unvermeidlichen Schlagwort des Konstruktivismus verhandelt wird, - muss aber vielleicht auch nicht. Es sei nur kurz bemerkt:

Entstanden u.a. als reflexive Systemtheorie zweiter Ordnung, die auch das System des Beobachtens von Systemen in die Analyse einzubeziehen gewillt ist, hat sich insbesondere der 'Radikale Konstruktivismus' in den letzten zwei Jahrzehnten zur Modephilosophie mit höchst unterschiedlichen Ausprägungen entwickelt (s. etwa Schmidt 1987). Unvermeidlich folgten auch die Anwendung in der Didaktik und insbesondere der Mediendidaktik (Gerstenmaier und Mandl 1994).

Gerade in didaktischem Zusammenhang existiert dabei eine Hightech-Variante des Konstruktivismus, die mehr aus der alten Systemtheorie als aus deren reflexiver Kritik geerbt zu haben scheint. Ihr zufolge würden Medien den Lernenden möglichst detaillierte und realistische Ersatzumgebungen präsentieren, innerhalb deren sie dann selbsttätig (aber dann doch auch wieder in genau vorgegebenen Strukturen) agieren sollen. Herkunftsbedingt ist auch das Defizit mancher konstruktivistischer Ansätze, dass sie zwar ein differenztheoretisches Prinzip hochhalten, aber dann doch recht unterschiedslos überall Systeme als vergeistigte, körperlose Konstruktionen erblicken.

Demgegenüber möchte ich folgende *essentials* festhalten, wie Medien als Medien des Verstehens und Lernens von Subjekten aufzufassen und demzufolge zu gestalten wären (für computerbezogene Fallstudien und Beispiele vgl. Röder 1998) :

- Didaktische Medien sind komplexe oder auch ganz einfache 'mechanische', das heißt zunächst einmal *sinnliche 'Spuren'* - Erinnerungshilfen, Anhaltspunkte -, welche helfen können, Wissensgegenstände zu konstruieren. Als solchen unterliegt ihre Gestaltung primär Gesichtspunkten einer *Medienästhetik*.
- Entscheidend ist die Eignung eines Mediums als *Projektionsfläche* für ein lernendes, als autonom zu begreifendes Subjekt. Gelernt wird nicht durch das, was das Medium als solches darstellt und mechanisch präformiert, sondern in den *Frei- bzw. Handlungsräumen*, die es belässt bzw. eröffnet. Das Medium hat immer die Rolle von Farbstiften und Papier in der Hand des Kindes: Es bietet Elementarfunktionen, um Welten zu gestalten.
- Die Freiräume sollen das Subjekt vor allem zu eigenem schöpferischen Verstehen animieren und können es dabei nur subtil durch *Rahmen- und Randbedingungen* stützen und lenken. Aufgrund dieses Versuchs, durch Steuerung von Umgebungsbedingungen, gleichsam durch Anbieten von Kristallisationskernen, nicht direkt durchsetzbare Ziele zu begünstigen, kann das Medium als *schwach instrumentell* charakterisiert werden. Dem Malen des Kindes werden durch Papier und Stifte gewisse Charakteristika verliehen, diese geben aber das Resultat des malenden Weltaneignungs- und -schöpfungsprozesses nicht vor.
- Brüche und Unvollständigkeiten medialer Repräsentanzen, soweit solche überhaupt identifizierbar sind, gehören zum Wesen von Medien. Ohne die Freiheit, die die *Unvollständigkeit der Repräsentation* bietet, kommt das lernende Subjekt nicht zum Zug. Die Brüche, die Nicht-Zwangsläufigkeiten einer Darstellung und ihres Akzeptierens, sollten nicht überspielt oder ignoriert werden. *Gerade entlang ihnen spielt sich Lernen ab.* - Keine technische Möglichkeit, Bilder auszudrucken, kann das eigene malerische Begreifen von Welt durch das Kind ersetzen.
- Letztlich geht es in der Mediengestaltung darum, den 'mechanischen' Kontext des Handelns und Lernens von Subjekten zu entwickeln, gerade indem die Differenz zu diesem beachtet und kultiviert wird.

Ich möchte zum Abschluss noch einmal Kant anführen, der ja auch eine prominente Position in der Ahnengalerie des Radikalen Konstruktivismus hat.

Für Kant beruht die schöpferische Urteilskraft und damit im Grunde jedes Verstehen und Lernen des wahrnehmenden Subjekts auf der Syntheseleistung der *'Einbildungskraft'* (oder Phantasie). Allein diese ist fähig, eine ansonsten zerfallende Reihe wahrgenommener und vorgestellter Phänomene als einen einzigen Zusammenhang zu konstruieren. Kant charakterisierte diese Leistung mit dem Begriff der *transszendentalen Synthesis der Einbildungskraft*. Deren Transzendenz ist dabei nur ein anderes Wort für die Autonomie des Verstehens des Subjekts.

Dieser autonom-schöpferischen Einbildungskraft hat das Medium zu Hilfe zu kommen, ohne ihr die Arbeit abnehmen zu können.

Literatur

Budde, Reinhard, und Züllighoven, Heinz (1990): Software-Werkzeuge in einer Programmierwerkstatt. München/Wien: Oldenbourg.

Comenius, Joannes Amos (1657a): E Scholasticis Labyrinthis Exitus in planum. Sive, Machina Didactica. In: Opera Didactica Omnia, Bd.II, Teil III-IV, S. 64-67. Prag: Akad. der Wissen., 1957. Vgl. auch Text und meine Übersetzung unter der URL http://www.didactools.de/comenius/machdidk.htm

Comenius, Joannes Amos (1657b): Didactica Magna. In: Opera Didactica Omnia, Bd.I. Prag: Akad. der Wissen., 1957.
Eagleton, Terry (1994): Ästhetik. Die Geschichte ihrer Ideologie. Stuttgart: Metzler.
Gerstenmaier, Jochen, und Mandl, Heinz (1994). Wissenserwerb unter konstruktivistischer Perspektive. Forschungsbericht 33 Inst. f. Pädagog. Psychol. u. Empir. Pädag., Univ. München.
Kant, Immanuel (1803): Über Pädagogik. In: Kant, Werke, hg. v. Wilhelm Weischedel. Darmstadt: Wissenschaftl. Buchges., 1983 (Seiteneinteilung nach der Originalausgabe 1803).
Luhmann, Niklas, und Schorr, Karl Eberhard (1979): Reflexionsprobleme im Erziehungssystem. Frankfurt a. M.: Suhrkamp, 1988 (Ersterscheinen 1979).
Nake, Frieder (1993): Von der Interaktion. Über den instrumentalen und den medialen Charakter des Computers. In: Frieder Nake (ed.) (1993): Die erträgliche Leichtigkeit der Zeichen. S.165-189. Baden-Baden: Agis.
Platon: Phaidros. In: Sämtliche Werke, Übersetzung von Friedrich Schleiermacher und Hieronymus Müller. Reinbek b.Hamburg: Rowohlt, 1957ff, Band 4.
Röder, Rupert (1998): Der Computer als didaktisches Medium. Über die Mythen des Mediums und das Lernen von Subjekten. Bodenheim: Syndikat.
Scheerer, Eckart (1990): Mental Representation: Its History and Present Status. Part 1. Bielefeld: Research Group on MIND AND BRAIN, ZiF Report No. 27/1990.
Schmidt, Siegfried J. (ed.) (1987). Der Diskurs des Radikalen Konstruktivismus. Frankfurt a.M.: Suhrkamp.

Adressen der Autoren

Rupert Röder
Peter-Weyer-Str. 9
55129 Mainz
rroeder@mail.mainz-online.de

Das Medium und die Botschaft.
Zur Bedeutung der Metainformationen in virtuellen Lernumgebungen

Frank Thissen
FH Stuttgart, Hochschule für Bibliotheks- und Informationswesen

In diesem Beitrag soll es um die Frage gehen, welche Möglichkeiten und Grenzen virtuelle, netzbasierte Lernumgebungen haben und welche Faktoren ihren Erfolg oder Misserfolg beeinflussen. Dabei ist die grundlegende These die, dass der Kontext des Lernens, zu dem auch die *Darstellung* der Lerninhalte gehört, die Wahrnehmung, Aufnahme und kognitive Verarbeitung dieser Inhalte wesentlich beeinflusst und die Beschäftigung mit diesem Rahmen die Aufgabe für die weitere Diskussion ist, nachdem wir uns in den letzten Jahren auf die Aufbereitung der Inhalte und die technischen Voraussetzungen konzentriert haben. Das Medium ist *auch* eine Botschaft – aber welche? Zur Klärung dieser Fragen möchte ich mich zunächst den aktuellen Vorstellungen, Forschungen und Konzepten zuwenden, die sich mit Lernen und Wahrnehmung auseinander setzen und dabei der Frage nachgehen, welche Faktoren das Lernen fördern und welche es behindern, um dann daraus Vorschläge für die Gestaltung virtueller Lernumgebungen zu entwickeln.[1]

Anthropologische Gesichtspunkte

Neuere Theorien zu den Gebieten der menschlichen Wahrnehmung, Kognition und des Lernens werden seit einiger Zeit unter dem Etikett *Konstruktivismus* bzw. *Systemtheorie* gehandelt und haben die Diskussion um das computergestützte Lernen positiv beeinflusst und geprägt[2]. Gleichzeitig ist in den letzten Jahren eine Diskussion in der beruflichen Weiterbildung bzw. Erwachsenenbildung entstanden, die einen Schwerpunkt auf die Lernarrangements legt und das sog. ganzheitliche Lernen fördern möchte[3]. In diesem Zusammenhang werden auf dem Hintergrund von Systemtheorie und Chaosforschung die Zusammenhänge zwischen Emotion und Kognition neu bewertet und definiert. Das spannende an diesen Entwicklungen ist nicht ihre Neuartigkeit, denn diese Erkenntnisse haben Wurzeln, die in einer langen Tradition stehen, wie beispielsweise Vicos und Kants Erkenntnistheorien, die Diskussionen der Reformpädagogik, Jean Piagets und Maria Montessoris Konzepte und Frederic Vesters Forschungen über die Zusammenhänge von *Denken, Lernen und Vergessen*. Das Neuartige und Spannende liegt in der *Verknüpfung* dieser Ansätze und es verspricht Impulse für die Weiterentwicklung der Gestaltung und Realisierung virtueller Lernsysteme.

1 Das Konzept der Autopoiesis und der mentalen Modelle

Die neuere Hirnforschung[4] hat Abschied genommen von jeglicher Art repräsentationaler Modelle, die kognitive Prozesse zu beschreiben versuchten. Neurologische Untersuchungen scheinen

---

1 Um kein Missverständnis aufkommen zu lassen: Universitäre Ausbildung soll nicht zu einem multimedialen Spielparadies gemacht werden. Es geht hier vielmehr darum, die pädagogischen Einsichten und Ansätze des Edutainment zu erkennen und für die virtuelle (und nicht nur für diese) universitäre Ausbildung zu nutzen.
2 THISSEN 1997; BAUMGARTNER / PAYR 1994; PAPERT 1998; SCHANK 1997
3 DAUSCHER 1996; NEULAND 1995a; NEULAND 1995b; LERNMETHODEN 1997; KLIPPERT 1998; LANDESINSTITUT FÜR SCHULE UND WEITERBILDUNG 1995

deutlich werden zu lassen, dass es keine direkte, in irgendeiner Art in unmittelbarem Zusammenhang stehende Relation zwischen den durch die Sinnesorgane empfangenen Impulse der Außenwelt gibt und der Wahrnehmung dieser Impulse.

Die durch die Sinnesorgane »aufgenommenen« Informationen sind lediglich rohe Impulse, die keine qualitativen Daten bieten, sondern neutrale chemische und elektrische Signale, also Membran- und Aktionspotentiale in den Neuronen bewirken.[5] Der neuronale Code ist neutral und universell, d.h. die Codierung sämtlicher Sinnesorgane ist stets gleich, lediglich die *Intensität* der Impulse variiert. Sämtliche Sinnesorgane sprechen dieselbe »Sprache« (Helmholtz). Ernst von Foerster drückt diese Tatsache mit den Worten aus: „»da draußen« gibt es nämlich in der Tat weder Licht noch Farben, sondern lediglich elektromagnetische Wellen; »da draußen« gibt es weder Klänge noch Musik, sondern lediglich periodische Druckwellen der Luft; »da draußen« gibt es keine Wärme und keine Kälte, sondern nur bewegte Moleküle mit größerer oder geringerer durchschnittlicher kinetischer Energie usw. Und schließlich gibt es »da draußen« sicherlich keinen Schmerz."[6]

Unsere Wahrnehmung von »Realität« scheint also auf einer Rechenleistung unseres Gehirns zu beruhen, das aufgrund der *gezielten Auswahl* dieser undifferenzierten Impulse durch die Sinnesorgane und -zellen und deren *Auswertung* bzw. *Interpretation* in Kombination mit seinen »Erwartungen«, seiner »Aufmerksamkeit« sowie seiner eigenen Struktur sich eine Vorstellung von den Dingen in der Welt (und damit auch von sich selbst) bildet.

Die wahrgenommene, phänomenale Welt, die *Wirklichkeit*, ist ein Konstrukt des Gehirns. Allerdings kommt – und dies ist entscheidend – der Konstrukteur der Erlebniswelt in dieser Welt nicht vor, genauso wenig wie der Autor eines Theaterstückes im Stück selber vorkommt (es sei denn als *Schauspieler*) und der Maler eines Bildes in seinem Bild (es sei denn selber als *Teil des Bildes*). Dieses Gehirn ist Teil der bewusstseinsunabhängigen Welt, der *Realität*, und deshalb ist es das *reale* Gehirn. Die Realität ist uns erlebnismäßig unzugänglich; wir erleben nicht, wie das Gehirn die Wahrnehmungsinhalte konstruiert, das Gedächtnis aktiviert und die Gefühle erzeugt, weil wir das Ergebnis dieser Konstruktionsprozesse sind. *Wir selbst sind Konstrukte.*[7]

Kognitive Prozesse sind nie endende rekursive Prozesse des Errechnens einer Wirklichkeit aber auch der Eigenwahrnehmung.[8] Impulse aus der Außenwelt (*Perturbationen*) erzeugen keine determinierte Reaktion oder Veränderung im Individuum, das Maturana und Varela als autopoietisches, autonomes System verstehen, sondern regen lediglich möglicherweise strukturelle Veränderungen an. Auf keinen Fall handelt es sich dabei um irgendeine Art von Determiniertheit, wie sie der Behaviorismus mit seinem input-output-Modell zugrunde gelegt hat.

Wahrnehmung ist also kein passives Aufnehmen von irgendwelchen eindeutig analysierbaren Informationen der Außenwelt, sondern in einem Höchstmaß die Aktivität des kognitiven Systems, das sich permanent neu organisiert und strukturiert. Der Begriff der *Neuroplastizität* beschreibt diese Fähigkeit des Gehirns, sich permanent den Erfordernissen seines Gebrauchs anzupassen.[9]

Bis noch vor wenigen Jahren wurde das Gehirn als vergleichsweise statisches Organ betrachtet. Trainieren wir einen Muskel, so wird er größer. Unsere Knochen bauen sich beständig um und passen sich Belastungen oder auch fehlenden Belastungen an (womit nicht nur Astronau-

---

4 ROTH 1996; ROTH 1997; SPITZER 1996; PÖPPEL 1989; HAKEN / HAKEN-KRELL 1997; LINKE 1999; GREENFIELD 1999
5 ROTH 1997, S. 93
6 FOERSTER 1994, S. 31
7 ROTH 1996, S. 53 f.
8 FOERSTER 1994, S. 34; HOFSTADTER 1985
9 SPITZER 1996, S. 148

ten zu kämpfen haben). Nervenzellen hingegen können sich nicht teilen; wir werden mit ihnen geboren, und dann sterben sie ab, ca. 10 000 jeden Tag. Zwar sind dann bei den oben erwähnten 20 Milliarden Neuronen nach 70 Jahren erst etwa 1,3% gestorben, das Bild ist insgesamt jedoch unsagbar pessimistisch. Keine Gehirnwindung, die durch Kopfrechnen wächst, keine Anpassung an die wechselnden Anforderungen des Lebens, nur 1,5 kg schwabbelige, unveränderliche, langsam vor sich hinsterbende, für immer unergründliche Materie. Die Frage, welche geistige Nahrung für ein so verstandenes Gehirn gut sein sollte, macht ganz offensichtlich keinen Sinn.

Nichts könnte falscher sein als diese Sicht! Wir wissen heute, dass das Gehirn das anpassungsfähigste Organ ist, das wir besitzen. Im Gegensatz zu einem Computer ist es der „Hardware" Gehirn nicht gleichgültig, welche „Software" gerade läuft, denn die biologische Hardware passt sich der Software beständig an. Es ist, als würde ein Personal Computer (PC) sich beständig selbst so umkonfigurieren, dass die laufende Software, einschließlich der bearbeiteten Daten, optimal verarbeitet werden kann.[10]

Somit ist das Erkennen stets eng mit dem Handeln verbunden, sowohl als Rechenleistung des Gehirns als auch als Verhalten des Lebewesens seiner Umwelt gegenüber. „Jedes Tun ist Erkennen, und jedes Erkennen ist Tun."[11] Erkennen ist somit immer ein Tun, ein Sich-zu-etwas-in-Beziehung-setzen, dessen Relationen in Form von semantischen Netzwerken bzw. mit Hilfe kognitiver Karten (cognitive maps) organisiert werden.

Vieles weist darauf hin, dass das menschliche Gehirn bei der Organisation seiner Vorstellungen und des individuellen Wissens mit räumlichen Modellen[12], Metaphern[13] und Bildern[14] arbeitet, wobei diese Modelle stets die eigene Position, Erwartungen, Gefühle und Vorwissen mit einbeziehen.

Die Aufgabe des kognitiven Kartierens ist aber nicht die Schaffung eines Modells von den Dingen und Beziehungen um seiner selbst willen, sondern dient dem Individuum zum Überleben in einer komplexen Umwelt, deren Komplexität zu einer Reizüberflutung führen würde, wenn sämtliche möglichen Sinneseindrücke ungefiltert und gleichberechtigt vom Gehirn verarbeitet werden müssten. „Eine *kognitive Karte* ist ein *Produkt*, ist eines Menschen strukturierte Abbildung eines Teils der räumlichen Umwelt."[15] Kognitives Kartieren ist eher ein Handlungsprozess, eine Tätigkeit, als ein statisches Objekt. „Es ist die Art und Weise, wie wir uns mit der Welt um uns herum auseinander setzen und wie wir sie verstehen."[16] Kognitive Karten sind äußerst individuell, je nach Lebensumständen schaffen sie den unterschiedlichen Individuen unterschiedliche Möglichkeiten des Überlebens. Erfahrungen mit psychisch Kranken (Schizophrenen), aber auch die Untersuchungen unterschiedlicher Kulturen verdeutlichen immer wieder eindrucksvoll, wie gleiche Ereignisse äußerst unterschiedlich interpretiert und bewertet werden und welche Schlussfolgerungen Individuen um des Überlebens willen daraus ziehen. Der Film *Das Leben ist schön* von Roberto Benigni veranschaulicht dies in dramatischer Weise. »Für unser Überleben ist das Erstellen einer kognitiven Karte für das alltägliche Verhalten ebenso notwendig wie für unserer Identität als denkende und kommunizierende Wesen."[17] In diesem Zusammenhang sei noch auf die äußerst spannende Wahrnehmung von Gehörlosen hingewiesen, wie sie Oliver Sacks in seinem Buch *Stumme Stimmen*[18] beschreibt.

---

10 SPITZER 1996, S. 11
11 MATURANA / VARELA 1997, S. 31
12 DOWS / STEA 1982; PASSINI 1992
13 DUTKE 1994
14 SCHANK 1998
15 DOWS 1982, S. 24
16 DOWS 1982, S. 23
17 DOWS 1982, S. 49

2 Strukturelle Koppelung und »das dialogische Prinzip«

Konstruktivistische Theorien werden zuweilen als Solipsismus interpretiert. Diese Einschätzung ist unzutreffend und wird sogar von den Vertretern des sogenannten *Radikalen Konstruktivismus* zurückgewiesen. Die Tatsache, dass das menschliche Gehirn relativ abgeschlossen, strukturdeterminiert und autopoietisch ist, bedeutet nicht, dass es keinen Austausch mit der Umwelt gibt, sondern dass die Beziehung zwischen Umweltreizen und der Wahrnehmung irgendeine Zwangsläufigkeit hat. Allerdings bedingen sich Erkennen und Handeln gegenseitig. Das eine ist nicht ohne das andere. So kann menschliches Handeln kann als Orientierungsverhalten verstanden werden.

Hierbei nimmt das kommunikative Handeln einen herausragenden Stellenwert ein. Kommunikation wird auch in linguistischen Theorien als Handeln verstanden[19] und nicht als Informationsübertragung in der Form, dass eine Bedeutung oder Intention in einem sprachlichen Code verschlüsselt, durch Sprache übertragen und dann von einem Empfänger entschlüsselt wird. „Kommunikation ist vielmehr zu verstehen als die wechselweise Gestaltung und Formung einer gemeinsamen Welt durch gemeinsames Handeln: Wir bringen unsere Welt in gemeinsamen Akten des Redens hervor. Es sind bestimmte Eigenschaften unserer Sprache, die diese gemeinsame Erzeugung möglich machen. Diese bestehen in sprachlichen Handlungen, die wir ständig ausführen: Aussagen, Versprechen, Bitten und Erklärungen. Ein derartiges ständig aktives Netzwerk von Sprechakten einschließlich ihrer Gültigkeitsbedingungen ist nun in der Tat kein Werkzeug der Kommunikation, sondern das Netzwerk, durch welches wir uns als Individuen selbst definieren."[20] Dass auch das sprachliche Handeln in der Kommunikation das menschliche Überleben ermöglicht, zeigen Untersuchungen, die deutlich machen, dass der Verzicht auf Kommunikation zu schweren Defiziten führt und das Überleben bedroht.

Kommunikation verhilft aber nicht nur zur Orientierung über die Dinge, sondern vor allem zum Sich-in-Beziehung-setzen zu den Dingen und den Menschen (in einem Lernkontext sind dies die Mitlerner, der »Lehrer« und andere daran beteiligte Personen). Kommunikation hat somit immer einen Beziehungsaspekt, den Watzlawick in seinem *zweiten pragmatischen Axiom* zum Ausdruck gebracht hat: „Jede Kommunikation hat einen Inhalts- und einen Beziehungsaspekt, derart, dass letzterer den ersteren bestimmt und daher eine Metakommunikation ist."[21] Dieser Beziehungsaspekt zeigt sich jedoch nicht nur in Kommunikationsszenarien, sondern universell im menschlichen Orientierungsverhalten, so auch in Lernkontexten. Gregory Bateson hat darauf hingewiesen, dass Lebewesen in Lernprozessen nicht nur das lernen, was Inhalt dieses Lernkontextes sein soll, sondern auch, wie Lernen funktioniert und in welchem Rahmen es stattfindet.[22] Batesons Unterscheidung zwischen »Proto-Lernen« und »Deutero-Lernen«, fortgeführt in seiner Theorie der Stufen des »Lernens 0« bis »Lernen IV« verdeutlicht, welche Bedeutung der Kontext, also die Beziehung des Lerners zum Lernsystem (inkl. Mitlerner, Lernmedien, Lernort etc.) einnimmt und inwiefern sich der Lernkontext auf die Wahrnehmung der eigentlichen Inhalte des Lernens auswirkt. Somit erhält der Kontext (oder Rahmen) eine Bedeutung zugewiesen, die häufig nicht berücksichtig wird, weil der Fokus auf den Inhalten des Lernens und deren Verarbeitung liegt. Für webbasierte Lernsysteme erhält der Kontext eine besondere Bedeutung, da er zunächst stark defizitär ist, wie noch zu zeigen sein wird (s.u.).

Diese Konzentration auf den Kontext findet sich in der *Dialogforschung*, die – ausgelöst durch Martin Buber[23] – vor allem durch Bohm[24], Hartkemeyer und Dhority[25] betrieben wird und innovative Impulse in das schulische und berufliche Lernen getragen hat. Das Ziel des Dialogs ist die

---

18 SACKS 1998
19 WITTGENSTEIN 1960; GRICE 1979 ; AUSTIN 1972; SEARLE 1971; SEARLE 1991
20 VARELA 1990, S. 113
21 WATZLAWICK 1996, S. 56
22 BATESON 1985, S. 219 ff.

Aufdeckung kognitiver Strukturen der Dialogteilnehmer, ein gemeinsames Lernen im Austausch miteinander. Dialogische Konzepte sind sich dessen bewusst, dass die Teilnehmer nicht über die Dinge der Welt selbst sprechen, sondern über ihre Wahrnehmung dieser Dinge, es ist eine kultivierte Form des menschlichen Orientierungsverhaltens, es ist eine Form des Lernens, die den Kontext und die Beziehungsebene berücksichtigt. Der Dialog schafft den Dialogteilnehmer die Möglichkeit, Vorannahmen, Konstrukte einander zu verdeutlichen und damit sich ihrer selbst bewusst zu werden.

Nun, wir sind alle in unseren Annahmen und Meinungen gefangen. Kehren wir zur Physik des Bewusstseins zurück und dazu, wie das Gehirn funktioniert: Wir stellen uns vor, das Gehirn ist ein sich selbst organisierendes System, es nimmt seine Daten und formt daraus ein entsprechendes Bild. Das Gehirn verfährt so ständig mit der aufgenommenen Information, und wir machen es ebenso mit komplexeren Informationen über die Natur, über unsere Mitmenschen, über Erfahrungen, Werte und Moral. Wir wollen ein logisches Weltbild entwickeln, und das Gehirn macht das auch. Es kann gar nicht anders, wie Wasser in einem Strom nicht anders kann, als den Wasserfall herabstürzen - da es ein selbstangetriebenes, sich selbst organisierendes System ist.

Das Phantastische an einem guten Dialog ist, dass er deutlich macht, was unser Weltbild ist. Es ist so, als schaue man in einen Spiegel und könne dabei in seinen eigenen Kopf sehen. Man denkt plötzlich: »Mein Gott, das habe ich gedacht – hatte ich solche Vorurteile – mein Gott, das ist mir nie aufgefallen […].«

Das wird im Dialog deutlich. Es fallen Ihnen plötzlich die unterschiedlichsten Meinungen auf. Wenn Sie sich über Ihre Meinungen im klaren sind, die Sie nicht mögen, dann ändert das schon viel, denn das ist ein wichtiger Schritt auf dem Weg dahin, dass diese Meinungen ihre Macht über Sie verlieren. Sie beginnen, ein neues Weltbild aufzubauen. So können Sie buchstäblich als eine veränderte, neue Person aus einem Dialog hervorgehen.

Es kann manchmal Wochen dauern, bis sich nach so einem Dialog der »aufgewirbelte Staub« gelegt hat und ein logisches, konsistentes Weltbild neu entsteht. Es kann sein, dass Sie für einige Zeit aufgewühlt sind. Einige Menschen werden durch einen Dialog verunsichert. Es ist eine verwirrende Erfahrung, aber andererseits auch befriedigend.[26]

Im Dialog kommt ein Lernkonzept zum Ausdruck, das der Vorstellung entgegensteht, Lernen sei Aufnahme von durch einem Lehrer zugeteiltem »Wissensstoff« durch den Lerner. Die kognitive und emotionale Auseinandersetzung mit einem Thema findet hier im gemeinsamen Tun, in der Kommunikation und deren Reflexion statt. Das mentale Modell wird in der Dialogsituation, die eine Orientierungssituation ist, abgeglichen. Diese Form des Lernens hat sehr viel gemeinsam mit Formen des kooperativen Lernens, wie sie von Dansereau[27] u.a. beschrieben wird.

Der Dialog ist nach Martin Buber die Grundbedingtheit des Menschen[28]. Er ist »nicht lediglich eine Kommunikationsform, sondern er gehört zum Wesen menschlicher Identität und des gesell-

---

23 BUBER 1994
24 BOHM 1998
25 HARTKEMEYER / HARTKEMEYER / DHORITY 1998
26 Danah Zohar in HARTKEMEYER / HARTKEMEYER / DHORITY 1998, S. 76
27 Dansereau, D.F. (1988). Cooperative learning strategies. In C.E. Weinstein, E.T. Goetz & P.A. Alexander (ed.): Learning and study strategies: Issues in assesment, instruction, an evaluation (pp. 103-120). New York: Academic Press;
    Eppler, R. & Huber, G. (1990): Wissenserwerb im Team: Empirische Untersuchungen von Effekten des Gruppen-Puzzles. *Psychologie in Erziehung und Unterricht*, 37, 172 – 178;
    Slavin, R.E. (1980): Cooperative learning. *Review of Educational Research*, 50, 315 – 342)
28 Martin Buber, Das dialogische Prinzip. Darmstadt 7. Aufl. 1994

schaftlichen Miteinanders. Im Gespräch mit dem anderen kommen wir zu uns selbst, entwickeln wir unser Selbstbewusstsein, entwickeln wir unsere Zugehörigkeit zu einer Verständigungsgemeinschaft, erzeugen wir ein Welt, die wir mit anderen teilen, und die sich dadurch als viabel, als vernünftig erweist. Der Dialog hat somit eine persönliche, eine soziale und eine politische Dimension.«[29] Nur im dialogischen Umgang miteinander werden wir die Herausforderungen der Zukunft bestehen können. Nur im gegenseitigen einander akzeptieren, aufeinander zugehen und aufeinander hören werden wir eine Grundlage für die Gesellschaft des 21. Jahrhunderts bilden können. Nur im Dialog werden wir ein Lernen kennenlernen, das nicht das Ziel hat, eine große Menge an Wissens-»Stoff« einzutrichtern, sondern den kompetenten und kreativen Umgang mit Informationen und Wissen schafft.

Horst Siebert sieht den Dialog als »Bestandteil eines weltweiten Paradigmenwechsels [...] So zeichnet sich im Bildungssektor, aber auch in der Managementwissenschaft und Organisationsentwicklung, in der Psychotherapie und in Ansätzen in der Politik eine Akzentverschiebung von einem normativen zu einem interpretativen Weltbild ab. Stichworte für diese Wende der Wahrnehmung sind der Abschied von einem technologischen Machbarkeitswahn und Aufwertung von Selbstorganisation, der Abschied von dogmatischen Wahrheitsansprüchen und Anerkennung einer Pluralität von Wirklichkeitskonstruktionen und der Abschied von der Informationsgesellschaft (mit ihrer entmündigenden Informationsfülle) hin zu einer Kommunikations- und Lerngesellschaft.«[30]

Die Haltung des offenen Lernens erfordert vor allem eins, dass der Lerner die Verantwortung für sein Tun und Denken übernimmt und sich nicht von »Autoritäten« entmündigen lässt.

3 Ankerungen und die »emotionalen Grundlagen des Denkens«

Der dritte Aspekt betrifft die Beziehung zwischen dem Denken und der Emotionalität. Der Einfluss der Emotionen auf die menschliche Wahrnehmung, Informationsverarbeitung und das Lernen ist allgemein bekannt[31], wird aber häufig wenig berücksichtigt. Frederic Vester fasst die Zusammenhänge in seinem Standardwerk *Denken, Lernen, Vergessen* zusammen und verdeutlicht die Bedeutung der »Begleitinformation« (Metainformation) auf den Lernprozess, wenn er schreibt, dass „die beim Lernen gespeicherte Information eben nicht nur aus dem Stoff besteht, der gelernt wird, sondern auch aus dem dabei mitgespeicherten, mitschwingenden übrigen Wahrnehmungen. Ein Lerninhalt ist also immer begleitet on einer Menge anderer Informationen."[32] Die Bedeutung dieser »Sekundärassoziationen« für das Lernen beschreibt Vester als „gewaltig" und so dominierend, dass sie das Lernen fördern oder aber „unmöglich machen" können. „Evolutionsgeschichtlich ist es recht interessant, dass die Zuweisung von »Wertigkeit«, also der Entscheid, was von der einströmenden Information aus der Außenwelt wichtig ist und was nicht, nicht von der Großhirnrinde vorgenommen wird, die ja die Außenwelt sehr detailliert, aber sozusagen »leidenschaftslos« analysiert, sondern von dem eng mit der Gefühlswelt verknüpften limbischen System. Indem dieses weitaus ältere Organ und nicht der Cortex als Auswahlstelle im Flaschenhals fungiert, erfolgt die Valenzzuweisung der Information also nicht »objektiv«, sondern – und dies scheint für das Überleben des Individuums offenbar eine bessere Garantie abzugeben – auf die gefühlsmäßige Erfahrung des Einzelnen zugeschnitten."[33]

Luc Ciompi entwickelt diese Erkenntnisse zu seiner »fraktalen Affektlogik« weiter und analysiert *Die emotionalen Grundlagen des Denkens*.[34] Die neuronale Plastizität ermöglicht die

---

29 Horst Siebert, Die Gesellschaft der Besserwisser, in Süddeutsche Zeitung Nr. 24, 30./31.1.99, S. V1/1
30 Siebert, Horst: Die Gesellschaft der Besserwisser, in Süddeutsche Zeitung Nr. 24, 30./31.1.1999, S. V1/1
31 ANDERSON 1996; VESTER 1996; GOLDSTEIN 1997
32 VESTER 1996, S. 135
33 VESTER 1996, S. 86

Verbindung senso-motorischer und kognitiver Abläufe mit zugehörigen affektiven, hormonalen und vegetativen Komponenten zu einem funktionell integrierten neuronalen Assoziationssystem.[35] Ein Affekt ist für Ciompi „eine von inneren oder äußeren Reizen ausgelöste, ganzheitliche psycho-physische Gestimmtheit von unterschiedlicher Qualität, Dauer und Bewusstseinsnähe"[36]. Ihre Rolle ist eine zentrale, denn sie leisten der menschlichen Kognition wertvolle Dienste. Ciompi bezeichnet sie als die „entscheidenden Energielieferanten oder »Motoren« und »Motivatoren« aller kognitiven Dynamik."[37] Sie bestimmen den Fokus unserer Aufmerksamkeit, öffnen und schließen den Zugang zu Gedächtnisspeichern, schaffen Kontinuität („sie wirken auf kognitive Elemente wie ein »Leim« oder »Bindegewebe«"[38], sie bestimmen die Hierarchie unserer Denkinhalte und sind eminent wichtige Komplexitätsreduktoren.

Auch Edmund Kösel weist in seiner *Subjektiven Didaktik*[39] auf die Zusammenhänge zwischen Emotion und Kognition hin und der Bedeutung emotional positiv stimmender *Settings* in Lernsituationen und -umgebungen hin.

Von multimedialen Informationsmodulen zu virtuellen Lernumgebungen

1   Zur Situation computerunterstützter Lernsysteme

Unter den oben dargestellten anthropologischen Prämissen wird zunächst deutlich, dass es sich beim computerunterstützten Lernen zunächst um ein äußerst defizitäres Lernen handelt, wenn nicht die Möglichkeiten der multimedialen Präsentation von Informationsmaterial und die hypertextartige Vernetzung dieser Informationen in modularer Form im Mittelpunkt der Betrachtungen stehen, sondern der Kontext, der das Deutero-Lernen[40] bestimmt. Dieser Kontext kann das Lernen stark behindern kann, sogar unmöglich machen.

Auf der anderen Seite stehen die virtual communities im WWW sowie die Spiele-Szene, denen es offensichtlich gelingt, wenigstens die emotionalen Bezüge zu den Teilnehmern herzustellen und es ihnen ermöglicht, sich als individuelle Persönlichkeit wahrgenommen zu fühlen.

Die Problematik universitärer virtueller Lernumgebungen scheinen mir die folgende zu sein:
- Häufig ist ein virtuelles Seminar noch hauptsächlich ein Informationspool, das multimedial aufbereitetes Material anbietet, mit dem sich die Teilnehmer (zunächst) einzeln beschäftigen, um es passiv zu rezipieren. Als Ergänzung gibt es manchmal Diskussionsgruppen bzw. tutorielle Unterstützung.
- Die Probleme, die Hardware und Software den Nutzern bereiten, sind ein weiterer Hinderungsgrund. Computerabstürze, schlechte Online-Verbindungen und unergonomische Bedienoberflächen erschweren eine positive Wahrnehmung der Lernumgebung. Oft werden schon die Grundlagen ergonomischer Erkenntnisse sträflich vernachlässigt, z.B. die Farbgestaltung, die Aufbereitung von Texten für den Monitor, die Berücksichtigung der *human factors*.
- Eine hypertextbasierte Lernumgebung hat oft die gleichen Defizite wie dies Hypertextsysteme generell aufweisen – Orientierungsverlust (*lost in hyperspace*), Auffinden der relevanten In-

---

34   CIOMPI 1997
35   CIOMPI 1997, S. 56
36   CIOMPI 1997, S. 67
37   CIOMPI 1997, S. 95
38   CIOMPI 1997, S. 98
39   KÖSEL 1997
40   BATESON 1985

formationen, zu weitreichende Navigationswege (Serendipity-Effekt), Verunsicherung des Nutzers durch Angebotsfülle und Unübersichtlichkeit.

2 Merkmale effizienter Lernumgebungen

Effiziente Lernumgebungen stellen den Nutzer in den Mittelpunkt und versuchen, ihm eine ganzheitliche Erfahrung[41] zu bieten. Sie zeichnen sich dadurch aus, dass sie den Nutzer als
- emotionales Lebewesen
- individuelle Persönlichkeit
- in der Welt aktiv handelndes Lebewesen
- soziales Lebewesen
- denkendes Lebewesen

ansprechen. Nicht nur verbal, sondern auch in der Eigendarstellung, in unterschwelligen Zeichen – durch Metainformationen.

Die Ansprache des Nutzers als **emotionales Lebewesen** heißt zunächst, den wichtigen Stellenwert von Emotionen für das (lernende) Handeln zu berücksichtigen. Dies bedeutet, dass sich der Lerner vom Kontext ernstgenommen fühlen kann, dass der Umgang mit dem Lernsystem als lustvoll und anregend erfahren wird, dass seine Neugier angeregt und gefördert wird. (Hier lässt sich viel von guten Adventure-Spielen lernen, die mit Raummetaphern arbeiten.) Permanent müssen motivierende Elemente integriert sein, die dem Lerner eine Rückmeldung und Bestätigung bieten und dem Eindruck von Sterilität entgegenwirken. Erfolgserlebnisse müssen möglich, ja sollten selbstverständlich sein, denn sie bieten positive Bestärkung und wirken motivierend. Auch die Darstellung des Systems als ein von Menschen gemachtes fördert die emotionale Beteiligung. Kein abstraktes Programm als Gegenüber, sondern ein Lernsystem, das von konkreten Personen erdacht und realisiert worden ist, die sich nicht nur verdeckt und unpersönlich über ihr Produkt mitteilen, sondern sich zeigen, wie der Künstler eines Kunstwerkes sich zeigt. Das Produkt hat also eine Geschichte, hat selbst wieder einen Rahmen – und im wahrnehmen dieses Kontextes des Kontextes ist ein Verstehen der Genese und Geschichte des Kontextes möglich. Die Frage, warum der Ersteller das System so und nicht anders konzipiert hat, welche Motive, Gedanken, Emotionen und Konzepte ihn dabei geleitet haben, hilft ebenso wie das Verständnis, warum bestimmte Inhalte in welcher Form und Reihenfolge ausgewählt worden sind. Das System erhält auf diese Weise an Transparenz und verliert seine bedrohlich wirkende Abstraktheit.[42] Auf der anderen Seite muss es dem Nutzer möglich sein, eigene Emotionen mitteilen zu können, d.h. für sich und andere deutlich machen zu können. Das Wahrnehmen der eigenen Emotionen ermöglicht eine Reflexion über diese Emotionen und ihre Ursachen.

Den Nutzer als **Persönlichkeit** anzusprechen, heißt, Bezüge zu seiner Lebenswelt herzustellen, ihn persönlich anzusprechen und ihm die Möglichkeit zu geben, das webbasierte Lernsystem mit anderen Erfahrungssystemen seiner Lebenssituation zu verknüpfen. Das könnte beispielsweise die Ergänzung der Arbeit am Bildschirm mit der haptischen Arbeit beim Erstellen eines MindMaps auf einem Papier sein. Oder die Ergänzung des Lernsystems durch den Besuch eines Museums, einer Institution oder anderer Orte, die etwas mit der Thematik zu tun haben. Die Herstellung von Bezügen zur persönlichen Lebenssituation verhilft bei der Verankerung des Erlernten. Den Nutzer als Persönlichkeit anzusprechen bedeutet auch, ihm die Kontrolle über die Lernumgebung zu übertragen. Er muss die Möglichkeit haben, das System seinen Erfordernissen anzupassen und den Verlauf der Interaktion zu bestimmen. Jede Form der Gängelung (und wenn es das langwierige Abspielen einer nicht steuerbaren Videosequenz ist), signalisiert dem Nutzer, dass er mit seinen individuellen Bedürfnissen nicht ernstgenommen wird. Zum Ernstgenommenwerden gehört auch die Tatsache, dass das Lernsystem eine große Aktualität besitzt.

---

41 SIEGEL 1997
42 Vgl. SPOOL 1999

Wenn Erkennen und Tun eng miteinander verbunden sind, dann ist es weiterhin notwendig, den Nutzer als **aktiv handelndes Lebewesen** anzusprechen. Jede Form der Eigenaktivität verbessert den Lernerfolg, führt zu einer vertieften kognitiven und emotionalen Verarbeitung in der Auseinandersetzung mit dem Lernthema. Die gemeinsame Arbeit an Themen mit anderen im Dialog kann dies verstärken und einen Reflexionsprozess in der Gruppe anstoßen. Hilfreich ist in diesem Zusammenhang auch die Förderung der Darstellung von Lernergebnissen bzw. Zwischenschritten, z.B. die Präsentation einer These, die als Ausgangspunkt für die weitere Diskussion dienen kann, oder die Formulierung von Fragen oder Lernzielen, die zunächst an das Thema gestellt werden.

Lernen hat auch immer einen sozialen Bezug. Der Mensch erlebt sich stets in sozialen Beziehungen und sollte deshalb auch als **soziales Wesen** angesprochen werden. In der Lernsituation sollte die Umgebung ihm ermöglichen, sich als Mitglied einer Lerngruppe wahrzunehmen, der er etwas über sich selbst mitteilen kann und sollte, und über die und deren Teilnehmer er etwas erfahren kann. Das Lernen in der Gruppe fördert das dialogische Lernen, motiviert und ermöglicht eine stärkere Konstanz im Lernprozess. Die Gruppe kann eine gemeinsame Wissensbasis erarbeiten und sich darüber austauschen. Teil dieser Lerngruppe ist der Lehrer, der bei Bedarf moderiert, Impulse einbringt, coacht, berät und begleitet. Er steht der Gruppe nicht als der Organisator des Lernprozesses gegenüber, der Struktur, Ablauf und Ergebnisse des Lernens festlegt, sondern fördert das eigengesteuerte, selbständige und explorative Lernen als Prozess.

Schließlich ist der Lerner noch als **denkendes Lebewesen** anzusprechen. Dies bedeutet, dass das Lernsystem ihm neben den kommunikativen Angeboten Hilfestellung und Material zur Verfügung stellt, mit dessen Hilfe das Thema erschlossen werden kann. Hierbei empfiehlt es sich, nicht eine mehr oder weniger systematisierte Menge von Informationsmaterial anzubieten, sondern nachvollziehbare Strukturen, die vom Lerner bzw. der Lerngruppe angepasst und verändert werden können. Hierbei sollte von dem Konzept der Kernideen[43] ausgegangen werden, um einer lernbehindernden Segmentierung des Themas vorzubeugen. Das Lernsystem sollte es ermöglichen und dazu anregen, seine Nutzung, die Gruppensituation und den eigenen Lernprozess bewusst zu reflektieren. Es sollte Hilfestellungen bieten, wo notwendig, es sollte dem Lerner die Möglichkeit geben, Lernentwicklung und -erfolge zu dokumentieren und den Mitlernern mitteilen zu können.

Die Entwicklung zukünftiger Lernumgebungen mit ganzheitlichem Charakter, stellt eine große Herausforderung dar. Nur wenn es gelingt, solche Lernumgebungen zu entwickeln, wird das virtuelle Lernen erfolgreich sein und neue Lernqualitäten bieten können.

3 Vom Screen-Design zum *virtual environment design*

In ihrem Buch *Computers as Theatre* stellt Brenda Laurel ein Konzept für zukünftige Softwareentwicklung und damit eine neuartige Perspektive der Computernutzung vor. Die Forderung Laurels ist, den Computer nicht als Werkzeug, sondern als Medium aufzufassen[44], wobei mit Medium nicht ein Vermittler oder Überträger, sondern ein Milieu bzw. Umgebung gemeint ist. Brenda Laurel vergleicht die Nutzung eines Computers (und der Software) mit dem Besuch eines Theaters – beide können eine konzipierte Erfahrung („designed experience"[45]) ermöglichen. Bei beiden geht es um Raumerfahrung, um Handeln, um die Wahrnehmung von Bezügen und Zusammenhängen. Bei zukünftigen Entwicklungen sollte deshalb die Darstellung (das Interface) gestaltet werden, sondern die Handlungen und das potentielle Verhalten eines Nutzers. „Focus on designing he action. The design of objets, er vironments, and characters is all subsidery to this central goal."[46]

---

43 GALLIN / RUF 1993
44 LAUREL 1993, S. 126
45 LAUREL 1993, S. xviii

Eine Lernumgebung als Bühne, in der sämtliche Teilnehmer interagieren, auftreten, mitspielen, nicht als Zuschauer, sondern als Darsteller. Dieses Konzept greift antike Dramentheorien (z.B. das Katharsis-Konzept) auf. Vielleicht ist dies der Beginn der Verschmelzung von Lernumgebungen, Spielen, virtuellen Gemeinschaften und virtueller Realität zu einer Möglichkeit, Computer als Teil der Lebenswirklichkeit zu sehen, als wertvoller Rahmen, der lebensbegleitendes Lernen ermöglicht – und mehr.

Literatur

Alexander, G. (1992): Designing human interfaces for collaborative learning. In A.R. Kaye (ed.): Collaborative learning through computer conferencing (pp. 201-210). The Najaden Papers. Berlin:Springer

Arnold, Rolf, Siebert, Horst (1997): Konstruktivistische Erwachsenenbildung. Von der Deutung zur Konstruktion von Wirklichkeit. 2. Aufl. Baltmannsweiler:Schneider

Bateson, Gregory (1985): Ökologie des Geistes. Anthropologische, psychologische, biologische und epistemologische Perspektiven. Frankfurt/M.:Suhrkamp

Baumgartner, Peter / Payr, Sabine (1994): Lernen mit Software. Innsbruck:Österreichischer StudienVerlag

Bohm, David (1998): Der Dialog. Das offene Gespräch am Ende der Diskussionen. Stuttgart:Klett-Cotta

Buber, Martin (1994): Das dialogische Prinzip. Darmstadt:Wissenschaftliche Buchgesellschaft 7. Aufl.

Ciompi, Luc (1997): Die emotionalen Grundlagen des Denkens. Entwurf einer fraktalen Affektenlogik. Göttingen:Vandenhoeck&Ruprecht

Daldrup, Ulrike (1996): (Un)Ordnung im Gestaltungsprozeß menschengerechter Software. Frankfurt/M.:Peter Lang

Dows, Roger M. / Stea, David (1982): Kognitive Karten. Die Welt in unseren Köpfen. New York:Harper&Row

Dutke, Stephan (1994): Mentale Modelle. Konstrukte des Wissens und des Verstehens. Kognitionspsychologische Grundlagen für die Software-Ergonomie. Göttingen:Verlag für Angewandte Psychologie

Hartkemeyer, Martina / Hartkemeyer, Johannes F. / Dhority, L. Freeman (1998): Miteinander Denken. Das Geheimnis des Dialogs. Stuttgart:Klett-Cotta

Hesse, Friedrich W., Gasoffky, Bärbel, Hron, Aemilian (1995): Interface-Design für computerunterstütztes kooperatives Lernen. In Issing, Ludwig J., Klimsa, Paul (Hg.): Informieren und Lernen mit Multimedia. Weinheim:Beltz, S. 253-267

Kösel, Edmund (1997): Die Modellierung von Lernwelten. Ein Handbuch zur Subjektiven Didaktik. 3. Aufl. Elztal-Dallau:Laub

Landesinstitut für Schule und Weiterbildung (1995): Lehren und Lernen als konstruktive Tätigkeit. Soest:Landesinstitut für Schule und Weiterbildung

Laurel, Brenda (1993): Computers as Theatre. Addison Wesley

Linke, Detlef (1999): Das Gehirn. München:Beck

Maturana, Humberto R. (1998): Biologie der Realität. Frankfurt/M.:Suhrkamp

Maturana, Humberto R. / Varela, Francisco J. (1997): Der Baum der Ekenntnis. Bern:Scherz

Meixner, Johanna (1997): Konstruktivismus und die Vermittlung produktiven Wissens. Neuwied:Luchterhand

Passini, Romedi (1992): Wayfinding in Architecture. New York:Van Nostrand Reinhold

Riegas, Volker / Vetter, Christian (Hg.) (1990): Zur Biologie der Kognition. Ein Gespräch mit Humberto R. Maturana und Beiträge zur Diskussion seines Werkes. Frankfurt/M.:Suhrkamp

Roth, Gerhard (1996): Schnittstelle Gehirn. Interface Brain. Bern:Um Neun

Roth, Gerhard (1997): Das Gehirn und seine Wirklichkeit. Kognitive Neurobiologie und ihre philosophischen Konsequenzen. Frankfurt/M.:Suhrkamp

Schank, Roger C. (1997): Virtual Learning. New York:MacGraw-Hill

Schank, Roger C. (1998): Tell Me a Story. Narrative and Intelligence. 2nd edition Evanston,IL:Northwestern University Press

Siebert, Horst (1998): Konstruktivismus. Konsequenzen für Bildungsmanagement und Seminargestaltung. Frankfurt/M.:DIE

---

46 LAUREL 1993, S. 134

Simon, Fritz B. (Hg.) (1997): Lebende Systeme. Wirklichkeitskonstruktionen in der systemischen Therapie. Frankfurt/M.Suhrkamp
Spitzer, Manfred (1996): Geist im Netz. Modelle für Lernen, Denken und Handeln. Heidelberg:Spektrum
Spool, Jared M. et al. (1999): Web Site Usability. A Designer´s Guide. San Francisco, CA:Morgan Kaufmann Publishers
Thissen, Frank (1997): Das Lernen neu erfinden. Grundlagen einer konstruktivistischen Multimedia-Didaktik. Beck, Uwe / Sommer, Winfried (Hg.) (1997): LearnTec '97. Tagungsband. Karlsruhe
Thissen, Frank (1999): Inventing A New Way of Learning. Constructive Fundamentals of a Multimedia Teaching Methodology. in: Beheim, Sandra / Cradock, Stephan / Dächert, Eva / Pfurr, Sonja (ed.): Proceedings of the 7th International BOBCATSSS-Symposion 25th-27th January 1999 Bratislave Slovak Republic. Darmstadt, pp. 459-467
Thissen, Frank (1999): Neue Medien erfordern neue Qualifikationen. in: Berres, Anita / Bullinger, Hans-Jörg (Hg.) (1999): Innovative Unternehmenskommunikation – Vorsprung im Wettbewerb durch neue Technologien. Heidelberg:Springer
Thissen, Frank (1999): Selbsteuerung und Medien, in: Nuissl, Ekkehard (Hg.): Politik der Weiterbildung. Positionen, Probleme, Perspektiven (DIE-Materialien für Erwachsenenbildung 17). Frankfurt/M.:DIE
Thissen, Frank (1999): Selbstgesteuertes Lernen – Schlüsselkompetenz für das 3. Jahrtausend. in: BuB, 12, Dez. 1999, S. 722 f.
Thissen, Frank (2000): Neue Lerntheorien und der Einsatz des Computers im Unterricht – Modeerscheinung oder Paradigmenwechsel?. in: Pacher, Susanne (Hg.): Schule, Netze und Computer. Die Welt der Medien verstehen und vermitteln. Neuwied:Luchterhand 2000
Thissen, Frank (2000): Screen-Design-Handbuch. Heidelberg: Springer-Verlag
Vester, Frederic (1996): Denken, Lernen, Vergessen. 23. Aufl. München:dtv
Winograd, Terry (1996): Bringing Design to Software. Addison Wesley

Adressen der Autoren

Prof. Dr. Frank Thissen
Hochschule für Bibliotheks- und Informationswesen Stuttgart
Offenburger Str. 4
76199 Karlsruhe
fthissen@acm.orgonswesen

Kooperative Online-Beratung im Electronic Commerce: Der COCo-Ansatz zur kooperativen Wissenserzeugung

Frank Fuchs-Kittowski, Elke Vogel
Fraunhofer ISST, Berlin

Zusammenfassung

Electronic Commerce verändert wesentlich die Beziehungen zwischen Unternehmen sowie zu ihren Kunden. Aufgrund der derzeit vorherrschenden Rationalisierungsstrategie und der damit verbundenen Ersetzung des Menschen durch internet-basierte Informations- und Kommunikationssysteme, insbesondere in den Bereichen Kundenbetreuung und –beratung, werden die individuellen Fähigkeiten des Menschen nicht genügend beachtet. In diesem Beitrag wird kooperative Online-Beratung im Electronic Commerce als ein kooperativer Problemlösungsprozess definiert, der durch eine Wissenslücke und das Auftreten neuer, zuvor nicht antizipierter Aufgaben charakterisiert ist. Es wird gezeigt, dass die Unterstützung der gemeinsamen Erzeugung und Nutzung des für die Problemlösung erforderlichen Wissens (Wissens-Ko-Produktion), die Bereitstellung von Methoden und Werkzeugen zur Unterstützung dieser Wissenserzeugung und -nutzung sowie die Bildung dynamischer (Kompetenz-) Netzwerke wesentliche Anforderungen an einen technischen bzw. computergestützten Ansatz zur Umsetzung einer kooperativen Online-Beratung sind. Es wird der COCo-Ansatz als Konzept zur informations-technischen Umsetzung der Gestaltungsanforderungen einer solchen kooperativen Online-Beratung entwickelt und mit dem COCo-Prototyp konsequent umgesetzt. Mit einem solchen Ansatz wird der Mensch als einzige kreative Produktivkraft wieder in den Mittelpunkt gestellt und werden neue Felder für Beschäftigung eröffnet.

1 Motivation

Electronic Commerce durchdringt immer mehr das Geschäftsleben und verspricht Rationalisierungs- und Effizienzsteigerungspotenziale. Derzeitige Diskussionen auf dem Gebiet der »Anwendungen des Electronic Commerce« zeigen aber, dass man bei der Virtualisierung von Produkten und Dienstleistungen, von Wirtschaftssubjekten sowie von Prozessen und Strukturen - bei der Abbildung realer Marktplätze auf die elektronische Welt - auf Grenzen der Formalisierbarkeit und anschaulichen Darstellung stößt.

Bei der derzeit mit dem Einsatz von Electronic Commerce-Anwendungen vorherrschenden Rationalisierungsstrategie werden häufig die Bedürfnisse und Fähigkeiten der Kunden außer acht gelassen. Insbesondere die Verlagerung von Tätigkeiten auf die Kundenseite im Rahmen von Selbstbedienungskonzepten und eine nicht menschengerechte Kommunikation mit den Kunden führt zu großen Akzeptanzproblemen (vgl. Studien u.a. von Boston Consulting Group 2000, Booz Allen & Hamilton 2000, Forrester Research 2000).

Einer der wesentlichen Gründe für diese Situation ist darin zu sehen, dass sich die Kommunikation mit dem Kunden - insbesondere die Kundenberatung - zumeist auf die Interaktion des Kunden mit den Informations- und Kommunikationssystemen des Anbieters (z.B. Web-Site, elektronische Produktkataloge, Shoppingsysteme, Auktionssysteme, maschinelle Beratungssysteme) beschränkt und dem Kunden zur Lösung der ihm übertragenen Tätigkeiten und Entscheidungen nur diese Systeme zur Verfügung stehen.

Die Herausforderung besteht darin, Online-Beratungssituationen im Electronic Commerce so zu unterstützen, dass die Komplexität der Mensch-Mensch-Kommunikation in realen Beratungssituationen annähernd abgebildet werden kann. Dafür ist eine sinnvolle Kombination menschlicher und maschineller Kommunikation erforderlich. Notwendig sind daher Systeme, die über die bisherige (textuelle bzw. daten- und dokumentenorientierte) rein technische Interaktion hinausgehen und neben der multimedialen bzw. multi-sensorischen, d.h. möglichst viele Sinne erfassenden, Kommunikation auch eine – wenn auch eingeschränkte - soziale Kommunikation ermöglichen. Erforderlich ist daher der Übergang von einer automatisierten (Mensch-Maschine-) zu einer kooperativen, menschliche Partner einbeziehenden (Mensch-Maschine-Mensch-) Online-Beratung.

2 Kooperative Online-Beratung

Wir definieren kooperative Online-Beratung im Electronic Commerce als einen interaktiven Problemlösungs- (und damit Entscheidungs-) Prozess innerhalb der einzelnen Transaktionsphasen von Verkaufsprozessen zwischen örtlich verteilten Anbietern (Beratern) und Nachfragern (Kunden), der durch moderne Informations- und Kommunikations-Technologien unterstützt (Internet) wird (Abb. 1).

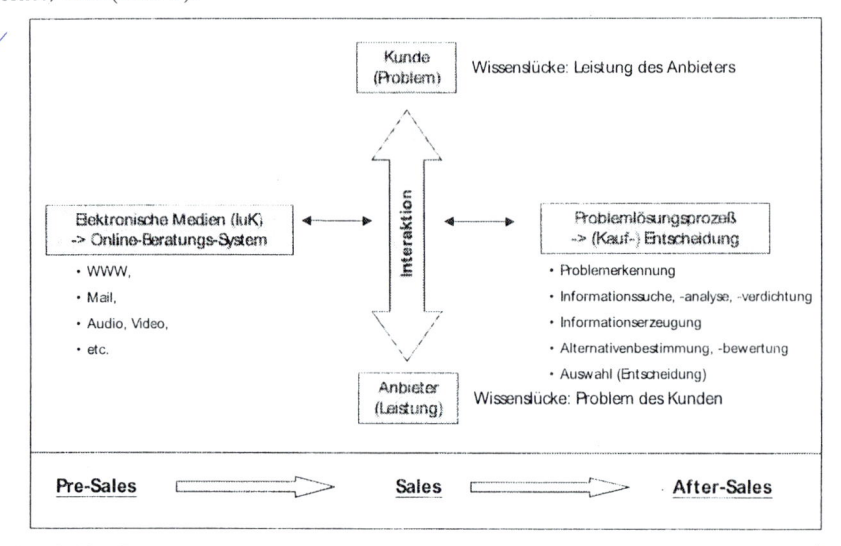

Abb. 1:   Online-Beratung

Den Ausgangspunkt einer kooperativen Online-Beratung bildet das Angebot einer Leistung durch ein Unternehmen sowie die Nachfrage nach einer Leistung durch einen Kunden. Dabei besteht ein interdependenter Informations- und Kommunikationsbedarf an der Schnittstelle zwischen Anbieter und Kunde. Dieser Kommunikationsbedarf ergibt sich aus einer Wissenslücke auf der Seite des Kunden über die Leistung des Anbieters sowie auf der Seite des Anbieters über den Bedarf oder das Problem des Kunden. Dabei ist zu unterscheiden, ob zur Schließung der Wissenslücke einerseits das beim Berater bereits vorhandene Wissen bereitgestellt werden muss oder andererseits neues Wissen erarbeitet werden muss.

Durch Interaktion zwischen Kunde und Anbieter soll die bestehende Wissenslücke reduziert bzw. beseitigt werden. Da im Rahmen des Electronic Commerce Anbieter und Kunde sich an verschiedenen Orten befinden, erfolgt die Interaktion über Informations- und Kommunikations-Technologien (elektronische Medien). Sie dienen der Bereitstellung von vorhandenem (expliziten bzw. kodifizierten) Wissen sowie von Methoden und Werkzeugen zur Unterstützung der Erzeugung von neuem Wissen.

Gegenstand der Interaktion ist die Lösung des Kundenproblems. Dieser Wissensmangel ist dann ein Problem, wenn das fehlende Wissen nicht von anderen übernommen werden kann, sondern neu gewonnen werden muss; wenn also wirklich eine Situation vorliegt, in der neue Information entstehen muss. Andernfalls – wenn ein Algorithmus bekannt ist, durch den der festgestellte Wissensmangel in einer endlichen Zahl von Schritten beseitigt werden kann - liegt kein Problem, sondern eine Aufgabe vor (Parthey 1981). Das Charakteristische eines Problems ist, dass der Problemlösungsprozess aufgrund der Wissenslücke nicht durchgehend algorithmisierbar und formalisierbar ist. Problemlösungsprozesse enthalten Aufgaben, die erst innerhalb dieses Prozesses neu auftreten.

Als Ergebnis des Problemlösungsprozesses soll eine für den Kunden sachgerechte Entscheidung, z.B. für ein Produkt oder für eine Problemlösung (Support), herbeigeführt werden. Hierbei ist zu betonen, dass dies nicht zwingend eine Kaufentscheidung sein muss. Die Online-Beratung eines Kunden zielt daher nicht nur oder primär auf Verkaufsgespräche (siehe hierzu z.B. Anton 1989) ab, sondern auf die Unterstützung des Kunden während aller Phasen einer Markttransaktion (Presales, Sales, Aftersales).

3 COCo-Ansatz für eine kooperative Online-Beratung

3.1 Grundlegende Gestaltungsanforderungen

In diesem Abschnitt werden die Gewährleistung der Einheit von syntaktischer und semantischer Informationsverarbeitung, d.h. von maschineller und menschlicher Informationsverarbeitung, sowie die sinnvolle Kombination von Selbst- und Fremdorganisation, d.h. von sich organisierenden (Aktions-) und schon organisierten (Funktions-) Systemen, als die grundsätzlichen Gestaltungsaufgaben beim Einsatz von Informations- und Kommunikations-Systemen zur Unterstützung der kooperativen Wissenserzeugung dargestellt.

3.1.1 Wissens-Ko-Produktion

Wissenserzeugung ist als ein sozialer Prozess zu verstehen. Die Wissenspyramide (nach Aamodt & Nygard 1995, vgl. auch Krcmar 1997) zeigt zum einen den Unterschied aber auch den Zusammenhang zwischen Daten, Information und Wissen. Zwischen ihnen bestehen Übergänge. Das eine geht aus dem anderen hervor, doch es existieren qualitative Unterschiede. Die *Daten* müssen vom Empfänger im spezifischen Kontext interpretiert werden, damit sie zur relevanten *Information* werden. Die so gewonnene Information (Semantik) muss vom Empfänger verstanden und begründet werden sowie mit anderen Informationen in Beziehung gesetzt werden. Indem die Information Bedeutung für das Handeln des Empfängers gewinnt – also vom Menschen als für ihn bedeutsam wahrgenommen und somit zur Grundlage seines Handelns wird -, wird sie zu impliziten, nur im Kopf des Menschen existenten *Wissen*. Letztlich wird die Bedeutung von Information im sozialen Kontext, durch wechselseitige Verständigung und Konsensbildung in der intersubjektiven Gemeinschaft bestimmt und begründet. Die Bildung der Bedeutung von Informationen für das individuelle Handeln (Pragmatik) und damit von Wissen ist ein sozialer Prozess.

Bei der informationstechnischen Unterstützung dieses Prozesses ist zu berücksichtigen, dass qualitativ unterschiedliche Ebenen der Informationsverarbeitung existieren, dass zwischen menschlicher (semantischer) und maschineller (syntaktischer) Informationsverarbeitung zu unterscheiden ist. Wir unterscheiden damit zwischen begrifflicher, inhaltlicher Verarbeitung, die wir als semantische Informationsverarbeitung bezeichnen, und formaler (maschinell abarbeitbarer), die wir als syntaktische Informationsverarbeitung charakterisieren.

Wie der Wissenstransfer-Zyklus (vgl. Kappe 1999) zeigt, geht es um das Zusammenwirken und die Integration von semantischer und syntaktischer Informationsverarbeitung. Dies erfordert funktionierende Übergänge von der semantischen zur syntaktischen Informationsverarbeitung und umgekehrt. Der Übergang von der semantischen zur syntaktischen Ebene kann als Formalisierungsprozess (eindeutige Bedeutung) charakterisiert werden (Gewinnung der „operationalen Form", vgl. Floyd & Klaeren 1998). Das implizite Wissen muss entäußert, formal dargestellt (z.B. dokumentiert) und kodifiziert werden. Dies ist erforderlich, um die maschinelle Verarbeitung zu ermöglichen.

Beim Übergang von der syntaktischen zur semantischen Ebene wird aus der Interpretation der syntaktischen Struktur nicht nur eine Bedeutung gewonnen, sondern ein Feld an möglichen Bedeutungen. Die Ursache für diese Situation ist darin zu sehen, dass Bedeutungen im sozialen Kontext entstehen und sich verändern. Die Potenz möglicher Bedeutungen ist einerseits Grundlage zur Erzeugung neuer Information und damit neuen Wissens. Anderseits erfordert dies aber eine ständige Rückkopplung zwischen den Kommunikationspartnern, d.h. Beratern und Kunden, da kein *gemeinsamer sozialer Kontext*, in dem die Interpretation erfolgt, vorausgesetzt werden kann, sondern dieser erst geschaffen werden muss. Insbesondere agieren die Berater und Kunden als Träger unterschiedlichen Spezialwissens meist in verschiedenen Begriffswelten und haben ein unterschiedliches, teilweise komplementäres Vorwissen. Erst *Rückkopplungen* ermöglichen die Schaffung eines gemeinsamen Kontexts als Basis für gegenseitiges Verstehen und Verständnis und eine gemeinsame Problemlösung als *Selbstorganisationsprozess*. Nur bei mehreren Rückkopplungen kann Übereinstimmung – ein gemeinsamer Kontext – geschaffen werden (Abb. 2).

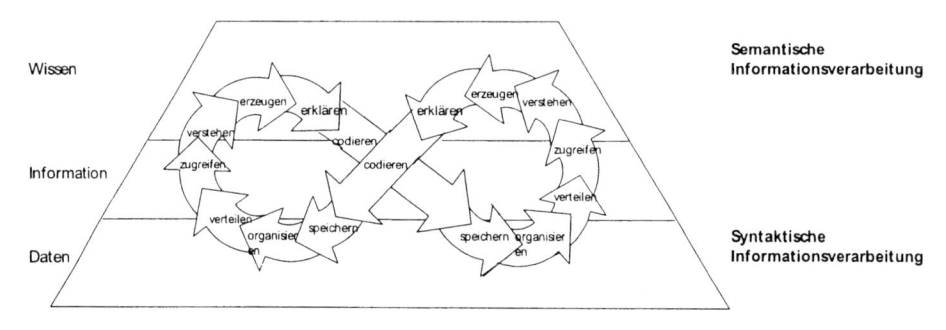

Abb. 2: Wissens-Ko-Produktions-Zyklus

Der Prozess der Wissensentstehung ist ein spezifisch menschlicher und kann durch Informations- und Kommunikations-Systeme nur unterstützt werden. Es geht dabei um eine ständige Kombination von Mensch und Maschine, von semantischer und syntaktischer Informationsverarbeitung. Die Wissensentstehung darf nicht auf das individuelle Schließen reduziert, sondern muss als soziales Produkt verstanden werden. Wissen als soziales Produkt bedarf zu seiner Erzeugung und Nutzung der sozialen Interaktion und Kooperation.

3.1.2 Dynamische Netze

Als charakteristisch für kooperative Beratungsprozesse wurde bereits herausgestellt, dass diese Aufgaben enthalten, die erst innerhalb dieses Prozesses neu auftreten. Dies bedeutet, dass die Strukturen solcher wissensintensiven Prozesse nicht mechanistisch hergeleitet, im Vorhinein festgelegt werden können, sondern erst während des Prozesses über eine intellektuelle Auseinandersetzung mit dem zu lösenden Problem erarbeitet werden müssen.

Während *Aufgaben* algorithmisch abarbeitbar und damit automatisierbar sind (algorithmische Aufgabenabarbeitung) müssen für die Beabreitung sich *wiederholender Probleme* (Routineprobleme) Methoden und Werkzeuge, z.B. Softwarewerkzeuge und Daten, aus einem *Potenzial*, z.B. Methoden- und Datenbanken, bereitgestellt werden. Aus den vorgegebenen Potenzen können dann die geeigneten Methoden und Daten, wie beispielweise „Prozessmuster" (vgl. Gryczan et al. 1996) für häufig wiederkehrende, ähnliche Formen der Kooperation, ausgewählt werden.

Bei erstmalig bzw. *neu auftretenden Problemen* (kreative Prozesse) muss zu deren Lösung neues Wissen erzeugt bzw. entsprechende Kompetenzträger in die Problemlösung einbezogen werden. Hierfür muss es möglich sein, dass entsprechend den Erfordernissen eines konkreten Problems Kooperationspartner in den Problemlösungsprozess hinzugezogen werden können, so dass *selbstorganisiert* und *dynamisch* ein Netz an Kompetenz- und *Wissensträgern* zur kooperativen Problemlösung und Wissenserzeugung gebildet wird (dynamisches Netz).

Hierfür ist es erforderlich, die *Kontrolle* über den kooperativen Arbeits- bzw. Problemlösungsprozess vollständig bei den kooperierenden *Personen* selbst zu belassen. Die kooperierenden Personen stimmen sich untereinander über Teilnehmer, Tätigkeiten und Zuständigkeiten bei der Kooperation ab (vgl. „situierte Koordination" nach Floyd 1995, vgl. „steuernde vs. unterstützende Sicht" nach Gryczan et al. 1996).

Das Konzept der Selbstorganisation verspricht Autonomie für den im Arbeitsprozess Stehenden. Dem steht die Fremdorganisation durch den vorgegebenen Ablauf bei starr automatisierten Systemen entgegen, die durch eine Flexibilisierung, z.B. durch Anwendung geeigneter Gestaltungsmethoden, gemindert werden kann (Just-Hahn & Herrmann 1999). Soziale Systeme sind selbstorganisierend. In der Realität sozialer Organisationen vollzieht sich ein ständiger Wechsel zwischen Fremd- und Selbstorganisation (Paetau 1999). Diesen ständigen Wechsel gilt es bei einem Ansatz zur informationstechnischen Unterstützung der kooperativen Online-Beratung zu beachten.

Der Wissens-Ko-Produktions-Zyklus zeigt ein ständiges Ineinanderübergehen von syntaktischer und semantischer Informationsverarbeitung und damit zugleich einen ständigen Umschlag von einem schon organisierten System (Funktionssystem) zu einem sich organisierenden System (Aktionssystem). Durch die erforderlichen Rückkopplungen im Wissens-Ko-Produktions-Zyklus wird deutlich, dass sich ein solcher Wechsel zwischen syntaktischer und semantischer Informationsverarbeitung, zwischen informationstechnologischem Funktionssystem und vom Menschen realisierten Aktionssystem ständig vollziehen muss und damit die entscheidende Gestaltungsanforderung darin besteht, die sinnvolle Kombination von syntaktischer bzw. maschineller und semantischer bzw. menschlicher Informationsverarbeitung zu erreichen (vgl. Fuchs-Kittowski et al. 1975).

Aus der Analyse der Stellung des Menschen in komplexen informationstechnologischen Systemen ergibt sich, dass der Mensch zumindest technisch vermittelt aber oftmals auch persönlich in die Arbeitsprozesse einbezogen bleiben muss. Dies bedeutet, dass der Computer-Einsatz in komplexen, sich selbst organisierenden sozialen Systemen starre Strukturen vermeiden sollte und eine flexible und dynamische Unterstützung der Informations- und Kommunikationsprozesse angestrebt werden muss. Die Gewährleistung der Einheit von syntaktischer und semantischer Informationsverarbeitung und die sinnvolle Kombination von Selbst- und Fremdorganisation sind die grundsätzlichen Gestaltungsaufgaben beim Einsatz von Informations- und Kommunikations-Systemen zur Unterstützung der Wissensentstehung, denn Wissen entsteht durch Begründung und in Beziehung setzen der Information in einen sozialen Kontext.

3.2 Methoden und Werkzeuge zur Unterstützung der Wissens-Ko-Produktion und der Bildung dynamischer Netze

In diesem Abschnitt wird ein technischer Ansatz beschrieben, mit dem die Gestaltungsanforderungen an eine kooperative Online-Beratung umgesetzt werden, und der es ermöglicht, die Komplexität realer Wissenserzeugungsprozesse, d.h. insbesondere Kommunikations- und Kooperationsprozesse zur Wissens-Ko-Produktion, abzubilden. Hierfür sind:

- *Interaktionssysteme* zur Kommunikation und Koordination zwischen den Beteiligten, zur Unterstützung der Wissenserzeugung durch soziale Interaktion,
- *Unterstützungssysteme* zur Bereitstellung eines Potenzials an Methoden und Daten, z.B. zum Auffinden geeigneter Kooperationspartner und die Möglichkeit des Zugriffs auf bereits vorhandenes, explizites Wissen (Organizational Memory Systems) etc. und
- Methoden und Werkzeuge zur *Integration maschineller Operationen* (insbesondere die Integration der Unterstützungssysteme) in die menschliche Interaktion und Tätigkeit
- *Basissysteme* als technische Voraussetzung

erforderlich (Abb. 3), so dass der Problemlösungsprozess als dynamisches Netz unterstützt wird.

Eine solche Unterstützung ist durch synchrone Telekooperationssysteme[1] möglich. Sie erlauben auf der einen Seite die Unterstützung einer sozialen Kommunikation durch Kommunikationswerkzeuge (Inter-Aktionssystem) und auf der anderen Seite die Integration der maschinellen Operationen (Funktionssysteme) durch Kooperationswerkzeuge in die menschliche Tätigkeit, so dass der Arbeitsablauf nicht mehr von der Technik bestimmt wird, d.h. eine solche Kopplung von syntaktischer und semantischer Informationsverarbeitung, dass der Arbeitsablauf vom Menschen bestimmt werden kann (dynamisches Netz).

Synchrone Telekooperationssysteme können so eingesetzt werden, dass sie die Fähigkeiten des Menschen unterstützen und so flexibel sind, dass sich die Strukturen der Organisation von innen heraus weiterentwickeln können, d.h. dass sie die Selbstorganisation sozialer Systeme weniger hemmen. Dafür müssen Telekooperationssysteme eingesetzt werden, dass die durch eine relativ freie Wahl des Mediums zur Aufgabenerfüllung gewonnene Flexibilität erhalten bleibt und somit diese Technologie keine direkte Determination auf den Arbeitsprozess hat, sondern unterstützende, wenn auch begrenzende, Voraussetzung ist (Fuchs-Kittowski et al. 1998).

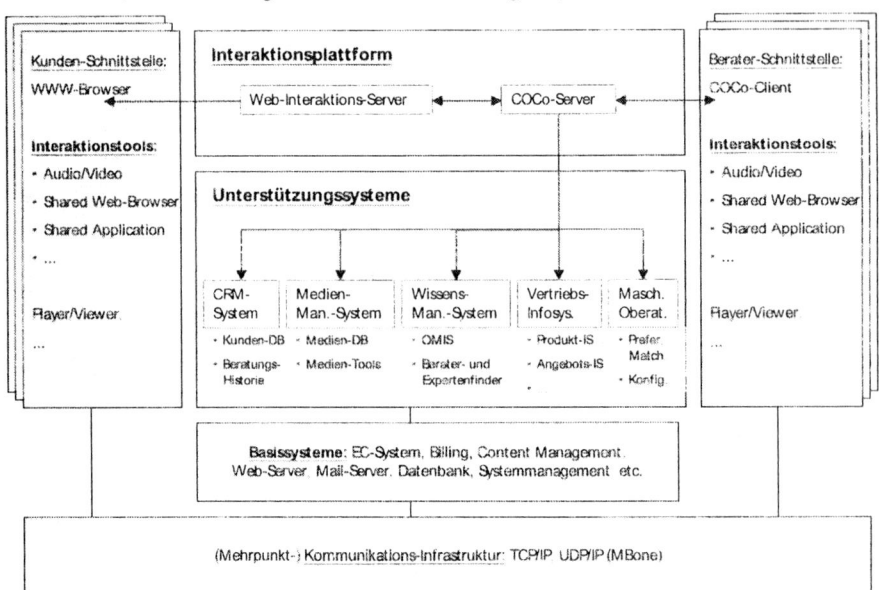

Abb. 3: Architektur

---

1 Synchrone Telekooperationssysteme ermöglichen die zeitgleiche Zusammenarbeit von geografisch verteilten Personen. Hauptfunktionen sind Audio- und Video-Kommunikation sowie Kooperationswerkzeuge, z.B. Application Sharing zum gemeinsamen Arbeiten in beliebigen Anwendungen, Shared Whiteboard, Shared Web-Browser etc. (Fuchs-Kittowski 1997).

3.2.1 Interaktionssysteme

Wissen als soziales Produkt bedarf zu seiner Erzeugung und Nutzung der sozialen Interaktion und Kooperation, die durch synchrone Telekooperationssysteme zur Unterstützung kooperativer Arbeit und kooperativen Lernens realisiert werden kann.

Im COCo-Ansatz wird daher die geforderte soziale Interaktion, die Kommunikation von Menschen in einer sozialen Gemeinschaft, durch synchrone Telekooperationssysteme – insbesondere durch Kommunikationswerkzeuge (Inter-Aktionssystem) wie Audio- und Video-Kommunikation - unterstützt. Dies ermöglicht die erforderlichen Rückkopplungen für gegenseitiges Verstehen und Verständnis und eine gemeinsame Problemlösung als Selbstorganisationsprozess.

Bei einer automatisierten Online-Beratung, z.B. mit Konfiguratoren oder Recommender-Systemen (virtuelle Berater), bzw. einer rein technischen Bereitstellung von explizitem Wissen, z.B. mit Dokumentenmanagement- oder Expertensystemen, kann aufgrund der fehlenden Rückkopplungen kaum auf das individuelle Kundenproblem bzw. die konkrete Wissenslücke eingegangen werden. Auch bei einer Beratung per E-Mail kann dem Kunden nur schwer eine Unterstützung wie in einer persönlichen Beratung zu teil werden, und es kann kaum erkannt werden, ob der Berater das Kundenproblem und der Kunde die Problemlösungsantworten und -vorschläge verstanden hat.

3.2.2 Unterstützungssysteme

Unterstützungssysteme ermöglichen den Kooperationspartnern den Zugriff auf ein Potenzial an Daten und Methoden während des gemeinsamen Problemlösungsprozesses, z.B. um weitere geeignete Kooperationspartner zu finden oder detaillierte Hintergrundinformationen zu erhalten. Wichtige Unterstützungssysteme sind z.B.:

- Customer-Relationship-Management-Systeme (CRM), um Daten über den Kunden (Name, gekaufte Produkte, bereits geführte Beratungen etc.) zu erhalten, um somit z.B. ggf. den Wissensstand des Kunden besser einschätzen zu können.
- Medien-Management-Systeme zur Auswahl und Präsentation von Medien (Bilder, Animationen, Videos, Dokumente) aus Dokumentenmanagementsystemen oder speziellen Mediendatenbanken.
- Wissensmanagement-Systeme, um auf im Unternehmen verfügbares explizites und in Systemen gespeichertes (kodifiziertes) Wissen zuzugreifen (Organisational Memory Systems, OMIS). Zum anderen ermöglichen Systeme zur Expertenfindung das Auffinden von weiteren Beratern zu speziellen Problemen, falls dies erforderlich ist.
- Vertriebsinformationssysteme, um beispielsweise detaillierte Informationen über Produkte und Leistungen des Unternehmens zu erhalten (Produktinformationssysteme) oder zur Angebotserstellung (Angebotserstellungssysteme).
- Maschinelle Online-Beratungssysteme (z.B. Konfiguratoren, Preference Matching-Systeme, virtuelle Assistenten), um bei strukturierbaren Aufgaben Produkt- oder Handlungsempfehlungen zu erhalten.

3.2.3 Methoden und Werkzeuge zur Integration maschineller Operationen

Die Integration maschineller Operationen in den Problemlösungsprozess der Kooperationspartner kann zum einen über die durch Kommunikationswerkzeuge technisch vermittelte soziale Interaktion und zum anderen über spezielle Kooperationswerkzeuge, wie
- Application Sharing zum gemeinsamen Arbeiten in beliebigen Anwendungen oder
- Shared Applications wie Shared Web-Browser, Shared Whiteboard, Shared Editor etc.

erfolgen, so dass beispielsweise Unterstützungssysteme gemeinsam genutzt werden können. D.h. die Unterstützungssysteme können alternativ von dem Berater alleine eingesetzt oder über spezielle Kooperationswerkzeuge (z.B. Application Sharing) mit dem Kunden gemeinsam zur Unterstützung der Problemlösung genutzt werden.

3.2.4 Basissysteme und (Mehrpunkt-) Kommunikationsinfrastruktur

Als Basissysteme werden im dargestellten Konzept Systeme bezeichnet, die als Grundlage für die Entwicklung von Internet-, WWW- und Electronic Commerce-Systemen eingesetzt werden und somit die Basis für ein System zur kooperativen Online-Beratung bilden. Hierzu zählen beispielsweise Datenbanken, Web-Server, Shopping- und Content-Management-Systeme sowie die erforderlichen Kommunikationsnetze.

Über die zugrundeliegende Kommunikationsinfrastruktur – im Electronic Commerce in der Regel das Internet (TCP/IP) - erfolgt der Transport der Daten zwischen Berater und Kunden. Da bei komplexen Problemen in der Regel mehr als ein Berater oder ein Kunde am Problemlösungsprozess beteiligt werden müssen, sind Mehrpunkt-Kommunikationsmechanismen, wie z.B. Multicast Backbone[2] (MBone), zu integrieren oder implementieren.

3.3 Prozess der kooperativen Online-Beratung als dynamisches Netz

Bei einer kooperativen Online-Beratung über das Internet ist der eigentliche Problemlösungsprozess eingebettet in den übergeordneten, durch das technische System ebenfalls zu unter-stützenden Beratungsprozess. Der Beratungsprozess wird in folgende Phasen unterteilt:
- Beratung anfordern
- Berater bestimmen
- Beratung durchführen
- Beratung nachbereiten

Der COCo-Ansatz sieht somit nur eine grobe Vorstrukturierung des Beratungsprozesses vor. Die Tätigkeiten innerhalb des Problemlösungsprozesses werden nicht durch das System bestimmt, vielmehr verbleibt die Kontrolle über den Arbeitsprozess bei den kooperierenden Personen. Die Koordination erfolgt über die Kommunikation zwischen den Beteiligten entsprechend der Problemsituation. Durch die dynamische Auswahl von geeigneten Experten sowie der Möglichkeit des Hinzuziehens weiterer Experten bei Bedarf, können sich problem- und kontextspezifische Wissens- und Problemlösungsnetze dynamisch bilden.

So kann ein Kunde bei Bedarf eine Online-Beratung auf dem WWW-System des Anbieters anfordern. Dies kann einfach durch einen Hyperlink realisiert werden, der von jeder Web-Seite aus erreichbar ist (Beratung anfordern).

Danach wird dem Kunden online der Kontakt zu einem Experten vermittelt. Hierfür sind Methoden zur Expertenfindung (siehe Yimam 1999, Meyer 1998) bereitzustellen. Die Auswahl eines entsprechenden Beraters kann anhand der über einen Kunden bekannten sowie von einem Kunden zu sich oder seinem Beratungsbedarf explizit angegebenen Daten oder über einen menschlichen Broker erfolgen (Berater bestimmen).

Danach erfolgt der eigentliche kooperative Problemlösungsprozess (Beratung durchführen), in dem Kunde und Berater interaktiv eine geeignete Problemlösung sowie das für die Problemlösung erforderliche Wissen erarbeiten.

Nach der Ermittlung eines geeigneten Beraters erfolgt die Initiierung der Interaktion (Verbindungsaufbau), indem eine Audio- und Video-Verbindung (Kommunikationswerkzeuge) zwischen beiden hergestellt wird.

---

2   Der Multicast Backbone (MBone) ein virtuelles Multicast Overlay Netzwerk über dem Internet, d.h. der MBone ermöglicht Gruppenkommunikation über das Internet (Cheriton & Deering 1985).

- Während des Problemlösungsprozesses können bei Bedarf durch den Kunden weitere Personen sowie durch den Berater zusätzliche Experten in die Beratung mit einbezogen werden, zu denen ebenfalls eine Audio- und Videoverbindung hergestellt wird.
- Zusätzlich können bei Bedarf weitere Kooperationswerkzeuge, z.B. Application Sharing zum gemeinsamen Arbeiten in beliebigen Anwendungen, Shared Whiteboard zum Anfertigen von Skizzen oder Shared Web-Browser zum gemeinsamen Browsen durch das Internet (z.B. zur Darstellung von spezifischen Informationsangeboten), eingesetzt werden.
- Außerdem können sowohl Kunden aber vor allem die Berater beim Problemlösungsprozess geeignete Unterstützungssysteme einsetzen, die über Kooperationswerkzeuge gemeinsam mit den anderen Kooperationspartnern genutzt werden können.

Im Anschluss an den Problemlösungsprozess (Beratung durchführen) dokumentiert der Berater den Problemlösungsprozess, die getroffene Entscheidung sowie weitere eingeleitete Schritte, so dass diese Daten bei einer erneuten Beratungsanforderung oder zur Verbesserung der Leistungen des Unternehmens zur Verfügung stehen (Beratung nachbereiten).

4 COCo-Prototyp

Am Fraunhofer Institut für Software und Systemtechnik (ISST) wurde ein System zur kooperativen Online-Beratung im Electronic Commerce (COCo) entwickelt, das einerseits als Demonstrator für das dargestellte Konzept für eine kooperative Online-Beratung dient und andererseits Erkenntnisse bezüglich einer optimalen Gestaltung liefert.

Als Kommunikationsplattform wurde der Multicast Backbone (MBone) gewählt. Damit konnte eine effiziente Gruppenkommunikation erreicht werden. Dementsprechend wurden als Telekooperationswerkzeuge für Kunden und Berater verschiedene MBone-Tools (z.B. zur Audio- und Videokommunikation, Shared Whiteboard, Shared Texteditor, Shared Abstimmung etc.) integriert sowie ein eigener MBone-basierter Shared Web-Browser zum gemeinsamen „Surfen" durch das WWW und ein Shared Chat implementiert. Für die Durchführung der Beratung müssen beim Kunden und beim Berater eine entsprechende Audio- und Video-Hardware sowie die o.g. MBone-Tools installiert sein. Es können aber auch andere Internet-Standard-kompatible Werkzeuge, z.B. Microsoft Netmeeting, eingesetzt werden.

Als Unterstützungssysteme wurden prototypisch eine Kundendatenbank, eine Beratungsdatenbank zur Historisierung von Beratungen, Methoden zur Expertenfindung zur Auswahl von Beratern und Hinzuziehen weiterer Experten sowie eine Mediendatenbank entwickelt.

Der Fokus lag bei der Entwicklung des Prototyps auf der Interaktionsplattform, dessen zentrale Komponente der COCo-Server bildet. Der COCo-Server ist ein Socketserver, der auf der einen Seite mit dem Webinteraktionsserver, der die Schnittstelle zum Kunden bildet, und auf der anderen Seite mit dem COCo-Client als Schnittstelle zum Berater kommuniziert. Zudem greift der COCo-Server über eine JDBC-Schnittstelle auf die prototypisch implementierte Datenbasis des COCo-Systems zu. Der Webinteraktionsserver stellt verschiedene servlet-basierte Module für die Interaktion mit dem Kunden über das WWW bereit, die auf einem Java-Servlet-fähigem Web-Server laufen.

Ein Kunde benötigt nur einen WWW-Browser als Client für den Zugriff zur Interaktionsplattform, da die Dialoge auf HTML-Dokumenten basieren, die von Servlets auf dem Webinteraktionsserver dynamisch generiert werden. Bei einer Beratungsanfrage werden die vom Kunden benötigten Daten abgefragt und über ein Servlet an den COCo-Server weitergeleitet. Dort wird anhand der über den Kunden verfügbaren Daten ein geeigneter, verfügbarer Berater ermittelt sowie die für die Interaktionswerkzeuge erforderlichen Parameter (Multicast-Adresse etc.) generiert. Das Servlet liefert die Informationen über den ausgewählten Berater und die zur Verfügung stehenden Telekooperationswerkzeuge in Form einer dynamisch generierten HTML-Seite zurück. Die Kommunikations- und Kooperationswerkzeuge können von dort aus über einen Hyperlink gestartet werden.

Als Client für den Berater zur Kommunikation mit dem COCo-Server wurde ein Java-Programm entwickelt (COCo-Client), das als Berater-Anwendung gestartet oder als Applet in einen WWW-Browser geladen werden kann. Über den COCo-Client meldet sich der Berater beim COCo-Server an, so dass er nun für Beratungen verfügbar ist. Wurde der Berater für eine Beratung vom COCo-Server ausgewählt, und nimmt er die Beratung an, werden dem Berater die über den Kunden verfügbaren Daten angezeigt und die Kommunikationswerkzeuge (Audio und Video) automatisch gestartet.

Für die Durchführung der Beratung stehen dem Kunden und dem Berater nun sowohl Kommunikationswerkzeuge sowie Methoden und Daten aus den prototypischen Unterstützungssystemen, die über die vorhandenen Kooperationswerkzeuge gemeinsam genutzt werden können, zur Verfügung. Beispielsweise können über die Medienauswahl vom Berater Medien (Texte, Bilder, Web-Seiten, Videos, Folienpräsentationen etc.) aus der Mediendatenbank aus-gewählt werden, die dann mit den korrespondierenden Kooperationswerkzeugen (Shared Texteditor, Shared Whiteboard, Shared Web-Browser etc.) geöffnet werden, und gemeinsam betrachtet, diskutiert oder bearbeitet werden können. Mit dem Shared Web-Browser ist außerdem das gemeinsame Surfen durch Web-Seiten und somit die gemeinsame Nutzung von Web-Applikationen möglich. Zusätzlich ist das Hinzuziehen weiterer Experten über die Angabe eines Kompetenzprofils oder eine Liste verfügbarer Experten – analog zur Beraterauswahl bei einer Beratungsanforderung durch einen Kunden - möglich. Die Beratung kann nun innerhalb eines größeren Personenkreises erfolgen.

Während oder nach der Beratung des Kunden können die Berater das Beratungsgespräch nachbereiten, indem sie Daten über die Beratung angeben, die vom COCo-Server in der Beratungsdatenbank gespeichert werden. Nach Beendigung der Beratung steht der Berater wieder für folgende Beratungen zur Verfügung.

Alle Komponenten wurden in der Programmiersprache Java implementiert, um Plattform-Unabhängigkeit zu gewährleisten. Die Kommunikation zwischen den Komponenten wurde über XML realisiert, um flexible und erweiterbare Schnittstellen zu erhalten und die leichte Austauschbarkeit der Komponenten zu ermöglichen.

Bisherige in der Praxis eingesetzte Systeme zur Online-Beratung über die Kommunikation eines Kunden mit Experten eines Unternehmens beschränken sich auf textbasierte Kommunikationsformen wie E-Mail oder Chat (vgl. Meyer 1998). Aufgrund des geringen Informationsgehalts dieser Kommunikationskanäle und der geringen Interaktivität (Rückkopplung), ist damit die bei komplexen und erklärungsbedürftigen Produkten oder Individuallösungen erforderliche Wissenserzeugung weder beim Kunden (Problemlösung) noch beim Berater (Problemverständnis) möglich. Bereits existierende Prototypen für die Online-Beratung über das Internet mit Videokonferenzen (z.B. Groffmann et al. 1999, Brokat 2000, USU 2000) ermöglichen nur eine Punkt-zu-Punkt-Kommunikation und stellen in der Regel »Einzellösungen« dar. Die Innovation des hier vorgestellten technischen Prototypen besteht in diesem Zusammenhang vor allem in der Möglichkeit der internet-basierten Gruppenkommunikation (Multicast), der Integration in einen Anwendungskontext und der Kopplung mit Unterstützungs- insbesondere Wissensmanagementsystemen, wie z.B. Expertenfindung.

5   Zusammenfassung und Ausblick

Das Ziel der kooperativen Online-Beratung besteht darin, eine Wissenslücke zu schließen. In vielen Fällen ist Beratung als Problemlösungsprozess zu verstehen, bei dem neues Wissen kooperativ entstehen muss, da neue Aufgaben zu erfüllen sind.

Das in diesem Beitrag vorgestellte technische Konzept zur kooperativen Online-Beratung im Electronic Commerce stützt sich auf den Einsatz von synchronen Telekooperationssystemen zur Kommunikation, Koordination und Kooperation innerhalb des Problemlösungsprozesses.

Die Unterstützung einer sozialen Kommunikation durch Kommunikationswerkzeuge, die Bereitstellung von verfügbaren Wissen und Methoden zur Unterstützung der Wissenserzeugung in Form von Unterstützungssystemen sowie deren Integration in den Interaktions- und Problemlösungsprozess durch Kooperationswerkzeuge ermöglichen die sinnvolle Kombination von informationstechnischen Funktionssystemen und vom Menschen realisierten Aktionssystemen, d.h. die sinnvolle Kombination von syntaktischer (maschineller) und semantischer (menschlicher) Informationsverarbeitung. Die Integration maschineller Operationen in die kreative Tätigkeit des Menschen zur Wissens-Ko-Produktion erfolgt dabei so, dass der Arbeitsprozess von den Kooperationspartnern bestimmt werden kann und sich situativ dynamische (Kompetenz-) Netze bilden können. Der Mensch als die einzige kreative Produktivkraft ist Träger und Erzeuger von Wissen und darf daher nicht gefahrlos wegrationalisiert werden. Mit dem vorgestellten COCo-Ansatz wird der Mensch wieder in den Mittelpunkt gestellt.

Die hier vorgestellten Konzepte sind aus den Ergebnissen von empirischen Untersuchungen zum Einsatz von Telekooperationssystemen (Fuchs-Kittowski et. al. 2000) und zur Akzeptanz des Electronic Commerce sowie eigenen praktischen Problemstellungen und Erfahrungen aus verschiedenen Projekten am Fraunhofer ISST entstanden. Das implementierte prototypische System (COCo) konnte bisher nur im internen Kontext evaluiert werden. Derzeit wird die Erprobung des Systems bei und mit Industriepartnern aus den Bereichen Business-to-Business und Business-to-Customer vorbereitet.

Literatur

Aamodt, A.; Nygard, M. (1995): Different roles and mutual dependencies of data, information and knowledge. Data & Knowledge engineering 16, Elsevier, Holland, S. 191-222.

Anton, W.F. (1989): Gesprächsführung in Verkaufsgesprächen unter dem besonderen Aspekt der Beratung. Dissertation, Hamburg, 1989.

Booz Allen & Hamilton (2000): Digitale Spaltung in Deutschland – Ausgangssituation, Internationaler Vergleich, Handlungsempfehlungen. Studie der Initi@tive D21.

Boston Consulting Group (2000): Winning the Online Consumer - Insights Into Online Consumer Behavior. http://www.bcg.com/publications/search_view_reports.asp?pubID=510 (11.12.2000)

Brokat (2000): X-Agent – Kundenberatung über das Internet.
http://www.brokat.com/de/applications/x-agent/x-agent.html, (11.12.2000).

Cheriton, D.R.; Deering, S.E. (1985): Host Groups – A Multicast Extension for Datagram Internetworks. In: Proceedings of the Ninth Data Communications Symposium, ACM/IEEE.

Floyd, C. (1995): Theory and Practice of Software Development – Stages in a Debate. In: Mosses, P.D. et al. (Hrsg.): TAPSOFT'95 - Theory and Practice in Software Development. Berlin u.a.: Springer, S. 25-41.

Floyd, C.; Klaeren, H. (1998): Informatik - gestern, heute, morgen. Universität Tübingen.

Forrester Research (2000): Multi-Channel Strategies - Call Center And Web Integration.
http://www.forrester.com/ER/Research/Report/Excerpt/0,1338,3865,FF.html (11.12.2000)

Fuchs-Kittowski, F.; Fuchs-Kittowski, K.; Sandkuhl, K. (1998): Synchrone Telekooperation als Baustein für virtuelle Unternehmen - Schlussfolgerungen aus einer empirischen Untersuchung. In: Herrmann, T.; Just-Hahn, K. (Hrsg.): Groupware und organisatorische Innovation (D-CSCW'98), Stuttgart: B.G. Teubner, S. 19-36.

Fuchs-Kittowski, F.; Fuchs-Kittowski, K.; Hauf, T.; Junker, H.; Sandkuhl, K. (2000): (Un)genutzte Potentiale des Einsatzes von Telekooperationssystemen - Weiterführung einer empirischen Untersuchung. Erscheint in: (Hrsg.): Alles im Griff. Tagungsband, Berlin u.a.: Springer.

Fuchs-Kittowski, F.; Nentwig, L.; Sandkuhl, K. (1997): Einsatz von Telekooperationssystemen in großen Unternehmen: Ergebnisse einer empirischen Untersuchung. In: Mambrey, P.; Streitz, N.; Sucrow, B.: Rechnergestützte Kooperation in Verwaltungen und großen Unternehmen, Tagungsband zum Workshop im Rahmen der Jahrestagung der Gesellschaft für Informatik (Informatik'97); Aachen, 22./23.9.1997, S. 50-63.

Fuchs-Kittowski, K.; Lemgo, K.; Schuster, U.; Wenzlaff, B. (1975): Man-Computer-Communication – A Pro-blem of Linking Semantic and Syntactic Information Processing. In: Workshop on Data Communications, Laxenburg (Austria): International Institute for Applied Systems Analysis (IASA).

Groffmann, H.-D.; Schäfers, V.; Viktorin, S. (1999): Die Beraterbank im Internet – Verstärkung der Kundenbindung durch individuelle Finanzdienstleistungen. In: Scheer, A.-W.; Nüttgens, M. (Hrsg.): Electronic Business Engineering – 4. Internationale Tagung Wirtschaftsinformatik 1999. Heidelberg: Physica, S. 231-250.

Gryczan, G.; Wulf, M.; Züllighoven, H. (1996): Prozessmuster für die situierte Koordination kooperativer Arbeit, In: Krcmar, H.; Lewe, H.; Schwabe, G. (Hrsg.): Herausforderung Telekooperation (DCSCW'96), Berlin: Springer Verlag, S. 89-103.

Just-Hahn, K.; Herrmann, T. (1999): Step-by-Step - A Method to Support Self-organized Coordination within Workflow Management Systems. In: Cybernetics & Human Knowing, Volume 6, No.2, 199, S. 19-37.

Kappe, F. (1999): Aufbau und Nutzung von Wissenspotentialen in verteilten Organisationen. In: Tagungsband zur Online '99, Düsseldorf, 2.2.99, http://www.hyperwave.de/.

Krcmar, H.: Informationsmanagement. Berlin, Heidelberg, New York: Springer Verlag, 1997, S. 20.

Meyer, F. (1998): Customer Interaction Management – Strukturierter Umgang mit Kundenanfragen. In: Herrmann, Th.; Just-Hahn, K. (Hrsg.): Groupware und organisatorische Innovation (D-CSCW'98), Stuttgart: B.G. Teubner 1998, S. 111-124.

Paetau, M. (1999): Can Virtual Enterprises Build up an own Identity?. In: Cybernetics & Human Knowing, Volume 6, No.2, 199, S. 39-53.

Parthey, H. (1981): Problemsituation und Forschungssituation in der Entwicklung der Wissenschaft. In: Deutsche Zeitschrift für Philosophie, Berlin, Jg. 29, 2, S. 172-182.

Sandkuhl, Kurt; Fuchs-Kittowski, Frank: Telecooperation in decentralized organizations. In: Behaviour & Information Technology - Special Issue on „Analysis of Cooperation and Communication - Organizational and Technical Design of Telecooperative Systems", London: Taylor & Francis, Vol. 18, No. 5, September-October 1999, S. 339-347.

USU (2000): e-Consultant. USU AG, http://www.usu.de/Produkte/Anwendungsloesungen/Onlineberatung/index.html (11.12. 2000).

Yimam, D. (1999): Expert Finding Systems for Organizations: Domain Analysis and the DEMOIR Approach. Proceedings of the ECSCW'99 Workshop "Expertise Management", Kopenhagen.

Adressen der Autoren

Dipl.-Inform. Frank Fuchs-Kittowski / Elke Vogel-Adham
Fraunhofer ISST
Nollstr. 1
10178 Berlin
frank.fuchs-klitowski@isst.fhg.de
elke.vogel@isst.fhg.de

Mathematik am Computer für Blinde

Waltraud Schweikhardt, Nicole Weicker
Universität Stuttgart, Institut für Informatik

Zusammenfassung

In diesem Beitrag wird das Thema Mathematik für Blinde unter dem Aspekt einer geeigneten blindenspezifischen tastbaren Wiedergabe mathematischer Sachverhalte betrachtet. Es werden Gestaltungsrichtlinien vorgestellt und diskutiert, die den Einsatz einer Mathematikschrift im integrierten Unterricht für Blinde an Regelschulen ermöglicht. Bestehende Mathematikschriften werden unter diesen Kriterien betrachtet. Einen anderen Ansatz zeigt die Stuttgarter Mathematikschrift für Blinde (SMSB), von der gezeigt wird, dass sie die inhaltlichen Forderungen erfüllt. Bisher noch bestehende technische Probleme werden angesprochen und Wege zu deren Beseitigung aufgezeigt.

1 Einleitung

Blinde Menschen möchten frei sein, sich in verschiedenen Bereichen des menschlichen Lebens zu integrieren. Insbesondere in der Mathematik, die jeden von der Schule in den Beruf und darüber hinaus begleitet, ist dies von entscheidender Bedeutung. Da jedoch die Mathematik neben einer ihr eigenen Sprache auch eine eigene, oft graphische Darstellung verwendet, ist die Einbeziehung Blinder in eine schriftliche Kommunikation über Mathematik durch die herkömmliche Blindenschrift nicht zu erreichen. Vielmehr ist es notwendig, ein geeignetes Gegenstück für die Bedürfnisse Blinder zu entwickeln. Dies ist insbesondere für blinde Kinder notwendig, die integriert in Regelschulen gemeinsam mit Sehenden Mathematik erlernen sollen. Gerade für diese Zielgruppe ergeben sich besondere inhaltliche Forderungen an eine Mathematikschrift für Blinde, die über rein technische Möglichkeiten und standardisierte Norm-Erfüllungen hinausgehen.

In dieser Arbeit werden in Kapitel 2 die Anforderungen an die Gestaltung einer Mathematikschrift, die für ihren Einsatz an integrierten Schulen erfüllt sein sollten, zusammengestellt und diskutiert. In Kapitel 3 werden bestehende Mathematikschriften auf diese Anforderungen hin kritisch betrachtet. Sie erfüllen die hohen gestalterischen Ansprüche, die notwendigerweise an eine solche Notation für blinde Kinder zu stellen sind, nicht oder nur unzureichend. Der Grund hierfür ist, dass sie sich vorrangig an den bestehenden technischen Gegebenheiten orientieren. In Kapitel 4 wird aufgezeigt, dass die Stuttgarter Mathematikschrift für Blinde (SMSB) im Gegensatz zu den vorher behandelten Darstellungsformen der Mathematik für Blinde den inhaltlichen Forderungen genügt. Die heute noch bestehenden Vorbehalte gegen diese Schrift liegen in erster Linie in technischen Problemen, die in Kapitel 5 erörtert werden. Auch werden hier mögliche Lösungen zu deren Beseitigung aufgezeigt. Kapitel 6 schließt die Arbeit mit einer Diskussion.

2 Anforderungen an eine Mathematikschrift für Blinde

Es gibt im Bereich der Mathematik eine eigene Schreibweise, die sich aus der Sprache der Mathematik entwickelt hat. Um blinden Menschen den Zugang zu der mathematischen Sprache und ihrer schriftlichen Wiedergabe zu öffnen, sind eine Reihe von speziellen gestalterischen Anforderungen zu beachten, die sich durch den Umstand ergeben, dass es einer geeigneten tastbaren Darstellung des Aufgeschriebenen bedarf. Geeignet heißt, dass für Blinde das intuitive Verstehen Sehender beim Lesen in ein intuitives Verstehen beim Ertasten umgeformt wird. Daraus ergeben sich die Anforderungen an eine Mathematikschrift, die insbesondere zu erfüllen sind, wenn sie für sehende und blinde Kinder, die integriert in Regelschulen unterrichtet werden, eingesetzt werden soll.

Seit Louis Braille Ende des letzten Jahrhunderts die Blindenschrift entwickelt hat, lesen Blinde mit der Kuppe des Zeigefingers eine 6-Punktschrift. Die 6 Punkte sind angeordnet wie die aufrechte 6 auf einem Würfel. Seit den 70er Jahren gibt es Blindenschrift-Ausgabegeräte am Rechner, auf denen eine 8-Punktschrift verwendet wird. Die Punkte sieben und acht sind unter den sechs Punkten eines 6-Punktschrift-Zeichens angeordnet.

    1 o o 4
    2 o o 5
    3 o o 6
    7 o o 8

Jeder einzelne Punkt kann erhaben und damit fühlbar sein. Solche Punkte werden üblicherweise schwarz ausgefüllt • dargestellt.

A1: Eine Mathematikschrift für Blinde muss mit dem Finger lesbar sein.

Diese Forderung der Lesbarkeit mit dem Finger geht über die rein tastbare Form der Schrift hinaus. Vielmehr soll eine Mathematikschrift das Verstehen von komplexen mathematischen Termen unterstützen. Sehende können durch die graphische Darstellung eines Terms sehr viel Information auf einen Blick wahrnehmen und erkennen, während sich Blinde den Inhalt Zeichen für Zeichen zu erarbeiten haben. Die Form, in der mathematische Terme gesprochen werden, ist eine gute Orientierung für einen sinnvollen Entwurf für eine Mathematikschrift für Blinde. Insbesondere ist für komplexe Terme wie z.B. Brüche eine Schreibweise zu bevorzugen, bei der mit dem ersten Zeichen eindeutig die Art des folgenden Terms erkennbar wird. Für einfache Terme wie $5x+12y$, $6-15x$ oder x^2 ist eine solche Schreibweise nicht notwendig, da diese Terme kurz genug sind, um ihre Bedeutung beim „Zeichen für Zeichen" lesen zu verstehen.

A2: Die Anzahl der Zeichen in einem mathematischen Ausdruck sollte so niedrig wie möglich sein.

Das Verständnis von komplexen Termen wächst mit der Kompaktheit und Klarheit der Notation [4]. Dies ist der Grund, warum es so viele mathematische Symbole wie + für PLUS, - für MINUS oder √ für WURZEL gibt. Einer Mathematikschrift für Blinde sollte denselben Prinzipien folgen und einen vergleichbaren Grad der Abstraktion ermöglichen. Zu diesem Zweck ist eine Eins-zu-Eins-Übersetzung von gesprochenen mathematischen Symbolen in tastbare Zeichen sinnvoll.

A3: Tastbare Symbole sollten intuitiv verständlich sein.

Viele mathematische Symbole enthalten eine visuelle Komponente, die ihr Verstehen erleichtert. Ein Beispiel hierfür sind die Pfeile, die im Zusammenhang mit Vektoren oder einem Grenzwert verwendet werden. Solche visuellen Symbole erleichtern das Verstehen der durch Symbole dargestellten Objekte und ihrer Bedeutung. Dieselben Forderungen sind an eine Mathematikschrift für Blinde zu stellen. Insbesondere sollten syntaktische Symmetrien, die semantische Symmetrien widerspiegeln wie z.B. bei ( ) , < > oder { } auch in der Mathematikschrift für Blinde erkennbar sein.

A4: Das gemeinsame Unterrichten von Blinden und Sehenden soll unterstützt werden.

Für den gemeinsamen Unterricht von Blinden und Sehenden ist es ausgesprochen hilfreich, wenn die Mathematikschrift für Blinde leicht in eine Form umgewandelt werden kann, mit der Sehende vertraut sind. Zu diesem Zweck sind zwei Arten der Wiedergabe mathematischer Terme notwendig. Die Darstellung für die Blinden sollte ebenso Zeichen für Zeichen in eine Notation für Sehende umgewandelt werden können, wie es umgekehrt möglich sein sollte. Zusätzlich sollte ein geschriebener Term per Rechnerprogramm in eine graphische Repräsentation für Sehende verwandelt werden können. Wenn diese Bedingungen erfüllt sind, muss ein Lehrer nur noch ein Exemplar eines Arbeitsblattes erstellen, um die Version in tastbarer Form für die Blinden und diejenige in graphischer Form für die Sehenden zu erhalten.

Einige dieser Anforderungen hängen stark von der Zielgruppe ab. Für blinde Wissenschaftler ist es möglich, auf die strenge Forderung einer Eins-zu-Eins-Übersetzung jedes Buchstabens wie jedes Symbols zu verzichten. Es sollte jedoch klar sein, dass es von blinden Kindern, die in ihren ersten Schuljahren an der Regelschule die Kunst der Mathematik erlernen, sehr viel verlangt ist, neben der gesprochenen, mathematischen Ausdrucksweise noch eine zusätzliche geschriebene Darstellung zum Lesen und Schreiben von mathematischen Ausdrücken zu erlernen. Von blinden Wissenschaftlern kann vorausgesetzt werden, dass sie mit der Sprache der Mathematik bereits vertraut sind und ohne größere Schwierigkeiten verschiedene schriftliche Darstellungen lernen können.

3 Kritik an existierenden Mathematikschriften

Es gibt bereit eine Reihe von mathematischen Darstellungen für Blinde. Die längste Tradition hat die Mathematikschrift aus Marburg a.d. Lahn in Deutschland und dies nicht nur in Deutschland. Das erste Mal wurde sie 1930 [5] veröffentlicht. Ihre neueste Ausgabe stammt aus dem Jahr 1992 [3]. Durch den zunehmenden Einsatz von Computern sind eine Reihe von neuen Möglichkeiten und Anforderungen entstanden, aus denen andere, modernere Notationen, wie die ASCII-Notation der Universität Karlsruhe [10] oder eine Vereinfachung von LaTeX an der Blindenstudienanstalt in Marburg entstanden sind. Außerdem gibt es inzwischen einen europäischen Standard, das Eurobraille, wie den Punktzeichen Bedeutungen zugewiesen werden. Auch diese Zuordnung wird z.T. für die Darstellung von Mathematik verwendet. Die meisten dieser Mathematikschriften erfüllen jedoch nur einen Teil der speziellen inhaltlichen Anforderungen, die in Kapitel 2 vorgestellt wurden. Hier werden die wesentlichen Mängel der aufgezählten Mathematikschriften aufgezeigt.

3.1 Die Marburger Mathematikschrift

Die Marburger Mathematikschrift ist eine 6-Punkt-Schrift, die 64 verschiedene Zeichen umfassen kann. Diese reichen nicht aus, um die kleinen und die großen Buchstaben des Alphabets, die zehn Ziffern, Satzzeichen und einige spezielle Buchstaben des jeweiligen Landes eindeutig zu repräsentieren. Daraus folgt sofort, dass in dieser Notation eine eindeutige Darstellung von mathematischen Symbolen in einer Eins-zu-Eins-Übersetzung von Symbolen und tastbaren Zeichen unmöglich ist. Die Marburger Schreibweise war zur damaligen Zeit zur Kommunikation Blinder über Mathematik entwickelt worden. Man erzeugte die fühlbaren Zeichen entweder unter Verwendung einer Schablone, um die Punkte mit einem Stichel in Spiegelschrift in dickes Papier zu drücken, oder verwendete eine mechanische „Bogenmaschine". Beide Methoden werden auch heute noch zum Teil verwendet. In beiden Fällen ließen sich nur 6-Punkt-Zeichen schreiben. Die durch diese Beschränkung auf eine 6-Punktschrift eingegangenen Kompromisse verstoßen gegen eine Reihe von Anforderungen aus Kapitel 2.

So wird beispielsweise eine Zahl i durch ein Zahlzeichen (#) angekündigt, dem der i-te Buchstabe des Alphabets folgt. Die Ziffer 7 wird dargestellt durch ein #g und 4987 durch #dihg. Soll innerhalb einer Formel ein Buchstabe stehen, so ist ein spezielles Symbol notwendig, das ankündigt, dass das nächste Zeichen als Buchstabe und nicht als Zahl zu lesen ist. Die sich dadurch ergebende Darstellung von mathematischen Formeln verstößt gegen die Anforderung A2.

Ein weiterer Nachteil der Marburger Mathematikschrift zeigt sich im folgenden Beispiel: ein einfacher Bruch wie $\frac{4}{7}$ wird durch ein Zahlzeichen eingeleitet, gefolgt von Zähler und Nenner, wobei für den Nenner die Punkte des tastbaren Zeichens um eine Punktzeile nach unten gerückt werden. Für $\frac{4}{7}$ ergibt sich damit in direkter Übersetzung #d=, also Zahlzeichen #, gefolgt vom vierten Buchstabe des Alphabets also d, gefolgt vom Zeichen =, das sich durch die Verschiebung des siebten Buchstaben ergibt. In gedruckter Punktschrift liest sich der Bruch als ⠼⠙⠒ . Die Darstellung ist kurz, hat jedoch den Nachteil, dass die Doppelbedeutung von tastbaren Zeichen für Kinder das Verstehen von Mathematik erschwert.

Darüber hinaus ist leicht zu sehen, dass durch diese Regeln eine schriftliche Kommunikation zwischen Blinden und Sehenden nahezu ausgeschlossen ist. Weitere Übersetzung - Routinen im Computer wären notwendig, die aus der Punktschriftzeile einen für Sehende vertrauten Text liefern. Die Übersetzung der Marburger Notation für Blinde ist so wenig intuitiv, dass ein Sehender eine völlig neue Sprache zu erlernen hätte. Die Marburger Mathematikschrift widerspricht damit auch der Anforderung A4.

3.2 Die ASCII-Notation der Universität Karlsruhe

Die ASCII-Notation der Universität Karlsruhe [10] stellt eine Mathematikschrift für Blinde dar, deren wesentlicher Vorteil darin besteht, dass sie mit dem Rechner geschrieben werden kann und dabei ausschließlich die 128 Zeichen des 7-Bit ASCII so verwendet, wie sie 1986 als DIN 32980 standardisiert wurden. Auf diese Weise konnte eine weitreichende Plattformunabhängigkeit erreicht werden. Unglücklicherweise ist die Mathematikschrift nicht als Präfix - Notation entworfen worden und Blinde haben viele Zeichen mit dem Finger zu erfühlen, ehe sie den mathematischen Term eindeutig erkennen können. Dies wird an den drei folgenden Beispielen verdeutlicht. Die linke Seite der folgenden Beispiele zeigt jeweils die für Sehende gewohnte Form des Terms. Die mittlere Spalte zeigt die Form, in der der Term eingegeben und auf dem Bildschirm dargestellt wird, rechts steht die jeweilige tastbare Repräsentation in sichtbarer Form.

$\dfrac{a+b}{a-b}$ (a+b)÷(a-b)

a^{n+1} a**(n+1)

M∪N   MverN

Diese Beispiele zeigen, wie die eingegebenen Terme linearisiert werden und dann Zeichen für Zeichen in Punktschrift umgewandelt werden. Durch die derartige Linearisierung von Brüchen wird erst nach einer Reihe von gelesenen Punktschrift-Zeichen deutlich, um welche Art von Term es sich handelt. Dies verstößt gegen die Anforderung A1. Das zweite und das dritte Beispiel verdeutlichen, wie sich die Anzahl der zu lesenden Zeichen durch fehlende spezielle Zeichen, die für die mathematischen Symbole stehen, vergrößert. Es werden Klammern notwendig und das Vereinigungszeichen wird durch drei Punktschrift-Zeichen umgesetzt. Dies widerspricht der Forderung A2, dass die Anzahl der Zeichen in einem mathematischen Term minimal sein sollte. Auch der Anforderung A3 der intuitiven Verständlichkeit von Symbolen wird in der gegebenen Umsetzung nicht entsprochen.

3.3 Eurobraille

Es gibt eine Codierung der Zeichen der ASCII (American Standard Code for Information Interchange), die heute in vielen Punktschrift - Ausgabegeräten enthalten ist, und Eurobraille genannt wird. Dabei handelt es sich um eine 8-Punkt Schrift, die der DIN-Norm für die ersten 128 Zeichen gemäß den Vorschriften des deutschen DIN-Standards für den 7-Bit-ASCII dem ISO-

Standard ISO/CD 11548-1.2,1998 genügt. Beim Entwurf dieser Codierung stand im Vordergrund, das alle Zeichen der Deutschen Blindenkurzschrift enthalten sind, um die damals verwendeten Übersetzungsprogramme verwenden zu können, mit denen Auszüge von großen Zeitungen und Zeitschriften in Blindenkurzschrift übertragen und in Punktschrift gedruckt wurden. Spezielle Belange einer Mathematikschrift wurden nicht explizit berücksichtigt.

Die sich ergebenden Schwierigkeiten für ihren Einsatz innerhalb der Mathematik zeigen sich zum einen bereits im Abschnitt über die ASCII-Notation der Universität Karlsruhe an den dort aufgeführten Beispielen. Darüber hinaus fehlen in Eurobraille so wichtige mathematische Symbole wie Pfeile und das Integral gänzlich. Ein weiterer Kritikpunkt ist die der Intuition widersprechende Darstellung von beispielsweise die Übersetzung eines senkrechten Strichs | durch die Punkte 3 und 4: ⠈ und eines Unterstrichs _ durch die Punkte 4, 5, 6, und 7: ⠸. Damit ergibt sich für eine Folge von senkrechten Strichen ||||||||||| eine Folge von fühlbaren Schrägstrichen ⠈⠈⠈⠈⠈⠈⠈⠈⠈⠈⠈ und für eine waagerechte Linie _____ erscheint das Muster ⠸⠸⠸⠸⠸.

Beides widerspricht dem Bild für Sehende. Auch die Kleiner- bzw. Gößer-als-Zeichen haben für Sehende eine symbolische Bedeutung. Durch die folgende Umsetzung in Eurobraille wird dieser nicht entsprochen:

$$3<4 \quad \cdots \quad 4>3 \quad \cdots$$

3.4 LaTeX

Eine weitverbreitete mathematische Repräsentation im wissenschaftlichen Bereich ist LaTeX. Es ermöglicht Autoren Publikationen selbst in eine druckreife Form zu bringen. Ein in LaTeX geschriebenes Dokument enthält dabei neben dem eigentlichen Text eine Anzahl von Steuerbefehlen. Um sich das Dokument am Bildschirm anschauen oder es ausdrucken zu können, wird es von einem dazugehörigen Programm übersetzt. LaTeX wird erfolgreich im wissenschaftlichen Bereich, insbesondere an Universitäten eingesetzt, wo viele Wissenschaftler ihre eigenen Publikationen selbst zu schreiben haben.

Ein Vorteil, der im Einsatz von LaTeX für Blinde zum Tragen kommt, ist die Möglichkeit, die Notation durch eigene Makros und selbstdefinierte Befehle zu vereinfachen und an die persönlichen Bedürfnisse anzupassen. Ein weiterer Vorteil von LaTeX ist seine Präfix-Notation. Doch ein wesentlicher Nachteil für Blinde ist, dass Symbole als Wörter dargestellt werden. So besteht eine einfache Anweisung aus vielen verschiedenen Zeichen, die alle zu erfühlen sind. Dies widerspricht den Anforderung A2 und A3. Das folgende Beispiel zeigt deutlich, wie lang die Darstellung der Summe aus den beiden Brüchen $\frac{x+1}{x-1} + \frac{x-1}{x+1}$ in LaTeX – Schreibweise wird und wie viele Zeichen Blinde zu ertasten haben, um den Bruch zu erkennen.

\begin{eqnarray*} \frac{x+1}{x-1} + \frac{x-1}{x+1} \end{eqnarray*}

4 Die „Stuttgarter Mathematikschrift für Blinde" (SMSB)

Eine mathematische Notation für Blinde, die speziell für Blinde entworfen wurde, stellt die Stuttgarter Mathematikschrift für Blinde (SMSB) dar [6]. Anders als die übrigen vorgestellten Notationen werden hier nicht bestehende, im Rechner verfügbare Zeichensätze den Bedürfnissen von Blinden angepasst, sondern spezielle Zeichensätze auf den Bedarf und die Anforderungen von Blinden zugeschnitten und passende True Type Fonts selbst kreiert. Es handelt sich dabei um zwei TRUE TYPE Zeichensätze aus zueinander korrespondierenden Zeichen, den SZ Schwarzschrift und SZ Braille (Stuttgarter Zeichensatz). Beide sind in dieser Veröffentlichung verwendet und können auch auf dem Bildschirm dargestellt werden. Auf der tastbaren Punktschrift-Ausgabe erscheint SZ Braille. Durch diese Zeichensätze sind keine Kompromisse notwendig wie in den oben vorgestellten Mathematikschriften. Durch die 8-Punkt Darstellung ist es möglich 256 Zeichen darzustellen.

Seit der Entstehung der SMSB 1980 [6] wurden fortwährend Verbesserungen bzw. Anpassungen an technische Weiterentwicklungen vorgenommen, um den Einsatz am Rechner praktikabel und allen Bedürfnissen angepasst zu gestalten. Die jüngste Erweiterung in dieser Beziehung ist die automatische Umwandlung von mathematischen SMSB-Ausdrücken in eine entsprechende graphische Darstellung für Sehende [2].

Im weiteren wird erörtert, inwieweit SMSB den Anforderungen aus Kapitel 2 genügt.

A1: Lesbarkeit mit dem Finger

SMSB ist in ihrer tastbaren Form mit dem Finger zu erfühlen. Wegen der größeren Anzahl an Punkten (8 statt 6) kann jedes Zeichen eindeutig wahrgenommen werden. Ein zusätzlicher Vorteil hierbei ist, dass die herkömmliche 6-Punkt Schrift erhalten bleibt und die beiden zusätzlichen, unten angeordneten Punkten nur für spezielle Zwecke eingesetzt werden. Insbesondere wurde bei ihrem Entwurf darauf geachtet, dass für „einfache" Zeichen, die schon in den ersten Klassen vorkommen, die beiden zusätzlichen Punkte so gut wie nicht zum Einsatz kommen, damit den kleineren Fingern der Kinder das Ertasten der Zeichen erleichtert wird. So sind die mathematischen Symbole für die Grundrechenarten +, —, · und ÷ in den oberen sechs Punkten kodiert. Lediglich um zusätzliche Zeichen zur Ankündigung von Großbuchstaben zu vermeiden, wird der siebte Punkt verwendet. Zusätzlich erfüllt SMSB die Anforderung eine Präfix-Notation zu sein.

A2: Minimale Anzahl an Zeichen

Mathematische Ausdrücke in SMSB sind kurz, da für mathematische Symbole einzelne tastbare Zeichen vorhanden sind. Einige Beispiel hierfür sind:

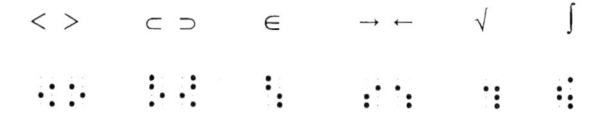

$$< \quad > \qquad \subset \quad \supset \qquad \in \qquad \rightarrow \quad \leftarrow \qquad \sqrt{} \qquad \int$$

Zusätzlich gibt es spezielle Zeichen für Buchstaben aus fremden Alphabeten wie griechische oder altdeutsche Buchstaben, die im mathematischen Zusammenhang für Winkel oder Vektoren verwendet werden. Trigonometrische Funktionen werden wie für die Sehenden als sin, cos oder tanh, etc. geschrieben.

A3: Intuitive Darstellung von Zeichen

SMSB Zeichen folgen denselben Richtlinien der intuitiven Darstellung von Symbolen wie für Sehende. Symmetrien in der tastbaren Form rühren von semantischen Symmetrien her. Dies gilt für jegliche Form von Klammerungen und darüber hinaus auch für Pfeile, die hoch- oder tiefgestellte Teile einer Formel verdeutlichen.

( )   [ ]   { }   ⟨ ⟩   / \   ↓ ↑   ↘ ↗

⠦ ⠴   ⠶ ⠶   ⠣ ⠜   ⠌ ⠡   ⠆ ⠰   ⠔ ⠒

Die Pfeile deuten auf tief- bzw. hochgestellte Formelteile an. Die gerade Pfeile bedeuten dabei, dass nur ein einzelnes Zeichen tief- bzw. hochgestellt folgt, während der schräge Pfeil auf eine Zeichenfolge hinweist, die durch ein spezielles Endezeichen, des Herzchens, beendet wird, wodurch Klammern erspart werden. Es folgen Beispiele für a_i, x^5 und x^{2n+5}.

a ↓ i   x ↑ 5   x ↗ 2 n + 5 ♥

A4: Unterstützung von gemeinsamen Lehren und Lernen von Blinden und Sehenden

Durch die eindeutige Übersetzung von mathematischen Symbolen in die beiden Zeichensätze SZ Schwarzschrift und SZ Braille ist eine Kommunikation zwischen Blinden und Sehenden über mathematische Inhalte möglich geworden. Beispiele für die Darstellung von Symbolen in beiden Zeichensätzen sind:

❙ ▬ ❙   ⟨ ⟩   = ≠ | + - ± √ ∈ ¬ → ← ∫ π ≈ ∑ ∅ ≥ ≤ <

Die ersten drei Zeichen deuten den Beginn, den Bruchstrich und das Ende eines Bruchs an. Ein ausführliches Beispiel für den Einsatz dieser Zeichen zeigt die Darstellung des Bruchs mit dem Zähler x + 1 und dem Nenner x - 1 addiert mit dem Bruch mit dem Zähler x - 1 und dem Nenner x + 1 in SZ Schwarzschrift und darunter in SZ Punktschrift in schriftlicher Wiedergabe.

❙x+1▬x-1❙ + ❙x-1▬x+1❙

Ein anderes Beispiel ist die Darstellung des Integrals von a bis b über die Funktion 3x²:

∫↓a↑b   3x↑2   dx

Zusätzlich zu der automatischen Umwandlung eines der beiden Zeichensätze in den jeweils anderen ist es seit 1999 [2] möglich, einen SMSB-Term in eine graphische Darstellung zu überführen, wie sie für Sehende nicht nur verstehbar ist wie im SZ Zeichensatz sondern sogar vertraut ist. Aus der oben gezeigten Summe bzw. dem Integral werden durch die Übersetzung die folgenden dem Sehenden vertrauten Terme:

$$\frac{x+1}{x-1} + \frac{x+1}{x-1} \quad \text{bzw.} \quad \int_a^b 3x^2 \, dx$$

Diese Übersetzung von SMSB-Termen in eine graphische Darstellung eröffnet Lehrern von Klassen mit blinden und sehenden Kindern die Möglichkeit, ein Arbeitsblatt für die Klasse in SZ Schwarzschrift zu schreiben, es für die blinden Kinder in eine SZ Braille Version zu übersetzen und tastbar auszudrucken. Dieselbe SZ Schwarzschrift Vorlage kann dann weiter verwendet werden, um durch die Übersetzung in eine zweidimensionale graphische Darstellung eine Version des Arbeitsblattes für die sehenden Kinder zu liefern.

5 Gründe für die bisher fehlende Akzeptanz der SMSB

Es gibt auch noch heute, nach dem bei der Arbeit am Computer inzwischen 20 Jahre lang eine 8-Punktschrift verwendet wird, Vorbehalte gegen eine 8-Punktschrift, insbesondere für Kinder sei sie schwierig zu lesen. SMSB ist auf die Bedürfnisse der kleineren Kinderfinger eingegangen, in dem die für die ersten Schuljahre notwendigen Rechensymbole plus, minus, mal und geteilt ebenso wie die Zahlen und kleinen Buchstaben in den oberen 6 Punkten codiert. Erfahrungen im Einsatz der SMSB an integrierenden Schulen wie z.B. dem Adolf-Weber-Gymnasium in München, wo die SMSB seit 15 Jahren erfolgreich verwendet wird, haben bisher mit diesem Punkt keine Probleme gezeigt.

Ws wird auch bemängelt, dass Spezialsoftware benötigt wird, um SMSB verwenden zu können. Es ist heute aber üblich, dass man für verschiedene Anwendungen verschiedene Software-Pakete benutzt. Um SMSB zu verwenden, sind zwei true-type-fonts aufzunehmen und mit der Dokumentenvorlage SMSB.DOT wird die Tastatur des Rechners so belegt, dass die SMSB-Zeichen per Tastendruck eingegeben werden können. Die Codierung der Zeichen auf der Punktschrift-Zeile ist abhängig von der vom Geräteherstellern verwendeten Software. Seit kurzem gibt es das Programm Jaws, mit dem die Codierung einfach selbst vorgenommen werden kann und einzelnen Anwendungen verschiedene Zeichensätze zugeordnet werden können.

Ein entscheidender Vorteil der SMSB in der heutigen Form stellt die Möglichkeit einer graphischen Umsetzung von Termen dar. So können blinde Kinder in der Schule mit ihren sehenden Mitschülern sich leichter über Mathematik austauschen, als in der zwar verstehbaren jedoch Sehenden ungewohnten SZ Schwarzschrift.

Geplant ist ein Programm zur Umsetzung von SMSB-„Texten" in LaTeX, um sie auch in die bei Verlagen eingesetzten Formate zu übertragen und dadurch weitere Tore zu öffnen. So ließen sich sogar „Rückübersetzungen" in Marburger Mathematikschrift durchführen. Dazu gibt es das System LABRADOOR an der Universität Linz [1]. Damit gäbe es dann eine Brücke zwischen Marburger Mathematikschrift und SMSB.

6 Diskussion und Ausblick

Arithmetik, Geometrie und Algebra sind in unserer Kultur Grundfertigkeiten wie das Lesen und Schreiben. Dank Louis Braille hat sich Blinden die Möglichkeit der schriftlichen Kommunikation in der Welt der Blinden erschlossen. Moderne Techniken verringern die Kluft zwischen Sehenden und Blinden. Dennoch scheint der Zugang zur Mathematik nur für blinde Spezialisten möglich zu sein, während Sehende vom ersten Schuljahr an in diese Welt eingeführt werden. Durch den Computer können vergleichbare Voraussetzungen für Blinde geschaffen werden, indem die Mathematik in einem angemessenen Rahmen gemeinsam für Blinde und Sehende unterrichtet werden kann. Die aufgezeigten Anforderungen sind jedoch für einen wirklichen Zugang für alle Blinden zur Mathematik und einen mathematischen Austausch mit Sehenden unabdingbar.

In dieser Arbeit wurden die wesentlichen Kritikpunkte an den bestehenden mathematischen Darstellungen für Blinde zusammengetragen und an Beispielen verdeutlicht. Für die SMSB wurde gezeigt, dass sie die gestellten Anforderungen erfüllt. Dennoch verbleiben noch eine Reihe von notwendigen Weiterentwicklungen, um SMSB an allen Rechner zur Verfügung stellen zu können. So beschränkt sich die bisherige Version auf Windows. Mit der Entwicklung einer entsprechenden Version für Linux bzw. Unix wurde im Rahmen einer Diplomarbeit begonnen. Weiter soll die graphische Darstellung von SMSB-Termen durch eine Übersetzung in LaTeX ergänzt werden. Wünschenswert ist auch eine Rückübersetzung von LaTeX in SMSB.

7 Literatur

[1] BATUSIC, M., MIESENBERGER, K., STÖGER, B., „LABRADOOR – a contribution to make mathematics accessible for blind", in: Edwards, A.D.N., Arato, A., Zagler, W.L. (ed), Computers and Assistive Technology ICCHP'98, Proceedings of the XV. IFIP World Computer Congress, 1998.
[2] CHRISTIAN, U., „Entwurf und Implementierung eines Dialogprogramms zur Umsetzung von SMSB-Termen in eine grafische Darstellung", Diplomarbeit Nr. 1719, Universität Stuttgart, 1999.
[3] EPHESER, H., POGRANICZNA, D., BRITZ, K., „Internationale Mathematikschrift für Blinde", in: J. Hertlein, R.F.V. Witwe, (ed.), Marburger Systematiken der Blindenschrift (Teil 6), Deutsche Blindenstudienanstalt, Marburg, 1992.
[4] IVERSON, K.E., „Notation as a Tool of Thoughts", in Communications of the ACM, Volume 23, No. 8, S.444-449, 1980.
[5] SCHEID, F.M., WINDAU, W., ZEHME; G., „System der Mathematik- und Chemieschrift für Blinde", Marburg/Lahn 1930.
[6] SCHWEIKHARDT, W., „A Computer Based Education System for the Blind", in: Lavington, S. H. (ed.), Information Processing 80, pp 951-954, North Holland Publishing Company, 1980.
[7] SCHWEIKHARDT, W., „Stuttgarter Mathematikschrift für Blinde, Vorschlag für eine 8-Punkt-Mathematikschrift für Blinde", technischer Bericht an der Universität Stuttgart, Institut für Informatik, 1983 und 1989.
[8] SCHWEIKHARDT, W., „Stuttgarter Mathematikschrift für Blinde", technischer Bericht an der Universität Stuttgart, Institut für Informatik, 1998.
[9] SCHWEIKHARDT, W., „8-Dot-Braille for Writing, Reading and Printing Texts which Include Mathematical Characters" in Alistair D.N. Edwards, András Arato, Wolfgang L. Zagler (Eds.), Proceedings of the XV. IFIP World Computer Congress, 31.8.98 - 4.9.98, Wien/Budapest, p. 324-333,1998.
[10] Studienzentrum für Sehgeschädigte, Karlsruhe: „ASCII-Mathematikschrift", 5. Auflage, 1999.

Adressen der Autoren

Dr. Waltraud Schweikhardt / Nicole Weicker
Universität Stuttgart
Institut für Informatik
Breitwiesenstr. 20-22
70565 Stuttgart
schweikh@informatik.uni-stuttgart.de
weicker@informatik.uni-stuttgart.de

Descartes goes Internet
Die Benutzungsschnittstelle als Akteur-Netzwerk-Portal

Ralf Klischewski
Universität Hamburg, FB Informatik/SWT

Zusammenfassung

Der oft als Akteur-Netzwerk-Theorie bezeichnete Ansatz von Bruno Latour wird benutzt, um die Benutzungsschnittstelle zwischen Mensch und Computer als Akteur-Netzwerk-Portal zu erklären und daraus Gestaltungshinweise abzuleiten. Am Beispiel der Personalisierung eines Web-Portals wird gezeigt, welche neuen Möglichkeiten und Herausforderungen dadurch für das Design entstehen. Diese erschließen sich allerdings nur, wenn es gelingt, eines der wesentlichen Hindernisse aus dem Weg zu räumen: Die Gleichsetzung von Mensch und Subjekt einerseits und von Computer (bzw. Informationstechnik) und Objekt andererseits, die spätestens seit René Descartes konstituierend für unser „modernes" Wissenschaftsverständnis ist.

Prolog 1: Wenn ein Computervirus (wie z.B. der Loveletter-Virus im Mai 2000) binnen Stunden um die Welt geht und zum Teil verheerenden Schaden anrichtet, ist die Frage nach den Ursachen, den Schuldigen oder angemessenen Gegenmaßnahmen nicht einfach zu beantworten. Die Virus-Autoren, ihr soziales Umfeld und das weltweit verfügbare Hacker-Wissen geraten genau so ins Visier wie die Unzulänglichkeiten von Betriebssystemen und Emailsoftware oder wie Hunderttausende sorgloser Nutzer bzw. die Betreiber ihre Netze. Eine Erklärung gelingt häufig nur durch Rekonstruktion räumlich und zeitlich weit verzweigter, oft kaum überschaubarer Handlungsnetze, in denen jeweils das Agieren von Menschen oder das Agieren von Rechenmaschinen als Erklärung allein jeweils nicht ausreicht.

Prolog 2: „Ist Software ein Produkt oder ein Medium?" (fragt z.B. Armour 2000) Beides lässt sich argumentieren: Als Produkt wird Software entworfen, konstruiert, getestet, ausgeliefert, gewartet, ersetzt, patentiert, lizenziert usw. Als Medium bietet Software die Verbindung zu Menschen und Organisationen, zu Informationen, Wissen, Leistungen usw., die von anderen Menschen erarbeitet werden bzw. wurden. Für Softwarehersteller hat die gewählte Sichtweise weitreichende Auswirkungen auf Design und Marketing – welchem Leitbild (Produkt, Medium oder anderen) soll man folgen?

Diese beiden Beispiele für zentrale Fragen zur Mensch-Computer-Interaktion unterscheiden sich zunächst in ihrem Erkenntnisinteresse, das mit den an der Diskussion beteiligten Wissenschaften korrespondiert: die Einen (eher sozialwissenschaftlich orientierten) fragen nach den sozialen Auswirkungen des Umgangs mit Informationstechnik, nach den jeweiligen Ursachen und nach den Möglichkeiten soziotechnischer Gestaltung. Die Anderen (eher ingenieurwissenschaftlich orientierten) fragen nach pragmatisch umsetzbaren Vorgehensweisen für die erfolgreiche Informationstechnikgestaltung. Beiden Fragestellungen ist aber auch eines gemeinsam: sie müssen – explizit oder implizit – ein umfassendes Verständnis zum Verhältnis von Mensch und Computer zugrunde legen, um aus diesem heraus die konkreten Fragen beantworten zu können.

Auf der Suche nach einem umfassenden Verständnis bzw. entsprechender Orientierung hat sich eine in vielerlei Hinsicht fruchtbare Zusammenarbeit verschiedener Wissenschaften etabliert. Jedoch: bisher hat sich keine Sichtweise durchgesetzt, die von den beteiligten Disziplinen als tragend anerkannt wird, eine geeignete Grundlage für die interdisziplinäre Zusammenarbeit bietet und zudem in geeigneter Weise jene komplexen Phänomene soziotechnischer Vernetzung aufgreift, denen wir in der computervernetzten Welt heute begegnen (vgl. „Explosion der Mensch-Computer-Interaktion"; Ankündigung zu Mensch & Computer 2001).

Auf dem Weg zu solch einem Verständnis versucht dieser Beitrag eines der wesentlichen Hindernisse aus dem Weg zu räumen: die Gleichsetzung von Mensch und Subjekt einerseits und von Computer (bzw. Informationstechnik) und Objekt andererseits, die spätestens seit René Descartes konstituierend für unser „modernes" Wissenschaftsverständnis ist. Denn wenn wir die alles dominierende Subjekt-Objekt-Dualität überwinden, können wir ganz neue umfassende Antworten geben, z.B.: Software ist ein Akteur, eine agierende Einheit, in einem Netzwerk von Menschen und Nichtmenschen. Und die Benutzungschnittstelle ist ein Portal zu einem räumlich und zeitlich weit verzweigten Akteur-Netzwerk.

Der erste Abschnitt dieses Beitrags verfolgt die Subjekt-Objekt-Dualität in der Wissenschaftsgeschichte von Socrates über Descartes bis hin zu ihrem begrenzenden Einfluß auf das Fachgebiet Mensch-Computer-Interaktion. Im zweiten Abschnitt wird ein möglicher Ausweg dieser ‚Falle' vorgestellt, basierend auf dem Ansatz des Wissenschaftsphilosophen und Anthropologen Bruno Latour (auch bekannt als Actor-Network Theory). Am Beispiel der Gestaltung personalisierter Benutzungschnittstellen als Akteur-Netzwerk-Portale wird abschließend diskutiert, welche neuen Optionen sich durch einen Wandel im wissenschaftlichen Denken für die Gestaltung der Mensch-Computer-Interaktion bieten.

1 Mensch und Computer in der Subjekt-Objekt-Falle

Die Trennung von Subjekt und Objekt – präziser: der Vorrang des Subjekts (Geist) vor dem Objekt (Körper) – ist seit der umfassenden Rezeption der Arbeiten von René Descartes (französischer Philosoph und Mathematiker des 17. Jahrhunderts) konstituierend für unser „modernes" Wissenschaftsverständnis:

1) Mit „Ich denke, also bin ich" wird der Menschen als Subjekt, als Bewußtseins-Ich, unabhängig von der äußeren Welt definiert – sozusagen als isolierter Verstand, als „Gehirn im Fass („brain-in-a-vat", Latour 1999), das sich die Frage stellt nach absoluter Gewissheit in der Erkenntnis über die äußere Welt. In der Konsequenz ist dann das Soziale (die Gesellschaft) ein Konglomerat von dieser Art isolierten Subjekten, deren (gemeinsames) Agieren auf intersubjektiver Erkenntnis beruht.

2) Komplementär dazu wird die Existenz von Materie bzw. von Objekten unabhängig vom Subjekt, als ihm zunächst beziehungslos gegenüberstehend gedacht. Darauf aufbauend entwickelten die Natur- und Ingenieurwissenschaften als ihr primäres Erkenntnisziel die Beschreibung von Gesetzmäßigkeiten, die das Verhalten von Natur und Technik unabhängig von Menschen erklären und prognostizieren.

Descartes hatte selbst nicht die Absicht, die Wissenschaft zu revolutionieren, sondern sah sich in der Tradition der überlieferten Philosophie. An prominenter Stelle findet sich Subjekt-Objekt-Trennung bereits in der Auseinandersetzung zwischen Sokrates und Callicles um Recht und Macht (in Szene gesetzt in Platos *Georgias*, zitiert nach Latour 1999, 11): Sokrates argumentiert die Macht der Geometrie, und versteigt sich in der Aussage „eine einzige kluge Personen ist fast zwangsläufig 10.000 Narren überlegen". Um den Pöbel Athens von der Macht fernzuhalten, so Latours Analyse, wird die Wissenschaft ins Feld geführt. Eine Wissenschaft, die – unanfechtbar, gerade weil aller menschlichen Eigenschaften entledigt – dazu dient, der vermeintlichen Inhumanität (des Pöbels) Einhalt zu gebieten.

Die Begründung einer äußeren, vom Menschen unabhängigen Welt, führte dann komplementär zur Begründung einer inneren, subjektiven Welt, dem isolierten Verstand à la Descartes, von dem heraus die objektive Welt betrachtet wird. Die nachfolgenden Bemühungen der Erkenntnistheorie, diese beide Welten zu verbinden, waren von vornherein zum Scheitern verurteilt, weil die Dualität ins Leben gerufen wurde, um mit der entmenschlichten Wissenschaft Machtansprüche zu untermauern bzw. abzuwehren – ein Verwendungszusammenhang, der sich wie ein roter Faden durch die westliche Kulturgeschichte zieht. Nach Latour (1999, 14 ff) steht dabei die Erkenntnistheorie in engem Zusammenhang mit dem „modernist settlement" insgesamt, in dem Verstand, die objektive Natur, Gesellschaft und Gott die Eckpfeiler eines Ensembles markieren, in welches das moderne Wissenschaftsverständnis eingespannt ist.

Seit Descartes hat sich natürlich viel getan. Naturwissenschaftler, Philosophen und Erkenntnistheoretiker haben versucht, den aufgeworfenen Graben zumindest zu überbrücken. Und gerade in den letzten Jahrzehnten haben mit der Techniknutzung verbundene Problemlagen zu einer Vielzahl von interdisziplinären Forschungsvorhaben geführt. Veränderungen in dem zugrunde liegenden Weltbild bzw. Wissenschaftsverständnis sind damit bisher jedoch nicht einher gegangen, auch nicht im Bereich Human-Computer-Interaction: einführende Standardwerke unterscheiden typischerweise zunächst ‚der Mensch' und ‚der Computer' (Dix et al. 1995) oder System Engineering und Human Factors (Shneiderman 1998). Das Interface trennt den Kosmos in zwei Hälften, deren Existenz jeweils unabhängig voneinander definiert wird.

Abb. 1: Computer als ‚Subjekt' (Autor/Quelle leider nicht bekannt, ca. 1990)

Worin liegt nun das Problem? Die „Vermenschlichung" vom Computer (also unsere Interaktion mit dem technischen Gegenüber als wäre es ein Mensch) wird auch in der Wissenschaft gern als naives Nutzerverhalten abgetan. Aber mittlerweile finden wir uns bei der Computernutzung mit einer Vielzahl von aktiven Einheiten konfrontiert, von denen persönliche Agenten, Atavare, humanoide Roboter nur als besonders sinnfällige hervorstechen. Diese im erkenntnistheoretischen Sinne als Subjekte zu bezeichnen wäre verfehlt, schließlich bleibt ihnen das Ringen des Verstandes um die Gewissheit ihrer Welterkenntis erspart (vgl. auch Abb. 1). Sie als „bloße" Objekte (z.B. als Produkt, Instrument oder Medium) zu bezeichnen, beschreibt aber auch nicht ihre spezifische Qualität – schließlich verfolgen sie ganz eigene, auf soziale Ziele bezogene Handlungs- bzw. Wirkungsprogramme (d.h. eine selbstbezügliche Zielorientierung, die aufeinander aufbauende Aktionen anleitet). Auch die Automatenmetapher stößt an ihre Grenzen – zwar lässt sich noch die informationstechnische Inskription menschlicher Absichten nachvollziehen, aber das jeweilige situative Verhalten ist immer weniger vorhersagbar bzw. kontrollierbar (wie man es von einer Maschine oder einem Automaten erwartet).

Zur Verdeutlichung ein Beispiel: einer Bewertung (bzw. Gefahrenanalyse) der Hypothese „Computer verderben unsere Kinder" stehen derzeit zwei entgegengesetzte Richtungen wissenschaftlicher Analyse offen:

- *Objektorientiert:* Gefahren gehen von der inhumanen Technik aus, deren Funktionalität nicht auf pädagogische Werte hin gestaltet ist (Eigenschaften des Objekts unabhängig vom Subjekt führen zur negativen Wirkung).

- *Subjektorientiert:* Gefahren liegen in der Disposition der Kinder, die auf den Umgang mit der Technik nicht vorbereitet sind (Eigenschaften des Subjekts unabhängig vom Objekt führen zur negativen Wirkung).

Keine der Ansätze kann für sich beanspruchen, allein die Konstellation befriedigend zu erklären oder sorgenvolle Eltern zu beruhigen. Interdisziplinäre Forschung ist daher bemüht, beide Ansätze schlüssig zusammenzuführen, steht dabei jedoch stets vor dem Problem, keinen wissenschaftlich übergreifenden Bezugsrahmen zu finden. Zum Beispiel folgt das Buch „Computer machen Kinder schlau" (Bergmann 2000) einer klassischen, an der Subjekt-Objekt-Teilung orientierten Gliederung (1. Lernpsychologie, 2. Computerspiele), aber im übrigen drängt der erfrischend geschriebene Text die reine (auf der Subjekt-Objekt-Dualität gegründete) Lehre in den Hintergrund mit dem Ziel, beste Bedingungen für Computer (und) spielende Kinder als „erforschende Kollektive" (s.u.) zu schaffen.

Übrigens: Die umgedrehte Hypothese „Kinder verderben unsere Computer" führt derzeit unvermeidlich in die gleiche Dualität: Wenn der häusliche PC „seinen Geist aufgibt" (sic!, vgl. Abb. 1), sind entweder die hemmungslosen Installateure Schuld („Du sollst doch nicht immer neue Spiele anschleppen!") oder das unzureichende Betriebssystem („aber ich habe doch immer ordnungsgemäß deinstalliert!") – eine Auflösung solch familiärer Auseinandersetzung ist, zumindest von der Wissenschaft her, bisher nicht in Sicht (vielleicht könnte eine wichtige Gestaltungsaufgabe darin liegen, die technischen und sozialen Bedingungen für eine Kultur der gegenseitigen Achtsamkeit von Kindern und Computern zu schaffen bzw. zu verbessern?).

Die interdisziplinäre Forschung im Bereich HCI ist angetreten, um das Ensemble von Menschen und Computer zu verstehen, zu reflektieren und Technikgestaltung bzw. menschliches Handeln anzuleiten. Im Zentrum stehen z.B. Fragen „wie können wir Benutzungsschnittstellen ausstatten, so dass sie sich ihren Nutzern als benutzbare Werkzeuge präsentieren?" (Karat et al., 2000; s.u.). In der Informatik sind diese Art Fragestellungen zum Mensch-Computer-Verhältnis vorgeprägt vor allem durch Forschungen im Gebiet der Künstlichen Intelligenz, wo Menschen und informationstechnische Artefakte immer wieder in ihrem Verhalten als ähnlich bzw. als interagierende Elemente im selben System betrachtet werden. Die daraus abgeleiteten Forschungshypothesen sind bestimmt von der Subjekt-Objekt-Dualität: Aus gleichartigem Agieren folgt entweder das Vorzeichen „Mensch gleich Computer" (objektorientiert, z.B. Mensch funktioniert wie Maschine) oder umgekehrt „Computer gleich Mensch" (subjektorientiert, z.B. Computer denkt wie Mensch). Diese zurecht kritisierten Gleichsetzungen sind unangemessen und – zumindest jenseits dieser Dualität – überflüssig. Denn, so die These dieses Beitrags, gerade das allen Disziplinen *gleichermaßen* zugrundeliegende Wissenschaftsverständnis verhindert, einen gemeinsamen Erklärungs- bzw. Gestaltungsrahmen für soziotechnische Phänomene zu entwickeln. Die Subjekt-Objekt-Dualität ist eine historische Falle, in der das wissenschaftliche Denken gefangen zu sein scheint.

2 Agierende Menschen und Nichtmenschen im Netzwerk

Ein möglicher Ausweg aus dieser ‚Falle' wird von dem französischen Philosophen und Anthropologen Bruno Latour angeboten, der sich selbst als „Science Student" bezeichnet (deutsch vielleicht: „der die Wissenschaft studiert"). Aus der Analyse wissenschaftlichen Alltagshandelns heraus hat er einen Ansatz entwickelt, der in den 90er Jahren unter dem Namen Actor-Network Theory (ANT; inzwischen aber nicht mehr ganz zutreffend, vgl. Latour 1997) vielfach in der internationalen Forschung zu Information Systems rezipiert wurde (vgl. Walsham 1997, McMaster et al. 1998, Klischewski 2000). Die Schlüsselbegriffe erfahren dabei eine zunächst ungewohnte Deutung: Akteure (bei Latour auch: „actants") sind sowohl Menschen als auch Nichtmenschen; und Netzwerke sind heterogene Beziehungsgeflechte, deren Elemente sich nicht über ihre Eigenschaften, sondern nur über ihre Beziehungen definieren. Nachfolgend wird der Ansatz von Latour (möglichst) anhand von Beispielen aus dem Bereich Mensch-Computer-Interaktion vorgestellt (auf die er selbst übrigens nicht eingeht), um abschließend dann zu explorieren, ob bzw. welche Art von Zugewinn aus seinem Ansatz für das damit verbundene Forschungsgebiet zu ziehen ist.

Ausgangspunkt waren für Latour die von ihm durchgeführten Untersuchungen wissenschaftlicher Praxis (vgl. insbes. Latour 1999, 1987), deren Ergebnisse in lebhaftem Widerspruch zu der etablierten und von den beteiligten Wissenschaftlern vertretenen Theorie der Subjekt-Objekt-Dualität standen. Pasteurs „Entdeckung" von Mikroorganismen bei der Milchsäure-Fermentierung beispielsweise setzt sich bei genauerem Hinschauen aus einer Kette von Ereignissen zusammen, in der Pasteurs Absichten und Handlungen, der gewählte Laboraufbau und die Reaktion des Ferments immer wieder Überraschungen produzieren und sich neu verbinden – und bei der es zum Ende hin als eine den äußeren Umständen (dem wissenschaftlichen Denken seiner Zeit) geschuldete Inszenierung erscheint, das Pasteur das Verhalten der Milchsäure als völlig unabhängig von seinem Erkenntnisinteresse, seinem Handeln und seiner artifiziellen Laborumgebung präsentiert.

Von diesen sich unzählig wiederholenden Widersprüchen zwischen wissenschaftlicher Theorie und Praxis beeindruckt, schlägt Latour alternativ vor, den Begriff ‚(natur)wissenschaftlich' neu zu deuten: Er bezeichnet „scientific" als „the gaining of access, through experiments and calculations, to entities that at first do not have the same characteristics as humans do" (Latour 1999, 259) und verweist damit auf den Prozess der Sozialisierung dieser Entitäten (Nichtmenschen) in dem Sinne, als Menschen mit deren Hilfe ihr Handlungsrepertoire und ihr damit verbundenes Weltbild zu erweitern suchen. Mit zunehmendem Verlauf dieser Sozialisierung findet eine wechselseitige Verbindung und Veränderung statt, in denen sich Absichten und Potenziale von Menschen und Nichtmenschen ergänzen und neue kollektive Handlungseinheiten bilden.

In dem Bemühen, soziotechnische Ensembles zu erklären, hebt Latour hervor, dass Menschen bei der Begegnung mit einem technischen Gegenstand nicht am Anfang, sondern stets am Ende eines langen Prozesses rasch um sich greifender und vermehrender Mediation stehen: ein Prozess, in dem alle relevanten, miteinander verwobenen Handlungs- bzw. Wirkungsprogramme („programs of action", d.h. die Serien von zielgerichteten Aktionen) sich dann zu einer „einfachen" Aufgabe verbinden. Sinnvolles Handeln und Intentionalität sind nicht Eigenschaften von Gegenständen, aber auch nicht allein von Menschen. Statt mit ‚Subjekt trifft auf Objekt' haben wir es stets mit Kollektiven (oder auch „corporate bodies") zu tun. Menschen wie Nichtmenschen sind in ihrem Handeln bzw. Wirken erst im Kontext ihrer Sozialisierung zu begreifen – davon abstrahiert sind sie unbekannt, wie begraben. So schillernd und vielfältig wie Bilder vom Menschen vom jeweiligen Kontext abhängen (Fleischmaschine, Vernunftwesen, triebgesteuert, biologisch und psychologisch erklärbar, aber letztlich doch unberechenbar, usw.), so sind auch Artefakte nicht „festzunageln" – als Mediatoren können sie jederzeit entfernte oder vergangene Dinge und Menschen mobilisieren, nicht wissend ob sie aus einem oder aus vielem bestehen, aus einer Blackbox oder aus einem Labyrinth verborgener Vielheiten. In diesem (auch für die Interaktion von Mensch und Computer wesentlichen) Zusammenhang bedeutet Mediation bei Latour vor allem:

Interferenz und Zieltransformation

Angenommen, ein Arbeitssuchender scheitert in seinem Bemühen, handschriftlich eine ansprechende Bewerbung nach seinen Vorstellungen zu verfassen. Er nimmt einen Umweg und verbündet sich mit einem Personalcomputer, um gemeinsam diese Aufgabe zu lösen. Die Frage ist nun, welches Ziel (oder welche Ziele) erreicht wird (werden):
- Der Arbeitssuchende erreicht sein ursprüngliche Ziel, die ansprechende individuelle Bewerbung, und der PC beschränkt sich auf die Funktion als elektronisches Schreibzeug.

- Der Arbeitssuchende folgt dem bereits im PC vorhandenen Template eines Bewerbungsschreibens, das eingeschriebene Handlungsprogramm des PC dominiert, sein Benutzer fungiert lediglich als Datenlieferant.
- Arbeitssuchender und PC setzen bzw. erreichen gemeinsam Ziele, die jenseits der ursprünglichen Handlungsprogramme der beteiligten Akteure liegen: z.B. ganz andere Dokumente mit dem PC zu verfassen, neue Templates zu entwerfen und zu nutzen, sich aufgrund der neue erworbenen Qualifikation für andere als die ursprünglichen Tätigkeiten zu bewerben, usw.

Die ersten beiden Varianten, entsprechend den klassischen subjekt- bzw. objektorientierten Erklärungsmustern präsentieren sich bei Latour nur als Ränder eines Möglichkeitsraumes. Er geht davon aus, dass durch Interferenz der Handlungsprogramme immer auch eine nicht vorhersehbare Zieltransformation stattfindet und das kollektive Handeln die Handlungsprogramme der beteiligten Akteure verändert (Arbeitssuchender: z.B. neue Fähigkeiten, Handlungsoptionen, Absichten; PC: z.B. Fundus an erstellten Dokumenten, neue Templates, vom Schreibzeug bzw. Formulargenerator zum Arbeitsmittel).

Komposition

Die Komposition bedeutet die Institutionalisierung der oben beschriebenen Interferenz. Ob wir z.B. beim Entdecken eines Wracks von einem „bemannten U-Boot" oder vom „U-Boot-Kapitän und seiner erfahrenen Crew" berichten, hängt davon ab, auf wen oder was wir unsere Aufmerksamkeit lenken wollen. Wir sind gewohnt, uns entweder für das „Subjekt" oder das „Objekt" zu entscheiden, das gemeinsam handelnde Kollektiv fällt uns schwer zu benennen. Doch die Schlagzeile „deutscher Wissenschaftler fliegt ins All" bezieht sich ja nicht auf die Eigenleistung des Wissenschaftlers, sondern auf ein ganzes Ensemble. Auch ein Flugzeug fliegt nicht allein, auch nicht der Pilot oder die Passagiere – letztlich ist es die Fluggesellschaft, die als Kollektiv von Menschen und Nichtmenschen (insbesondere Flugzeuge) den Flugbetrieb durchführt.

Aktion ist nicht nur eine Eigenschaft von Menschen, sondern von einer Vereinigung von Akteuren. Die Zuschreibung von Rollen zu den einzelnen Akteuren ist dabei stets eine vorläufige: es sind sozusagen Angebote an neuen Möglichkeiten, Zielen und Funktionen, die insbesondere der Partnersuche dienen und bei der Kollektivbildung nicht einfach übertragen, sondern sich in der Regel verändern bzw. neue bilden – Interferenz führt zur Neukomposition, die wiederum neue Interferenzen eingehen kann.

Blackboxing: Verschränkung von Raum und Zeit

Die Schwierigkeit, Mediation von Technik mit Sicherheit zu bestimmen, führt Latour auf den Prozess des „Blackboxing" zurück, der die Gemeinschaftsproduktion von Akteuren (Menschen, Artefakte) meist vollständig verschattet (Abb. 2). Wenn beispielsweise während eines Vortrags das Präsentations-Notebook streikt, verändert das zunächst nicht beachtete oder selbstverständlich als Ganzes hingenommene Artefakt seinen Charakter, erscheint zusammengesetzt aus Teilen (die wieder eigene Blackboxes Firma (bzw. Firmen), mit einem sind), her gestellt von einer bestimmten Wartungsvertrag bzw. Servicepersonal im Hintergrund, deren Beteiligung sich plötzlich als unverzichtbar für die Funktion (Aktion) der Technik herausstellt. Die Krise führt dazu, das für das Alltagshandeln so praktikable Blackboxing umzukehren bzw. wieder aufzuheben, sich schrittweise in den Entstehungsprozess des Artefakts und das damit verbundenen Netzwerk hineinzubegeben. Damit variiert auch die Sichtbarkeit der Komposition, mal steht das Notebook für ein Teil (oder für keines), mal für Hunderte, mal für soundsoviele Menschen, mal für gar keine.

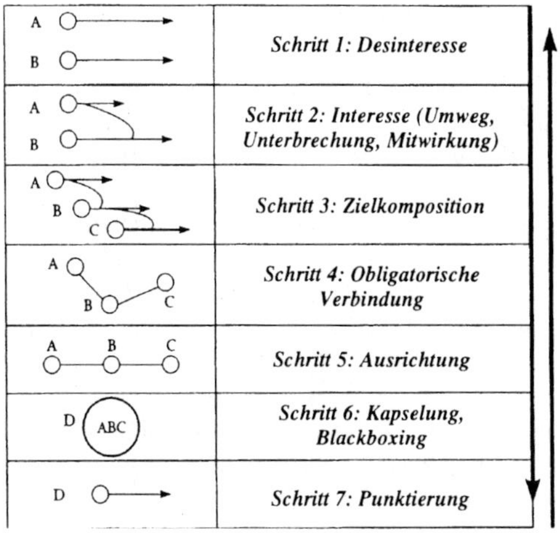

```
A  ○────▶
                      Schritt 1: Desinteresse
B  ○────▶

A  ○─┐
     └──▶              Schritt 2: Interesse (Umweg,
B  ○────▶              Unterbrechung, Mitwirkung)

A ○─┐
    ├▶
B ○─┤                  Schritt 3: Zielkomposition
    │
C ○─┘──▶

A ○
   \                   Schritt 4: Obligatorische
    ○                     Verbindung
B ○   C

A   B   C
○───○───○              Schritt 5: Ausrichtung

  D ⎛   ⎞              Schritt 6: Kapselung,
    ⎝ABC⎠                 Blackboxing

D  ○────▶              Schritt 7: Punktierung
```

Abb. 2: Reversibles Blackboxing (Latour 1999, 184)

Auf diesem Konzept von Mediation aufbauend entwickelt Latour die Skizze einer soziotechnischen Kulturgeschichte. Dies soll aber nicht mehr Gegenstand dieses Beitrags sein, vielmehr gilt es nun abschließend zu explorieren, ob bzw. welche Art von Zugewinn aus seinem Ansatz für die Mensch-Computer-Interaktion zu ziehen ist.

3 Benutzungsschnittstellen zu Akteur-Netzwerk-Portalen

„Wie können wir Benutzungsschnittstellen ausstatten, so dass sie sich ihren Nutzern als benutzbare Werkzeuge präsentieren?" Nach einer Antwort suchend stellen Karat et al. (2000, 49ff; Zitate z.T. übersetzt) die Aspekte Motivation und Kontrolle in den Mittelpunkt: „We would like our tools to be able to suggest what they are for (...), but we do not expect them to control what we do." Ob „der Tischler den Hammer oder der Hammer den Tischler kontrolliert" sei letztlich unwichtig, solange der Benutzer sich nicht eingeengt fühlt, sein Ziel mit dem Werkzeug verfolgen kann. Ideale Tools sollten deshalb das Mantra „my purpose is to serve you" verinnerlichen – so beantworten Karat et al. ihre o.g. Frage nach der Ausstattung und empfehlen entsprechendes als Leitbild für die Werkzeuggestaltung. Das Werkzeug (oder der Agent, der Avatar) als Diener – Subjekt oder Objekt?

Mit Latour brauchen wir diese Frage nicht beantworten. Stattdessen lässt sich das obige Anliegen reformulieren: Softwarewerkzeuge sollen ihre Handlungsprogramme offenbaren, sich mit ihren Fähigkeiten und Zielen als Partner für kreative Allianzen anbieten, Raum für Eigenleistung und Innovation ermöglichen – also das Verfolgen von Handlungsprogrammen auf neuen Wegen anbieten (auch mit unerwarteten Resultaten), aber Benutzer nicht gegen ihren Willen (bzw. gegen ihre Motivation) zum Ausführen fremder Handlungsprogramme zwingen. Dies erscheint kompatibel zu Karat et al., aber lässt sich dies auch produktiv für die Gestaltung wenden?

Mit dem Konzept des reversiblen Blackboxing lässt sich das Interface als Handgriff zum gebrauchsfertigen Software-Werkzeug zunächst dekonstruieren und auf verschiedenen Ebenen beschreiben, welche Akteure – unabhängig von ihrem Subjekt- oder Objektstatus! – in einem räumlich und zeitlich verzweigten Netzwerk zusammenwirken. Wenn der Benutzer diese Dekonstruktion selbst vornehmen bzw. nachvollziehen kann, wird die Benutzungsschnittstelle zum Akteur-Netzwerk-Portal. Die zentrale Idee ist, die Benutzungsschnittstelle einerseits als unauffälliges, direkt handhabbares Softwarewerkzeug zu präsentieren, andererseits aber im Falle von

Nutzungsproblemen schrittweise das dahinter liegende Netzwerk von Akteuren (Menschen und Nichtmenschen) zu entfalten. Damit entstehen ganz neue Möglichkeiten – und Herausforderungen für das Design. Dies soll hier exemplarisch im Zusammenhang mit dem aktuellen Gestaltungsfeld Personalisierung demonstriert werden, ausgehend von den Themenfeldern Gebrauchstauglichkeit (vgl. Maaß et al. 1993) oder ubiquitous computing ließe sich in ähnlicher Weise argumentieren.

Im Kontext der Mensch-Computer-Interaktion bedeutet Personalisierung zunächst „connecting people and computers in a personal way" (vgl. Manber et al. 2000) – im unkomplizierten Fall die Beziehung zu etwas (z.B. ein ‚Werkzeug') jenseits des Interface, welches mich in dem von mir verfolgten Handlungsprogramm unterstützt. Wenngleich dies der vorherrschende Nutzungsmodus sein sollte, wird es immer wieder häufig zu ‚Krisen' kommen, d.h. die persönliche Verbindung entspricht nicht (mehr) den Handlungsinteressen des Benutzers. Das reversible Blackboxing kann hier sowohl die jeweilige Krise und ihr Ausmaß erklären als auch entsprechend Orientierung für die Gestaltung leisten. Tabelle 1 stellt einen ersten Versuch dar für eine systematische Anleitung (zugrunde gelegt wird die Schrittfolge aus Abb. 2, hier von unten nach oben angewendet),

- das hinter der Benutzungschnittstelle liegende Akteur-Netzwerk im Krisenfall schrittweise zu dekonstruieren (Spalte 1) und
- dem computernutzenden Menschen in Verbindung mit der Schnittstelle auf jeder Ebene der Dekonstruktion Awareness bzw. Transparenz über das dahinter liegende Akteur-Netzwerk sowie geeignete Alternativen anzubieten (mit dem Ziel, die Krise mit vertretbarem Aufwand beheben zu können) (Spalte 2),
- illustriert anhand von Elementen und Beziehungen im Akteur-Netzwerk von MyYahoo! (Spalte 3).

Tab. 1: Umgekehrtes Blackboxing am Beispiel von MyYahoo!

Ebenen bei der schrittweisen Dekonstruktion des Akteur-Netzwerkes	für Personalisierung notwendige Sichtbarkeit & Auswahlmöglichkeit von	‚reversible Blackboxing' mit Beispielen aus MyYahoo! (kursiv: in 9/2000 nicht möglich)
Interaktion der Handlungsprogramme von Mensch und Software-Werkzeug	Handlungsprogramm(e) des Werkzeugs, Annahmen über Handlungsprogramm(e) anderer Akteure (insb. Benutzer)	„My Yahoo! is everything you need on one page"
Software-Werkzeug als Blackbox	verbundene Akteure (technische Komponenten, Service Provider usw.),	Display von statischen/dynamischen Komponenten, eingebundene Services, diverse Provider (Inhalte, Technik)
Allianz von Akteuren, die das Agieren des Werkzeugs ermöglich(t)en	zeitliche und räumliche Beziehungen im Akteur-Netzwerk	als Default werden Nachrichten zu populären US-amerikanischen Sportarten angeboten
übliche „günstige" Verbindungen zwischen einzelnen beteiligten Akteuren	alternative Akteursverbindungen (ggf. mit Kosten/Nutzen-Bewertung)	Yahoo kooperiert mit bestimmten Sportportalen: einfache Auswahl für US Sports, Kricket, Fußball (in 5 Ländern Europas) - andere Inhalte nicht möglich
Handlungsziele von beteiligten Akteurskollektiven	Komposition von neuen Handlungszielen	*Display-Komponenten mit Suchmaschinen für alle Sportarten*
Interferenz der Handlungsprogramme von Akteuren	Einfluss auf Interaktion bzw. Interferenz von Akteuren	*Kompatibilität/Performance bei Informationsbeschaffung (Quellen, Format, Plattform etc.)*
Handlungsprogramme der einzelnen Akteure	Auswahl einzubeziehender Akteure	*Suchmaschinen, Sportagenturen weltweit*

Im „Normalfall" agiert die Benutzungsschnittstelle als Frontend zum Software-Werkzeug, das Portal dient scheinbar nur einer ‚einfachen' Mensch-Computer-Interaktion. Die Öffnung der Blackbox Software-Werkzeug ist dann immer wieder begleitet von Wechseln, welche Art von Akteuren in den Blick geraten – und das Portal macht schrittweise sichtbar woraus das Netzwerk besteht: die einzelnen Komponenten für das Display, die Nachrichtenagenturen, die Designer von Oberflächen, das Internet usw.

So betrachtet ist das Mantra „my purpose is to serve you" nicht ausreichend als Leitbild für die Schnittstellengestaltung (wenngleich es im konkreten Fall helfen kann, den geeigneten Provider, Service oder Technik auszuwählen und in das Netzwerk einzubinden). In der von Latour inspirierten Sicht ist das Leitbild für die Gestaltung das (umkehrbare) Blackboxing, d.h. das Öffnen des Werkzeugs, die Transparenz seiner Genese, die bedarfsweise Neugestaltung von Akteursbeziehungen, die Re-Institutionalisierung des zugrundeliegenden Akteur-Netzwerkes und seine neuerliche Schließung als, jetzt veränderte, Blackbox.

Man mag argumentieren, von vornherein zur Vernetzung konzipierte Webportale wie MyYahoo! sind keineswegs typisch für Softwaresysteme, die sich Benutzern als ‚Werkzeug' anbieten. Folgt man jedoch Latour, ist *jede Software ein Akteur*, eine agierende Einheit, in einem räumlich und zeitlich weit verzweigten Netzwerk von Menschen und Nichtmenschen. Für eine konkrete Aufgabe verbündet sich der Benutzer mit dieser Einheit, und es liegt nun an der Gestaltung der Schnittstelle, ob sie als Portal Zugang zu dem dahinter liegenden Akteur-Netzwerk bietet oder „nur" ein Werkzeug als Blackbox präsentiert – dann allerdings sind der Personalisierung (im Sinne der Gestaltung eines Software-Werkzeuges als Akteur-Netzwerk) sehr enge Grenzen gesetzt.

Zusammengefasst: Menschen und Computer führen uns massenhaft vor Augen, dass die Trennung der Welt in Subjekte und Objekte immer mehr obsolet wird – in die heutige Zeit versetzter und mit dem Internet verbundener Descartes würde diese Dualität wohl kaum noch ernsthaft als wissenschaftlichen Fortschritt postulieren (können). Wenn wir dieses grundlegende Postulat *aller* unserer „modernen" Wissenschaften überwinden, können wir uns angemessener mit den heutigen Phänomenen der Mensch-Computer-Interaktion auseinander setzen, indem wir das räumlich und zeitlich verzweigte Netzwerk der Akteure verfolgen. Jenseits dieser Dualität hängt es dann von unserem theoretischen und praktischen Erkenntnisinteresse ab, wie weit wir jeweils Artefakte bzw. handelnde Kollektive in den Zusammenhang ihrer genealogischen Netzwerke stellen (vgl. s.o. Prolog 1, Notebook-„Krise" u.ä.). Und die Schnittstellengestaltung hängt davon ab, wie weit wir Benutzer beim Navigieren in diesen Netzwerken unterstützen wollen.

Literatur

Armour, P. (2000): The Case for a New Business Model. Is Software a Product or a Medium? Communications of the ACM, Jg. 43, Nr. 8 (August), S. 19-22

Bergmann, W. (2000): Computer machen Kinder schlau. Was Kinder beim Computerspielen sehen und fühlen, denken und lernen. München: Beust

Dix, A., Finlay, J., Abowd, G., Beale, R. (1995): Mensch. Maschine. Methodik. New York: Prentice Hall

Karat, J., Karat, C.-M., Ukelson, J. (2000): Affordances, Motivation, and the Design of User Interfaces. Communications of the ACM, Jg. 43, Nr. 8 (August), S. 49-52

Klischewski, R. (2000): Systems Development as Networking. In: H. M. Chung (Hg.): Proceedings of the 2000 Americas Conference on Information Systems (August 10-13, Long Beach, CA). Association for Information Systems 2000, S. 1638-1644

Latour, B. (1987): Science in Action: How to Follow Scientists and Engineers through Society. Cambridge, MA: Harvard University Press

Latour, B. (1997): On Recalling ANT. Lancaster University, Department of Sociology, www.comp.lancs.ac.uk/sociology/stslatour1.html

Latour, L. (1999): Pandora's Hope. Essays on the Reality of Science Studies. Cambridge, MA: Harvard University Press

Maaß, S., Ackermann, D., Dzida, W., Gorny, P., Oberquelle, H., Rödiger, K.-H., Rupietta, W., Streitz, N. (1993): Software-Ergonomie-Ausbildung in Informatik-Studiengängen bundesdeutscher Universitäten. Informatik-Spektrum Jg. 16, Nr. 1, S. 25-38

Manber, U., Patel, A., Robison, J. (2000): Experience with Personalization on Yahoo! Communications of the ACM, Jg. 43, Nr. 8 (August), S. 35-39

McMaster, T., Vidgen, R.T., Wastell, D.G. (1998): Networks of Association and Due Process in IS Development. In: Proceedings of IFIP WG8.2 & WG8.6 Joint Working Conference on Information Systems: Current Issues and Future Changes, S. 341-358,

Shneiderman, B. (1998): Designing the User Interface. Strategies for Effective Human-Computer Interaction (3rd Edition). Reading, MA: Addison-Wesley

Walsham, G. (1997): Actor-Network Theory and IS Research: Current Status and Future Prospects. In: Lee, A., Liebenau, J., DeGross, J. (Hg.): Information Systems and Qualitative Research. London, S. 466-480

Adressen der Autoren

Ralf Klischewski
Universität Hamburg
Fachbereich Informatik/SWT
Vogt-Kölln-Str. 30
22527 Hamburg
klischew@informatik.uni-hamburg.de

Realisierung einer laserbasierten Interaktionstechnik für Projektionswände

Michael Wissen, Markus Alexander Wischy, Jürgen Ziegler

Fraunhofer IAO, Stuttgart / Siemens ZT SE2, München

Zusammenfassung

Dieser Beitrag befasst sich mit der Realisierung einer lasergesteuerten Interaktionstechnik. Dazu wird zunächst eine Motivation für diese Interaktionstechnik gegeben. Ein darauffolgender kurzer Vergleich mit anderen direkten Interaktionstechniken gibt einen Überblick über bisherige Arbeiten. Im Anschluss daran wird der Aufbau der Interaktiven Wand sowie des laserbasierten Zeigeinstruments erklärt. Der Hauptteil des Beitrages erläutert dann die Funktionsweise der Laserpunkterkennung und der Punktberechnung. Schwierigkeiten bei der Umsetzung der Interaktionstechnik und deren Lösung werden anschließend diskutiert. Der vorletzte Teil dieses Beitrags skizziert gesammelte Erfahrungen im Umgang mit der laserbasierten Interaktionstechnik. Zum Abschluss wird ein Ausblick auf mögliche Weiterentwicklungen gegeben.

1 Motivation zur laserbasierten Interaktionstechnik

Die Interaktive Wand, eine Entwicklung des Fraunhofer Instituts für Arbeitswirtschaft und Organisation, stellt eine 6,5 x 1,6 Meter große zusammenhängende Arbeitsfläche dar (siehe Abbildung 1).

Abb. 1: Die Interaktive Wand im Knowledge Media Lab

Die Dimension der Interaktiven Wand bietet dem Benutzer nicht nur eine großzügige Präsentationsfläche, vielmehr sollen anhand unterschiedlicher Formen der Interaktion Möglichkeiten der Gruppenarbeit unterstützt werden. Unter Verwendung herkömmlicher Interaktionstechniken kann jedoch eine zufriedenstellende Bedienbarkeit nicht erreicht werden, da Zeigegeräte wie Maus, Trackball, Trackpoint und Touchpad auf dem Prinzip relativer Bewegungen beruhen. Aufgrund dieser Tatsache kann eine Koordinate nicht unmittelbar angesprochen werden: der Benutzer muss eine relative Bewegung von der momentanen Position des Zeigers auf die gewünschte Position durchführen, so dass längere Distanzen mit diesen Zeigeinstrumenten nur durch die Beschleunigungsfunktionen der Gerätetreiber befriedigend zu bewältigen sind. Auf großen Projektionsflächen wie der Interaktiven Wand wird der Nachteil der relativen Zeigeinstrumente unmittelbar sichtbar. Zum einen stellt sich ein höherer Zeitaufwand bei der Selektion von weit auseinander liegenden Objekten ein und zum anderen widerspricht ein relatives Zeigeinstrument der intuitiven Bedienung einer Projektionswand. Da die Interaktive Wand ähnlich einer Tafel wirkt, ist die Benutzung der Stiftmetapher naheliegend.

Existierende Systeme auf Piezobasis kommen der intuitiven Arbeit mit Tafeln entgegen, besitzen aber den Nachteil, dass sie nur im unmittelbaren Nahbereich (auf der Wand aufgesetzt) arbeiten. Infrarot-basierte Systeme hingegen funktionieren aus größerer Entfernung bzw. spitzem Winkel unzuverlässig. Es entsteht das Problem, dass weit auseinander liegende Objekte nur selektiert werden können, wenn der Benutzer nahezu unmittelbar davor steht. Bei den Abmessungen der Interaktiven Wand (Länge über sechs Meter) führt diese Interaktionstechnik zu einer nicht komfortablen Benutzbarkeit.

Aus diesem Grund wurde ein stiftbasiertes Zeigeinstrument auf Laserbasis entwickelt, mit dem es möglich ist, den Mauszeiger zu bewegen und Mausklicks durchzuführen. Der Mauszeiger folgt dabei dem auf der Arbeitsfläche sichtbaren Laserpunkt, so dass selbst größere Distanzen durch direktes Zeigen unmittelbar erreichbar sind. Zudem ist es möglich auch aus sehr weiten Entfernungen (mehr als acht Meter) oder spitzem Winkel (25 Grad) den Mauszeiger zu steuern. Ein Vorteil, der die komfortable Bedienung großer interaktiver Wände ermöglicht.

Die hier vorgestellte Interaktionstechnik eröffnet dem Benutzer neue Freiheiten, die über die Möglichkeiten herkömmlicher Zeigeinstrumente hinausgehen. Er kann sich mit dem Laserpointer frei im Raum bewegen und trotzdem schnell und direkt die Benutzungsoberfläche bedienen. Durch die Standardanschlüsse der interaktiven Wand kann der Benutzer seinen Rechner über den Laserpointer ferngesteuert bedienen, so dass auch weitere Rechner (wie z.B. ein Laptop) von der Interaktionstechnik profitieren können.

Mögliche Anwendungsgebiete großer interaktiver Wände liegen vor allem in der Unterstützung kreativer Prozesse in Teamräumen und im kooperativen Visualisieren und Explorieren von Informationsinhalten, Informationsstrukturen und Prozessen. Gerade für Anwendungen, die sich mit der Generierung von Informationen und ihrer Visualisierung befassen, beispielsweise in den Bereichen Modellierung und Design, sind große Präsentationsflächen, kombiniert mit intuitiv bedienbaren Interaktionstechniken von großem Nutzen. Durch stiftbasierte Gestenerkennung kann der Benutzer in der Eingabe maßgeblich vom System unterstützt werden. Diese Aspekte sollen in neue softwarebasierte Werkzeuge aufgenommen werden, die speziell Kreativität und Kooperation in Teamräumen fördern und dabei die Eigenschaften der Interaktiven Wand nutzen. Mit diesen Werkzeugen sollen die in Teamsitzungen auftretenden Phasen der Ideengenerierung, des Informationsaufbaus, der Informationsstrukturierung und der kooperativen Content-Erstellung unterstützt werden.

2 Bisherige Arbeiten

Der Lichtgriffel war das erste Eingabeinstrument, das eine direkte Selektion der Interaktionsobjekte am Bildschirm erlaubte. Der Benutzer hält dazu einen an den Computer angeschlossenen Stab auf den Bildschirm und kann entweder durch Drücken des Stifts gegen die Oberfläche oder durch Betätigen eines Knopfes an der Seite des Lichtgriffels Elemente markieren oder Befehle auswählen. Nachteile bei der Benutzung des Lichtgriffels bestehen darin, dass zum einen diese aufgesetzte Arbeitsweise zu einer schnellen Ermüdung des Arms führt und zum anderen die Bedienung nur direkt am Bildschirm möglich ist.

Touchscreens arbeiten auf Piezo- oder Infrarotbasis (auf Bildschirme aufsetzbar) oder mittels Feldstärkeänderungen (im Bildschirm mit Folien oder Platten realisiert). Je nach Technologie können mit der Hand und/oder mit einem speziellen Stift direkte Eingaben auf dem Bildschirm vorgenommen werden (Sears et. al., 1991). Ebenso wie beim Lichtgriffel ist auch bei Touchpads nur aufgesetztes Arbeiten möglich. Während Touchscreens für Click-Aufgaben gut geeignet sind, treten Schwächen dieser Technologie bei Drag & Drop-Operationen hervor. Zudem führen Dauereingaben, vor allem bei stehender Benutzung, auch hier zu einer sehr schnellen Ermüdung des Arms.

Das Liveboard der Firma Liveworks (Scott Elrod et al., 1992) sowie das SMARTBoard von SMART Technologies realisieren eine interaktive Bildfläche von ca. zwei Metern mittels Rückprojektion. Die Eingabetechniken unterscheiden sich jedoch bei beiden Systemen. Die Interaktion erfolgt beim Liveboard mit Hilfe eines Infrarotstifts, dessen Lichtstrahl von Sensoren erkannt wird, die sich hinter der Projektionsfläche befinden. Durch die Benutzung dieser Technologie ist es möglich, auch aus der Entfernung zu interagieren, jedoch wird mit zunehmender Distanz der Interaktionsradius auf der Bildoberfläche kleiner. Beim SMARTBoard hingegen handelt es sich um einen Touchscreen, der die Interaktion mit dem Finger bzw. einem normalen Stift erlaubt.

Bei der Dynawall (Holmer et al, 1998) handelt es sich um eine 4,50 Meter breite und 1,10 Meter hohe berührungsempfindliche Bildschirmwand aus drei nebeneinanderstehenden SMART-Boards, an der bis zu drei Personen gleichzeitig arbeiten können. Durch softwaretechnische Lösungen wird das Gefühl einer zusammenhängenden Arbeitsfläche vermittelt.

Die Interactive Learning Wall (Eckert et. al., 2000) stellt ein Virtuelles Blackboard dar, dessen Mausbewegungen mit einem Laser gesteuert werden können. Das System zeichnet sich insbesondere dadurch aus, dass es von beliebigen Rechnern innerhalb des lokalen Netzwerks ferngesteuert werden kann.

Der DataGlove ist ein Handschuh zur Positions- und Zeigerichtungserkennung der Hand. Die Position im Raum wird über Laufzeitmessungen zweier Referenzsender gemessen, die Beugung der Finger über Lichtwellenleiter. Nachteile dieses Systems ist die Ungenauigkeit der Messungen (siehe Byrson, 1996), sowie die Einschränkung der Bewegungsfreiheit durch Kabel.

3 Aufbau und Realisierung

Im Folgenden werden kurz die Architektur der Interaktiven Wand sowie der Aufbau und das Design des Laserpointers erläutert.

3.1 Architektur der Interaktiven Wand

Kernstück der Interaktiven Wand ist ein Bildrechner, dessen drei Grafikkarten jeweils mit einem Videoprojektor verbunden sind. Jedem dieser Projektoren ist eine Kamera zugeordnet, die jeweils an einem Bildverarbeitungsrechner angeschlossen ist (siehe Abbildung 2).

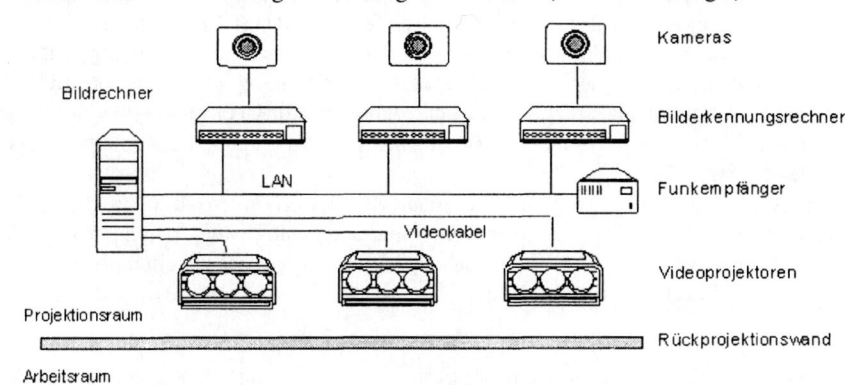

Abb. 2: Schematischer Aufbau der Interaktiven Wand

Die drei Grafikkarten des Bildrechners erlauben eine über alle angeschlossenen Projektoren verteilte zusammenhängende Arbeitsfläche mit Betriebssystemmitteln zur Verfügung zu stellen. Dadurch können die für diese Plattform verfügbaren Anwendungen ohne Änderung unmittelbar von der großen Projektionsfläche profitieren[1].

Das Kamerasystem hat nun die Aufgabe, die Projektionsfläche auf das Auftreten eines Laserpunktes hin zu überprüfen. Wurde ein solcher Punkt von einer der drei Kameras gefunden, werden seine absoluten Koordinaten berechnet und über ein LAN an den Bildrechner übermittelt (siehe Abschnitt 4.1 Punkterkennung). Der Bildrechner wiederum ist für die Positionierung des Mauszeigers an der entsprechenden Stelle zuständig (siehe dazu Abschnitt 4.2 Punktberechnung).

3.2 Aufbau des Laserpointers

Der Laserpointer besteht aus einem handelsüblichen Laser, der in ein stiftähnliches Gehäuse eingebaut ist. Zusätzlich sind im Laserpointer drei Tasten integriert (siehe Abbildung 3).

Zwei metallische Ringe an der Spitze dienen zur Aktivierung des Lasers und müssen dazu durch Fingerkontakt überbrückt werden. Dadurch wird zum einen der Laser deaktiviert, wenn der Laserpointer aus der Hand gelegt wird und zum anderen kann durch leichtes Heben des Fingers bewusst der Zustand des Lasers beeinflusst werden.

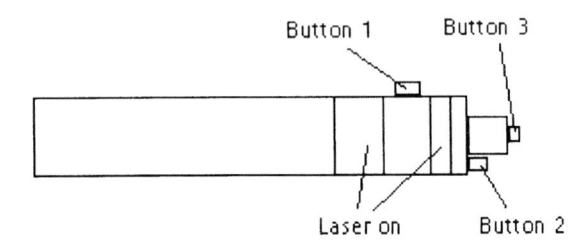

Abb. 3: Schematischer Aufbau des Laserpointers

Um unerfahrenen Benutzern den Umgang mit diesem Interaktionsgerät in einfacher Art und Weise zu ermöglichen, muss der Laserpointer in Form und Funktionalität an einen Stift erinnern. Da die gleiche Metapher wie bei einer Tafel oder einem Whiteboard verwendet und umgesetzt wird, können die Benutzer ihre Erfahrungen im Umgang mit diesen Medien unmittelbar für die Interaktive Wand nutzen. Aus diesem Grund wurde das Gehäuse stiftähnlich entworfen und die Tasten sowie die Aktivierung des Lasers möglichst klein und unauffällig integriert.

Des weiteren darf das Interaktionsgerät nicht den Freiraum des Benutzers einengen. Dafür sorgen die Verwendung eines Lasers, der auch aus großer Entfernung noch sicher positioniert und erkannt werden kann und die Nutzung der Funktechnologie zur Übertragung der Tastensignale. Die automatische Aktivierung und Deaktivierung des Stiftes sorgt außerdem für eine längere Betriebsdauer des Stiftes.

Bei der Anordnung und Auswahl der Tasten auf dem Laserpointer muss berücksichtigt werden, dass sie leicht mit den Fingern zu erreichen sind und betätigt werden können, ohne dass es zu starken Auslenkungen der Hand führt (dies würde bewirken, dass bei einem Klick die selektierte Position nicht gehalten werden kann).

---

1 Die meisten Anwendungen sind allerdings für ein 4:3 Seitenverhältnis geschrieben. Optimal kann die wandfüllende Darstellung von Anwendungen genutzt werden, die für eine solche Projektionsfläche entworfen wurden.

Während die ersten zwei Tasten die rechte und linke Maustaste emulieren, dient der Taster an der Spitze des Laserpointers dazu, das Aufsetzen auf der Oberfläche der Wand zu registrieren. Damit ist es möglich, mit dem Laserstift direkt auf der Oberfläche der Interaktionswand, ähnlich wie auf einer Tafel, zu zeichnen und zu schreiben.

4 Realisierung der Laserinteraktion

Die Umsetzung der laserbasierten Interaktionstechnik erfordert neben der Erkennung des Laserpunktes (4.1) auch den Ausgleich auftretender Verzerrungen innerhalb des Projektionssystems (4.2). Weiterhin muss die Übertragung der Tastensignale realisiert werden (4.3)

4.1 Punkterkennung

Die Aufgabe der Punkterkennung liegt in erster Linie darin, den Laserpunkt zuverlässig, exakt und schnell zu erkennen. Äußere Einflüsse auf das Projektions- und Kamerasystem, wie Lichtschwankungen durch Raumbeleuchtung sowie Sonneneinstrahlung, dürfen die Qualität der Erkennung nicht beeinträchtigen.

Zudem musste bei der Umsetzung berücksichtigt werden, dass zum einen die Zuverlässigkeit der Punkterkennung bei äußerst schnellen Bewegungen des Lasers (wie sie von einem Benutzer im Normalfall allerdings nicht durchgeführt werden) sinkt und zum anderen aufgrund der verwendeten Kamerasysteme das komplette Bild unter den Echtzeitanforderungen der Interaktionstechnik nicht schnell genug ausgelesen werden kann.

Die Robustheit gegenüber Störeinflüssen konnte mit Hilfe eines fortlaufenden Helligkeitsabgleichs der Kamera realisiert werden. Die Geschwindigkeit des Trackings wurde durch eine Beschränkung des Scanbereiches auf ein „Window of Interest" wesentlich erhöht.

Betrachten wir im Folgenden die Funktionsweise des fortlaufenden Abgleichs. Im Ruhezustand, d.h. der Laser ist deaktiviert, wird der gesamte Projektionsbereich des entsprechenden Videoprojektors von der Kamera gescannt und auf Punkte mit überdurchschnittlich hoher Helligkeit hin analysiert. Wurde ein solcher Punkt gefunden, muss es sich jedoch nicht zwangsläufig um den Lichtpunkt eines Laserstrahls handeln. Auch Helligkeitsänderungen im Raum, verursacht durch Tageslicht und andere Lichtquellen können die von der Kamera auszulesenden Helligkeitswerte für einen Teil der Scanoberfläche beeinflussen. Dies betrifft vor allem Rückprojektionssysteme, da hier im Gegensatz zu Aufprojektionssystemen auf eine dunklere Fläche projiziert wird.

Aus diesem Grund ist es notwendig, Helligkeitsveränderungen auf der Projektionsfläche durch einen ständigen Abgleich mit der Kamera auszugleichen. Dazu wird während der Initialisierungsphase des Systems das komplette Kamerabild ausgelesen. Dieses dient als Maßstab für alle weiteren Scan-Vorgänge und wird jedes Mal vom aktuellen Bild subtrahiert. Als Ergebnis der Subtraktion erhält man ein schwarzes Bild, das nur dort Werte über Null aufweist, wo überdurchschnittliche hohe Helligkeitswerte von der Kamera gelesen wurden. Das während der Initialisierung erzeugte Vergleichsbild muss nun ständig den Lichtschwankungen entsprechend angepasst werden. Dies geschieht im Ruhezustand, d.h. wenn sich kein Laserpunkt auf der auszulesenden Projektionsfläche befindet.

Die Differenz zwischen dem aktuell erfassten Bild und dem Vergleichsbild dient also als Grundlage für die Erkennung eines möglichen Laserpunktes. Um Fehlinterpretationen zu vermeiden ist es notwendig, die Helligkeitsverteilung des Differenzbildes genauer zu untersuchen, d.h. eine Mustererkennung durchzuführen. Aufgrund dieser Mustererkennung kann dann ausgeschlossen werden, dass es sich bei den überdurchschnittlichen Helligkeitswerten im Differenzbild um Störeinflüsse wie direkte Sonneneinstrahlung, zusätzlich eingeschaltete Lichtquellen oder Ähnlichem handelt.

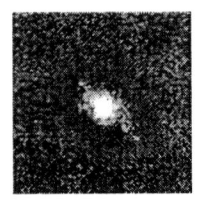

Abb. 4: Charakteristische Falschfarbenbilder von Aufnahmen eines ruhenden Laserpunktes, eines bewegten Laserstrahls, des Beamerpunktes (Reflektion der Projektorlampe auf der Projektionsoberfläche), sowie von Sonneneinstrahlung

Das Auslesen des gesamtem Projektionsbereichs mit der Kamera ist mit hohen zeitlichen Kosten verbunden. So liegt die Ausleserate der Helligkeitswerte aus der Kamera mit maximaler Auflösung bei etwa zehn Bildern pro Sekunde. Schnelle Bewegungen mit dem Laserpointer führen damit zwangsläufig zu ruckhaften Sprüngen des Mauszeigers. Wird hingegen der auszulesende Bereich beschränkt, lassen sich bis zu 1000 Bilder pro Sekunde erfassen. Aus diesem Grund wird der komplette Projektionsbereich lediglich ausgelesen, um den Laserpunkt zu finden. Ist dieser geortet, wird ein Window-Of-Interest (WOI) um diesen Punkt gelegt. Die unmittelbare Umgebung des erfassten Laserpunktes kann dann mit einer sehr hohen Ausleserate kontinuierlich untersucht werden. Das WOI stellt ein Quadrat dar, dessen Zentrum immer die Position des zuletzt gefundenen Laserpunktes bildet und sich daher mit diesem ständig verschiebt. Das WOI bleibt solange erhalten, bis der Laserpunkt nicht mehr im Sichtbarkeitsbereich der Kamera liegt. Tritt dieser Fall ein (z.B. durch Deaktivieren des Lasers), so wird wieder der gesamte Projektionsbereich ausgelesen, bis ein Laserpunkt erneut von einer der drei Kameras erfasst wird.

4.2 Punktberechnung

Nachdem der vom Laserpointer erzeugte Punkt auf der Projektionsfläche erkannt wurde, müssen zur Bestimmung seiner absoluten Position die Verzerrungen des Kamerabildes berücksichtigt werden. Zusätzlich ist eine Skalierung der Koordinaten erforderlich, da die maximale Auflösung der verwendeten Kameras 512 x 512 Bildpunkte beträgt, gegenüber der Projektorauflösung von 1024 x 768 Bildpunkten. Der effektiv nutzbare Bereich liegt aber aufgrund der Bildverzerrungen und der nicht quadratischen Projektionsfläche noch unterhalb der Kameraauflösung. So ist eine Skalierung um etwa den Faktor drei erforderlich. Je nachdem von welcher Kamera die Koordinateninformation stammt, muss zusätzlich ein Offset addiert werden, damit der Mauszeiger auf der richtigen Projektionsfläche angezeigt wird.

Die Justierung der Bildentzerrung erfolgt durch einen speziellen Installationsmodus der Bildverarbeitungsrechner. In diesem Modus werden nacheinander die Ecken der Projektionsfläche justiert. Dabei genügt es, mit dem Laserstift in die Ecken zu zeigen.

Mit Hilfe der einfachen Justierung und des fortlaufenden Abgleichs ist es möglich, diese Interaktionstechnik auch mit mobilen Geräten und an unterschiedlichen Orten einzusetzen.

4.3 Mausklick-Informationen

Die Übertragung der Mausklicks erfolgt über Funk. Die Laserpointer besitzen dazu ein Sendemodul, das bei Betätigung einer der drei Tasten des Laserpointers ein dazu korrespondierendes Signal aussendet. Die beim Funkempfänger ankommenden Signale werden ausgewertet und über das LAN an den Bildrechner übertragen. Dort werden sie in die entsprechenden Mausereignisse des Betriebssystems umgewandelt.

4.4 Kommunikation

Die Kommunikation der einzelnen Rechner untereinander erfolgt auf der Basis von TCP/IP. Auf dem Bildrechner wird lediglich ein Treiber benötigt, der die Informationen von den Bilderkennugsrechnern bzw. dem Funkempfänger in entsprechende Systemnachrichten umwandelt. Es ist daher möglich, jeden beliebigen Rechner, der eine Netzwerkverbindung zu den hier vorgestellten Systemkomponenten besitzt, fernzusteuern: dazu wird der Rechner (z.B. ein Laptop) per Standard-Videokabel an den Projektor und über Ethernet an das LAN angeschlossen. Das Bild des angeschlossenen Rechners erscheint auf der Projektionsfläche, die Koordinateninformationen des Mauszeigers werden über das LAN empfangen und vom Treiber in Bewegungen des Mauszeigers umgesetzt.

5 Interaktionsprobleme

Die Benutzung eines Laserpointers zur Bedienung von graphischen Benutzungsschnittstellen wirft verschiedene Interaktionsschwierigkeiten (wie Zittern der Hand, zu kleine Interaktionsobjekte) auf. Diese können größtenteils mit Hilfe der Steuerungssoftware gemindert werden.

5.1 Anti-Zitter Strategien

Das natürliche Zittern der Hand verursacht geringe Schwankungen des Laserpunktes, ein Effekt, der sich mit zunehmendem Abstand von der Projektionsfläche verstärkt. Dies kann dazu führen, dass Mausklicks vom Betriebssystem nicht mehr erkannt werden, da die Zeigerposition bei Beendigung des Klicks zu weit von der Position bei Beginn des Klicks entfernt liegt. Doppelklicks sind dementsprechend noch schwieriger auszuführen. Außerdem fällt das Zittern bei Textselektion oder Menüauswahl stark auf, da hier selbst kleine Schwankungen zu starken semantischen Änderungen an der Benutzungsoberfläche führen können.

Um dieses Problem zu minimieren, wurden verschiedene Anti-Zitter Strategien implementiert. Die augenscheinliche Lösung, die Punktfolgen zu glätten (etwa durch eine Schwerpunktberechnung der letzten n Samples) führt nicht zum Erfolg. Das Zittern wird zwar etwas verringert, dafür wird aber der Mauszeiger erheblich träger, d.h. er kann dem Laserpunkt nur zeitlich leicht verzögert folgen.

Deshalb musste eine Lösung gefunden werden, die zuverlässig das Zittern des Erkennungspunktes verhindert, aber gleichzeitig keine Trägheit induziert. Dies kann mit Hilfe einer speziellen Distanzfunktion realisiert werden (siehe Abbildung 5).

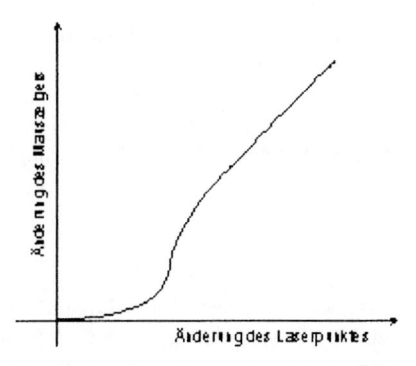

Abb. 5: Distanzfunktion zur Berechnung des nächsten Bildpunktes

Die Distanzfunktion beschreibt, wie die Positionsveränderung des Erkennungspunktes auf die des Mauszeigers abgebildet wird. Werden keine Änderungen der Koordinaten vorgenommen, entspricht die Distanzfunktion der Funktion y = x, d.h. Positionsveränderungen des Laserpunktes werden 1:1 auf den Mauszeiger übertragen. Bei der oben abgebildeten Distanzfunktion hingegen haben kleine Veränderungen des Erkennungspunktes (bis zu drei Pixel von der momentanen Mausposition) keinen Einfluss auf die Mauszeigerposition selbst, sie bleibt daher stabil. Ein Zittern von bis zu drei Bildpunkten in jede Richtung um die momentane Mauszeigerposition herum wird zuverlässig herausgefiltert. Steigt die Distanzfunktion langsam an, so ist trotzdem eine bildpunktgenaue Positionierung des Mauszeigers möglich. Ist beispielsweise der Laserpunkt vier Bildpunkte vom Mauszeiger entfernt, so wird dieser um einen Bildpunkt verschoben. Bei schnellen Bewegungen des Laserpunktes ist der Abstand zum letzten Punkt wesentlich größer. Hier kann die Bewegung 1:1 umgesetzt werden, die Distanzfunktion nähert sich bei starken Änderungen des Erkennungspunktes der Funktion y = x. Für den Benutzer entsteht der Eindruck, dass der Mauszeiger extrem ruhig, aber trotzdem sehr schnell und exakt positioniert werden kann.

5.2 GUI Gestaltung

Die Oberflächengestaltung von Windows und anderen GUI-Betriebssystemen, die für Mausinterkationen entwickelt wurden, erschwert die Bedienung aus größeren Entfernungen. Ein Grund hierfür liegt in den relativ kleinen Interaktionsobjekten zum Öffnen, Schließen, Verschieben, etc. von Fenstern, sowie der ebenfalls recht kleinen Menügestaltung. Je weiter sich der Benutzer von der Interaktiven Wand entfernt, desto schwieriger wird es für ihn, die Symbole exakt zu treffen. Da sich die graphische Oberfläche einer Anwendung über mehrere Meter erstrecken kann, sollten möglichst keine Funktionen nur an einem festen Punkt auf der Oberfläche ausgeführt werden können. Als bestes Negativbeispiel ist hier der „Start"-Knopf der Windows-Betriebssysteme zu nennen, der sich im Normalfall in der linken unteren Ecke des Bildes befindet.

Weiterhin verlangen diese Systeme, dass während eines Mausklicks die Position des Mauszeigers sich so gut wie nicht verändert. Das Auslösen eines Doppelklicks ist für eine herkömmliche Mausinteraktion noch erträglich, bei der Stiftinteraktion aber sehr umständlich, da die Wahrscheinlichkeit, den Stift bei der Aktion zu verreißen, sehr hoch ist. Dieses Problem lässt sich mit Hilfe des Anti-Zitter Algorithmus aufheben. Neuere Betriebssysteme bieten darüber hinaus die Möglichkeit, Doppelklicks durch einen einfachen Klick auszuführen.

5.3 Projektionstechnik

Ein wichtiger Punkt bei Rückprojektionssystemen liegt in der Beschaffenheit der Präsentationsfläche. Um direktes Schreiben bzw. Zeichen auf der Oberfläche zu ermöglichen, sollte diese mit einer kratzfesten Schutzschicht ausgestattet sein. Zusätzlich sollte eine angemessene Entspiegelung dafür Sorge tragen, dass der Laserstrahl nicht reflektiert wird und dadurch zu Verunsicherungen der Benutzer führt. Allerdings führt ein höherer Grad der Entspiegelung zur Notwendigkeit leuchtkraftstärkerer Videoprojektoren.

6 Erfahrungen

Da die Interaktive Wand in einem Konferenzraum integriert ist und dieser als solcher von einer Vielzahl von Personen genutzt wird, konnte der Einsatz der laserbasierten Interaktionstechnik vielfach beobachtet und getestet werden. Auch wenn es noch keine vollständige Evaluation im Sinne empirischer Untersuchungen gibt, zeigen bisher durchgeführte Tests, dass die Benutzung des Laserstiftes gegenüber herkömmlichen Eingabegeräten zu einem wesentlich schnelleren Interaktionsablauf führt. Voraussetzung ist jedoch, dass sich der Benutzer erstmalig wenige Minuten mit der generellen Benutzung eines Laserstiftes vertraut macht. Je geübter der Benutzer ist, desto zielsicherer kann er auch aus einer Entfernung von mehreren Metern selbst kleine Schaltflächen treffen. Auch gerade bei Teamsitzungen hat sich die Interaktionsmöglichkeit aus größerer Entfernung als vorteilhaft erwiesen, da beispielsweise die interaktive Wand bequem vom Sitzplatz aus bedient werden kann.

Insgesamt hat sich herausgestellt, dass der Laserstift gegenüber herkömmlichen Eingabegeräten (Funk-Trackball, Tastaturmaus, etc.) bevorzugt wird, so dass sich die Weiterentwicklung dieser Technik sicherlich lohnt.

7 Ausblick

Die Realisierung der in diesem Beitrag vorgestellten Interaktiven Wand besitzt zwar mehrere Laserstifte, diese adressieren jedoch zunächst nur einen einzigen Mauszeiger. Das System lässt sich ohne allzu großen technischen Aufwand nun prinzipiell derart erweitern, dass jeder Benutzer einen „persönlichen" Laserstift erhält. Die Unterscheidung der einzelnen Laserstifte würde durch den Einsatz pulsierender Laserstrahlen erfolgen. Die Kamerarechner erhielten neben der Position des Laserpunktes auch die Information, um welchen Stift es sich handelt und könnten dementsprechend den zugehörigen virtuellen Mauszeiger positionieren. Diese zusätzlichen virtuellen Mauszeiger können dann beliebig visualisiert werden, so dass eine größere Anzahl von Benutzern gleichzeitig mit der interaktiven Wand arbeiten können.

Eine andere Möglichkeit, intuitiv mit der Interaktiven Wand zu arbeiten, liegt in der Betrachtung von Handschatten auf der Projektionsoberfläche. Diese entstehen, allerdings nur bei Rückprojektionssystemen, wenn der Benutzer mit dem Finger die Oberfläche berührt. Voraussetzung ist allerdings, dass die Lichtverhältnisse auf der Rückseite der Projektionsfläche dunkler sind als auf der vorderen Seite, an der die Benutzer arbeiten. Vorteilhaft wirkt sich hier aus, dass keine zusätzlichen Kameras benötigt werden und im Vergleich zur Gestenerkennung eine sehr genaue Positionserkennung möglich ist.

8 Literatur

Byrson, S. (Mai 1996): Virtual Reality in scientific visualization, Communications of the ACM, V.39, 5
Eckert, R und Moore, J. A. (April 2000): The Classroom of the 21st Century: The Interactive Learning Wall, SIGCHI, V.32, 2
Elrod, S. et.al (1992): Liveboard: A Large Interactive Display Supporting Group Meetings, Presentations and Remote Collaboration Desks, Video, and Screens; Proceedings of ACM CHI'92 Conference on Human Factors in Computing Systems S. 599-607
Holmer, T., Lacour L., Streitz, N.: i-LAND: An Interactive Landscape for Creativity and Innovation Videos Proceedings of ACM CSCW'98 Conference on Computer-Supported Cooperative Work 1998 S.423
Sears, A. und Shneiderman, B. (April 1991): High Precision Touchscreens: Design strategies and comparison with a mouse, Internation Journal of Man.Machine-Studies, V.24, 4

Adressen der Autoren

Michael Wissen / Prof. Dr.-Ing. Jürgen Ziegler
Fraunhofer IAO
Nobelstr. 12
70569 Stuttgart
michael.wissen@iao.fhg.de
juergen.ziegler@iao.fhg.de

Markus Alexander Wischy
Siemens ZT SE2
Otto-Hahn-Ring 6
81730 München
markus.wischy@mchp.siemens.de

Paper-to-Web: Papier als Eingabemedium für Formulare im World-Wide Web

Hans-Werner Gellersen, Dirk Reichtsteiger, Karsten Schulz, Oliver Frick,
Albrecht Schmidt

Universität Karlsruhe, TecO / DSTC Brisbane, Australien / SAP CEC Karlsruhe

Zusammenfassung

Paper-to-Web ist ein System, das im Bereich der Formularverarbeitung die Vorteile der Integration einfacher Endgeräte in flexible Informationsinfrastrukturen aufzeigt. Das System erweitert das CrossPad, einen digitalen Notizblock für weitgehend unstrukturierte Erfassung von Notizen und Skizzen, um Komponenten für die formularbasierte Datenerfassung, und integriert es mit dem World-Wide Web. Auf dieser Basis können Web-Formulare mit Papier und Stift ausgefüllt und für den Nutzer transparent zur Weiterverarbeitung an einen Server übertragen werden. Paper-to-Web zeigt exemplarisch, wie Mensch-Computer-Schnittstellen im übertragenen Sinne unsichtbar werden, wenn bekannte Artefakte – hier Papier und Stift – als Interaktionsobjekte dienen.

1 Einleitung

Digitale Informationsinfrastrukturen werden allgegenwärtig und haben das Potential in praktisch alle Lebensbereiche hinein zu reichen. Mit der zunehmenden Verfügbarkeit von Infrastrukturen rückt aber die Frage des Zugangs und der Benutzbarkeit stärker in den Vordergrund. In diesem Zusammenhang besteht wachsendes Interesse an Ansätzen, die nicht länger computerzentriert sind, sondern Menschen und ihre Aktivitäten in den Mittelpunkt stellen. Grundlegend für solche Ansätze ist der Gedanke, Computer in den Hintergrund treten zu lassen, beispielsweise in computerbasierten Geräten, die nicht länger als Computer wahrgenommen werden. Im Gegensatz zu Universalcomputern wie wir sie heute nutzen, werden solche Informationsgeräte (*Information Appliances*) für die Unterstützung dezidierter Aktivitäten entworfen. Entsprechend haben Informationsgeräte das Potential, sich sanfter in zu unterstützende Aktivitäten einzufügen.

Im vorliegenden Beitrag stellen wir eine Anwendung vor, die im Bereich der Formularverarbeitung die Vorteile der Integration dezidierter Informationsgeräte mit flexiblen Informationsinfrastrukturen demonstriert. Konkret wird in dieser Anwendung – *Paper-to-Web* – ein digitaler Notizblock, das *CrossPad* Produkt, als Endgerät zur papierbasierten Bearbeitung von webbasierten Formularen erweitert. Das CrossPad ist im Prinzip eine Kombination aus Klemmbrett und Stift die mit beliebigem Papier eingesetzt werden kann, um Handschrift gleichzeitig „schwarz auf weiß" und in digitaler Form zu erfassen. Das Klemmbrett ist dazu als Digitalisiertablett und der Stift als induktives Eingabegerät erweitert, was aber die gewohnte Handhabung von Stift und Papier nicht verändert und so vor dem Nutzer verborgen bleibt [1] (vgl. auch Abb.1 unten). Während das CrossPad als solches für die Erfassung weitgehend unstrukturierter Information entworfen wurde, wird es im Paper-to-Web System mit Komponenten für die formularbasierte Datenerfassung integriert. Dieses System eröffnet die Alternative, Web-Formulare anstatt am Bildschirm nun mit Papier und Stift auszufüllen, wobei die Übertragung ausgefüllter Formulare an den entsprechenden Server im World-Wide Web automatisiert erfolgt.

Die Paper-to-Web Anwendung wurde vollständig implementiert und in verschiedenen Szenarien zum Einsatz gebracht. Im Mittelpunkt der Forschungsarbeit stand dabei aber weniger die

Frage, in wie weit Arbeitsabläufe messbar verbessert werden. Paper-to-Web ist vielmehr eine Studie zur Einbettung von Mensch-Computer-Schnittstellen in alltägliche Aktivität – in diesem Fall dem Ausfüllen von Papierformularen. Die Anwendung zeigt exemplarisch, dass die Mensch-Computer-Schnittstelle unsichtbar wird, wenn bekannte Artefakte – hier Papier und Stift – so erweitert werden, dass sie als „natürliche" Interaktionsobjekte genutzt werden können. Ferner zeigt die Anwendung am Beispiel von Formularen, wie virtuellen Objekten eine physische Gestalt gegeben werden kann, die die Interaktion erleichtert. Konkret wird dieses deutlich in der Abbildung von HTML-Formularen auf konventionelle Papierformulare, die im wortwörtlichen Sinne begreifbar sind.

Paper-to-Web demonstriert aber auch noch einen weiteren wichtigen Aspekt von Informationsgeräten: die Anwendung unterstreicht, dass Informationsgeräte die Vielseitigkeit, die sie durch Dezidierung einbüßen, durch Vernetzung teils wiedergewinnen können. So wird das CrossPad, das eigentlich nur zur Notizerfassung konzipiert wurde, in der vorliegenden Arbeit durch Integration mit dem World-Wide Web für weitere Anwendungsfelder erschlossen. Dieser Aspekt der Vernetzung an sich einfacher Geräte zu flexiblen Systemen ist eines der tragenden Argumente in Norman's Betrachtungen zur Schaffung mensch- und aktivitäts-zentrierter Computertechnologien [8].

Im folgenden wird nun zunächst Papier versus Computer als Eingabemedium diskutiert und auf verwandte Arbeiten verwiesen. Im Hauptteil des Beitrags wird das Web-to-Paper System erläutert. Daran schließt sich eine Diskussion von Einsatzszenarien und initialer Anwendungserfahrung an.

2 Papier versus Computer

Papier hat eine Jahrtausende alte Tradition in unserer Gesellschaft – aber nicht nur Gewohnheit und Tradition lassen uns auch 20 Jahre nach der Proklamation des papierlosen Büros am Papier festhalten. Es bietet gegenüber Tastatur, Maus, Bildschirm und anderen Geräten viele praktische Vorteile. Es ist leicht und handlich, mobil und ubiquitär; es kann angefasst werden und spricht so mehr Sinne an als das elektronische Äquivalent; auch räumliche Aspekte – Papier kann neben- und übereinandergelegt werden – erleichtern den Umgang mit Dokumenten [9]. Wichtig ist auch, dass Information auf Papier leichter annotiert werden kann als in elektronischen Dokumenten [10]. Aber nicht nur für das Annotatieren sondern allgemein für das Schreiben ist die Kombination von Stift und Papier anderen Methoden wie Schreibmaschine und Computer in Flexibilität und Akzeptanz überlegen, insbesondere auch Stift-basierten Computern.

Den Vorteilen von Papier und Stift stehen die bekannten Nachteile gegenüber: Speicherung, Indexierung, Suche und Vergleich von Information ist auf Papier vergleichsweise ineffizient. In vielen Arbeitsbereichen finden sich heute Kompromisse: Dateneingabe erfolgt häufig noch auf Papierbasis, während zur weiteren Datenverarbeitung Hochleistungs-Scanner zur Digitalisierung und OCR-Software zur Auswertung herangezogen werden. Beispiele sind die automatische Erfassung von Überweisungsträgern bei Banken und Adreßerkennung bei der Post. Diese Systeme skalieren allerdings sehr schlecht und sind daher nur im großen Maßstab, nicht aber für alltäglichere Anwendungen einsetzbar.

In vielen Bereich werden Daten nicht am Büroarbeitsplatz erhoben, sondern an verschiedenen Orten. Der mobile Aspekt spielt also eine bedeutende Rolle, und in diesem Umfeld sind Papierformulare oft einfacher zu handhaben als Computerformulare. Auch der naheliegende Übergang vom Papierformular zum Formular auf Stift-basierten Computern ist problematisch und wird häufig nicht akzeptiert, wie Luff und Heath's bekannte Studie computerunterstützter mobiler Arbeit unterstreicht [7]. Sie berichten beispielsweise, dass auch nach Einführung Stift-basierter Computer zur mobilen Datenerfassung auf Baustellen Vorarbeiter daran festhielten, im Außenbereich Papier und Stift zu verwenden, und Daten erst im Büro auf ihre Stift-Computer übertrugen.

Es gibt heute eine Reihe ambitionierter Forschungsvorhaben zur Entwicklung von elektronischem Papier, das sich in der Handhabung nicht vom heutigen Papier unterscheidet, aber die Schnittstelle zur digitalen Weiterverarbeitbarkeit integriert (z.B. eInk [4] und ePaper [6]). Daneben wird auch die Entwicklung von Stiften betrieben, die wie gewohnt gehandhabt werden, Geschriebenes aber zugleich auch digital erfassen (z.B. Digital Ink [3] und Future Pen [5]). Das einleitend bereits erwähnte CrossPad ist in diesem Zusammenhang eine vergleichsweise einfache Technologie zur Integration von Papier und Stift auf der einen Seite und der digitalen Welt auf der anderen Seite.

Die im folgenden vorgestellte Anwendung Paper-to-Web basiert auf dem CrossPad und erschließt es für ein neues Anwendungsfeld, die Bearbeitung von Formularen im World-Wide Web. Eine andere Anwendung, die ebenfalls auf der Integration von CrossPad und World-Wide Web basiert, ist das NotePals-System [2]. NotePals erweitert die eigentliche Anwendung des CrossPad – die Erfassung unstrukturierter Notizen – um die Möglichkeit, Notizen für die asynchrone Kommunikation in Gruppen zu nutzen. Paper-to-Web hingegen erweitert das Spektrum dessen, was mit dem CrossPad erfasst werden kann – neben unstrukturierten Notizen nun auch strukturierte Formularinhalte.

3 Papiergestütztes Bearbeiten von Web-Formularen

Die Paper-to-Web Anwendung zur Bearbeitung web-basierter Formulare baut auf dem gemeinsam von IBM und A.T.Cross entwickelten CrossPad Produkt auf, das im folgenden kurz vorgestellt wird. Daran schließen sich eine Beschreibung der Anwendung und der Systemkomponenten an.

3.1 Das CrossPad – Ein digitaler Notizblock

Das CrossPad besteht aus zwei Hauptkomponenten, einem Klemmbrett das als Digitalisiertablett erweitert ist, und einem Kugelschreiber, in das ein induktives Eingabegerät eingebettet ist. Auf das Klemmbrett können herkömmliche Notizblöcke eingespannt und wie gewohnt beschrieben werden (Abb. 1). Wenn der Kugelschreiber auf das Papier aufgesetzt wird schließt im Stift ein Schalter, wodurch eine induktive Verbindung mit dem Klemmbrett entsteht, das nun die Stiftbewegung verfolgen und als „elektronische Tinte" erfassen kann. So wird mit dem Stift gleichzeitig analog und digital geschrieben, wobei letzteres dem Nutzer verborgen bleibt. Der Nutzer wird nur marginal mit zusätzlichen Bedienelementen konfrontiert, beispielsweise um bei Seitenwechsel Synchronität zwischen analogen Notizen und digital erfassten Seiten zu wahren. Digital erfasste Seiten können über ein serielles Kabel an einen PC übertragen und dort weiterverarbeitet werden. Für die weitere Bearbeitung steht eine entsprechende PC-Anwendung zur Verfügung, die die Nachbearbeitung und Archivierung unterstützt. Die Bereitstellung einer Softwareeentwicklungsumgebung für elektronische Tinte sichert darüber hinaus Offenheit für weitere Anwendungen.

Abb. 1: Das CrossPad: Schrift gleichzeitig analog und digital erfassen

Das CrossPad ist ein typisches Informationsgerät im Sinne von Norman's *Information Appliance Model* [8]. Es ist dezidiert für eine klar abgegrenzte Aktivität (Schreiben) und spezialisiert auf eine bestimmte Art von Information (Handschrift); es wird als einfach wahrgenommen und verbirgt die Komplexität der eingesetzten Technologie; und es ist offen für die Integration mit anderen Geräten und Anwendungen, auf der Basis des Austauschs der sog. elektronische Tinte im eInk-Format. Dieses Format ist hierarchisch aufgebaut, wobei Seiten die höchste Ebene bilden und aus mehreren „Scribble"-Elementen bestehen, die sich wiederum aus Strichen („Strokes") und Punkten („Point") zusammensetzen.

3.2 Erweiterung des CrossPad zur Web-Formularbearbeitung

In Paper-to-Web wird das CrossPad mit Komponenten integriert, die elektronische Tinte automatisch in Web-Formulareingaben konvertieren, d.h. Information aus dem eInk-Format extrahieren und in Text übertragen. Damit wird der Vorteil der mobilen papierbasierten Datenerfassung mit dem der Verarbeitung von Daten im World-Wide Web verbunden. Der Anwender kann Paper-to-Web nutzen um Daten wie gehabt in Papierformulare einzutragen, muss sie für eine Weiterverarbeitung dann aber nicht mehr von Hand übertragen. Dies geschieht automatisch im Backend des Anwendungssystems, sobald das CrossPad mit einem PC verbunden und elektronische Tinte übertragen wird. Die elektronische Tinte wird im Backend ausgewertet, in Web-Formulareingaben konvertiert und über Standard-Protokolle an den Zielserver übermittelt.

Das in dieser Arbeit umgesetzte Szenario basiert auf Web-Formularen, die konvertiert und ausgedruckt werden, so dass sie dann auf einem CrossPad ausgefüllt werden können. Die beim Ausfüllen erfasste elektronische Tinte wird nach der Übertragung (dem sog. Upload) ausgewertet und mittels einer „POST-Operation" an den Web-Server geschickt, von dem die ursprünglichen Formulare stammen. Für den Anwender gestaltet sich die Sache sehr einfach: Formulare werden auf Papier ausgefüllt wobei es transparent bleibt, dass sie Teil einer Web-Anwendung sind. Der Anwender wird dabei in keinster Weise mit Konzepten wie HTML, URL und HTTP konfrontiert. Auch beim späteren Upload, beispielsweise am Ende einer Arbeitsschicht nach Erfassung einer grossen Zahl von Formularen, wird vor dem Anwender verborgen, dass Daten anschließend konvertiert und an einen Server übertragen werden. Der Anwender muss sich weder mit dem Konvertierungsvorgang auseinander setzen, noch um die schließliche Datenübertragung kümmern. In Abbildung 2 wird der Vorgang veranschaulicht.

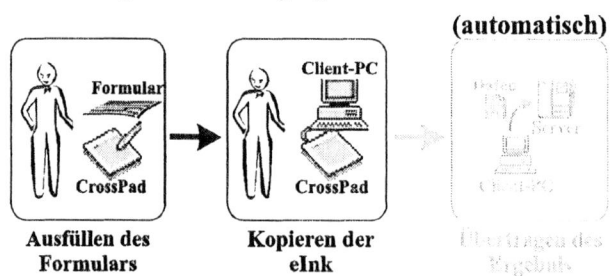

Abb. 2: Papierbasiertes Ausfüllen von Web-Formularen; für den Nutzer bleibt transparent, dass auf dem CrossPad ausgefüllte Formulare nach der Übertragung an den Client-PC konvertiert und im World-Wide Web weiterverarbeitet werden.

Um dieses Szenario der Arbeit mit Formularen zu ermöglichen, muss der Client-PC entsprechend konfiguriert werden; außerdem sind Web-Formulare so auf Papierformulare zu übertragen, dass Meta-Information für die Rückkonvertierung von elektronischer Tinte zu Formulareinträgen erfasst wird. Beides wird aber typischerweise nicht Aufgabe des Nutzers sein, sondern entweder die des Formularanbieters oder die eines Administrators.

Der Vorgang der Abbildung von Web-Formularen auf Papierformulare für den Einsatz in Paper-to-Web ist in Abbildung 3 dargestellt. Ausgangspunkt sind in HTML beschriebene Web-

Formulare. Es kann sich dabei um bereits im World-Wide Web vorhandene Formulare handeln, oder um HTML-Formulare, die eigens für den Einsatz von CrossPad und Paper-to-Web in einem konkreten Anwendungsumfeld erstellt werden. Die Formulare werden von HTML zu PDF konvertiert, um eine druckfähige Version zu erhalten, in der die Positionierung der Formularelemente auf einer Seite eindeutig festgelegt ist (in HTML ist dies nicht der Fall). Anhand der PDF-Beschreibung können die Formulare nun für die Benutzung auf dem Cross-Pad ausgedruckt werden. Aus der PDF-Beschreibung wird zusätzlich automatisch Meta-Information zu den Formularelementen extrahiert, so die Koordinaten, die Größe und de Typ von Eingabefeldern. Diese Meta-Information wird auf dem Client-PC benötigt, um nach einem Upload die zunächst in elektronischer Tinte vorliegenden Formulareinträge auswerten zu können. Diese Auswertung erfolgt in einem Formularprozessor, der die CrossPad-Software ergänzt. Das Ergebnis der Auswertung, d.h. die Formulareinträge, wird schließlich über Standardprotokolle des World-Wide Web an den Formular-Server übermittelt, wo sie je nach Anwendung verarbeitet werden.

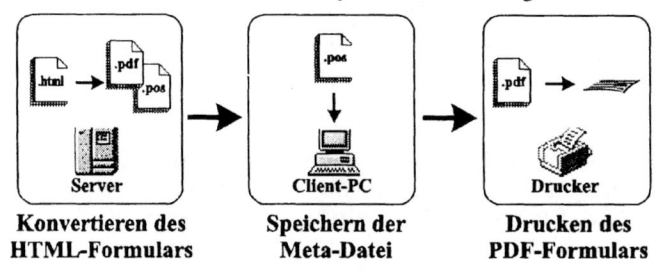

Abb. 3: Aufbereitung von Web-Formularen für papierbasierte Datenerfassung; neben einer Abbildung vom HTML-Format auf PDF als Druckformat findet eine Extraktion von Meta-Information statt, die später zur Auswertung in elektronischer Tinte vorliegender Formulareinträge benötigt wird.

Sowohl für den Anwender als auch für den Server ist die Integration der CrossPad-Komponente transparent. Der Anwender kann weiterhin wie gewohnt Formulare auf Papierbasis bearbeiten. Er tauscht nur seine Schreibunterlage gegen das CrossPad aus, und verbindet es gelegentlich mit einem Client-PC zum einfachen Upload der jeweils zwischenzeitlich erfassten Daten. Der Server erhält ausgefüllte Formulare wie gewohnt über das HTTP-Protokoll unter Verwendung der Post- oder Get-Methoden, so dass für den Server nicht erkennbar ist, ob ein Formular in einem Web-Browser online oder auf einem CrossPad offline ausgefüllt wurde. Somit ist eine nahtlose Integration von CrossPad und Paper-to-Web in bestehende formularbasierte Web-Anwendungen und damit verbundene Arbeitsabläufe gewährleistet.

3.3 Systemarchitektur

Die Architektur des Paper-to-Web Systems ist in Abbildung 4 dargestellt. Die Hauptkomponenten des Systems sind das CrossPad, der Web-Client und der Web-Server mit dahinter verborgenem Backend. Client und Server sind typischerweise aber nicht notwendigerweise auf unterschiedlichen Rechnern angesiedelt. Der Client fungiert als Partnerrechner des CrossPad: hier ist die Standard-Software des CrossPad installiert, die den Upload und andere Funktionen unterstützt.

Die vorhandene CrossPad-Software wird um für Paper-to-Web entwickelte Komponenten ergänzt. Die wesentlichen Komponenten sind der HTML-zu-PDF Konverter, der Formularprozessor zur Auswertung elektronischer Tinte, und – eigentlich schon außerhalb von Paper-to-Web – die CGI-Skripte zur Verarbeitung von Formularen am Ende der Kette. Der HTLM-zu-PDF Konverter und der Formularprozessor werden unten noch näher beschrieben.

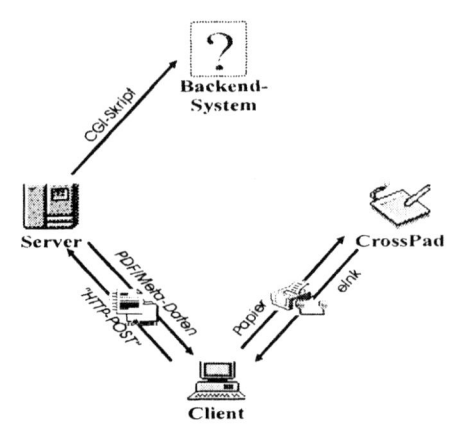

Abb. 4: Architektur des Paper-to-Web Systems; zwischen CrossPad als Eingabegerät und Web-Formularverarbeitung auf einem Standard-Web-Server vermittelt ein Client mit entsprechenden Konvertierungsprozessen.

Abbildung 4 veranschaulicht den Informationsfluss im System. Ausgangspunkt ist ein Web-Server, der Formulare anbietet. In Paper-to-Web ist auf dem Server auch die HTML-zu-PDF Konvertierung angesiedelt unter der Annahme, dass dies eine sinnvolle Erweiterung auf Anbieterseite darstellt. Die Konvertierung ließe sich aber genauso gut auf der Clientseite oder sogar bei einem weiteren Anbieter ansiedeln. Im gewählten Szenario ist sie serverseitig vorgesehen, so dass bereits konvertierte Formulare zusammen mit Meta-Information an den Client übertragen werden. Von hier setzt sich über den Ausdruck der Formulare der Dokumentenfluss in Papierform fort zum CrossPad, wo Formulare ausgefüllt werden. Formulareinträge fließen in Form elektronischer Tinte (eInk) vom CrossPad an den Client zurück. Nach Auswertung der elektronischen Tinte überträgt der Client Formulareinträge über Standard-Mechanismen des World-Wide Web an den Server. Auf dem Server werden zur Verarbeitung der Formulardaten CGI-Skripte angestoßen, beispielsweise zur Weiterreichung von Daten an Backend-Systeme wie Datenbanken oder Vorgangsbearbeitungssysteme.

3.4 HTML-zu-PDF Konverter und Formularprozessor

Der HTML-zu-PDF Konverter dient zur Erstellung der Papierversion der Formulare und besteht aus drei Teilen: einem Parser, einem Renderer und einer Benutzungsschnittstelle. Der Parser analysiert den HTML-Code in dem Formulare zunächst vorliegen und zerlegt ihn in einzelne HTML-Elemente und Textfragmente. Hierauf aufbauend generiert der Renderer das Layout für den Formularausdruck, erzeugt ein entsprechendes PDF-Dokument und speichert wichtige Meta-Information zum Layout in einer separaten Datei. Die Integration einer Benutzungsschnittstelle ermöglicht interaktive Einflussnahme bei der Gestaltung des Drucklayouts der Formulare.

Der Formularprozessor dient zur Auswertung ausgefüllter Papierformulare, wobei vom ausgefüllten Formular lediglich die Einträge vorliegen und das nur in elektronischer Tinte, d.h. im eInk-Format. Dieses Format ist hierarchisch aufgebaut, bietet aber keinen direkten Bezug zum Layout der Formulare. Dieser Bezug wird in Paper-to-Web daher anhand von Meta-Information hergestellt, die beim Rendern der Formularausdrucke erfasst wurde. Mit Hilfe dieser Information können die einzelnen Felder auf einem Formular mit Scribble-Elementen des e-Ink-Formats assoziiert werden. Da zusätzlich Typinformation zu den Feldern vorliegt, können dezidierte Auswertungsmethoden herangezogen werden, beispielsweise sehr einfache Methoden zur Erkennung angekreuzter Felder, Verfahren zur Erkennung numerischer Eingaben, oder allgemeine OCR-Verfahren zur Auswertung von beliebigem Text.

4 Anwendung des Systems und Diskussion

Das Paper-to-Web System wurde im Umfeld des DSTC Brisbane in unterschiedlichen Arbeitssituationen eingesetzt um das Konzept zu validieren und erste Anwendungserfahrung zu sammeln. In einer ersten Anwendung wurde Paper-to-Web zur Unterstützung von Interviews eingesetzt. Es handelte sich in diesem Fall um Interviews zur Verwendung eines Ticker-Chatsystems, wobei im ersten Teil der Befragung statische Daten erhoben wurden, während der zweite Teil mehr den Charakter eines offenen Gespräch hatte. Für den ersten Teil wurde Paper-to-Web eingesetzt, um statistische Daten direkt vom Papier in eine Datenbank zu speisen. Im zweiten Teil wurde das CrossPad in seiner eigentlichen Funktion zur Erfassung von Mitschriften eingesetzt, die nicht vom Paper-to-Web-System ausgewertet, jedoch als eInk-Dokumente an den Datenbankeintrag angehängt wurden.

Eine weitere Arbeitssituation, in der Paper-to-Web eingesetzt wurde, war die Inventur in Rechnerräumen zur Erfassung der Hardwareausstattung. Für diese Inventur wurden bisher Daten in eine ausgedruckte Tabelle eingetragen und anschließend von Hand in eine Excel-Tabelle eingefügt. Bei dem Einsatz von Paper-to-Web wurden die ausgedruckten Tabellen durch Cross Pad-Formulare ersetzt und die erhobenen Daten über CGI-Skripte auf der Serverseite in Excel-Tabellen abgelegt, um so den ursprünglichen Vorgang bei Eliminierung der manuellen Übertragung zu unterstützen.

In beiden Anwendungen wird deutlich, dass die jeweilige Arbeitssituation nicht verändert wird, gleichzeitig aber eine gewisse Vorgangsoptimierung erreicht wird. Als besonders positiver Aspekt wurde von den Anwendern die Tatsache gesehen, dass bei der Datenerfassung automatisch auch beschriebenes Papier anfällt, das quasi als eigene Kopie oder Quittung empfunden wurde. Als besonders kritisch wurde die Zuverlässigkeit der Auswertung erfasster Daten im Formularprozessor gesehen. Die Zuverlässigkeit der Auswertung hängt jedoch nicht vom Paper-to-Web-Konzept als solchem ab, sondern von der jeweiligen Anwendung und den verwendeten Erkennungsverfahren. Da das System offen gestaltet ist, kann beispielsweise die einfache OCR-Software, die in der CrossPad-Software integriert ist, durch leistungsstärkere Software ersetzt werden. Mängel in der Zuverlässigkeit sind aber in einem System, das Informationsverarbeitungsvorgänge vor dem Anwender verbirgt, besonders kritisch, da auftretende Fehler entweder nicht erkannt oder nicht leicht nachvollzogen werden können.

Zu beiden Anwendungen ist anzumerken, dass papierbasierte Datenerfassung mit verschiedene Anwendungs-Systeme gekoppelt wird (Datenbank bzw. Tabellenkalkulation), wobei das World-Wide Web als Anwendungsplattform dient. Der interessante Aspekt, das Offline-Cross Pad-Formulare und Online-Web-Formulare koexistente Alternativen darstellen können wird in diesen Fällen nicht beleuchtet, verdient aber sicher eine weitergehende Untersuchung. Dieses ist auch in einem größeren Kontext zu sehen, der sich mit der Diversifizierung des Zugangs zum Internet auseinandersetzt. Hintergrund ist das Ziel, *Zugang für Alle* zu erreichen, in der Arbeitswelt beispielsweise für andere Nutzergruppen als die sogenannten „Wissensarbeiter".

Was in beiden Szenarien jedoch belegt wird ist das „Verschwinden" der Computer-Schnittstelle. Das CrossPad wird von Nutzern und auch von Personen im Umfeld der Nutzer als Notizblock wahrgenommen und nicht als Computer- oder Computerperipherie. Insbesondere in der Interview-Situation wurde als besonders positiv empfunden, dass zwischen den Gesprächspartnern keine vordergründige und als potentiell hemmend empfundene Technologie zum Einsatz kommt. Paper-to-Web ist in diesem Sinne eine „ruhige Technologie" im Sinne der von Weiser und Brown beschriebenen „Calm Technology" [11].

5 Zusammenfassung

Das in diesem Papier vorgestellte System stellt vordergründig die Erweiterung des World-Wide Web um eine papierbasierte Zugangsalternative dar. Da das World-Wide Web aber selbst nicht nur Informationssystem sondern auch Anwendungsplattform ist, wird durch das System de facto eine Integration von papierbasierten Formularen mit verschiedenen Anwendungen möglich, wie auch durch die oben beschriebene Validierung unterstrichen wird. Wie aber auch durch die initiale Anwendungserfahrung deutlich wird, setzt das Verbergen von Verarbeitungsvorgängen vor dem Nutzer Zuverlässigkeit voraus: ein grundlegendes Problem bei der Verwendung erkennungsbasierter Verfahren.

In einem größeren Rahmen betrachtet ist Paper-to-Web als Beispiel für die Integration dezidierter Informationsgeräte mit Informationsinfrastrukturen zu verstehen, zur Schaffung von Systemen die mensch-zentriert sind und sich nahtlos in menschliche Aktivität einfügen. Paper-to-Web demonstriert hierzu nachdrücklich, wie die Mensch-Computer-Schnittstelle durch Einbettung in bekannte Handhabungen „unsichtbar" werden kann. Ein anderer interessanter Aspekt ist, dass in der Anwendung HTML-Formularen als Objekten der virtuellen Welt für die Zwecke der natürlicheren Interaktion quasi eine physikalische Gestalt gegeben wird. Das System unterstützt dabei sowohl den Übergang vom virtuellen Formular zum realen sowie den Weg zurück.

Literatur

1. CrossPad. Pen Computing Group. http://www.cross-pcg.com/
2. Davis, R.C., Landay, J.A., Chen, V., Huang, J., Lee, R.B., Li, F.C., Morrey, C.B., Schleimer, B., Price, M.N., and Schilit, B.N. Notepals: Lightweight note sharing by the group, for the group. In Proceedings of ACM 1999 Conference on Human Factors in Computing (CHI'99), Pittsburgh, 1999.
3. Digital Ink. Gemperle, F. et al. In CHI'98 Video Proceedings, 1998.
4. E Ink. What is Electronic Ink ?.
5. Future Pen „Smart Quill". British Telecom Laboratories. http://www.bt.com/innovation/exhibition/smartquill/index.htm
6. Gyricon. Xerox Palo Alto Research Lab. http://www.parc.xerox.com/dhl/projects/gyricon.
7. Luff, P. and Heath, C. Mobility in collaboration. In Proceedings of ACM 1998 Conference on Computer Suipported Cooperative Work (CSCW'98), Seattle, 1998.
8. Norman, D. The Invisible Computer. MIT Press, 1998.
9. O'Hara, K. and Sellen, A. A comparison of reading paper and on-line documents. In ACM 1997 Conference on Human Factors in Computing Systems (CHI'97), S. 335-342.
10. Schilit, B.N., Price, M.N., Golovchinsky, G., Tanaka, K. and Marshall, C.C. As We May Read: The Reading Appliance Revolution. *IEEE Computer,* Vol. 32, No. 1, January 1999, pp. 65-73.
11. Weiser, M., Brown, J.S. Designing Clam Technology. *PowerGrid 1.01,* http://powergrid.electriciti.com/1.01, July 1996.

Adressen der Autoren

Hans-Werner Gellersen / Albrecht Schmidt / Dirk Richtsteiger
Universität Karlsruhe
Telecooperation Office (TecO)
Vincenz-Prießnitz-Str. 1
76131 Karlsruhe
hwg@teco.edu

Frick, Oliver
SAP Aktiengesellschaft
SAP CEC
Neurottstr. 16
69190 Walldorf

Karsten Schulz
DSTC
Brisbane, Australien

Kultur als Variable des UI Design
Berücksichtigung kultureller Unterschiede bei der Mensch-Maschine-Interaktion als zeitgemäße Gestaltungsaufgabe der nutzerorientierten und ergonomischen Gestaltung von Mensch-Maschine-Systemen.

Kerstin Röse
Universität Kaiserslautern, ZMMI, LS für Produktionsautomatik

Ein deutlicher Trend der letzten Jahre ist die zunehmende Globalisierung. Mit dem Globalisierungstrend eng verbunden ist der Anstieg der Exporte deutscher Firmen. Ausgehend vom Customizing als Service für alle Kunden ist durch die Globalisierung die Herausforderung gegeben, die Produkte auch auf internationale Kundenbedürfnisse anzupassen. Eine Frage die sich dabei stellt: ist kulturelle Anpassung eine Form der kundenspezifischen Produktanpassung oder ist damit mehr verbunden? Und: Wie lassen sich kulturelle Merkmale zur Identifizierung bzw. Differenzierung von Benutzerfähigkeiten nutzen? Müssen kulturelle Unterschiede im Rahmen der Globalisierung bei der Produktentwicklung berücksichtigt werden und wenn ja, wie?

Zielstellung dieses Beitrags ist es, die Thematik des culture-oriented Design vorzustellen, bisherige Lösungsansätze darzustellen und zukünftige Herausforderungen aufzuzeigen.

Kundenzufriedenheit und Benutzerfreundlichkeit im 21. Jahrhundert

Schon vor 20 Jahren gab es erste Untersuchungen von Sozial- und Wirtschaftswissenschaftlern, die sich mit den Auswirkungen von Globalisierung beschäftigt haben. Sie sind bei ihren Untersuchungen zu dem Ergebnis gekommen, dass es zwar eine globale Kommunikation geben wird, auch einen definierten gemeinsamen Sprachraum (heute schon im Bereich der Computerwissenschaften mit den neuen Begrifflichkeiten des Computerzeitalters zu bemerken, z.B. Email, TCP/IP, Server, ...sind Begriffe die international einheitlich für gleiche Funktionalitäten benutz werden. Eine sogenannte globale Technosprache), aber dennoch bleibt die **kulturelle Identität jedes Menschen** und somit Kommunikationspartners wesentlicher Bestandteil seiner Person und nimmt Einfluss auf den eigentlichen Kommunikationsprozess.

Diese kulturellen Unterschiede der Benutzer in unterschiedlichen Märkten muss somit bei der Produkt- und Systementwicklung(-gestaltung) berücksichtigt werden. Internationale Märkte der heutigen Zeit erfordern neue Produkte, die den Anforderungen einer Internationalisierung der Technik in allen Aspekten Stand halten können. Dies hat auch ein Umdenken im Bereich des UI design zur Konsequenz. Um den Anforderungen internationaler Märkte nachkommen zu können, müssen bei der Definition der Benutzerfreundlichkeit zukünftig auch die kulturellen Unterschiede der Benutzer berücksichtigt werden.

Es kann prognostiziert werden, dass die Kundenzufriedenheit und Benutzerfreundlichkeit im 21. Jahrhundert durch die Globalisierung derart beeinflusst wird, dass zukünftige Systeme nur noch als benutzerfreundlich und kundenorientiert bezeichnet werden können, die culture-oriented gestaltet sind (vgl. Abb 1).

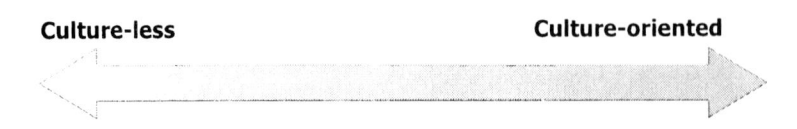

Culture-less	Culture-oriented
No Customization	High Customization
English Only	Multiple Languages
Low Cost	High Cost
Low Satisfaction	High Satisfaction

Abb. 1: Dichotomie des culturally design (in Anlehnung an Pellet 2000)

Der Begriff des **culture-oriented design** umschreibt die Intention der Produkt- oder Systementwicklung, die kulturellen Unterschiede zu berücksichtigen. Damit sind die Internationalisierung und Lokalisation von Produkten bzw. Systemen im Sinne von Day 1996 gemeint. Day 1996 unterscheidet drei Grade internationaler Softwareprodukte:
- **Globalisation**: eine Art „culture-less" internationalen Standard für die Nutzung in allen Märkten.
- **Internationalisation**: eine Basisstruktur mit der Absicht einer späteren (kulturellen) Kundenanpassung, bei der die strukturellen und technischen Voraussetzungen dafür bereits geschaffen wurden.
- **Lokalisation**: Entwicklung „culture specific packages" für einen speziellen Zielmarkt bzw. Zielgruppe.

Globale Software-Produkte sind somit nicht gleich zu setzen mit culture-oriented Software-Produkten.

Im Folgenden soll es um den Zusammenhang von Kultur und UI design gehen, den Einfluß von Kultur auf UI design und die bisherigen praktischen Ansätze zur Umsetzung eines culture-oriented designs.

Kultur und UI Design

Kulturelle Einflüsse auf die Kommunikation

Es gibt zahlreiche Bücher zur interkulturellen Kommunikation. Hinweise wie man sich in Japan, China oder Indien zu verhalten hat. Neben dem Austausch von Informationen zwischen Menschen gibt es auch den Austausch von Informationen zwischen Mensch und Computer/Maschine. Die Interaktion eines Menschen mit einer Maschine wird auch als Mensch-Maschine-Kommunikation bezeichnet.

Untersuchungen haben belegt, dass der Mensch bei seiner Interaktion mit dem Computer oder der Maschine gleiche Regeln anwendet, wie bei einer zwischenmenschlichen Kommunikation(Reeves 98). Beide Situationen sind Prozesse bei denen es um den Austausch von Information geht, also Kommunikationsprozesse. Hier werden kulturelle Einflüsse wirksam. Einflüsse, wie sie zum Teil aus den Untersuchungen zur interkulturellen zwischenmenschlichen Kommunikation zwischen Menschen bekannt sind (Thomas 1996). Die in diesem Bereich gesammelten Erfahrungen und Untersuchungsergebnisse lassen sich zwar nutzen, jedoch nicht eins zu eins für den Bereich der technisch orientierten Kommunikation zwischen Mensch- und Maschine übertragen.

Kulturelle Erfahrungen

Durch die Kommunikation über seine Sinneskanäle wird dem Menschen eine Informationserkennung ermöglicht. Dabei verlässt er sich auf gelernte oder ihm bekannte Informationsmuster, insbesondere in Entscheidungssituationen. Auch hier ist der kulturelle Einfluss nicht zu unterschätzen. Verhaltens- und Lernmuster sind kulturell geprägt, wie unterschiedliche kulturvergleichende Studien belegen (Thomas 1996). Ein und dieselbe Informationsdarbietung kann in zwei unterschiedlichen Kulturen z.B. Deutschland und China unterschiedliche Bedeutung haben. Diese unterschiedlichen Bedeutungen sind auf unterschiedliche Erfahrungen innerhalb der eigenen Kultur zurückzuführen, denn jede Kultur hat ihre eigenen Werte, Symbole, Verhaltensmuster etc. und die damit verbundenen Bedeutungen und Interpretationen.

Bourges-Waldegg 2000 beschreibt Kultur als: „system of social factors such as values, tradition, religion, language, conventions, and social behaviour." Die Kultur ist der Kernpunkt einer Umwelt, in der ein Mensch heranwächst und sich sein Wissen für das spätere Leben aneignet. Die Erfahrungen jedes einzelnen Benutzers sind somit kulturell geprägt. Seine Lern- und Verhaltensmuster, sein Wissen und seine darauf basierenden Interpretationen von Information sind durch die **primäre Kultur**, die Kultur in der ein Mensch sozialisiert wird, geprägt.

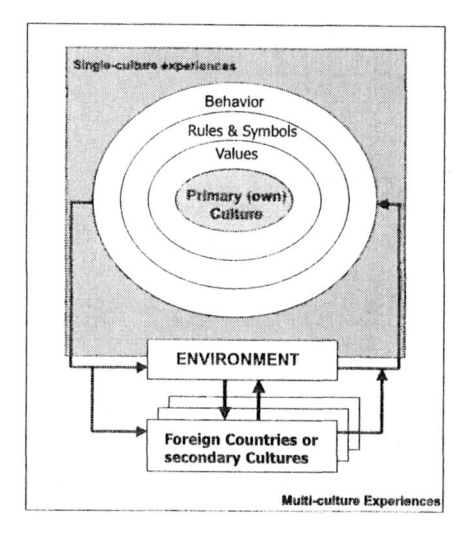

Abb. 2: Benutzererfahrungen mit der primären Kultur (single-culture experiences) und mit sekundären Kulturen (multi-culture experiences)

Die Kultur prägt den Menschen und seine Umwelt. Durch die Interaktion mit seiner Umwelt werden kulturell geprägte Verhaltens- und Interaktionsmuster geübt und verstärkt. Die Umwelt selbst wird durch andere Kulturen mitgeprägt. Dies kann zu Änderungen von Verhaltens- und Deutungsmustern führen. Diese Veränderungen sind für den Menschen jedoch nur verständlich, wenn er ebenfalls Erfahrungen mit diesen anderen Kulturen machen konnte. Hat er nur Erfahrungen mit seiner primären Kultur, dann sind ihm auch nur die Repräsentations- und Deutungsmuster dieser Kultur vertraut. Konnte der Mensch (oder Benutzer) Erfahrungen mit anderen **sekundären Kulturen** sammeln, dann verfügt er über multikulturelles Wissen und kennt auch die Repräsentations- und Deutungsmustern dieser sekundären Kulturen. Dieses multikulturelle Wissen ermöglicht eine sichere Interpretation von Informationen und hilft Missverständnisse in der Kommunikation zu vermeiden. Wenn Kultur Einfluss hat auf die Interpretations- und Kommunikationsfähigkeiten eines Menschen, dann bringt der Mensch als Nutzer im Umgang mit Technik diese Fähigkeiten mit ein. Somit kann kulturelle Erfahrung als ein Element von Benutzererfahrungen definiert werden und ist ebenso zu berücksichtigen, wie: Beruf, Systemerfahrung, Lernstile u.a.

Kultur als Benutzererfahrung

Kultur als Bestandteil von Benutzererfahrungen kann somit auch zur Beschreibung und Differenzierung von Benutzern herangezogen werden. Die Nutzer eines Systems oder Produkts lassen sich in Nutzer ohne Vorwissen und Nutzer mit Vorwissen unterteilen. Nutzer ohne Vorwissen kennen nur ihre eigene Kultur mit all ihren Regeln und Bräuchen. Sie besitzen kein Wissen über andere Formen der Interaktionsstrukturen, Informationskulturen oder Regeln und Bräuche einer anderen Kultur. Da diese Nutzer nur mit einer Kultur vertraut sind werden sie auch als **single-culture user** bezeichnet (Abb.3).

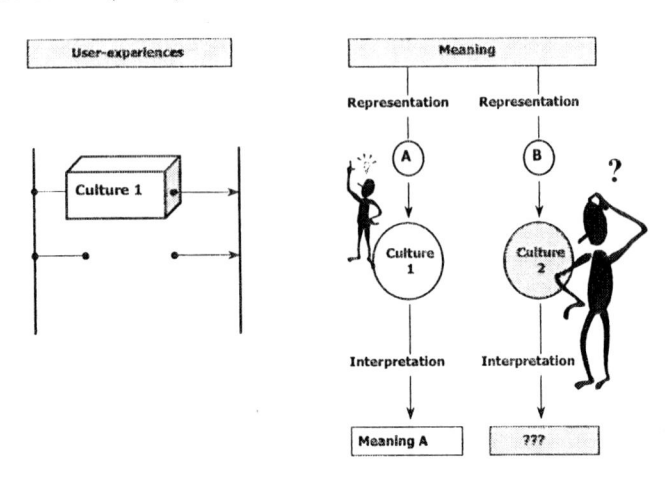

Abb. 3:   Single-culture user

In Abbildung 3 sind beispielhaft zwei parallel bestehende Kulturen dargestellt. Eine Bedeutung kann in unterschiedlichen Kulturen eine unterschiedliche Repräsentationsform finden (Bsp: Farbe des Brautkleides). In der Kultur 1 (Deutschland) besitzt sie die Repräsentationsform A (Farbe: weiss) und in der Kultur 2 (Korea) besitzt die gleiche Bedeutung die Repräsentationsform B (Farbe : rot). Die Repräsentationsform wird in den Kulturen gemäß der jeweiligen Bedeutung richtig als Bedeutung A bzw. B interpretiert.

Ein single-culture user zeichnet sich dadurch aus, dass er nur die Repräsentationsform seiner Kultur für die Bedeutung kennt. Ein single-culture user der Kultur 1 ist somit nur in der Lage der Repräsentationsform A auch die Bedeutung A zuzuordnen (vgl. Abb.3). Da er die Repräsentationsform der Kultur 2 nicht kennt, ist er nicht in der Lage, der Repräsentation B die Bedeutung B zuzuordnen, obwohl Repräsentationsform A und B dieselbe Bedeutung repräsentieren. Durch das fehlende Wissen über Kultur 2 ist er nicht in der Lage eine adäquate Interpretation vorzunehmen. Er verfügt nur über Wissen einer Kultur und ist somit nur zu einer singulären Nutzung seines Wissen in der Lage.

Nutzer mit Vorwissen haben neben ihrer eigenen Kultur mit all ihren Regeln und Bräuchen, auch andere Kulturen kennen gelernt. Sie besitzen Wissen über Interaktionsstrukturen, Informationscodierungen bzw. Regeln und Bräuche ihrer eigenen und anderer Kulturen (d.h. sie kennen

Kultur als Variable des UI Design 157

2+n Kulturen). Da diese Nutzer mit mehreren Kulturen vertraut sind werden sie auch als **multi-culture user** bezeichnet (Abb. 4).

In Abbildung 4 sind (wie in Abbildung 3) zwei parallel bestehende Kulturen dargestellt. Der senkrechte Strich mit den Knotenpunkten in jeder Kultur (links im Bild) soll die Verbindung zwischen den Kulturen darstellen. Er symbolisiert das beim Nutzer vorhandene Wissen mehrerer Kulturen. Der Nutzer ist in der Lage Verknüpfungen zwischen den Kulturen herzustellen.

Bezugnehmend auf das zur Abbildung 3 erläuterte Beispiel lässt sich feststellen, dass es wiederum eine Bedeutung mit zwei unterschiedlichen Repräsentationsformen (A und B) für zwei Kulturen (1 und 2) gibt. Im Unterschied zur Abbildung 3 und somit zum single-culture user, verfügt der multi-culture user über Wissen aus mehreren Kulturen (eine sogenannte kulturelle Schnittmenge), welches er zur Interpretation der Repräsentationsformen einsetzt. Dies ermöglicht es ihm zu erkennen, dass es sich trotz unterschiedlicher Repräsentationsformen (Farbe weiß vs. rot) um dieselbe Bedeutung (Brautkleid) handelt.

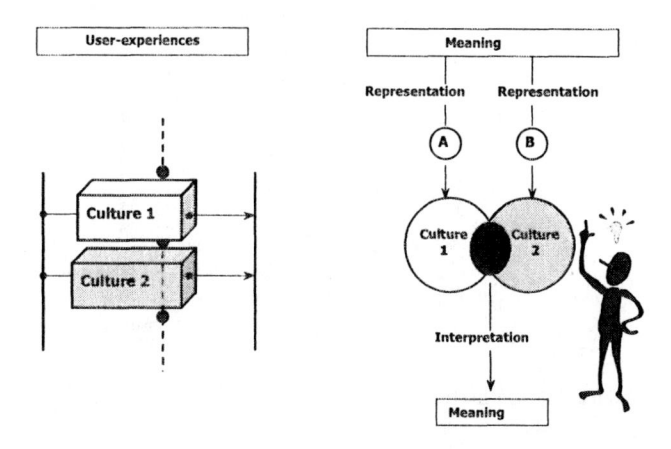

Abb. 4: Multi-culture user

Gemäß der kulturellen Erfahrung eines Benutzers kann somit –auch in Anlehnung an die Untersuchungen von Bourges-Waldegg & Scrivener 1998- zwischen single-culture usern und multi-culture usern unterschieden werden. Diese Unterscheidung dient der Differenzierung der Benutzererfahrungen, um einen Benutzer hinsichtlich seines kulturellen Wissens einzuteilen, vergleichbar wie die Unterscheidung von Experten und Anfängern, bei der es um eine Differenzierung hinsichtlich des Fachwissens geht.

Messbarkeit von Kultur

Auch wenn die Einteilung von Benutzern in single-culture und multi-culture usern vielleicht eine Hilfestellung ist, um benutzerfreundliches culture-oriented design zu realisieren, die Schwierigkeit der Beschreibbarkeit der Dimension Kultur ist damit nicht gelöst. Kultur hat so viele Facetten, dass es fasst unmöglich scheint sie jemals zu operationalisieren. Das Problem ist die tiefe Verwurzelung von Kultur im Menschen.

Bei einer Kommunikation ist für den Gegenüber des Menschen (egal ob Mensch, Computer oder Maschine) jedoch nur die äußere Hülle, das Verhalten sichtbar. Die das Verhalten bestimmenden Faktoren wie: Werte, Symbole, Tradition u.a. sind nur schwer erkennbar. Und dennoch sind sie entscheidend für den erfolgreichen Verlauf einer Kommunikation, denn sie bestimmen das Verhalten des Benutzers in der Kommunikation. Durch das „Versteckte" dieser fundamentalen Verhaltensbausteine und die daraus oft resultierende Unkenntnis für den Gegenüber in einer Kommunikation, entstehen oft: Missverständnisse, Fehlinterpretationen und die daraus resultierenden falschen Verhaltensmuster. Betrachtet man sicherheitskritische Systeme oder Produkte, dann wird die Wichtigkeit der eindeutigen Informationsinterpretation im Kontext der Mensch-Maschine-Interaktion verständlich. Durch das Wissen um kulturelle Unterschiede und auf ihnen basierende Fehlinterpretationen und –handlungen, gilt es Unfälle, die auf menschliches Versagen zurückgeführt wurden neu zu betrachten. Woher soll ein chinesischer Mitarbeiter wissen, dass eine gelbe Anzeige eine Warnung darstellt, die zu raschem Handeln veranlassen soll, wenn er nur die Unterscheidung zwischen Rot (Gefahr) und Grün (o.k) kennt [vgl. Zühlke 98]. In solchen Fällen ist eine klare Missachtung kultureller Unterschiede und ein fehlendes culture-oriented Design als Ursache zu bezeichnen.

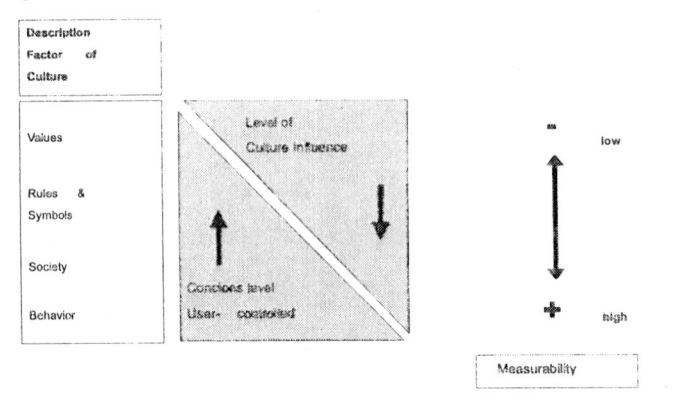

Abb. 5:   Messbarkeit kultureller Einflüsse

Ein culture-oriented Design ist eine Herausforderung für Entwickler und wird es auch noch lange Zeit bleiben. Das Problem ist die Schwierigkeit der Messung kultureller Einflüsse (vgl. Abb.5). Die durch Kultur stark geprägten Bereiche, wie z.B. Werte dringen nie direkt an die Oberfläche. Nur durch das Verhalten eines Nutzers lässt auf seine Werte schließen. Dieses an der Oberfläche gezeigte Verhalten ist zwar gut messbar, aber es gehört auch zu dem Bereich, der bewusst vom Nutzer kontrolliert und gesteuert werden kann. Die Werte sind dem weniger bewussten Bereich zuzuordnen und bleiben somit relativ schwer –einzig durch das messbare Verhalten- operationalisierbar.

Trotz der Schwierigkeiten hinsichtlich der Messbarkeit kultureller Einflüsse wurden erste Schritte für ein culture-oriented Design gegangen. Dazu zählen die kulturellen Modelle menschlichen Verhaltens. Anhand dieser Modelle können Unterschiede im Kommunikationsverhalten bestimmt werden. Da Untersuchungen die Parallelen zwischen der Kommunikation Mensch-Mensch und Mensch-Maschine nachgewiesen haben (Reeves 1998), können diese Modelle auch zur Gestaltung von Mensch-Maschine-Kommunikation genutzt werden.

Kulturelle Theorien und Modelle

Die zwischenmenschliche Kommunikation hat sich im Verlauf von vielen Jahrtausenden entwickelt und basiert auf sozialen und kulturellen Einflüssen der jeweiligen Entwicklungszeiträume. Dabei haben sich auch regionale Unterschiede entwickelt. Diese Unterschiede sind durch Kommunikationsregeln beschreibbar. Für die Mensch-Maschine-Kommunikation werden ebenfalls Kommunikationsregeln benötigt. Da die Kommunikation stetes vom Menschen determiniert wird, sind regionale Unterschiede auch auf die Kommunikationsform übertragbar. Im Bereich der zwischenmenschlichen Kommunikation gibt es vier wesentliche Theorien von: Hofstede, Trompenaars, Hall und Victor. Sie haben die folgenden kulturellen Faktoren für die interpersonelle Kommunikation ermittelt.

Geert Hofstede: hat Muster bestimmt, welche die Bildung von mentalen Strukturen und Modellen „kulturalisieren". Hofstede's cultural factors: Individualism / Collectivism, Power Distance, Masculinity / Feminity, Uncertainty Avoidance, Long-Term / Short-Term.

Fons Trompenaars: beschreibt mit seinen Faktoren den Weg, mit dem eine kulturelle Gruppe Probleme löst . Trompenaars cultural factors: Universalism / Particularism, Individualism / Collectivism, Neutral / Emotional, Specific / Diffuse, Achievement / Ascription.

Edward T. Hall: beschreibt mit seinen Faktoren eher die richtigen Antworten, denn die zu sendenen Informationen. Hall's cultural factors: Context - High / Low, Message – Fast / Slow, Time – Polychronic / Monochronic, Information flow.

David A. Victor: beschreibt speziell kulturelle Aspekte für geschäftliche Bereiche. Victor's cultural factors: Language, Power Distance, Masculinity / Feminity, Uncertainty Avoidance, Long-Term / Short-Term.

Ausgehend von diesen kulturellen Faktoren der zwischenmenschlichen Kommunikation, können kulturelle Faktoren für die Mensch-Maschine-Kommunikation erstellt werden. Einen interessanten Ansatz dafür haben Dunkley & Smith 2000 gewählt. Sie haben kulturelle Faktoren als Benutzerdichotomien betrachtet und eine UDC = User Dichotomies Card erstellt (Abb. 6). Hierzu haben sie zuerst die Benutzermerkmale in objektive und subjektive Faktoren unterteilt. Zu den objektiv feststellbaren Merkmalen zählten sie: Geschlecht, Alter, ethnischen Hintergrund und Muttersprache. Hingegen wurden zu den nicht direkt messbare oder identifizierbare Merkmalen gezählt: Werte, Überzeugungen und Rituale. Dann haben sie die auf der Grundlage der bereits bekannten kulturellen Faktoren der interpersonellen Kommunikation (z.B. Hofstede) die in Abb. 6 dargestellten Benutzerdichotomien erstellt. In einer anschließend erfolgten experimentellen Untersuchung (vergleich zwischen Benutzern in UK, Malaysia, Indien) wurden die auf diesen Dichotomien basierenden UD Cards erstellt und überprüft.

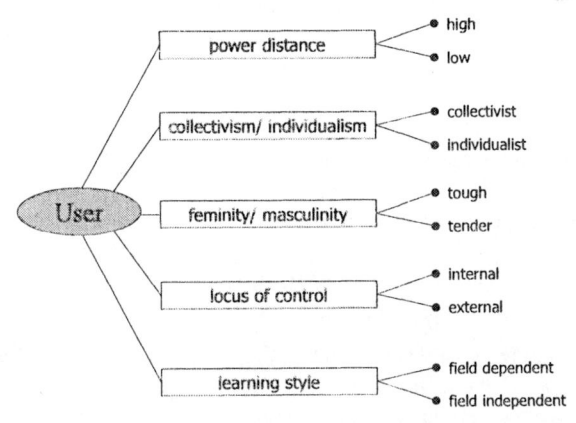

Abb. 6: Dunkley & Smith's kulturelle Faktoren als Benutzerdichotomien.

Die ausgewählten Benutzerdichotomien erwiesen sich als geeignet und wurde somit als Beschreibungsmodell zur Differenzierung von Benutzern als geeignet bestätigt und seitdem angewandt.

Dies ist ein erster Ansatz, um Benutzer von technischen Geräten hinsichtlich ihrer Eigenschaften und kulturellen Unterschiede zu klassifizieren und somit eine Benutzerfreundlichkeit durch nutzerangepasste und kulturell orientierte Gestaltung zu erreichen. Weitere Untersuchungen und detailliertere Nutzerbeschreibungen sind in den nächsten Jahren zu erwarten. Insbesondere für den Bereich der Produkt- und Systementwicklung werden mehr Informationen und Gestaltungshinweise für eine culture-oriented Design von den entsprechenden Entwicklern benötigt. Hier gibt es einen relevanten Handlungs- und Forschungsbedarf.

Culture-oriented UI design als Herausforderung für die Zukunft

In den letzten Jahren gab es einige interessante Untersuchungen zu UI Eigenschaften und deren kulturellen Unterschieden. Der Fokus der Untersuchungen lag dabei verstärkt auf der Untersuchung der Iconbenutzung (Choong 1996; Choong & Salvendy 1998; Prabhu & Harel 1999; Piamonte, Abeysekera, Ohlsson 1999) Unterschieden in der Farbwahrnehmung (Zühlke, Romberg, Röse 1998). Insbesondere unabhängig voneinander durchgeführte Studien (z.B. Choong 1996, Piamonte & Ohlsson 1999, Röse & Zühlke 1999), die zu gleichen Ergebnissen gekommen sind, gelten als Ausdruck für die Gültigkeit der Untersuchungsergebnisse.

Diese Studien haben gezeigt, dass kulturelle Einflüsse für alle Bereiche der Informationscodierung relevant sind, auch wenn hier nur einzelne Aspekte genannt sind. Diese Aspekte müssen bei einem culture-oriented Design, insbesondere bei der Lokalisation, berücksichtigt werden. Ein Problem der Studien liegt in der Limitierung ihrer Aussagen. Zum einen wurden immer nur ganz spezielle Anwendungsfälle betrachtete und auf eine Generalisierbarkeit der Ergebnisse verzichtet. Ein anderer Schwachpunkt ist die Betrachtung einzelner Aspekte eines UI. Wechselwirkungen zwischen einzelnen Merkmalen wurde bis auf wenige Ausnahmen (Dong & Salvendy 1999) nicht betrachtet. Untersuchungsergebnisse, mit einer ganzheitlichen Betrachtung des UI sind bisher nicht bekannt.

Dabei ist eine Betrachtung aller Bereiche eines software-basierten Systems oder Produkts wichtig, um relevante Ergebnisse für die Praxis zu erzielen. Die Struktur eines software-basierten Produkts lässt sich am Einfachsten durch die Einteilung in unterschiedliche Ebenen beschreiben. Dazu zählen:
- Operation system level,
- Program level
  (underlying code, system qualities,features),
- Interaction level
  (general layout & structure, overall design concept, navigation strategies, information classes,)
- Surface level
  (design features, e.g. colour, language, specific graphics)

Das **Operation system level** ist das Fundament des gesamten Produkts. Die nächste Ebene ist das **Program level**. Diese Ebene beschreibt die Bereiche der Codierung, Systemqualität und -eigenschaften, in Abhängigkeit von den Systemsanforderungen. Beide zusammen werden in Abgrenzung zum User Interface als „System" bezeichnet (vgl. Abb. 7). Die nächst höhere Ebene ist das **Interaction level**. Damit werden Aspekte wie: Gesamtstruktur, allgemeines Layoutkonzept, generelle Navigationsstrategien und Informationsklassen beschrieben. Das **Surface level** ist dann die oberste Ebene. Diese Ebene beschreibt Aspekte der Farbcodierung, der Symbolik und spezieller Grafiken. Interaction und Surface level zusammen werden als User Interface bezeichnet.

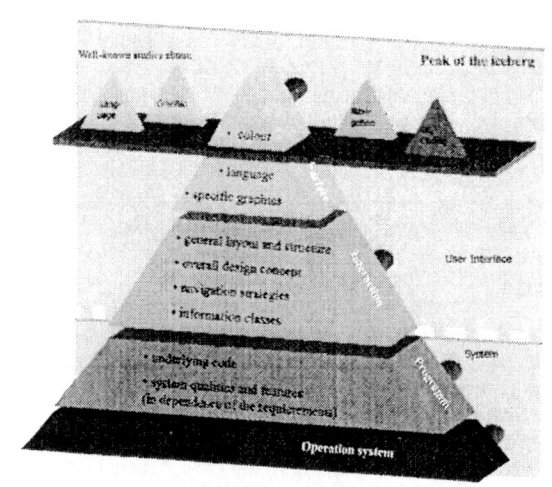

Abb.7: Darstellung der aktuellen Forschungssituation mittels Eisberg-Metapher

Die aktuelle Forschungssituation wird in Abb.7 dargestellt. Zur Veranschaulichung wurde die Eisberg-Metapher verwandt. Alle Ebene sind als Pyramide dargestellt. Die Spitze der Pyramide bildet die oberste Ebene, das Surface level. Als Oberfläche des Eisberges sind mehrere kleine Spitzen dargestellt. Diese neben der eigentlichen Spitze platzierten, symbolisieren die punktuellen Forschungsergebnisse der jeweiligen Ebene und damit die aktuelle Forschungssituation als Spitze des Eisberges. Es gibt bereits Untersuchungsergebnisse und Fortschritte in jeder einzelnen Ebene, aber keine ganzheitlichen Ansätze (vgl. Day et al.2000).

Um im Bereich des culture-oriented Design wesentliche Fortschritte -insbesondere in der praktischen Umsetzung- erzielen zu können, werden Ansätze, Studien, Methoden benötigt, die das culture-adapted UI als Ganzes betrachten und auch die vielfältigen Wechselwirkungen der Faktoren berücksichtigen. Nur so ist es möglich den vielseitigen Einflüsse der Kultur auf den Kommunikationsprozess, in die Gestaltung benutzerfreundlicher und culture-oriented UI wiederzuspiegeln und ihnen gerecht zu werden.

Literatur

Bourges-Waldegg, P. (2000). Globalization: A Threat To Cultural Diversity? In Day, D.; del Galdo, E.M.; Prabhu, G.V. (Eds.): Designing for Global Markets 2, Second International Workshop on Internationalisation of Products and Systems (IWIPS 2000, Baltimore, Maryland USA, 13-15. July), pp. 115-124, Backhouse Press.

Bourges-Waldegg, P.; Scrivener, S. A.R. (1998). Meaning, the central issue in cross-cultural HCI design. In Interacting with Computers: The interdisciplinary Journal of Human-Computer-Interaction, (Vol.9) February 1998, pp. 287-309, Elsevier Science.

Choong, Y.; Salvendy; G.(1998). Designs of icons for use by Chinese in mainland China. In Interacting with Computers: The interdisciplinary Journal of Human-Computer-Interaction, (Vol.9) February 1998, pp. 417-430. Amsterdam: Elsevier.

Day, Donald, L.(1996): Cultural bases of Interface Acceptance: Foundations. In: Sasse, M.A.; Cunningham, R.J.; Winder, R.L. (eds.): Proccedings of the British Computer Society Human Computer Interaction Specialist Group, People and Computers XI. Springer, 1996, S. 35-47.

Day, D.; del Galdo, E.M.; Prabhu, G.V. (Eds.)(2000): Designing for Global Markets 2, Second International Workshop on Internationalisation of Products and Systems (IWIPS 2000, Baltimore, Maryland USA, 13-15. July), Backhouse Press.

Dong, J.; Salvendy, G. (1999) Designing menus for the Chinese population: horizontal or vertical? In: Behaviour & Information Technology, Vol. 18, No. 6, 1999, S.467-471

Dunckley, L.; Smith, A. (2000) Cultural Dichotomies in User Evaluation of International Software. In Day, D.; del Galdo, E.M.; Prabhu, G.V. (Eds.): Designing for Global Markets 2, Second International Workshop on Internationalisation of Products and Systems (IWIPS 2000, Baltimore, Maryland USA, 13-15. July), pp. 39-52, Backhouse Press.

Hofstede, G. (1997). Cultures and Organisations: Software of the Mind. New York: McGraw-Hill.

Pellet, A.-P. (2000). Developing World Ready Technology Products. In: Day, D.; del Galdo, E.M.; Prabhu, G.V. (Eds.): Designing for Global Markets 2, Second International Workshop on Internationalisation of Products and Systems (IWIPS 2000, Baltimore, Maryland USA, 13-15. July), pp. 15-18, Backhouse Press.

Piamonte, D.P. T.; Abeysekera, J.D.A.; Ohlsson, K. (1999). Testing Videophone Graphical Symbols in Southeast Asia. In Bullinger, H.-J.; Ziegler, J. (Eds.): Human-Computer Interaction: Ergonomics and User Interfaces. (Vol. 1), Proceedings 8th International Conference on Human-Computer Interaction (HCI International '99, Munich, Germany, August 22-26), pp.793-797.

Reeves, B.; Nass, C. (1998) The Media Equation: How People Treats Computers, Television, and New Media Like Real People and Places. Cambridge University Press. September 1998.

Röse, K.; Zühlke, D.(1999). Design of user interfaces for non-European markets: a study of global demands, S.165-172. In: Harris, D. (Ed): Engineering psychology and cognitive ergonomics, Vol.4: Job design, product design and human-computer interaction. Aldershot: Ashgate.

Zühlke, D.; Romberg, M.; Röse, K.(1998). Global demands of Non-European Markets for the design of User-Interfaces. (Proceedings of 7th IFAC/IFIP/IFORS/IEA Symposium, Analysis, Design and Evaluation of Man-Machine-Systems Kyoto, Japan 1998 - 09 - 16-18). Kyoto: IFAC, Hokuto Print: Japan, pp. 143-147.

Adressen der Autoren

Kerstin Röse
Universität Kaiserslautern
ZMMI LS für Produktionsautomatisierung
Postfach 3049
67663 Kaiserslautern
roese@mv.uni-kl.de

„Metaplan" für die Westentasche: Mobile Computerunterstützung für Kreativitätssitzungen

Carsten Magerkurth, Thorsten Prante
GMD Darmstadt, IPSI

Zusammenfassung

In diesem Beitrag wird *PalmBeach*, ein Kreativitätswerkzeug für *Personal Digital Assistants* (PDAs), vorgestellt. PalmBeach greift die Metaplankarten-Metapher auf: Ideen werden auf Karten externalisiert und zueinander in Beziehung gesetzt. Im Kontext von *Roomware*-Umgebungen ist PalmBeach durch seine Möglichkeiten zum Informationsaustausch auch Bindeglied zwischen Einzel- und Gruppenarbeit. Die jeweils verfügbaren Visualisierungs- und Manipulationsmöglichkeiten von Objekten in PalmBeach und der umgebenden Infrastruktur orientieren sich an den speziellen Eigenschaften von PDA und Roomware. Durch ein eigens entwickeltes objektorientiertes Framework wurde weitgehende Plattformunabhängigkeit erreicht.

1 Einleitung

Dem seit Jahren geradezu euphorisch umjubelten Schlagwort „Teamarbeit" steht eine eher ernüchternde empirische Befundlage über die Effektivität von Teamsitzungen entgegen (Jonas & Linneweh 2000). Neben sozialen Faktoren wie Bewertungsangst wirkt sich besonders die Produktionsblockierung, die aus der begrenzten Redezeit des Einzelnen innerhalb der Gruppe resultiert, leistungsmindernd aus (Hymes & Olson 1992).

Abb. 1: Von PalmBeach zu BEACH

Rechnerbasierte Verfahren zur Unterstützung von Team- und Gruppenarbeit haben jedoch bereits beachtliche Erfolge bei der Kompensation leistungsmindernder Effekte erzielt.

Besonders populär ist hierbei das elektronische Brainstorming, durch das die Qualität der Ideen in der Gruppe gesteigert werden kann, indem sowohl Anonymität zur Ausschaltung sozialer Faktoren realisiert wird als auch Produktionsblockierung durch simultane Texteingabe weitgehend unterbunden werden kann. Allerdings kann dies auch auf Kosten von Akzeptanz und Zufriedenheit gehen (Jonas & Linneweh 2000).

Um die Akzeptanz der Ergebnisse und damit letztlich auch die Zufriedenheit zu steigern, lässt sich vermutlich trotz Computerverfahren nicht auf Face-To-Face Situationen verzichten, in denen ein Gefühl von Gruppenleistung aufgebaut wird. Andererseits konnte empirisch klar gezeigt werden, dass man in frühen Phasen von Gruppenarbeit, bei denen es um Ideenfindung geht, effektiver ohne wechselseitige Stimulation allein arbeitet (Van de Ven & Delbecq 1971). Obwohl die Vergrößerung individueller Suchräume durch gegenseitige Stimulation letztlich Sinn der Gruppenarbeit ist, scheint gerade beim anfänglichen Ideenfluss die Gefahr einer Tunnelung innerhalb der individuellen Suchräume zu bestehen.

PalmBeach unterstützt die notwendige Einzelarbeit vor, während und nach Gruppensitzungen und deckt im Zusammenspiel mit kooperativer Software und großen interaktiven Flächen (Abbildung 1) alle Phasen von Gruppenarbeit ab. Ideen können mit PalmBeach sowohl externalisiert oder überarbeitet als auch strukturiert werden.

2 Anwendungsmöglichkeiten

Ein Literaturvergleich legt nahe, dass sich nur mit einer Kombination von Einzel- und Gruppenarbeit optimale Ergebnisse erzielen lassen (Van de Ven & Delbecq 1971).

2.1 Phasen einer Gruppensitzung

Idealerweise beginnt eine Gruppensitzung zur kreativen Ideenfindung oder Problemlösung im Plenum, wo die Ausgangslage dargelegt und die Problemstellung spezifiziert wird. Danach sollten erste Ideen in Einzelarbeit oder Kleingruppen generiert werden, um eine zu frühe Einengung des Suchraums zu vermeiden. Erst dann sollten im Plenum Ideen vorgestellt und durch die Teilnahme aller weiterentwickelt werden, bevor eine gegebenenfalls anonyme Abstimmung stattfinden kann.

Zwischen diesen Sitzungsphasen und ihren unterschiedlichen Arbeitsmodi ist ein schneller und reibungsloser Wechsel unabdingbar, um negative Auswirkungen von Medienbrüchen (Prante 1999) zu verhindern.

PalmBeach entspricht dieser Forderung und integriert sich nahtlos in übergeordnete Prozesse, indem Medienbrüche soweit möglich durch eine direkte Übernahme der relevanten Informationsobjekte der umgebenden Infrastruktur vermieden werden.

2.2 Metaplan als Methode zur Sitzungsunterstützung

Schon vor der allgemeinen Verfügbarkeit von Computertechnologie hat sich die sogenannte Metaplan -Technik bewährt: Ideen werden stichwortartig auf Karten festgehalten und auf einer großen Pinnwand positioniert, um der „optischen Sprache der Gruppenarbeit" (der Visualisierung) Rechnung zu tragen (Schnelle 1975).

Die Metaplan-Technik findet bis heute als Werkzeug zur kreativen Ideenfindung vielfältige Verwendung. Es ist beachtenswert, dass ihre Erfinder bereits vor über 20 Jahren auf die Bedeutung der Kombination aus Einzel- und Plenumsarbeit hinwiesen (Schnelle 1975).

Nachteile der Metaplan-Technik liegen in der Beschaffenheit konventioneller Medien: Sitzungen sind kein Selbstzweck und ihr Ergebnis kann von nachhaltigerem Nutzen sein, wenn es transformiert und weiterverarbeitet werden kann. Bei der Pinnwand kann dies bestenfalls durch

Abfotografieren initiiert werden. Die Unterstützung für Einzelarbeit beschränkt sich ferner auf das individuelle Beschreiben der Karten, die nach der Sitzung nicht selten verloren gehen.

PalmBeach ist ein Werkzeug, das Kartenerstellung in Einzelarbeit ermöglicht und auch die Positionierung der Karten zueinander in einem Metaplan-ähnlichen Arbeitsbereich erlaubt. Dieser kann bei Bedarf komplett auf große interaktive Displays übertragen werden und ermöglicht somit den nahtlosen Übergang zur Arbeit in der Gruppe. Persistenz der Ergebnisse sowie vereinfachte Modifikationsmöglichkeiten der Karten ergeben sich dabei durch die Verwendung digitaler Medien.

2.3 Nutzung von PalmBeach ausserhalb einer Gruppensitzung

Ein bedeutender Vorteil von PDA-Unterstützung wird bei einer übergeordneten Betrachtung über die eigentlichen Gruppensitzungen hinaus deutlich. Bereits in der frühen Kreativitätsforschung (Wallas 1926) wurde mit dem eher unscharfen Begriff „Inkubation" der Einfluss von zeitlicher Distanz auf kreative Ideenfindung angedeutet. Offensichtlich lassen sich mentale Fixierungen, die den Ideenfindungs- und Problemlöseprozess behindern, quasi „von selbst" durch ausreichend lange nicht-problembezogene Beschäftigung lösen (Hussy 1993). Kreative Gruppensitzungen sind jedoch zeitlich begrenzt, so dass mitunter Ideen erst am Abend in der Straßenbahn oder am Wochenende beim Spazierengehen unvermittelt „auftauchen".

Da der PDA ständiger Begleiter moderner Wissensarbeiter sein kann, ermöglicht PalmBeach nicht nur nachträgliche Modifikation der in der Sitzung erarbeiteten Ideenstruktur, an jedem Ort und zu jeder Zeit, sondern auch „Vorarbeit" durch spontane Generierung neuer Ideen, die dann später in einer Sitzung verwendet werden können. Dazu wird der entsprechende Arbeitsbereich dann z.B. wieder in die gemeinsame Ideenstruktur integriert. Hierfür gibt es Kommunikationsmöglichkeiten mit der weiter unten beschriebenen BEACH-Software. Dies ist eine synchrone Groupware zur Unterstützung von Face-to-Face-Gruppenarbeit (Tandler 2000).

3 Benutzungsoberfläche – Ideenfindung und -strukturierung

Um sowohl das Erzeugen und Ausarbeiten von Ideen als auch das Modellieren ihrer Beziehungen zu ermöglichen, verwendet PalmBeach zwei Ansichten, zwischen denen per Knopfdruck gewechselt werden kann.

Die *Detailansicht* entspricht der Ansicht auf die reale Metaplankarte, die mit Inhalt zu füllen ist, bevor sie an die Pinnwand geheftet wird. In der *Arbeitsbereichsansicht* werden wie beim konventionellen Medium alle Karten eines Arbeitsbereichs in Relation zueinander positioniert, wobei zusätzlich Verweise zwischen Karten visualisiert werden können.

3.1 Detailansicht

Zum Edieren der Karte in der Detailansicht (Abbildung 2) stehen sowohl Funktionalität für Freihandzeichnen als auch Textfelder zur Verfügung.

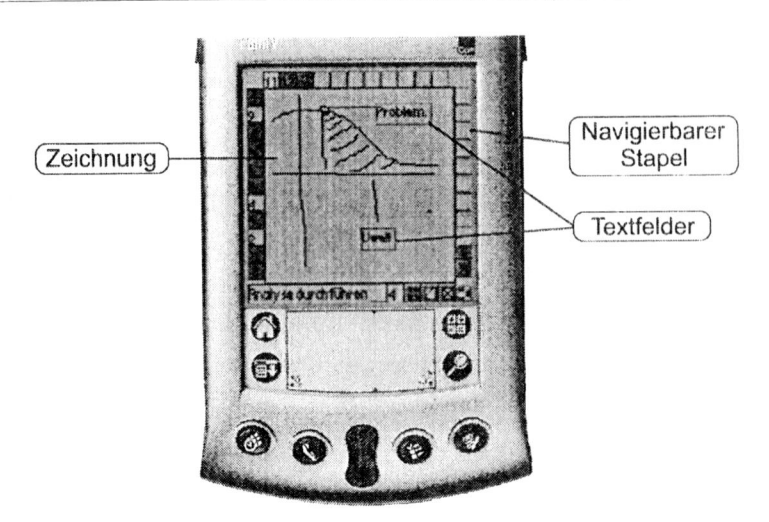

Abb. 2: Detailansicht

Das *Freihandzeichnen* ist weitgehend an gängige PDA-Zeichenprogramme wie DiddleBug angelehnt, wobei die generierten Zeichnungen zusätzlich vektorisiert werden. Dies stellt eine wichtige Voraussetzung für die Weiterverarbeitung der Karten auf Geräten mit vielfach größeren Bildschirmen dar. Trotz Vektorisierung ist die Eingabegeschwindigkeit groß genug, um auch handschriftlichen Text sauber erfassen zu können.

Durch *Textfelder* lassen sich Annotationen oder längere Texte erzeugen, die auf der Zeichenoberfläche verschoben werden können. Dabei passen sie sich in ihren Ausmaßen der Menge des eingegebenen Textes an. Obwohl die Texteingabe per Eingabefeld und Texterkennung langsamer ist als handschriftlicher Text und sich damit weniger gut für den Generierungsprozess von Ideen eignet, bieten Textfelder den Vorteil, deutlich größere Mengen Text auf dem kleinen Bildschirm eines PDA darstellen zu können.

Am unteren Bildschirmrand kann ein *Kartentitel* ediert werden, der eine semantische Strukturierung – besonders bei einer Weiterverarbeitung des Kartensatzes ausserhalb PalmBeach – ermöglicht.

Neben dem Kartentitel befindet sich eine Leiste mit Knöpfen, durch die häufig benötigte Operationen wie das Erstellen neuer Karten oder der Wechsel zwischen den Ansichten ausgelöst werden können: Gerade während des Erzeugens von Ideen ist es wichtig, eine schnelle Benutzbarkeit sicherzustellen, um kognitive Unterbrechungen und damit Produktionsblockierung zu unterbinden.

Die übrigen Bildschirmränder werden weitgehend durch den „navigierbaren Stapel" ausgefüllt, der ein Navigationswerkzeug zwischen den Karten darstellt.

3.1.1 Navigierbarer Stapel

Der Navigierbare Stapel wurde eingeführt, um die frühen Phasen der Ideenfindung besonders gut zu unterstützen, bei denen es noch nicht darum geht, Ideen in Beziehung zueinander zu setzen, sondern den freien Fluss von Assoziationen zu ermöglichen (siehe hierzu auch Malone 1983, „*deferred classification*"). Dies ist bedeutend, weil eine zu frühe Strukturierung der Ideen zu Tunnelung und damit zu einer Verkleinerung des Suchraumes führen kann. Karten lassen sich in schneller Folge „beschreiben" und ohne Rückgriff auf die Arbeitsbereichsansicht durch den Stapel direkt ansteuern.

Der Navigierbare Stapel wird durch am Rand des Displays umlaufend angeordnete „Knöpfe" repräsentiert. Jeder Knopf entspricht dabei einer Karte, zu deren Detailansicht durch nur einen „Click" gewechselt werden kann. Der Stapel wächst mit jeder Karte, die neu erstellt wird. Das Erscheinungsbild der einzelnen Knöpfe spiegelt überdies die Beziehung der entsprechenden Karte zur gerade selektierten Karte wieder. So werden beispielsweise durch Verweise verbundene Karten hervorgehoben. Dies vereinfacht die Orientierung innerhalb des Stapels.

3.2 Arbeitsbereichsansicht

In der Arbeitsbereichsansicht (Abbildung 3) können Karten an einer „virtuellen Pinnwand" entfernt, hinzugefügt oder verschoben werden. Der Übersichtlichkeit halber können sich Karten dabei nicht überlappen.

Durch die räumliche Gruppierung von Karten werden zusammengehörige Ideen durch Cluster bzw. Nähe sowie gegensätzliche Positionen durch große räumliche Distanz modelliert. Aufgrund der geringen Bildschirmauflösung des PDA wird der Inhalt der Karten im Arbeitsbereich nicht dargestellt. Stattdessen werden die Karten durch ihre Icons repräsentiert und durch Icon und Position identifiziert.

Als *Icon* kann sowohl eine innerhalb des Arbeitsbereichs eindeutige Zahl gewählt werden als auch ein Piktogramm. Während die Zahl eine leichte und eindeutige Zuordnung zwischen Karte und Icon ermöglicht, geht diese Spezifität durch die bildliche Darstellung verloren. Andererseits eignet sich die bildliche Darstellung für die Modellierung von Meta-Informationen zum Karteninhalt. So lassen sich Kategorien von Karten bilden, deren Ideen beispielsweise besonders wichtig, unausgegoren oder problematisch sind.

Jeweils genau eine der Karten kann durch Berührung mit dem Stift selektiert werden, so dass für diese Karte auch der Titel als zusätzliche Information am unteren Bildschirmrand verfügbar und edierbar wird, ohne dass die Arbeitsbereichsansicht verlassen werden muss. Um gerade bei großen Kartensätzen die Übersicht zu wahren, werden Verweise jeweils nur für die selektierte Karte angezeigt (vergleiche Karte 4 in Abbildung 3).

Verweise ermöglichen hier Assoziationen zwischen Karten, die die räumliche Strukturierung überwinden. PalmBeach lässt sich durch die Verweismöglichkeit auch als eine Art Mapping-Werkzeug verwenden.

Schließlich soll erwähnt werden, dass am unteren Bildschirmrand die Kontrollknöpfe sowie der Kartentitel konsistent zur Detailansicht angebracht sind.

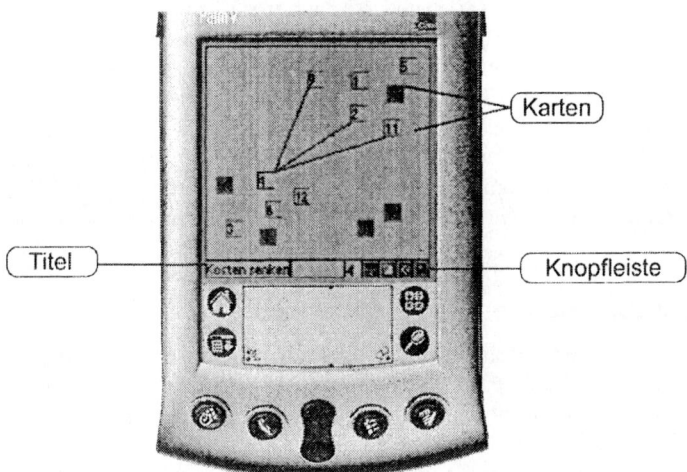

Abb. 3:   Arbeitsbereichsansicht

4 BEACH und PalmBeach

Die synchrone Groupware *BEACH* („Basic Environment for Active Collaboration with Hypermedia") ist zur Unterstützung kreativer Tätigkeiten in Teams gedacht und für die Benutzung auf sogenannten Roomware-Komponenten ausgelegt (Tandler 2000). Mit *Roomware* werden Raumelemente wie Wände, Türen oder Möbel bezeichnet, in die Informations- und Kommunikationstechnik integriert ist (Streitz et al. 1998). Eine der Roomware-Komponenten ist die Dyna-Wall (Abbildung 1). Diese ist im Rahmen kreativer Sitzungen besonders für die Plenumsarbeit geeignet, da sie eine große, interaktive und von allen Teilnehmern einsehbare Visualisierungsfläche darstellt.

Die derzeit realisierten Roomware-Komponenten sind zur stiftbasierten Interaktion mit berührempfindlichen Interaktionsflächen ausgestattet. BEACH ermöglicht dementsprechend sowohl skizzenhaftes und handschriftliches Visualisieren von Informationen als auch gestenbasierte Manipulation von Informationsobjekten. Das Hypermedia-Datenmodell von BEACH ist eine Weiterentwicklung von DOLPHIN (Streitz et al. 1994). Als eines der Alleinstellungsmerkmale ermöglicht BEACH große logische Interaktionsflächen über mehrere physikalische Display-Einheiten hinweg zu erstellen.

4.1 Benutzungsoberfläche – Austausch von Karten

Um Einzel- und Kleingruppenarbeit mittels PalmBeach mit der Arbeit im Plenum an interaktiven Flächen wie der DynaWall effektiv zu verbinden, ist es notwendig, auf beiden Systemen gleiche Informationsobjekte (Karten, Zeichnungen etc.) zu unterstützen, so dass eine nahtlose Integration ohne explizite Konvertierungs- oder Exportmechanismen realisiert werden kann. Bei der Kommunikation zwischen PalmBeach und BEACH können sowohl einzelne Karten als auch ganze Kartensätze bequem über die serielle Schnittstelle ausgetauscht werden. Analog zum Anbringen der realen Karten an der Pinnwand können die Teilnehmer einer Gruppensitzung ihre virtuellen Karten vom PDA aus mittels einer Passage-ähnlichen Benutzungsoberfläche (Konomi et al. 1999) an der DynaWall dem Plenum vorstellen. Abbildung 1 zeigt eine übertragene Karte an der Dynawall auf der sogenannten *Bridge* (Konomi et al. 1999).

Kleingruppenarbeit und opportunistische Begegnungen z.B. auf dem Gang oder in der Cafeteria werden durch die Möglichkeit der Infrarot-Übertragung von Karten zwischen PDAs unterstützt, die durch den Mechanismus des *Beaming* realisiert ist.

Das Versenden von einzelnen Karten und ganzen Kartensätzen ist über die eingebauten Knöpfe des Gerätes realisiert. Diese Abweichung von der ansonsten am Palm-Display orientierten Benutzungsoberfläche wurde eingeführt, da das Übertragen von Karten im Gegensatz zu den übrigen Interaktionen auf ein anderes Gerät gerichtet ist. Hier ist die Aufmerksamkeit des Benutzers nicht so sehr auf den PDA, sondern auf das empfangende Gerät gerichtet. Dies spiegelt sich in der Körpersprache wider: Mit dem PDA wird auf das empfangende Gerät gezeigt. Da dies einer am Display orientierten Interaktion entgegenläuft, löst die *pageUp*-Taste am Palm das Versenden einer einzelnen Karte sowie die *pageDown*-Taste die Übertragung des kompletten Kartensatzes aus.

4.2 Anpassung der Benutzungsoberfläche

Während für die DynaWall Mehrbenutzerkooperation und gestenbasierte Interaktion realisiert sind, galt es bei der Realisierung der BEACH-Karten in PalmBeach, die Darstellung und Interaktionsmöglichkeiten an die Einschränkungen des PDA anzupassen (kleines Display, geringe Prozessorleistung).

Karten können in PalmBeach zwar weitgehend analog zu denen in BEACH beschrieben werden. Aufgrund der Platzbeschränkung haben sie jedoch eine fixe Größe und sind „übereinander" angeordnet (siehe auch Abschnitt 3.1.1, Navigierbarer Stapel). Um Karten trotzdem darüberhinausgehend organisieren zu können, wurde die zur Detailansicht komplementäre Arbeitsbereichsansicht entworfen und implementiert.

Weiterhin waren für den PDA keine Maßnahmen zur Lokalisierung der Kontrollmöglichkeiten, wie gestenbasierte Interaktion und Verzicht auf explizite Selektion, notwendig. Stattdessen wurde auf eine Interaktion im Stil von Point-and-Click zurückgegriffen. Schließlich beschränkt die Prozessorleistung die verfügbaren Zeichenfunktionen. Weitergehende Funktionalität, z.B. zur Skalierung oder Rotation, wird in BEACH realisiert.

4.3 Plattformunabhängigkeit

Schon während der Bedarfsanalyse von PalmBeach wurde deutlich, dass es trotz der momentan weiten Verbreitung des Palm® wichtig sein würde, in Zukunft PDAs mit höherer Rechenleistung und mehr Speicherkapazität zu unterstützen. Somit könnte langfristig Funktionalität von stationären Systemen in den PDA überführt werden (z.B. fortgeschrittene Funktionen zum Zeichnen) und damit die Abhängigkeit des PDA gegenüber seiner umgebenden Infrastruktur verringert werden.

Durch den Einsatz eines eigens für PalmBeach entwickelten objektorientierten Frameworks, das die Elemente der Benutzungsoberfläche abstrahiert, wurde eine weitgehende Plattformunabhängigkeit realisiert (Abbildung 4). Dadurch ist die Kommunikation zwischen PDAs auch nicht auf bestimmte Modelle wie den Palm beschränkt, sondern prinzipiell zwischen beliebigen PDAs möglich.

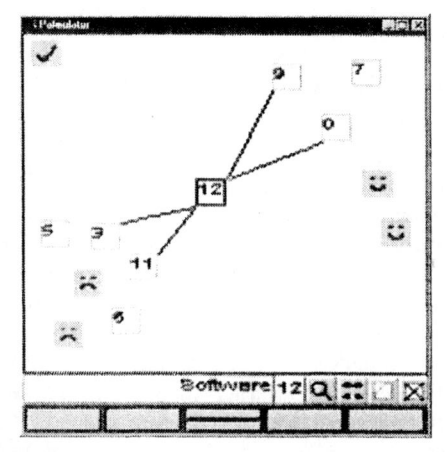

Abb. 4: PalmBeach unter Win32

5 Erste Erfahrungen

Eine Evaluationsstudie über die Effektivität von Sitzungen mit Unterstützung von PalmBeach und BEACH ist für das Frühjahr 2001 geplant. Die Rückmeldungen unserer Kollegen und anderer Benutzer sind bis jetzt sehr positiv, wobei offensichtlich noch Nachbesserungsbedarf bei technischen Details besteht (zu lange Übertragungszeiten, gelegentliche Verzögerungen beim Bildaufbau).

Insbesondere die Möglichkeit der grafischen Strukturierung wurde allgemein begrüßt und trotz des kleinen Displays als übersichtlich und hilfreich empfunden. Wenig erfahrene

PDA-Benutzer bemängelten teilweise, dass in der Detailansicht wenig Platz für handschriftlichen Text und Zeichnungen zur Verfügung steht.

6 Verwandte Arbeiten

Mehrere Forschungsgruppen haben sich mit PDA-Unterstützung für Gruppensitzungen beschäftigt (u.a. Davis 1999, Myers at al. 1998, Rekimoto 1998), jedoch jeweils mit einem anderen Fokus. Greenberg et al. (1999) haben insbesondere das Zusammenspiel von PDAs und großen Displays untersucht. Ihr besonderes Interesse galt jedoch den unterschiedlichen Eigenschaften privater und öffentlicher Informationen. Eine grafische Benutzungsoberfläche zur Kreativitätsunterstützung sowie Plattformunabhängigkeit wurde von ihnen nicht thematisiert.

Insbesondere werfen Greenberg et al. Fragen nach Aufgabenverteilung und Homogenität der Interaktionsobjekte in Szenarien mit sehr verschiedenen Geräten (PDA vs. große interaktive Flächen) auf, die sie mit spezialisierten Einsatzgebieten und Interaktionsobjekten beantworten. Wir sind jedoch zu der Überzeugung gelangt, dass sich typische dort angesprochene Probleme (wie Informationsverlust beim Übergang von grafischen zu textbasierten Systemen) wirkungsvoll vermeiden lassen, wenn alle beteiligten Systeme identische Interaktionsobjekte bieten, an denen weitgehend ähnliche Operationen durchgeführt werden können.

Bezüglich der Wertigkeit und Autonomie von PDAs, nehmen wir eine zu Myers et al. konträre Position ein. Auch Kleinstgeräte werden nicht nur als Eingebegeräte, sondern als relativ eigenständige Systeme angesehen, die auch ausserhalb einer IT-Infrastruktur eingesetzt werden können (siehe Abschnitt 2.3).

7 Diskussion und Ausblick

Wir haben ein Werkzeug für PDAs vorgestellt, das im Rahmen von Kreativitätssitzungen effektiv verschiedene Sitzungsphasen und Arbeitsmodi unterstützt. PalmBeach bedient sich dabei der Metaplan-Metapher und ermöglicht neben der räumlichen Strukturierung auch eine semantische über Titel und Icon sowie Querverweise zwischen Karten.

Momentan werden innerhalb der Arbeitsbereiche keine Hierarchien realisiert: Ein Arbeitsbereich ist „flach". Wir werden untersuchen, inwieweit ein Verlust an Einfachheit durch den Gewinn an hierarchischen Strukturierungsmöglichkeiten ausgeglichen wird. Hierzu werden wir Containerobjekte einführen, die als eigenständige Arbeitsbereiche fungieren und deren Karten auch auf Karten in anderen Containern verweisen können. Die Einführung hierarchischer Strukturen würde die Anzahl der erreichbaren Karten erhöhen, die im Moment bei 30 liegt. Diese Begrenzung wurde allerdings bisher nicht als störend empfunden.

Ferner werden wir untersuchen, ob Zoomingfunktionalität ein geeignetes Mittel zur Überwindung der geringen Bildschirmgröße von PDAs ist. Auch hier wird die Einfachheit und Schnelligkeit in der Benutzung mit einem Raumgewinn abzuwägen sein.

8 Danksagungen

Wir danken Norbert Streitz, Torsten Holmer, Peter Tandler, Sascha Steiner und Christian Müller-Tomfelde für ihre wertvollen Anregungen und Rückmeldungen zu unserer Arbeit.

Literatur

Davis, R.C. (1999): NotePals: Lightweight Note Sharing by the Group, for the Group. In: Proceedings, CHI'99: Human Factors in Computing Systems, 1999, 338-345.
Greenberg, S., Boyle, M. & Laberge, J. (1999): PDAs and Shared Public Displays: Making Personal Information Public, and Public Information Personal. In: Personal Technologies, Vol.3, No.1, 54-64.
Hussy, W. (1993): Denken und Problemlösen. Stuttgart: Kohlhammer.
Hymes, C. & Olson, G. (1992): Unblocking Brainstorming through the use of a simple group editor. In: Proc. of the ACM Conference on Computer Supported Cooperative Work (CSCW'92), 1992, 345-358.
Jonas, K. & Linneweh, K. (2000): Computerunterstützte Kreativitätstechniken für Gruppen. In: Boos, M., Jonas K. & Sassenberg K. (Hrsg.): Computervermittelte Kommunikation in Organisationen. Göttingen: Hogrefe.
Konomi, S., Müller-Tomfelde, C., Streitz, N.A. (1999): Passage: Physical Transportation of Digital Information in Cooperative Buildings. In: Streitz, N., Siegel, J., Hartkopf, V., Konomi, S. (Hrsg): Cooperative Buildings – Integrating Information, Organization, and Architecture. Proc. of the 2nd International Workshop on Cooperative Buildings (CoBuild'99), 1999, 45-54.
Malone, T.W. (1983): How Do People Organize Their Desks? Implications for the Design of Office Information Systems. In: ACM Transactions on Information Systems (TOIS), 1983, 1, 99-112.
Myers, B. A., Stiehl, H. & Gargiulo R. (1998): Collaboration Using Multiple PDAs Connected to a PC. In: Proc. of the ACM Conference on Computer Supported Cooperative Work (CSCW'98), 1998, 285-294.
Prante, T. (1999): Eine neue stiftzentrierte Benutzungsoberfläche zur Unterstützung kreativer Teamarbeit in Roomware-Umgebungen. Diplomarbeit. Technische Universität Darmstadt.
Rekimoto, J. (1998): A Multiple Device Approach for Supporting Whiteboard-based Interactions. In: Proceedings, CHI'98: Human Factors in Computing Systems, 1998, 344-351.
Schnelle, E. (1975): Metaplan-Gesprächstechnik. Quickborn: Metaplan GmbH.
Streitz, N.A., Geißler, J. & Holmer, T. (1998): Roomware for Cooperative Buildings: Integrated Design of Architectural Spaces and Information Spaces. In: N. Streitz, S. Konomi, H. Burkhardt (Hrsg.): Cooperative Buildings - Integrating Information, Organization, and Architecture. Proceedings of CoBuild '98, Darmstadt. Lecture Notes in Computer Science. Heidelberg: Springer, 1998, 1370, 4-21.
Streitz, N.A., Geißler, J., Haake, J.M. & Hol, J. (1994): DOLPHIN: Integrated Meeting Support across Liveboards, Local and Remote Desktop Environments. In: Proc. of the ACM Conference on Computer Supported Cooperative Work (CSCW'94), 1994, 345-358.
Tandler, P. (2000): Architecture of BEACH - The Software Infrastructure for Roomware Environments. In: CSCW 2000: Workshop on Shared Environments to Support Face-to-Face Collaboration. Available at http://www.edgelab.sfu.ca/CSCW/workshop_papers.html.
Van de Ven, A. & Delbecq A. (1971): Nominal versus interacting group processes for commitee decision-making effectiveness. In: Industrial and Organizational Psychology, 1971, 14(2), 203 – 212.
Wallas, G. (1926): The art of thought. New York: Harcourt Brace.

Adressen der Autoren

Carsten Magerkurth / Thosten Prante
GMD-Forschungszentrum für
Informationstechnik GmbH IPSI
Dolivostr. 15
64293 Darmstadt
magerkur@darmstadt.gmd.de
prante@darmstadt.gmd.de

Awareness in Context-Aware Information Systems

Tom Gross, Marcus Specht
GMD-FIT/HCI, St. Augustin

Abstract

The paper describes the idea of bringing awareness to nomadic users. Based on a discussion of different context models and approaches to model context, several scenarios for awareness in context-aware systems are presented. We describe the combination of a context aware guidance system and an awareness platform to enable awareness for nomadic users about other users that are either in a similar electronic of spatial context. This could enhance the communication and interaction facilities for nomadic users by localisation, user modelling and an awareness platform to monitor state and events of the electronic and the physical environment.

1 Introduction

New technologies like *wireless communication* and wireless *device tracking* enable new types of applications like nomadic information systems and information appliances that are contextualised to their current context of use.

Nomadic information systems include mobile devices as well as stationary desktop computers or kiosk systems, with all having access to information spaces relevant for the user. Users will increasingly be nomads [Makimoto & Manners 1997]. Just as they always wear a bunch of keys in their pocket to have access to physical spaces future nomads will have an electronic appliance to get access to information spaces no matter which device they currently are working with.

Awareness information environments help to support the coordination of workgroups. Typically, they provide application-independent information to geographically dispersed members of a workgroup about the members at the other sites such as their presence, availability, past and present activities; about shared artefacts; and about various other things that exist or happen at the other sites. Often they consist of sensors capturing information, a server that processes the information, and indicators to present the information to the interested users. Sensors like tracking technologies can be used to track the physical context of a nomadic user. This facilitates new possibilities for contextualised services and awareness for the nomadic user.

Several approaches from the field of *location based services* and location aware systems try to integrate physical artefacts in the real world with information artefacts in the information space [Kanter 2000; Oppermann & Specht 2000]. The underlying idea is a direct connection of the physical space and the so-called information space where the artefacts in the physical world are connected with information artefacts in the information space. *Context aware systems* provide services and information to mobile users that are adapted to the current context of use (i.e., physical location, other persons nearby, etc.). Furthermore, the current context of the user is used to facilitate contacts and communication between users [Kanter 2000; Schmidt et al. 1999].

The prototypes presented in this paper try to bring these ideas together in the sense that context aware systems can take into account a lot of different aspects of the current user context for adapting the information presented and for providing awareness about his/her context to a nomadic user or a third party. A location-based service can use the current information about the physical environment to provide awareness to a third party. A simple example of such a service could inform a user that one of his friends is currently in his favourite pub. Additionally a context-aware system can take into account relations of physical artefacts, electronic artefacts, and similarity between users or their history of movements in physical or electronic space.

In the first section of this paper we will introduce some underlying ideas about our notion of awareness in context-aware systems. This will allow us to systematically describe existing approaches that use context information for providing awareness to nomadic users. In the following section we will introduce a nomadic guidance system and an awareness platform. By combining them we are able to implement some examples of advanced awareness services in nomadic information systems that will be presented in the last section of this paper.

2 Context and Context-Aware Systems

2.1 Context in Handheld and Ubiquitous Computing

Several approaches have defined context models and described different aspects of context taken into account for context-aware systems. Schilit et al. [1994] have mentioned: where you are, who you are, and what resources are nearby. Dey and Abowd [1999] discuss several approaches for taking into account the computing environment, the user environment, and the physical environment and distinguish primary and secondary context types. Primary context types describe the situation of an entity and are used as indices for retrieving second level types of contextual information. In most definitions of context four main dimensions of a context are considered:

- *Location*: We consider location as a parameter that can be specified in electronic and physical space. An artefact can have a physical position or an electronic location described by URIs or URLs. Location-based services as one type of context aware applications [Shilit et al. 1994] can be based on a mapping between the physical presence of an artefact and the presentation of the corresponding electronic artefact.
- *Identity*: The identity of a person gives access to second level contextual information. In some context-aware applications highly sophisticated user models hold and infer information about the user's interests, preferences, knowledge and detailed activity logs of physical space movements and electronic artefact manipulations. As described in the following section the identity of a context can also be defined by the group of people that shares a context.
- *Time*: Time is an important dimension for describing a context. Beside the specification of time in CET format categorical scales as an overlay for the time dimension are mostly used in context-aware applications (e.g., working hours vs. weekend). For nomadic information systems a process oriented approach can be time dependent (similar to a workflow).
- *Environment or Activity*: The environment describes the artefacts and the physical location of the current situation. In several projects approaches for modelling the artefacts and building taxonomies or ontology about their interrelations are used for selecting and presenting information to a user.

2.2 Contexts in Awareness Information Environments

As mentioned above, awareness information environments capture various types of information and events from the physical world and from the electronic world and present the information to the members of workgroups. As these environments can potentially have a big number of sensors that constantly capture a vast amount of information, some structuring of the information is required. Furthermore, the members of the workgroup need a common reference on the shared world—a common ground as a basis for communication and cooperation [Clark & Brennan 1991]. Contexts can be used to structure awareness information and to provide users with this common reference.

In general, a context can be defined as the interrelated conditions in which something exists or occurs [Merriam-Webster Incorporated 1999]. Gross & Prinz [2000] define an awareness context as 'the interrelated (i.e., some kind of continuity in the broadest sense) conditions (i.e., circumstances such as time and location) in which something (e.g., a user, a group, an artefact) exists (e.g., presence of a user) or occurs (e.g., an action performed by a human or machine)'. In awareness information environments this context information is used to provide users with information that is related to their current context and therefore of most value for the coordination of the group activities. In our concept awareness contexts are described by a set of attributes (cf. Table I).

Table I: Attributes of awareness contexts.

Attribute	Description
context-name	Name of the context
context-admin	Human or non-human actor who created the context
context-member	Human members of a context
context-location	Physical locations related to a context
context-artefact	Artefacts of a context
context-app	Applications related to a context
context-event	Events relevant to a context
context-acl	Access control list of a context
context-env	Related contexts

These attributes are used to describe awareness contexts. For instance, an awareness context could be defined for a project and would then contain the project's name, the administrator, who creates and maintains the awareness context; the project's members, locations, artefacts, applications, event types such as read, write, delete, and the access control list that contains the access rights to information related to the project as well as the relations to other awareness contexts.

According to Dey and Abowd, 'a system is context-aware if it uses context to provide relevant information and/or services to the user, where relevancy depends on the user's task' [1999]. We would like to generalise this definition and extend the user's task to contain information about the user's whole work context. When an event occurs, the system analyses to which awareness context it can be matched, adds context information, and stores it. The system then analyses the current work context of the respective user; if the context of the event matches with the work context of the user, the system informs the users accordingly. So, all users who share an awareness context are informed likewise – no matter where they are and whether they are at the same place.

3 Awareness in Context-Aware Systems

3.1 Electronic Space and Physical Space

Figure 1 shows a schematic representation of the real space with the physical artefacts contained, the electronic space and the electronic artefacts contained, and the users that can actively navigate in real space and in electronic space.

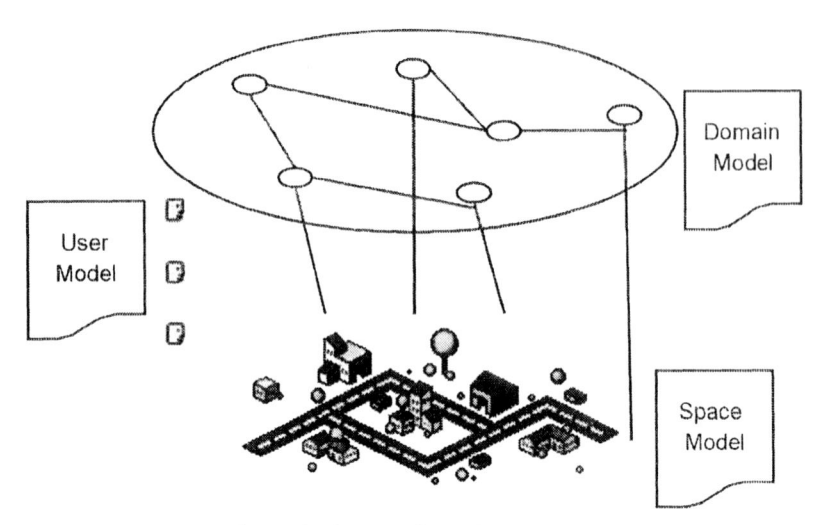

Figure 1: Schematic representation or physical and electronic space.

For describing the physical space some kind of geographical model (space model) for describing entities in the real world and their interrelations is needed, this is shown in Figure 1 as the space model. The domain model describes the electronic artefacts in the electronic space. All electronic artefacts and their interrelations are described herein. In the user model properties and the history of the user are stored. A context-aware information system can take into account the physical environment of a user and the properties of a user model to select and present electronic artefacts to a user. For proving awareness in context-aware systems a model of the physical space, the electronic space, and the user model is required. In the following we will describe several single user and multiple user scenarios where users move either in physical or electronic space. Later we will show how context-based awareness services can be provided to them based on our combination of systems.

As the simplest case a single user browses the electronic space. The user model and the model of the electronic space can be matched to provide user-adaptive information services. When a single user browses the physical space user tracking in physical space can provide location-aware information selection and presentation. Furthermore a system can take into account the user model and the physical environment to generate adaptive recommendations that can either recommend information artefacts or physical artefacts that could be of special interest for the user.

When two users browse the electronic space and if both users access the same electronic entity, the system provides awareness information about their co-location. When two users browse the physical space and when both users are in different places, their information appliances provide awareness information about the other user's current location and activities. If both users are in the same location but at different times the system could use the location history to provide route recommendations based on the other users experience.

When one user (A) explores the physical space and the other user (B) moves in electronic space. If the location detection activates an electronic artefact for user A, which is viewed by user B, then awareness information can be given to both. If user B visits an electronic artefact, which is connected to an awareness indicator close to user A in the physical space, then awareness information can be given to both.

Additionally, in all scenarios the system can recommend locations or electronic entities to similar users based on their user model.

4 Combining Context-Aware Devices and User Awareness

In the following section we will describe our starting points and main input by two implemented systems. HIPPIE is a nomadic information system that adapts to the Context of Use [Oppermann & Specht 2000]. As mentioned above, ENI is an event-based awareness environment, which includes various sensors for the capturing of events and various indicators for their presentation [Prinz 1999]. In the following we will introduce the basic ideas of HIPPIE and ENI and show up new possibilities that we see in their combination.

4.1 HIPPIE—A Context-Aware Nomadic Information System

Hippie is a context aware nomadic information system that supports users with location aware information services. Beside the adaptation of information presentation and selection based on the users location the system tries to utilise the context of use for adaptation. The context of use is defined by the physical environment, the geographical position, social partners, user tasks, and personal characteristics. The more context parameters are considered for the information selection and presentation, the more effective, efficient and satisfactory the user interaction will be. Hippie offers added value to current information facilities by supporting all along the process of mobile activities. Process support is made possible by the nomadic characteristic of the system that allows the user to have access to his or her personal information space from wherever they are, independently from specific devices. The information selected and presented to the visitor reflects the location (at home or in front of an exhibit), the interests, the knowledge and the presentation preferences of the user. Dynamic elements for animated interpretation and audio presentations complement the visual modality preoccupied by the physical environment. The user is equipped with a handheld computer and a headphone to listen to explanations of the current artefact and environment to immerse into the subject of interest. The user is left alone with the physical environment, and the complementary explanations; via the communication function of the system, he or she can also get in touch with other individuals present in the real or virtual exhibition for appointments or suggestions.

In the following we mention the main features of the system to explain the benefit for the users: the process support by permanent system accessibility, the location awareness of the system to present information suitable to the current position of the visitor, multimodal information presentation to exploit the range of human perception, and information adaptation to the user's knowledge and interests. These features are just described shortly, for additional information see [Oppermann & Specht 2000].

Location Awareness: By infrared infrastructure the position and by an electronic compass the direction of the visitor are identified and transmitted from the handheld computer to the server, so that the server can automatically send the appropriate information for the visitor. By these means, a continuous localisation of the user can be used for information selection and be displayed on an electronic map, if the visitor user support for the navigation in the physical space, e.g., to find a place of interest. If a new item of interest is detected by infrared the system presents an "earcon" combined with a blinking click sensitive "News" icon on the screen.

Multimodal Information Presentation: The system adapts the presentation of information to the current mobile context of use. The default information presentation for visitors during the preparation and evaluation phases is unimodal, containing pictures and text. The default information presentation during the movement in physical space is multimodal containing written text on the screen *and* spoken language via headphones, and multicodal, including text, graphics and animations. The visitor's visual attention is free for the physical environment. Most information is presented aurally without requiring the user to look at the screen.

Information Adaptation to User's Knowledge and Interest: The adaptive component runs a user model describing the knowledge and the interests of the user. The user model contains a history of the user's information selection from the system and the user's roaming in the physical space. The history is continuously evaluated for user-preferred items or user-preferred attributes to identify particular interests comparing the user's selection with the taxonomy of the domain. For the following presentations it can adapt the information to the user's assumed prior knowledge and interests. Adaptive tips provide adaptation to the assumed interests of the user. Especially his or her knowledge and understanding of the exhibition in general and the exhibits in particular, but also the richness of experience, which can be intensified by personalised information.

Annotation, Explanation and Communication: Hippie provides additional features to support the individual user and a user group moving in physical or electronic space.

By the combination of features described above, Hippie makes use of Weiser's vision, called calm technology by ubiquitous computing [Weiser 1991]. The equipment used and the information and communication interface is designed to let the visitor walk in the physical space while getting access to a contextualised information space tailored to the individual needs and the current environment.

4.2 TOWER—An Awareness Information Environment

Users who have to cooperate as a group need to coordinate their activities; for this coordination they need information. The pervasive knowledge of who is around, what these other users are doing, how available they are, what they are doing with electronic artefacts, and so forth is in the CSCW literature often called awareness (sometimes with prepositions such as *group* awareness [Begole et al. 1999; Gross to appear] or *workspace* awareness [Gutwin et al. 1996]). If the cooperating individuals are at the same physical place this information is obvious and can be gathered easily; if individuals who are at different places have to cooperate as a group technological support is essential.

We have developed an event-based awareness environment, which includes various sensors for the capturing of events and various indicators for their presentation [Gross & Prinz 2000]. Figure 2 shows the architecture of ENI (event notification infrastructure).

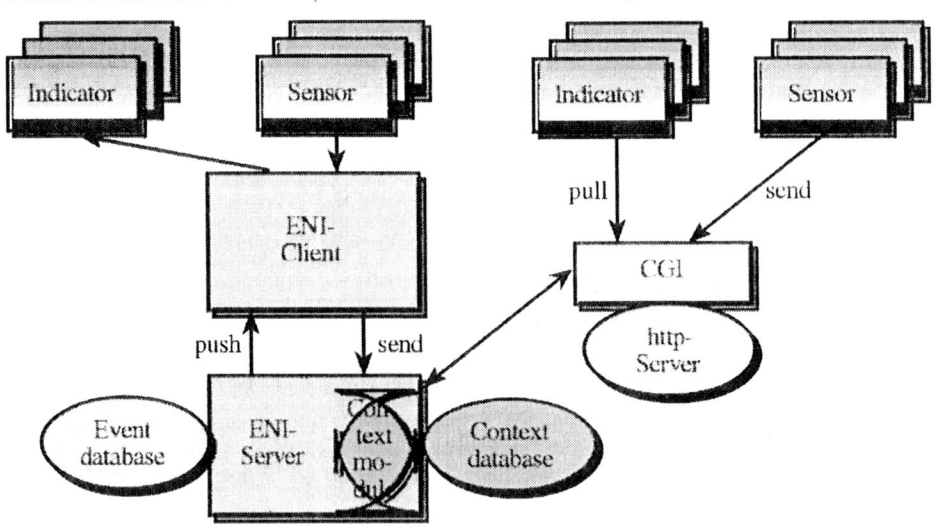

Figure 2. The ENI architecture.

Sensors are associated with actors, shared material, or any other artefact constituting or influencing a cooperative environment. Sensors can capture actions in the electronic (e.g., changes in documents, presence of people at virtual places) and in the physical space (e.g., movement or noise in a room). Some examples of sensors we have realised so far are presence sensors checking for the logins of users in electronic space; web presence sensors checking visits on Web sites; web content watchers checking updates to Web pages; sensors for office documents; and sensors for shared workspace system.

The generated *events* are sent to the ENI server—either via an http server or via an ENI client. They are described as attribute-value tuples. The ENI server stores the events in an event database. Users can use the ENI clients to subscribe to events at the ENI server and to specify indicators for the presentation of the awareness information. Subscriptions have the form of event patterns. The client registers these patterns at the server. When the server receives an event that matches the pattern, the event is forwarded to the respective client. Additionally, users can specify how they want to be informed about the event; that is, which indicators should be used for the presentation.

Indicators are offered in various shapes ranging from a 3D graphical presentation of a multi-user environment to pop-up windows, to applets in Web pages, to ticker tapes, and so forth. For the presentation of information in the real world ENI has some Ambient Interfaces such as a balloon, a plastic fish tank, and lamps.

The *context database* contains the descriptions of the awareness contexts. The context module analyses the context of origin of an event and adds this information to the respective event. It also analyses the work context of the user and stores information about it in the context database. If the context of origin of an event and the work context of a user match, the user is informed accordingly.

A context description in ENI does not require the specification of all attributes. For instance, a context can be created and some attributes like locations or applications are specified only later on; or a context could have no locations or no applications at all. Nevertheless, the more details are available for a context, the better events can be matched to the context. In many cases the attributes of a context can be generated automatically. For instance, if a context consists of a shared workspace the list of members and artefacts of the context can be dynamically gained from information about the shared workspace.

4.3 Awareness for Nomadic Users

For the purpose of supporting multiple user scenarios where an information system can take into account sensors from physical space (like in hippie) and sensors from the electronic space (mostly used in ENI) we combined the two systems for providing awareness to nomadic users. Taking into account a wide range of sensors in physical and electronic space allows supporting awareness about interesting events in physical and electronic space. As an interesting scenario to realise the combination of ENI and HIPPIE we decided to extend an exhibition guide at Castle Birlinghoven at the GMD campus [Oppermann & Specht 2000]. In the art exhibition at Castle Birlinghoven we have around 75 exhibits with multimodal information prepared for them. There is an infrared installation for locating visitors and different types of wearable and mobile computing devices can be used for visiting the exhibition. Sensors for the current location and the orientation (electronic compass) of the user are attached to the mobile devices. In this scenario we integrated the domain model of the art exhibition, the localisation infrastructure, the user modelling component, and the awareness environment to enable new forms of awareness in context-aware appliances.

Visitors of the exhibition can be either moving in the information space about the exhibition remotely (remote visitors) or move in Castle Birlinghoven looking at the real artworks (real visitors). When a real visitor moves in the exhibition space his mobile hippie client sends out an event about the current position, the orientation, and the physical, and electronic entities the user interacts with. For displaying awareness information remote visitors can use classical ENI clients for real visitors we are using ambient sounds in an auditory display that is overlaid with the information presentation in the HIPPIE client. The combination of HIPPIE and ENI allows for additional scenarios where awareness information can be given to nomadic users:

Real visitors moving in the exhibition can be informed about remote users looking at the same artwork: The experience of an artwork in an exhibition could often be enhanced by discussing aspects of the artwork with experts or other visitors. In this case the artefact in the real world is the common cue that brings together people in different spaces.

Remote visitors can ask real visitors to ask questions about the artwork from a real world perspective. An abstraction of this scenario is already used in commercial e-shopping sites, where remote visitors ask a local shopping assistant equipped with a camera for a special view.

Real visitors can be informed about similar tracks of previous real visitors. The system keeps track of the users movements in physical and electronic space and therefore could give information about recent visitors that took similar tracks in the physical space.

Remote visitors can specify situations for awareness contexts in the preparation of a visit, e.g., inform me when an expert in the art of the 13th century accesses the exhibition guide either remote or real, or inform me when I pass this artwork in the real world.

These scenarios exemplify the general idea behind the combination of contexts in the physical space and in the electronic space—that is, to combine the strength of both areas. In today's offices users work in the physical environment with physical artefacts (e.g., printed papers, books, received letters) and in the electronic environment with electronic artefacts (e.g., electronic documents, shared workspaces). In order to fulfil their tasks they have to orient in both worlds. Groupwork adds further challenges to this orientation: users have to orient in their own physical and electronic world and need to know what is going on in the physical and electronic world of their colleagues as well as in the shared world (e.g., physical libraries, shared electronic workspaces). A combination of HIPPIE and ENI provides a shared frame for orientation, which allows users to coordinate their tasks and to act and react based on up-to-the-moment knowledge of the situation.

5 Conclusions and Future Work

We have introduced a combination of a nomadic information system (HIPPIE) and an awareness environment (ENI) to allow for awareness of nomadic users. Combining real world user tracking, user modelling techniques, and an event based awareness environment allows us to support scenarios where real users and remote users can experience an exhibition jointly. The prototype for supporting art exhibitions is a starting point and can be generalised to many useful and powerful application fields. Generally many applications fields where nomadic users need to be aware of the state and the activities related to electronic and physical entities to fulfil a task are a rich basis for further developments. Awareness information in this sense could be used to monitor complex multivariable processes while moving in physical space. To target this area of activities we will especially enhance our awareness clients based on ambient sound to enable awareness where the physical environment occupies the user's visual sense. Because users are members of several awareness contexts and want to be informed about several awareness contexts at the same time, we need mechanisms for merging information from different awareness contexts and displaying it in one indicator such as a ticker tape. This leads also to a problem of prioritising awareness contexts; that is, it has to be constantly decided which kind of information from which awareness context is to be displayed immediately and which kind of information of which awareness context can be displayed after a delay. Algorithms could calculate the current actuality of an awareness context form information like the number of present users (in absolute figures and relatively to the whole number of members of an awareness context), the fluctuation of an awareness context, the frequency of changes to documents in an awareness context (either with equally important documents or with a hierarchy of importance of documents). Furthermore, the current awareness context a user is in will vastly influence the type of information to be displayed and also the means of presentation.

Furthermore the cooperation of nomadic workers shows up several needs for awareness about co-workers and their activities. Nomadic workers in the field can be either made aware of remote experts for support of their field task, or of electronic artefacts like manuals or detail information available. Cooperative problem solving in the field is another interesting area where awareness about the activities of other nomadic workers in different physical locations is essential.

The ENI system is being developed in the IST-10846 project TOWER, partly funded by the EC. We would like to thank all our colleagues from the TOWER team.

References

Begole, J., Rosson, M.B. and Shaffer, C.A. Flexible Collaboration Transparency: Supporting Worker Independence in Replicated Application-Sharing Systems. ACM Transactions on Computer-Human Interaction 6, 6 (June 1999). pp. 95-132.

Clark, H.H. and Brennan, S.E. Grounding in Communication. In Resnick, L.B., Levine, J.M. and Teasley, S.D., eds. Perspectives on Socially Shared Cognition. American Psychological Association, Washington, DC, 1991. pp. 127-149.

Dey, A.K. and Abowd, G.D. Towards a Better Understanding of Context and Context-Awareness. GIT-GVU-99-22, College of Computing, Georgia Institute of Technology, ftp://ftp.cc.gatech.edu/pub/gvu/tr/1999/99-22.pdf, 1999. (Accessed 12/12/2000).

Gross, T. Towards Ubiquitous Awareness: The PRAVTA Prototype. In Ninth Euromicro Workshop on Parallel and Distributed Processing - PDP 2001 (Feb. 9-11, Mantova, Italy). IEEE Computer Society Press, Los Alamitos, CA, to appear.

Gross, T. and Prinz, W. Gruppenwahrnehmung im Kontext. In Verteiltes Arbeiten - Arbeit der Zukunft, Tagungsband der Deutschen Computer Supported Cooperative Work Tagung - DCSCW 2000 (Sept. 11-13, Munich, Germany). Teubner, Stuttgart, 2000. pp. 115-126.

Gutwin, C., Greenberg, S. and Roseman, M. Supporting Workspace Awareness in Groupware. In Proceedings of the ACM 1996 Conference on Computer-Supported Cooperative Work - CSCW'96 (Nov. 16-20, Boston, MA). ACM, N.Y., 1996. pp. 8-8.

Kanter, T. Event-Driven, Personalisable, Mobile Interactive Spaces. In Second Symposium on Handheld and Ubiquitous Computing - HUC2K (Springer, 2000. pp. 1-11.

Makimoto, T. and Manners, D. Digital Nomad. John Wiley & Sons, 1997.

Merriam-Webster Incorporated. WWWebster Dictionary. http://www.m-w.com/dictionary, 1999. (Accessed 6/7/1999).

Oppermann, R. and Specht, M. A Context-Sensitive Nomadic Exhibition Guide. In Second Symposium on Handheld and Ubiquitous Computing - HUK2K (Bristol, UK). Springer, 2000. pp. 127-142.

Prinz, W. NESSIE: An Awareness Environment for Cooperative Settings. In Proceedings of the Sitxth European Conference on Computer-Supported Cooperative Work - ECSCW'99 (Sept. 12-16, Copenhagen, Denmark). Kluwer Academic Publishers, Dortrecht, NL, 1999. pp. 391-410.

Schmidt, A., Beigl, M. and Gellersen, H.-W. There is more to Context than Location. Computer & Graphics Journal 23, 6 (Dec. 1999). pp. 893-902.

Shilit, B.N., Adams, N.I. and Want, R. Context-Aware Computing Applications. In Proceedings of the Workshop on Mobile Computing Systems and Applications (IEEE Computer Society, Santa Cruz, CA, 1994. pp. 85-90.

Weiser, M. The Computer of the 21st Century. Scientific American, 9 (Sept. 1991). pp. 94-104.

Adressen der Autoren

Tom Gross / Marcus Specht
GMD-FIT
Schloss Birlinghoven
53754 St. Augustin
tom.gross@gmd.de
marcus.specht@gmd.de

Multimediales Lernen:
Wie wichtig ist die Gegenständlichkeit?

Sven Grund, Gudela Grote
ETH Zürich, Institut für Arbeitspsychologie

Zusammenfassung

Die im Forschungsprojekt BREVIE entwickelte virtuell-gegenständliche Lernumgebung ermöglicht neue Formen der Mensch-Maschine-Interaktion und vereint verschiedenste Lernszenarien. Die Evaluationsstudie beinhaltet einen quasi-experimentellen Vergleich dreier verschiedener Lernmedien, reale Komponenten, Computersoftware FluidSim und CLEAR (Constructive Learning Environment), eine Verbindung von realer und virtueller Lernumgebung, bezüglich Fachwissen, praktischer Kompetenz und der Bildung mentaler Modelle. In vier Colleges (D, P, NL und GB) wurden N=74 Schüler unterrichtet. Die Lernenden mußten einen Vortest über kognitive Fähigkeiten, theoretisches Vorwissen in Pneumatik und Motivation absolvieren, gefolgt von einem 16stündigen standardisierten Pneumatikunterricht. Der Nachtest erfasste theoretisches Fachwissen und praktische Kompetenz (reale Fehlersuche, Schaltplanfehlersuche, Konstruktionsaufgabe). Die Gruppen unterschieden sich nicht im theoretischen Fachwissenszuwachs. 45% der Varianz im Theorietest 2 ließen sich durch die kognitive Fähigkeiten physikalisch-technisches Problemverständnis und logisches Denken erklären, die Art der Lernumgebung ergab keine zusätzliche Varianzaufklärung. Demgegenüber zeigten sich in der praktischen Kompetenz deutliche Unterschiede insbesondere zu Gunsten des Lernens mit realen Komponenten und zu Ungunsten des ausschließlichen Lernens mit der Computersimulation. Ebenso konnten Unterschiede in den Merkmalen der mentalen Modelle identifiziert werden. Die FluidSim Gruppe bildeten fast ausschließlich „Schritt für Schritt" Modelle und die anderen Gruppen zusätzlich „Teilmodelle" und „vollständige" Modelle.

Einleitung

Mit zunehmender Nutzung von Informationstechnologien für die Unterstützung von Lernprozessen stellt sich - wie im Produktionskontext durch die Automatisierung bereits in den letzten beiden Jahrzehnten untersucht (vgl. Böhle & Milkau 1988) - die Frage nach der Bedeutung *gegenständlicher Erfahrungen* für die Entwicklung handlungsleitenden Wissens. Unter Bezug auf Entwicklungstheorien (z.B. Piaget, 1991; Aebli, 1980) wie auch auf allgemeine Tätigkeitstheorien (z.B. Leontjew, 1977) werden neue Lernmedien kritisiert, da der Bezug zu realen Gegenständen und damit die Möglichkeit des Lernens durch „Be-Greifen" immer mehr verloren zu gehen droht. Die Bedeutung des aktiven „Be-Greifens" für Erkennungsprozesse wurde schon von Gibson (1962) beschrieben. Auch Engelkamp (1990) zeigt üblicherweise, dass Tun („Be-Greifen") in Form von realen Handlungen bei Recall-Experimenten durchgängig zu besseren Behaltensleistungen führt. Gleichzeitig gibt es aber durch die rasante Entwicklung von Informations- und Kommunikationstechnologien auch neue Möglichkeiten des Lernens durch eine immense Erweiterung des Erfahrbaren, wenn reale und virtuelle Welten miteinander verknüpft werden . Diese Möglichkeiten technisch umzusetzen und in realen Lernsituationen auf ihre Wirksamkeit zu überprüfen, war Ziel des EU-Projekts BREVIE (Bridging Reality and Virtuality with a Graspable User Interface). Im Konsortium arbeiteten 9 Projektpartner: zwei Universitätsinstitute, drei Industriepartner und vier Berufsschulen bzw. Colleges, die über zwei Jahre eine neue Lernumgebung entwickelten und testeten.

Lernumgebung CLEAR

CLEAR (Constructive Learning Environment, siehe Abb. 1) ermöglicht eine vollkommen neue Art der Mensch-Maschine-Interaktion, dabei werden reale Pneumatikkomponenten auf einer Arbeitsplatte via zwei Videokameras mit dem Computer verbunden.

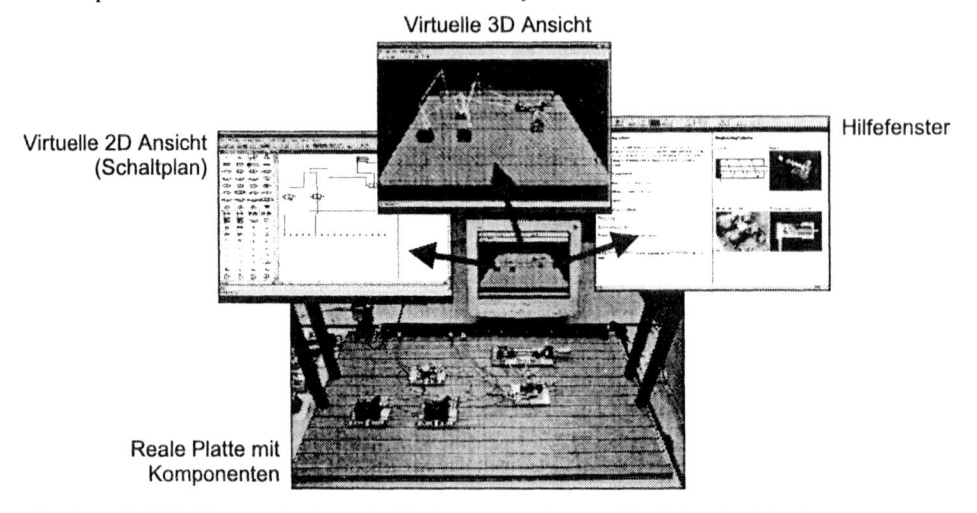

Abb. 1: CLEAR (Constructive Learning Environment) mit unterschiedlichen Ansichtsformaten

Im Computer wird eine 3D Abbildung der realen Schaltung im virtuellen dreidimensionalen Raum generiert (siehe virtuelle 3D Ansicht). Die virtuelle 3D Schaltung ist wiederum mit einer Lern- und Simulationssoftware (FluidSim von Festo Didaktik KG, 1997) gekoppelt (siehe virtuelle 2D Ansicht). Lernende können Hilfeinformationen über die Komponenten abfragen, bestehend aus Text, Bild, Symbol und verschiedenen Videos (siehe Hilfefenster). Ebenso steht die reale Schaltung als Lernmaterial unmittelbar zur Verfügung (siehe reale Platte mit Komponenten). Durch die Nutzung verschiedener Sinne – insbesondere die Kombination des Gegenständlichen mit dem Virtuellen und den sich daraus ergebenden Visualisierungen – wird der Lernprozess unterstützt. So führt z.B. die Multicodierung zu einer Entlastung des Arbeitsgedächtnisses (Baddley, 1992). Informationen können multimodal und multicodal aufgenommen, verarbeitet und gespeichert werden.

Die beta-Version wurde in vier Ländern eingesetzt, um festzustellen, wie sich die verschiedenen Informationsformate und die Gegenständlichkeit auf theoretisches Fachwissen, praktische Kompetenz und mentale Modelle auswirken.

Methoden

Der Evaluation liegt ein theoretisches Ursache-Wirkungs-Modell (siehe Abb. 2) zu Grunde.

Dabei sind die Lernumgebungen als unabhängige Variable (UV), die auf theoretisches Fachwissen, praktische Kompetenz und mentale Modelle als abhängige Variablen (AV) wirkt, und der Lehrer, das Unterrichtsmaterial und die Studierenden als intervenierende Variablen (IV) konzipiert. Die intervenierenden Variablen wurden durch Parallelisierung (Personen) und Standardisierung (Lehrstil, Unterrichtsmaterial) kontrolliert. Das Modell wurde mit einem quasi-experimentellen Versuchsdesign überprüft. Die drei verwendeten Lernumgebungen (UV) unterscheiden sich hinsichtlich des Ausmaßes an Gegenständlichkeit (keine/viel) und der Informationsformate (3D gegenständlich-real, 2D virtuell-symbolisch, Kombination).

Multimediales Lernen: Wie wichtig ist die Gegenständlichkeit? 185

```
┌─────────────────────────┐      ┌──────────────┐ ┌──────────────────┐      ┌──────────────────────────────┐
│   Lernumgebung (UV)     │      │ Lehrerstil (IV)│ │Unterrichtsmaterial (IV)│    │      Auswirkungen (AV)       │
│  1. Reale Komponenten   │      │• Teaching style│ │                  │      │ • Praktische Kompetenz       │
│  2. FluidSim            │      └──────────────┘ └──────────────────┘      │ • Praktisches Problemlösen   │
│  3. CLEAR               │           ↕                  ↕                   │ • Reale Aufgabe              │
│    • Informationsformat │                                                  │ • Symbolische Aufgabe        │
│  • Real 3D              │ ─ ─ ─ ─ ─ ─ ─ ─ ─ ─ ─ ─ ─ ─ ─ ─ ─ ─ ─ ─ ─→      │ • Konstruktionsaufgabe       │
│  • Symbolisch 2D        │                                                  │ • Theoretisches Fachwissen   │
│  • Kombination          │                                                  │ • Mentale Modell             │
└─────────────────────────┘                  ↕                               └──────────────────────────────┘
                                 ┌───────────────────────────────┐
                                 │ Personenmerkmale der Lerner (IV)│
                                 │ • Pneumatisches Vorwissen     │
                                 │ • Kognitive Fähigkeiten       │
                                 │    • Räumliches               │
                                 │      Vorstellungsvermögen     │
                                 │    • Physikalisch-technisches │
                                 │      Problemverständnis       │
                                 │    • Logisches Denken         │
                                 │ • Kursmotivation              │
                                 └───────────────────────────────┘
```

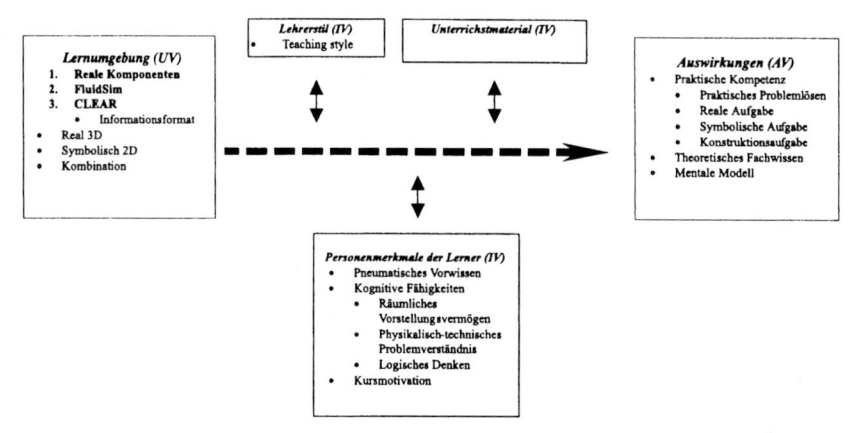

Abb. 2:   Evaluationsmodell

Stichprobe

N=74 (72 Männer und zwei Frauen) BerufsschülerInnen und CollegestudentInnen, an vier Berufsschulen (D, GB, NL und P), nahmen als Freiwillige an dem speziell für die Evaluation entwickelten 16stündigen standardisierten Grundkurs in Pneumatik teil. Die Lernenden befanden sich überwiegend im ersten Ausbildungsjahr. Das Unterrichtsmaterial enthielt sowohl inhaltliche Detailvorgaben als auch klare Verhaltensanweisungen für die Lehrer. Alle Lernenden wurden mit dem Themengebiet vertraut gemacht. Sie lernten Komponentenwissen, Schaltungen und die Erstellung eines Schaltplans mit Symbolen. Die praktischen Übungsaufgaben wurden ausschließlich mit der jeweiligen Lernumgebung erstellt. In die Auswertungen flossen ausschließlich die Ergebnisse von drei Schulen ein, da die Kriterien der Unterrichtsstandardisierung an einer Schule nicht erfüllt wurden, d.h. N=54 (52 Männer und 2 Frau). Das Durchschnittsalter betrug 18 Jahre (SD=3).

Durchführung

Die Untersuchung gliederte sich in vier Teilschritte (siehe Abb. 3) und verlief an jeder Schule über einen Zeitraum von zwei bis drei Wochen. Der Unterricht erfolgte an jeder Schule in drei Gruppen (reale Komponentengruppe, Computersimulationsgruppe (FluidSim) und CLEAR-Gruppe). Zur Erfassung von Testeffekten füllte eine Kontrollgruppe nur den Wissenstest am Anfang und am Ende der Untersuchung ohne Unterricht aus.

Vortest 1	Vortest 2	Prozessphase	Nachtest
• Kognitive Tests • Räumliches Vorstellungsvermögen • Physikalisch-technisches Problemverständnis • Logisches Denken	• Theoretischer Vorwissenstest in Pneumatik • Kursmotivation	• Videoaufzeichnung des Unterrichtes zur Kontrolle der Standardisierung	• Wissenstest in Pneumatik • Konstruktionsaufgabe • 2D symbolische Fehlersuchaufgabe mit Interview • 3D reale Fehlersuchaufgabe mit Videoaufzeichnung, Zeichnung und Interview

Abb. 3:   Untersuchungsdesign

Die Gruppeneinteilung erfolgte vier Wochen vor Kursbeginn auf der Grundlage psychologischer Tests (Vortest 1) zur Erfassung kognitiver Fähigkeiten: räumliche Fähigkeiten, logisches Denken (Horn, 1992) und physikalisch-technisches Problemlösen (Conrad, Baumann & Mohr, 1984). Die Gruppen wurden innerhalb der Länder hinsichtlich des physikalisch-technischen Problemlösens parallelisiert, da dieser Test hohe Korrelationen mit den anderen Verfahren aufweist und von der Schweizer Berufsberatung als besonders bedeutsam für diese Berufsgruppe eingestuft wurde.

In Vortest 2 wurde ein Tag vor Beginn des Unterrichts das theoretische Vorwissen über Pneumatik und die Kursmotivation erhoben. Der Unterricht wurde an jeder Berufsschule von je einem Lehrer durchgeführt (um Lehreffekt weitgehend zu kontrollieren) und auf Video aufgezeichnet. Die Gruppen bestanden jeweils aus sechs Personen, die in Zweiergruppen an je einem Lernmedium arbeiteten.

Der Nachtest beinhaltete den identischen theoretischen Wissenstest von Vortest 1 sowie drei praktische Aufgaben. Die erste Aufgabe bestand aus einer realen pneumatischen Schaltung, in der fünf Fehler gefunden werden mussten. Danach wurden die Lernenden gebeten, eine freie Zeichnung der Schaltung anzufertigen, so wie sie sich diese im Kopf vorgestellt hatten. Im nachfolgenden halbstündigen Interview, welches eine Mischform aus „critical incident" und „behavioral event interview" darstellt, diente die Videoaufzeichnung der Aufgabenbearbeitung als Unterstützung für die Lernenden, um sich an Gedanken, Ideen und Konzepte zu erinnern, die ihnen während der Problemlösung durch den Kopf gegangen waren. Drei Videosequenzen wurden in Anlehnung an das „event sampling Verfahren" ausgewählt (Aufgabenbeginn, Identifikation des ersten Fehlers und das Ende der Aufgabe). Als weiteres mußten die Schüler eine praktische Fehlersuche in einem Schaltplan vornehmen, ebenfalls mit anschließendem Interview, und eine Konstruktionsaufgabe lösen.

Ergebnisse

Kursmotivation

Die Motivation wurde als Kontrollvariable mit einem Fragebogen erfasst. Die SchülerInnen gaben an, inwieweit bestimmte Aussagen für sie zutreffend (6=„gar nicht" bis 1=„vollkommen") sind. Danach hielten viele Pneumatik für ein interessantes Thema ($\underline{M}$=2.14, SD=.84). Die SchülerInnen arbeiteten sowohl gerne mit dem Computer ($\underline{M}$=1.65, SD=.84) als auch mit realen Schaltungen ($\underline{M}$=1.96, SD=1.01). Sie konnten ihr Wissen nicht in den Betrieben anwenden, weil sie nicht an pneumatischen Anlagen arbeiteten ($\underline{M}$=4.34, SD=1.06). Zwischen den einzelnen Lerngruppen ergaben sich keine signifikanten Unterschiede (ANOVA) $F(3, 52)$=.44, $p > .05$.

Theoretische Fachwissensentwicklung

Durch die Multicodalität und Multimodalität der neuen Lernumgebung wurde ein höherer theoretischen Fachwissenszuwachs in der CLEAR Gruppe angenommen. Um diese Annahme in der Untersuchung zu zeigen, wurde der Wissenszuwachs in Pneumatik berechnet, der sich aus der Differenz zwischen Theorietest 2 und Theorietest 1 ergibt. Die CLEAR Studenten hatten im Durchschnitt 47 Punkte (SD=23), die FluidSim Studenten 51 Punkte (SD=16), die reale Gruppe 48 Punkte (SD=13) und die Kontrollgruppe 8 Punkte (SD=11) theoretischen Fachwissenszuwachs, wobei sich die Gruppen nicht signifikant voneinander unterscheiden (ANOVA) $F(2, 42)$=.2, $p > .05$, d.h. unsere Annahme konnten wir nicht bestätigen.

Um der Frage von Zusammenhängen zwischen Lernumgebung und Wissenszuwachs gemäß unserem Modell nachzugehen, wurde eine schrittweise Regression mit den unabhängigen Variablen (theoretisches Vorwissen, Lernmedien und kognitive Fähigkeiten) und der abhängigen Variable (Theorietest 2) gerechnet. 45% der Varianz in Theorietest 2 wird durch physikalisch-technisches Problemverständnis und logisches Denken (siehe Tab. 1) erklärt. Sowohl die anderen kognitiven Fähigkeiten als auch theoretisches Vorwissen und Lernumgebung liefern keinen zusätzlichen Erklärungswert.

Tabelle 1: Einfluß der Lernumgebung auf Fachwissen, **p<.01, *p<.1

	R	R^2	Beta
	0.67	0.45	
Physikalisch-technisches Problemverständnis			0.67**
Logisches Denken			0.27*
Räumliches Vorstellungsvermögen			0.15
Theoretisches Vorwissen			0.08
Lernumgebung			-0.16

Praktische Kompetenz

Die verschiedenen praktischen Aufgaben lösten die Lernenden innerhalb und zwischen den Gruppen zu unterschiedlichen Anteilen.

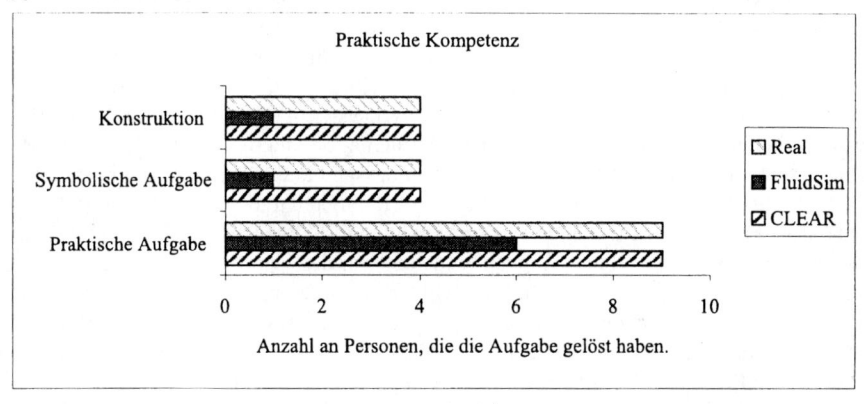

Abb. 4: Praktische Kompetenz; CLEAR: N=16, FluidSim: N=16, Reale Gruppe: N=14

Die reale Gruppe und die CLEAR Gruppe schneiden grundsätzlich in allen Aufgaben am besten ab. Unter der Perspektive des verwendeten Lernformates (real 3D, symbolisch 2D und gemischt) zeigte sich, dass Personen, die nur mit realen Komponenten gearbeitet hatten, wesentlich bessere Leistungen im gleichen Aufgabenformat (reale praktische Fehlersuche, n=9) erreichten als in einem formatsfremden (symbolische Fehlersuche, n=4). Demgegenüber zeigte sich ein überraschendes Ergebnis für die Simulations- und Konstruktionssoftware (FluidSim). Sie schnitten in sämtlichen Aufgaben schlechter ab und dies insbesondere in formatsverwandten Aufgaben (symbolische Fehlersuche, n=1 und Konstruktionsaufgabe, n=1). Die detaillierte Analyse der Konstruktionsaufgabe zeigt, dass FluidSim Studenten vor allem mit der Feedbackschleife (Zylinder 1 einfahren) Schwierigkeiten hatten (siehe Tab. 2).

Tabelle 2: Konstruktionsauswertung nach einzelnen Funktionsschritten

	Funktion ist ...	Zylinder 1 ausfahren	Geschwindigkeitskontrolle	Zylinder 2 einfahren	Zylinder 1 einfahren	Zylinder 2 ausfahren	n
Reale Gruppe	erfüllt	9	7	7	6	7	14
	nicht erfüllt	5	7	7	8	7	
FluidSim	erfüllt	9	9	8	5	5	16
	nicht erfüllt	7	7	8	11	11	
CLEAR	erfüllt	10	9	8	10	6	16
	nicht erfüllt	6	7	8	6	10	

Betrachten wir nicht die Ebene der Gesamtlösung (gelöst oder nicht gelöst), sondern die der Anzahl gefundener Fehler bzw. realisierter Teilfunktionen in der Konstruktion, so finden wir, wie bei der praktischen Kompetenz, einen wesentlichen Varianzanteil, der ebenfalls durch Persönlichkeitsmerkmale erklärt wird. In diese Regressionen flossen die gleichen unabhängigen Variablen ein, wie in der theoretischen Fachwissensregression. Danach werden in der Konstruktionsaufgabe 52%, in der praktischen Fehlersuche 20% und in der symbolischen Aufgabe 34% durch physikalisch-technisches Problemverständis aufgeklärt.

Hinsichtlich der Lösungseffizienz in Form von Lösungszeit ist die reale Gruppe in der praktischen Aufgabe im Durchschnitt 10 Minuten schneller ($\underline{M}$=36 Minuten für FluidSim und CLEAR). Die symbolische Aufgabe ($\underline{M}$=16 Minuten) und die Konstruktionsaufgabe ($\underline{M}$=33 Minuten) wurde in allen Gruppen vergleichbar schnell gelöst.

Die Analysen der Interviews mit einem Kategoriensystem (Windlinger, 2000) zur Erfassung unterschiedlicher Merkmale mentaler Modelle beruhen größtenteils auf Überlegungen von und . Einige wesentliche Kategorien werden hier exemplarisch herausgegriffen (Repräsentationsformat, Erklärungsstruktur, Simulationsfähigkeit, Vollständigkeit und Schwierigkeiten). Es wurden in den einzelnen Interviews (N=32 mit 64 Interviews, 338 Seiten kategorisierter Text) Hinweise gefunden, daß sich die einzelnen Gruppen tendenziell in der Verwendung des mentalen Repräsentationsformates, in Abhängigkeit des Aufgabenformats, unterscheiden. Die reale Gruppe und die CLEAR Gruppe verwenden in der realen Fehlersuche insbesondere eine reale Repräsentation und für die symbolische Fehlersuche sowohl symbolische als auch reale Repräsentationen ohne deutliche Präferenz. Die FluidSim Gruppe repräsentiert demgegenüber die reale Aufgabe tendenziell symbolisch und die praktische Aufgabe sowohl real als auch symbolisch.

Hinsichtlich der Differenziertheit der Erklärungsstruktur zeigten sich Unterschiede in operationalen Erklärungen (wenn/dann Beziehungen) für die symbolische Aufgabe, wobei im Durchschnitt die reale Gruppe und die CLEAR Gruppe 3 Elemente und die FluidSim Gruppe nur 2 Elemente verknüpften. In der praktischen Aufgabe zeigten sich keine Unterschiede. Es wurden im Durchschnitt 2 Elemente verknüpfte.

Im Bereich der mentalen Simulation zeigte sich, dass die FluidSim und die CLEAR Gruppe insbesondere die symbolische Aufgabe mehr simulierten als die reale Gruppe. In der praktischen Aufgabe zeichnete sich ein anderes Bild ab, dort simulierte insbesondere die CLEAR Gruppe, gefolgt von FluidSim und realer Gruppe.

Bezüglich der beschriebenen Schwierigkeiten läßt sich feststellen, dass FluidSim-Schüler insgesamt die meisten Schwierigkeiten hinsichtlich Format der Aufgabe und Komponenten in der praktischen Aufgabe schilderten. Die reale Gruppe hatte am wenigsten Probleme mit der praktischen Aufgabe gefolgt von der CLEAR Gruppe. In der symbolischen Aufgabe beschrieben alle Gruppen vergleichbar viele Schwierigkeiten mit dem Format der Aufgabe und den Komponenten.

In Bezug auf die Vollständigkeit der mentalen Modelle ist zu sagen, dass bei insgesamt 47 von 64 Interviews der Gruppen „Schritt für Schritt" Modelle beschrieben werden.

Tabelle 3: Beurteilung der mentalen Modelle, basierend auf den Interviews (N=64)

	Vollständigkeit der mentalen Modelle in der symbolischen und praktischen Aufgabe		
	Reale Gruppe	FluidSim	CLEAR
	n	n	n
Schritt für Schritt	14	18	15
Subsysteme	5	1	5
Vollständige Modelle	3	1	2

In der realen Gruppe und der CLEAR Gruppe zeigten sich noch andere Formen von mentalen Modellen bestehend aus „Subsystemen" oder „vollständigen" mentalen Modellen. Letzteres kam jedoch nur bei einer Person der FluidSim-Gruppe vor.

Diskussion

Die SchülerInnen zeigten hohe Motivation mit der neuen Lernumgebung zu arbeiten, die eine Verbindung zwischen realen und virtuellen Elementen ermöglicht. Dieses zeigte sich im außergewöhnlichen Engagement der Schüler während der Untersuchung, die in keiner Phase der Untersuchung das Projekt verließen, trotz teilweise hoher Belastung in ihren sonstigen Aufgaben.

Die Untersuchungsergebnisse zeigen, dass die neue Lernumgebung keinen zusätzlichen Wissenszuwachs für Anfänger im Vergleich zu traditionellen Lernumgebungen ermöglicht. Höherer Lerngewinn wird zwar bei neuen Lernumgebungen häufig versprochen, aber de facto sehr selten gefunden (Weidenmann, 1993; Weinert, 1997). Derzeit kann konstatiert werden, dass die neue Lernumgebung bezüglich Wissensmenge genauso förderlich ist wie herkömmliche Lernumgebungen. Bei diesem Ergebnis gilt es aber zu berücksichtigen, dass die CLEAR Schüler „nebenbei" sowohl die Handhabung von realen Teilen als auch die Nutzung des Computer erlernten, ohne von ihrer wesentlichen Aufgabe abgelenkt worden zu sein, was für die betriebliche Praxis nicht zu unterschätzen ist.

Die Bedeutung der Persönlichkeitsmerkmale (physikalisch-technisches Problemlösen und logisches Denken) für die Leistung in sämtlichen Aufgaben gibt erste Bestätigungen für die Relevanz dieser von uns als intervenierende Variablen konzipierten Merkmale. Die Ergebnisse stehen im Einklang mit Befunden von, und Landauer (1997), die die Bedeutung von kognitiven Persönlichkeitseigenschaften für die Entwicklung von Wissen betonen. Ebenso konnte von deren Bedeutung in einer Vorstudie zum Lernsystem CLEAR bestätigt werden. Sie lassen sich als gute Startbedingungen für ein effizientes Lernen begreifen. Neben der Bedeutung von individuellen Voraussetzungen konnte für die praktische Kompetenz gezeigt werden, dass die Lernumgebung einen Einfluß aufweist, wie es sich in den unterschiedlichen Qualitäten der Lösungen der verschiedenen praktischen Aufgaben zeigte. Insbesondere die Ergebnisse für die Simulationssoftware deuten daraufhin, das eine geringe Verarbeitungstiefe der Informationen vorlag, die durch den geringen Schwierigkeitsgrad des Systems verursacht sein kann. So konnte zeigen, dass der eingeschätzte geringe Schwierigkeitsgrad eines Lernmediums zu geringerem Elaborationsverhalten führt.

Im Bereich der Merkmale mentaler Modelle wurden qualitative Unterschiede gefunden, die sich plausibel auf die Lernumgebung zurückführen lassen. Grundsätzlich konnte gezeigt werden, dass die mentalen Modelle analog repräsentiert sind, wie dieses auch Steiner (1988) diskutiert. Die mentalen Modelle der CLEAR Gruppe sind denen der realen Gruppe in vielen Merkmalen sehr ähnlich, was darauf hindeutet, dass die Entwicklung stärker durch die realen Komponenten (Gegenständlichkeit) geformt wurde als durch die Verwendung der Simulation. Die erhöhte Anzahl an Simulationen in der symbolischen Aufgabe der CLEAR Gruppe gegenüber der realen Gruppe kann durch die höhere Vertrautheit mit den Symbolen zustande gekommen sein. Die Bedeutung der Simulationsfähigkeit wurde von de Kleer und Brown (1983) betont. Inwieweit sie aber für die Lösungsqualitäten bedeutsam waren, ist noch nicht abschließend geklärt. In folgenden Analysen wird dieser Frage nachgegangen. Der Gegenständlichkeit kommt bezüglich des Aspekts der operationalen Erklärungen und des Modelltyps noch eine weitere Bedeutung zu: Zum einen werden mehr operationale Verbindungen erstellt und zum anderen finden wir in der CLEAR Gruppe „Subsysteme" und vollständige Modelle.

Abschließend lässt sich kurz zusammenfassen, dass CLEAR den Schülern ermöglicht, nebenbei neue Technologien kennen zulernen, ohne im Lernprozess behindert zu werden. Für bessere Lernleistungen ist nicht die Lernumgebung, sondern die kognitive Fähigkeit physikalisch-technisches Problemverständnis besonders relevant. Es lassen sich qualitative Unterschiede in der Wissensrepräsentation und Komplexität (mentale Modelle) zwischen den Gruppen finden. Die Gegenständlichkeit bleibt für Anfänger bedeutsam.

Literatur

Aebli, H. (1980). Denken, das Ordnen des Tuns. Stuttgart: Klett Cotta Verlag.
Baddley, A. D. (1992). Working memory. Science. 255. 556-559.
Böhle, F. & Milkau, B. (1988). Von Handrad zum Bildschirm - eine Untersuchung zur sinnlichen Erfahrung im Arbeitsprozeß. Frankfurt am Main: Campus Verlag.
Bruns, F. W. (1997). Sinnlichkeit und Technikgestaltung. In: C. Schachtner (Hrsg.), Technik und Subjektivität (S. 191-208). Frankfurt am Main: Suhrkamp.
Craik, F. & Lockhardt, R. S. (1972). Levels of Processing. A Framework for Memory Research. Journal of Verbal Learning and Verbal Behaviour, 11, 671-684.
de Kleer, J. & Brown, J, S. (1983). Assumptions and ambiguities in mechanistic mental models. In: D. Gentner & A. L. Stevens (Eds.), Mental models (pp. 155-190). Hillsdale, NJ: Lawrence Erlbaum.
Dutke, S. (1993). Mentale Modelle: Konstrukte des Wissens und Verstehens. Berlin: Verlag für Angewandte Psychologie.
Egan, D. E. & Gomez, L. M. (1985). Assaying, Isolation and Accommodation Individual Differences in Learning a Complex Skill. In: R. Dillon (Eds.), Individual Differences in Cognition (Vol. 2). New York: Academic Press.
Engelkamp, J. (1997). Das Erinnern eigener Handlungen. Göttingen: Hogrefe.
Faßnacht, G. (1995). Systematische Verhaltensbeobachtung. München: UTB für Wissenschaft.
Flanagan, J. C. (1954). The critical incident technique. Psychological Bulletin, 51, 327-358.
Festo Didaktik KG (1997). Lernsoftware FluidSim. Esslingen: Festo Didaktik KG.
Gibson, J. J. (1963). Observations on Active Touch. Psychological Bulletin, 69, 477-491.
Gittler, G. (1989). 3DW: Dreidimensionaler Würfeltest, Kurzversion. Göttingen: Beltz Test.
Grund, S. & Grote, G. (1999). Auswirkungen von virtuell-gegenständlichem Lernumfeld auf Wissen und Problemlösen. Arbeit, 3, 312-317.
Horn, W. (1990). P-S-P: Prüfsystem für Schul- und Bildungsberatung. Göttingen: Hogrefe Verlag.
Kintsch, W. (1994). Text Comprehension, Memory, and Learning. American Psychologist, 49, 294-303.
Landauer, T. K. (1997). Behavioral Research Methods in Human-Computer Interaction. In: M. Helander, T. K. Landauer, & P. Prabhu (Eds.), Handbook of Human-Computer Interaction (2 ed.) (pp. 203-227). New York: Elsevier Science B. V.
Leontjew, Alexei N. (1977). Tätigkeit, Bewusstsein, Persönlichkeit. Stuttgart: Klett.
Moray, N. (1998). Mental Models in Theory and Practice. In: D. K. Gopher, A. (Eds.), Attention and Performance XVII: Cognitive Regulation of Performance: Interaction of Theory and Application (pp. 223-258). Cambridge, MA: The MIT Press.
Piaget, J. (1991). Das Erwachen der Intelligenz beim Kinde. (3 ed.). Stuttgart: Klett Cotta Verlag.
Salomon, G. (1984). Television is „easy" and print is „tough": The differential investment of mental effort in learning as a function of perception and attribution. Journal of Educational Psychology, 765, 647-658.
Spencer, L. M. (1993). Competence at work. New York: Wiley.

Steiner, G. (1988). Analoge Repräsentationen. In: H. Mandl & H. Spada (Hrsg.), Wissenspsychologie, S. 99-119. München: Psychologie Verlags Union.
Weidenmann, B. (1993). Psychologie des Lernens mit Medien. In: A. Krapp, B. Weidenmann, M. Hofer, G. L. Huber & H. Mandl (Hrsg.), Pädagogische Psychologie (S. 493-554). Weinheim: Psychologie Verlags Union.
Weinert, F. E. (1997). Lerntheorien und Instruktionsmodelle. In: F. E. Weinert (Hrsg.), Enzyklopädie der Psychologie, Pädagogische Psychologie (Vol. 2) (S. 1-48). Göttingen: Hogrefe.
Windlinger, L. (2000). Evaluation einer multimedialen Lernumgebung für die technische Berufsausbildung hinsichtlich mentaler Modelle. Unveröffentlichte Lizentiatsarbeit. Universität Bern.

Adressen der Autoren

Sven Grund / Prof. Dr. Gudela Grote
ETH Zürich
Institut für Arbeitspsychologie
Nelkenstr. 11
8092 Zürich
Schweiz

Neues CSCL-Unterrichtskonzept in einer neuen Schulart der Informatik

Berit Rüdiger
Berufliches Schulzentrum Schwarzenberg

Abstract

Während schon eine Vielzahl an Lehr-Lern-Systemen für Schülerinnen und Schüler existieren und sich die Entwickler bereits neuen Benutzergruppen zuwenden, ist der Einsatz dieser Systeme in der schulischen Ausbildung immer noch sehr unzureichend. Dabei ist die Schule häufig die erste Begegnungsstätte der Jugendlichen mit IuK[1]-Systemen. Es wird ein Unterrichtskonzept vorgestellt, welches computergestützte Gruppenarbeit systematisch in die Ausbildung integriert. Am beruflichen Gymnasium für Informations- und Kommunikationstechnologie bilden die Lernenden (im Alter von 16 bis 19 Jahren) Handlungskompetenzen und Interaktionsstrategien aus, um Aufgaben in verteilten Gruppen, verteilten Rollen und in verteilten Systemen zu bewältigen.

1 Motivation

Erfahrungsberichte und Evaluationsergebnisse bezüglich der Potentiale, die CSCL[2] bietet, um Lerninhalte im veränderten Szenario zu vermitteln, den selbstständigen Aneignungsprozess zu unterstützen, Nachteile der Lernenden bei herkömmlichen Lehr- und Lernmethoden auszugleichen, Hemmungen zu überwinden beim Umgang mit Informations- und Kommunikationsdiensten und Lernergebnisse zu verbessern, liegen teilweise aus dem Bereich der beruflichen Weiterbildung und der universitären Ausbildung vor (Leinonen 1999, Meyer 2000). Eine Untersuchung, ob CSCL auch in vorangehenden Bildungsgängen Möglichkeiten dieser Art bietet, gibt es bisher nicht. Es fehlt einerseits eine CSCL-Methodik, die der Entwicklung von Lernumgebungen und der Durchführung von Projekten zugrunde liegt. Andererseits ist der Weg von Einzelprojekten zu einem durchgängigen Unterrichtskonzept anzustreben, welches sich kontinuierlich in das Curriculum des Informatikunterrichts einbettet.

Es ist eine Beschäftigung mit CSCL aus propädeutischer Sicht notwendig. Viele traditionelle Arbeitsbereiche werden immer häufiger durch CSCW[3]-Systeme verändert. Virtuelle Büros und virtuelle Institute arbeiten auf der Grundlage von CSCW. Dafür sind nicht nur Fähigkeiten und Fertigkeiten im Umgang mit den technischen Systemen notwendig, sondern es wird vorausgesetzt, dass den Mitarbeitern u.a. die sozialen, finanziellen, rechtlichen und organisatorischen Folgen von CSCW bewusst sind. Die umfassenden Anforderungen an Nutzer von CSCW-Systemen haben sich bisher nur sehr unkonkret in den Lehrplänen der Informatik wiedergefunden.

Nicht zu unterschätzen sind die finanziellen Überlegungen. Mit dem Start der fünften Förderrunde des Vereins „Schulen ans Netz" sichert die Deutsche Telekom AG allen 44000 Schulen Deutschlands unentgeltliche T-Online-Zugänge auf der Basis von T-ISDN zu (Telekom 2000).

---

1   IuK ist die Abkürzung für Informations- und Kommunikationstechnologie.
2   CSCL, Computer Supported Collaborative Learning, stellt die pädagogische Variante des interdisziplinären Forschungsgebiets CSCW dar.
3   CSCW, Computer Supported Cooperative Work, bezeichnet ein Forschungsgebiet, welches sich mit der Unterstützung von kooperativer Arbeit durch Informations- und Kommunikationstechnologien beschäftigt.

Im Zuge dieser Kampagne erhalten viele Schulen die Möglichkeit, die Nutzung des Internets den Unterrichtsthemen unterzuordnen und sind nicht mehr gezwungen, die Unterrichtsthemen den reglementierten Zugangszeiten für das Internet anzupassen. Sukzessive hat sich ebenfalls die Ausstattungssituation an den Bildungseinrichtungen verbessert.

2 Gestaltung eines Unterrichtskonzepts

Das CSCL-Unterrichtskonzept steht in direkter Beziehung zum interdisziplinären Forschungsgebiet CSCW, das sich mit der Unterstützung von kooperativer Arbeit durch Informations- und Kommunikationstechnologien beschäftigt. Das Unterrichtskonzept bezieht sich auf Lernvorgänge mit Hilfe von IuK-Systemen in der kooperativsten Sozialform des Unterrichts - der Gruppenarbeit. Vom didaktischen Standpunkt aus werden aus diesem Ansatz heraus
- neue Ziele - Erlangen der Fähigkeit zum Managen von Wissen und Herausbilden einer Kompetenzenvielfalt,
- neue Inhalte - Strategien zur Wechselwirkung zwischen Menschen und zur Menschen-Maschine-Interaktion,
- neue Methoden - Erweiterung eines häufig auf Produkttraining reduzierten Umgangs mit Computernetzwerken zur umfassenden Kollaboration in Netzen

konkretisiert.

Vor der Erläuterung dieser Bestandteile erfolgt die Vorstellung des Vierphasenmodells, in welches sich die Ziele, Inhalte und Methoden detailliert eingliedern lassen.

2.1 Vierphasenmodell des CSCL-Unterrichtskonzepts

Gruppenarbeit wird als basic concept im informatischen Curriculum betrachtet und zieht sich durch verschiedene Bereiche der Lehrpläne. Diese kooperative Arbeits- und Lernform soll wiederkehrend betont und mit wechselnder Wichtung thematisiert werden. Nach dem CSCL-Unterrichtskonzept bauen auf dieses basic concept drei neue Niveaustufen auf. Jede Stufe verfolgt ein durch normative Bestimmungen formuliertes Hauptziel.

2.1.1 Traditionelle Gruppenarbeit

In der 1. Phase erarbeiten die Lernenden in traditioneller Gruppenarbeit informatische Inhalte. Diese Form der Gruppenarbeit ist zeitlich und örtlich synchron und wird nicht durch IuK-Systeme unterstützt. Allein das zu bearbeitende Thema ist aus dem Bereich der Informatik. Ist beispielsweise ein Programmentwicklungssystem oder ein Tabellenkalkulationsprogramm Thema der traditionellen Gruppenarbeit, wird der verwendete Computer nur als themenspezifisches Objekt betrachtet, durch das keine Kollaboration in Netzen erfolgt.

Am Ende der ersten Phase kennen die Lernenden das grundlegende Vorgehen bei der Kollaboration in Teams und können es anwenden. In dieser Phase geht es prinzipiell darum, das Ausgangsniveau zu sichern, den Ablauf von Gruppenarbeit und Grundregeln für das Verhalten der Gruppenmitglieder zu wiederholen. Die Bereitschaft der Lernenden gegenüber kollaborierenden Lernformen hängt davon ab, welche Vorstellung die Lernenden damit verbinden. Daher hat die ersten Phase zusätzlich die Aufgabe für die nachfolgenden Phasen zu motivieren.

Jede Niveaustufe des Vierphasenmodells baut auf die vorhergehende auf und bereitet für die nachfolgende vor. Aus diesem Grund ist es für das ganze CSCL-Unterrichtskonzept unerlässlich, nach jeder Phase eine Zielerfolgskontrolle durchzuführen. Das Unterrichtskonzept ist spiralförmig. Sogenannte „Weichen" stellen eine Kontrolle dar, die darüber entscheiden, ob in die nächste Spiralwindung eingetreten werden kann oder ob eine Wiederholung bzw. Festigung auf gleichbleibendem Niveau erforderlich ist (vgl. Abbildung 1).

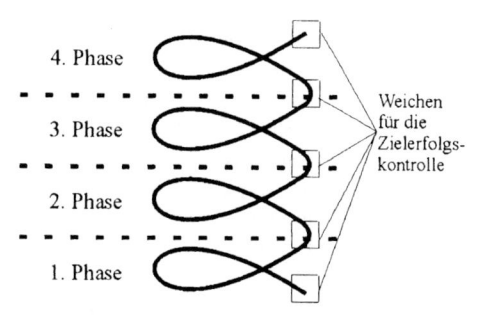

Abb. 1: Nach jeder Phase des spiralförmigen Unterrichtskonzepts findet eine Zielerfolgskontrolle statt. Die Weiche vor der ersten Phase dient der Erfassung des Ausgangsniveaus.

2.1.2 Gruppenarbeit mit informatischen Mitteln

Gruppenarbeit mit informatischen Mitteln wird als 2. Phase betrachtet. Wie in der ersten Phase sind alle verwendeten Themen aus dem Bereich der Informatik. Das Ziel dieser Phase besteht darin, dass die Lernenden vernetzte Systeme beim selbstständigen Organisieren und Durchführen von Gruppenarbeit verwenden. Es stehen bekannte Dienste des Internet und des Intranet zu Verfügung. Die Lernenden verwenden diese Dienste zur Informationsgewinnung, zur Koordinierung und zur Erstellung der Gruppenpräsentation. Die Kommunikation findet weiterhin face-to-face statt, wird jedoch durch e-mail, Diskussionsforen und weitere bekannte Kommunikationsmittel unterstützt. Eine spezielle Groupware bzw. eine besondere Lernumgebung gibt es in dieser Phase nicht. Die Gruppenmitglieder sind nicht gezwungen, am gleichen Ort und zur gleichen Zeit zu arbeiten.

2.1.3 Computergestützte Gruppenarbeit

Als 3. Phase wird die computergestützte Gruppenarbeit im Unterricht betrachtet. Für die Kollaboration in Netzen wird eine Groupware zur Verfügung gestellt, welche Koordination, Kommunikation und Kooperation ermöglicht und sich durch reduzierte Komplexität auszeichnet. Die Auswahl des konkreten Werkzeuges, hängt von der jeweiligen Aufgabe, von der Verfügbarkeit und von den Entscheidungen der Lehrenden und Lernenden ab. Bei Unsicherheiten der Lernenden besteht jedoch die Möglichkeit, zu bekannten Interaktionsformen zurückzufinden. Der restriktive Ausschluss dieser Möglichkeit birgt die Gefahr der Stagnation der gemeinsamen Arbeit in sich. Die Kollaboration in der dritten Phase findet vorrangig zeitlich synchron statt, jedoch dominiert die räumliche Unabhängigkeit.

Das Ziel dieser Phase ist, dass die Lernenden CSCL-Systeme kennen und diese im geschützten Rahmen des Unterrichts anwenden. Im Vordergrund steht das Kennenlernen des Aufbaus und der Wirkungsweise von CSCL- und CSCW-Systemen. Den Lernenden sind Einsatzgebiete von CSCL- und CSCW-Systemen bekannt, sie können den Nutzen, die Möglichkeiten und Grenzen dieser Systeme einschätzen. Die exemplarische Vorstellung verschiedener Systeme zur Unterstützung kollaborierender Arbeits- und Lernprozesse ermöglicht den Lernenden Unterschiede in der Funktionalität festzustellen und Einsatzmöglichkeiten zu unterscheiden. Für die in Gruppen zu bewältigenden Aufgaben sind Themen aus einem stark praxisorientierten Informatikunterricht zu entnehmen. Damit erlangen die Lernenden die Einsicht in die Arbeit mit verteilten Gruppen und in verteilten Systemen.

2.1.4 Computergestützte Gruppenarbeit in der Bewährungsprobe

Erst nach erfolgreichem Durchlauf der vorangegangenen drei Phasen und wiederholter Zielerfolgskontrolle, kann sich die 4. Phase mit computergestützter Gruppenarbeit in der Bewährungsprobe, d. h. außerhalb des geschützten Unterrichtsrahmens beschäftigen. Hierbei wird der gesamte Kollaborationsprozess computertechnisch unterstützt. Die Bearbeitung des Themas findet weiterhin im Unterricht statt. Jedoch die Arbeitsgruppen bestehen aus Lernenden unterschiedlicher Schulen, die sowohl zeitlich als auch örtlich asynchron zusammenarbeiten.

Ziel ist es, dass die Lernenden ein ausgewähltes CSCL- bzw. ein CSCW-System verwenden, um schulübergreifend eine komplexe Aufgabe zu lösen. Die räumliche Unabhängigkeit der Gruppenmitglieder wird durch die zeitliche Asynchronität erweitert. Der eingegrenzte organisatorische Rahmen des gemeinsamen Unterrichts bricht auf.

2.2 Wissensmanagement in der gymnasialen Ausbildung

Wird Wissensmanagement als Produktionsfaktor mit steigendem Potential verstanden, dann ist die Autorin der Überzeugung, dass Wissensmanagement eine neue Aufgabe der schulischen Ausbildung ist. Das CSCL-Unterrichtskonzept formuliert das Ziel, Wissensmanagement in der Schule zu vermitteln. Dafür ist eine fachliche Vereinfachung notwendig, die eine Stoffauswahl trifft und diese dem Kenntnisstand der Lernenden anpasst.

Die herkömmliche schulische Ausbildung in einem beliebigen Fach ist dadurch geprägt, dass sich jeder Lernende zur gleichen Zeit und am gleichen Ort mit häufig der gleichen Aufgabe beschäftigt, wie seine Mitschüler und Mitschülerinnen. Dabei wird von den Lernenden die Aufgabe von Anfang bis Ende alleine gelöst und die Ergebniskontrolle entscheidet darüber, ob der Lernende über genügend Wissen verfügt. Für Wissensmanagement in der Schule erscheint diese Vorstellung zu eng. Es ist eine verteilte Wissensbasis nötig, die einerseits zu distributed knowledge[4] und andererseits zu shared knowledge[5] führt.

Die erste Idee besteht darin: Nicht jeder Lernende macht das gleiche, wie seine Mitlernenden! In der Erarbeitungsphase einer Unterrichtssequenz werden die Lerninhalte geteilt und die Erkenntnisgewinne anschließend im Klassenverband zusammengefügt. Auch in Übungs- und Festigungsphasen werden verschiedene Aufgaben (ähnlichen Inhalts und gleicher Art) von den Lernenden bewältigt. Im Anschluss tauschen die Lernenden ihre Erfahrungen aus, die sie beim Lösen gesammelt haben. Zum Beispiel können sich die Lernenden bei der Erarbeitung von Algorithmen und Datenstrukturen mit verschiedenen Schleifenarten beschäftigen.

Die zweite Idee besteht darin: Nicht jeder Lernende bewältigt die gesamte Aufgabe! Bei dieser Idee ist der Lernerfolg bei allen Lernenden zu sichern. Es ist zu garantieren, dass alle Schülerinnen und Schüler die Unterrichtsziele erreichen. Dafür sind die Aufgaben und Probleme in Teile zu gliedern, die die Lernenden im zyklischen Wechsel lösen. Jeder Lernende durchläuft dabei die Denkprozesse in der Summe vollständig. Bei jeder einzelnen Problemstellung hat jedoch der Lernende eine andere Sicht auf das Problem, entsprechend der Aufgabenteilung. Beispielsweise übernimmt eine Lerngruppe X bei der Erläuterung des OSI-Referenzmodells die anwendungsorientierten Schichten, während sich die Lerngruppe Y mit den transportorientierten Schichten beschäftigt. Sind anschließend die Protokollfamilien den Schichten des OSI-Referenzmodells zuzuordnen, beschäftigt sich die Lerngruppe X mit den transportorientierten Schichten und die Lerngruppe Y entsprechend mit den anwendungsorientierten Schichten.

Die dritte Idee besteht darin: Nicht jeder Lernende bewältigt die Aufgabe alleine! Aufgaben und Problemstellungen sind so zu gestalten, dass sie die Bearbeitung in Gruppen zulassen. Beginnend mit Partnerarbeit bis zu Arbeit in größeren Gruppen sind die Lernenden wiederholt auf die Vorgehensweisen verteilten Lernens angewiesen. Dazu gehören auch das Vorstellen, Präsentieren, Verteidigen oder Zur-Diskussion-stellen von Teilergebnissen der Einzelarbeit. Die Realisierung dieser Idee beinhaltet Interaktionsstrategien und Kommunikationsverfahren und die Zusammenarbeit über Netzwerke. Zum Beispiel können Lernende verschiedener Schulen eine Prä-

---

4   Distributed knowledge beinhaltet des Willen zur ständigen individuellen Weiterbildung.
5   Shared knowledge beinhaltet die Bereitschaft zum Teilen, Mitteilen und Zusammenfügen von Wissen.

sentation ihrer Fachrichtung im www des Internets erstellen oder gemeinsam eine Datenbank für den Unterricht entwerfen.

Der Stoffauswahl für Wissensmanagement stehen alle Lehrplaninhalte zur Verfügung, die im Informatikunterricht vorgesehen sind. Das Managen von Wissen wird in den Informatikunterricht integriert ohne einen eigenen expliziten Lehrplanbereich zu benötigen. Damit ist, nach gründlicher Schaffung der Voraussetzungen innerhalb des Informatikunterrichts, auch eine Übertragung des CSCL-Unterrichtskonzepts in andere Fächer nicht nur denkbar sondern auch wünschenswert. Für die Stoffauswahl müssen die drei Ideen zugrunde gelegt und entschieden werden, ob der gewählte Unterrichtsgegenstand genügend Potentiale für das Managen von Wissen in sich birgt. Es ist die Frage zu beantworten: Lässt sich der Unterrichtsgegenstand in Bereiche verschiedenen Inhalts teilen, ist der Umfang des Unterrichtsgegenstandes solcher Art, dass es für einen Lernenden alleine nicht lösbar ist und bietet der Unterrichtsgegenstand die Möglichkeit zyklischer Vervollständigung.

Zusammenfassend wird das Managen von Wissen in der Schule wie folgt definiert:

Wissensmanagement in der Schule beinhaltet:
- Die Förderung des eigenverantwortlichen und kollaborativen Umgangs mit Lernpartnern in Verbindung mit dem Erlernen und Üben von Lernformen, welche die Entwicklung von verteiltem Wissen ermöglichen.
- Die Thematisierung der Technologien, die diese Lernprozesse unterstützen unter informatischen, sozialen, rechtlichen, wirtschaftlichen und organisatorischen Aspekten.
- Die Bereitschaft der Lernenden zum Teilen und Zusammenfügen von Wissensbestandteilen verschiedenen Inhalts und der Möglichkeit der zyklischen Vervollständigung der Teilaufgaben.

2.3 CSCL und Handlungskompetenz

Neben dem Managen von Wissen ist das Ziel des CSCL-Unterrichtskonzepts das Herausbilden einer allgemeinen Handlungskompetenz für die computergestützte Kollaboration. Ausgehend vom Kompetenzansatz (vgl. Abbildung 2) werden in den Niveaustufen des Vierphasenmodells unterschiedliche Schwerpunkte bei der Ausbildung der Kompetenzen gesetzt. In Abbildung 3 wird jeder Phase des spiralförmigen Unterrichtskonzeptes das Netzwerk der Kompetenzen in den drei Dimensionen von Lern-, Methoden- und Kommunikationskompetenz zugeordnet. Dieses Netzwerk von Kompetenzen ist mit Schwerpunkten gekennzeichnet, die besondere Beachtung finden. Diese Schwerpunktsetzung stellt keine strenge Abgrenzung dar, sondern betont die Ausprägung der Kompetenzen in den einzelnen Phasen.

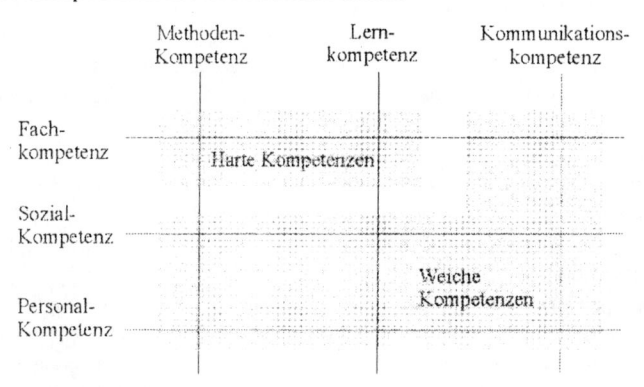

Abb. 2: Harte und weiche Kompetenzen im Trias der Kompetenzen (Rüdiger 2000).

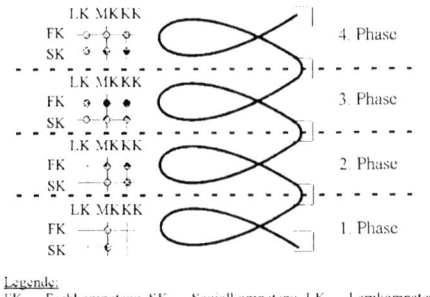

```
                    LK MKKK
             FK  -o-o-o
             SK   o o o                       4. Phase
        - - - - - - - - - - - - - - - - - -
                    LK MKKK
             FK   o  •  •
             SK  -o-o-o                       3. Phase
        - - - - - - - - - - - - - - - - - -
                    LK MKKK
             FK   •  •  •
             SK  -o-o-o                       2. Phase
        - - - - - - - - - - - - - - - - - -
                    LK MKKK
             FK  -o-o-o
             SK   •  •                        1. Phase

Legende:
FK ... Fachkompetenz, SK ... Sozialkompetenz, LK ... Lernkompetenz,
MK ... Methodenkompetenz, KK ... Kommunikationskompetenz
```

Abb. 3:   Systematisches Herausbilden einer allgemeinen Handlungskompetenz im Vierphasenmodell.

Der Personalkompetenz ist in allen Phasen kein Schwerpunkt zugeordnet, da sie nicht explizit Unterrichtsgegenstand wird. Dennoch gibt es während der Arbeit mit CSCL erhebliche Auswirkungen auf die Personalkompetenz. Der Schnittpunkt aus Fach- und Methodenkompetenz ist in der dritten Phase besonders gekennzeichnet. Die Einführung von CSCL-Systemen findet in dieser Phase statt und die Ausprägung dieser spezifischen Kompetenzen stellt den Kern des CSCL-Unterrichtskonzeptes dar.

2.4 Kollaboration in Netzen

Die viel verwendeten Begriffe wie Kooperation, Kommunikation, Koordination und Interaktion liegen in ihrer Bedeutung eng beieinander. Die Analyse und Systematisierung dieser Begriffe führt zu Definitionen in Bezug zum CSCL-Unterrichtskonzept (vgl. Abbildung 4).

Wählt man infolge einer umfassenden Aufgabe eine Arbeitsform im Team, sind vorbereitenden Überlegungen bedeutsam, da sich mehrere Personen aufeinander abzustimmen haben und sich gegenseitig auf die Einhaltung von vordefinierten Regeln verlassen. Es kommen weitere vorbereitende Maßnahmen hinzu: die Wahl der Teammitglieder, die Festlegung von Treffpunkten und -zeiten. Für Gruppenarbeit ist dieser Prozess bereits ein zeitaufwendiger und auch diskussionsreicher Vorgang. Dies alles fasst der Begriff Koordination zusammen. Koordinierende Maßnahmen finden zu Beginn eines Gruppenprozesses statt und können bei Bedarf während der Arbeit zu einer Neuorganisation der Gruppenarbeit führen. Koordination im CSCL-Unterrichtskonzept wird wie folgt definiert:

Definition: Koordination umfasst die gesamte Vorbereitung und Organisation von Gruppenarbeit. Sie beinhaltet Gruppenwahl, Aufgabenzuordnung, und Festlegung von Bedingungen. Zur Koordination gehört das Aushandeln von verbindlichen Regeln, die für alle Gruppenmitglieder und alle Gruppenprozesse während des gesamten Verlaufs der Gruppenarbeit gelten.

Nach der Abstimmung der einzelnen Gruppenmitglieder und der Gruppenprozesse aufeinander kann die eigentliche Kooperation beginnen. Die Mitglieder erarbeiten Zwischenergebnisse, stellen diese anderen Mitgliedern zur Verfügung. Bewerten separat erstellte Teilergebnisse, korrigieren sie, bearbeiten sie und verbinden sie miteinander oder verwerfen sie. Erfolgreiche Kooperation führt zu einer gemeinsamen Präsentation der Gesamtlösung, für die alle Mitglieder die Verantwortung übernehmen.

Definition: Kooperation ist die gemeinsame Arbeit in der Gruppe im engeren Sinn. Während der Kooperation werden mit Hilfe von CSCL-Systemen Teilergebnisse abgefragt, diskutiert, bewertet und zur Präsentation zusammengefügt oder verworfen. Für das Ergebnis der Kooperation übernimmt die gesamte Gruppe eine gemeinsame Verantwortung.

Der gesamten Gruppenprozess während der Koordination und der Kooperation ist geprägt von Gesprächen, Diskussionen, Ritualen, Mahnungen, Anfragen, Hinweisen und Absprachen zwischen den Gruppenmitgliedern. Das Austauschen von Informationen zwischen mindestens zwei Mitgliedern der Gruppe ist die Kommunikation. Computergestützte Kommunikation findet auf einer abstrakten Ebene statt, die besondere Verhaltensregeln erfordert.

Definition: Mittels Kommunikation interagieren die Gruppenmitglieder in Phasen der Koordination und der Kooperation. Dabei laufen Prozesse der Enkodierung, der Transmission und der Dekodierung systemunterstützt ab.

Die Kollaboration stellt einen Oberbegriff für gemeinsames Arbeiten dar. Der im deutschen Sprachgebrauch eher negativ belegte Begriff, umschließt in englischer Bedeutung jegliche Art der Zusammenarbeit im weitesten Sinn (Mandl 2000, Humbert 1999). Kollaboration fasst alle koordinierenden, kommunikativen und kooperierenden Vorgänge zusammen. Kollaboration hat auch dann stattgefunden, wenn die Kooperation gescheitert ist. Sie ist geprägt durch äußere Rahmenbedingungen, d. h. durch alle Merkmale, wie Ort, Zeit und konkrete Aufgabenstellung für die Zusammenarbeit, des Weiteren durch die Anzahl der Mitarbeitenden bzw. Mitlernenden, ihre individuellen Eigenschaften und ihr Gruppenverhalten als auch durch die systemtechnischen Voraussetzungen.

Definition: Kollaboration bezeichnet die Gesamtheit von Koordination, Kommunikation und Kooperation. Der Erfolg von Kollaboration ist gekennzeichnet durch soziale und kognitive Erfahrungen sowohl beim Individuum als auch in der Gruppe und fördert deren Handlungskompetenz.

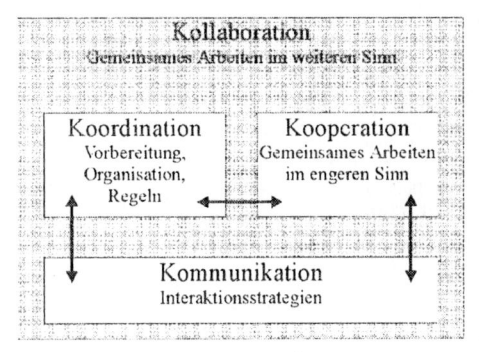

Abb. 4: Kollaboration umfasst alle koordinativen, kommunikativen und kooperativen Prozesse.

3 Untersuchungsergebnisse

3.1 Eine neue Schulart der Informatik

Im Schuljahr 1998/1999 begann der Sächsische Landesschulversuch „Einführung der Fachrichtung Informations- und Kommunikationstechnologie am beruflichen Gymnasium[6]" an zwei Beruflichen Schulzentren. Der Schulversuch stellt sich der Aufgabe, durch eine gezielte Verknüpfung allgemeiner und berufsbezogener Inhalte in der gymnasialen Ausbildung den durch die rasante Entwicklung von Informations- und Kommunikationstechnologien erwachsenden bildungspolitischen Anforderungen Rechnung zu tragen. Das CSCL-Unterrichtskonzept ist in das verbindliche Leistungsfach „Informatiksysteme" integriert. Der sächsische Landesschulversuch

---

6 http://home.t-online.de/home/bsz_szb/lsv.htm

umfasst zwei Ausbildungsdurchgänge. Zugangsvoraussetzung ist der Realschulabschluss. Die dreijährige Ausbildung endet mit dem Erlangen der allgemeinen Hochschulreife (Autorenkollektiv 1999).

3.2 Erprobung des Unterrichtskonzepts

Die ersten zwei Phasen des vorgestellten Modells sind bereits evaluiert (Rüdiger 2000). Wie sich das CSCL-Unterrichtskonzept in die Informatikausbildung integriert, zeigt ein Beispiel aus der praktischen Umsetzung der dritten Phase.

Das Vierphasenmodell ist kein expliziter Unterrichtsgegenstand. Lehrinhalte, mit denen das CSCL-Unterrichtskonzept vermittelt wird, sind der Fachwissenschaft entlehnte Elemente, die Handlungskompetenz und Wissensmanagement fördern. Ein geeigneter Lernbereich ist die „Projektierung und Einführung von IuK-Systemen". Die Schülerinnen und Schüler realisieren grundlegende Schritte der Systemanalyse und lernen wesentliche Abläufe bei der Projektierung, Beschaffung und Einführung von IuK-Systemen kennen.

Nach der bevorzugten Unterrichtsform befragt, antworten 83 % von 125 Schülerinnen und Schülern in Gruppen arbeiten zu wollen, statt im Klassenunterricht oder in Einzelarbeit. Dieses Befragungsergebnis zeigt eine hohe Bereitschaft und Akzeptanz an (Autorenkollektiv 1999). Im geschützten schulischen Rahmen wird praxisnah eine Wettbewerbssituation für die Beschaffung eines IuK-Systems nachgebildet, indem konkurrierende Gruppen Ausschreibungen erstellen, Angebote unterbreiten und die Bewertung der Angebote durchführen.

Die Angebotserstellung realisieren die Schülerinnen und Schüler mit dem CSCL-System VITAL (VIrtual Teaching And Learning). Diese Lernumgebung verbindet die wesentlichen Anforderungen an Systeme für computerunterstütztes kooperatives Lernen, indem sie zeitgleiches (synchrones) als auch zeitversetztes (asynchrones) Arbeiten der Gruppenmitglieder unterstützt. Der Group-Awareness[7] wird durch die bildhafte Darstellung der Anwesenden im virtuellen Auditorium Rechnung getragen (Wessner 1999).

Jede Gruppe benennt einen Ansprechpartner, der einen sogenannten *group room* erzeugt, zu dem die anderen Gruppenmitglieder Zugang haben. Vereinbarungen der Gruppe können mit Hilfe des *chatboards* ausgehandelt werden (vgl. Abbildung 5). Die Teilaufgaben lösen die Gruppenmitglieder auf dem *whiteboard* ihres persönlichen *home rooms* oder in einer anderen Anwendungssoftware. Die Vorstellung und Diskussion der Teilergebnisse erfolgt mit Hilfe des *shared whiteboard* erneut im *group room*. Das präsentationsreife Ergebnis wird veröffentlicht und den anderen Gruppen zur Verfügung gestellt.

Die Auswertung von Filmaufzeichnungen und der Beobachtungen führte zu folgenden Erkenntnissen:

- Die Lernenden orientieren sich durch den Ausschluss der nonverbalen Kommunikation deutlicher an den formalen Abläufen von Gruppenarbeit als bei traditioneller Gruppenarbeit in Phase 1.
- Die Lernenden zerlegen die Aufgabe systematisch in Teilaufgaben.
- Die Dominanz eloquenter Schülerinnen und Schüler verringert sich.
- Die Arbeit ist durch Sachlichkeit und Konzentration auf das eigentliche Problem gekennzeichnet.
- Die Organisation von computergestützter Gruppenarbeit benötigt einen wesentlich höheren Zeitaufwand als von traditioneller Gruppenarbeit.
- Die Verantwortlichkeiten für das Gesamtergebnis sind deutlich, da der Anteil der Einzelarbeiten am Gesamtergebnis nachvollziehbar ist.

---

7 Die Wahrnehmungen der Gesprächspartner bei persönlichen Kontakten sind sowohl verbal als auch nonverbal. Die nonverbalen Eindrücke versucht die Groupware durch Elemente der Group-Awareness umzusetzen, z. B durch Bilder, Videos ect.

Neues CSCL-Unterrichtskonzept in einer neuen Schulart der Informatik 201

Abb. 5: Im vom Ansprechpartner erzeugten *group room* befinden sich zwei Nutzer, die auf den gemeinsamen Arbeitsbereich zugreifen. Zusätzlich kommunizieren sie über das geöffnete *chatboard* miteinander.

Die Lernenden verwenden VITAL als Hilfsmittel, um sich einen Unterrichtsgegenstand zu erarbeiten. Neben dem Wissenszuwachs auf dem Gebiet kollaborativer Arbeitsformen erschließen sie sich informatische Inhalte. Abbildung 6 zeigt eine exemplarische Schülerarbeit aus der Unterrichtseinheit „Beschaffungswege".

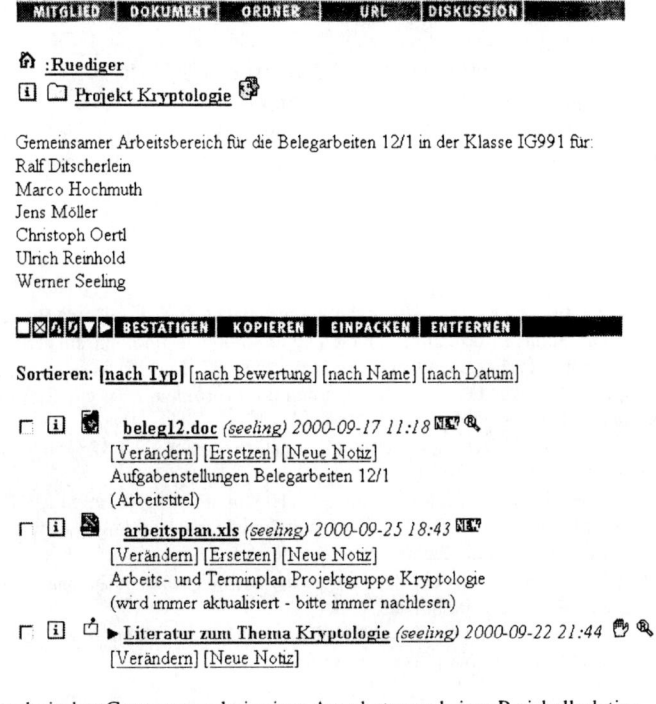

Abb. 6: Exemplarisches Gruppenergebnis eines Angebotes und einer Preiskalkulation.

Besonders für leistungsstarke Schülerinnen und Schüler bietet die einfache Funktionalität von VITAL wenig Spielraum für selbstständige und außerunterrichtliche Aktivitäten. Für leistungsschwächere Schülerinnen und Schüler erscheint dieses System zum Einstieg in computergestützte Gruppenarbeit jedoch geeignet. In der vierten Phase des Unterrichtskonzepts steht der Einsatz eines komplexen web-basierten CSCL- bzw. CSCW-Systems im Mittelpunkt, wie z. B. das BSCW[8]. Eine Untersuchungsaufgabe besteht in der Ermittlung, ob Lernende die sukzessive an CSCL-Systeme herangeführt werden, indem sie verschiedene Systeme mit zunehmender Funktionalität kennenlernen, leichter in Netzen kollaborieren als Lernende, die sich bereits in der dritten Phase mit einem komplexen System vertraut machen.

Ein weiterer Untersuchungsschwerpunkt betrifft die soziale Präsenz. 85 % der Befragten geben Freundschaft und Sympathie als Motiv für ihre Gruppenwahl an (Autorenkollektiv 1999). Evaluationsergebnisse aus dem Hochschulbereich berichten jedoch im Zusammenhang mit CSCL vom Fehlen personaler Kontextinformationen und Schwächen der persönlichen Beziehungen (Meyer 2000), (Koppenhöfer 2000). Ob die eingesetzte Groupware der Erwartungshaltung der Lernenden an Gruppenarbeit gerecht werden kann, wird Niederschlag in weiteren Untersuchungen finden.

4 Zusammenfassung

Am Gymnasium für Informations- und Kommunikationstechnologie ist CSCL ein permanenter Bestandteil der Ausbildung. Das CSCL-Unterrichtskonzept stößt auf eine hohe Akzeptanz durch die Lernenden. Die Heranführung an das Arbeiten in verteilten Gruppen, Rollen und Systemen ermöglicht eine praxisnahe Informatikausbildung und das Herausbilden einer allgemeinen Handlungskompetenz, die den Lernenden in anschließenden Ausbildungs- oder Arbeitsumgebungen zur Verfügung steht. Durch einen auf CSCL basierenden Unterricht werden im geschützten Rahmen der Ausbildung Situationen erzeugt, in denen die Lernenden Interaktionsstrategien erproben und Bewältigungsmuster anlegen.

Für eine qualitativ wertvolle Informatikausbildung ist eine Abkehr von exemplarischen Einzelprojekten zu durchgängigen Unterrichtsprinzipien erforderlich. Das CSCL-Unterrichtskonzept eignet sich dafür, über Kollaboration in Netzen neue Wissensinhalte zu erlangen und sollte auch in anderen Schularten systematisch in ein spiralförmiges Curriculum der informatischen Ausbildung integriert werden.

Literatur

Autorenkollektiv (1999): Erster Zwischenbericht der wissenschaftlichen Begleitung für den Schulversuch „Einführung der Fachrichtung Informations- und Kommunikationstechnologie am beruflichen Gymnasium im Freistaat Sachsen". Technischen Universität Chemnitz, 12. Mai 1999.

Humbert, L (1999): Kollaboratives Lernen. Gruppenarbeit im Informatikunterricht. In: LOG IN 19 (1999) Heft 3/4, S. 54 - 59.

Koppenhöfer, Ch.; Böhmann, T.; Krcmar, H. (2000): Evaluation der CASTLE Umgebung für kooperatives Lernen. In (Uellner, Wulf 2000) S. 147 – 162.

Leinonen, T.; Seitamaa-Hakkarainen, P.; Muukkonen, H.; Hakkarainen, K. (1999): FLE-Tools Prototyp: A WWW-based Learning Enviroment for Collaborative Knowledge Building. [www-Dokument] URL: http://www.enable.evitech.fi/enable99/papers/leinonen/leinonen.html

Mandl, H. (2000): Kollaboratives Lernen in virtuellen Gruppen. Eingeladener Vortrag zur D-CSCL-Tagung, 23.-24. März 2000 in Darmstadt.

Meyer, L.; Pipek, V.; Won, M.; Zimmer, Ch. (2000): Interaktive Lernformen im Hochschulbetrieb: Neue Herausforderungen. In: (Uellner, Wulf 2000), S. 85-99.

---

8 http://bscw.gmd.de

Rüdiger, B. (2000): Computergestützten Gruppenarbeit in der Schule. In: (Uellner, Wulf 2000), S. 71-84.
Telekom AG (2000): Pressemitteilung [WWW-Dokument] URL: http://www.telekom.de/dtag/presse.
Uellner, St.; Wulf, V. (2000): Vernetztes Lernen mit digitalen Medien. Proceedings zur ersten D-CSCL-Tagung in Darmstadt, 23.-24. März 2000, Physiker-Verlag Heidelberg.
Wessner, M.; Pfister, H.-R., Miao,Y. (1999): Umgebungen für computerunterstütztes kooperatives Lernen in der Schule. In: Schwill, A. (Hrsg.): Informatik und Schule. Fachspezifische und fachübergreifende didaktisch e Konzepte. Springer Verlag Berlin Heidelberg, 1999, S. 86 - 93.

Adressen der Autoren

Berit Rüdiger
Berufliches Schulzentrum Schwarzenberg
Steinweg 10
08340 Schwarzenberg
ruediger@bsz.szb.sn.schule.de

Communities of Practice im Fernstudium - netzgestützte „Alltagsbewältigung in Eigenregie"

Patricia Arnold
Universität der Bundeswehr, Hamburg

Zusammenfassung

Dieser Beitrag beschäftigt sich mit der Nutzung und Akzeptanz neuer Lerntechnologien im Fernstudium. Vor dem Hintergrund des wachsenden Einflusses, den neue Medien auf die Studienangebote haben, wird im Rahmen der hier beschriebenen Untersuchung konsequent die Perspektive der berufstätigen Studierenden eingenommen. Anhand einer Fallstudie wird das Phänomen einer vom Studienanbieter unabhängigen, selbstorganisierten Online-Community beschrieben, die technologisch auf einem einfachen Listserver-Prinzip basiert. Die intensive Nutzung des Listservers wird durch die Rekonstruktion subjektiver Handlungsbegründungen aus der Perspektive der Lernenden analysiert. Unter Bezugnahme auf Holzkamps Lerntheorien und Wengers Konzept der Communities of Practice werden die Untersuchungsergebnisse interpretiert und die netzgestützte „Alltagsbewältigung in Eigenregie" im Sinne einer gegenstandsbezogenen Theorienbildung zur Nutzung von internetbasierten Kommunikations- und Kooperationsplattformen im Fernstudium entwickelt. Die Ergebnisse dieser Untersuchung können einerseits Bildungsträgern Hinweise für die Integration internetbasierter Technologien innerhalb ihrer Studienangebote geben. Andererseits dienen sie auch der Weiterentwicklung der theoretischen Rahmenkonzepte im Bereich des telematischen Lernens.

1 Einleitung

War das klassische Fernstudium durch geringe Interaktion zwischen Studierenden gekennzeichnet, so können Lernende heute durch den Einsatz neuer internetbasierter Technologien auch in einem verteilten Lernszenario miteinander kommunizieren und kooperieren (Mason 1998, Sherry 1996). In dieser Möglichkeit wird ein wichtiges Potential der neuen Technologien für den Bildungsbereich gesehen (Reinmann-Rothmeier / Mandl 1998, Zimmer 1997, Reglin / Schmidt / Trautmann 1999). Schlagwörter wie „kooperatives Lernen", „soziale Ko-Konstruktion von Wissen", „Aufbau einer *learning community*" etc. beschreiben den Versuch, dieses Potential auch für die Lehr- und Lernprozesse im Fernstudium nutzbar zu machen.

Als Gegenstand der wissenschaftlichen Forschung befindet sich das computerunterstützte kooperative Lernen (Computer Supported Cooperative Learning (CSCL)) noch in der Definitionsphase (Uellner / Wulf 2000). Es überwiegen technologie-determinierte Ansätze, didaktische Konzepte werden erst langsam entwickelt und systematisch erprobt. Weiterhin stellen zahlreiche Projektbeschreibungen im Forschungsbereich CSCL das *Potential* der virtuellen Lernumgebung in den Mittelpunkt. Die reale Nutzung durch die Lernenden, die Art und Weise, wie die Lernenden sich die virtuelle Lernumgebung als Ressource für ihre Lernprozesse aneignen (oder auch nicht), wird oft vernachlässigt (Buchholz 2000, Hara / Kling 2000). Wenn man Lernhandlungen der Studierenden nicht als direkte Resultate des didaktischen Designs (inkl. der technischen Infrastruktur) versteht, sondern als eigenständige Antworten auf ein solches Design, so verwundert die geringe Zahl der Untersuchungen, die die Perspektive der Lernenden in den Mittelpunkt stellen. Die Ergebnisse solcher Studien (Buchholz 2000, Wegerif 1998) zeigen oft überraschende Nutzungsvarianten auf, die die Vielfalt telematischer Lernformen deutlich machen. Erst diese Untersuchungen erlauben in einem sich noch entwickelnden Forschungsfeld ein tieferes Verständnis der ablaufenden Prozesse.

Hier setzt der vorliegende Beitrag an: am Fall einer selbstorganisierten Online-Community im Kontext des Fernstudiums soll betrachtet werden, wie Fernstudierende eine selbstgeschaffene internetbasierte Kommunikations- und Kooperatonsstruktur für ihr Studium nutzen. Da sich Studierende hier mit einfachen technischen Mitteln (Listserver, Webseiten) selbst eine Kooperationsmöglichkeit über örtliche und zeitliche Distanz hinweg geschaffen haben, die als 'Parallelstruktur' neben der vom Bildungsträger angebotenen Online-Unterstützung des Fernstudiums existiert, ist dieser Fall besonders aufschlussreich, um Einsichten zu telematisch vermitteltem, kooperativen Lernen aus der Perspektive der Studierenden zu gewinnen[1]. Gleichzeitig ist der Fall geeignet, die Ambivalenz aufzuzeigen, die mit kooperativem Lernen unter den Bedingungen individueller Leistungsbeurteilung auch im Zeitalter 'neuer Medien' verbunden ist.

2 Heuristischer Rahmen der Untersuchung

Für die Untersuchung wird auf zwei unterschiedliche Lernansätze im Sinne eines heuristischen Rahmens Bezug genommen. Holzkamps Lernansatz erfasst insbesondere die individuelle Komponente der betrachteten Prozesse; Lave und Wengers Konzept der „Communities of Practice" ist besonders geeignet die Austauschprozesse innerhalb der Gemeinschaft zu erklären. Beide Ansätze stammen zwar aus unterschiedlichen Forschungstraditionen, können aber als prinzipiell anschlussfähig angesehen werden, so dass sie gemeinsam als theoretische Annahmen zu Lernprozessen und Kooperation zwischen Lernenden in die Interpretation des empirischen Materials einfließen. Um eine größere Transparenz des Forschungsprozesses herzustellen, sollen diese Konzepte hier vorab skizziert werden.

2.1 Lernen als erweiterte Verfügung über Lebensbedingungen (Holzkamp)

Holzkamps Lerntheorie (Holzkamp 1993) stellt als subjektwisssenschaftlicher Ansatz konsequent die Perspektive der Lernenden in den Mittelpunkt[2]. Es wird ein begrifflicher Rahmen zur Fassung des Lernproblems zur Verfügung gestellt, der explizit die Analyse von *Lern*prozessen - und nicht die damit oft verwechselten *Lehr*prozesse - innerhalb eines Lehrangebotes ermöglicht. Lernhandlungen der lernenden Subjekte werden über die Lernbegründungen in diesem Konzept rekonstruierbar. Kooperatives Lernen wie Lernen generell wird in seiner gesellschaftlichen Vermitteltheit betrachtet.

Lernen wird vom „*Standpunkt des Lernsubjektes und seiner genuinen Lebensinteressen*" (Holzkamp 1993, 15) analysiert. Es dient der Lebensbewältigung und erweitert den Zugang zu relevanten Aspekten der Lebenswelt des Subjektes.

Intentionales Lernen kann nach Holzkamp dann entstehen, wenn sich für das Subjekt eine Handlungsproblematik ergibt - im Sinne einer Diskrepanzerfahrung zwischen den aktuell gegebenen Handlungsmöglichkeiten und den zur Bewältigung des Handlungsproblems notwendigen Möglichkeiten - und das Subjekt sich bewusst für die Bearbeitung der Lernproblematik entscheidet. Lernanforderungen Dritter werden daher nur dann in Lernhandlungen resultieren, wenn das Subjekt eine bewusste Entscheidung für sie getroffen hat.

Expansiv begründetes Lernen bezeichnet Lernhandlungen, bei denen das Subjekt durch die (antizipierte) Erfahrung einer erhöhten Verfügung über Handlungsmöglichkeiten als Folge von erweitertem Wissen und Können motiviert ist.

---

1 Die Perspektive des Studienanbieters sowie das Verhältnis der parallel existierenden Strukturen zueinander bleiben im Rahmen dieses Beitrags unberücksichtigt.

2 Maiers (1998, 321) beschreibt Holzkamps Lerntheorie als Theorie, die „*nicht länger die Subjektivität der Lernenden verleugnet und ihnen ihre Lernakte enteignet*".

Im Gegensatz zu dieser emotional-motivationalen Befindlichkeit beim expansiven Lernen kann es aber auch andere Gründe für Lernhandlungen geben: Erwartet das Subjekt bei Unterlassen der Lernhandlung eine Beeinträchtigung seiner momentan gegeben Handlungsverfügung, so kommt es zu *defensiv begründeten* Lernhandlungen. Hier steht die Anpassung an gegebene Situationen im Vordergrund und die Lernhandlung dient oft der Abwehr befürchteter Sanktionen.

2.2 Lernen in Communities of Practice (Lave / Wenger)

Das von Lave und Wenger aus anthropologisch orientierter Perspektive entwickelte Konzept der 'Communities of Practice' (CoP) (Lave / Wenger 1991, Wenger 1998) bietet insbesondere Ansatzpunkte zum Verständnis von Lernen in kooperativen Kontexten und zur Analyse der sozialen Dimension einer Fernlernsituation (vgl. auch Reinmann-Rothmeier / Mandl 1997).

Betont wird der essentiell soziale Charakter des Lernens in alltäglichen Praxiskontexten:

> „A community of practice is an intrinsic condition for the existence of knowledge, ... Thus, participation in the cultural practice in which any knowledge exists is an epistemological principal of learning. The social structure of this practice, its power relations, and its conditions for legitimacy define possibilities for learning(...)." (Lave / Wenger 1991, 98)

Konstitutiv für eine CoP ist eine gemeinsame für alle Mitglieder bedeutungsvolle Praxis, die wiederum drei Dimensionen hat:
- ein gemeinsames Unterfangen (*joint enterprise*), das kontinuierlich unter den Mitgliedern neu ausgehandelt wird
- das gegenseitige Engagement (mutual engagement)
- die gemeinsam über die Zeit geschaffenen Routinen und Artefakte der Gemeinschaft (shared repertoire)

Lernen wird nun, ausgehend von einer Verallgemeinerung des Verhältnisses zwischen Lehrling und Meister (oder Novize/newcomer und Experte/oldtimer), als *'legitimate peripheral participation'* innerhalb einer CoP beschrieben. Dieser Ansatz ist oft reduziert als Apprenticeship - Lernen rezipiert worden, das ausschließlich an einem 'Meister' orientiert ist. Lave und Wenger haben jedoch schon bei der ersten Entwicklung ihrer Theorie die Notwendigkeit einer Fokusverschiebung vom 'Meister' hin zu den komplexen Prozessen zwischen allen Mitgliedern einer CoP, die als Ensemble wirken, betont. Neben der Beziehung zwischen newcomer und oldtimer sind die Beziehungen der newcomer untereinander, die gemeinsame soziale Praxis der Gemeinschaft sowie die Artefakte der Gemeinschaft wichtige Ressourcen für die Lernprozesse (Lave / Wenger 1991, Mandl / Gruber / Renkl 1996).

In der Weiterentwicklung des Konzeptes erweitert Wenger (1998) die Vorstellung von Lernen in CoPs entsprechend durch eine Analyse der vielfältigen Prozesse innerhalb einer CoP und ihren Beiträgen zum Lernen *aller* Mitglieder: die machtbesetzte Bedeutungsaushandlung, die Identitätstransformation und die Austauschprozesse mit anderen, angrenzenden CoPs stehen dabei im Vordergrund.

3 Neue Technologien im Fernstudium

Fernstudierende nutzen internetbasierte Medien für ihre Lernprozesse im Rahmen des Lernumfeldes Fernstudium. Eine Rekonstruktion ihrer Handlungsbegründungen setzt daher ein Verständnis der Fernstudienstrukturen voraus, die wiederum in größere gesellschaftliche Zusammenhänge eingebettet sind. Hier soll nur die Integration internetbasierter Kooperationsmöglichkeiten in das Fernstudium als besonders relevanter Ausschnitt des komplex vermittelten Lernumfeldes skizziert werden.

Nachdem die neuen technologischen Möglichkeiten innerhalb des Fernstudiums zunächst für die Vereinfachung organisatorischer Abläufe (Distribution der Studienmaterialien, Einsendung von Prüfungsaufgaben etc.) und eine bessere tutorielle Betreuung der Studierenden (kürzere Rücklaufzeiten etc.) genutzt wurden, werden zur Zeit auch weitergehende Modelle diskutiert und in verschiedenen Formen erprobt, die auf den netzbasierten Kooperationsmöglichkeiten der Lernenden untereinander beruhen (Holmberg / Schuemer 1997, Mason 1998, Mayer / Mörth 1998).

Mason (1998) unterscheidet drei Ansätze, die nur zur besseren analytischen Durchdringung als getrennte Modelle beschrieben werden und in der Praxis oft verschwommenere Grenzen haben:

'Content+Support Model'	'Wrap-Around Model''	'Integrated Model'
klare Trennung zwischen Kursinhalten und internetbasiertem Supportangebot (tutorielle Betreuung, Diskussionsgruppen)	internetbasierte Lernaktivitäten und Diskussionen gewinnen gegenüber vordefiniertem Studienmaterial an Raum (ressourcenbasierter Lernansatz)	Kursinhalte werden zur Laufzeit des Kurses durch Diskussionsprozesse und Informationsbeschaffung aller Teilnehmenden festgelegt

Da netzbasierte Kommunikation und Kooperation zwischen den Lernenden alle Modelle kennzeichnet, beeinflusst das Forschungsgebiet CSCL auch den aktuellen Diskurs in der Fernstudiendidaktik.

Aber ebenso wie in kooperativen Lernformen ohne Computerunterstützung Vorteile nicht automatisch durch die Herstellung einer Gruppensituation realisiert werden, ist auch die Effektivität von CSCL von komplexen Faktoren abhängig. Zahlreiche Autoren berichten von gemischter Akzeptanz solcher Systeme bzw. der geringeren Nutzung der bereitgestellten Kooperationsmöglichkeiten (Wegerif 1998, Reinmann-Rothmeier / Mandl 1997). Eine plakative Zusammenfassung für die oft widersprüchlichen Wirkmomente bei der wachsenden Verbreitung von CSCL im Fernstudium gibt Mason 1998:

> „Because it tends to require more initiative, more time and more dependence on others, group work is rather more popular with teachers than with students! When integrated with assessment and examination, however, the evidence is that most students do overcome their inhibitions and play their part in joint activities. In fact, there is a veritable explosion of interest in collaborative work at tertiary and professional updating level, as the technology improves to support it, as employers increasingly demand it, and as educators re-discover its value in the learning process." (Mason 1998, 4)

Deutlich wird dabei, dass die Frage der Bewertung von Gruppenergebnissen hinsichtlich der Studienabschlüsse eine zentrale Rolle spielt.

4 Methodisches Vorgehen bei der empirischen Untersuchung

Die hier vorgestellte Fallstudie hat das Ziel, Aufschluss über die Nutzung und die Bedeutung von internetbasierten Kooperationsmöglichkeiten im Fernstudium *aus der Perspektive der Fernstudierenden* zu geben. Dieses Ziel legt ein rekonstruktives Verfahren bei der Auswertung des empirischen Materials nahe. Im Gegensatz zu hypothesenprüfenden Forschungsansätzen ist über die Rekonstruktion von Lern- bzw. Handlungsbegründungen die Einnahme eines dezidierten Subjektstandpunktes möglich. Erfahrungen vom Standpunkt des lernenden Subjekts können in der 'Sprache subjektiver Handlungsbegründungen' artikuliert werden und werden damit der wissenschaftlichen Analyse zugänglich (Holzkamp 1993, Zimmer / Psaralidis 1998, Ludwig 2000).

Als Fall im Sinne einer 'sozialen Einheit' wurde die über den Listserver konstituierte Online-Community Fernstudierender begriffen, die als selbstorganisierte, florierende 'Parallelstruktur' zum Online-Lernraum des Fernstudienanbieters auffiel.

Als Methode der Fallanalyse wird auf die Verfahren der Grounded Theory (Glaser / Strauss 1993, Strauss / Corbin 1996) zurückgegriffen, die der gegenstandsbegründeten Theoriegenerierung mittlerer Reichweite dienen.

Die empirische Datengrundlage für die Untersuchung bilden:
- Transkriptionen von leitfadengestützten Interviews mit Fernstudierenden, die den Listserver nutzen
- die über den Listserver ausgetauschten Kommunikationen in Form von E-Mail-Nachrichten
- im Internet von Studierenden selbst veröffentlichte zusätzliche Studienmaterialien (Erfahrungsberichte, Tipps, Prüfungsaufgaben, WWW-Links etc.)
- offizielle Dokumente seitens des Fernstudienanbieters, die das Fernstudium regeln und dokumentieren (Studienbriefe, Aufgabenmaterial, Studienordnungen etc.)

5 Ergebnisse der Fallstudie

Zunächst wird das Fernstudium beschrieben, das den spezifischen Kontext für die untersuchte Online-Community bildet, anschließend die entstandene gegenstandsbezogene Theorie entlang ihrer Hauptkategorien skizziert[3].

5.1 Der Kontext: abschlussorientiertes, eng reglementiertes Fernstudium

Das Lernumfeld der untersuchten Fernstudierenden bildet ein strukturiertes, abschlussbezogenes Studienangebot für Berufstätige (Fachhochschulabschluss). Es weist eine enge Reglementierung hinsichtlich der Studieninhalte und zeitlichen Abfolgen auf und kann vollständig berufsbegleitend bei weitgehend frei wählbarer Zeitgestaltung von beliebigen Orten aus absolviert werden. Jeder Studiengang kann mit unterschiedlichen Profilen (Schwerpunkten) abgeschlossen werden. Ist der Schwerpunkt gewählt, liegen die Prüfungsleistungen im Grundstudium quasi ohne Wahlmöglichkeiten fest. Im Hauptstudium gibt es durch eine Diplomarbeit mit Bezug zur aktuellen Berufspraxis einen höheren Grad der Spezialisierung und der Wahlmöglichkeiten.

Die traditionell vom Anbieter gewählte Fernstudiendidaktik ist eine spezielle 'Verbundmethode', die das ortsunabhängige, zeitlich flexible individuelle Studium mit Hilfe von Studienbriefen und Einsendeaufgaben durch Präsenzseminare ergänzt, die der gezielten Prüfungsvorbereitung dienen. Diese Verbundmethode wird zur Zeit durch das zusätzliche Angebot erweitert, einen web-basierten Online-Lernraum als Ergänzung der Studienressourcen zu benutzen. Eine solche optionale gebührenpflichtige Studienkomponente entspricht in der weiter oben angeführten Typologie dem 'Content+Support Model'.

Eine Gestaltungsmöglichkeit und Einflussnahme der Studierenden auf Lehr/Lerninhalte ist nicht vorgesehen. Zusammenarbeit in Kleingruppen als Lernunterstützung wird im angebotenen Online-Lernraum zwar technologisch unterstützt, ist aber in Studienmaterialien, -aufgaben oder Bewertungsschemata nicht angelegt. Hinsichtlich des Wissenserwerbs wird eher eine Perspektive des Transportes als die der sozialen Ko-Konstruktion von Wissen eingenommen (vgl. Brown / Duguid 1996).

---

3 Da die Datenerhebung und -auswertung zum Zeitpunkt der Einreichung dieses Beitrags noch nicht abgeschlossen sind, sind die hier skizzierten Ergebnisse als vorläufig anzusehen.

5.2 Studentisch betriebener Listserver als Parallelstruktur

Bei der Betrachtung des Online-Lernraums stellte sich heraus, dass die Studierenden bereits seit 1995 unabhängig vom Fernstudienanbieter einen Listserver als elektronisches Kommunikations- und Kooperationsmedium für sich organisiert haben und mit z.Zt. 500 eingeschriebenen Nutzern und einem Aufkommen von 10-30 Mitteilungen pro Tag intensiv nutzen.

Die ausgetauschten Mitteilungen sind in der Regel knapp gehaltene Fragen und Antworten zu einem weiten Spektrum an Themen: von Verständnisfragen zu bestimmten Lektionen in den Studienbriefen, über den Austausch von Seminarunterlagen zur gezielteren Prüfungsvorbereitung, dem Erfahrungsaustausch hinsichtlich der Studienplanung und Studienorganisation (Eigenmotivation, Zeitplanung, Anmeldeprozeduren, Prüfungsanfechtung etc.), Fragen der steuerlichen Absetzbarkeit der Studiengebühren, Verhandlungsstrategien mit dem Arbeitgeber hinsichtlich des Fernstudiums, Fragen des Berufsalltags, die einen Bezug zu Studieninhalten haben oder auch weit darüber hinausgehen, Vermittlung von Mitfahrgemeinschaften und Wohngelegenheiten bei Präsenzseminaren, Organisation von Stammtischen an verschiedenen Orten zu Austausch von Musterlösungen für die Einsendeaufgaben und zusätzlichen interessanten Ressourcen im Internet oder in Printform ist alles vorhanden.

5.3 Rekonstruktion der Handlungsbegründungen: „Alltagsbewältigung in Eigenregie"

Wie und wozu, mit welchen Begründungen und Bedeutungen nutzen die Fernstudierenden diese selbstorganisierte Kommunikationsplattform? Als Hauptkategorie im Sinne einer gegenstandsbezogenen Theorie der internetbasierten Kooperation von Fernstudierenden zeichnet sich die *netzgestützte Alltagsbewältigung in Eigenregie* ab. Eine Bewältigung des studien- und lebenspraktischen Alltags als Fernstudent bzw. -studentin bildet das zentrale Handlungsmotiv unter den Bedingungen eines relativ eng reglementierten Studiums und der hohen Arbeitsbelastung durch gleichzeitige Berufstätigkeit und Studium.

Diese Alltagsbewältigung erfolgt selbstorganisiert, unabhängig vom Studienanbieter. Sie 'lebt' wie jedes selbstorganisierte System vom gegenseitigen Engagement der Beteiligten. Der Grad der Bewusstheit über die Selbstorganisiertheit und ihre Bedeutung für die Nutzung variiert von schwach bis stark ausgeprägt. Nutzer/innen, die hinsichtlich ihrer Medienbiographie aus der Fidonet / Mailbox-Betreiber Gemeinschaft kommen und oft der Linux-Gemeinde und Open Source Bewegung angehören, sehen das demokratische Element in einer solchen Organisationsform und möchten es durch besonderes Engagement unterstützen. Bewusste Abgrenzung gegenüber anderen Systemen/Betreibern („*wir können es auch und zwar besser!*") ist für sie entscheidend. Bei Studierenden ohne eine solche Vorgeschichte spielt die Selbstorganisiertheit des Listservers oft nur eine untergeordnete Rolle. Für sie steht die studienalltagsunterstützende Funktion der über den Listserver vermittelten Kooperation im Vordergrund. Allenfalls in der Frage der geringeren Kontrolle durch den Studienanbieter kommt die Selbstorganisiertheit noch einmal zum Tragen. Unmittelbaren Einfluss auf die Nutzung nimmt sie hingegen bei allen hinsichtlich der großen Bereitschaft selbst Input zu leisten, d.h. auf Anfragen von anderen Kommilitonen rasch zu antworten und eigenes Wissen, Erfahrungen und Dokumente zur Verfügung zustellen („*wenn ich etwas beantworten kann, dann mache ich es - nur so klappt unser System*").

5.4 Strategien und Konsequenzen der Alltagsbewältigung in Eigenregie

Wie sieht die Alltagsbewältigung analytisch betrachtet aus? Welche Strategien gibt es in welchen Kontexten? Als weitere Subkategorien bilden sich *Gestaltungsmacht gewinnen, sozialen*

Kontakt fördern und *Informationsbeschaffungskosten reduzieren* heraus, die in den folgenden Abschnitten näher dargestellt werden sollen.

5.4.1 Gestaltungsmacht gewinnen

Einen großen Raum in der Kommunikation über den Listserver nimmt der Austausch von Skripten zur besseren Prüfungsvorbereitung durch Themeneingrenzung ein. Diese Arbeitserleichterung, die erst über das elektronische Medium möglich wurde, wird von allen Listenbenutzern genannt. Sie hat unterschiedliche Dimensionen. Zum einen wird die Effektivität des Studierens erhöht, da Prüfungen eher bestanden werden. Zum anderen dient sie der Effizienzsteigerung der Lernaktivitäten: Prüfungen werden mit weniger Aufwand bestanden. Vordergründig betrachtet, könnte man hier eine im Holzkamp'schen Sinne defensive Lernhaltung identifizieren. Es kommt aber interessanterweise in allen Fällen auch noch die Komponente der Signifikanzsteigerung des Lernens hinzu: Kann für Prüfungen effektiver und effizienter über den bundesweiten Austausch von Skripten gelernt werden, so entsteht in dem knappen Zeitbudget der Fernstudierenden Freiraum, die Inhalte und Themen der Studienbriefe zu vertiefen, die für die eigene Berufspraxis oder einen besonderen Interessenschwerpunkt besonders relevant sind. Im eng angelegten Lernumfeld wird so Gestaltungsmacht gewonnen. Der Einzelne kann den Ressourceneinsatz für Prüfungen individuell regulieren und größere Anteile expansiver Lernhaltungen entwickeln.

Die einzelnen Dimensionen der Arbeitserleichterung kommen individuell unterschiedlich gewichtet zum Tragen: Zentraler Bedingungsfaktor ist dabei, welches Motiv der grundsätzlichen Entscheidung für ein Fernstudium zugrunde liegt. Die Sichtweise, Gestaltungsspielraum zu gewinnen, war bei allen Interviewten vertreten. Stand eine notwendige Zusatzqualifikation in Form eines formalen Studienabschlusses im Vordergrund, überwog die Effizienzsteigerung (*„do it the easy way!"*). War das Fernstudium stärker durch den Wunsch der persönlichen Weiterentwicklung motiviert, z.B. wenn andere Lebenspläne nicht zu realisieren waren (z.B. Kinderwunsch), überwogen die Signifikanzanteile (*„ich möchte vertiefen, was mich selbst interessiert"*).

Insgesamt war das Gewicht der Strategie *Gestaltungsmacht gewinnen* in dieser Ausprägung im Grundstudium am stärksten vertreten. Aber auch im Hauptstudium behält die Kategorie ihre Gültigkeit: Der Austausch über Studienbedingungen, Prüfungsordnungen und -ergebnisse, um Forderungen gegenüber dem Studienanbieter gezielter und effektiver artikulieren zu können, wird hier oftmals als (bruchstückhafter) Ersatz für eine studentische Mitbestimmung gewertet.

5.4.2 Sozialen Kontakt herstellen

Eine weitere zentrale Nutzungskategorie ist die Möglichkeit, über die Kommunikation mittels Listserver studienbezogene soziale Kontakte herzustellen. Die Situation zu Beginn des Fernstudiums wird als sozial isoliert und ohne hinreichende Orientierung empfunden. Die Präsenzseminare setzen erst etwas später im Studienverlauf ein und scheinen gerade am Anfang des Studiums nicht unmittelbar dafür geeignet zu sein, Kontakte zu anderen Studierenden zu knüpfen. Die Kommunikation auf dem Listserver wird als *„Sprungbrett"* für Studienkontakte und oftmals längerfristig bestehende gemeinsame Arbeitszusammenhänge gesehen. Regionale Stammtische können organisiert werden, da örtlich nah beieinander Wohnende sich leichter finden. Abhängig vom Wohnort und der konkreten Lebenssituation der Studierenden, kann das gewünschte Ausmaß an Kontakt aktiv gesucht werden. Auch hier ergibt sich neuer Gestaltungsspielraum: je nach eigener Bedürfnislage kann der passende Grad von sozialer Nähe zu anderen hergestellt werden. Diejenigen, die das Fernstudium begonnen haben, da sie individuell und zeitlich flexibel, ohne jeglichen Zwang sich in eine Gruppe einzufügen, studieren wollen, legen ihren Schwerpunkt auf den Informationsaustausch über den Listserver und suchen keine weiteren Kontakte. Andere, die unter der isolierten Situation als Fernstudent/in leiden, suchen aktiv Partner, mit denen sie sich regelmäßig persönlich zum Lernen treffen.

5.4.3 Informationsbeschaffungskosten reduzieren

Eine weitere zentrale Strategie besteht in der Reduktion von Informationsbeschaffungskosten (erneut mit der Konsequenz erhöhter Studieneffektivität und -effizienz). Zu dieser Kategorie zeichnen sich Subkategorien ab, deren Verhältnis zueinander und zu den anderen Kategorien noch im einzelnen zu bestimmen ist:

Orientierung gewinnen

Die Informationspolitik des Studienanbieters wird in mancher Hinsicht als ungenügend beurteilt. Fragen zur Studienorganisation (Update von Materialien, Anmeldeprozeduren zu Seminaren, verschobene Termine, Integration neuer Medien etc.), erreichen über den Listserver eine große Anzahl der Studierenden und die erhaltenen Antworten werden als informationsreich, relevant und vor allem schnell erlebt - in der Regel vergehen keine 24 Stunden bis zu ersten Reaktionen. Diese Art der Informationsbeschaffung erhöht die eigene Orientierung im Studium und die zeitliche Flexibilität, da man nicht an Öffnungszeiten der entsprechenden Services des Studienanbieters gebunden ist.

Erfahrungen anderer Studierender nutzen

Ein anderer Aspekt ist die erfahrungsbasierte Informationsweitergabe in Form des Apprenticeship Lernens. Insbesondere im Hauptstudium, in dem die Gestaltungsmöglichkeiten wachsen, wird die Kommunikation mit fortgeschritteneren Kommilitonen gesucht. Fragen zur individuellen Studienplanung werden ausgetauscht und erhaltene Ratschläge und Erfahrungsberichte werden als hilfreich und authentischer beurteilt als entsprechende 'Ratgeber' des Studienanbieters.

Angepasste Technologie

Die Wahl der 'angepassten Technologie' ist eine weitere wichtige Subkategorie: Der Umgang mit e-mail über einen Listserver wird relativ unabhängig vom Studienfach und der Vorerfahrung als einfach und schnell zu erlernen eingeschätzt. In Fragen der Technologie gilt der Listserver als den Bedürfnissen angemessen, während der webbasierte Online Lernraum aufgrund seiner technisch aufwendigeren Plattform zum Teil als Hürde und als unverhältnismäßig zum erwarteten Mehrwert betrachtet wurde. Hierin liegt neben finanziellen Argumenten eine wesentliche Begründung den Online-Lernraum nicht zu nutzen.

Studierende, die Erfahrungen mit umfangreicheren Möglichkeiten der Dateiablage, Archivierungsfunktionen etc. haben, versuchen diese Möglichkeiten in die Kommunikation und Kooperation über den Listserver zu integrieren. Einfache Lösungen wie downloadbare Dateien auf ohnehin vorhandenen, persönlichen, frei zugänglichen Webseiten wurden dabei schnell angenommen (und fungieren als 'shared repertoire' der Community). Services, die eine weitere elektronische Anmeldung und das Einarbeiten in eine andere Oberfläche erfordern (e-groups), werden auch von EDV-Erfahrenen unter dem Hinweis auf das vermutete Missverhältnis von zeitlichem Input zu realisierendem Mehrwert zur Zeit nicht oder nur äußerst gering genutzt.

6 Resümee

Eine weitere Ausarbeitung der Kategorien und ihrer Beziehungen zueinander sowie ein Vergleich mit den bestehenden Konzepten zum Lernen in Holzkamps Auffassung und in Lave/Wengers Theorien zur Bedeutung der komplexen Prozesse in selbstregulierten Communities kann die gegenstandsbegründete Theorie netzgestützter Kooperation zwischen Fernstudierenden weiter voran bringen. Außerdem kann sie Hinweise auf konzeptuelle Lücken dieser etablierten Konzepte bei Übertragung auf den Kontext von Lernen im Fernstudium geben, das durch eine internetbasierte Kommunikations- und Kooperationsplattform unterstützt wird.

Gegenwärtig ist hervorzuheben, dass eine solche Plattform innerhalb eines eng reglementierten Fernstudiums primär genutzt wird, um den Studienalltag effektiver und effizienter zu bewältigen und dass in der Selbstorganisation ein Zugewinn an Gestaltungsmacht und Einflussnahme zu liegen scheint. Für die CSCL-Forschung bedeutet dies, dass eine rein kognitive Betrachtungsweise des computergestützten kooperativen Lernens zu kurz greift.

7 Literatur

Brown, J. S.; Duguid, P. (1996): Universities in the Digital Age. In: Change: The Magazine of Higher Learning, Vol. 28, Nr. 4, S. 10-19.

Buchholz, A. (2000): Von rollenden Schreibtischstühlen und virtuellen Studenten - Ethnographie einer Televeranstaltung. In: Uellner, S.; Wulf, V. (Hrsg.): Vernetztes Lernen mit digitalen Medien. Heidelberg: Physica, S. 163-181.

Glaser, B.; Strauss, A. (1993): Die Entdeckung gegenstandsbezogener Theorie. Eine Grundstrategie qualitativer Sozialforschung. In: Hopf, C.; Weingarten, E. (Hrsg.): Qualitative Sozialforschung. Stuttgart: Klett-Cotta, S. 91-111.

Hara, N.; Kling, R. (2000): Students' Distress with a Web-Based Distance Education Course. Erscheint in: Information, Communication &Society (angenommener Beitrag), (Stand: 04.12.00)

Holmberg, B.; Schuemer, R. (1997): Lernen im Fernstudium. In: Weinert, F.; Mandl, H. (Hrsg.): Psychologie der Erwachsenenbildung. Enzyklopädie der Psychologie, Bd 4. Göttingen: Hogrefe, S. 507-566.

Holzkamp, K. (1993): Lernen. Subjektwissenschaftliche Grundlegung. Frankfurt: Campus.

Lave, J.; Wenger, E. (1991): Situated Learning: Legitimate Peripheral Participation. Cambridge: Cambridge University Press.

Ludwig, J. (2000): Lernende verstehen: Lern- und Bildungschancen in betrieblichen Modernisierungsprojekten. Bielefeld: Bertelsmann.

Maiers, W. (1998): Lernen/Lerntheorie. In: Grubitzsch, S. (Hrsg.): Psychologische Grundbegriffe: Ein Handbuch. Reinbek: Rowohlt, S. 316-323.

Mandl, H.; Gruber, H.; Renkl, A. (1996): Communities of Practice toward Expertise: Social Foundation of University Instruction. In: Baltes, P.; Staudinger, U. (Hrsg.) Interactive Minds. Life-span Perspectives on the Social Foundation of Cognition. Cambridge: Cambridge University Press, S. 394-411.

Mason, R. (1998): Models of Online Courses. In: ALN Magazine Volume 2, Issue 2, (Stand: 04.12.00)

Mayer, H.; Mörth, E. (1998): Möglichkeiten und Grenzen technisch vermittelter Kommunikation im Fernstudium. In: GMW-Forum 1-2/98, S. 17-20.

Reglin, T.; Schmidt, H; Trautmann, R. (1999): Leitfaden Telelernen im Betrieb. In: Loebe, H.; Severing, E.(Hrsg.): Telelernen im Betrieb – ein Leitfaden für die Nutzung internetgestützter Weiterbildungsangebote in kleinen und mittleren Unternehmen, Schriftenreihe der Beruflichen Fortbildungszentren der Bayrischen Wirtschaft (BfZ),Bd. 14. Bielefeld: Bertelsmann, S. 21-143.

Reinmann-Rothmeier, G.; Mandl, H. (1998): Lernen in Unternehmen: Von einer gemeinsamen Vision zu einer effektiven Förderung des Lernens. In: Dehnborstel, P.; Erbe, H.; Novak, H. (Hrsg.): Berufliche Bildung im lernenden Unternehmen. Zum Zusammenhang von betrieblicher Reorganisation, neuen Lernkonzepten und Persönlichkeitsentwicklung. Berlin: Edition Sigma, S. 195-216.

Reinmann-Rothmeier, G. ; Mandl, H. (1997): Lehren im Erwachsenenalter. Auffassungen vom Lehren und Lernen, Prinzipien und Methoden. In: Weinert, F. / Mandl, H. (Hrsg.): Psychologie der Erwachsenenbildung, Enzyklopädie der Psychologie, BD. 4. Göttingen: Hogrefe, S. 355-403.

Sherry, L. (1996): Issues in Distance Learning. In: International Journal of Educational Telecommunications, 1 (4), S. 337-365.

Strauss, A.; Corbin, J. (1996): Grounded Theory: Grundlagen qualitativer Sozialforschung. Weinheim: Beltz PsychologieVerlagsUnion.

Uellner, S.; Wulf, V. (Hrsg.) (2000): Vernetztes Lernen mit digitalen Medien. Heidelberg: Physica.

Wegerif, R. (1998): The Social Dimension of Asynchronous Learning Networks. In: Journal of Asynchronous Learning Networks, Vol. 2, Issue 1, S. 34-49.

Wenger, E. (1998): Communities of Practice. Learning, Meaning, and Identity. Cambridge: Cambridge University Press.

Zimmer, G. (1997) Konzeptualisierung der Organisation telematischer Lernformen. In: Aff, J.; Backes-Gellner, U.; Jongebloed, H.-C u.a.: Zwischen Autonomie und Ordnung - Perspektiven beruflicher Bildung. Köln: Botermann und Botermann, S. 107-121.

Zimmer, G.; Psaralidis, E. (1998): „Der Lernerfolg bestimmt die Qualität einer Software!" Evaluation von Lernerfolg als logische Rekonstruktion von Handlungen. In: Tergan, S.-O.; Lottmann, A. ; Schenkel, P. (Hrsg.): Evaluation von Bildungssoftware. Nürnberg: BW Bildung und Wissenschaft. S. 262-303.

Adressen der Autoren

Patricia Arnold
Doktorandin am Institut für Berufs-
und Betriebspädagogik
Universität der Bundeswehr Hamburg
Malerwinkel 6
22607 Hamburg
pa@provi.de
http://www.provi.de/pa

Cooperative Model Production in Systems Design to Support Knowledge Management

Christoph Clases
ETH Zürich, Institut für Arbeitspsychologie

Abstract

The computer support of cooperation and knowledge production across socially distributed activity systems has become an important topic in the context of the discourse on „knowledge management". The present article will draw on concepts of cultural-historical activity theory to discuss the problem of how the notion of „knowledge" is conceptualized and implicitly implemented in computer systems to support knowledge management, often neglecting the social embeddedness of knowledge production in everyday work practices. From the point of view of cultural-historical activity theory we would propose to look upon the generation of knowledge as a process embedded in socially distributed activities that are constantly being reproduced and transformed in and between specific communities of practice. The concept of cooperative model production is highlighted as a means to mediate, not to eliminate, differences of perspectives involved in the course of systems design. Empirical results of a case study will be presented in which the Repertory-Grid has been used to visualize similarities and differences of potential users' viewpoints and requirements in early stages of systems design.

1 Introduction

In the course of software development, actors representing different communities of practice (Lave and Wenger 1991) are interrelated in a division of labor. These actors are contributing different kinds of expertise: expertise in software design and development on the one hand and expertise in locally established work practices which are to be supported on the other hand. These different kinds of *interactive expertise* (Engeström 1992) evoke varying perspectives and anticipations concerning the process and the anticipated features of systems to support cooperative work. We hold that *different perspectives* (between software designers as well as between software designers and anticipated users at work) involved in design should not only be looked upon as barriers but may also become potential driving factors for the development of systems to support knowledge management.

Thus we are in need of methodological approaches and practical methods to make these different viewpoints – as situated constructive critiques towards the anticipated use and benefit of computer systems – explicit in the course of software development. This holds especially when a participatory design strategy (Floyd 1993, Muller and Kuhn 1993, Trigg and Anderson 1996) is pursued as software development represents a field of negotiation in different settings and political arenas (Gärtner and Wagner 1996). The concept of „cooperative model production" (Raeithel and Velichkovsky 1995, Raeithel 1998) will be introduced to identify methods and means helping to inform software designers and users in stages of "co-construction" (Wehner et.al. 2000) about possibilities to visualize, i.e., to symbolically objectify, and communicate similarities as well as differences in perspectives involved in the process of software design. Outcomes of an empirical study on the experience-based elaboration of software requirements for knowledge management will be presented. In this study the Repertory-Grid technique (Kelly 1955) was used to make visible common and divergent perspectives on the anticipated new software to support the tracing of knowledge gained and experiences made across R&D-projects.

2 Computer Support for Knowledge Management

Knowledge management in recent years has become a popular topic in organization sciences (Nonaka 1994, Davenport and Prusak 1998, Tuomi, 1999). In this discourse „knowledge" is often not only identified as the new dominant production factor in post-fordistic societies but as a product on its own. Thus - from an economic perspective – knowledge needs to be *located and estimated* in order to determine its exchange value. From this perspective, „knowledge" may easily become reified as an isolated entity abstracted from its practical, process- or problem-driven actualization in situated actions (Suchman 1987).

Linked to the discussion on systems support for knowledge management an interesting discourse about the creation of „organizational memory information systems" (Stein and Zwass 1995) has been going on in the last decade. „A Corporate or Organizational Memory can be characterized as a comprehensive computer system which captures a company's accumulated know-how and other knowledge assets and makes them available to enhance the efficiency and effectiveness of knowledge-intensive work processes" (Kühn and Abecker 1997, p. 929). In the research domain of Computer-Supported Cooperative Work (CSCW) a much more modest approach is proposed, i.e. to *augment* organizational memory by the design of CSCW systems. Ackerman (1994) argues in favor of a perspective on organizational memory that keeps in mind organizational, technical, and *definitional* constraints that are of relevance for the development of software tools. In a further critique it has been proposed to shift the perspective on „organizational memory" towards processes of „active remembering" (Bannon and Kuuti 1996). The authors here refer to literature in which the predominant use of the metaphor of organizational memory reflects an understanding of memory as a passive storage space for information and knowledge.

From the point of view of work psychology, we argue against a technology driven, functionalistic approach to knowledge management and in favor of an understanding of everyday activities. We promote a process oriented approach to knowledge management, taking into account micro political implications and tensions brought about by different actors, perspectives, goals and motives involved. In our case study that will be discussed towards the end of this paper, we have dealt with these very definitional constraints in early conceptual stages of software development by eliciting requirements for a project database to support knowledge management practices.

2.1 Conceptualizations of „knowledge" and „memory" – implications for systems design

A way to make clear our conception of knowledge is to oppose it to still dominant approaches in the cognitive sciences, based on the physical symbol systems hypothesis (Newell and Simon 1972) focusing on symbolic representations of the „outside" world „in the head", i.e. in cognitive structures of individuals, and leading to the dichotomies that reproduce the Cartesian gap between mind and body, between cognition and world. These dichotomies have been widely criticized, especially because of the separation of culturally embedded social practices from cognitive processes.

In the literature on computer support for knowledge management we often find quite inconsistent arguments about the concept of knowledge, however, the implicit effort to *locate* and *fix* units of knowledge (e.g. as propositions related to rule-based production systems) seems to be a common characteristic. If we shift the focus from attempts to spatio-temporarily locate („ready made") *knowledge* here or there, inside or outside people's heads, to a perspective that is interested in practices of *knowing* (Blackler 1995) we take a completely different stance to the unit of analysis. Then the process of actualizing, transforming and generating new knowledge could only be understood, when we analyze the situatedness of work practices in a socially distributed activity system in which practices of knowing are embedded (see figure 1).

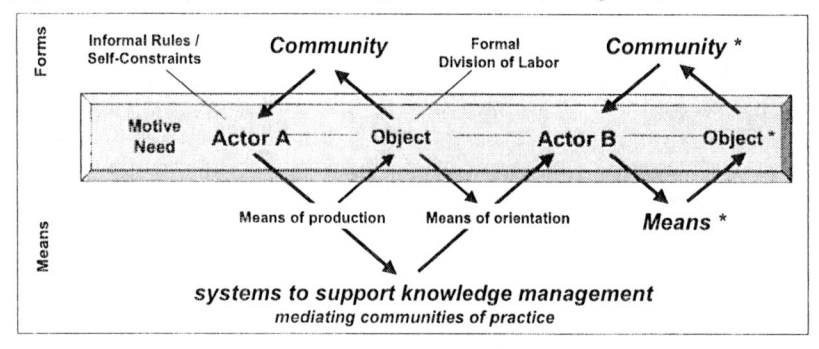

Fig. 1: CSCW systems mediating between socially distributed activity systems (based on Engeström, 1987; Raeithel, 1992)

The implications for the design of computer support for knowledge management connected to the tradition criticized above are quite far-reaching. If those premises are referred to as the design of „organizational memory information systems", organizational memory becomes a repository in which knowledge is „stored" and from which knowledge may be „retrieved" – across different contexts – when needed in the very same condition as it has been produced, i.e. has been „transferred" (better transformed into information) into a database. In this case the most significant tasks for the computer support of knowledge management would be to acquire knowledge entities and to optimize the storage, navigation and distribution of these separable units of knowledge in databases. The critique here is not that some of these systems (expert systems, intelligent agents, etc.) would not fulfill certain useful purposes, however, if they are taken as the „whole story" the embodied, contextual, socially distributed and process-related character of knowledge and cognition is being neglected.

2.2 Socially distributed activity systems and the production of knowledge

From the point of view of activity theory we would propose to look upon the generation of knowledge as a process embedded in socially distributed activities that are constantly being reproduced and transformed in and between specific communities of practice. Thus, the generation as well as the actualization of knowledge would be bounded to specific contexts and strongly depend on shared understandings that emerge from the practice in which joint activities are embedded.

Engeström (1987, p. 78) and Raeithel (1992, p. 407) have proposed similar schemes to represent Leont'ev's (1978) basic differentiation between activity, action, and operation in a conceptual framework modeling a *socially distributed activity system*, which is proposed to be used as the key unit for analysis of work practices. One of the core ideas of activity theory is that human activity is *mediated* by societal forms as well as operative means. Figure 1 is based on these schemes and visualizes computer systems as mediating the joint activity in or between communities of practice.

The figure shows that the joint activity evolving between different actors is mediated – on the level of societal *forms* – by informal rules, self-constraints and a certain division of labor that historically evolve in communities of practice. On the other hand, the interaction between actors in computer-supported work places is being structured – on the level of operative *means* – by the characteristics of the specific software in use. The software will provide actor A with *means of production*, i.e. features to generate certain *objects*, which will then be represented for Actor B by the use of the system providing *means of orientation*. The artifacts produced may be looked upon as symbolic externalizations of a specific practice. Therefore, when using a system that is to support knowledge management practices, Actor A has to transform her experiences made and *knowledge* gained into a certain document. For Actor B, this externalization of a specific practice in the first case appears as *codified knowledge,* i.e. *information* that *might be useful* in another context. Depending on the way in which the context of generating the information is presented, Actor B will be more or less able to put it into perspective. In other words: Knowledge may not immediately be „transferred" but is *transformed* by processes of codification and interpretation. Thus, knowledge may not be fixed once and for all. A design philosophy that is committed to the insights of activity theory should take into account the diversity of meanings across socially distributed activity systems „providing technical support for their ongoing, local negotiation" (Agre 1995, p. 188).

As Ackerman (1994b) pointed out, the design of CSCW systems to augment organizational memory faces *definitional constraints* due to varying redefinitions of what should be considered as a – maybe already existing – system augmenting the organizational memory within a specific company. When it comes to the design of software to support the generation and exchange of knowledge, one way to conceptualize an organizational memory is to provide a „common information space" (Bannon and Bodker, 1997) which may serve as a boundary object between different viewpoints resulting from the varying situatedness of work practices. Following Star (1989), boundary objects are: „(..) weakly structured in common use, and become strongly structured in individual site-use. Like the blackboard, a boundary object ‚sits in the middle' of a group of actors with divergent viewpoints" (Star, 1989, 46). When using the blackboard as a metaphor, the question arises how to structure the blackboard in order to cope with the necessities of local and common use, and how to make visible and negotiate the requirements for a software system in order to anticipate which „chalk" would serve as a good complement.

3 The Research Methodology: Cooperative Model Production of System Requirements

Co-construction as a form of joint activity (Wehner et.al. 2000) may be described as a process of questioning well-established practices and negotiating possible new forms of activity: „(..) in co-construction an attempt is made to generate organizational solutions that transcend single cases. Co-construction, as a specific form of expansive cooperation, differs in its underlying structure from coordination and cooperation because the focus of attention now lies in the common redefinition of roles, work objectives, and patterns of interaction" (Wehner et.al. 2000, 990).

In order to explore system requirements from the point of view of its potential users, the *repertory grid technique* based on personal construct psychology (Kelly 1955) has been chosen. Kelly has based his considerations on the consideration that cognitive as well as emotional-motivational processes are related to personal construct systems, which should be themselves looked upon as condensations of a life-long learning process. These personal construct systems are related to socially shared meaning systems and enable us to orient ourselves in the world, to act, to decide and to develop personal theories about specific life domains. As personal construct systems at the same time generate expectations and anticipations they are not only helping to orient ourselves in various context, however, they also open up and at the same time reveal potentials for future action (Bannister & Fransella, 1986). Therefore, *a construct system consists of* subjectively relevant differentiations – our *personal constructs* – which we apply to *elements* of our everyday life like other persons, specific roles, situations or certain objects. As the Rep-Grid also helps to investigate in subjectively perceived similarities and dissimilarities of certain elements (in our case these elements will be means to communicate experiences and knowledge across different R&D-projects), the methods supports the visualization of differences on which everyday decisions are based. The repertory grid supports the cooperative modeling of subjective viewpoints and thus helps to visualize and communicate varying perspectives on a specific problem domain (Raeithel and Velichkovsky, 1992). In the last decade, scholars in personal construct psychology have repeatedly demonstrated the possibility to make tacit knowledge (Polanyi 1967) explicit by applying the repertory grid technique (Gaines and Shaw 1992). The repertory grid is a research method on the border between qualitative and quantitative research methods. On the one hand, repertory grids model the individual perspective of our respondents as the elicited constructs represent the subjective differentiations and evaluations with respect to the elements in question. On the other hand – due to *the systematic evaluation of all elements on all constructs* leading to a matrix of elements and constructs – the resulting grid structures may also be analyzed by applying statistical procedures.

4   The Case Study: Visualizing System Requirements for Project-to-Project Transfer in Knowledge Management

In the following section an empirical example will be presented of how concrete practical questions in systems design may be supported. In an interventionist project we have supported the process of cooperatively modeling the requirements for a new software by drawing on the experiences of its potential users. The objective has been to make visible similar as well as diverging points of view in early, conceptional stages of the design process.

The research presented here is going on in a medium-sized company (about 200 employees) which is part of a larger holding for which R&D projects as well as service projects dealing with core technologies are being realized. Two members of our research institute are part of a core team that has been established to re-define what knowledge management would mean for this specific company and to develop innovative knowledge management practices, that are related to the requirements of everyday work. Preceding analyses revealed that the transfer of experiences made and knowledge akquired in the course of R&D-projects was looked upon as a severe weakness within the company. The exchange of experiences across projects, groups and departments is further complicated due to the fact that employees are distributed across various company sites. Within the core team, the idea was born, to augment, support and trigger new forms of project-to-project transfer by developing a project database. However, the decision was taken not to start chosing or developing a specific technology before the perspectives of employees were taken into account. In order to work out requirements for this project database 16 employees – representing various hierarchical levels and departments of the company – have been interviewed using the Repertory-Grid. The idea therefore has not been to identify knowledge that might be transferred into contents of a database, but to generate system requirements by contrasting anticipations towards a project database with evaluations of well-known practices of communication and documentation of project-related knowledge.

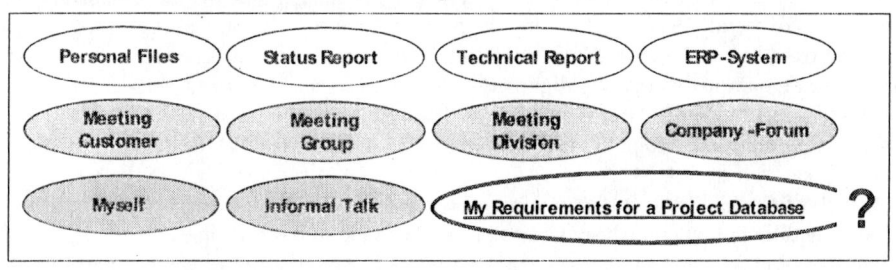

Figure 2: Elements of the Repertory-Grid-Study

The requirements for the project database should be developed in comparison with and in contrast to well-known organizational and technical means to support project-to-project transfer in the company. Thus, in total 11 common elements were defined (see figure 2), one of them called „my requirements for a project database" in order to grasp the expectations towards the new system. The personal constructs that have been elicited in the course of the interviews consist of conceptual oppositions in the wordings of the interview partners. Thus, as highlighted above, each construct comprises two conceptual poles and represents a subjectively relevant differentiations between the elements that define the problem domain. In the graphical visualization (figure 3) – a biplot based on the computation of a principal component analysis of elements and constructs for the elicited grids – distances and angles between elements (indicated by squares) may be interpreted. The results for all 16 interviews are being presented in the biplot representing the two main dimensions that explain similarities and differences perceived along all 11 elements. This biplot represents the common meaning space across all interviews. The closer angles and distances, the closer the correlation. The two statistically most important dimensions explaining the variance in the grid are visualized. Similarities and differences between the elements are due to our respondents evaluations based on their personal constructs. A qualitative analysis of all personal constructs lead to aggregated codes that explain the main directions in this meaning space. We allowed all respondents to relate both poles of a construct to a specific element in order not to force them to apply a strictly dichotomous way of thinking.

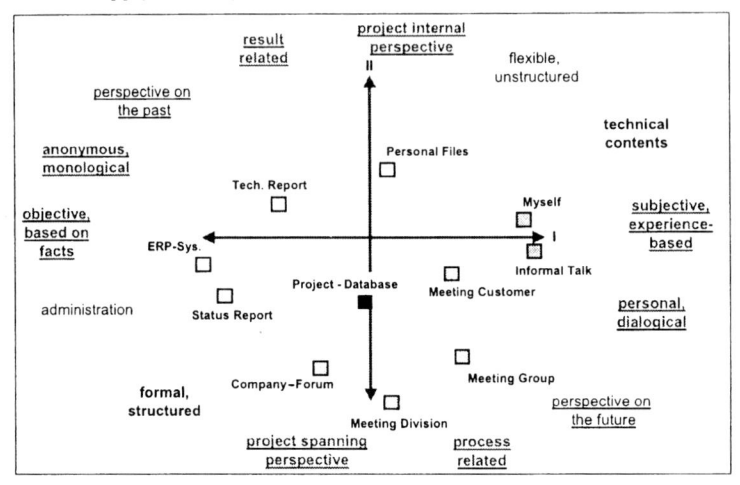

Figure 3: Dimensions 1 and 2 (n=16), explaining most variance across elements and constructs

The results – across all respondents – reveal, that in relation to the two most significant dimensions, the element „(my requirements for a new) project database" is the most ambivalent element of all. Especially when interpreting the first dimension of the biplot (explaining most variance across all elements), it becomes obvious that the constructs formulated represent the tension between requirements that highlight *subjective, experience based* and *personal, dialogical* aspects of project-to-project transfer on the one hand and constructs that in contrast adress issues like an *anonymous, monological* style, and *objectivity* and the wish that the database is *based on facts*.

As to this first dimension, the company's „ERP-system" is judged – across all respondents – in a complete different way: It is viewed as objective, and based on facts, however, it is not perceived as allowing any subjective, experience-based or personal aspects, which especially holds true for „informal talk". The second dimension may be explained by the contrast between a project internal and project spanning perspective as well as by the contrast between process and result related aspects of project-to-project-transfer. There is a tendency to be identified that the interview partners prefer a support that is process-related and focusses on a project spanning perspective.

Comparing the structure of all Repertory-Grids by cluster analyses it has been difficult to identify clearly distinct clusters. However, two sub-groups could be identified (see figure 4). The comparison of these two local meaning spaces (each of them representing three respondents) shows that members of Group A look upon a new project database as a kind of file system with a strong focus on clear formalization and structuration. The primary end of such a database should be the storage of documents with an objective, more past-related and concluding character.

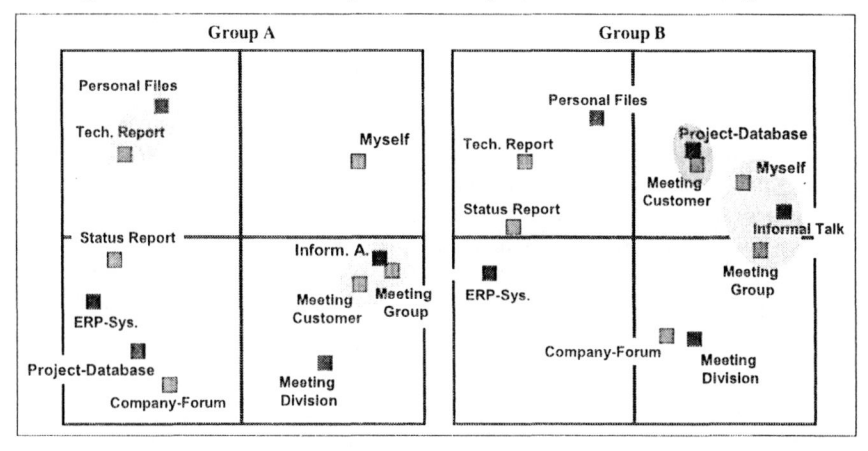

Figure 4: Comparison of two sub-groups

The requirements formulated by our interviews partners representing group B look for a system for dialogical use in everyday R&D with strong focus on flexible handling and use. They want the project database to have a strongly process- and future-related and experience-based character.

One of the main ideas of the cooperative model production is, that it is *not* meant to be used as a means for expertocratic diagnostics (Raeithel, 1998). On the contrary, the idea is to bring together different types of (methodological and field related) expertise in order to cooperatively work out external symbolizations of subjective perceptions. That is why we used the graphical visualizations presented here in the core team to give on the feedback of formulated user requirements. The heterogeinity of results showed, that „definitional constraints" – in this case with regard to the „requirements for a new project database" as a means to augment organizational memory – could also be observed in this case.

As a concrete result of our research, the core team in charge of promoting knowledge management projects within the company re-considered its approach taken so far and started to re-define its task: The discussion about how to organizationally embed a project database was triggered again. The need for a broader understanding was formulated in order to take into account the experience-based requirements. At the same time it became obvious that the concrete „embedding" of a new project database in the overall knowledge management processes still needed more clarification. The overall idea to implement a new software to support knowledge management is still pursued, however, it has become clear, that the conceptual integration will need some more time, before a concrete choice could be made. Time and work that will hopefully avoid some of the pitfalls mentioned above and enable an implementation that takes into account the perspectives of various actors.

5 Conclusion

When summing up the considerations brought forward in this paper we may conclude that in the design of new computer systems to support knowledge management as a work-practice on its own there is the need to take into account similarities as well as differences in the perspectives of actors, acknowledging the diversity of meanings and contexts especially when crossing boundaries of socially distributed activity systems. From our point of view the computer support for knowledge management practices should rather help to mediate than to reduce differences between actors' perspectives and locally evolving work practices. This would be a question of improving means for co-constructing perspectives representing different communities of practice and to commonly produce symbolical externalizations of core aspects of their work practice.

Software design for knowledge management implies a step across the border by exploring the worlds of thought and practice of different actors involved. From our point of view the effort to communicate perspectives of different actors involved does not need to follow the aim of harmonizing and integrating all perspectives involved in a one-best-way. On the contrary, the development and the implementation of tools for knowledge management will always induce unpredictable changes in work practices within the overall activity system. A newly developed software for mediating joint activity does not only represent a new means to some specific ends, but always has the potential to set free new ends in its actual, often unforeseen forms of use. Thus far, software development represents an open-ended process, as long as it not conceptually restricted to the laboratories but reaches out in real-world settings by taking into account experiences, perspectives, and knowledge arising from practical use.

References

Ackerman, Mark S. (1994): Definitional and contextual issues in organizational and group memories. Twenty-seventh Hawaii International Conference of System Sciences (HICSS), January 1994, pp. 191-200.

Agre, Phil (1995): From High Tech to Human Tech: Empowerment, Measurement, and Social Studies of Computing. Computer Supported Cooperative Work (CSCW). An International Journal, vol. 3, no. 2, pp. 167-195.

Bannister, C. & Fransella, F. (1986). Inquiring man. London: Routledge.

Bannon, L. & Bodker, S. (1997): Constructing common information spaces. In J.Hughes,T.Rodden, W.Prinz & K. Schmidt, ECSCW'97: Proceedings of the 5th European CSCW Conference. Dordrecht: Kluwer Academic Publishers.

Bannon, Liam .J. and Kari Kuuti (1996): Shifting perspectives on organizational memory: From storage to active remembering. Proceedings of Hawaii International Conference on System Sciences (HICSS-29). Los Alamitos, CA: IEEE Computer Society Press, pp. 156-167.

Blackler, Frank (1995): Knowledge, knowledge work and organizations: An overview and interpretation. Organization Studies, vol. 16, no. 4, pp. 1021-1046.

Davenport, Thomas H. and Laurence Prusak (1998): Working knowledge. How organizations manage what they know. Boston: Harvard Business School Press.

Engeström, Yrjö (1987): Learning by Expanding. An activity-theoretical approach to developmental research. Helsinki: Orienta-Konsultit.

Engeström, Yrjö (1992): Interactive Expertise. Studies in distributed working intelligence. Research Bulletin, no. 83. Helsinki: University of Helsinki, Department of Education.

Floyd, Christiane (1993): STEPS - A Methodical Approach to PD. CACM 36 (6): 83

Gärtner, Johannes and Ina Wagner (1996): Mapping actors and agendas: Political frameworks of systems design and participation. Human Computer Interaction, vol. 11, no. 3, pp. 187-214.

Gaines, Brian R. and Mildred L.G. Shaw (1992): Knowledge acquisition tools based on personal construct psychology. Knowledge Engineering Review - Special Issue on Automated Knowledge Acquisition Tools, vol. 8, pp. 49-85.

Kelly, G.A. (1955): The psychology of personal constructs: A theory of personality. New York.

Kühn, Otto and Andreas Abecker (1997): Corporate memories for knowledge management in industrial practice: Prospects and challenges. Journal of Universal Computer Science, vol. 3, no. 8, pp. 929-955.
Lave, Jean and Etienne Wenger (1991): Situated Learning. Legitimate peripheral participation. Cambridge: Cambridge University Press.
Leont'ev, Alexei N. (1978): Activity, consciousness, and personality. Englewood Cliffs: Prentice-Hall.
Muller, Michael J. and Sarah Kuhn (1993): Participatory Design. Special Issue of the Communications of the ACM, vol. 36, no. 6, pp. 24-28.
Newell, Allen and Herbert A. Simon (1972): Human problem solving. Englewood Cliffs, N.J.: Prentice-Hall
Nonaka, Ikujiro (1994): A dynamic theory of organizational knowledge creation. Organization Science, vol. 5, pp. 14-37.
Polanyi, Michael (1967): The tacit dimension. London: Routledge.
Raeithel, Arne (1992): Semiotic self-regulation and work. An activity-theoretical foundation for design. In C. Floyd, H. Züllighoven, R. Budde, and R. Keil-Slawik (eds.): Software development and reality construction. Cambridge: Cambridge University Press, pp. 391-415.
Raeithel, Arne and Boris Velichkovsky (1995): Joint attention and co-construction. New ways to foster user-designer collaboration. In B. Nardi (ed.): Context and consciousness. Activity theory and human-computer-interaction. Boston: MIT Press, pp. 199-233.
Scheer Jörn W. and Ana Catina (1996): Empirical Constructivism in Europe – The Personal Construct Approach. Giessen: Psychosozial Verlag.
Star, Susan L. (1989): The structure of ill-structured solutions: Boundary objects and heterogeneous distributed problem solving. In L. Gasser and M.N. Huhns (eds.): Distributed artificial intelligence. San Mateo, CA: Morgan Kaufmann, pp. 37-54.
Stein, Eric W. and Vladimir Zwass (1995): Actualizing organizational memory with information technology. Information Systems Research, vol. 6, no. 2, pp. 85-117.
Suchman, Lucy A. (1987): Plans and situated actions. Cambridge: University Press.
Trigg, Randy H. and S. Irwin Anderson (1996): Introduction to this special issue on current participatory design. Human-Computer Interaction. Special Issue on Current perspectives on participatory design, vol. 11, no. 3, pp. 181-185.
Tuomi, Ilkka (1999): Corporate Knowledge: Theory and Practice of Intelligent Organizations. Helsinki: Metaxis.
Wehner, Theo; Clases, Christoph and Reinhard Bachmann (2000): Cooperation at work: A process-oriented perspective on joint activity in inter-organizational relations. Ergonomics, 43 (7), 983-998.

Adressen der Autoren

Christoph Clases
ETH Zürich
Institut für Arbeitspsychologie
Nelkenstr. 11
8092 Zürich
Schweiz
clases@ifap.bepr.ethz.ch

Benutzer- und aufgabenorientierte Lernumgebungen für das WWW

Huberta Kritzenberger, Michael Herczeg
Medizinische Universität zu Lübeck, Institut für Multimediale und Interaktive Systeme

Zusammenfassung

Lebenslanges Lernen verändert unsere Lebens- und Arbeitswirklichkeit und verwischt die Trennung zwischen Arbeiten und Lernen. Damit erhöhen sich die Anforderungen an die Benutzbarkeit von computerunterstützten Lehr- und Lernmaterialien für unterschiedliche Nutzergruppen und Nutzungskontexte. Der technologische Fortschritt und die damit verbundene universelle Verfügbarkeit von Lehr- und Lernmaterialien erhöhen lediglich deren Zugänglichkeit, nicht aber automatisch auch die Gebrauchstauglichkeit. Überlegungen zur Anpassung an die Nutzungsumstände beziehen sich überwiegend auf die Benutzermodellierung in tutoriellen Systemen, d.h. auf Veränderungen von Systemeigenschaften während der Systemnutzung. Der Entwicklungsprozess von computerunterstützten Lehr- und Lernmaterialien wird hingegen wenig diskutiert. Zwar werden Autorensysteme für die Entwicklung hypermedialer und multimedialer Lehr- und Lernmaterialien angeboten, aber sie unterstützen im wesentlichen nur das Authoring, d.h. die eigentliche Produktionsphase. Dies greift aber nach Ansicht der Autoren, die die Entwicklung von computerunterstützten Lehr- und Lernmaterialien als regulären Software-Entwicklungsprozess betrachten, zu kurz, weil die Planungsphase im Sinne von Aufgabenanalyse und Anforderungsdefinition häufig vollständig unter den Tisch fällt. Gelegentlich werden zwar Analyse- und Anforderungsdaten gewonnen, die aber im weiteren Entwicklungsprozess verloren gehen und zwischen den Mitgliedern des Entwicklungsteams nicht kommuniziert werden. In diesem Beitrag wird deshalb ein Vorschlag für ein Entwicklungsmodell (in Form eines teilrealisierten Prototypen) gemacht, das die Anforderungsanalyse im Rahmen des Entwicklungsprozesses für hypermediale und multimediale Lehr-/Lernumgebungen unterstützt und die Erfassung aller wichtigen Informationen über Benutzer und Aufgabe erlaubt.

1 Einleitung

Die Arbeit und Erfahrung der Autoren dieses Beitrags basiert auf zwei Projekten, die in diesen Rahmen von Bestrebungen hinsichtlich der Einführung virtueller Studienmöglichkeiten einzuordnen sind: das Bundesleitprojekt „Virtuelle Fachhochschule" (gefördert vom BMBF im Themenfeld „Nutzung des weltweit verfügbaren Wissens für Aus- und Weiterbildung und Innovationsprozesse") und das Projekt „Fernstudium Medizinische Informatik" (Förderung durch die Bund-Länder-Kommission für Bildungsplanung und Forschungsförderung). Im Projekt Virtuelle Fachhochschule () wird von einem Konsortium mehrerer Fachhochschulen im Projektzeitraum (1998-2003) eine standortunabhängige Fachhochschule („virtual university of applied sciences") mit den zunächst exemplarischen Studiengängen Medieninformatik und Wirtschaftsingenieurwesen (Abschlüsse: Bachelor/Master) etabliert werden. Der wesentliche Teil des Studiums soll im Fernstudium auf der Basis computerunterstützter, medialer Lehr- und Lernformen erfolgen. Das Institut für Multimediale und Interaktive Systeme (IMIS) ist in diesem Kontext verantwortlich für die ergonomische Gestaltung der Lehr- und Lernmaterialien und der virtuellen Lernumgebung. Im Projekt „Fernstudium Medizinische Informatik" wird ein kompletter multimedialer www-basierter Studiengang für ein Nebenfach Medizinische Informatik entwickelt. Das Nebenfach wird im Rahmen des Informatikstudiums unter dem Dach der virtuellen Universität Hagen angeboten werden. Das IMIS ist verantwortlich für die multimediale und hypermediale Aufbereitung aller Kurseinheiten, die von den Autoren als herkömmliche Textdokumente erstellt werden.

In beiden Projekte wird die Entwicklung von Lehrmaterialien als erweiterter Software-Entwicklungsprozess behandelt, der die bei Software-Entwicklungsprozessen üblichen Schwierigkeiten zeigt. Alle Mitglieder des Entwicklungsteams (wie Autoren, Conceptioner, Multimedia-Entwickler, Didaktiker, Software-Ergonomie-Spezialisten etc.) haben ihre eigenen Vorstellungen von den späteren Benutzern und von den situativen Bedingungen der Nutzung. Diese Vorstellungen sind zum Teil inkonsistent, zum Teil nur implizit vorhanden und schwer explizierbar, zum Teil variieren sie auch innerhalb des Designprozesses. Da auf diese Weise entwicklungsrelevante Entscheidungen weder für den gesamten Entwicklungsprozess noch für die anderen Mitglieder des Entwicklungsteams nachvollziehbar oder verfügbar sind, müssen die relevanten Vorstellungen über Benutzer und Nutzungskontext erfasst und dokumentiert werden. Denn nur so können diese Informationen an den entscheidenden Stellen im Entwicklungsprozess verfügbar gemacht werden (cf. Hartwig/Kritzenberger/Herczeg 2000). Dies ist insbesondere deshalb wichtig, weil die Gestaltungsentscheidungen, die im Entwicklungsprozess getroffen werden, die Benutzbarkeit der späteren Lernumgebung prägen (cf. Kritzenberger/deWall/Herczeg 2000). Diese entwicklungsleitenden Kriterien sind häufig inkonsistent, variieren zwischen den Mitgliedern des Entwicklungsteams und werden in den meisten Projekten weder dokumentiert noch in brauchbarer Weise kommuniziert. Die Folge solcher Mängel im Entwicklungsprozess sind wenig aufgaben- und benutzerangemessene und mit Benutzungsschwierigkeiten behaftete Lernumgebungen. Dieser Beitrag fokussiert daher auf der Methodik für die Entwicklung von computerunterstützten Lernumgebungen, die im Bereich der Wissensmodellierung angesiedelt ist. Sie wird in beiden genannten Projekten erprobt und unterstützt sowohl die Modellierung der Lernumgebung während des Entwicklungsprozesses als auch die Ausprägung der Lernumgebung und die Anpassung der Lernumgebung an situative Bedingungen und an Nutzerbedürfnisse während des späteren Nutzungsprozesses.

2 Ein Framework für aufgaben- und benutzerangemessene Modellierung von Lernumgebungen

Der erste Schritt im Entwicklungsprozess einer Lernumgebung besteht in der eng verzahnten Analyse der Bereiche pädagogische (allgemeindidaktische) Zielsetzung, organisatorischer Kontext (Umfeld) und Zielgruppen. Obwohl diese Bereiche entscheidenden Einfluss auf die möglichen Realisierungsoptionen der Lernumgebung haben, werden sie bislang in Entwicklungsprozessen von Lernumgebungen nur selten berücksichtigt (cf. Nikolova/Collis 1997; De la Teja/Longpré/Paquette 2000). Aber auch dann, wenn es Anforderungsanalysen bei der Entwicklung von Lernumgebungen gibt, sind die auftretenden Probleme noch nicht gelöst. Die Erfahrung zeigt, dass die konzeptuellen Modelle der Mitglieder eines Entwicklungsteams weitgehend unvollständig sind, meist nur sukzessive ergänzt werden können und sich außerdem zu unterschiedlichen Zeitpunkten im Entwicklungsprozess unterscheiden. Dies hat nicht selten zur Folge, dass Designentscheidungen zu einem späteren Zeitpunkt weder nachvollzogen noch mit anderen Mitgliedern des Designteams kommuniziert werden können.

Aus den genannten Schwierigkeiten der Anforderungsanalyse ergibt sich der Bedarf nach einem Werkzeug, mit Hilfe dessen Aufgabenanalysen und Designentscheidungen festgehalten, geordnet und weiter verwendet werden können. Der in den folgenden Abschnitten vorgestellte Framework Layer ermöglicht die Erfassung, Ordnung und Weiterverwendung aller für die Entwicklung aufgaben- und benutzerorientierter Lernumgebungen wichtigen situativen Parameter.

In diesem Beitrag wird deshalb ein Vorschlag für ein Entwicklungsmodell (in Form eines teilrealisierten Prototypen) gemacht, das die Anforderungsanalyse im Rahmen des Entwicklungsprozesses für hypermediale Lernumgebungen unterstützt und die Erfassung aller wichtigen Variablen der speziellen Ausprägung der Anforderungsanalyse für Lernumgebungen erlaubt. Die Art der Unterstützung besteht erstens darin, dass die Variablen der Anforderungsanalyse beschrieben und diese Ergebnisse erfasst werden können. Die dokumentierten Analyseergebnisse können von den verschiedenen Mitgliedern eines Entwicklungsteams benutzt und mit entsprechenden Views selektiert werden. Zweitens können durch hypermediale Verknüpfungen Beziehungen zwischen den Beschreibungselementen geschaffen werden, die jeweils Lehr-/Lernkontexte und damit ein Systemkonzept definieren.

2.1 Framework Layer

Der folgende Framework Layer (cf. Herczeg 1999) erfasst als generisches Modell sowohl die spezifischen Eigenschaften verschiedener Gruppen von Nutzern als auch den Nutzungsprozess der Lernumgebung. Er besteht aus den anwendungsunabhängigen (generischen) Entitäten: Managed (Learning-) Object, Task, Role, Agent und Tool.

Das Framework wurde im Umfeld von interaktiven Applikationen entwickelt und beweist sich inzwischen immer mehr als generische Analyse- und Designplattform für die unterschiedlichsten Anwendungen. Bezogen auf die Entwicklung einer aufgaben- und benutzerorientierten Lernumgebung sind diese Entitäten folgendermaßen zu verstehen:

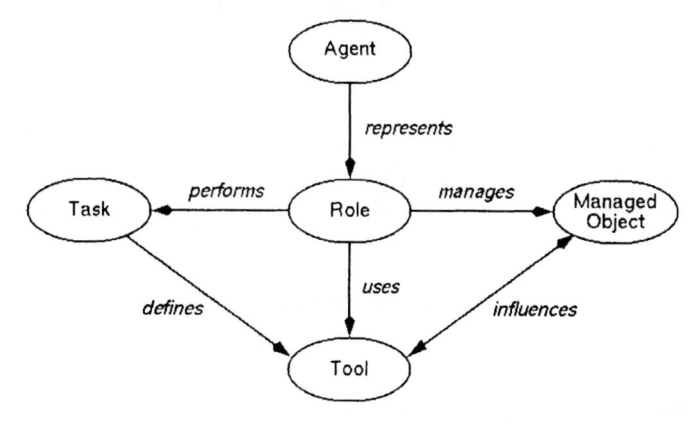

Abb. 1: Framework Layer (aus Herczeg 1999: 29)

Managed (Learning) Objects: Bei einer Lernumgebung handelt es sich hier um die Lehrinhalte, im Sinne von Lern-/Wissenseinheiten, Inhalten, Systemen von Begriffen und Schemata der Domäne, die vom System als Objekte verwaltet bzw. vom Lernenden an geeigneter Stelle im Lernprozess bearbeitet werden sollen. Im Hinblick auf diese Objekte muss festgelegt werden, wie sie vermittelt werden und in welchem Ausmaß sie beherrscht werden sollen. D.h. die Art ihrer Nutzung wird von der Lehrmethode bzw. den Lehrzielen (Tool) in Abhängigkeit von der Nutzungsrolle (Role) definiert.

Task: bezeichnen Aufgaben, die vom Lernenden oder ggf. vom System auf den Lern-Objekten ausgeführt werden sollen. D.h. hier sind die einzelnen Lern-Tätigkeiten bzw. ihre Einbettung in den Lernprozess angesprochen. Beispiele für Festlegungen im Sinne eines Lernmodells wären Aspekte wie die Sicherung der Lernvoraussetzungen für verschiedene Lehrzielkategorien (z.B. „Faktenwissen", „kognitive Fähigkeiten" (z.B. Regeln beherrschen, Problemlösen) oder „kognitive Strategien") oder verfügbares Handlungswissen über den Aufbau und die Sequenzierung von Kursen (z.B. elaborative Grundsequenz des Kurses, Elaborationsempfehlungen, die unterschiedlich aussehen, je nachdem ob die Vermittlung von Begriffen (warum), Verfahren/Prozeduren (wie) oder Prinzipien (warum) geschehen soll) oder Werkzeuge zur Lerner-Selbstkontrolle usw. Dementsprechend definiert die Task die benötigten Tools.

Role: Die Rollen geben den Lernkontext wieder, der durch die Eigenschaften des Lernenden bzw. der Lernergruppe vorgegeben wird. Es ist dabei das spezifische Profil der jeweiligen Lernergruppe von Bedeutung (cf. Kritzenberger/Herczeg 2000).

Agents: Diese Entität beschreibt Gruppen von Benutzern und deren Qualifikationsprofile, die in einer oder mehreren Rollen tätig sind. Beispielsweise eine Lernergruppe 1, die grundständige Studien macht; eine Lernergruppe 2, welche die Wissenseinheiten für ein Aufbaustudium nutzt; eine Lernergruppe 3 mit Fortbildungszielen; eine Lernergruppe 4, die problemorientiert nur wenige Wissensmodule nutzen möchte; eine Lernergruppe 5, die ohne Zeitnot die Wissensmodule im Explorationsmodus nutzen möchte. Es können hier je nach Bedarf beliebige Lernergruppen definiert werden.

Tool: Beschreibt bei Lernumgebungen die Art der verfügbaren Aktivitäten (und ggf. auch Werkzeuge), die zur Ausführung der Task (Verbindung zur Task) vorhanden sind. Hier können im Sinne eines Lehrmodells bzw. im Sinne einer Instruktionsmethode oder –strategie Vorgehensweisen festgelegt werden, die zum Erreichen eines Lehr- oder Lernziels empfohlen wird („Mit welcher Methode oder welchen (Hilfs-)mitteln bringe ich welchen Stoff am besten bei?") (Verbindung zum Managed Learning Object). Unter dieser Entität können aber auch mediale und gestalterische Aspekte (im Sinne medienpsychologischer oder ergonomischer Empfehlungen) festgehalten werden. Elemente einer Lehrmethode könnten beispielsweise unterteilt sein in spezifischere Tools (im Sinne von Lehrstrategien) wie „Aufmerksamkeit gewinnen", „Vorwissen aktivieren", „Lernen anleiten", „Anwenden lassen", „Behalten/Transfer sichern", „Darstellung charakteristischer Merkmale des Lernstoffes", „Lernleistung kontrollieren" und „Rückmeldung" geben. Jedes Tool ist jeweils mit entsprechenden Modulen (Managed Learning-Objects) und mit den Lehr-/Lernschritten verbunden, die innere und äußere Lernbedingungen bezeichnen (Tasks).

2.2 Benutzer- und Aufgabenorientierung im objektorientierten Framework

Mit dem im vorausgehenden Abschnitt beschriebenen generischen Modell können sowohl die Eigenschaften der Nutzer (Rollen) als auch der Nutzungsprozess mit allen wesentlichen Parametern des Nutzungskontexts der Lernumgebung (d.h. Lehrmethode (Tool), Lernprozess (Task) und Lernobjekte bzw. Lernmodule (Managed Objects)) erfasst werden. Die Daten, die in den einzelnen Entitäten gesammelt werden, stammen vorwiegend aus der Anforderungsanalyse, aber auch aus anderen Entwicklungsstadien, und sind von unterschiedlichen Mitgliedern des Entwicklungsteams beigetragen worden. Beitragende in typischen Entwicklungsprozessen für Lernumgebungen wären Didaktiker (die Beiträge zur Beschreibung des Lernprozesses bzw. zur Unterstützung des Lernprozesses durch Lehrmethoden geleistet haben), Fachautoren (die Lehrinhalte oder auch fachdidaktische Lernziele beigetragen haben), Conceptioner, Designer und Ergonomen und ggf. Beiträge von anderen Mitgliedern des Design-Teams. Obwohl solche Angaben anfangs zum Teil unsicher oder ungenau sind, sind sie häufig wichtig, um sinnvolle und begründete Designentscheidungen zu treffen.

Die Anwendung und den Nutzen des Frameworks für die Entwicklung von Kurseinheiten sei mit dem folgenden Beispiel aus dem Projekt „Fernstudium Medizinische Informatik" verdeutlicht.

> Beispiel: Ausschnitt aus einer Kurseinheit Terminologie für das multimediale Fernstudium der Medizinischen Informatik
>
> Im Rahmen der Entwicklung von Lehrmaterialien für das Fernstudium der Medizinischen Informatik werden verschiedene Kurseinheiten erstellt. An der Erstellung arbeitet ein Team von

Entwicklern mit sehr unterschiedlichen Kompetenzen, z.B. Fachautoren, Didaktiker, Multimedia-Producer, Screen-Designer, Software-Ergonomen. Jeder von ihnen liefert je eigene Beiträge zum Entwicklungsprozess und jeder braucht bestimmte Beiträge oder Teilbeiträge der anderen Beteiligten. Hier tauchen bereits Probleme für einen erfolgreichen Verlauf des Entwicklungsprozesses auf, beispielsweise besteht das Problem, wie diese Beiträge zwischen den einzelnen Teammitglieder geeignet kommuniziert und sinnvoll eingeordnet werden können. Der hier erforderliche Zusammenhang wird zusätzlich dadurch erschwert, dass viele Informationen in einem späteren Entwicklungsstadium, einem anderen Zusammenhang und einem anderen Teammitglied wieder benötigt wird, d.h. dass die benötigten Informationen zeitlich und örtlich verteilt geliefert und ggf. mit relevanten Ergänzungen für die Weiterarbeit im Entwicklungsprozess benötigt werden.

Die Abbildung zeigt einen Bildschirmausschnitt aus der Modellierung einer Kurseinheit „Terminologie" (hier Thema: Adjektive) für das multimediale Fernstudium Medizinische Informatik. In linken Fenster befindet sich ein Ausschnitt aus der Modellierung nach dem o.g. Framework. In der rechten Bildschirmhälfte ist ein View auf ein Managed Learning Objekt, d.h. ein Ausschnitt aus der Kurseinheit dargestellt. Der Ausschnitt gibt erstens die Struktur wieder, nach welcher der Autor diese Kurseinheit aufgebaut haben möchte (hier unter der Rubrik Verweis von anderen Objekten: Adjektive der a- und der o-Deklinkation, Adjektive der dritten Deklination, Adjektivsuffixe, Steigerung der Adjektive) und dazu die didaktischen Hinweise zur lernförderlichen und medienadäquaten Vermittlung des Lehrstoffes. Diese Hinweise können durchaus von einem anderen Beitragenden, beispielsweise von einem Didaktiker oder Ergonomen stammen. Die Information wird für die Entwicklung der Kurseinheit aber erst zu einem späteren Zeitpunkt gebraucht. Ein Conceptioner, der in einem anderen Stadium des Entwicklungsprozesses vielleicht gerade ein Storyboard erstellen will, braucht beide Informationen möglichst nebeneinander, damit er alle bisher bekannten wesentlichen Aspekte für die Erstellung berücksichtigen kann.

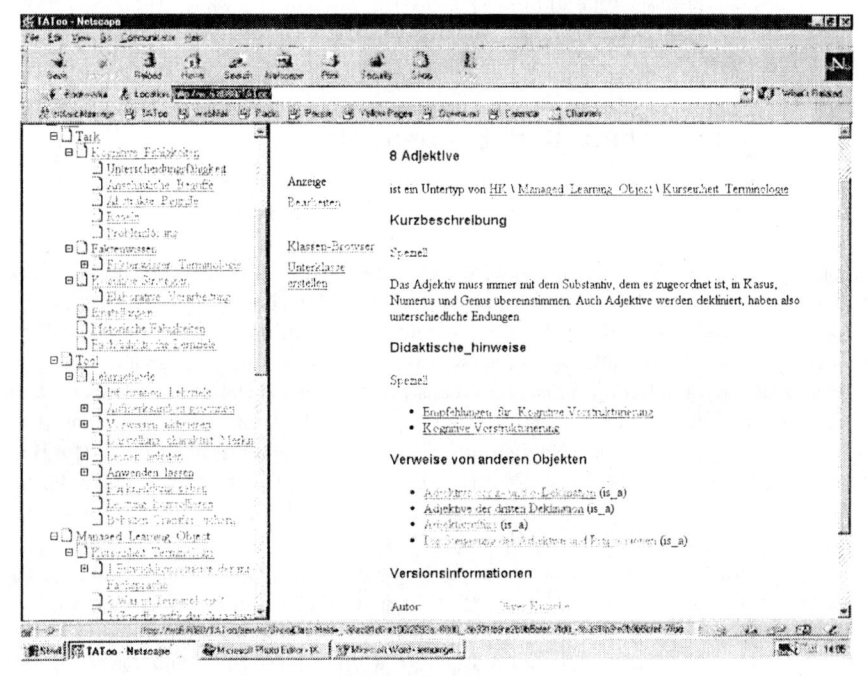

Abb. 2: Screenshot aus der Modellierung für die Kurseinheit Terminologie

Die Verfügbarkeit von Metainformation beispielsweise zur Zielgruppe, zur Vermittlung im didaktischen oder medienpsychologischen Sinne ermöglicht es, Design-Entscheidungen auch zu einem späteren Zeitpunkt noch begründen und nachvollziehen zu können. Da die Metainformation auch relevante Zusatzinformation zur gewünschten Vermittlungsstrategie und anderen relevanten situativen Parametern gibt, ermöglicht sie auch, verschiedene Versionen der jeweiligen Kurseinheit zu erstellen und damit die Kurseinheit spezifizierten Nutzungsbedingungen anzupassen.

Ein wichtiger Vorteil dieses Frameworks ist, dass Klassen von Informationen frei eingeführt werden können, beispielsweise didaktische Hinweise, ergonomische Hinweise, für welche Nutzergruppen geeignet usw. Diese können dann frei in Views auf die Datenbasis kombiniert werden (cf. Hartwig/Kritzenberger/Herczeg 2000). Die Datenmodellierung mit verschiedenen Klassen, die unterschiedliche Attribute tragen, erlaubt eine flexible Speicherung und Selektion, denn es können Attribute erfasst werden, die für den gesamten Kontext der Lehr-/Lernsituation oder nur innerhalb eines spezifischen Kontextes gelten. Obwohl die als relevant erachteten Attribute sehr zahlreich und komplex werden können, bleiben sie durch die objektorientierten Techniken der Generalisierung, Abstraktion und Vererbung handhabbar. Beispielsweise gilt nach dem Grundprinzip der Vererbung, dass eine spezialisierte Klasse von den übergeordneten Klassen die definierten Datenelemente erbt. Dadurch bleibt jede Klasse für sich alleine lesbar.

Die Daten werden durch Speichern beliebiger xml-konformer Datensätze in einer relationalen Datenbank erfasst (cf. Kutsche 2000). Diese Form der Speicherung bietet einerseits eine Hilfe im Entwicklungsprozess, weil alle dem jeweiligen Mitglied des Entwicklungsteams als wichtig erscheinenden Daten unmittelbar eingegeben werden können. Andererseits besteht durch Zuordnung der Lerninhalte auch die Möglichkeit, unterschiedliche Sichten auf diese Dokumente in Abhängigkeit von bestimmten Kriterien zu erzeugen, beispielsweise die Eigenschaften und Fähigkeiten bestimmter Gruppen, Beiträge in einer bestimmten Gestaltungsrichtung usw. Durch die Möglichkeit entsprechende Views zu generieren, muss nicht die gesamte komplexe Hyperstruktur erforscht werden. Durch die web-basierte Lösung, auf Grundlage von XML, Serverpages und einer Netzwerk-Datenbank läßt sich die Analyse auch durch ein räumlich und zeitlich verteiltes Team leisten.

3 Adaption für Lernumgebungen

Die benutzer- und aufgabengerechte Modellierung von Lernumgebungen wird gerne auf die Diskussion um Adaptierbarkeit und Adaptivität von Hypermedia-Applikationen eingeschränkt. So war das Interesse an adaptiven und adaptierbaren Lernumgebungen, als intelligente tutorielle Systeme oder adaptive Hypermedia-Systeme (cf. Brusilovsky 1998; Brusilovsky/Schwarz/Weber 1996), lange Zeit die vorrangige Domäne der KI (cf. McCalla 1992). In Hypermedia-Systemen werden entweder die Knoten-Inhalte (content-level adaption oder adaptive Text-Präsentation) oder die auf der Benutzungsschnittstelle angebotenen Links verändert. Die adaptive Text-Präsentation verändert die Präsentation des Inhalts der Seite, z.B. des Textes im Hinblick auf verschiedene Klassen von Benutzern. Die Anpassung der Links (link-level-adaption) wird hauptsächlich eingesetzt, um die Navigationsmöglichkeiten zu kontrollieren, die dem Benutzer durch den Hyperraum angeboten werden. Dies geschieht mit Techniken wie Link–Hiding oder Link-Annotation. D.h. das System entscheidet intern auf der Basis eines meist während der Systemnutzung erstellten Benutzermodells (student models), welche der potentiell verfügbaren Links dem Benutzer präsentiert werden (cf. Calvi/DeBra 1997) bzw. welche Strukturanpassungen es über ein internes Modell typisierter und gewichteter Links vornehmen kann (Link-Hiding) bzw. mit welchen Hinweisen oder Kommentaren dem Benutzer die Struktur des zur Verfügung stehenden Navigationsraumes präsentiert werden soll (Link-Annotation) (cf. Brusilovsky/Schwarz/Weber 1996). Die weiteren Verfahren, die in Hypermedia-Systemen zur Anpassung der Navigationsstruktur verwendet werden, wie die Sortierung von Links oder die Anpassung von Verzeichnissen usw. an das vermutete mentale Modell des Benutzers, sind aufgrund der Gefahr, dass sie zu unvollständigen oder fehlerhaften mentalen Modellen führen (cf. Calvi 1997), ohnehin nicht weit verbreitet.

Ein solches Benutzermodell ist im wesentlichen ein Modell über das mentale Modell des Benutzers von der Domäne und ggf. hinsichtlich einiger Aspekte der Systembenutzung. Eine Adaption von Systemeigenschaften, wie Instruktionsmodell und Präsentation der Inhalte oder der Linkstruktur, erfolgt dann im Hinblick auf die beobachteten oder inferierten kognitiven Benutzereigenschaften. Solche Benutzermodelle leiden unter einigen bekannten Schwierigkeiten, wie Probleme bei der Repräsentation großer Datenbasen oder einer gewissen Inflexibiltät hinsichtlich der Variationen des Benutzermodells bzw. der Planung von Instruktions-Strategien (cf. Woolf 1992). Solche Benutzermodelle können aber eine benutzer- und aufgabengerechte Modellierung, wie sie mit dem im Kapitel 2 vorgeschlagenen Framework möglich bereits während des Entwicklungsprozesses möglich ist, nicht ersetzen. Denn die wichtigsten für die ergonomische Gestaltung eines Systems relevanten Informationen beziehen sich auf die Lernenden und ihre Aufgaben (cf. Herczeg 1994), letzteres ist allerdings nicht nur im kognitiven Sinne als Lernaufgabe zu verstehen, sondern hat auch die situativen Bedingungen als Kontext zu berücksichtigen. Geschieht dies nicht, sind negative Auswirkungen auf die Benutzbarkeit der späteren Lernumgebung zu erwarten.

Eine mögliche Folge wäre beispielsweise ein unangemessenes Belastungsniveau für den Lernenden. Nach arbeitspsychologischen Erkenntnissen können Lerntätigkeiten, ebenso wie andere Arbeitstätigkeiten, in einer Art von Wirkungskette als eine Folge von Belastungen, Beanspruchung und deren kausale Einflüsse auf die Änderung mentaler Zustände beschrieben werden (cf. Ulich 1994). Wichtig für effektives und erfolgreiches Lernen ist daher ein angemessenes Beanspruchungsniveau. Ist es zu hoch oder zu niedrig, werden sich negative mentale Zustände, wie zum Beispiel Ermüdung, Leistungsabfall, Frustration, Ärger und im schlimmsten Fall sogar psychosomatische Erkrankungen einstellen, die sich über Rückwirkungsmechanismen noch verstärken können. Bei angemessenem Beanspruchungsniveau lassen sich hingegen positive mentale Zustände und wünschenswerte mentale Entwicklungen, wie Freude, Motivation und Leistungssteigerung beobachten. Auf lange Sicht äußert sich dies in wünschenswerten Entwicklungen von Qualifikation bis hin zu einer stabilen, ganzheitlichen Persönlichkeitsentwicklung. Beanspruchung ist allerdings im Kontext des Lernprozesses ein variabler Faktor. Wenn sich im Laufe eines Lernvorgangs das bisherige Beanspruchungsniveau verringert und die positive Wirkung der Beanspruchung wächst, ist es wichtig, zum richtigen Zeitpunkt den Lernstoff, den Schwierigkeitsgrad der Aufgabenstellung und ggf. die Lernformen zu variieren bzw. zu erweitern und so das richtige Beanspruchungsniveau zu finden. Dies wird jedoch dadurch erschwert, dass es zum jeweiligen Zeitpunkt und unter den jeweiligen individuellen Bedingungen hochgradig subjektiv sein kann und die Entscheidung, was von den o.g. Faktoren sinnvoller Weise in welchem Maße verändert werden sollte, möglichst präzise auf den dynamischen Wirkkontext abgestimmt werden muss (cf. Herczeg 1997, Kritzenberger/Herczeg 2000).

Da das Beanspruchungsniveau für erfolgreiche und effektive Lernvorgänge ein variabler und subjektiver Faktor ist, ist bei der Gestaltung von adaptiven bzw. adaptierbaren Lernumgebungen von besonderer Wichtigkeit, im richtigen Zeitpunkt den Schwierigkeitsgrad, die Vermittlungsstrategie usw. anzupassen und möglichst präzise auf den dynamischen Wirkkontext abzustimmen. Betrachtet man Lernen als eine Tätigkeit im Sinne einer Arbeitstätigkeit, dann kann man auch dafür die Anforderung geltend machen, dass ein Handlungs- und Gestaltungsspielraum eingeräumt werden muss (cf. Ulich 1994). Handlungsspielraum (cf. Hacker 1978) kann im Zusammenhang mit Lernumgebungen bedeuten, dem Lernenden gewisse Freiheitsgrad in Bezug auf die Wahl einer Vermittlungsstrategie, der Lernmittel, Lernwege und der zeitlichen Organisation der Lernaufgabe einzuräumen. Weiter würde dies bedeuten, dem Lernenden eine gewisse

Flexibilität im Hinblick auf die Ausführung von Lernschritten zu geben, im Rahmen derer der Lernende eigene Vorgehensweisen und Zielsetzungen verwirklichen kann. Diese wiederum können im Hinblick auf eine Anpassung von Lernumgebungen an die situativen Bedürfnisse und Kontexte des lebenslangen Lernens vielfältig sein. Da diese Lernumgebungen in einen Nutzungskontext eingebettet sind, der den Nutzungsprozess wesentlich mitbestimmt, ist es für die spätere geeignete Anpassung der Lernumgebung von entscheidender Bedeutung, dass die relevanten Parameter, die den Nutzungskontext bestimmen, bereits zu einem sehr frühen Zeitpunkt in die Modellierung des Systemverhaltens einbezogen werden können. Das in diesem Beitrag vorgestellte generische Framework erlaubt die Erfassung und Analyse aller wichtigen Parameter bereits im Entwicklungsprozess. Die xml-basierte Datenmodellierung auf der Basis einer relationalen Datenbank ermöglicht durch die Nutzung bekannter objektorientierter Methoden wie Vererbung, Generalisierung, Abstraktion, Unterspezifikation und Refinement, die Basis für Adaptionsentscheidungen hochgradig flexibel den aktuellen Fragestellungen anzupassen und die Datenbasis entsprechend durch Views zu selektieren. Dies gilt einerseits für die im Entwicklungsprozess benötigten Daten und andererseits auch für die spätere Nutzung der eigentlichen Lernumgebung. In letzerem Fall müssen neben den Informationen über Nutzergruppen, Lernprozess und angemessene Vermittlungsstrategien auch die Lehrinhalte (siehe Managed Learning Objects im Abschnitt 2.1) erfasst werden.

4 Ausblick

Das vorgeschlagenen Modellierungsframework ermöglicht es, über die in tutoriellen Systemen üblichen kognitiven Entscheidungsgrundlagen hinauszugehen und alle wesentlichen Parameter, die den Nutzungsprozess von Lernumgebungen bestimmten, zu erfassen und zu handhaben. Das Ergebnis ist eine hohe Flexibilität hinsichtlich der benutzer- und aufgabenangemessenen Anpassung von Systemeigenschaften und damit eine größere Aufgaben- und Benutzerangemessenheit der Lernumgebung. Eine solche Modellierung scheitert leider oft daran, dass Informationen, die vielleicht während des Entwicklungsprozesses auf die verschiedenen Mitglieder des Entwicklungsteams verteilt und vielleicht nur kurzzeitig vorhanden war, nicht geeignet dokumentiert wird. Die Kommunikation dieser Informationen innerhalb des Entwicklungsteams und ihre Verwendbarkeit zu einem späteren Zeitpunkt sind damit oft ausgeschlossen. Demgegenüber bietet das vorgeschlagene Werkzeug eine Möglichkeit, diese Information festzuhalten, zu ordnen und den Mitgliedern des Entwicklungsteams bei Bedarf und in einer geeigneten Form und Auswahl verfügbar zu machen.

Literatur

Brusilovsky, P. (1998): Methods and Techniques for Adaptive Hypermedia. In: Brusilovsky, P.; Kobsa, A.; Vassileva, J. (Eds.): Adaptive Hypertext and Hypermedia. Dordrecht, Boston, London: Kluwer Academic Publishers, pp. 1-43

Brusilovsky, P.; Schwarz, E.; Weber, G. (1996): ELM-Art: An Intelligent Tutoring System on the World Wide Web. In: Proceedings of ITS '96, pp. 261-269

Calvi, L. (1997): Navigation and Disorientation: A Case Study. Journal of Educational Multimedia and Hypermedia. Vol. 6 (3/4), pp. 305-320

Calvi, L.; DeBra, P. (1997): Improving the Usability of Hypertext Courseware through Adaptive Linking. In: Proceedings of the 8th ACM Conference on Hypertext. HYPERTEXT '97. Southampton, UK, April 1997, pp. 224-225

De la Teja, I.; Longpré, A.; Paquette, G. (2000): Desinging Adaptable Learning Environments for the Web: A Case Study. In: Proceedings of ED-MEDIA 2000. World Conference on Educational Hypermedia, Multimedia and Telecommunications. 26th June – 1st July 2000. Montréal, Canada. AACE: Association for the Advancement of Computing in Education, pp. 243-248

Hacker, W. (1978): Allgemeine Arbeits- und Ingenieurspsychologie. 2. Auflage. Schriften zur Arbeitspsychologie, Band 20. Bern: Huber

Hartwig, R.; Kritzenberger, H.; Herczeg, M. (2000): Course Production Applying Object Oriented Software Engineering Techniques. In: Proceedings of ED-MEDIA 2000. World Conference on Educational Hypermedia, Multimedia and Telecommunications. 26th June – 1st July 2000. Montréal, Canada. AACE: Association for the Advancement of Computing in Education, pp. 1627-1628

Herczeg, M. (1994): Software-Ergonomie. Grundlagen der Mensch-Computer-Kommunikation. Addison-Wesley-Longman and Oldenbourg-Verlag

Herczeg, M. (1997): Prospektive Gestaltung von neuen Lehr- und Lernsytemen im Kontext einer virtuellen Hochschule. Eingeladener Vortrag zum Symposium der „Virtuellen Fachhochschule" am 16. Juni 1997 in Lübeck.

Herczeg, M. (1999): A Task Analysis Framework for Management Systems and Decision Support Systems. In: Proceedings of AoM/IaoM. 17. International Conference on Computer Science. San Diego, California, 6th – 8th August 1999, pp. 29-34

Kritzenberger, H.; Herczeg, M. (2000): Completing Design Concepts for Lifelong Learning. In: Proceedings of ED-MEDIA 2000. World Conference on Educational Hypermedia, Multimedia and Telecommunications. 26th June – 1st July 2000. Montréal, Canada. AACE: Association for the Advancement of Computing in Education, pp. 1374-1375

Kutsche, Oliver (2000): Proof-of-concept der datenbank- und web-basierten Unterstützung von Entwicklungsprozessen für einen Prototypen. Studienarbeit, Informatik, Medizinische Universität zu Lübeck, August 2000

McCalla, G. (1992): The search for adaptability, flexibility, and individualization: Approaches to curriculum in intelligent tutoring systems. In: Jones, M.; Winne, P. (Eds.): Adaptive learning environments: Foundations and frontiers. Berlin: Springer-Verlag, pp. 91ff

Nikolova, I.; Collis, B. (1997): Flexible Learning and Design of Instruction. Available on-line: http://193.68.242.15/122/~iliana/TDO/TDO97/CRS_MATERIAL/PEG_PAPER.HTM

Ulich, E. (1994): Arbeitspsychologie. Dritte, überarbeitete Auflage. Zürich: Vdf-Hochschulverlag und Stuttgart: Schäffer-Poeschel

Woolf, B. (1992): Towards a computational model of tutoring. In: Jones, M.; Winne, P. (Eds.): Adaptive learning environments: Foundations and frontiers. Berlin: Springer-Verlag, pp. 209-232

Adressen der Autoren

Dr. Huberta Kritzenberger / Prof. Dr. Michael Herczeg
Med. Universität zu Lübeck
Institut für Multimediale und Interaktive Systeme
Technik Zentrum Lübeck, Gebäude 5
Seelandstr. 1a
23552 Lübeck
kritzenberger@informatik.mu-luebeck.de
herczeg@informatik.mu-luebeck.de

TEAMS – Awareness durch Video Conferencing und Application Sharing

Hansjürgen Paul
Institut Arbeit und Technik im Wissenschaftszentrum NRW, Gelsenkirchen

Zusammenfassung

Mit dem Pilotprojekt Teams wurde die Möglichkeit genutzt, die Potentiale neuer Techniken für die Verbesserung der Kooperation zwischen verschiedenen Verwaltungsstellen und für die Steigerung der Produktivität unter realistischen Bedingungen zu erproben. Anwendungshintergrund war die staatliche Vermessungsverwaltung mit der Erstellung und Prüfung der digitalen Automatisierten Liegenschaftskarte (ALK).

In vier Verwaltungsstellen wurden Arbeitsplatzrechner mit der Hard- und Software für Video Conferencing und Application Sharing eingerichtet. Während der einjährigen Einführungs- und Erprobungsphase wurde die Nutzung der Systeme arbeitswissenschaftlich durch das Institut Arbeit und Technik untersucht. Dabei stellten sich Video Conferencing und Application Sharing als sinnvolle, effiziente und effektive informationstechnische Werkzeuge für die standortübergreifende kooperative Arbeit heraus. Sie sparten nicht nur Zeit ein und reduzierten die Kosten, sie trugen auch dazu bei, die gemeinsame Arbeit der Geodäten interessanter, fachlich anspruchsvoller, kommunikativer und friktionsärmer zu machen.

Bei dieser Untersuchung der Nutzung von Video Conferencing und Application Sharing im realen Berufsleben wurden insbesondere die positiven Auswirkungen auf die Awareness bei allen beteiligten Verwaltungsstellen deutlich. Diese Formen von Awareness passen nicht in die üblichen Awareness-Klassifizierungen; als organisationale, funktionale und personale Awareness werden sie in diesem Beitrag vorgestellt.

1   Über das Projekt Teams

Die Erstellung und Prüfung der digitalen Automatisierten Liegenschaftskarte (ALK) bei der staatlichen Vermessungsverwaltung ist eine fachlich anspruchsvolle Aufgabe, die auf der Bearbeitung grafischer Daten beruht und komplexe Abstimmungsprozesse zwischen Verwaltungen an unterschiedlichen Standorten erfordert. Sie stellt daher ein besonders geeignetes Feld für den Einsatz und die Erforschung von Video-Conferencing- und Application-Sharing-Systemen (VC/AS-Systeme) in der beruflichen Alltagswelt dar (vgl. Beyer/Paul 2000, Paul/ Beyer 2000a, b, Beyer et al. 1999, Paul 1999).

Beim Dezernat Landesvermessung und Liegenschaftskataster der Bezirksregierung Düsseldorf und bei drei kommunalen Katasterämtern (Städte Mülheim an der Ruhr, Oberhausen, Kreis Neuss) wurden dazu im Rahmen des Projekts Teams (Telekooperation unter Einsatz von Application Sharing und Multimedialen Systemen in der Verwaltung) VC/AS-Systeme installiert und über mehr als ein Jahr erprobt. Dabei stand die Integration des Systems in die Arbeitsabläufe und in die gegebenen technischen Infrastrukturen im Mittelpunkt der Projektarbeit. Das Institut Arbeit und Technik hatte im Projekt Teams die Aufgabe, die Verwaltungen in konzeptioneller Hinsicht zu beraten, die Nutzer im Einführungsprozess sowie bei der Arbeit mit dem System zu unterstützen und die Vor- und Nachteile bei der kooperativen Bearbeitung des digitalen Kartenwerks zu evaluieren.

Wissenschaftliches wie praktisches Ziel war es, auf der Grundlage der Projekterfahrungen Erkenntnisse über transferierbare und aufgabenangepasste Nutzungskonzepte für telekooperative Arbeitssysteme zu gewinnen. Darüber hinaus wurden in Zusammenarbeit mit den Nutzern Empfehlungen zur Organisation, Nutzerbetreuung, Qualifizierung und Arbeitsplatzgestaltung entwickelt.

2 Formen der Vernetzung

2.1 Staatliche Vermessungsverwaltung

Die Arbeit der staatlichen Vermessungsverwaltung ist traditionell in vielfacher Art vernetzt, wobei die fachlich anspruchsvollen Aufgaben ebenso prägend sind wie die komplexen Abstimmungsprozesse zwischen Verwaltungen an unterschiedlichen Standorten. Die Vernetzungen sind aus der Sicht der Organisation ebenso vielfältig wie auch aus der persönlichen Sicht der Mitarbeiter. Es sind keine „Einbahnstraßen"-Vernetzungen vorzufinden, bei der eine bloße Zuarbeit ohne persönlichen Kontakt stattfindet. Im Gegenteil: es hat sich ein hochkomplexes Netzwerk von multidirektionalen Beziehungen entwickelt.

In Nordrhein-Westfalen führen die Dezernate für Landesvermessung und Liegenschaftskataster der Bezirksregierungen die Fachaufsicht über die Katasterämter der Städte und Kreise, haben aber gleichzeitig Unterstützungs- und Beratungsfunktion für die Mitarbeiter der kommunalen Katasterämter. Neben der fachlichen Prüfung von Teilarbeitsergebnissen ist man dort u. a. auch für die Entwicklung von Software für die Katasterämter und die spezifische (Weiter-)Qualifizierung der kommunalen Geodäten zuständig. Hinzu kommt die Erarbeitung bzw. Umsetzung von Regeln für die einheitliche kartografische Darstellung.

In den Katasterämtern wiederum hat man direkt und indirekt Unterstützungsfunktion für alle Bereiche der Verwaltung, die bei ihren Tätigkeiten auf Geodaten zurückgreifen (z. B. Tiefbauämter, Straßenverkehrsämter), arbeitet aber auch mit öffentlich bestellten Vermessungsingenieuren und Katasterämtern der Städte des Kreises zusammen. Hier sind dann ähnliche Aufgaben zu erfüllen, wie sie die Dezernate für Landesvermessung und Liegenschaftskataster der Bezirksregierung gegenüber den kommunalen Katasterbehörden erbringen, etwa die fachliche Prüfung des Datenmaterials oder die Koordinierung der Umsetzung von gesetzlichen Vorschriften.

Die Erfassung der Grundrissdaten der Liegenschaftskarte ist eine gewaltige Aufgabe für die Vermessungs- und Katasterämter. Im Regierungsbezirk Düsseldorf sind die Daten von ca. zwei Millionen Flurstücken einschließlich des gesamten Gebäudebestandes und der sonstigen „charakteristischen topografischen Merkmale" zu erfassen. Nach einer groben Schätzung umfassen die im Bezirk insgesamt aufzubauenden ALK-Datenbestände ca. 30 GBytes.

Um eine einheitliche, konsistente und verlässliche Datengrundlage zu gewährleisten, hat das nordrhein-westfälische Innenministerium Richtlinien über die anzuwendenden Erfassungs- und Darstellungsmethoden erlassen, die als Qualitätsstandards für die landesweit 54 Katasterämter und die rund 480 zusätzlich zum Einsatz kommenden Vermessungsingenieure dienen. Aufgabe der Bezirksregierungen ist es dabei, die Aufnahme neuer Daten in die ALK zu genehmigen. Hierfür ist es erforderlich, die für die ALK vorgesehenen Datenbestände der Katasterämter im Hinblick auf die Einhaltung dieser Richtlinien sowie auf Richtigkeit, Schlüssigkeit und Einheitlichkeit zu überprüfen.

Bei der hohen Komplexität der bearbeiteten Daten reicht es nicht aus, lediglich nach Abschluss der Arbeit eine Prüfung durchzuführen. Vielmehr finden bereits im Zuge der Erstellung der Daten intensive Beratungen zwischen Bezirksregierung und Katasteramt statt, die der Qualitätssicherung und Vereinheitlichung dienen. Ein regelmäßiger Austausch ist auch deswegen erforderlich, weil die zugrundeliegenden Richtlinien des Innenministeriums – etwa bezüglich der Objektschlüssel für Nutzungsarten – des öfteren geändert werden und dann entsprechende Anpassungen des Datenmaterials erforderlich sind. Wenn die fertiggestellten Datenbestände abschließend geprüft werden und die Bezirksregierung auf Antrag des Katasteramtes der Ablösung der analogen durch die digitale Liegenschaftskarte zustimmt, so ist dieser formale Akt nur der letzte Schritt eines häufig über mehrere Jahre reichenden komplexen Abstimmungs- und Kommunikationsprozesses.

Dieser Prozess war bisher so organisiert, dass die Daten von den Katasterämtern vor Ort erfasst werden, den Bezirksregierungen per Post über Disketten oder Bänder zugeleitet, von diesen überprüft, mit schriftlichen oder telefonischen Stellungnahmen versehen und damit in einen weiteren Bearbeitungszyklus überführt wurden.

Ein derartig sequentielles Abarbeiten erwies sich in mehrfacher Hinsicht als wenig effizient. So kann eine direktere Kooperation bei der Bearbeitung der Daten durch die Katasterämter und die Bezirksregierung den für die Erstellung erforderlichen Zeitraum deutlich verkürzen. Bereits im Bearbeitungsprozess durch die Katasterämter kann die Bezirksregierung nach Bedarf eingeschaltet werden, um eventuelle Fragen oder Abstimmungserfordernisse bereits bei der Datenerfassung zu klären. Unklarheiten und Missverständnisse, die mit sequentiellen Kommunikationsformen verbunden sind, können durch direkte Kommunikation vermieden werden. Außerdem werden die mit der Digitalisierung verbundenen Möglichkeiten der ergänzenden Beratung und Kommunikation nur unzureichend oder gar nicht genutzt.

Um diese Defizite im Erstellungsprozess der ALK zu vermeiden und damit zugleich eine spätere umfassendere fachliche und wirtschaftliche Nutzung der Daten vorzubereiten, wurde in Teams den Mitarbeitern ein VC/AS-System zur Verfügung gestellt und mit ihnen erprobt. Das Projekt sollte die erforderlichen technischen Voraussetzungen schaffen, die mit dem Verfahren verbundene Organisationsentwicklung unterstützen und die notwendigen Qualifizierungsmaßnahmen für die Beschäftigten gewährleisten. Im Sinne eines Pilotprojekts sollten diese Erfahrungen evaluiert und die Perspektiven einer späteren Übertragbarkeit auf andere Bezirksregierungen, Katasterämter oder sonstige Nutzer eruiert werden.

Die vom Institut Arbeit und Technik durchgeführte Begleituntersuchung erfolgte in zwei Zyklen mit „Hausbesuchen" an allen Standorten und umfasste Beobachtungen von Videokonferenzsitzungen, fragebogengestützte standardisierte Interviews mit einzelnen Nutzern des Systems sowie teilstrukturierte Einzel- und Gruppengespräche, die auch Nicht-Nutzer wie Vorgesetzte, Personalräte und andere Fachkollegen einbezogen. Eine Rückkopplung der Ergebnisse erfolgte durch zusammenfassende Ausarbeitungen, die mit der Bitte um Kommentare und Ergänzungen allen Untersuchungsbeteiligten übergeben wurden. Neben der ausführlichen Untersuchung einzelner VC/AS-Sitzungen wurden alle Konferenzen von den Geodäten in Dokumentationsbögen erfasst, die zusammen mit den Projektteilnehmern entwickelt worden waren.

Sowohl bei den Dokumentationsbögen wie auch bei den fragebogengestützten Interviews standen qualitative, nicht-quantitative Untersuchungen im Vordergrund. Diese wurden noch ergänzt durch die Gespräche und Besuche im Rahmen der technischen Supportaktivitäten sowie durch Videokonferenzen zwischen dem Institut Arbeit und Technik und einzelnen Standorten (vgl. auch Beyer / Paul 2000).

2.2 Arbeiten mit VC/AS-Systemen

Aufgrund der Untersuchungen im Teams-Projekt lassen sich eine Reihe von positiven Effekten der Nutzung von VC/AS-Systemen feststellen. Dazu gehören in erster Linie Beschleunigungseffekte.

Durch den Wegfall des Reiseaufwands und durch die zeitnähere Kommunikation, verglichen mit dem traditionellen Postweg, wurden die Abläufe teilweise drastisch beschleunigt. So werden viele Entscheidungen nun direkt während der VC/AS-Sitzungen getroffen, nicht erst in zusätzlichen Sitzungen. Dadurch wird die Arbeit fachlich anspruchsvoller, aber auch für die Mitarbeiter interessanter. VC/AS-Systeme unterstützen hier den Kern der Arbeitsaufgabe, nicht nur einen Randaspekt.

Aber es gab auch Synergieeffekte zu verzeichnen. Dazu zählen in erster Linie neue Möglichkeiten zur Kooperation. Es werden unterschiedliche Kompetenzen und Qualifikationen miteinander kombiniert, wodurch letztlich neue Dienstleistungen im Verbund bereitgestellt werden können.

Die Tätigkeit selbst profitiert vor allem von Anschaulichkeitseffekten. Durch Application Sharing können viele Gesprächsinhalte unmittelbar illustriert bzw. demonstriert werden, z. B. kann auf ein Objekt gezeigt werden, anstatt es umständlich beschreiben zu müssen, es kann eine Änderung direkt durchgeführt und ihre Konsequenz beobachtet werden, anstatt nur zu verabreden, sie demnächst durchzuführen.

Öffnungs- und Vertrauenseffekte sind die Ergebnisse der Veränderungen in der Kommunikationsstruktur: je schneller, direkter und problemloser standortübergreifende Verbindungen hergestellt werden können, desto mehr steigt der Anreiz, diese Möglichkeiten unmittelbar und flexibel zu nutzen – auch über organisatorische Grenzen hinweg. Kooperation erfordert mehr als die bloße Informationsvermittlung, auch der Aufbau und die Pflege verlässlicher Arbeits- und Kundenbeziehungen ist notwendig; dazu ist ein intensiver Austausch von Kontextinformationen erforderlich, wie er am besten bei einem persönlichen Treffen möglich ist. Der Einsatz von VC/AS-Systemen kommt dem sehr nahe, da eine besuchsähnliche Situation geschaffen wird.

Die wichtigste Erkenntnis bei der Untersuchung der Arbeit mit VC/AS-Systemen in den Katasterämtern bzw. im Dezernat 33 der Bezirksregierung ist aber die, dass Vermessungsverwaltung mit VC/AS-Systemen funktioniert – an allen beteiligten Standorten. So trivial dies auch anmuten mag: zu Beginn des Projekts ließ sich die gegenteilige Erkenntnis nicht ausschließen. Sicherlich gab es gute Gründe anzunehmen, dass VC/AS-Systeme „irgendwie" hilfreich bei der Vermessungsverwaltung sind, der konkrete Nachweis konnte aber erst durch die Praxis erbracht werden.

Bei der Einführung von Technologien wie der der VC/AS-Systeme ist theoretisch die Gefahr von negativen Auswirkungen auf die Kommunikationsbeziehungen im direkten wie mittelbaren Umfeld der Nutzung gegeben. Im Projekt Teams konnten solche Auswirkungen nicht festgestellt werden: weder zu den örtlichen Kollegen noch zu Dialogpartnern in den VC/AS-Sitzungen verschlechterten sich die Kommunikationsbeziehungen. Im Gegenteil: obwohl sie schon zuvor als gut entwickelt und fachlich-kollegial zu bezeichnen waren, haben sich die Beziehungen zwischen den Mitarbeitern in den Katasterämtern und denen der Bezirksregierung noch verbessert. Die Kommunikationsbeziehungen zu den örtlichen Kollegen blieben unbelastet, die Mitarbeiter sind nach wie vor in die lokalen Abläufe integriert – ein Effekt, der auch nach einem längeren Nutzungszeitraum anhält.

Mitarbeiter, die nicht unmittelbar mit VC/AS-Systemen arbeiten, können durch diese Systeme an den Kooperationsbeziehungen teilhaben. So gab es beispielsweise VC/AS-Sitzungen, an denen außer dem konferenzführenden Sachbearbeiter noch zusätzliche, fachlich zuständige Kollegen teilnahmen. Diese konnten so an der Lösungsfindung mitwirken und direkt erfahren, wie und warum künftig in der entsprechenden Fragestellung vorgegangen wird.

Auch Vorgesetzte, die eigentlich keinen unmittelbaren Nutzungskontakt mit den VC/AS-Systemen hatten, konnten von den Sitzungen profitieren. VC/AS-Sitzungen bieten die Möglichkeit, verlaufsabhängig zusätzliche Personen, z. B. eben Vorgesetzte, mit einzubinden. Diese können dann Problemstellungen aus erster Hand erfahren und erhalten so einen authentischeren Eindruck von dem konkreten Handlungsbedarf und den zur Verfügung stehenden Handlungsoptionen. Hier wird auch für die Vorgesetzten eine Zeitersparnis unmittelbar spürbar, da sie durch den Einsatz von VC/AS-Systemen nicht mehr „auf Verdacht" an Dienstreisen teilnehmen müssen. Wird ihre Anwesenheit erforderlich, können sie in die laufende Sitzung einbezogen werden.

VC/AS-Sitzungen ersetzen keinen unmittelbaren, persönlichen Kontakt – dies ist auch im Rahmen von Teams nicht ihre Funktion. Sie kommen aber einer „Besuchssituation" sehr nahe. Der engere Kontakt – etwa im Vergleich zum Postweg oder zum konventionellen Telefonat – fördert Vertrautheit und Offenheit in der Zusammenarbeit. Nach wie vor gilt: Wer sich auch persönlich kennen gelernt hat, tut sich in VC/AS-Sitzungen leichter.

Bemerkenswert ist ferner, dass die Einbindung Dritter offenbar unproblematisch ist. Wer unbeabsichtigt in eine Konferenz „hineinplatzt", stört die Aktivitäten weniger als beispielsweise bei einem konventionellen Telefonat. Dies deckt sich mit der Beobachtung, dass nicht nur Eins-zu-Eins-Gesprächssituationen anzutreffen sind, sondern auch Gesprächsrunden mit bis zu fünf Teilnehmern erfolgreich verlaufen.

Unter den VC/AS-Nutzern in Teams ist es durchaus üblich, ggf. Konferenzen zu unterbrechen und zu einem späteren Zeitpunkt an der gleichen Stelle fortzusetzen, etwa nachdem man andere Mitarbeiter konsultiert oder in Gesetzestexten und Vorschriften nachgeschlagen hat. Die Unterbrechbarkeit von Sitzungen erleichtert die Bearbeitung auch langwieriger, komplexer Fachaufgaben. Der Zwang konventioneller Treffen, ein ganzes Arbeitspaket in einem Stück zu bearbeiten, entfällt. Nach einer Unterbrechung ist es dann in der Regel sehr schnell möglich, zurück ins Gespräch zu finden. Dies ist als ein Anzeichen dafür zu werten, dass die Teilnehmer sich relativ schnell VC/AS-spezifische Kommunikationskompetenzen angeeignet haben – ohne sich dessen bewusst zu sein.

Sowohl Arbeitsablauf wie Arbeitsergebnis profitieren vom Einsatz der VC/AS-Systeme. Nicht, dass Arbeitsergebnisse erzielt würden, die vorher nicht möglich waren, nicht, dass Arbeitsgegenstände bearbeitet würden, die zuvor nicht bearbeitbar waren, aber der Aufwand, der für die Erreichung eines Ergebnisses notwendig ist, nimmt durch den Einsatz von VC/AS-Systemen ab. Insbesondere die Behandlung von Fällen, die außerhalb der alltäglichen Routine liegen, erfährt eine signifikante Beschleunigung. Dabei ist es möglich, Abläufe, die sich zuvor durch Postversand, Telefonate, Terminabsprachen, Dienstreisen, zusätzliche Sitzungen etc. über Tage und Wochen hingezogen haben, ohne weitere Verzögerung direkt zu erledigen (zu weiteren Einzelheiten der Systemnutzung und den Auswirkungen auf die Arbeitsorganisation siehe Beyer / Paul 2000, 66ff.).

3 Formen der Awareness

Neben der Beschleunigung der organisationsübergreifenden Abläufe und der Steigerung der Anforderungen an die fachliche Kompetenz der einzelnen Mitarbeiter wuchs an den Standorten das Wissen um die Arbeitsabläufe, über die eigene Tätigkeit, aber auch über die entsprechenden Aufgaben an den anderen Verwaltungsstellen. Dieser Zuwachs an Transparenz stellt eine spezielle Form der Awareness dar.

Der Begriff *Awareness* ist in den letzten Jahren von verschiedenen Disziplinen insbesondere im Zusammenhang mit technisch unterstützter Kooperation diskutiert worden (vgl. u. a. Luczak / Wolf 1999, Bürger 1999, Ziegler 1999, Fuchs 1998, Sohlenkamp 1998, Mark et al. 1997, Luczak et al. 1997). Man bezeichnet damit üblicherweise die Transparenz der Aktivitäten aller Beteiligten, das Verständnis für die Gegenstände und Hilfsmittel der Kooperation, aber auch die Einsicht in das Beziehungsgeflecht der beteiligten Personen, etwa deren sozialen Status oder deren hierarchisches Verhältnis zueinander. Awareness bezieht sich aber auch auf die gemeinsame (Kooperations-)Vergangenheit einer Gruppe, gemachte Erfahrungen und erfahrene Zusammenhänge – etwa im Sinn von mentalen Modellen (vgl. dazu Dutke et al. 1996).

In seiner ganzen Vielschichtigkeit ist *Awareness* vor allem für erfolgreiche technisch unterstützte Kooperation von zentraler Bedeutung (vgl. Luczak / Wolf 1999). Basierend auf dem Sender-Empfänger-Modell von Kommunikationsprozessen lassen sich dabei sechs fundamentale Aspekte von Awareness bzw. Awareness-Information unterscheiden: den „Sender" von Awareness-Information, die Spezifizierung und Zusammenstellung von Awareness-Information, die Auswahl und Verteilung von Awareness-Information, die Präsentation von Awareness-Information, der Empfänger von Awareness-Information sowie den Kontext mit den sonstigen Beziehungen der Beteiligten untereinander.

Konzentriert man sich auf die technische Umsetzung und die entsprechenden, dem Benutzer zur Verfügung stehenden Mittel bei VC/AS-Systemen, so stehen sicherlich die Auswahl und die Verteilung sowie die Präsentation von Awareness-Information im Mittelpunkt. Im Rahmen von Teams wurden darüber hinaus aber noch eine Reihe von Beobachtungen gemacht, die man nur unpräzise dem Bereich von Kontext-Awareness zuordnen kann.

Es handelt sich um Formen von Awareness, die man wohl am ehesten mit *organisationaler*, *funktionaler* und *personaler Awareness* bezeichnen kann. Die so benannten Awareness-Formen sind in der wissenschaftlichen Diskussion bisher nur wenig explizit diskutiert worden, beschreiben sie doch eine Awareness, die über die Dyade Mensch–Rechner hinausgeht. Im Vordergrund stehen dabei die DV-technisch unterstützt Zusammenarbeitenden bzw. ihre organisationalen Bezüge.

Organisationale Awareness

Mit *organisationaler Awareness* wird jene Awareness bezeichnet, die auf der Ebene der Organisationen für die beteiligten Institutionen durch den Einsatz der VC/AS-Systeme geschaffen wird. So bekommt die Organisation „Dezernat 33 der Bezirksregierung Düsseldorf" einen qualifizierten, zeit- und aufgabennahen Eindruck von dem Zustand der Organisationen „kommunale Katasterämter". Dies schließt die Beurteilung von Eigenschaften wie Qualifikation, Flexibilität, Motivation und Involviertheit mit ein.

Diese Awareness greift aber nicht nur in eine Richtung, auch die Organisationen „kommunale Katasterämter" erweitern ihr Wissen über den aktuellen Stand der Dinge in der Organisation „Dezernat 33 der Bezirksregierung". Sie erfährt aber auch mehr über sich selbst, namentlich gewinnt sie einen fundierteren, objektiveren Eindruck von der eigenen Leistungsfähigkeit.

Organisationale Awareness – eine der wesentlichen Voraussetzungen für den Wandel der statischen, bestenfalls *re*-agierenden Institution hin zur prospektiv agierenden, bewusst handelnden Unternehmung – erfährt somit durch den Einsatz von VC/AS-Systemen eine neue Qualität.

Funktionale Awareness

Die *funktionale Awareness* bezeichnet die Awareness eines Funktionsträgers über den Zustand der mit ihm korrespondierenden Funktionsträger in den anderen Organisationen. So haben die Mitarbeiter des Dezernats 33 der Bezirksregierung spezifische Funktionen, etwa die Funktion der Prüfung der ALK-Daten oder die Funktion der Unterstützung und Beratung bei den Arbeiten zum Wechsel des Lagebezugssystems. In dieser jeweiligen Funktion haben sie eine ganz spezielle Awareness über den Wissensstand des korrespondierenden Funktionsträgers in den Kommunen. Diese Awareness versuchen sie anderen Funktionsträgern zu vermitteln, etwa jenen, die für Qualifizierung oder für strategische Planung zuständig sind.

Auch diese Form der Awareness wirkt in beide Richtungen. So können die Funktionsträger der kommunalen Katasterämter mit Hilfe von VC/AS-Systemen Awareness über Veränderungen ihres Tätigkeitsfeldes friktionsärmer herstellen, z. B. bei der Erarbeitung und Einführung neuer Handhabungsvorschriften.

Personale Awareness

Die individuelle Awareness über die eine Person, die innerhalb der Organisation und in einer oder mehreren Funktionen tätig ist, verfügt, wird als *personale Awareness* bezeichnet. Das VC/AS-System hilft ihr, beispielsweise Awareness über den Erfolg oder Misserfolg der von ihm durchgeführten Qualifizierungsmaßnahmen herzustellen. Sie gewinnt so einen Eindruck über die Reichweite und Zielgenauigkeit ihrer Aktivitäten und kann entsprechend reagieren.

Auch hier wiederum nimmt die Awareness auf beiden Seiten zu. So können Mitarbeiter der kommunalen Katasterämter mit Hilfe von VC/AS leichter Awareness über das Verständnis standortspezifischer geodätischer Problemstellungen bei ihrem Kollegen im Dezernat 33 gewinnen, wenn sie etwa ihre Kollegen bei der Behandlung einer von ihnen zuvor eingebrachten Fragestellung erleben.

Personale Awareness ist die Voraussetzung für funktionale Awareness – und diese ist in ihrer Summe die Basis der organisationalen Awareness. Diese drei Formen von Awareness hängen voneinander ab, bauen aufeinander auf.

Dabei sind organisationale, funktionale und personale Awareness nicht zwangsläufig von VC/AS-Systemen abhängig. Zweifellos gibt es andere Medien – auch technische Medien – die alternativ die Entwicklung und Pflege dieser Awareness-Formen ermöglichen; wie wäre sonst beispielsweise eine Fachaufsicht zu gewährleisten? Aber: technische Hilfsmittel können so gestaltet sein und so zum Einsatz kommen, dass sie die Entwicklung und Pflege organisationaler, funktionaler und personaler Awareness signifikant stören.

Im Projekt Teams war dies nicht der Fall, vielmehr steigerten sich Effektivität und Effizienz letztlich auch durch die verbesserte Awareness – organisational, funktional und personal. Die Umsetzung und Nutzung im Fall Teams kann insofern als ein Beispiel dafür angesehen werden, wie ein technisches System als ein Kommunikation und Kooperation förderndes Werkzeug genutzt werden kann, das eben jene Formen von Awareness signifikant fördert.

4 Resümee und Ausblick

Video Conferencing und Application Sharing sind – aus wissenschaftlicher Perspektive – nicht sonderlich neu. Sie sind es aber für die meisten Arbeitnehmer an ihren Arbeitsplätzen und dementsprechend für die meisten Unternehmungen.

Nach Schätzungen des Instituts Arbeit und Technik steht lediglich einem Zwölftel der bundesweiten Beschäftigten Videokonferenz-Technik auf dem Arbeitsplatzrechner zur Verfügung (vgl. Krone et al. 1997). Entsprechend gering entwickelt sind die Erfahrungen, die deutsche Unternehmungen mit VC/AS-Systemen im praktischen Einsatz gemacht haben und entsprechend wenig ist über die Wirkungen aus der realen Nutzung bekannt (Ausnahmen siehe z. B. bei Luczak / Eversheim 1999, Lehner / Dustar 1997, Orlikowski 1996). Im Rahmen des Projekts Teams konnten hierzu wichtige Erfahrungen und Erkenntnisse gesammelt werden; über mehr als ein Jahr hinweg war es möglich, die Einführung und Nutzung von VC/AS-Systemen in der staatlichen Vermessungsverwaltung zu erforschen (Beyer / Paul 2000).

Dabei wurde deutlich, dass mit VC/AS-Systemen ein wesentlicher Teil der Arbeitsaufgabe der Geodäten unterstützt wird. Die kooperative Arbeit wurde anschaulicher, aber auch fachlich anspruchsvoller. Zusätzliche positive Effekte konnten beobachtet werden; so wurde das Zusammenwirken von kommunalen Katasterämtern und Bezirksregierung erheblich beschleunigt.

Nicht zu unterschätzen sind die Synergie-, Öffnungs- und Vertrauenseffekte; so wurden neue Dienstleistungen durch die Kombination verschiedener Kompetenzen und Qualifikationen initiiert, zusätzliche, flexible Nutzungen der VC/AS-Systeme erkundet und die eigentliche, via VC/AS zu erledigende Arbeitsaufgabe von den Mitarbeitern selbst sukzessive erweitert.

Es konnte festgestellt werden, dass die Nutzung der VC/AS-Systeme nicht nur Awareness voraussetzt – z. B. die der Awareness über die gemeinschaftlich zur Verfügung stehenden Arbeitsmittel und Arbeitsgegenstände –, sondern auch Awareness schafft. Im Rahmen von Teams wurden organisationale, funktionale und personale Awareness bzw. deren Steigerung durch die Nutzung der VC/AS-Systeme beobachtet.

Das gemeinsame Arbeiten an den vernetzten Computersystemen aktualisiert und vergrößert demnach das Wissen der Organisationen über die anderen Organisationen, das der Funktionsträger über die Funktionsträger bei den anderen Organisationen und das des einzelnen Mitarbeiters über seine Kooperationspartner.

Neben individueller Kompetenz sind organisationale, funktionale und personale Awareness und das sich daraus ableitende Vertrauen wesentliche Voraussetzungen für Kooperationskonzepte wie etwa virtuelle Teams (vgl. dazu auch Davis 1987, Johansen / Swigart 1994, Lipnack / Stamps 1997). Es wird beispielsweise zu untersuchen sein, ob erfolgreich per VC/AS kooperierende Nutzer bereits virtuelle Teams bilden und welche Rolle Interaktionsmedien wie VC/AS für virtuelle Teams bilden.

Das Projekt Teams hat gezeigt, dass man auch in einem vergleichsweise kleinen Rahmen und mit bescheidenen Mitteln organisationale Erneuerungsprozesse anstoßen kann. Video Conferencing und Application Sharing haben sich als sinnvolle, informationstechnische Werkzeuge für die standortübergreifende kooperative Arbeit in der Vermessungsverwaltung erwiesen – und befinden sich auch nach dem Projektende noch im Einsatz. Es ist geplant, dass weitere Katasterämter des Regierungsbezirks Düsseldorf den Kommunen Oberhausen, Mülheim und Neuss folgen sollen.

Video Conferencing und Application Sharing sind nicht nur Hilfsmittel zur Zeitersparnis und Kostenreduzierung – sie tragen dazu bei, dass die gemeinsame Arbeit der Geodäten interessanter, fachlich anspruchsvoller, kommunikativer und friktionsärmer wird. Video Conferencing und Application Sharing haben sich als produktive Hilfsmitteln einer modernen, flexiblen und effizienten öffentlichen Verwaltung erwiesen.

Literatur

BMWi; Projektträger Multimedia des BMWi (Hg.) (o. J.): Telekooperation in der öffentlichen Verwaltung. Köln: DLR.

Beyer, Lothar; Paul, Hansjürgen; Scharfenorth, Karin (1999): Virtuelle Kaffeetafel – Digitaler Kartentisch. Zwei Modellprojekte zur verbesserten Dienstleistungsproduktion mit Video Conferencing und Application Sharing. In: Institut Arbeit und Technik (Hrsg.), Jahrbuch 1998 / 99. Gelsenkirchen: Institut Arbeit und Technik. S. 98-119.

Beyer, Lothar; Paul, Hansjürgen (2000): Projekt Teams – Telekooperation unter Einsatz von Application Sharing und Multimedialen Systemen in der Verwaltung. Abschlußbericht. Gelsenkirchen: Institut Arbeit und Technik. [http://www.connect.to/teams]

Bürger, M. (1999): Unterstützung von Awareness bei der Gruppenarbeit mit gemeinsamen Arbeitsbereichen. München: Utz Verlag.

Davis, Stanley M. (1987): Future Perfect. Reading: Addison-Wesley.

Dutke, Stefan; Paul, Hansjürgen; Foks, Thomas (1996): Privatheit, Gruppenhandeln und mentale Modelle. Graue Reihe des IAT (96/2). Gelsenkirchen: Institut Arbeit und Technik.

Fuchs, L. (1998): Situationsorientierte Unterstützung von Gruppenwahrnehmung in CSCW-Systemen. St. Augustin: GMD-Forschungszentrum Informationstechnik.

Johansen, Robert; Swigart, Rob (1994): Upsizing the Individual in the Downsizing Organization: Managing in the Wake of Reengineering, Globalization, and Overwhelming Technological Change. Reading: Addison-Wesley.

Krone, Sirikit; Nordhause-Janz, Jürgen; Paul, Hansjürgen (1997): Der Einsatz von Telekommunikationstechnologien an bundesdeutschen Arbeitsplätzen. Ergebnisse einer bundesweiten Beschäftigtenbefragung. Graue Reihe des Instituts Arbeit und Technik (97/3). Gelsenkirchen: Institut Arbeit und Technik.

Lehner, Franz; Dustar, Schahram (Hg.) (1997): Telekooperation in Unternehmen. Wiesbaden: Deutscher Universitäts-Verlag.

Lipnack, Jessica; Stamps, Jeffrey (1997): Virtual Teams. Reaching Across Space, Time, and Organizations with Technology. New York: John Wiley.

Luczak, Holger; Springer, J.; Simon, S. (1997): Computer Supported Communication and Cooperation – Building Social Environments into Computer Networks. In: Salvendy, G.; Smith, M. J.; Koubek, R. J. (eds.), Design of Computing Sytems: Cognitive Considerations. Amsterdam: Elsevier. S. 277-280.

Luczak, Holger; Eversheim, Walter (1999): Telekooperation. Industrielle Anwendungen in der Produktentwicklung. Berlin: Springer.

Luczak, Holger; Wolf, Martin (1999): Computer Supported Communication and Cooperation – Making Information Aware. In:. Bullinger, H.-J.; Ziegler, J. (eds.), Human-Computer Interaction. Mahwah: Lawrence Erlbaum Associates. S. 298-302.

Mark, Gloria; Fuchs, L.; Sohlenkamp, M. (1997): Supporting Groupware Conventions through Contextual Awareness. In: Hughes, J. A.; Prinz, W.; Rodden, W.; Rodden, T.; Schmidt, K. (Hrsg.), ECSCW '97. Dordrecht: Kluwer Academic Publishers. S. 253-268.

Orlikowski, Wanda J. (1996): Evolving with Notes: Organizational Change around Groupware Technology. In: Ciborra, C. U. (ed.), Groupware and Teamwork: invisible aid or technical hindrance. Chichester: John Wiley.

Paul, Hansjürgen (1999): Improving Public Administration by Video Conferencing and Application Sharing – Mission Possible. In: Bullinger, H.-J.; Ziegler, J. (eds.), Human-Computer Interaction, Vol. 2. Mahwah: Lawrence Erlbaum Associates. S. 318-322.

Paul, Hansjürgen; Beyer, Lothar (2000a): Vernetzte Arbeit in der öffentlichen Verwaltung: Videoconferencing und Application Sharing als Awareness-Instrumente. In: Komplexe Arbeitssysteme – Herausforderungen für Analyse und Gestaltung: 46. Arbeitswissenschaftlicher Kongress der Gesellschaft für Arbeitswissenschaft. Dortmund: GfA-Press. S. 291-293.

Paul, Hansjürgen; Beyer, Lothar (2000b): Video Conferencing and Application Sharing in Public Administration – Between Organisational and Personal Awareness. In: Marek, Tadeusz; Karwowski, Waldemar (eds.), Human Aspects of Advanced Manufacturing: Agility & Hybrid Automation – III. Kraków: Institute of Management, Jagiellonian University. S. 74-77.

Sohlenkamp, Markus (1998): Supporting Group Awareness in Multi-User Environments through Perceptualization. Dissertation im Fachbereich Mathematik-Informatik der Universität-Gesamthochschule Paderborn. [http://orgwis.gmd.de/projects/POLITeam/poliawac/ms-diss]

Ziegler, Jürgen (1999): A Framework for Modelling and Designing Cooperation Support Systems. In: Bullinger, H.-J.; Ziegler, J. (eds.), Human-Computer Interaction, Vol. 2. Mahwah: Lawrence Erlbaum Associates. S. 348-352.

Adressen der Autoren

Hansjürgen Paul
Institut Arbeit und Technik
im Wissenschaftszentrum NRW
Munscheidstr. 14
45886 Gelsenkirchen
paul@iatge

Untersuchung von Gestaltungsvarianten blickgestützter Mensch-Computer-Interaktion

Katharina Seifert, Jörn Hurtienne, Thorb Baumgarten
TU Berlin, Fachgebiet Mensch-Maschine-Systeme /
Heinrich-Hertz-Institut für Nachrichtentechnik GmbH Berlin

Zusammenfassung

Im Fokus informationstechnischer Entwicklung stehen zunehmend neue, multimodale Interaktionskonzepte zwischen Mensch und Maschine, die sich in der Gestaltung der Anwendungsschnittstelle niederschlagen. Dabei sind Lösungen gesucht, die Benutzern mit unterschiedlichsten Vorkenntnissen einen unkomplizierten, annähernd natürlichen und intuitiven Umgang mit Computern ermöglichen. Die Frage, wie der breitere Informationsaustausch in der Mensch-Maschine-Interaktion gestaltet werden soll, wird in einem Projekt des Heinrich-Hertz-Instituts Berlin (HHI) untersucht, in dem ein experimentelles Multimodalsystem entwickelt wird. Die vorgestellte empirische Untersuchung zur Blickinteraktion sollte mittels Leistungsdaten (Bearbeitungszeit und Fehler), subjektiver Einschätzung der Beanspruchung und subjektiver Präferenz zur Auswahl einer Gestaltungsvariante dienen. Die Ergebnisse zeigen, dass bei blickgestützter Mensch-Computer-Interaktion mit zuverlässiger Blickortbestimmung eine Rückmeldung der gemessenen Blickkoordinaten nicht erforderlich ist.

1 mUltimo-3D: Ein experimentelles multimodales Computersystem

Die multimodale Mensch-Maschine-Interaktion ist ein Entwicklungsansatz, bei dem der Informationsaustausch parallel über mehrere Kommunikationskanäle stattfindet, wie dies in der zwischenmenschlichen Interaktion typischerweise geschieht. Ein multimodales System ist zudem in der Lage, den Inhalt der Information der verschiedenen Input-Modalitäten automatisch auf einem höheren Abstraktionsniveau zu modellieren (Nigay & Coutaz 1993).

Das am Heinrich-Hertz-Institut für Nachrichtentechnik entwickelte System mUltimo-3D ermöglicht die Interaktion mittels Sprache, Geste und Blick. Es enthält folgende Komponenten, um Benutzerverhalten aufzunehmen, zu interpretieren und systemwirksam umzusetzen:

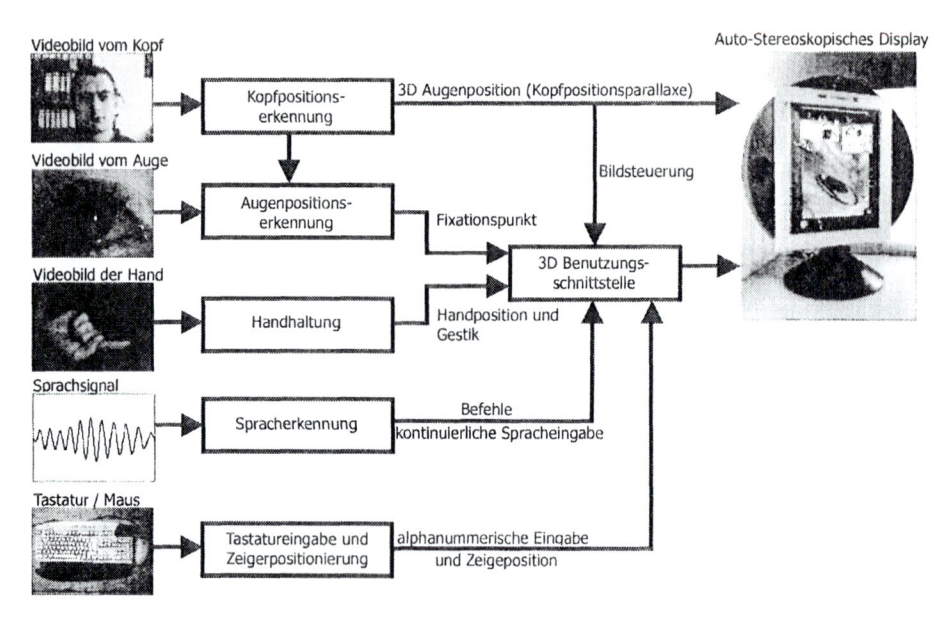

Abb. 1: Diagramm der multimodalen Komponenten von mUltimo-3D.

Abbildung 2 veranschaulicht die basalen Informationsflüsse der multimodalen Mensch-Computer-Interaktion. Dabei sind eine externe, vom Computer vermittelte Rückmeldungsschleife und eine personinterne Kontrolle der motorischen Aktionen zu unterscheiden. Als Modalitäten werden hier die sensorischen Kanäle des Computers bezeichnet, die Verhaltensäußerungen des Benutzers aufnehmen sowie zur weiteren Verarbeitung und Interpretation im Computer weiterleiten. Über die Darstellungsfunktionen (Medien) des Computers wird dem Benutzer die systeminterne Interpretation der Benutzerintentionen aus den erfassten Verhaltenskomponenten zurückgemeldet, indem entsprechende Funktionen ausgelöst werden. Im mUltimo-3D-System können die Informationen auf der grafischen Benutzungsoberfläche dreidimensional mit Hilfe eines autostereoskopischen Displays dargestellt werden.

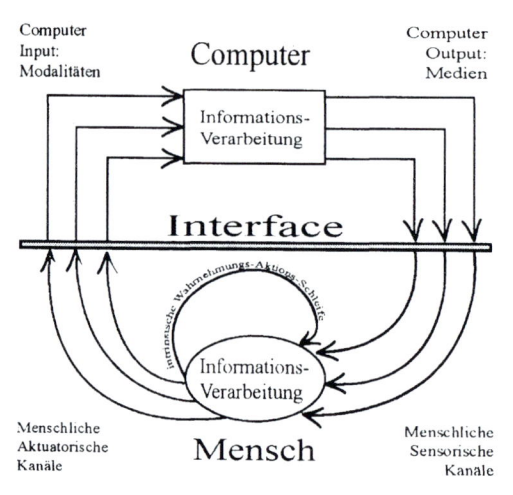

Abb. 2: Modell der Mensch-Computer-Interaktion (nach Schomaker 1995)

Die Computer-Input-Modalitäten sind, unabhängig von ihrer technischen Realisierung, an den Sinnesmodalitäten des Menschen angelehnt. Im mUltimo-3D-System beinhalten sie mit einem Spracherkenner gekoppelte Mikrofone, Maus, Tastatur und Kamerasysteme zur Kopf- und Augenpositions- sowie zur Gestenerkennung. Für jede der zu realisierenden Modalitäten ist zu klären, welche spezifischen Merkmale sie innerhalb der natürlichen Kommunikation aufweisen, um sie in der Mensch-Computer-Interaktion angemessen einzusetzen. Oviatt (1999) verweist darauf, dass Zeitparameter, Informationsinhalte und die interpersonelle Flexibilität in verschiedenen Modalitäten nicht übereinstimmen. Für die blickgestützte Interaktion war zu klären, welche Gestaltungsalternative dem Ziel natürlicher und effizienter Mensch-Computer-Interaktion (Oviatt & Wahlster 1997) am meisten entsprach.

2 Experimentelle Untersuchung von drei Gestaltungsvarianten der blickgestützten Interaktion für mUltimo-3D

Für die Gestaltung der Anwendungsschnittstelle mit blickgestützter Interaktion wurden Varianten der Blickinteraktion untersucht, die zwei Konzeptionen mit unterschiedlichen Zielformulierungen entspringen: dem software-ergonomischen und dem multimodalen Gestaltungsansatz. Es wurde der Frage nachgegangen, ob eine Gestaltungsanforderung nach Transparenz des Systemzustandes gestaltungsleitend sein sollte oder die Natürlichkeit, die sich aus den Gegebenheiten der physikalischen Welt ableitet. Für die Gestaltung von Graphical User Interfaces (GUIs) ist *Rückmeldung* bzw. *Feedback* ein wichtiges Gestaltungskriterium (z.B. Wandmacher 1993, Shneiderman 1992, Norman 1988, Nielsen 1993, Mayhew 1992, Oppermann et al 1992, Preece et al 1994, Smith & Mosier 1986). Meist wird darin allgemein die Rückmeldung des aktuellen Systemzustandes und der vom Benutzer ausgelösten Aktionen gefordert. So fassen die Autoren Rückmeldung unter verschiedenen Begriffen zusammen: Nielsen diskutiert sie unter „Sichtbarkeit des Systemzustandes", Mayhew unter „Responsiveness" des Systems. Wandmacher und Oppermann et al stellen die Verbindung zur ISO-Norm 9241-10 her, indem sie die Rückmeldung unter dem Normkriterium Selbstbeschreibungsfähigkeit diskutieren. Feedback wird von ihnen auch mit den Kriterien Durchschaubarkeit oder Transparenz assoziiert. Doch wie sollte die Rückmeldung der Blickpositionen erfolgen? Das Blickverhalten wird im Gegensatz zu Tastatureingaben kontinuierlich vom System interpretiert, allerdings werden nur Ausschnitte der interpretierten Datenmenge systemwirksam umgesetzt. Die Guidelines von Smith und Mosier (1986) schlagen zu diesen Fragen im Kapitel „Eingabe von Positionen" vor, um Positionseingaben zurückzumelden, einen beweglichen Cursor mit klar erkennbaren visuellen Eigenschaften zu benutzen. Wenn sich die Positionseingabe allerdings nur auf die Auswahl von auf dem Bildschirm dargestellten Objekten beschränkt, genügt es dagegen, die selektierten Objekte durch ein Aufleuchten (Highlight) zu kennzeichnen.

Im Rahmen multimodaler Systemgestaltung soll dem Benutzer eine natürliche Interaktion mit dem Computer ermöglicht werden. Natürlichkeit bedeutet bei der blickgestützten Interaktion, dass durch den Blick des Betrachters keine Veränderung am betrachteten Objekt ausgelöst wird. Der Blick auf ein Objekt gilt als Voraussetzung, gezielte Handlungen am Objekt ausführen zu können (Neumann 1992), manipuliert Gegenstände jedoch nicht eigenständig. Nicht jede Veränderung des Blickortes steht unter der bewussten Kontrolle des Betrachtenden, da Merkmale der Umgebung wie Bewegung oder Auftauchen neuer Objekte unwillkürlich Blickzuwendungen auslösen können. Dadurch wird blickgesteuerte Mensch-Computer-Interaktion erschwert und führt zu Problemen wie dem vielzitierten „Midas-Touch"-Problem (Jacob 1995). In der zwischenmenschlichen Kommunikation wird der Blick vom Interaktionspartner als Indikator für den Ort der visuellen Aufmerksamkeit interpretiert, der jedoch verglichen mit einem Fingerzeig nur vage umschrieben ist. Der Blick wird in natürlichen Kommunikationssituationen als zusätzliche nonverbale Verhaltensäußerung interpretiert, die üblicherweise von anderen verbalen und nonverbalen Ausdrucksformen begleitet wird. Die Rückmeldung des Blickes durch eine Veränderung des betrachteten Objektes findet also keine Parallele in der physikalischen Welt. Sie dient aber in der blickbezogenen Mensch-Computer-Interaktion dazu, dem Benutzer die Erkennung seines Blickortes zurückzumelden und ihm zu signalisieren, dass weitere Operationen auf dieses vom Blick selektierte Objekt angewendet werden. Mit Hilfe eines Experimentes sollte darüber entschieden werden, welches Gestaltungsziel für die blickgestützte Mensch-Computer-Interaktion zu bevorzugen ist.

2.1 Experimentalbedingungen und Aufgabe

In einer experimentellen Untersuchung wurden dem Benutzer drei unterschiedliche Varianten der Blickinteraktion angeboten (vgl. Tabelle 1):
1. der Blickort wird kontinuierlich durch einen Blickcursor auf dem Display angezeigt (Cursorbedingung),
2. ein interaktives Interface-Element wird optisch hervorgehoben, sobald das System den Blick als darauf ausgerichtet interpretiert (Highlight-Bedingung),
3. der Blickort wird nicht angezeigt, er wird nur systemintern zur Zuweisung eines Tastendrucks zum angeblickten interaktiven Interface-Element genutzt (Bedingung ohne Blickrückmeldung).

Um festzustellen, wie nah die einzelnen Versionen der Blicksteuerung dem natürlichen Verhalten der Benutzer in diesem Experiment sind, gab es eine Tastaturbedingung ohne Blicksteuerung. In jeder der vier Versuchsbedingungen mit mehreren Durchgängen war die Aufgabenstellung für eine Versuchsbedingung grundsätzlich gleich. Auf blauem Bildschirmhintergrund wechselte an drei festen Positionen jeweils ein Buchstabe aus der Menge [T,A,C,U,F,E,H,P,S,L] mit annähernd konstanter Frequenz von 1,7 Sekunden. Die Erstaufgabe der Versuchsperson bestand darin, einen auditiv vorgegebenen Zielbuchstaben („H wie Heinrich") auf allen drei Positionen zu stoppen. Wurde auf einer Buchstabenposition ein falscher Buchstabe angehalten, dann blieb dieser solange stehen, bis die Probandin ihn durch nochmaliges Anschauen und Tastendruck wieder zum Wechseln brachte. Als Zweitaufgabe tauchte innerhalb eines zeitlich begrenzten Intervalls zufällig ein zum momentanen Blickort peripherer Stimulus auf, den es mit einer definierten Taste zu quittieren galt. Die Verweildauer der peripheren Stimuli betrug zwei Sekunden. Ein Durchgang war beendet, wenn der Proband auf allen drei Positionen den Zielbuchstaben angehalten hat.

2.2 Abhängige Variablen und Hypothesen

Gemessen wurden für alle Bedingungen
1. die Performanz in der Erstaufgabe (Reaktionszeiten, falsche Alarme und Missings),
2. die Performanz in der Zweitaufgabe (Reaktionszeiten, falsche Alarme und Missings),
3. die Dauer eines Durchgangs,
4. die subjektiv empfundene mentale Belastung (NASA-TLX, SEA-Skala) und
5. die subjektive Präferenz für eine der Bedingungen.

Für jede dieser Variablen leiten die zuvor geschilderten Gestaltungsziele unterschiedliche Hypothesen ab. Beide Positionen gehen davon aus, dass sie die effiziente und zuverlässige Mensch-Computer-Interaktion unterstützen. Das Gemeinsame der Positionen ist, dass sie die Bedingung
- mit den kürzesten Reaktionszeiten,
- der geringsten Anzahl verpasster Zielbuchstaben (Missings) und
- den wenigsten Fehlern, d.h. Drücken der Zielbuchstaben-Taste bei nicht vorhandenen Zielbuchstaben (falsche Alarme) bei der Erst- und der Zweitaufgabe sowie

- die Bedingung mit der kürzesten Dauer eines Durchgangs favorisieren.

Die ideale Version ruft auch
- die geringste mentale Beanspruchung hervor und
- wird von den Versuchsteilnehmern bevorzugt.

Ausgehend von der Bedeutung von Rückmeldung für die Mensch-Computer-Interaktion ist anzunehmen, dass die Bedingungen mit Rückmeldung zu kürzeren Zeiten und weniger Fehlern bei der Erstaufgabe führen werden. Bei der Erstaufgabe unterstützt eine Rückmeldung des Blickes die Sichtbarkeit des Systemstatus und ermöglicht einen zügigen Abgleich von interner und externer Rückmeldeschleife im Informationsfluss zwischen Mensch und Computer. Dies hat kürzere Reaktionszeiten und weniger Fehler zur Folge. Bei der Highlight-Bedingung wird ohne Umwege rückgemeldet, welche Buchstabenposition angeschaut wird. Die Cursor-Bedingung dagegen verlangt einen zusätzlichen Kontrollschritt, der prüft, ob sich der Cursor genau auf dem Zielbuchstaben befindet oder nicht. Deshalb sollten in der High-light-Bedingung die kürzesten Zeiten und Fehler auftreten. Da die Blickrückmeldung die Anforderungen bei der Erstaufgabe vereinfacht, sollte mehr kognitive Kapazität für die Zweitaufgabe (Quittieren der peripheren Stimuli) vorhanden sein und die Zeiten und Fehlerraten entsprechend niedriger als bei der Bedingung ohne Rückmeldung liegen. Gleiche Effekte werden für die Gesamtdauer eines Durchgangs erwartet. Die niedrigere Beanspruchung durch die Blickrückmeldebedingungen und hier besonders durch die Version mit Highlight, sollte sich auch in den subjektiven Beanspruchungsdaten und der Präferenz niederschlagen. Tabelle 2 fasst diese Hypothesen zusammen.

Die Unterstützung des Benutzers durch eine natürliche, den Erfahrungen in der physikalischen Welt entsprechende Mensch-Computer-Interaktion lässt andere Annahmen über Leistungen, Beanspruchung und subjektive Präferenzen der Benutzer plausibel erscheinen. Da die Gegenstände der realen Welt nicht auf den Blick reagieren, sollte es für die Nutzer eines blickgesteuerten Systems ungewöhnlich oder gar irritierend wirken, eine Rückmeldung ihrer Blickposition zu erhalten. Vielmehr lenkt die Rückmeldung des Blickes die Benutzer stark auf die Kontrolle des eigenen Blickverhaltens, so dass die aktive Steuerung von Highlight oder Cursor auf die gewünschte Buchstabenposition zusätzliche Anforderungen stellt. Dies lässt die Vorhersage zu, dass Fehler und Zeiten in den Bedingungen mit Blickrückmeldung ansteigen werden. Die permanente Kontrolle des Cursors sollte sich in stärkerem Maße auswirken, als der diskret aufleuchtende sensitive Bereich, wenn das Messsystem Blicke in dieser Region misst. Innerhalb der Bedingungen mit Blickrückmeldung sollten daher die Zeiten und Fehler für die Erstaufgabe in der Cursorbedingung am höchsten sein. Für die Zweitaufgabe gilt entsprechendes für den Vergleich Blickrückmeldung gegenüber fehlender Rückmeldung. Die bewusste Steuerung des Cursors oder des Highlights stellen zusätzliche Anforderungen dar, so dass die Performanz in der Zweitaufgabe darunter leiden sollte. Da die Durchgangsdauer entscheidend von der Performanz in der Erstaufgabe abhängt, gelten hier die gleichen Vorhersagen wie sie für die Erstaufgabe getroffen wurden. Ähnliches gilt für die subjektiven Daten. Die Bedingungen mit Blickrückmeldung werden demzufolge als anstrengender und irritierender wahrgenommen als die Bedingung ohne Rückmeldung. Dabei wird die Cursorbedingung als die forderndste und unangenehmste beurteilt.

Beide theoretische Positionen unterscheiden sich nicht in ihren Vorhersagen zum Verhältnis der Bedingungen mit Blickinteraktion gegenüber der Tastaturbedingung ohne Blickinteraktion. Die blickgestützte Interaktion stellt eine zusätzliche Handlungskomponente (Regulierung des Blickverhaltens) dar, die mit subjektiven und objektiven Kosten verbunden ist. Hinzu kommt eine technische Komponente: Für die Blicksteuerung muss eine komplizierte Sensor- und Interpretationstechnik dazu geschaltet werden, die zu Verzögerungen in der Interpretation des Blickortes führen kann und deswegen Fehleranzahl und Zeiten sowie die subjektive Beanspruchung erhöht.

Tab. 1: Aus den theoretischen Positionen abgeleitete Hypothesen für die Variation der Rückmeldebedingungen. H = Highlight, C = Cursor, O = ohne Rückmeldung, T = Tastaturbedingung ohne Blicksteuerung

Variable	Vorhersage traditioneller Software-Ergonomie		Vorhersage Multimodalitäts-Ansatz	
Erstaufgabe	Reaktionszeit	((H < C) < O) > T	((H < C) > O) > T
	missings	((H < C) < O) > T	((H < C) > O) > T
	false alarms	((H < C) < O) > T	((H < C) > O) > T
Zweitaufgabe	Reaktionszeit	((H < C) < O) > T	((H = C) > O) > T
	missings	((H < C) < O) > T	((H = C) > O) > T
	false alarms	((H < C) < O) > T	((H = C) > O) > T
Dauer eines Durchgangs		((H < C) < O) > T	((H < C) > O) > T
subjektive Daten	NASA-TLX	((H < C) < O) > T	((H < C) > O) > T
	SEA	((H < C) < O) > T	((H < C) > O) > T
	Präferenz (% Nennungen)	(H > C) > O	(H > C) < O

2.3 Methode

2.3.1 Versuchsaufbau

Die Versuchsperson sass in ca. 80 cm Abstand vor einem hochkant gestellten 18-Zoll-Monitor mit einer Bildschirmauflösung von 1024 x 1280 Pixel. Am Monitor waren eine Videokamera (Head-Tracker), eine Infrarotkamera (Gaze-Tracker), ein Lautsprecherpaar angebracht. Eine Tastatur diente als Eingabegerät (Abbildung 3).

Abb. 3: Versuchsaufbau

Über das Videobild der Kamera wurde die Kopfposition der Versuchsperson verfolgt und der Gaze-Tracker nachgeführt. Der auf dem Cornea-Reflex-Verfahren basierende Gaze-Tracker nahm die Blickrichtung berührungslos und in Echtzeit auf. Mittels Transformationstechnik wurde der momentane Blickort auch bei Kopfbewegungen ermittelt (Liu 1998). Eine detailliertere Darstellung des multimodalen Systems findet sich bei Pastoor et al. (1999). Um einen Buchstaben auf einer spezifischen Position zu stoppen, musste die Versuchsperson in allen drei Blickinteraktionsbedingungen auf die entsprechende Position schauen und gleichzeitig eine der vereinbarten Tasten drücken. Der Blickcursor war eine im Durchmesser 44 Pixel große Scheibe, die kontinuierlich am berechneten Blickort der Versuchsperson auf dem Monitor dargeboten wurde. Ein Highlight hingegen war immer nur dann auf dem Bildschirm zu sehen, wenn der berechnete Blick der Versuchsperson auf ein sensitives Feld einer Buchstabenposition fiel. Dieser Buchstabe wurde dann gelb hinterlegt. Die sensitiven Felder der drei Buchstabenpositionen waren 246x246 Pixel groß, das Highlight war 81x101 Pixel groß und die Buchstaben haben eine Größe von 53x73 Pixel. Im Vergleich dazu hatte der periphere Stimulus einen Durchmesser von 11 Pixel. Bei der Bedingung ohne Rückmeldung gab es keine allein blickbedingte Veränderung der Darstellung auf dem Monitor. In der Kontrollbedingung wurden die Buchstaben nicht durch die Referenzierung des Blickes auf spezifischen Positionen angehalten, sondern immer auf der letzten aktuellen Position mit Zielbuchstaben, sobald die vereinbarte Taste gedrückt wurde. Die Zweitaufgabe blieb über die vier Bedingungen des Experimentes gleich. Die Abfolge der Versuchsbedingungen ist abgesehen von der Kontrollbedingung, mit der immer begonnen wird, vollständig permutiert.

Tab. 2: Variationen der Rückmeldung bei der Blickinteraktion

	Highlight	Blickcursor	Ohne
Beschreibung	Blickinteraktion mit Rückmeldung über das Einfärben der spezifischen Position	Berechneter Blickort wird durch die runde graue Scheibe kontinuierlich rückgemeldet	Berechneter Blickort wird nicht rückgemeldet. Ein peripherer Stimulus ist zu sehen
Abbildung			

2.3.2 Ablauf der Versuche und Datenerhebung

Die 18 bezahlten Versuchspersonen wurden von den Versuchsleitern über den Zweck der Untersuchung informiert und nahmen Platz. Der Stuhl wurde so eingestellt, das die Head-Kamera den Kopf-Schulterbereich der Versuchsperson gut erfassen konnte. Die Versuchspersonen füllten einen Fragebogen mit demografischen Angaben und zur Vorerfahrung in der Computernutzung aus. Dann wurden Head- und Gaze-Tracker konfiguriert und kalibriert. Die Anzahl der Durchgänge pro Version richtet sich nach der Anzahl der quittierten peripheren Stimuli. Es sollten mindestens 20 periphere Stimuli quittiert werden, so dass eine Durchgangsanzahl von 12 bis 18 erreicht wurde. Die ersten drei Durchgänge wurden als Übungsdurchgänge gewertet und von den Datenanalysen, in welche die folgenden neun Durchgänge eingingen, ausgenommen. Nach Beendigung einer Variation wurde den Probanden der NASA-TLX (Hart & Staveland 1988) und der SEA-Fragebogen (Eilers et al. 1986) zur Einschätzung der subjektiv empfundenen Beanspruchung vorgelegt. Zuletzt wurde durch ein strukturiertes Interview die Präferenz der Blickrückmeldung erhoben. Die Koordinaten der berechneten Blickorte, die gedrückten Tasten und Reaktionszeiten werden zusammen mit den Informationen über die momentanen Buchstaben auf den Buchstabenpositionen in getrennte Logfiles gespeichert. Die einzelnen Logfiles wurden automatisch personen- und variationsspezifisch sortiert, zusammengefasst, geschnitten und in eine SPSS lesbare Datenmatrix exportiert. Nach der Ausreißerdetektion und –eliminierung wurden die für die Erfüllung der Voraussetzungen der Varianzanalyse nötigen Transformationen durchgeführt und anschließend nach dem Allgemeinen Linearen Modell Varianzanalysen für wiederholte Messungen berechnet.

2.4 Ergebnisse

Rückblickend auf die in Tabelle 1 postulierten Hypothesen kann mit Hilfe der Daten in Tabelle 3 entschieden werden, welche theoretische Position durch die Empirie gestützt wird. Die Spalte „Kontraste" in der Tabelle 3 zeigt, dass die empirischen Daten in diesem Punkt – außer bei den falschen Alarmen in der Erstaufgabe – die rückmeldungsfreie Blickinteraktion unterstützen.

Tab. 3: Mittelwerte der betrachteten Variablen für die einzelnen Versuchsbedingungen und Angaben zur Signifikanz des Einflusses der vier Versuchsbedingungen. *** $p<,005$; ** $p<,01$; * $p<,05$; H = Highlight, C = Cursor, O = ohne Rückmeldung, T = Tastaturbedingung ohne Blicksteuerung; Die Daten zur Präferenz blieben statistisch ungetestet.

Variable		H	C	O	K	F-Wert	Signifikanz	Kontraste
Erstaufgabe	Reaktionszeit (ms)	926	924	792	649	$F(3/51) = 93,537$	***	$((H = C) > O) > T$
	Missings (%)	27,6	23,9	17,5	2,6	$F(3/51) = 22,735$	***	$((H = C) > O) > T$
	falsche Alarme je Durchgang	1,18	0,78	0,91	0,12	$F(2,7/44,7) = 24,361$	***	$((H = C) = O) > T$
Zweitaufgabe	Reaktionszeit (ms)	841	862	777	703	$F(2,2/37,0) = 14,961$	***	$((H = C) > O) > T$
	Missings (%)	9,8	9,2	4,1	1,8	$F(1,9/32,0) = 6,670$	***	$((H = C) > O) > T$
	falsche Alarme je Durchgang	0,13	0,12	0,05	0,06	$F(3/49) = 3,027$	*	$((H = C) > O) = T$
Durchgangsdauer (s)		22,4	20,5	18,7	13,0	$F(3/50) = 15,722$	***	$((H = C) > O) > T$
subjektive Daten	NASA-TLX	4,8	4,6	3,8	3,5	$F(3/51) = 8,348$	***	$((H = C) > O) > T$
	SEA-Skala	109	112	78	52	$F(3/50) = 22,941$	***	$((H = C) > O) > T$
	Präferenz (% Nennungen)	0,0	22,2	66,7	-			$(H < C) < O$

Entgegen den Vorhersagen für die beiden gestaltungsleitenden Ziele: Systemtransparenz und Natürlichkeit lassen die Ergebnisse keine Differenzierung zwischen der Cursor- und der Highlightbedingung zu. Die Vorhersagen zum Unterschied Blicksteuerung – keine Blicksteuerung bilden sich in den Daten recht gut ab.

2.5 Diskussion

Die Untersuchungsergebnisse zeigen, dass die aus der software-ergonomischen Forschung entsprungenen Gestaltungskonzepte im Bereich multimodaler Mensch-Computer-Interaktion nicht ungeprüft übernommen werden sollten. Die Daten sprechen dafür, dass bei ausreichender technischer Zuverlässigkeit der blickgestützten Interaktion, der Benutzer besser mit einer der physikalischen Welt ähnlicheren Gestaltungslösung arbeiten kann. Zwischen den Rückmeldebedingungen mit Cursor oder Highlight konnten keine quantitativen Unterschiede gefunden werden, was darauf schließen lässt, dass sowohl die bewusste Steuerung des Blickcursors als auch des Highlights zusätzliche Kosten für die Aufgabenbearbeitung nach sich zogen. Die Blickinteraktionsbedingungen unterschieden sich nicht gegenüber den falschen Alarmen in der Erstaufgabe und in der Zweitaufgabe. Dies lässt sich damit erklären, dass diese Ereignisse sehr selten auftraten und eine statistische Differenzierung deshalb nicht möglich war. Die meisten Probanden bevorzugten in ihrer subjektiven Beurteilung die Bedingung ohne Rückmeldung.

Für die weitere Entwicklung des multimodalen Systems im Heinrich-Hertz-Institut wird eine blickgestützte Interaktion ohne Rückmeldung bevorzugt. Die überlegene Effizienz der Tastaturbedingung gegenüber allen Blickinteraktionsvarianten legt es nahe zu prüfen, für welchen Aufgabenkontext der Einsatz der blickgestützten Interaktion unter den gegebenen technischen Voraussetzungen sinnvoll ist. Die Unterschiede in den Leistungsmaßen zwischen Tastatur- und den Blickinteraktions-Bedingungen lassen sich vorerst schwierig interpretieren. Ob sie auf technische Faktoren oder Verhaltensänderungen der Probanden zurückzuführen sind, bedarf weiterer Analyse des Prozesses der Aufgabenbearbeitung. Die Betrachtung verschiedener Blickbewegungsparameter können dazu dienen, unterschiedliche Blickstrategien bei der Tastatur- und den Blickinteraktions-Bedingungen aufzuzeigen. Blickgestützte Interaktion sollte nicht zu einer zusätzlich zu bewältigenden Aufgabe des Benutzers werden, sondern ein schnelles Reagieren des Computers auf eine bewusst vorgenommene Eingabe des Benutzers ermöglichen. Die Ergebnisse belegen keineswegs, dass die Natürlichkeit der Interaktion in multimodalen Systemen für alle realisierbaren Modalitäten auf dem Verzicht einer kontinuierlichen Rückmeldung beruht. Welche Merkmale für andere Modalitäten in der Mensch-Computer-Interaktion als natürlich gelten, ist eine empirisch zu beantwortende Frage. Untersuchungen am weiterentwickelten mUltimo-3D-System mit zusätzlichen Modalitäten, die Gesten- und Spracheingabe unterstützen, sollen zukünftig das integrierte multimodale Interaktionskonzept bewerten. Die Bewertungskriterien leiten sich dabei aus den verfolgten Zielstellungen multimodaler Systemgestaltung ab, die Natürlichkeit und Intuitivität der Mensch-Computer-Interaktion zu erhöhen. Für die Gestaltung der multimodalen Mensch-Computer-Interaktion bedarf es einer kritischen Berücksichtigung der etablierten software-ergonomischen Kriterien. Sie müssen daraufhin geprüft werden, wie sie in neuartigen Systemen zu integrieren sind, die durch das neue Konzept des intelligenten Kommunikationspartners Computer dem Benutzer den Umgang mit komplexer Technik erleichtern.

3 Danksagung

Die in diesem Artikel beschriebenen Arbeiten wurden durch Zuwendungen des Bundesministeriums für Bildung und Forschung (Förderkennzeichen 01BK410 und 01BK802) und des Landes Berlin finanziert. Wir danken dem gesamten Team des mUltimo 3D-Projektes für seine engagierte Unterstützung, ohne die die empirische Untersuchung zur Blickinteraktion nicht möglich gewesen wäre. Tanja Köhler ist für ihre Hilfe bei der Versuchsdurchführung zu danken. Die Verantwortung für den Inhalt des Artikels tragen die Autoren.

4 Literatur

DIN EN ISO 9241 (1996-07) „Ergonomische Anforderungen für Bürotätigkeiten mit Bildschirmgeräten", Teil 10: Grundsätze der Dialoggestaltung.

Eilers, K., Nachreiner, F. & Hänecke, K. (1986). Entwicklung und Überprüfung einer Skala zur Erfassung subjektiv erlebter Anstrengung. *Zeitschrift für Arbeitswissenschaft, 40,* 215-224.

Hart, S.G. & Staveland, L.E. (1988). Development of NASA-TLX (Task Load Index): Results of empirical and theoretical research. In P.A. Hancock & N. Meshkati (eds.), *Human Mental Workload.* Amsterdam: Elsevier.

Jacob, R.J.K. (1995). Eye tracking in advanced interface design. In W. Barfield & T.A. Furness (eds.), *Virtual environments and advanced interface design.* New York, Oxford: Oxford University Press.

Liu, J. (1998). Determination of the point of fixation in a head-fixed coordinate system. *14th Intern. Conf. on Pattern Recognition, Brisbane, 16-20 Aug. 1998.*

Mayhew, D.J. (1992). *Principles and Guidelines in Software User Interface Design.* Englewood Cliffs, NJ: Prentice Hall.

Neumann, O. (1992). Theorien der Aufmerksamkeit: von Metaphern zu Mechanismen. *Psychologische Rundschau, 43,* 83-101.

Nielsen, J. (1993). *Usability Engineering.* Boston: Academic Press.

Nigay, L. & Coutaz, J. (1993). A design space for multimodal systems – concurrent processing and data fusion. In *INTERCHI'93 – Conference on Human Factors in Computing Systems.* Amsterdam: Addison Wesley.

Norman, D. A. (1988). The Design of Everyday Things. New York u.a:. Doubleday/Currency.

Opperman, R., Murchner, B., Reiterer, H. & Koch, M. (1992). *Software-ergonomische Evaluation. Der Leitfaden EVADIS II. 2. Auflage.* Berlin New, York: Walter de Gruyter.

Oviatt, S. & Wahlster, W. (1997). Introduction to *This Special Issue on Multimodal Interfaces, Human-Computer Interaction, 12,* 1-5.

Oviatt, S. (1999). Ten myth of multimodal interaction. *Communications of the ACM, 42 (11),* 74-81.

Pastoor, S. Liu, J. und Renault, S. (1999). An Experimental Multimedia System Allowing 3-D Visualization and Eye-Controlled Interaction Without User-Worn Devices. *IEEE Trans. Multimedia, vol. 1, no. 1, 1999.*

Preece, J. et al. (1994). *Human-Computer-Interaction.* Harlow: Addison Wesley.

Schomaker, L. et al. (1995). *A Taxonomie of Multimodal Interaction in the Human Information Processing System: A Report of the ESPRIT PROJECT 8579 MIAMI.*

Shneiderman, B. (1992). *Designing the User Interface. Strategies for Effective Human-Computer Interaction. 2. Auflage.* Reading MA u.a.: Addison-Wesley.

Smith, S.L. and Mosier, J.N. (1986). *Guidelines for designing user interface software. Technial Report MTR-10090.* Bedford MA: MITRE Corporation.

Wandmacher, J. (1993). *Software-Ergonomie.* Berlin, New York: Walter de Gruyter.

Adressen der Autoren

Katharina Seifert
Technische Universität Berlin
FG Mensch-Maschine-Systeme
Jebensstr. 1
10623 Berlin
seifert@zmms.tu-berlin.de

Thorb Baumgarten / Jörn Hurtienne
Heinrich-Hertz-Institut für
Nachrichtentechnik Berlin GmbH
Einsteinufer 37
10587 Berlin
baumgarten@hhi.de / hurtienne@hhi.de

BodyTalk - Gestenbasierte Mensch-Computer-Interaktion zur Steuerung eines multimedialen Präsentationssystems

Christian Leubner, Jens Deponte, Sven Schröter, Helge Baier
Universität Dortmund, Fachbereich Informatik VII (Graphische Systeme)

Zusammenfassung

Es wird ein computerbasiertes System zur Steuerung multimedialer Präsentationen durch Armgesten vorgestellt. Das System ist in der Lage, zuvor angelernte Armbewegungen (Gesten) des Benutzers zu erkennen und zur Interaktion mit einem Präsentationssystem einzusetzen. Die Gestenerkennung erfolgt über Hidden-Markow-Modelle (HMM), zur Modellierung einer Präsentation wird ein spezielles Interaktionsparadigma verwendet. Die Erweiterbarkeit des Systems und das Ansteuern und Einbinden existierender, weit verbreiteter Präsentationssoftware auf unterschiedlichen Plattformen ist wesentlicher Bestandteil des Konzepts. Eine übersichtliche intuitive Benutzungsoberfläche für Systemeinstellungen sowie ein Kontrollbildschirm auf Anwenderseite sorgen für einen reibungslosen Ablauf der Präsentation.

1 Einführung

Multimediafähige Rechner zusammen mit der Videoprojektion werden zunehmend das zentrale Präsentationshilfsmittel für Vortragsveranstaltungen. Dies reicht von Notebook-basierten Präsentationen hin zur gleichzeitigen Präsentation in örtlich entfernten, vernetzten Hörsälen (Deponte 1997). Solche Vorträge erfordern die Interaktion mit dem Präsentationssystem, im einfachsten Fall etwa zum Wechseln auf die nächste Vortragsseite. Hierfür kann die Rechnertastatur verwendet werden, die aber häufig an den Aufstellungsort des Benutzers gebunden ist. Fernbedienungen, wie sie etwa bei Videoprojektoren mitgeliefert werden, können ortsungebunden eingesetzt werden. Sie haben jedoch den Nachteil geringer Flexibilität bzgl. der Anpassung an unterschiedliche Vortragsmodi und es fällt etwas schwer, sich in diesem Fall an die Tastenbelegungen zu gewöhnen.

Im folgenden wird das System BodyTalk zur Interaktion mit rechnerbasierten Präsentationssystemen vorgestellt. BodyTalk löst die Ortsgebundenheit der Tastatur in gewissem Unfang auf, behält jedoch die Flexibilität der tastaturbasierten Bedienung in gewissem Umfang bei. Der Benutzer wird über eine Videokamera erfasst. Durch Ausführung spezieller Armbewegungen, sogenannter Bewegungsgesten, kann er diesen zugeordnete Kommandos an das Präsentationssystem auslösen. Die möglichen Kommandos werden dem Vortragenden auf einem großflächigen Monitor mit grob strukturierten Fenstern angezeigt, die ein Erkennen auch über eine größere Distanz erlauben.

Die Verwendung von Videokameras zur Interaktion mit technischen Systemen findet zunehmend Interesse. Es gibt eine Vielzahl von Szenarien bezüglich eingesetzter Körperteile und Anwendungen. Eine recht umfassende Übersicht zum Einsatz der Hand ist bei (Kohler, 1998, 1999) zu finden. Der Vorteil von Videokameras gegenüber anderen Sensoren liegt darin, dass am Benutzer keine Sensoren angebracht werden müssen, wie dies etwa bei elektromagnetischen Verfahren der Fall ist. Das Computersehen stellt eine Möglichkeit, auch in Kombination mit anderen, zum Ersatz von Tastatur und Maus in Interaktionssituationen dar, wo diese ungünstig sind (Cooperstock 1997).

Das BodyTalk-System repräsentiert eine Möglichkeit der computersehensbasierten Interaktion, deren Funktionsfähigkeit anhand eines Prototypen nachgewiesen wurde. Darüber hinaus wurden in BodyTalk weitere Konzepte integriert, die für ein Interaktionssystem zur Vortragspräsentation unabhängig von der computersehensbasierten Vorgehensweise interessant und relevant sind:

- Bodytalk ist ein Interaktionssystem, das unabhängig vom Präsentationssystem ist. Im vorgestellten Prototyp wird dies an KPresenter (Stadlbauer 1999) demonstriert. Das Anbinden anderer Fremdprodukte ist vorgesehen.
- Die Navigation durch die Präsentation ist unabhängig vom Präsentationssystem und wird von BodyTalk überlagert.
- Zur Navigation bietet BodyTalk einen Präsentationsbaum mit roten Fäden an, mit denen über die Gesteneingabe interagiert wird.

In Kapitel 2 wird der Aufbau und die Funktionsweise des BodyTalk-Systems erläutert. Insbesondere wird das Konzept des Präsentationsbaums vorgestellt. In Kapitel 3 wird auf die Software-Struktur eingegangen. Dabei werden auch ausgewählte technische Aspekte skizziert, insbesondere der Lösungsansatz für die Computersehenskomponente. Kapitel 4 beschreibt Erfahrungen mit der Anwendung des BodyTalk-Systems.

2 Aufbau und Funktionsweise des BodyTalk-Systems

2.1 Hardware-Konfiguration

Zum Aufbau des BodyTalk-Systems werden zwei Rechner benötigt, die mittels einer Netzwerkverbindung miteinander verbunden sind: ein Interaktionsrechner mit Framegrabberkarte und ein Präsentationsrechner. Weiterhin sind ein Videoprojektor zur Darstellung der Präsentation, eine Videokamera zur Erfassung des Vortragenden sowie ein Display zur Visualisierung des Präsentationszustandes erforderlich. Da das BodyTalk-System zur Zeit noch keine kontinuierliche Gestenerkennung leistet, wird zudem ein Fußschalter eingesetzt, dessen Betätigung den Anfang und das Ende einer Steuerungsgeste markiert. Abbildung 1 zeigt den schematischen Aufbau der BodyTalk-Hardware.

2.2 Funktionsweise

Der Ablauf einer Präsentation mit BodyTalk erfolgt prinzipiell ähnlich wie eine rein computergestützte Vorführung. Lediglich die Interaktion des Vortragenden mit dem Präsentationscomputer wird durch das BodyTalk-System übernommen. Auf dem Kontrollbildschirm des Benutzers wird der Zustand der Präsentationssteuerung und die aktuelle Position innerhalb des Vortrags angezeigt. Durch Ausführen von Armgesten kann der Benutzer durch seinen Vortrag navigieren, d.h. zwischen den Folien wechseln. Um eine größtmögliche Kompatibilität mit bestehender Präsentationssoftware zu gewährleisten, verwendet BodyTalk ein abstraktes Präsentationsmodell, das den strukturellen Aufbau und den zeitlichen Ablauf des Vortrages erfasst. Die Struktur des Vortrages wird durch einen *Präsentationsbaum* abgebildet, der die Gliederung und die Bestandteile der Folien erfasst.

Der Präsentationsbaum ordnet die Präsentationselemente hierarchisch an und ermöglicht so die effiziente Auswahl eines Elements. Ein Vortrag enthält eine Menge von Folien, der einzelne Textelemente so zugeordnet sind, dass sich eine Baumstruktur ergibt. An den Knoten befinden sich die Objekte der Präsentation, die sich in folgende Klassen gliedern:

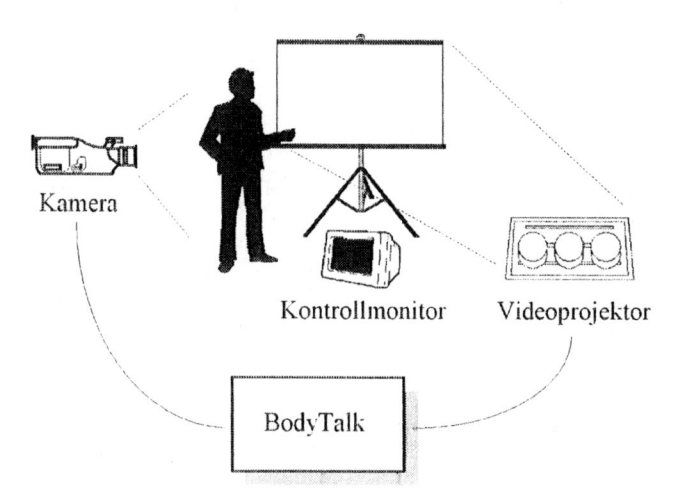

Abb. 1: Schematischer Aufbau der Interaktionshardware des BodyTalk-Systems

1. *Folien* beinhalten untergeordnete, grafische Folienelemente, die auf einer Seite der Präsentation angezeigt werden sollen.
2. *Foliengruppen* dienen dazu, Folien zu Gruppen zusammenzufassen, um die Navigation in großen Mengen zu erleichtern. Foliengruppen können beliebig viele Elemente der beiden Typen Foliengruppen und Folien beinhalten.
3. *Folienelementgruppen* dienen dazu, Folienelemente zu Gruppen zusammenzufassen, um somit die Navigation in großen Mengen zu erleichtern. Folienelementgruppen können beliebig viele Elemente der Typen Folienelementgruppen und Folienelemente beinhalten.
4. *Folienelemente* stellen die Blätter des Baumes dar. Folienelemente repräsentieren Bestandteile eines Vortrages, also z.B. Videos, Bilder und Texte. Folienelemente sind Folien untergeordnet. Sie enthalten Informationen über:
   - Typ (z.B. HTML, Gif, Text, Postscript, ...)
   - eindeutige Bezeichnung zum Vergleichen und Ansteuern
   - Referenz auf das Element der angesteuerten Präsentation
   - Aktivierungsaktion, die bei Betreten des Objekts im Roten-Faden-Modus ausgeführt werden soll
   - Deaktivierungsaktion, die bei Verlassen des Objekts, im Roten-Faden-Modus, ausgeführt werden soll.

Ein Vortrag besteht oft aus Sequenzen, in der die zeitliche Reihenfolge der Vortragspunkte vom Vortragenden vorgeben ist. Eine solche zusammenhängende Sequenz wird in BodyTalk als *Roter Faden* bezeichnet. Da eine solche Struktur häufig vorkommt und den normalen, geplanten Verlauf einer Präsentation widerspiegelt, ist es für den Vortragenden vorteilhaft, wenn das Präsentationssystem solche Strukturen unterstützt.

In Abbildung 2 ist ein Präsentationsbaum mit einem Roten Faden, angedeutet durch die durchgezogene dickere Linie, dargestellt. Das Beispiel zeigt die baumartige Gliederung der Präsentation. Sowohl die „Einleitung" als auch die „Kapitel" sind Foliengruppen, die wiederum aus mehreren Folien bestehen. Der Inhalt der einzelnen Folien wiederum besteht aus Folienelementen und Folienelementgruppen, die hier nicht mehr dargestellt sind.

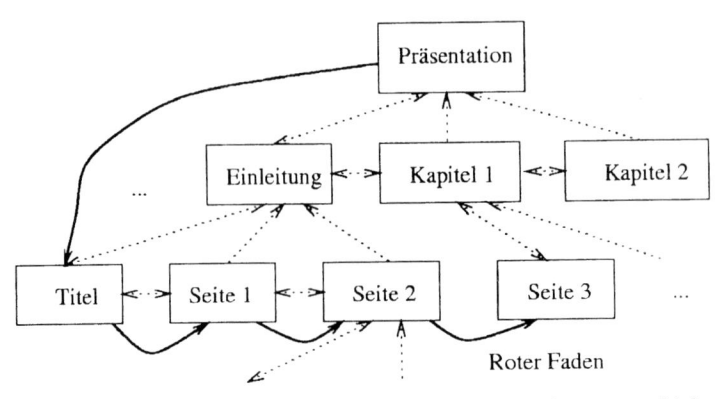

Abb. 2: Präsentationsbaum mit Rotem Faden, angedeutet durch die durchgezogenen Linien

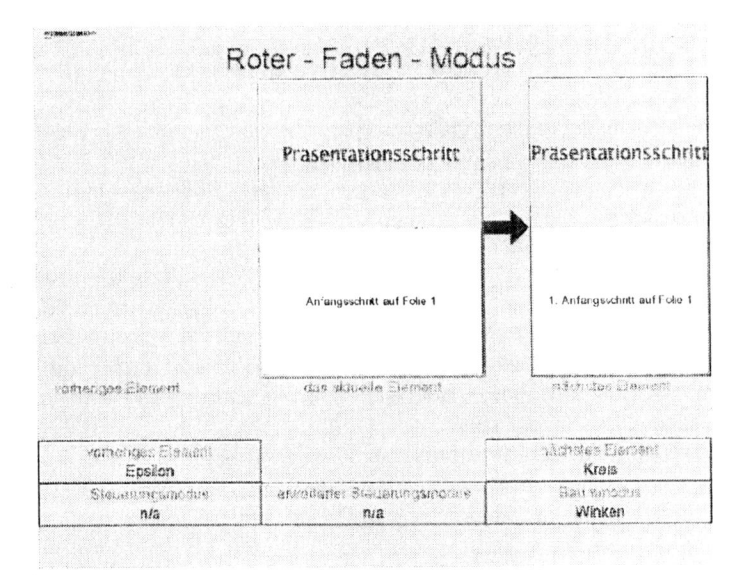

Abb. 3: Benutzungsoberfläche des *Rote-Faden-Modus*, die auf dem Kontrollmonitor dargestellt wird

Die Steuerung von BodyTalk kann wahlweise in einem „*Rote-Faden Modus*" oder in einem „*Baum-Modus*" erfolgen. Beim Start des Systems wird der Rote-Faden-Modus verwendet. Abhängig vom Modus wird ein entsprechendes Fenster auf dem Bildschirm dargestellt. Abbildung 3 zeigt das Fenster des Rote-Faden-Modus. Im oberen Teil der gleichartig aufgebauten Fenster wird der aktuelle Kontext im Vortrag dargestellt, dem die lokalen Navigationsmöglichkeiten zu entnehmen sind. Im unteren Teil werden die möglichen Anweisungen angeboten und die zugehörige auslösende Geste (s.u.) aufgeführt.

Die Informationen auf dem Kontrollbildschirm sind leicht und schnell zu erfassen, so dass sich zum einen der Vortragende ganz auf seine Präsentation konzentrieren kann und zum anderen der Bildschirm auch in größerer Entfernung zum Benutzer aufgestellt werden kann. BodyTalk bietet die Möglichkeit mehr als einen Roten Faden zu verwalten. Im Baum-Modus wird die Navigation innerhalb der Baumstruktur unterstützt, indem Vater-, Sohn- und Geschwisterknoten innerhalb des Baumes angezeigt werden.

Die Interaktion zwischen Benutzer und Computer erfolgt über die Ausführung von Bewegungsgesten, die durch das System zuvor angelernt wurden. Im Rahmen der praktischen Erfahrungen mit BodyTalk hat sich das Gestenset, das Abbildung 4 entnommen werden kann, als gute Wahl erwiesen. Die Kurven beschreiben die Armbewegung. So wird bei Geste 1 und 2 der Arm so bewegt, dass sich Hand auf einem Kreis bewegt, einmal im Gegenuhrzeigersinn, einmal entgegen. Bei Geste 3 und 4 wird der Arm so bewegt, dass die Hand ein Epsilon beschreibt, einmal von unten nach oben, einmal von oben nach unten. Grundsätzlich sind beliebige andere Gesten möglich.

Bisher wurde BodyTalk aus Sicht des präsentierenden Anwenders vorgestellt. Daneben bietet BodyTalk eine Reihe von Funktionen zur Systemadministration an, die sich in die Konfigurierungen der Gesten- und der Präsentationskomponente aufteilt. Alle Konfigurationsaufgaben können komfortabel über eine dafür angebotene grafische Benutzeroberfläche von BodyTalk bewältigt werden. Innerhalb der Gestenkomponente kann das Trainieren von Gesten, die Auswahl und Bestimmung eines Gestensets sowie die Videoeinstellungen erfolgen.

| Geste 1 | Geste 2 | Geste 3 | Geste 4 | Geste 5 |

Abb. 4: Beispielhaftes Gestenset zur Navigation. Die Kurven deuten die weiträumig auszuführenden Handbewegungen an.

Bei der Präsentationskomponente sind folgende Einstellungen konfigurierbar:
- *Importieren einer Präsentation:* Für die Steuerung einer Präsentation mit BodyTalk ist die Aufbereitung der Präsentationsdaten entsprechend der spezifischen Präsentationssoftware erforderlich.
- *Nachbearbeiten einer Präsentation:* ermöglicht die Änderung der Präsentationsstruktur, die durch das Importieren erzeugt wurde.
- *Laden/Speichern einer Präsentation:* Dateioperationen im BodyTalk Format.
- *Profilverwaltung:* Für unterschiedliche Benutzer können jeweils spezifische Profile angelegt werden, die beispielsweise Angaben über das zu verwendende Gestenset enthalten.
- *Gestenverwaltung:* Unter diesem Punkt sind Funktionen zur Verwaltung der Gesten zu finden, wie zum Beispiel das Antrainieren neuer Gesten oder die Zuweisung einer Bedeutung zu einer Geste.
- *Speichern von Profildaten.*

3 Software

Die BodyTalk-Software setzt sich im wesentlichen aus einer Gestenerkennungs- und einer Präsentationskomponente zusammen, deren Inhalte im folgenden näher erläutert werden.

3.1 Software-Struktur

Die Gestenerkennungskomponente besteht aus zwei Packages, wobei eines in C++ und eines in IDL (Sun 1997) erstellt wurde, das sowohl in Java als auch in C++ umgesetzt werden kann. Das C++-Package enthält im wesentlichen die Klassen zur Bildanalyse und zur Gestenerkennung, wohingegen im IDL-Package die Klassen für die Schnittstelle zwischen der Gestenerkennung und der Präsentationskomponente enthalten sind.

Die Präsentationskomponente ist vollständig in Java implementiert worden und setzt sich aus mehreren Packages zusammen:

- *Package „Action"*: legt die Aktionen fest, die anhand sogenannter Profile den Gestenobjekten zugeordnet werden können.
- *Package „Basics"*: Verwaltung von Listen und der Objektspeicherung.
- *Package „Editor"*: umfasst die Klassen für die Benutzeroberfläche.
- *Package „Gesture"*: enthält die Klassen zur Verwaltung von Gesten und ihrer Bedeutung sowie die Beschreibung der Schnittstelle zur Gestenerkennungskomponente.
- *Package „Import"*: leistet die Konvertierung von Präsentationen eines Fremdpräsentationssystems in das BodyTalk eigene Format.
- *Package „Presentation"*: stellt Klassen für einzelne Präsentationselemente und den Präsentationskoordinator zur Verfügung.
- *Package „KPresenter"*: bildet das Importmodul für KPresenter (Stadlbauer 1999) als Beispiel für die konkrete Ansteuerung eines Präsentationssystems.
- *Package „Profile"*: Verwaltung der Benutzerprofile.

3.2 Kommunikation zwischen den Komponenten

Aus Abbildung 5 können sowohl die Komponenten des BodyTalk-Systems sowie weitere kommunizierende Komponenten innerhalb des Präsentationssystems entnommen werden. Durchgehende Linien symbolisieren eine direkte Kommunikation, gepunktete Linien markieren Vermittlungsfunktionen. Die Pfeile zeigen jeweils in die Richtungen, in die Informationen ausgetauscht werden.

Zur Realisierung der Kommunikation zwischen der Gestenerkennungs- und der Präsentationskomponente wird CORBA (OMG 2000) verwendet. Der in C++ implementierte „GRMServer", der die videobasierte Gestenerkennung bereitstellt, meldet sein Objekt GRM bei dem CORBA Naming Service an, der als separater Serverprozess läuft. Die mit „IOR" gekennzeichneten Komponenten in Abbildung 5 deuten darauf hin, dass an diesen Stellen lediglich Objektreferenzen des Naming Service ausgetauscht werden.

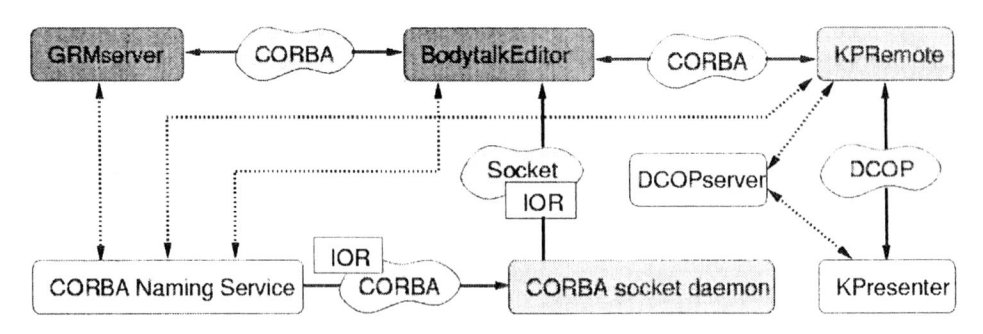

Abb. 5: Kommunikationsstruktur in BodyTalk

Die angesteuerte Präsentationssoftware ist in diesem Beispiel das Programm „KPresenter" (Stadlbauer 1999), dessen Importmodul „KPRemote" die Verbindung zu BodyTalk herstellt. Die Verbindung des Importmoduls zu Kpresenter wird über das *Desktop COmmunication Protocol*

(DCOP) der KDE Oberfläche realisiert, das weniger Resourcen benötigt und weniger leistungsfähig als CORBA ist, sich für diese Anwendung aber als hinreichend erwiesen hat.

3.3 Einbindung von Fremdpräsentationssystemen

Durch seine offene Schnittstelle ermöglicht BodyTalk die Anbindung beliebiger Präsentationssysteme, wie Microsoft Powerpoint oder StarPresenter (Sun 2000). Möglich wird diese Kompatibilität durch das in Abschnitt 2.2 erläuterte abstrakte Präsentationsmodell. Die Kommunikation zwischen den BodyTalk Komponenten und einem externen Präsentationsprogramm erfolgt über ein Importmodul, das für die spezifische Präsentationssoftware entwickelt werden muss. Beispielhaft realisiert wurde die Anbindung des Programms „KPresenter", das Teil des KOffice Projekts (KDE 1999) ist. Wie Abbildung 4 entnommen werden kann, erfolgt die Kommunikation ebenfalls über CORBA.

3.4 Bildverarbeitung und Gestenerkennung

Eine Möglichkeit, Bewegungsabläufe zu klassifizieren, stellen Trajektorien dar, die einen Bewegungspfad, dessen Punkte eindeutig bzgl. ihrer Reihenfolge und Position festgelegt sind (z.B. Liste von Punkten), beschreiben. Nach Anwendung von Merkmalsextrakions- und Klassifikationsverfahren, werden die einzelnen Gesten erkannt. Die meisten Merkmalsextraktionen basieren auf geometrischen oder numerischen Algorithmen zur Auswertung der Punktfolgen, wie z.B. Polygonzugberechnung (Lipscomb 1991), Kreisgitterextraktion (Müller 1998) und Momente (Hu 1962, Wood 1995). Welche der aufgeführten Verfahren ausgewählt werden, hängt von den zu erkennenden Gesten (z.B. Größe der Geste) und von dem auf die Merkmale angewandten Klassifikationsverfahren ab. So werden die Momentmerkmale mit Hilfe von Kreuzkorrelationsklassifikatoren am besten klassifiziert. Für die beiden anderen Verfahren liefern Raumklassifikatoren wie der Ab-standsklassifikator und der Trennebenenklassifikator (Politt 1993) die besten Ergebnisse.

3.4.1 Hidden-Markov-Modelle in der Gestenerkennung

Ein neuerer Ansatz nutzt zur Modellierung von Gesten *Hidden-Markov-Modelle* (HMM), die unter anderem in der Spracherkennung erfolgreich eingesetzt werden. HMMe ordnen Beobachtungsfolgen Folgen von Zuständen mit Übergangswahrscheinlichkeiten zu, die von außen nicht wahrnehmbar sind. Zum Erkennen einer Geste wird aus der Trajektorie eine Beobachtungsfolge bestimmt. Für jedes HMM, das eine Geste repräsentiert, wird die Wahrscheinlichkeit bestimmt, dass es diese Beobachtungsfolge erzeugt. Die Geste mit dem HMM größter Wahrscheinlichkeit wird als „erkannt" klassifiziert.

Auch in der bildbasierten Gestenerkennung sind HMM in verschiedenen Anwendungen zum Einsatz gekommen. Beispielsweise wurde in (Rigoll 1997) ein videobasiertes System zum Erkennen von Personengesten vorgestellt, das in der Lage ist, zwischen 24 verschiedenen Gesten zu unterscheiden. Eine Erweiterung macht es möglich, kontinuierlich und positions-unabhängig Gesten zu erkennen (Rigoll 1998).

In BodyTalk wird ebenfalls nach diesem Ansatz verfahren. Die Modellierung einer Bewegtgeste mittels eines HMM erfolgt durch ein *Training*, währenddessen die Geste mehrfach ausgeführt wird. Aus den Videosequenzen werden Beobachtungsfolgen berechnet, die zur Ermittlung der Parameter einer HMM genutzt werden. Zum Erkennen einer Geste wird aus der Videosequenz einer Geste wieder eine Beobachtungsfolge errechnet. Für jedes HMM, das eine Geste repräsentiert, wird die Wahrscheinlichkeit bestimmt, dass es diese Beobachtungsfolge erzeugt.

Die aus der Handbewegung gewonnene Trajektorie wird durch eine Folge von eindimensionalen Werten repräsentiert. Diese werden mit Hilfe einer *Quantisierung* ermittelt, die den Bildbereich der Kamera in verschiedene Bereiche (*Cluster*) einteilt, die mit einer eindeutigen Nummer versehen werden. Die Folge der zweidimensionalen Positionen wird auf die Folge der zugehörigen Clusternummern abgebildet, die sich aus der Reihenfolge des Durchlaufs der Bildbereiche ergibt.

3.4.2 Empirische Parameterevaluierung

Einige Parameter, beispielsweise die Clusteranzahl bei der Quantisierung, konnten nicht im Vorfeld allgemeingültig angegeben werden, sondern mussten durch ständige Versuche ermittelt werden. Auch über die Anzahl der Trainingssequenzen für die Gestenerlernung konnten im Vorfeld keine Annahmen gemacht werden. Idealerweise werden diese Parameter so gewählt, dass die Erkennungswahrscheinlichkeit maximal wird. Die für die Merkmalsvektoren ermittelten Wahrscheinlichkeiten der HMM sind ein qualitatives Maß für die Erkennung. Ein Optimieren der Parameter auf möglichst große Wahrscheinlichkeiten beim HMM führt aber nicht notwendigerweise zu einer optimalen Erkennungsrate. Es erweist sich als sinnvoller, das Verhältnis zwischen der Wahrscheinlichkeit der ausgeführten Geste zu den Wahrscheinlichkeiten der *falschen* Gesten zu optimieren.

Um die optimalen Werte für die Parameter experimentell zu ermitteln, wurde ein Gestenset mit den fünf Gesten aus Abbildung 4 angelegt, zu denen jeweils 40 Sequenzen aufgezeichnet wurden. Anschließend wurden daraus mehrere Gestensets erstellt, in dem jeweils fünf, zehn, 20 und 30 Sequenzen kopiert wurden. Da die beiden Parameter nicht unabhängig voneinander sind, wurden sämtliche Kombinationsmöglichkeiten der verschiedenen Gestensets und der Anzahl der Cluster (5, 10, 15, 20, 25, 30, 35 und 40) getestet. Als Eingabe dienten dazu 20 Testsequenzen, wobei jeweils vier Sequenzen eine Geste zeigten.

Es hat sich herausgestellt, dass 40 Cluster bei fünf Sequenzen zu viel zu sein scheinen, so dass die HMM nicht mehr ausreichend trainiert werden können. Zum anderen scheinen 40 Trainingssequenzen auszureichen, da bei dieser Anzahl fast kein Unterschied bei einer Veränderung der Cluster-Anzahl erkannt werden kann. Bei wenigen Clustern und wenigen Testsequenzen sind die Werte zwar gut, aber sehr schwankend.

4 Praktische Erfahrung und Bewertung

Bei verschiedenen Einsätzen hat sich BodyTalk als brauchbares und zuverlässiges System zur Präsentationsunterstützung erwiesen. In einer empirischen Untersuchung mit fünf Versuchspersonen wurde die Erkennungsleistung und die Erlernbarkeit von BodyTalk evaluiert. Dabei wurde das Gestenset aus Abbildung 4 verwendet. Die Funktionsweise des Systems konnte allen Versuchspersonen in maximal drei Minuten erläutert werden. Zur Bewertung interindividueller Unterschiede in Bezug auf die Erkennungsrate wurden die Probanden zunächst aufgefordert, mit einem bereits angelernten Gestenset zu arbeiten. Jede Geste wurde von jeder Person fünf bis sechs Mal durchgeführt und ihre Erkennung gewertet. Die daraus resultierende Erkennungsrate der jeweiligen Versuchsperson schwankte deutlich zwischen 36% und 100%. Bezogen auf alle ausgeführten Gesten aller Personen lag die Rate der richtig erkannten Gesten bei 68%. Aufgrund der starken individuellen Schwankung der Erkennungsrate selbst bei dieser eher kleinen Anzahl an Versuchspersonen kann geschlossen werden, dass das Anlernen der Gesten des Vortragenden dringend empfehlenswert ist. Zum Vergleich wurde daher für jede Versuchsperson das Gestenset individuell neu angelernt, indem alle fünf Gesten fünf Mal durchgeführt wurden. Pro Versuchsperson hat dies zwischen vier und sechs Minuten in Anspruch genommen. Daraufhin wurde die Aufgabe wiederholt, alle Gesten fünf bis sechs Mal durchzuführen. Als Resultat konnte eine erhebliche Verbesserung der Erkennungsrate festgestellt werden, die selbst im schlechtesten Fall bei einer Person noch 93% betrug. Bezogen auf alle ausgeführten Gesten aller Versuchspersonen wurde eine Erkennung von 97% erreicht. Abschließend wurden die Versuchspersonen gebeten, eine Schulnote für BodyTalk zu vergeben und ihre Eindrücke zu äußern. BodyTalk wurde durchweg von allen Probanden als „gut" beurteilt. Negativ bemerkt wurde, dass der Fußschalter störe, die zu verwendenden Gesten zu groß und das häufige Ausführen der Gesten anstrengend sei.

Aufgrund der Eigenschaften der Hidden-Markov-Modelle wird bei Betätigung des Fußschalters in jedem Fall eine Geste erkannt, auch wenn keine der definierten Gesten ausgeführt wurde. Durch die hohe Stabilität bei der Gestenerkennung treten Fehlerkennungen, die unerwünschte Aktionen in der Präsentationssoftware auslösen, selten auf. Fälschliche Reaktionen des Programms, beispielsweise das Rückwärtsblättern anstelle des Vorwärtsblätterns, müssen vom Benutzer durch eine passende Folge von Anweisungen kompensiert werden, im Beispiel also durch doppeltes Vorwärtsblättern. Eventuell wäre an dieser Stelle eine Undo-Operation sinnvoll.

Zu Beginn einer Präsentation, wenn sowohl Publikum als auch der Vortragende nicht mit BodyTalk vertraut sind, mag es für den Vortragenden und die Zuhörenden ungewöhnlich sein, ausschweifende Armbewegungen auszuführen. Dieser Überraschungseffekt für das Publikum lässt allerdings rasch nach.

Auf der technischen Seite besteht weiterer Entwicklungsbedarf, um eine kontinuierliche Gestenerkennung zu realisieren und den Fußschalter obsolet zu machen. Inhaltliche Erweiterungen sind insbesondere das Einbringen weiterer Funktionen in die Interaktionsschnittstelle, wie sie bei komplexen Präsentationsumgebungen, etwa den zu Beginn erwähnten vernetzten multimedialen Hörsälen, auftreten. Eine weitere Möglichkeit ist die zusätzliche Interaktion mit der projizierten Präsentation, etwa durch Hinzeigen, beispielsweise in dem Fall, dass sie interaktiv zu bedienende Software zeigt. Dieser anwendungsbezogene Dialog ist von der Navigation mittels BodyTalk unabhängig.

Das BodyTalk System ist im Rahmen der Projektgruppe 345 an der Universität Dortmund im Fachbereich Informatik entstanden. Zu dieser Projektgruppe gehörten Irina Alesker, Ralf Bönning, Dirk Försterling, Daniel Herche, Roland Kuck, Alexandra Nolte, Michael Pack, Thomas Rosanski, Birgit Scheer, Konstantin Steuer, Alexander Umanskij und Björn Weitzig.

Literaturverzeichnis

Assan, M., Grobel, K. (1997): Video-based sign language recognition using Hidden Markov models. In: Lecture Notes in Artificial Intelligence 1371, Subseries of Lecture Notes in Computer Science, Gesture and Sign Language in Human-Computer Interaction. Bielefeld: International Gesture Workshop. S. 97-109.

Cooperstock, J.R., Feld, S.S., Buxton, W., Smith, F.C. (1997): Reactive environments – throwing away your keyboard and mouse. Communications of the ACM. 40 (9). S. 65-73.

Deponte, J., Müller, H., Pietrek, G., Schlosser, S., Stoltefuß, B. (1997): Design and Implementation of a System for Multimedial Distributed Teaching and Scientific Conferences. In: Proc. Virtual Systems and Multimedia (VSMM'97). IEEE Press.

Hienz, H., Kraiss, K.-F., Bauer, B. (1999): Continuous Sign Language Recognition using Hidden Markov Models. In: Tang, Y. (Hrsg.): ICMI'99 - The Second International Conference on Multimodal Interface. S. IV10-IV15. Hong Kong. http://www.techinfo.rwth-aachen.de/Veroeffentlichungen/1999.html

Hu, M.-K. (1962): Visual Pattern Recognition by Moment Invariants. RE Trans. Inf. Theory Vol. 8. S. 179-187.

KDE Entwickler (1999): About the KOffice. http://koffice.kde.org

Kohler, M., Schröter, S. (1998): Handgestenerkennung durch Computersehen. In: Dassow, J.; Kruse, R., (Hrsg.): Informatik '98, Informatik aktuell, Berlin: Springer-Verlag. Siehe auch:

Kohler, M. (1999): New Contributions to Vision-Based Human-Computer Interaction in Local and Global Environments. Sankt Augustin: Infix-Verlag.

Lipscomb, J. S. (1991) : A Trainable Gesture Recognizer. Pattern Recognition Vol. 24, S. 895-907

Müller, S., Rigoll, G., Mazurenok D., Willet, D. (1998): Invariante Erkennung handskizzierter Piktogramme mit Anwendungsmöglichkeiten in der inhaltsorientierten Bilddatenbankabfrage. In: 20. DAGM-Symposium Tagungsband. Berlin: Springer-Verlag, S. 271-279.

OMG Object Management Group (2000): Corba Basics. http://www.omg.org/gettingstarted/corbafaq.htm

Politt, C. (1993): Vergleich des Trennebenenklassifikators mit dem „Nächsten Nachbarn"-Klassifikator. In: Mustererkennung 1993. Berlin: Springer-Verlag.

Rigoll, G., Eickeler, S., Kosmala, A. (1997): High performance realtime gesture recognition using Hidden-Markov-Models. In: Lecture Notes in Artificial Intelligence 1371, Subseries of Lecture Notes in Computer Science, Gesture and Sign Language in Human-Computer Interaction. Bielefeld: International Gesture Workshop. S. 69-80.

Rigoll, G., Eickeler, S., Kosmala, A. (1998): Hidden Markov model based continuous online gesture recognition. In: International Conference on Pattern Recognition. Brisbane. S. 1206-1208.

Stadlbauer, R. (1999): KPresenter. http://koffice.kde.org/kpresenter/index.html

Sun Microsystems (1997): Java IDL.

Sun Microsystems (2000): StarOffice. http://www.sun.com/products/staroffice

Wood, J. (1995): Invariant Pattern Recognition: A Review. Pattern Recognition Vol 29. S. 1-17

Adressen der Autoren

Christian Leubner / Helge Baier / Jens Deponte / Sven Schröter
Universität Dortmund
Fachbereich VII
Graphische Systeme
Otto-Hahn-Str. 16
44221 Dortmund
leubner@ls7.cs.uni-dortmund.de

Multimodale Interaktion in der Virtuellen Realität

Ipke Wachsmuth, Ian Voss, Timo Sowa, Marc E. Latoschik, Stefan Kopp,
Bernhard Jung
Universität Bielefeld, Technische Fakultät, AG Wissensbasierte Systeme

Zusammenfassung

Virtuelle Realität oder Virtual Reality (VR) bezeichnet ein neuartiges Kommunikationsmedium, das die unmittelbare Wechselwirkung des Menschen mit räumlich organisierten rechnergenerierten Darstellungen erlaubt. Verbunden mit körperlich verankerter Interaktion finden insbesondere gestische Eingaben starkes Interesse. Dieser Beitrag gibt einen Überblick über Forschungsarbeiten im Labor für Künstliche Intelligenz und Virtuelle Realität an der Universität Bielefeld, mit denen Grundlagen für den Einsatz gestischer und sprachlicher Interaktionstechniken entwickelt werden; als Erprobungsdomäne dient ein Szenario des virtuellen Konstruierens. Für die schnelle Erfassung komplexer Hand-Armgesten werden derzeit Datenhandschuhe und Körper-Tracker eingesetzt. Die Auswertung erfolgt mit wissensbasierten Ansätzen, die atomare Formelemente der Gestik symbolisch beschreiben und zu größeren Einheiten zusammensetzen. Ein zweites Thema ist die multimodale Interaktion durch sprachlich-gestische Eingaben, z.B. wenn auf einen Gegenstand gezeigt („dieses Rohr") oder eine Drehrichtung („so herum") signalisiert wird. Schließlich wird dargestellt, wie die Ansätze zur Formbeschreibung von Gesten für die Synthese natürlich wirkender gestischer Ausgaben mit einer artikulierten, anthropomorphen Figur übertragen werden können, die in laufenden Arbeiten mit Sprachausgaben koordiniert werden.

1 Einleitung und Forschungsüberblick

Virtual Reality beinhaltet wesentlich die Abkehr von üblicher Bildschirmausgabe und damit verbundenen WIMP-Techniken (windows, icons, menus, pointer) und ersetzt sie durch betrachterabhängige dreidimensionale Ein- und Ausgabeverfahren (Burdea & Coiffet 1994; Barfield & Furness 1995; van Dam 1997). Statt vor dem Bildschirm zu sitzen treten Anwender mehr oder weniger stark in eine „greifbare" synthetische Welt ein, in der sie sich bewegen und die Wirkungen ihres Tuns unmittelbar erfahren können. Maus und Tastatur sind in diesem Zusammenhang unnatürlich; die Interaktion basiert zumeist auf direktem Manipulieren mit dem Datenhandschuh, unterstützt durch Trackingsysteme.

Dennoch sind die Interaktionsmöglichkeiten des Benutzers in vielen Fällen zunächst auf die Exploration einer virtuellen Welt und simple Objektbewegungen beschränkt. Ein Hauptziel ist daher der Brückenschlag zwischen Bilderzeugungssystemen, die errechnete Visualisierungen einem überwiegend passiven Benutzer zur Verfügung stellen, und interaktiven Systemen, die Benutzereingriffe in der visualisierten Szene unmittelbar umsetzen können. Zur Unterstützung der Benutzerinteraktion in VR wird gefordert, dass die synthetischen Darstellungen möglichst umfassend Eigenschaften und Manipulationsmöglichkeiten besitzen sollen, die der Mensch in Analogie zu den dargestellten realen Objekten intuitiv voraussetzt. Hierzu sind wesentliche Impulse für die VR-Technik durch Methoden der Künstlichen Intelligenz zu erwarten bzw. im Ansatz erbracht worden (Wachsmuth 1998); mittlerweile hat sich ein Begriff „Intelligenter virtueller Umgebungen" zu etablieren begonnen (Luck & Aylett 2000; Jung & Milde 2000).

Für industrielle Anwendungen sind besonders VR-Systeme interessant, mit denen sich Modelle realer Objekte bereits vor dem Bau physikalischer Produktmodelle realistisch darstellen und explorieren lassen (Dai & Göbel 1994). Die Erstellung sog. virtueller Prototypen aus CAD-basierten parametrischen Grundbauteilen findet bereits im Fahrzeug- und Flugzeugversuchsbau Einsatz (Dai 1998). Dabei bildet die Unterstützung der VR-Technik durch intelligente Funktionen den Ausgangspunkt für ein „virtuelles Konstruieren". Die Grundidee besteht darin, Benutzern die Möglichkeit zu geben, mit virtuellen Objekten ähnlich zu interagieren wie aus der realen Umgebung gewohnt. Dies erfordert zunächst eine Simulation physikalischer Objekteigenschaften, wobei zwei Richtungen verfolgt werden: (1) physikalische Simulationen (z.B. Metaxas 1996; Gupta et al. 1997) mit noch sehr beschränkten Möglichkeiten, da extrem rechenintensiv, und (2) physikrekonstruierende, algorithmisch effiziente Ansätze wie Kollisionsberechnung und Modellierung von „Schnappmechanismen" zur teilautomatischen Objektpositionierung; siehe z.B. (Milne 1997; Jayaram et al. 1997; Gausemeier et al. 1998; Drews & Weyrich 1998; Jung et al. 2000).

Verbunden mit körperlich verankerter Interaktion finden insbesondere gestische Eingaben starkes Interesse; dabei können kommunikative (distante) und manipulative Gesten unterschieden werden. Frühe Ansätze zur kommunikativen Gestik in VR (z.B. Böhm et al. 1992) betrachten eher eingeschränkte, symbolische Gesten. Daneben wird meist Zeigegestik zur Objekt- und Ortsreferenzierung ausgewertet (Cavazza et al. 1995, Lucente et al. 1998). Bereits kombiniert mit Spracheingabe dienen des weiteren ikonische Gesten der Kommunikation von Formbeschreibungen oder Positionsänderungen (Sparrell & Koons 1994), bei (Lucente et al. 1998) zudem der Skalierung von Objekten. Schließlich werden mimetische („vormachende") Gesten zur kontinuierlichen Interaktion mit 3D-Objekten untersucht (siehe Abschnitt 2.1). Im Hinblick auf manipulative Gestik wurde die Interaktion mit virtuellen Objekten zunächst oft nur auf Umwegen, über „Space Menus", 3D-Widgets oder sequentielle Spracheingabe erzielt (Weimer & Ganapathy 1989; Hauptmann & McAvinney 1993). Es wurden auch erste VR-Systeme für zweihändige Manipulation entwickelt (Mapes & Moshell 1995; Shaw & Green 1994; Mine et al. 1997; Cutler et al. 1997).

Zum Einsatz kommen heute vielfach großprojizierende, komfortable Mehrbenutzerumgebungen, die an reale Arbeitssituationen anschließbar und für kooperative Bearbeitung multimedialer Daten geeignet sind: Stereoprojektionen auf Großbildwänden („Walls") und Bildtischen („Responsive Workbench"; Krüger et al. 1995), mehrseitige Stereoprojektionen („Caves"; Cruz-Neira et al. 1993), oder „Holobench" und „Holoscreen" als kostengünstigere Zweiseiten-Varianten. In neueren VR-Modellierungssystemen sind dabei Funktionen für eine netzwerkweite Verteilung (Distributed Virtual Reality) bereits berücksichtigt (siehe z.B. Fellner & Hopp 1997). In Design- und Konstruktionsanwendungen lassen sich Entscheidungen örtlich verteilter Arbeitsgruppen so gemeinsam treffen und interaktiv umsetzen („Concurrent Engineering"). Es lässt sich erwarten, dass solche Plattfomen eine Basis für zahlreiche Ingenieuraufgaben im virtuellen Entwurf sein werden, was einen Hintergrund für unsere im Folgenden dargestellten Arbeiten bildet.

2 Ansätze zur multimodalen Interaktion in Virtueller Realität

Dieser Beitrag gibt einen Überblick über Forschungsarbeiten im Labor für Künstliche Intelligenz und Virtuelle Realität an der Universität Bielefeld, mit denen Grundlagen für den Einsatz gestischer und sprachlicher Interaktionstechniken entwickelt werden. Seit mehreren Jahren ist unser Forschungsleitziel der Entwurf intuitiver Mensch-Maschine-Schnittstellen für interaktive 3D-Grafiksysteme, deren grundsätzliche Machbarkeit mit implementierten Systemprototypen demonstriert wird. In frühen Arbeiten ließen sich bereits mit dem VIENA-System (Wachsmuth & Cao 1995) einfache Zeigegesten (über Datenhandschuh) zur Ergänzung verbaler Eingaben auswerten. Dabei wurden in die Grafikwelt gekoppelte Softwareagenten zur Berechnung der Raumreferenz bei natürlichsprachlichen Benutzereingaben eingesetzt. Einbezogen wurden Verkörperungen von Raumreferenzsystemen durch eine anthropomorphe Figur, die sich gestisch äussern kann (Jörding & Wachsmuth 1996) sowie auch Agentenlernverfahren zur Adaptation an

Benutzerpräferenzen (Lenzmann & Wachsmuth 1997). Hierbei wurde eine Grundkonzeption für die Realisierung mehrmodaler Schnittstellen entworfen, die in den weiteren Vorhaben verfeinert wurde (Sowa et al. 1999), dies sowohl im Hinblick auf multimodale Eingaben (siehe Abschnitt 2.1) als auch für die Konzeption einer in die virtuelle Umgebung eingebrachten anthropomorphen Figur, die multimodale Äußerungen generieren soll (Abschnitt 2.2).

Ein Schwerpunkt unserer Arbeiten sind jetzt wissensbasierte Ansätze zum virtuellen Konstruieren, durch die realitätsnahes Manipulieren der virtuellen Umgebung erreicht wird. In einem zweiten Fokus werden sprachlich-gestische Eingaben in der Mensch-Maschine-Interaktion bearbeitet. Die beiden Forschungsrichtungen ergänzen sich, z.B. sind bei Ausnutzung von Domänenwissen Vagheiten in Benutzereingaben und Ungenauigkeiten der VR-Eingabegeräte ausgleichbar. Die unten näher beschriebenen Arbeiten bauen auf einem wissensbasierten Simulationssystem auf, dem Virtuellen Konstrukteur, mit dem die interaktive Montage komplexer Aggregate aus CAD-basierten Grundbausteinen auf einer bildschirmpräsentierten virtuellen Werkbank möglich ist (Jung & Wachsmuth 1998). Weitere Arbeiten betreffen die gestische und sprachliche Handhabung virtueller Objekte an einer interaktiven Wand mit 2.5m x 3m Stereoprojektion. Im Gegensatz zu den einleitend beschriebenen Ansätzen werden dabei nicht vordefinierte zeichensprachliche Gesten, sondern natürliche koverbale Gesten untersucht (Fröhlich & Wachsmuth 1998; Latoschik et al. 1998). Dabei werden hochaufgelöste räumliche Darstellungen CAD-basierter Bauteilmodelle in realistischer Größe präsentiert und über VR-Eingabegeräte (Datenhandschuhe, Positionssensoren, Spracherkennungssystem) interaktiv gehandhabt. In stärker auf Interaktionen im Greifraum bezogenen Szenarien kommt ferner eine Responsive Workbench (RWB) zum Einsatz.

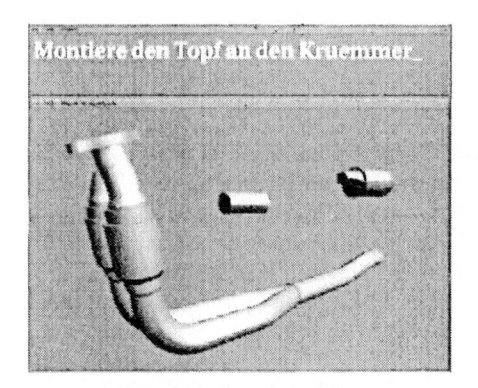

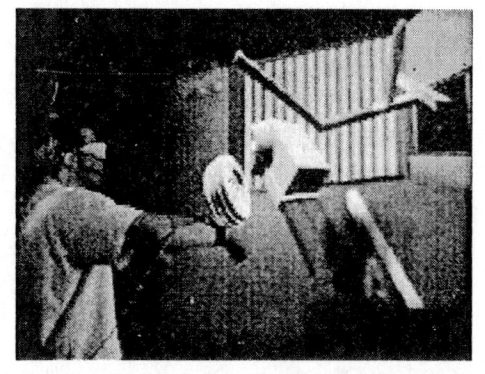

Abb. 1: Montage CAD-basierter Bauteile mit dem Virtuellen Konstrukteur: Links wird die Abgasanlage eines Automobils mittels sprachlicher Instruktionen gefügt (IGES-Datensatz der Volkswagen AG). Rechts werden Rahmenteile eines Kleinfahrzeugs unter sprachlich-gestischen Instruktionen virtuell zusammengesetzt, bei zusätzlicher Auswertung der Blickrichtung.

Mit dem Virtuellen Konstrukteur steht ein wissensbasiertes System zur Verfügung, das interaktive Montagesimulationen mit dreidimensional modellierten Bausteinen ermöglicht. Grundlage dafür ist ein allgemeiner Ansatz zur Modellierung der Bauteilverbindungsmöglichkeiten (Jung et al. 2000); er berücksichtigt verschiedene Arten von Verbindungsstellen virtueller Bauteile, z.B. den Schaft einer Schraube oder das Gewinde einer Mutter, sowie verschiedene Verbindungstypen, z.B. Schrauben oder Stecken. Neben den Standardinteraktionen herkömmlicher Graphiksysteme wie Navigation und Objekttranslation erlaubt der Virtuelle Konstrukteur die Echtzeitsimulation von montagebezogenen Manipulationen: passgenaues Fügen und Trennen von Bauteilen und Aggregaten und die Modifikation erzeugter Aggregate durch Relativbewegung (Rotation und Translation) von Bestandteilen gemäß verbindungsartspezifischer Freiheitsgrade. Auf Basis verschiedener Baukastensysteme, die von Baufix-Holzbauteilen bis hin zu industriellen, CAD-basierten Grundbausteinen (z.B. die Auspuffanlage eines VW Polo) reichen, wurden Ansätze entwickelt, mit denen das System die beim virtuellen Konstruieren entstehenden Baugruppen automatisch erkennt. Dies ermöglicht u.a. deren funktionsbezogene Benennung in sprachlichen Instruktionen. Benutzereingaben erfolgen in der Desktop-Version des Virtuellen Konstrukteurs durch mausbasierte Manipulation und sprachliche Instruktion. An der interaktiven Wand erfolgen die Benutzereingaben dagegen mit spachunterstützter Gestik (Abb. 1).

In diesem Szenario wurden verschiedene Problemstellungen der Realisierung multimodaler Interaktion in der virtuellen Realität bearbeitet und Lösungskonzepte entwickelt, die in Tabelle 1 aufgeführt sind und in den folgenden Abschnitten kurz erläutert werden.

Tab. 1: Übersicht über entwickelte Lösungskonzepte für Probleme der multimodalen Interaktion

PROBLEM	LÖSUNGSKONZEPTE
Korrespondenz zeitlich paralleler Eingaben	a) Symbol-Integratoren b) erweitertes ATN
explizite Beschreibung von Gesten	merkmalsbasiert, kompositionell: a) logische Operatoren auf Attributsequenzen b) HamNoSys (mit Erweiterungen für temporale Merkmale)
Abstraktion von Körperdaten	Körpermodell und Handmodell auf der Basis von Aktuatoren
Einbindung kontinuierlicher Interaktion	Motion-Modifikatoren
Auflösung von Vagheit	a) Komplementierung Sprache und Gestik b) Auswertung externer Wissensquellen (Virtueller Konstrukteur)

2.1 Multimodale, insbesondere gestische Eingabe-Interaktion

Multimodale Interaktion betrifft hier die Umsetzung von Benutzereingriffen in visualisierten 3D-Szenen anhand sprachbegleiteter Gesteneingaben. Im 1999 abgeschlossenen SGIM-Projekt (Latoschik et al. 1999) wurden Grundlagentechniken entwickelt, die mit verschiedenen Sensoren Informationen über die Bewegungen der oberen Extremitäten und die Position eines Benutzers bei der Interaktion an der Stereo-Projektionswand erschließen. Dazu gehört die signaltechnische Erfassung und Bedeutungsanalyse von Körpergestik (vor allem Arme und Kopfstellung des Benutzers) und ihre Kopplung in Anwendungssysteme. Die gestische Kommunikation wird durch Spracheingabe unterstützt, mit der unter anderem Objekttypen und -positionen mitgeteilt werden, um Vagheiten im gestischen Eingabekanal aufzulösen. Die signaltechnische Erfassung der Körperbewegung (Abb. 2) erfolgt mit einem Sensorset (Flock of Birds) und Datenhandschuhen (CyberGloves). Die verwendete Spracherkennung, ein an der Universität Bielefeld entwickelter Forschungsprototyp (Fink et al. 1998), arbeitet benutzerunabhängig, inkrementell und kontinuierlich.

Die Gestenerkennung basiert auf der Detektion definitorischer Merkmale, die sowohl die Form als auch den zeitlichen Verlauf einer Geste betreffen und die mit logischen Operatoren auf registrierten Sequenzen solcher Attribute verknüpft werden. Als Formmerkmale werden Fingerstellung, Handorientierung und -position betrachtet. Zeitlich-expressive Elemente, die auf das Vorliegen einer bedeutungstragenden Geste hinweisen, sind Ruhepunkte, hohe Beschleunigungen, Symmetrien und Abweichungen von Ruhestellungen bei Handspannung und der Handposition. Zur Detektion der Form- und Expressionsmerkmale wurden Erkenner entwickelt, die auf den Sensordaten der Datenhandschuhe und Positionssensoren aufsetzen. Abbildung 3 zeigt exemplarisch den Bewegungspfad der rechten Hand bei aufeinander folgenden Zeigegesten. Deutlich zu erkennen ist sowohl ein „Overshooting" bei der Armrückstellung in die absolute Ruheposition als auch das momentane Verharren der Hand in einer relativen Ruheposition bei zeitlich eng aufeinander folgenden Zeigegesten. Die Entwicklung der Erkenner erfolgte anhand solcher Daten aus einer Untersuchung an 37 Versuchspersonen.

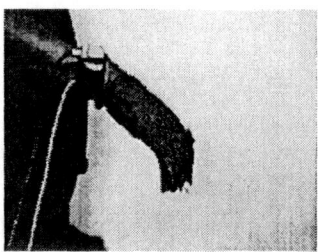

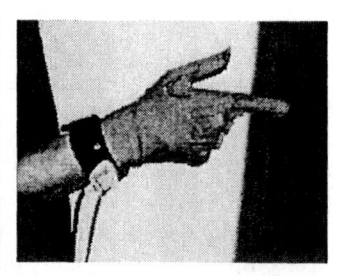

Abb. 2: Gestenerfassung mit Positions-/Bewegungssensoren an Handgelenken, Stereobrille und Rücken (Körperreferenz) sowie Datenhandschuhen, über die Fingerstellung und Handspannung ermittelt werden (Spracheingabe über Kopfmikrofon).

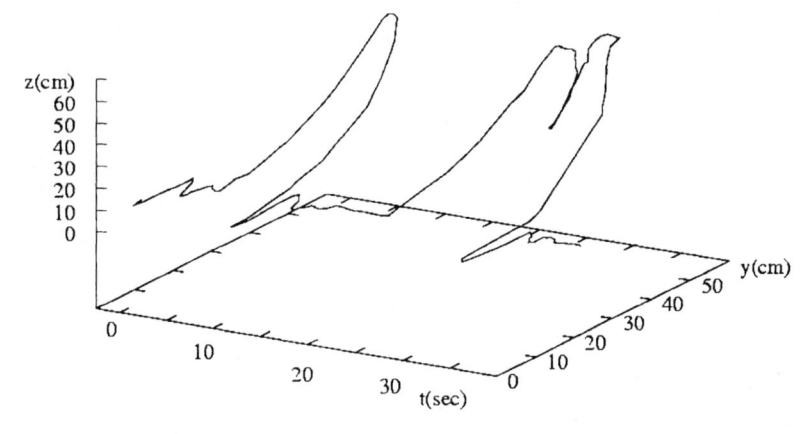

Abb. 3: Bewegungsverlauf der rechten Hand bei aufeinanderfolgenden Zeigegesten (aufgetragen sind hier die y- und z-Richtung über der Zeit).

Als weiterer Ansatz zur expliziten Gestenbeschreibung wird das aus der Gebärdensprachenlehre hervorgegangene „Hamburger Notationssystem" HamNoSys (Prillwitz et al. 1989) zugrunde gelegt, das Gesten auf Basis von atomaren Formelementen symbolisch-kompositionell beschreibt, mit einem Fokus auf der Darstellung der oberen Gliedmaßen. Gesten werden in HamNoSys als Wörter notiert, die aus Grundsymbolen zusammengesetzt sind; hiermit ist eine formalsprachliche Charakterisierung von Symbolstrukturen möglich, die maschinelle Verwendung ermöglicht. Mit den Kombinationsmöglichkeiten der Grundsymbole können statische Konfigurationen (Posturen) und dynamische Gestenteile (Aktionen) beschrieben werden. In Abb. 4 ist beispielsweise eine Rechtszeigegeste notiert, bestehend aus einem statischen Anteil der Hand-Arm-Konfiguration (Hand mit Zeigefinger nach vorn gestreckt, Handfläche nach links orientiert, Arm in Schulterhöhe ganz gestreckt) und einem dynamischen Anteil (Hand erst nach vorn, dann nach rechts bewegt). Die Gestenerkennung wird durch zeitliche Integration der nebenläufig im Kurzzeitspeicher auflaufenden Formelemente mit dafür entwickelten Symbol-Integratoren bewerkstelligt (Sowa et al. 1999).

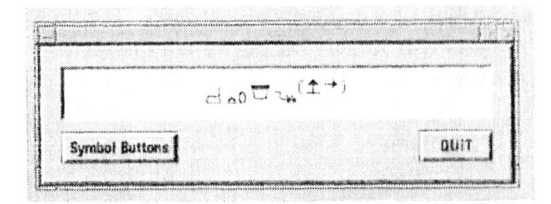

Abb. 4: HamNoSys-Notat einer „Nach-vorn-und-dann-rechts"-Zeigegeste, die in etwa der in Abb. 3 dargestellten zweiten (zusammengesetzten) Zeigebewegung entspricht.

Realisiert wurden zunächst Erkenner für universelle Basisinteraktionen (Zeigen, Greifen, Loslassen, Rotation, Translation), die in HamNoSys ausgeben können. Bei der sprachlich-gestischen Interaktion werden drei Typen kommunikativer Gesten ausgewertet: Deiktische Gesten („nimm <Zeigegeste> dieses Teil") spezifizieren ein Objekt der virtuellen Umgebung oder auch einen Ort, mimetische Gesten („drehe es <kreisender Zeigefinger> so herum") qualifizieren die Ausführung einer Aktion, und ikonische Gesten („das so <Andeutung von Form/Lage mit den Händen> geformte Objekt ...") werden zur Objektreferenz verwendet (Abb. 5). Bei der Zusammenführung von Sprache und Gestik (multimodale Integration) ist das Korrespondenzproblem (Srihari 1994) zu lösen, d.h. die semantisch-pragmatische Zuordnung zeitlich paralleler sprachlicher und gestischer Äußerungssegmente. Dabei wird als Hauptkriterium zeitliche Nähe ausgewertet: Perzepte des gestischen und sprachlichen Kanals werden zeitgestempelt in einem Kurzzeitspeicher abgelegt, auf den der Integrationsprozess zugreift, und über ein erweitertes ATN einander zugeordnet (Latoschik 2000).

Die Interpretation der Gesten erfolgt grundsätzlich im Kontext einer sprachlichen Äußerung und vor dem Hintergrund des Anwendungsszenarios der Virtuellen Konstruktion. Die Umsetzung multimodaler Anweisungen kann dabei diskret oder kontinuierlich erfolgen (Latoschik et al. 1999). Sind alle Parameter einer Manipulation durch die Eingabe und den Kontext bestimmt, wird sie in einem diskreten Schritt durchgeführt; dies ist der Fall für alle gestischen Eingaben mit deiktischem Typ und im Grundansatz auch für ikonische Gesten angemessen. Mimetische Gesten (die gewünschte Objektmanipulationen vormachen) werden als kontinuierliche Interaktionen umgesetzt. Zur Abstraktion von den gemessenen Körperdaten dienen sog. Aktuatoren als virtuelle Repräsentanten; sie binden während einer kontinuierlichen Interaktion an sog. Motion-Modifikatoren, die die übermittelten Daten im Hinblick auf die gestisch angedeutete Bewegung auswerten. Die so erhaltenen Bewegungsprimitive binden dann an Objekt-Manipulatoren, die wiederum die virtuellen Objekte modifizieren. Die Interpretation mimetischer Gesten wird unter Auswertung externer Wissensquellen durch die möglichen Lage- und Positionsänderungen der dargestellten Bauteile beschränkt. Unverbundene Teile lassen prinzipiell alle manipulativen Freiheitsgrade zu; nach einem Verbindungsschluss werden diese Freiheitsgrade entsprechend eingeschränkt.

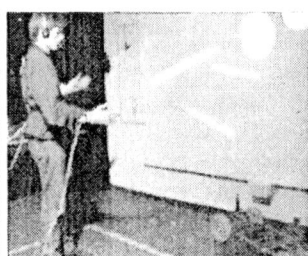

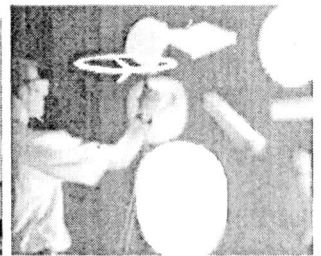

Abb. 5: „... stecke es an dieses Rohr...", „...das so liegende Objekt...", „... drehe es so herum..."

2.2 Multimodale, insbesondere gestische Ausgabe-Interaktion

Als Pendant zur multimodalen Eingabeverarbeitung werden die beschriebenen Ansätze auch zur Generierung von „lifelike"-Gesten eingesetzt, mit denen sich u.a. deiktische Referenzen im virtuellen Raum erzeugen und system- wie benutzerseitig auswerten lassen. Eine virtuelle anthropomorphe Figur – in Abb. 6 als kinematisches Skelett dargestellt – kann durch Kombination symbolischer und numerischer Techniken Gesten mit den oberen Gliedmaßen und Händen in natürlichem zeitlichen Ablauf generieren; sie wird derzeit für den simultanen Einsatz mit synthetischer Sprachausgabe vorbereitet. Abb. 6 zeigt Extrempunkte im Phasenablauf einer Geste des Heranziehens oder -winkens, die aus einer erweiterten HamNoSys-Beschreibung (Abb. 7) in Realzeit generiert wird (Kopp & Wachsmuth 2000).

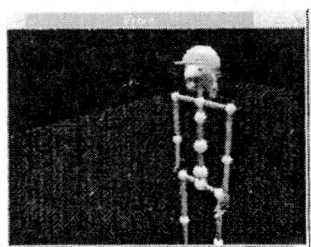

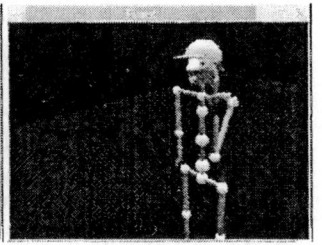

Abb. 6: „pull"-Geste eines artikulierten Kommunikators

Als ein Einsatzziel soll diese Figur als sog. artikulierter Kommunikator, gewissermaßen als Verkörperung des Systems, dem Benutzer bei virtuellen Konstruktionsabläufen assistieren und sich dabei multimodal äußern können (Kopp & Jung 2000).

```
Pull-1
 -(PARALLEL (Start 1.1, 0)(End 2.3, 0))
   -(SEQUENCE (Start 1.1, 0)(End 2.3, 0))
     -(PARALLEL (Start 1.1, 0)(End 1.7, 0))
       -(STATIC (Start 1.1, 0)(End 1.7, 0)(HandLocation LocShoulder LocLeftBeside LocStretch)
       -(STATIC (Start 1.1, 0)(End 1.7, 0)(HandShape BSflato))
     -(PARALLEL (Start 1.9, 0)(End 2.3, 0))
       -(STATIC (Start 1.9, 0)(End 2.3, 0)(HandLocation LocShoulder LocLeftBeside LocNear))
       -(STATIC (Start 1.9, 0)(End 2.3, 0)(HandShape BSfist))
   -(STATIC (Start 1.1, 0)(End 2.3, 0)(PalmOrientation PalmD))
```

Abb. 7: Erweiterte HamNoSys-Beschreibung (hier in ASCII) der „pull"-Geste

3 Diskussion und Ausblick

Mit den hier beschriebenen Arbeiten wurden Grundlagentechniken für multimodale Interaktion entwickelt, die in folgender Hinsicht über bislang existierende Ansätze hinausgehen: Formen des natürlichen Zeigens und Vormachens können parallel zu gesprochenen Instruktionen echtzeitfähig zur Manipulation virtueller Objekte eingesetzt werden; die Interaktionen können lose gekoppelt (diskret) oder eng gekoppelt (kontinuierlich) erfolgen; die Generierung natürlicher Gestik durch einen synthetischen Agenten ist auf Basis „hochsprachlicher" Spezifikationen komfortabel möglich und zudem an Zeitvorgaben ausrichtbar, welche die Synchronisation mit Sprachausgaben vorbereiten. Da unsere Arbeiten auf die Erweiterung bisheriger Techniken abzielen, sind die implementierten Systeme Forschungsprototypen, deren Erfolgsmesspunkt die Erprobung durch Laborpersonal ist; die Systemperformanz ist für prototypische Beispiele wiederholbar und variierbar verlässlich. Weitergehende Evaluationen und Untersuchungen der Systemnützlichkeit sind derzeit noch nicht vorgesehen.

In unseren weiteren Arbeiten wollen wir Forschungsansätze aus den Bereichen Multimodale Interaktion und Virtuelles Konstruieren erweitern und derart zusammenführen, dass ihre realitätsnahe Erprobung auf einer generischen Handhabungsplattform demonstrierbar wird. Verstärkt sollen dabei zweihändige manipulative Gesten aufgegriffen werden, wobei auch Erkenntnisse aus den Humanwissenschaften über bimanuales Arbeiten (z.B. Guiard & Ferrand 1996) einbezogen werden sollen. Mit der Netzwerkverteilung und Installation der virtuellen Umgebung bei einem Kooperationspartner (GMD) soll zudem die Eignung der entwickelten Techniken für Anwendungen im Concurrent Engineering untersucht werden.

Die Integration einer virtuellen Figur in die virtuelle Umgebung lässt verschiedene Fortsetzungen der Arbeiten denkbar erscheinen. Einerseits kann die Figur das systemseitige Gegenüber des Benutzers verkörpern und mit ihm/ihr beiderseitige multimodale Interaktion treten, als autonomer artikulierter Kommunikator. Andererseits erscheint es möglich, die körperlichen Äußerungen eines entfernten (menschlichen) Kooperateurs in verteilter VR zu erfassen und aus entsprechenden Beschreibungen vor Ort mit dem artikulierten Kommunikator zu reproduzieren; die virtuelle Figur würde in diesem Fall den entfernten Partner als Avatar repäsentieren. Eine andere Fortsetzung finden unsere Arbeiten im neu angelaufenen DEIKON-Projekt („Deixis in Konstruktionsdialogen"), in dem entwickelte Formen des Zeigens, die ikonische Anteile der Beschreibung von Formen und Orientierungen einschließen können – empirisch und in Simulationen mit einer virtuellen Figur – untersucht werden. Hierüber wird zu anderer Gelegenheit zu berichten sein.

Hinweise

Die Forschungsarbeiten im SGIM-Projekt wurden im Projektverbund „Multimedia NRW: Die Virtuelle Wissensfabrik" in Zusammenarbeit mit Partnerprojekten der Universität Bielefeld, des Europäischen Mechatronikzentrums Aachen und des Instituts für Medienkommunikation der GMD (GMD IMK-VMSD) Sankt Augustin durchgeführt und vom Land Nordrhein-Westfalen unterstützt. Die Arbeiten zum virtuellen Konstrukteur und im DEIKON-Projekt werden im Rahmen des Sonderforschungsbereichs 360 „Situierte Künstliche Kommunikatoren" von der Deutschen Forschungsgemeinschaft gefördert.

Literatur

Barfield, W. & Furness, T.A. (Eds.) (1995): Virtual Environments and Advanced Interface Design, Oxford University Press.
Böhm, K., Hübner, W. & Väänänen, K. (1992): GIVEN: Gesture driven interactions in virtual environments: A toolkit approach to 3D interactions. Proc. Conf. Interface to Real and Virtual Worlds (Montpellier, France, March 1992).
Burdea, G. & Coiffet, P. (1994): Virtual Reality Technology. New York: Wiley.
Cavazza, M., Pouteau, X. & Pernel, D. (1995): Multimodal communication in virtual environments. In Y. Anzai ez al. (Eds.): Symbiosis of Human and Artifact, pp. 597-604. Elsevier Science B.V.
Cruz-Neira, C., Sandin, D.J., DeFanti, T.A. (1993): Surround-Screen Projection-Based Virtual Reality: The Design and Implementation of the CAVE, Computer Graphics Vol. 27 (Proc. SIGGRAPH 93), 135-142.
Cutler, L. D., B. Fröhlich, P. Hanrahan (1997): Two-Handed Direct Manipulation on the Responsive Workbench. Proceedings of the 1997 Symposium on Interactive 3D Graphics. ACM.
Dai, F. (1998): Virtual Reality for Industrial Applications. Berlin u.a.: Springer.

Dai, F. & M. Göbel. Virtual Prototyping – An approach using VR-techniques (1994): In Proc. of the 14th ASME Int. Computers in Engineering Conference, Minneapolis, September 11-14.

Drews, P. & M. Weyrich (1998): Interactive Functional Evaluation in Virtual Prototyping Illustrated by an Example of a Construction Machine Design. In IECON'98 – Proceedings of the 24th Annual Conference of the IEEE Industrial Electronics Society, Vol 4, IEEE, 2143-2145.

Fellner, D.W. & Hopp, A. (1997): MRT-VR Multi-User Virtual Environment, Proc. AAAI '97.

Fink, G.A., C. Schillo, F. Kummert & G. Sagerer (1998): Incremental speech recognition for multimodal interfaces. In Proc. 24th Annual Conference of the IEEE Industrial Electronics Society, 2012-2017.

Fröhlich, M. & I. Wachsmuth (1998): Gesture recognition of the upper limbs - from signal to symbol. In I. Wachsmuth and M. Fröhlich (eds.): Gesture and Sign Language in Human-Computer Interaction (pp. 173-184). Berlin: Springer-Verlag (LNAI 1371).

Gausemeier, J., M. Grafe & R. Wortmann (1998): Interactive Planning of Manufacturing Systems with Virtual Construction Sets. In IECON'98 – Proceedings of the 24th Annual Conference of the IEEE Industrial Electronics Society, Vol 4, IEEE, 2146-2151.

Guiard, Y. & T. Ferrand (1996): Asymmetry in Bimanual Skills. In Manual Asymmetries in Motor Performance, CRC Press.

Gupta, R., Whitney, D. and Zeltzer, D. (1997): Prototyping and Design for Assembly Analysis Using Multimodal Virtual Environments. Computer-Aided Design, 29(8): 585-597.

Hauptmann, A.G. & P. McAvinney (1993): Gestures with speech for graphic manipulation. International Journal of Man Machine Studies, 38: 231-249.

Jayaram, S., Connacher, H.I. & Lyons, K.W. (1997): Virtual Assembly Using Virtual Reality Techniques. Computer-Aided Design, 29(8): 575-584.

Jörding, T. & I. Wachsmuth (1996): An Anthropomorphic Agent for the Use of Spatial Language, Proceedings of ECAI'96-Workshop „Representation and Processing of Spatial Expressions" (pp. 41-53), Budapest.

Jung, B. & J.T. Milde (Hrsg.) (2000): KI – Künstliche Intelligenz 2/00, Themenheft zum Schwerpunkt „Intelligente virtuelle Umgebungen".

Jung, B. & I. Wachsmuth (1998): Integration of Geometric and Conceptual Reasoning for Interacting with Virtual Environments. Proc. AAAI '98 Spring Symposium on Multimodal Reasoning, pp. 22-27.

Jung, B., S. Kopp, M.E. Latoschik, T. Sowa & I.Wachsmuth (2000): Virtuelles Konstruieren mit Gestik und Sprache. KI – Künstliche Intelligenz 2/00, Themenheft zum Schwerpunkt „Intelligente virtuelle Umgebungen", 5-11.

Kopp, S. & B. Jung (2000): An Anthropomorphic Assistant for Virtual Assembly: Max. In Working Notes Workshop „Communicative Agents in Intelligent Virtual Environments", Autonomous Agents 2000.

Kopp, S. & I. Wachsmuth (2000): A Knowledge-based Approach for Lifelike Gesture Animation. In W. Horn (ed.): ECAI 2000 - Proceedings of the 14th European Conference on Artificial Intelligence, IOS Press, 663-667.

Krüger, W., Bohn, C.A., Fröhlich, B., Schüth, H., Strauss, W., Wesche, G. (1995): „The Responsive Workbench: A Virtual Work Environment", in: IEEE Computer, Vol. 28, No. 7.

Latoschik, M. E. (2000): Multimodale Interaktion in Virtueller Realität am Beispiel des virtuellen Konstruierens. Eingereichte Dissertationsschrift, Technische Fakultät/Universität Bielefeld, Okt. 2000.

Latoschik, M. E., M. Fröhlich, B. Jung & I. Wachsmuth (1998): Utilize Speech and Gestures to Realize Natural Interaction in a Virtual Environment. IECON'98 - Proceedings of the 24th Annual Conference of the IEEE Industrial Electronics Society, Vol. 4, IEEE, 2028-2033.

Latoschik, M. E., B. Jung & I. Wachsmuth (1999): Multimodale Interaktion mit einem System zur Virtuellen Konstruktion. In K. Beiersdörfer, G. Engels & W. Schäfer (Hrsg.): Informatik '99, 29. Jahrestagung der Gesellschaft für Informatik, Paderborn. Berlin: Springer-Verlag, 88-97.

Lenzmann, B. & I. Wachsmuth (1997): Contract-Net-Based Learning in a User-Adaptive Interface Agency. In Gerhard Weiss (ed.): Distributed Artificial Intelligence Meets Machine Learning. Learning in Multi-Agents Environments, (pp. 202-222), Berlin: Springer-Verlag (LNAI 1221).

Lucente, M., Zwart, G. & George, A. D. (1998): Visualization space: A testbed for deviceless multimodal user interface. In Intelligent Environments Symposium, American Assoc. for Artificial Intelligence Spring Symposium Series.

Luck, M. & R. Aylett (Eds.) (2000): Applied Artificial Intelligence 14(1), Special Issue „Intelligent Virtual Environments".

Mapes, D.P. & J.M. Moshell (1995): A Two-Handed Interface for Object Manipulation in Virtual Environments. Presence, 4(4): 403-416.

Metaxas, D. M. (1996): Physics-Based Deformable Models. Applications to Computer Vision, Graphics and Medical Imaging. Boston: Kluwer Academic Publishers.

Milne, M.R. (1997): ISAAC: A Meta-CAD System for Virtual Environments. Computer-Aided Design, 29(8): 547-553.

Mine, M., F.P. Brooks & C. Sequin (1997): Moving Objects in Space: Exploiting Propriception in Virtual-Environment Interaction. Proceedings SIGGRAPH'97, ACM, 19-26.

Prillwitz, S., R. Leven, H. Zienert, T. Hanke, and J. Henning (1989): HamNoSys Version 2.0: Hamburg Notation System for Sign Languages: An Introductory Guide. International Studies on Sign Language and Communication of the Deaf, Vol. 5. Hamburg: Signum Press.

Shaw, C. & M. Green (1994): Two-Handed Polygonal Surface Design. Proceedings of the ACM Symposium on User Interface Software an Technology, 205-212.

Sowa, T., M. Fröhlich & M. Latoschik (1999): Temporal Symbolic Integration Applied to a Multimodal System Using Gestures and Speech. In A. Braffort et al. (Eds.), Gesture-based Communication in Human-Computer Interaction – Proceedings GW'99 (pp. 291-302). Berlin: Springer-Verlag (LNAI 1739).

Sparrell, C. J. & Koons, D. B. (1994): Interpretation of coverbal depictive gestures. In AAAI Spring Symposium Series (pp. 8-12), Stanford University.

Srihari, R.K. (1994): Computational models for integrating linguistic and visual information: A survey. Artificial Intelligence Review, 8: 349-369.

van Dam, A. (1997): Post-WIMP User Interfaces, Communications of the ACM, Vol. 40 (2), 63-67.

Wachsmuth, I. (1998): Das aktuelle Schlagwort: Virtuelle Realität, KI – Künstliche Intelligenz 98/1, 34.

Wachsmuth, I. & Cao, Y. (1995): Interactive Graphics Design with Situated Agents. In W. Strasser & F. Wahl (eds.): Graphics and Robotics (pp. 73-85). Berlin: Springer-Verlag.

Weimer, D. & S.K. Ganapathy (1989): A synthetic visual environment with hand gesturing and voice input. In CHI 89 Conference Proceedings, Human Factors in Computing Systems (pp. 235-240).

Adressen der Autoren

Prof. Dr. Ipke Wachsmuth /Timo Sowa / Marc E. Latoschik/
Stefan Kopp / Bernhard Jung / Ian Voss
Universität Bielefeld
Technisch Fakultät
AG Wissenbasierte System
Universitätsstr. 25
33615 Bielefeld
ipke@techfak.uni-bielefeld.de / tsowa@techfak.uni-bielefeld.de /
marcl@techfak.uni-bielefeld.de / skopp@techfak.uni-bielefeld.de /
jung@techfak.uni-bielefeld.de / voss@techfak.uni-bielefeld.de

Psychologische Aspekte bei der Implementierung und Evaluation nonverbal agierender Interface-Agenten[1]

Gary Bente, Nicole C. Krämer
Universität zu Köln, Psychologisches Institut

Zusammenfassung

Der Beitrag behandelt psychologische Aspekte bei der Gestaltung und Evaluation sog. anthropomorpher Schnittstellen. Fokussiert werden dabei Ansätze zur Implementierung nonverbaler Verhaltenskomponenten. Unterschieden werden in diesem Zusammenhang modell-basierte top-down-Ansätze und datenbasierte bottom-up-Ansätze. Vor- und Nachteile der beiden Zugehensweisen werden diskutiert und Integrationsmöglichkeiten im Rahmen einer eigenen Entwicklungs- und Evaluationsplattform für anthropomorphe Interface-Agenten vorgestellt. Erste Forschungsergebnisse aus dem Einsatz der Methodenplattform zur Evaluation eines virtuellen Assistenten in der Unterhaltungselektronik werden referiert und im Hinblick auf weitere Forschungsperspektiven bewertet.

1 Intuitive Schnittstellen: Face-to-Face-Kommunikation als neue MCI-Metapher

Aus der wachsenden Komplexität moderner Informations- und Kommunikationstechnologien ergeben sich zunehmend höhere Anforderungen an die Einfachheit und Benutzerfreundlichkeit der verfügbaren Mensch-Technik-Schnittstellen. Vor diesem Hintergrund wird auch vermehrt die Einsetzbarkeit von sog. anthropomorphen Interfaces (embodied interface agents, animated user interface agents, face-to-face like interfaces) diskutiert, die ein- und ausgabeseitig der Humankommunikation nachempfunden sind. Durch den Einsatz natürlicher Kommunikationskanäle, wie Sprache, Gestik, Mimik, etc. sollen solcherart gestaltete Schnittstellen einen intuitiven - d.h. auf allgemein vorhandene Kommunikationsvoraussetzungen rekurrierenden - Zugang selbst zu komplexesten Systemen ermöglichen. Unter Bezug auf die strukturellen Ähnlichkeiten mit der menschlichen face-to-face-Kommunikation wird dieser Interaktionsform generell auch eine leichtere Handhabung sowie größere Effizienz und Akzeptanz zugesprochen (vgl. Brennan, 1990; Laurel, 1990; Bolt, 1987; Thórisson, 1996). So formulieren etwa Takeuchi und Naito (1995, S. 454) in diesem Sinne ihre optimistischen Erwartungen an die neuen Technologien:
„We surmise that once people are accustomed to synthesized faces, performance becomes more efficient, and a long partnership further improves performance. Human-like characterization is one good form of autonomous agents, because people are accustomed to interact with other humans".

Bei der Entwicklung derartiger Interfaces sind sowohl auf der Eingabeseite (Spracherkennung, Motion-Capture, Face-tracking, Eye-tracking, etc.) als auch auf der Ausgabeseite (Dialogmodellierung, Echtzeitausgabe realistischer verbaler und nonverbaler Verhaltensmuster) sicherlich noch eine Reihe technischer Probleme zu lösen, in deren Rahmen psychologische Überlegungen zur 'Usability' und kognitiven Ergonomie eine Rolle spielen (vgl. Oviatt, 1999). Ganz besonders mit Blick auf die Ausgabeseite anthropomorpher Interfaces, also auf die Generierung

---
[1] Die dargestellten Entwicklungsarbeiten wurden im Rahmen des vom BMB+F geförderten Leitprojektes EMBASSI (Elektronische Multimodale Bedien- uns Serviceassistenz; BMB+F Förderkennzeichen 01 IL 904 L) in Kooperation mit der Kunsthochschule für Medien, Köln, durchgeführt.

und Evaluation künstlichen menschlichen Kommunikationsverhaltens werden jedoch in besonderer Weise auch Konzepte und Befunde aus der Sozial- und Kommunikationspsychologie salient. Die Mensch-Computer-Interaktion gewinnt hier eine völlig neue - eine (para-)soziale - Dimension. Konsequenterweise fordern Parise, Kiesler, Sproull und Waters (1999) auch eine Erweiterung der psychologischen Forschungsperspektive: *„As computer interfaces can display more life-like qualities such as speech output and personable characters or agents, it becomes important to understand and assess user's interaction behavior within a social interaction framework rather than only a narrower machine interaction one"* (S. 123).

Neben der Möglichkeit zur Sprachausgabe eröffnet nun aber gerade die visuelle Präsenz des virtuellen Gesprächspartners eine Reihe zusätzlicher, sog. nonverbaler Kommunikationskanäle, also Körperbewegung, Mimik, Gestik, Körperhaltung, Blickverhalten, etc. deren subtile aber auch nachhaltige Wirkungen aus der Face-to-Face-Kommunikationsforschung bereits bekannt sind. Im Zusammenhang mit der Mensch-Computer-Interaktion (MCI) wird diese Kanalerweiterung im Sinne der Multimodalität per se oft als ein Vorteil gesehen (vgl. etwa Thórisson, 1996), wobei spezifische Problemstellungen, die sich aus der Nutzung nonverbaler Kommunikationsmodalitäten ergeben können, übersehen werden. Wir werden in diesem Beitrag zunächst Konzepte und Befunde zur Wirkung anthropomorpher Interface-Agenten skizzieren und vor diesem Hintergrund zentrale Probleme der Verhaltensmodellierung im Bereich der nonverbalen Kommunikation aufzeigen. Dabei sollen offene Fragen der Grundlagenforschung herausgearbeitet und eine experimentelle Plattform zur Implementation und Evaluation nonverbaler Verhaltenskomponenten vorgestellt werden.

2   Nutzen und Wirkung anthropomorpher Interface-Agenten

Die Frage, inwieweit die Bereitstellung anthropomorpher Interfaces überhaupt zu spezifischen, und gegebenenfalls auch zu erwünschten emotionalen, kognitiven und/oder verhaltensmäßigen Reaktion beim menschlichen Nutzer führen, ist bislang empirisch noch wenig erforscht. Auch die theoretische Diskussion ist noch kaum elaboriert zu nennen. Vereinzelte Befunde allerdings scheinen die Fähigkeit der anthropomorphen Assistenten zur Auslösung spezifischer sozio-emotionaler Phänomene zu belegen: So lässt sich etwa die aus der Humankommunikation bekannte, starke Wirkung menschlicher Gesichter hinsichtlich der Attribution von Emotionen auch im Kontext von MCI nachweisen. Takeuchi und Naito (1995) konnten zeigen, dass ein virtuelles Kartenspiel als unterhaltsamer bewertet wird, wenn der Gegner durch ein animiertes Gesicht dargestellt wird (vgl. auch Koda & Maes, 1996). Dass dabei vor allem die bloße Erscheinung des menschlichen Gesichts eine Rolle zumindest im Sinne der Unterhaltung spielt, belegen Untersuchungen von Lester et al. (1997) sowie van Mulken et al. (1998). Lester et al. (1997) konnten hierbei auch zeigen, dass die Effekte der bewegten Gesichter kaum von der Qualität der Animation abhängen. Van Mulken et al. (1998) fanden, dass die Steigerung des Unterhaltungseffekts durch eine anthropomorphe Figur jedoch auch stark kontextabhängig ist, d.h. wenn das Gesicht dem Interface eine besondere Stimulusqualität hinzufügt. So konnten die Vorteile eines virtuellen Gegenübers gegenüber einem Pfeil-Pointer nicht beobachtet werden kann, wenn im Rahmen der Interaktion mit dem System ohnehin die Betrachtung menschlicher Gesichter erforderlich war. Während diese Befunde auf die sozio-emotionale Bedeutung virtueller (Inter-)Faces verweisen, deuten andere Ergebnisse auch auf direkte Verhaltensfolgen für den Benutzer. Rickenberg und Reeves (2000) etwa untersuchen unter dem Stichwort „social facilitation" (psychologische Prozesse, die im Falle der Anwesenheit anderer Menschen dazu führen, dass unter bestimmten Umständen bessere, je nach Situation aber auch schlechtere Ergebnisse erreicht werden), ob sich durch die Gegenwart eines animierten Charakters Auswirkungen auf das Leistungsverhalten nachweisen lassen. Die Autoren fanden, dass Probanden, die von einem animierten Charakter beobachtet werden, größere Angst erleben und mehr Fehler machen. Die Autoren führen dies auf eine durch die soziale Gegenwart bedingte höhere Erregung zurück, aus der sich dann eine Akzentuierung der vorhandenen Handlungs- und/oder Gefühlstendenzen ergeben soll. Auch Sproull, Subramani, Kiesler, Walker und Waters (1996) berichten, dass Personen, die mit einem anthropomorphen Interface agieren, sich selbst als weniger entspannt und selbstsicher beschreiben als beim Umgang mit einem rein textbasierten System. Darüber hinaus konnten die Autoren jedoch auch eine verstärkte Tendenz zur positiven Selbstdarstellung beobachten. Dieses auch als „Impression Management" oder Selbstpräsentation bezeichnete Phänomen (vgl. Schlenker, 1980; Goffman, 1959), tritt vorrangig in Gegenwart anderer Personen auf und führt häufig zu konformistischem oder sozial erwünschtem Verhalten (Leary, 1995). Ziel ist der möglichst 'gute Eindruck', der beim Gegenüber hinterlassen werden und wiederum positive Behandlung nach sich ziehen soll. Sproull et al. (1996) weisen in diesem Zusammenhang auch auf möglicherweise kontrovers zu diskutierende Implikationen dieses Phänomens hin: *„Many people want computers to be responsive to people. But do we also want people to be responsive to computers?" (S. 119).* Tatsächlich finden sich auch weiterreichende Wirkungen sozialer HCI-Schnittstellen, deren Implikationen auch auf gesellschaftlicher Ebene zu diskutieren sind. So fanden Milewski und Lewis (1997) auch Effekte hinsichtlich des Vertrauens der Nutzer in das System bzw. auch in der Delegationsbereitschaft: Eine Delegation an das System scheint leichter zu fallen, wenn ein menschliches Äußeres vorhanden ist. Dies ist konsistent mit den Ergebnissen einiger Akzeptanz- und Bewertungsuntersuchungen, die belegen, dass Systemen mit anthropomorphen Interfaces auch eine besondere Glaubwürdigkeit (trustworthiness) zugeschrieben wird (Rickenberg & Reeves, 2000).

Es wird kaum zu bezweifeln sein, dass der menschliche Nutzer in Interaktion mit einem virtuellen Gegenüber sich durchaus bewusst ist, dass die abgebildete Figur nicht einem realen Menschen gleichkommt und er auch nicht von dieser beobachtet wird. Dennoch sprechen die verschiedenen Untersuchungsergebnisse insofern für das Erleben einer (para-)sozialen Präsenz, als dass Verhaltenstendenzen beobachtet werden können, die denen in realen sozialen Situationen vergleichbar sind. Dennoch bedürfen die Befunde weiterer Überprüfung, da verschiedene Störvariablen und alternative Erklärungsmodelle nicht berücksichtigt wurden: So mochten Sproull et al. (1996) im Nachhinein nicht ausschließen, dass die Personen durch die Abbildung des menschlichen Gesichts lediglich anzunehmen verleitet waren, dass die individuellen Angaben später an eine reale Person weitergeleitet werden. Bezüglich aller Untersuchungen muss ferner in Betracht gezogen werden, dass berichtete Aktivierungserhöhungen auch bereits durch die Bewegtheit des Reizes und nicht unbedingt durch dessen soziale Dimension zustande gekommen sein könnten. Ferner kann erst durch weitere Untersuchungen und besonders durch Untersuchungsreihen im Sinne von wiederholten Testungen oder Längsschnittuntersuchungen eruiert werden, ob es sich bei den gezeigten Befunden tatsächlich um anhaltende Phänomene handelt oder ob die Probanden nach längerer Zeit das Gefühl verlieren, beobachtet zu werden resp. überhaupt mit einem sozialen Wesen zu interagieren.

3 Funktionsebenen nonverbalen Verhaltens

Obgleich sich bei der visuellen Gestaltung virtueller Akteure natürlich auch Fragen des Erscheinungsbildes sowie des Darstellungsrealismus ergeben (vgl. Ball et al., 1997; Cassell et al., 1999; Parke, 1991), werden wir uns im folgenden auf die dynamischen Aspekte, d.h. auf das konkrete, visuell wahrnehmbare Verhalten von virtuellen Akteure und dessen mögliche Bedeutung für den Interaktionsverlauf zwischen Mensch und Computer konzentrieren. Tatsächlich scheint aus unserer Sicht die Frage nach dem 'Wie' des Verhaltens der prinzipiellen Frage nach dem 'Ob' des Einsatzes von anthropomorphen Interfaces vorgeordnet. Auch Rickenberg und Reeves (2000) stellen fest, dass es nicht ausreicht „*... to focus on whether or not an animated character is present. Rather the ultimate evaluation is similar to those for real people - it depends on what the* *character does, what it says, and how it presents itself (p. 55)"* und fordern: *"... that decisions concerning the use of animated characters should address the details of execution and social presentation"*. Gerade die Ausgestaltung kommunikativer Verhaltensdetails sowie die Analyse möglicher Wirkungen auf den Betrachter kann nun kaum der Intuition von Animatoren und Designern überlassen werden. Vielmehr ist hier ein systematischer Beitrag der Psychologie gefordert, der sich nicht in der nachträglichen Evaluation alternativer Implementierungen erschöpft, sondern vielmehr frühzeitig im Sinne der Realisationsforschung in die konkrete Technikentwicklung eingreift und Basiswissen für deren Gestaltung bereitstellt. Dabei ist jedoch kritisch zu prüfen, inwieweit diese Wissensvoraussetzung hinreichend für umfassende Implementationen sind bzw. für welche Teilbereiche sie genügen, und welche offenen Forschungsfragen gegebenenfalls noch beantwortet werden müssen.

Tatsächlich ist der Erkenntnisstand innerhalb der Psychologie bisher nur begrenzt geeignet, um umfassende regelbasierte Verhaltensgeneratoren bereitzustellen. Viele der vorhandenen Befunde sind von einem hohen Allgemeinheitsgrad oder beruhen auf Aggregatdaten, die zwar statistische Zusammenhänge zwischen der Häufigkeit nonverbaler Phänomene und spezifischen interpersonellen Wirkungen aufzeigen, die jedoch keine Aussagen über die konkrete Einbettung in den Interaktionsverlauf, über Kontextabhängigkeiten, Timing und Dosierung zulassen und entsprechend für die computer-basierte Produktion spontanen Interaktionsverhaltens wenig hilfreich sind. Allerdings lassen sich vor diesem Hintergrund einige Klassifikationsgesichtspunkte herausarbeiten, die eine differenziertere Problemsicht sowie realistische Planungsziele ermöglichen könnten. Prinzipiell lassen sich im Hinblick auf potentielle Wirkungen visuell wahrnehmbaren Verhaltens in der Realinteraktion vier bedeutsame Funktionsaspekte unterscheiden:

1. *Modellfunktionen (modelling functions):* Hierunter sind instrumentell-kommunikative Operationen zu fassen, d.h. motorische Aktivitäten (im Sinne von Lokomotionen oder manipulativen Eingriffen in der realen bzw. virtuellen Objektwelt) die für den Betrachter Vorbildfunktion haben können (Zusammenbau eines elektronischen Gerätes).
2. *Diskursfunktionen (discourse functions):* Hier steht die nonverbale Aktivität in engem Zusammenhang mit der Sprachproduktion und übernimmt substituierende, komplementäre oder supplementäre Funktionen (etwa illustrative und emblematische Gesten wie Zeigegesten oder 'beat-gestures', d.h. Kopf- und Blickbewegungen, die zur zeitlichen Strukturierung und Akzentuierung der verbalen Produktion genutzt werden können).
3. *Dialogfunktionen (dialogue functions):* Hier dient das nonverbale Verhalten der Ablaufsteuerung der Kommunikation im Dienste eines möglichst reibungslosen Sprecher-Hörer-Wechsels und eines wenig überlappenden und unterbrechungsfreien Interaktionsverlaufs (turn-taking Signale wie Blickkontakt bzw. -abwendung, back-channel Signale wie Kopfnicken, Kopfschütteln, Augenbrauen hochziehen, etc.)
4. *Sozio-emotionale Funktionen (relational functions):* Hierunter sind spezifische Wirkungen des nonverbalen Verhaltens im Bereich der interpersonellen Beziehung zu verstehen. Das nonverbale Verhalten hat einen nachhaltigen Einfluss auf die interpersonelle Eindrucksbildung (etwa im Sinne der Zuschreibung von Attraktivität, Sympathie, Glaubwürdigkeit, etc.) und spielt eine bedeutsame Rolle bei der Vermittlung von Intimität, der Ausübung von Macht und sozialen Kontrolle und der Auslösung von Emotionen.

Die hier vorgeschlagene Klassifikation umfasst in gewissem Sinne auch eine hierarchische Gliederung, wobei von Punkt 1 zu Punkt 4 das explizite Regelwissen ab- sowie die Ambiguität zunimmt. Während der Ablauf instrumenteller motorischer Operationen prototypisch zumeist durch die Aufgabe bzw. das zu manipulierende Objekt determiniert ist und interindividuelle Variationen vernachlässigbar sind, so klären diese Variationen unter Punkt 4 im Sinne des persönlichen Verhaltensstils und der emotionalen Anmutungsqualität einen Großteil der Varianz in der Personwahrnehmung und interpersonellen Eindrucksbildung auf. Im Bereich der Diskursfunktionen, insbesondere bei den Zeigegesten, sind ebenfalls person-externe Situations- und Aufgabenmerkmale ablaufbestimmend (wo ist das referenzierte Objekt), obwohl bereits größere Freiheitsgrade in der Ausgestaltung der Geste vorhanden sind (Zeigen mit der Hand, mit dem Finger, mit einer Kopfbewegung, etc.). Auch für sprachbegleitende Illustratoren sind die Möglichkeiten durch Objektreferenzen innerhalb einer - wenn auch nicht explizit bestimmten - Grenze eingeschränkt. So lässt sich die Darstellung einer Wendeltreppe eben kaum durch eine lineare Handbewegung von rechts nach links verbildlichen. Personenunabhängige Verhaltensregeln lassen sich auch noch für Punkt 3 explizieren. Diese wurden vor allem auf empirischem Wege gewonnen, und lassen durchaus Implementierungen zu, so z.B. in bezug auf das Blickverhalten beim Sprecher-Hörerwechsel. Übergänge zu Punkt 4 finden sich hier jedoch bereits im Bereich des Back-Channel-Verhaltens. Die Häufigkeit bestätigenden Kopfnickens etwa kann von Person zu Person stark variieren und hat nicht nur Einfluss auf die Sprachproduktion des Gegenübers, sondern natürlich auch auf dessen interpersonelle Eindrucksbildung, die Gefühle des Sprechers und möglicherweise auch die Zu- bzw. Abneigung, die dieser zum Hörer entwickelt. Angesichts der Tatsache, dass die Modellierung instrumenteller Bewegungen kaum der psychologischen Unterstützung bedarf und das Wissen um die sozio-emotionale Komponente noch wenig entwickelt ist, nimmt es nicht Wunder, dass bisherige Implementation vor allem auf Punkt 2 und 3 Bezug genommen haben.

4 Regelbasierte Implementationen sprachbegleitender Gestik und Mimik

Regelbasierte Implementationen von nonverbalem Verhalten wurden in den letzten Jahren vor allem von der Arbeitsgruppe um Justine Cassell am MediaLab des MIT vorgelegt (Cassell et al., 1994). Sie modellieren ausschnitthaft die Beziehung von sprachlichem Inhalt, Intonation und illustrierenden Gesten. Auf der Grundlage elaborierter Modelle zum Zusammenhang von Gestik und Sprache (Bolinger, 1983; McNeill, 1992) formulieren die Autoren Regelwerke, die die autonome Steuerung einer virtuellen Figur in begrenztem Umfang ermöglichen. Einen vergleichbaren Ansatz verfolgt auch Thórisson (1996). Er umfasst basale turn-taking-Mechanismen (Duncan, 1972) sowie Zeigegesten. Diese werden im Rahmen einer Interaktions-Plattform implementiert, die auch eingabeseitig die Erfassung von Gesten und Blickrichtung (vgl. Bers, 1996) erlaubt. Ausgabeseitig simuliert das System Augenbewegungen, basale Mimik, Kopf- und einfache Handbewegungen. In der Interaktion kann sich der Benutzer durch den humanoiden Agenten „Gandalf" über das Planetensystem informieren lassen. Neuere Entwicklungen der MIT-Arbeitsgruppe (Cassell et al., 1999) mündeten in eine computergenerierte Immobilienberaterin („Rea", Real estate agent), die den Benutzer mittels Kameras (videobasiertes Tracking von Kopf und Händen) und Spracheingabe 'verstehen' kann und selbst über verschiedene Kommunikationskanäle, wie Sprache, Intonation, Mimik und Gestik verfügt. Doch selbst bei diesem umfassenderen Ansatz, der sein Hauptaugenmerk auf die Interaktionsstruktur im Sinne von Turn-Taking-Prozessen legt, bleiben zahlreiche kommunikative Aspekte unberücksichtigt. Die Modellierung von sozio-emotionalen Signale etwa beschränkt sich auf das Lächeln. Nagao und Takeuchi (1994) leisten bei ihrem Versuch, ein anthropomorphes Interface zu entwickeln, ebenfalls nur die Implementierung von Teilaspekten, in diesem Fall der sprachbegleitenden Mimik, die nach den Befunden von Chovil (1991) modelliert wurde.

Der unbestreitbare Vorteil einer regelbasierten Implementierung, die wir als „Top-Down-Ansatz" bezeichnen wollen, besteht ganz ohne Zweifel darin, dass Forschungslücken sowie unklar formulierte Modelle durch die konkrete Simulation entlarvt werden. Ein wesentlicher Nachteil der Top-Down-Ansätze besteht nun aber darin, dass im Bereich des nonverbalen Verhaltens nur eine geringe Anzahl an Befunden und Modellen vorliegt, die sich in Algorithmen zur Verhaltensgenerierung umsetzen lassen. Dies liegt zum Teil an der Tatsache, dass die Mehrzahl der empirischen Befunde auf Aggregatdaten beruhen, d.h. dass zwar quantitative Zusammenhänge zwischen bestimmten nonverbalen Verhaltensweisen und sozio-emotionalen Effekten zu finden sind, dass aber keine Prozessinformationen, d.h. Daten zur Kontextabhängigkeit und interaktiven Kontingenz der jeweiligen Verhaltensmuster vorliegen. Diese Beschränkung führt bei Top-Down-Ansätzen zwangsläufig dazu, dass diese nur einen sehr begrenzten Verhaltensbereich abdecken können, was im Effekt zu relativ verarmten grafischen Simulationen führen muss. Nur verhältnismäßig eng mit der Sprache verbundene Teilfunktionen (Zeigegesten, Illustratoren, Turn-Taking) wurden bislang berücksichtigt. Sozio-emotionale Aspekte, die einen bedeutenden Teil des nonverbalen Wirkungsspektrums ausmachen, wurden innerhalb von Top-Down-Ansätzen weitestgehend vernachlässigt. Der Versuch diese in die Entwicklung anthropomorpher Interface-Agenten einzubeziehen, wirft den Forscher allerdings auf das Problem der defizitären Befundlage zurück.

5 Das Forschungsprogramm: Entwicklungsplattform für anthropomorphe Interface-Agenten

Angesichts der für eine theoriegeleitete Implementierung von anthropomorpher Interface-Agenten kaum verwertbaren kommunikationspsychologischen Befundlage schlagen wir insbesondere mit Blick auf die sozio-emotionalen Funktionen nonverbalen Verhaltens einen datengestützten „Bottom-Up-Ansatz" vor. Dabei werden auf der Grundlage detaillierter Verhaltensprotokolle natürlicher Interaktionen, die auf dem Wege spezifischer deskriptiver Kodierverfahren (Berner System zur Zeitreihennotation des Bewegungsverhalten, Facial Action Coding System) und/oder mittels automatischer Bewegungsdetektion (Motion Capture, Mimik-Tracking, Eye Tracking, Data-Gloves) gewonnen werden (vgl. Bente, 1989; Bente, Feist & Elder, 1996; Bente, Krämer, Petersen & Buschmann, 1999) 3D-(Re-)Animationen menschlichen Interaktionsverhaltens erstellt und als annotierte 'Verhaltenskonserven' in Datenbanken abgelegt. Wir konnten zeigen, dass auf der Grundlage solcher Datensätze - selbst wenn sie per Video-Transkription gewonnen wurden -, äußerst realistische Animationen möglich sind und dass die sozio-emotionalen Wirkungen derartiger 3D-Animationen jenen vergleichbar sind, die von den Original-Videoaufzeichnungen ausgehen (Bente, Petersen, Buschmann & Krämer, 1999). Der Vorteil dieser Vorgehensweise liegt nun einerseits darin, dass alle Verhaltenskanäle aufgrund der Ausgangsdaten vollständig modelliert werden können, andererseits können - mit Hilfe spezifischer Editoren - systematische experimentelle Variationen an den Ausgangsdatenprotokollen vorgenommen werden. Die auf diesem Wege erstellten - in bezug auf einzelne Verhaltensaspekte divergierende Sequenzen - können nun beurteilt werden, so dass semantische Zuschreibungen auf empirischem Wege gewonnen und entsprechende Annotationen vorgenommen werden können. Es lassen sich auf diesem Wege nicht nur Verhaltensindizierungen für die spätere Dialogmodellierung vornehmen, sondern es können auch systematische Wirkungszusammenhänge aufgedeckt werden, z.B. hinsichtlich des Einsatzes von Blickkontakt, Lächeln, Kopfzuwendung u.a.m. Diese Erkenntnisse können dann wiederum im Rahmen von Top-Down-Ansätzen zur regelbasierten Verhaltensgenerierung benutzt werden. Eine entsprechende experimentelle Entwicklungsplattform wurde von den Autoren im Rahmen des vom BMBF geförderten Leitprojektes EMBASSI (Elektronische Multimodale Bedien- und Serviceassistenz) in Kooperation mit dem „Laboratory for Mixed Realities" der Kunsthochschule für Medien, Köln, bereitgestellt. Kernstück der Plattform sind die erwähnten Verhaltenseditoren, die als intuitive Schnittstelle zwischen Experimentator und den Bewegungsdaten ausgelegt sind. Diese Verhaltenseditoren verfügen über multiple Konverterprogramme, die eine Übersetzung in verschiedenste Datenformate zulassen sowie über ein echtzeitfähiges 3D-Render-Modul, in dem Veränderungen der Datenbasis unmittelbar als Animation angezeigt werden können.

Die im Rahmen von Bottom-Up-Modellierung erstellten Animationen gewähren allerdings nur eine eingeschränkte Interaktivität und können somit nur einen Zwischenschritt zur Gestaltung anthropomorpher Interfaces darstellen. Auf diesem Wege sieht unsere Entwicklungs- und Evaluationsplattform nun verschiedene experimentelle Testanordnungen vor, die jeweils unterschiedliche Ansprüche an die Interaktivität des Systems stellen:

1. *Passive Observation Paradigm:* In diesem Fall befindet sich der evaluierende Beobachter in einer passiven Beobachtungssituation, bei der er eine computer-animierte Interaktion beobachtet und im Anschluss die gesehenen Personen bewertet. Dieses Paradigma ist besonders geeignet, um unter Einsatz von systematischen Variationen bestimmter Aspekte die spezifische Wirkung eben dieser Verhaltensweisen zu ergründen.
2. *Polled Response Paradigm:* Der Benutzer wird durch einen virtuellen Assistenten auf Anfrage hin informiert und beurteilt die Interaktion im Anschluss. Neben der Möglichkeit zur Gewinnung von Erkenntnissen zur Wirkungsweise spezifischer nonverbaler Signale durch systematische Variation, können in diesem Rahmen erste kontrollierte Studien zur Akzeptanz von anthropomorphen Schnittstellen durchgeführt werden. In einem fortgeschritteneren Stadium werden erste interaktive Elemente ergänzt (z.B. Beachtung der Blickrichtung des Akteurs, Berücksichtigung von Turn-Taking-Signalen).
3. *Hidden Expert Paradigm:* Volle Interaktivität ist derzeit technisch noch nicht zu realisieren. Um Chancen und Risiken des angestrebten Zukunftsszenarios abschätzen zu können, wird Interaktivität simuliert. Das nonverbale Verhalten eines realen Helfers, der den Nutzer über Video beobachtet, wird per motion capture erfasst und unmittelbar auf den virtuellen Assistenten übertragen. Hierbei stehen neben Fragen der Akzeptanz und Effektivität bei der Bearbeitung verschiedenster Aufgaben auch motivations- und sozialpsychologische Aspekte im Vordergrund.
4. *Embodied Interface Paradigm:* Die in den Phasen 1 bis 3 gewonnenen Erkenntnisse zur Funktionsweise nonverbalen Interaktionsverhaltens sollen hier im Rahmen von regelbasierten Implementierungen umgesetzt werden. Umfassende Verhaltensbibliotheken sollen mit Algorithmen zur kontextabhängigen Modifikation bzw. Generierung von Verhaltensprotokollen gekoppelt werden. Hierzu sind Dialogmanagementsysteme aufzubauen und Kontextmodelle bereitzustellen. Wesentliche Komponenten eines solchen Systems werden von den Projektpartnern in oben genanntem Leitprojekt EMBASSI entwickelt.

Um weiteren Einflußgrößen im Zusammenhang mit der Gestaltung anthropomorpher Interfaces Rechnung tragen zu können, stellt die von uns entwickelte Plattform auch Möglichkeiten zur Variation des Erscheinungsbildes der Interface-Agenten bereit, die im Rahmen der experimentellen Untersuchungen als unabhängige Variablen eingesetzt werden. Wesentliche experimentelle Variationen betreffen weiterhin die Aufgabentypen (diese reichen von einfachen Bedienungsaufgaben von elektronischen Geräten bis zu komplexen Problemlösungs- und Entscheidungsaufgaben). Auch unterschiedliche Nutzergruppen (im Hinblick auf Geschlecht, Alter, Expertise, Persönlichkeitsvariablen) können - im Sinne von potentiell moderierenden Variablen - so weit als möglich Berücksichtigung finden. Auf seiten der abhängigen Variablen werden neben objektiven aufgabenorientierten Effektivitäts- und Effizienzkriterien und dem Nutzerverhalten (Aufmerksamkeit, nonverbale Reaktionen) insbesondere auch Akzeptanz sowie sozio-emotionale Bewertungen erfasst.

Erste experimentelle Untersuchungen basieren auf dem Polled Response Paradigm. Konkretes Ziel ist hierbei die Bestimmung der Akzeptanz von virtuellen Helfern im Rahmen einer Videorekorderprogrammierung. Insbesondere wird analysiert, inwieweit diese eine effektive und effiziente Hilfe im Vergleich zu herkömmlichen Bedienungsanleitungen darstellen. Zusätzlich werden dynamische Aspekte des nonverbalen Verhaltens des virtuellen Agenten (z.B. die Wirkung von unterschiedlichen Intensitäten des Bewegungsverhaltens und verschiedener Kopfhaltungen) variiert und deren Wirkung auf die Zuschreibung von spezifischen Personmerkmalen, wie sympathisch, freundlich, kompetent etc. untersucht. Abbildung 1 zeigt die Benutzeroberfläche unseres Programmes zur Benutzerführung bei der Videorekorder-Programmierung mit einem virtuellen Assistenten. Die Interaktionsmöglichkeiten sind beschränkt. Der Nutzer kann lediglich durch Betätigung verschiedener Buttons verschiedene Informationsbatches abrufen oder den Helfer dazu veranlassen, seine Ausführungen zu wiederholen.

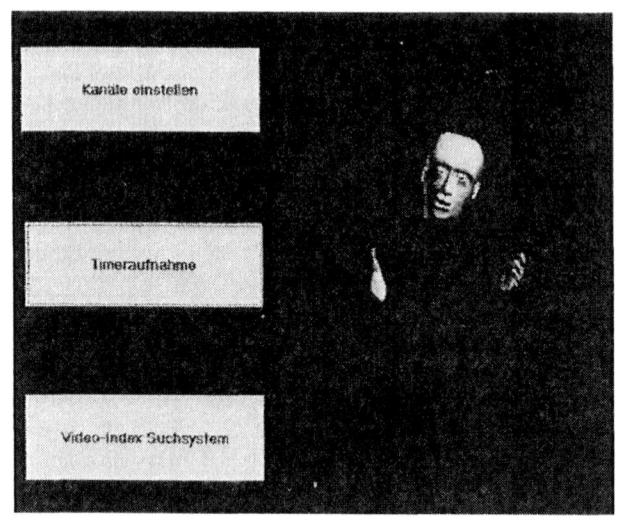

Abb.1: Virtuelle Assistenz bei der Videorekorderprogrammierung

Die Ergebnisse unserer Pilotstudie können hier nicht en Detail wiedergegeben werden. Von besonderer Bedeutung für die aktuelle Diskussion erscheinen uns jedoch neben den inferenzstatistischen Befunden zur differentiellen Wirkung der experimentellen Verhaltensvariationen vor allem auch Beobachtungen bei der Versuchsdurchführung. So zeigen erste Erfahrungen, dass es sich bei der Aufgabe, einen Videorekorder zu programmieren, um eine durchaus anspruchsvolle und für einige Versuchspersonen belastende Anforderung handelt, die mit Hilfe einer anthropomorphen Figur aber in der überwiegenden Zahl der Fälle - auch aus Sicht der Experimentalteilnehmer - befriedigend gelöst werden konnte. Es wird allerdings deutlich, dass erwartungsgemäß eine höhere Interaktivität (variableres Aufsuchen spezifischer Informationen, aktives Eingreifen des Helfers bei falschem Vorgehen im Sinne eines intelligenten Systems) als angenehmer bzw. wünschenswert empfunden wird. Die insgesamt positive Bewertung eines virtuellen Helfers oder Gesprächspartners könnte somit folglich durch größere Interaktivität weiter verbessert werden. Bezüglich der Variation der dynamischen Komponenten lässt sich bereits für die subtile Veränderung der Bewegungsaktivität eine Beurteilungsdifferenz feststellen: Wird z. B. die Kopfbewegung leicht intensiviert, wird die virtuelle Person als femininer ($T = -2,58$, $df = 48,91$, $p = ,013$), weniger zurückhaltend ($T = 2,35$, $df = 56$, $p = ,022$), freundlicher ($T = 1,733$, $df = 58$, $p = ,088$), aufmerksamer ($T = 1,77$, $df = 58$, $p = ,082$) und zugewandter ($T = -1,82$, $df = 58$, $p = ,073$) erlebt. Die Urteilsdifferenzen für beide experimentelle Bedingungen sind in Abbildung 2 dargestellt. Diese ersten Analysen deuten darauf hin, dass bei der Implementation nonverbaler Verhaltensausgaben auf subtilste Variationen geachtet werden muss, wenn vermieden werden soll, dass potentielle Effizienzsteigerungen in der Systembedienung nicht durch massive Akzeptanzprobleme neutralisiert werden.

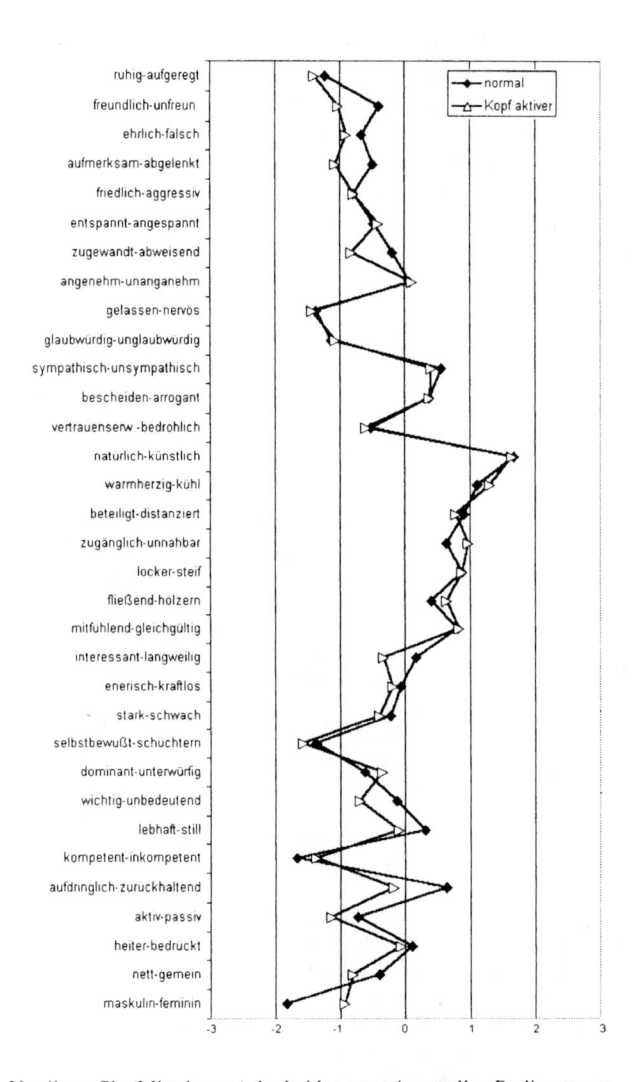

Abb. 2: Urteilsprofile (Mittelwerte) der beiden experimentellen Bedingungen

6 Fazit: Aufgabenstellungen für die Psychologie

Bislang wurden viele der Fragen, die mit der Einführung der sozialen Dimension im Rahmen der Mensch-Computer-Interaktion verbunden sind, noch kaum systematisch untersucht (vgl. Dehn und van Mulken, 2000). Auch die Evaluation von anthropomorphen Schnittstellen im Sinne der Überprüfung von Akzeptanz, Effizienz/Effektivität und Verhalten der Benutzer im Umgang mit der neuen Technologie weist noch zahlreiche Lücken auf (vgl. Bente & Krämer, 2000). So vermisst man bislang etwa die kontrollierte Berücksichtigung potentiell Einfluss nehmender Faktoren wie des Aufgabentyps oder eine differenzierende Berücksichtigung unterschiedlicher Nutzergruppen. Doch nicht nur im Rahmen der Evaluation werden psychologisches Wissen sowie entsprechende Untersuchungsmethoden benötigt und bereits eingefordert, auch im Bereich der

Realisation stellen sich zahlreiche Probleme etwa bezüglich der Modellierung der im face-to-face-Kontakt salient werdenden nonverbalen Kommunikation, die einen Beitrag von Psychologie und Kommunikationsforschung zur Interface-Entwicklung angezeigt erscheinen lassen. Es lassen sich somit drei miteinander verschränkte Problembereiche aufzeigen, bei deren Bearbeitung die Psychologie zentral beitragen kann:
1. *Grundlagenforschung:* Theorieentwicklung und experimentelle Modellüberprüfung zur Wirkung nonverbaler Kommunikation; Transfer auf die Mensch-Computer-Interaktion
2. *Evaluationsforschung*: Überprüfung konkreter Implementierungen im Hinblick auf Akzeptanz, Effektivität/Effizienz und Auswirkungen auf den Benutzer
3. *Realisationsforschung*: Implementierung und Validierung von Verhaltensdatenbanken und Algorithmen zur Verhaltensgenerierung und Dialogsteuerung in konkreten Anwendungsszenarien.

7   Literatur

Ball, G., Ling, D., Kurlander, D., Miller, D. Pugh, D., Skelly, T., Stankosky, A., Thiel, D., Van Dantzich, M. & Wax, T. (1997). Lifelike computer characters: the persona project at Microsoft Research. In J.M. Bradshaw (Ed.), Software agents. Cambridge, MA: MIT Press.

Bente, G. (1989). Facilities for the graphical computer simulation of head and body movements. Behavior Research Methods, Instruments, & Computers, 21 (4), 455-462.

Bente, G., Feist, A. & Elder, S. (1996). Person perception effects of computer-simulated male and female head movement. Journal of Nonverbal Behavior, 20 (4), 213-228.

Bente, G. & Krämer, N. C. (2000). Virtuelle Gesprächspartner: Psychologische Beiträge zur Entwicklung und Evaluation anthropomorpher Schnittstellen. In K. P. Gärtner (Hrsg.), Multimodale Interaktion im Bereich der Prozessführung. 42. Fachausschusssitzung Anthropotechnik, DGLR-Bericht 2000-02 (S. 29-50). Bonn: Deutsche Gesellschaft für Luft- und Raumfahrt.

Bente, G., Petersen, A., Krämer, N.C. & Buschmann, J.-U. (1999). Virtuelle Realität im Forschungseinsatz. Ein Wirkungsvergleich videovermittelter und computersimulierter nonverbaler Kommunikation. Medienpsychologie: Zeitschrift für Individual- und Massenkommunikation, 2, 95-120.

Bers, J. (1996). A body model server for human motion capture and representation. Presence: Teleoperators and virtual environments, 5 (3), 381-392.

Bolinger, D. (1983). Intonation and gesture. American Speech, 58 (2), 156-174.

Bolt (1987). The integrated multi-modal interface. The Transactions of the Institute of Electronic Information and Communication Engineers, (Japan), November, 2017-2025.

Brennan, S. (1990). Conversation as direct manipulation: An Iconoclastic View. In B. Laurel (Ed.), The Art of Human-Computer Interface Design, (pp. 393-404). Reading: Addison-Wesley.

Cassell, J. Bickmore, T., Billinghurst, M., Campbell, L., Chang, K, Vilhjálmsson, H., Yan, H. (1999). Embodiment in conversational interfaces: Rea. CHI'99 Conference Proceedings (pp.520-527). Association for Computing Machinery.

Cassell, J., Steedman, M., Badler, N. Pelachaud, C., Stone, M. Douville, B., Prevost, S. & Achorn, B. (1994). Modeling the interaction between speech and gesture. In A. Ram & K. Eiselt (eds.), Proceedings on the sixteenth anuual conference of the cognitive science (pp. 153-158). LEA. Verfügbar unter: http://gn.www.media.mit.edu/groups/gn/publications.html.

Chovil, N. (1991). Discourse oriented facial displays in conversation. Research on Language and Social Interaction, 25, 163-194.

Dehn, D. M. & van Mulken, S. (2000). The impact of animated interface agents: a review of empirical research. International Journal of Human-Computer Studies, 52, 1-22.

Duncan, S., Jr. (1972). Some signals and rules for taking speaking turns in conversations. Journal of Personality and Social Psychology, 23 (2), 283-292.

Goffman, E. (1959). The presentation of self in everyday life. New York: Doubleday & Company.

Koda, T. & Maes, P. (1996). Agents with faces: the effect of personification. Proceedings of the 5th IEEE International Workshop on Robot and Human Communication (RO-MAN'96), 189-194.

Laurel, B. (1990). Interface agents: Metaphors with character. In B. Laurel (Ed.), The Art of Human-Computer Interface Design, (pp. 355-365). Reading: Addison-Wesley.

Leary, M. R. (1995). Self-presentation: Impression management and interpersonal behavior. Madison: Brown & Benchmark.
Lester, J. C., Converse, S. A., Kahler, S.E., Barlow, S. T., Stone, B. A. & Bhogal, R. S. (1997). The persona effect: affective impact of animated pedagogical agents. In S. Pemberton (Ed.), Human Factors in Computing Systems: CHI´97 Conference Proceedings (pp. 359-366). New York: ACM Press.
McNeill, D. (1992). Hand and mind: what gestures reveal about thought. Chicago: University of Chicago.
Milewski, A. E. & Lewis, S. H. (1997). Delegating to software agents. International Journal of Human Computer Studies, 46 (4), 485-500.
Nagao, K. & Takeuchi, A. (1994). Social Interaction: Multimodal Conversation with Social Agents. 12th National Conference on Artificial Intelligence (AAAI), 22-28.
Oviatt, S. (1999). Ten myths of multimodal interaction. Communications of the ACM, 42 (11), 74-81.
Parise, S., Kiesler, S., Sproull, L. & Waters, K. (1999). Cooperating with life-like interface agents.Computers in Human ehavior, 15, 123-142.
Parke, F. I. (1991). Techniques of facial animation. In N. Magnenat-Thalmann & D. Thalmann (Eds.), New trends in animation and visualization (pp. 229-241). Chichster: John Wiley & Sons.
Rickenberg, R. & Reeves, B. (2000). The effects of animated characters on anxiety, task performance, and evaluations of user interfaces. Letters of CHI 2000, April 2000, 49-56.
Schlenker; B. R. (1980) Impression management. Monterey: Brools-Cole.
Sproull, L., Subramani, M., Kiesler, S., Walker, J.H. & Waters, K. (1996). When the interface is a face. Human Computer Interaction, 11 (2), 97-124.
Takeuchi, A. & Naito, T. (1995). Situated facial displays: towards social interaction. In I. Katz, R. Mack, L. Marks, M.B. Rosson & J. Nielsen (Eds.), Human factors in computing Systems: CHI´95 Conference Proceedings, pp. 450-455. New York: ACM Press.
Thórisson, K. R. (1996). Communicative humanoids. A computational model of psychosocial dialogue skills. PHD-Thesis, MIT.
van Mulken, S., André, E. & Müller, J. (1998). The persona effect: how substantial is it? In H. Johnson, L. Nigay & C. Roast (Eds.), People and Computers XIII: Proceedings of HCI´98, pp. 53-66. Berlin: Springer.

Adressen der Autoren

Prof. Dr. Gary Bente / Nicole C. Krämer
Universität zu Köln
Psychologisches Institut
Bernhard-Feilchenfeld-Str. 11
50969 Köln
bente@uni-koeln.de
nicole.kraemer@uni-koeln.de

Emotions and Multimodal Interface-Agents: A Sociological View

Daniel Moldt, Christian von Scheve

Universität Hamburg, FB Informatik, AB Theoretische Grundlagen der Informatik /
Universität Hamburg, Institute für Soziologie

Abstract

Designing human-computer interfaces that are easy and intuitive to use is important for the use of computer technology in general. Due to the growing complexity of information systems, more and more elaborated concepts of interface design can be found. One of the most advanced concepts is agent technology. Within this conceptional approach *emotional agents* are of increasing importance because emotions have a strong influence on interactions. At the same time communication channels between humans and computers become more powerful. This can be seen in an intensified research in multimodal interfaces. Applying the concept of agents to multimodal interface design allows to combine the advantages of both approaches. Until now, this combination mostly relies on cognitive psychological approaches to emotion, although emotions are also a fundamentally social process. This is why sociology has to offer interesting perspectives. Within the DFG-research project „Sozionik", sociological theory is used to enhance computational systems, in this case hybrid societies. We will show in which way sociological theories of emotion can be used to design emotional agents. This is also of importance regarding the use of multimodality since the emotional consequences of applied modalities are subject to social norms and rules. Consequently we call for a sociologically founded user model and a model of an agent's „social self".

1 Introduction

As computers and information systems are becoming more and more widespread within the general public, an increasing number of untrained and inexperienced users seek access to these technologies. It is therefore necessary to design systems in such a way that also people who are less familiar with high technology are able to use it. This is of utmost importance when the ability to deal with these systems becomes a precondition for the participation in public social life.

Facing these circumstances, users should be able to fall back on familiar mechanisms and modalities when interacting with computational systems. To accomplish this task, human-computer interaction should be modeled in a way that makes it comparable to interpersonal interactions, thus allowing users to rely on skills obtained from human to human and, ideally, face-to-face interactions. In this respect, multimodal interfaces are a suitable approach, since they have the potential to apply dimensions and modalities of human interactions to the field of human-computer interaction. Using multiple modalities the insufficiencies of specific modalities could be compensated by employing appropriate alternatives.

When designing multimodal interfaces with the aim to model social interpersonal interactions, one has to bear in mind that the choice of an adequate modality has to be made according to the task, the user, and the situation in question. It is therefore necessary that multimodal interfaces allow for a dynamic task-, user- and situation-specific adaptation.

When modeling the characteristics and modalities of interpersonal interactions (e.g. mimics, gestures, voice-intonation or tactile behaviors), the meanings and effects of the employed modality with respect to an individual actor should be taken into consideration. We want to take a closer look at the emotional components of modalities in general since they play an important role in interpersonal interactions. Furthermore, emotions have the potential to transcend the technical, rationality based context of human-computer interaction in favor of a more interpersonal level (Bente/Otto 1996, 224f).

Approaches from the field of cognitive psychology that deal with these issues, suppose that multimodality can be used to support and to control human-computer interaction in a way that elicits certain user-emotions or supports emotional system feedback. Verbal communication for example may be enhanced by nonverbal clues to clarify intentions and the contents of the communication. That means specific modalities are used as a mediator of information that is of relevance in interaction or communication.

Without a doubt this is an important and widely accepted view on multimodality - nevertheless we suppose that employing a specific modality may *itself* evoke emotions in an actor. This is because the utilization of modalities in an interaction often is subject to social norms and rules just as emotions are. Sociological theory outlines a framework that shows how emotions and emotion expressions are bound to social norms and consequently to other actors' expectations:

- Specific norms and rules („feeling rules") directly influence the emotions of an actor by establishing what is socially expected and by forcing him/her to perform „emotion work".
- Social norms and rules in general are indirectly responsible for the elicitation of certain emotions. For example negative emotions (e.g. guilt or shame) can be evoked when an actor realizes that his/her behavior is considered deviant or inadequate.
- Deviant behavior does not only lead to specific emotions in deviant individuals but also in other individuals participating in an interaction.

It is obvious that not only the modalities used to express emotions but also the use of modalities in general are part of this rule system. When utilizing multiple modalities in human-computer interfaces in order to support or to control interactions by means of corresponding emotions, the sociological perspective could be helpful. To be situational- and user-adequate, modalities should be applied according to valid social norms and rules and not in an ad hoc fashion. These rules and norms refer to gender-, cultural- or class-specific differences amongst individuals. Underlying this approach is the assumption that the same rules that guide interpersonal interactions are also valid in human-computer interaction. This assumption is backed up by several studies by Nass and others (Nass et al. 1994; Nass et al. 1994a; Bellamy/Hanewicz 1999)

To make our point of view clear once again: We do not want to examine differences in the symbols that are communicated by utilizing specific or multiple modalities (e.g. who uses what gesture when, with which intention, to reach what goal), instead we want to investigate the emotional effects that result from the utilization of specific modalities themselves with respect to the participating actors and the social situation in which the interaction takes place. In most cases, it is not the mere use of a modality that elicits an emotion like a stimulus-response reaction, rather it is an actor's interpretation in view of a situational context that leads to an emotion.

Multimodality and the use of separate modalities are dependent on a system of social norms and rules and almost always have socio-emotional consequences on an actor, even if these consequences are unintended.

To illustrate in which way multimodality depends on sociological factors, we will refer to symbolic-interactionist perspectives on emotion (Hochschild 1979; Fiehler 1990). The cognitive appraisal process that is responsible for emotion elicitation does not only recur on psychological factors like beliefs, desires or intentions (Ortony et al. 1988), it also takes into account sociological categorization-schemes. Internalized social norms and rules determine how an actor has to behave in specific situations, that means what kinds of emotions and emotional expressions are appropriate, socially expected and considered to be adequate in an interaction. These internalized social norms and rules also constitute, which modalities are to be used in specific interaction situations or which of them are considered to be inadequate.

One fundamental concept in realizing user adaptive interfaces is the use of agent technology. Already at the stage of the specification of an agent, key characteristics of modern architectures like autonomy, intelligence, flexibility, mobility, or adaptivity are needed. In view of the above stated requirements for multimodal interface design, these characteristics qualify agent technology to be especially suitable for our approach. Within complex socio-technical environments agents could be designed in a way that enables them to take the role of human interaction partners, thus substituting them in part. This approach seems to be especially suited because agents are considered to bear an enormous potential regarding processes of sociomorphic and anthropomorphic attribution (Nass et al. 1993; de Angeli et al. 1999).

Taking into consideration that emotions are vital for interpersonal interactions and - as a mechanism of reducing complexity - increase the effectiveness of interactions and communications (Gerhards 1988, 88f), it appears obvious to equip interface agents with emotional components. In this case a sociological foundation seems to be appropriate for those emotions that are social in nature. One basic assumption of sociological approaches is that some emotions are subject to a process of adaptation to other actors' expectations and specific situational conditions. Therefore it is essential to provide emotional agents with a sociologically founded „+social self", a corresponding user model and the ability to define interaction situations according to sociological factors (Moldt/von Scheve 2000).

Since multimodality is becoming more and more popular in human-computer interface design, it is important to observe closely the emotional components and consequences that result from utilizing multiple modalities. Dealing with this issue by using sociological emotion theories could lead to predictability and adequacy of the resulting emotions. We consider sociologically founded emotional agents as a conceptional basis for the approach proposed here.

In the following sections we will illustrate the potential of sociological emotion theories in this respect. The goal is to enable agents to choose appropriate and adequate modalities.

2 The Sociological Potential

In this section we discuss how sociological theory can be used to model emotional human-agent interaction. The main question within this approach is how emotions are elicited by „social facts" and how emotional expressions of agents can be adapted to user expectations resulting in lifelike, interpersonal interactions. We do not want to participate in the discussion on the interrelation between cognition and emotion here.[1] As already stated above, symbolic-interactionist theories of emotion are suited for our approach. They deal with questions about the social construction of emotions, how emotions are socially treated, coded, and judged and how „social facts", that means norms, rules, standards, etc. determine how actors cope with and express their emotions (see also Tritt 1991). These theories are of interest in the following ways:

With them it should be possible to set up generalized emotion expectations. These expectations are foremost of interest in user-adapted interactions. Depending on the application an emotional agent may embody a certain role and/or personality. In analogy to interpersonal relationships a user will develop specific expectations not only concerning the agent's task performance but also its social behavior and emotional expressions. Depending on how well an agent can meet and fulfill these expectations its behavior will elicit corresponding user emotions. Generally, it can be said that meeting the expectations will elicit positive emotions and failing to meet expectations will result in negative emotions. Also specific modalities are expected to be used in certain situations. These are either the modalities used to express emotions (they depend on „feeling rules") or the use of modalities in general. Using an inappropriate modality in a specific situation may lead to emotions in those who interpret the modality as being inadequate and in those who utilized the inadequate modality.

---

1 For a discussion of this issue see Lazarus (1984).

A problem that still remains unsolved, also within sociology, is the specification of the factors that limit the generalization of emotion-response-expectations. What diversifies these expectations? Social factors could be culture, religion, milieu, class or gender, mainly aspects that are supposed to lead to different valid social norms and rules.

In an explorative way we put the above mentioned aspects in concrete terms. We do not try to define emotions in sociological terms, neither do we want to classify emotions nor emotion-words or modes of emotion expression. It is our aim to lay theoretical foundations for designing multimodal emotional agents.

2.1 Emotion Work and Feeling Rules

Hochschild's concepts of „emotion work" and „feeling rules" refer to the cognitive work an actor performs when modifying emotions and social rules and norms that determine what emotions and emotion expressions are adequate and expected in social situations (Hochschild 1979). When performing emotion work an actor expresses specific emotions according to valid situational feeling rules and expectations of interaction partners, although he/she may not necessarily *feel* this emotion. Emotion work can be an individual as well as an interactional process: „[...] emotion work can be done by the self upon the self, by the self upon others, and by others upon oneself" (Hochschild 1979, 562).

Hochschild illustrates this phenomenon using the example of flight-attendants and bill-conductors. Flight-attendants are supposed to express positive emotions all the time they are on board of an aircraft. This is to establish a comfortable and friendly atmosphere and to mediate a feeling of sympathy toward the passengers. On the other hand, bill-collectors are supposed to induce an atmosphere of fright, shame and fear, the debtors shall feel uncomfortable and pay their bills (Hochschild 1983, 137ff).

But emotion work is not only performed at work, also in private life emotion work is a common phenomenon. Emotion work is not limited to the expression of emotions („surface acting"). By means of cognitive work it is also possible to re-interpret and to modify ones own emotions in a way that the desired emotion is at last really felt („deep acting") (Hochschild 1979, 558). Feeling rules are social norms and rules that regulate respectively indicate emotion work in social situations. For example it is expected to show grief on funerals.

Feeling rules can be seen as a frame guiding emotion work and determining what emotions are adequate in specific situations. A question that is left unanswered by symbolic-interactionist theories of emotion is what the primary (social) elicitors of emotions are. The concepts of feeling rules and emotion work generally presuppose existing emotional stimuli that are modified and adapted by means of emotion work. Emotions generated by emotion work are certainly not primary emotions.

2.2 Defining Social Situations

Fiehler suggests to divide emotion elicitation into two domains (Fiehler 1990, 64f): The first domain is that of emotion elicitation in exceptional situations, for example emergency situations. In such situations actors are overwhelmed by their feelings, there is simply no time for a cognitive interpretation of the event and emotions in such situations often have an intensity that leads to an immediate automatic behavior.

But since our approach is not concerned with more the less automatic behavior but with meaningful social action, the second domain is of interest to us. That is the domain of familiar, regular situations where emotional intensity is mostly not as high as in emergency situations thus leaving enough time for a cognitive interpretation of the situation (Fiehler 1990, 65).[2]

These situations can be structured in three ways by an actor: First an actor has to define the situation. Is it a known, regular, familiar, unfamiliar, routine, etc. situation? Second it has to become clear if it is a situation of social interaction, and if this is the case, the type of interaction has to be identified (conflict, discussion, ritual, argument, etc.). Third the interaction partner(s) have to be analyzed. That means an actor has to determine what his/her relationship with the interaction partner is like (is it a friendship, an acquaintance, romantic love, a secretary, an assistant, a neighbor, etc.) and what role the interaction partner takes. Depending on how the situation has been defined specific feeling rules apply that enable an actor to interpret interaction relevant emotion expressions of other actors and indicate what actions and emotions are adequate in that situation. This way feeling rules constitute a means of reducing complexity since they make the actors' situational interpretations routine. They set up an interconnection between types of situations and expectable emotions.

2.3 Extended Feeling Rules

Fiehler has extended and specified Hochschild's concepts of feeling rules and emotion work. He introduces the additional concepts of manifestation rules, correspondence rules and coding rules that are described in the form of if-then explanations (Fiehler 1990, 77-87), a format that is also interesting from a pragmatic point of view (operationalization).
1. Following these additional aspects feeling rules codify which emotions, from Ego's point of view, are situational adequate and, from Alter's point of view, are expected. Is a situation being described as a type X situation it is adequate and expected to show emotional expressions of the type Y.
2. Manifestation rules determine how intense an emotion is expressed. If a situation is interpreted as type X, it is adequate and socially expected to show emotion manifestations of type Y in an interaction-relevant way (Fiehler 1990, 78). The manifestation rules, also called „display rules" or „expression management" (Gordon 1981), mainly come into effect when a feeling, as it is expected according to valid feeling rules, is not being felt.
3. Correspondence rules depict how interaction partners should react on perceived emotional expressions. They codify which corresponding emotions respectively emotion manifestations are adequate and socially expected in accordance to a perceived emotion manifestation of an interaction partner. Is the emotional state of an interaction partner described as type X then it is adequate and socially expected to have or at least to express an emotion Y. This phenomenon is also called „mood-sharing" or „mood-joining" (Denzin 1980, 257-256).
4. Coding rules state what kind of behavior is considered to be an expression of which emotion. These specifications may be mimics, gestures, language, intonation, etc. In general one could formulate an if-then explanation as follows: If under the conditions of $X1$-Xn the behavioral patterns of Y respectively $Y1$-Yn are observed, they can be considered to be a manifestation of emotion Z.

These rules constitute a complex system that depicts which emotions and which emotional expressions (manifestations) are situational adequate and expected. What they do not show is how an actor actually deals with emotions and the emotional expressions and what techniques he/she can employ to regulate them in case a difference between situational expectations and actually felt/expressed emotions comes to the mind of an actor. Hochschild's concept of emotion work or emotion regulation is following this point.

2.4 Dual-Monitoring and Emotion Work

Emotion work can be looked at from two different perspectives: First an emotion itself can be focused by an actor. This means that in a specific situation an actor feels a specific emotion that does not fit the situation or the applying feeling rules. It is perceived as being inadequate; by the self and also by others. Consequently an actor will try to regulate this emotion to fit the situation.

The second perspective is that of the situation and the corresponding feeling rules being focused. The applying feeling rules coerce actors to evoke or to manifest specific emotions to meet situational expectations. This perspective does not rely on a feeling that has already been elicited. Instead it is an anticipatory view which is why emotion work can not only be seen as reactive-action but also as anticipatory-action (Fiehler 1990, 87-89).

Consequently social situations call for a process of dual-monitoring: On the one hand the social situation itself has to be monitored and on the other hand a steady surveillance of one's emotions and emotion expressions is necessary. In case this dual-monitoring reveals discrepancies between a social situation and a currently felt/expressed emotion, there are two possibilities of regulation:

An actor may hold on to the definition and interpretation of a situation, thus accepting the appropriate feeling rules, and trying to regulate his/her feelings according to the rules. Another possibility is to cognitively re-interpret the situation so that the feeling rules applying to this re-definition are congruent with and legitimate actually felt emotions.

In view of the first possibility, resulting emotions or emotion expressions may differ in the degree of performed emotion work. An actor may try to regulate the emotion itself („deep acting") or merely the emotion manifestation („surface acting"). The successful regulation of an emotion mostly is accompanied by a corresponding and adequate manifestation. Techniques to perform emotion regulation can be cognitive, gestural, mimic, bodily, verbal-communicative, etc. and pursue the goal to suppress, evoke or transform emotions and emotion expressions (Fiehler 1990, 91).

2.5 Summary

Considering emotional agents it has become clear that it is necessary to enable agents to perform emotion work respectively emotion regulation. This is especially important when modeling emotional interface agents whose tasks have to be seen in interactional contexts. To perform emotion regulation successfully a rule-based system of emotion work should be implemented. Agents must have knowledge about feeling rules, correspondence rules, coding rules, manifestation rules and the interrelations between these rules. Furthermore an agent has to analyze situations in the form of:
- Is this situation an interaction situation?
- What kind of interaction is this situation?
- What kind of relationship is maintained by the interaction partners?

To analyze situations successfully an agent has to hold or to build up a database containing information on prototype situations. Matching database contents and situational conditions will show, which feeling rules are valid for the situation in question and which techniques of emotion regulation are at an agent's disposal and may be used. Corresponding to the feeling rules and the prototype situations there should be sets of modalities an agent can choose from. This way it is ensured that only adequate modalities are used.

Furthermore an agent should contain a model of its „social self", that means knowledge about its social and task-related role, its position in the social space and maybe the class or milieu it belongs to. According to this conception of the self and the applying feeling rules the degree of the socially expected emotion regulation can be seen. On the other side, the agent has to build up a user model containing sufficient personal information to characterize the user in sociological terms. This would enable the agent to categorize the user according to the above mentioned factors and to predict user-expectations.

As can be seen from these requirements, using symbolic-interactionist theories of emotion in emotional agents design is strongly related to the adaptation to user expectations. This is why we consider this approach to be especially suited for user-adaptive and multimodal systems.

3 Conclusion

In the case of user centered interface design it has become clear that multimodality, emotionality and agent based interactions deserve a special attention. It the near future it will be important to ensure the incorporation of these approaches into a unified theoretical framework and conception of human-computer interface design. Sociological theories of emotion seem to be a valuable and suited approach to theoretically support the realization of this conceptional framework and to extend (not to substitute) existing models inspired by cognitive psychology.

Multimodality as an aspect of interpersonal interaction can be considered as an emotion elicitor as well as a part of a norm-based rule system of emotional expressions. This is why multimodality cannot be looked at without taking into account the emotional components that accompany the utilization of multiple or separate modalities. Consequently, applying multimodality to human-computer interfaces calls for appropriate mechanisms and concepts that consider these social norms and rules.

Sociologically founded emotional agents are one step in this direction because they are able to simulate the differentiated processes of human emotional behavior. They ensure that also the socio-emotional components of multimodality can be modeled and applied adequately.

Because social interaction is based on intersubjective reciprocity, a model of the „social self" of an agent, an elaborated user model, and the definition of an interaction situation are necessary to simulate this process as far as possible in an agent-user relationship.

Looking at this approach in a more general way, it becomes obvious that not only the components that are being represented to the user but also other parts of an agent architecture could be modeled with the help of sociological theory. Our suggested architecture is that of a distributed (multi-agent) system that is being represented toward the user by a single interface agent. In contrast to contemporary architectures, that try to implement all capabilities within a single entity, an emotional agent could be considered a multi-agent system that is responsible for an adequate utilization of multiple modalities.[3]

We think that in the foreseeable future sociological theories will gain more and more relevance for the design of man-machine interfaces. This is based on two assumptions: First there is a an increasing interest and a growing need for an understanding of socially coordinated distributed problem solving. In this respect emotions (and their social nature) are one important component. Second, *social* interaction is not possible without the interpretation of the interaction partner (this includes psychological as well as sociological aspects). But since actors often only have insufficient personal information about an interaction partner, they have to rely on sociological categorizations to make a meaningful interaction possible. This is especially true for human-agent interactions, since an agent's knowledge about personal user information usually is very limited. Therefore, a transformation of sociological concepts of interaction seems to be a desirable and effective solution.

We think that an intensive interdisciplinary exchange between sociologists and computer scientists could be very productive to provide both parties either with means to build lifelike, failure tolerant and performative systems or to specify and improve theoretical concepts of social interaction, coordination and problem solving. In our opinion the paradigm of agents respectively actors is the best suited metaphor to use in this context, since both scientific fields aim at understanding these principles which we consider to be strongly related with each other.

---

3   We suggest that every emotional agent is considered a multi agent system. Within this system there are one or more agents that are directly or indirectly responsible for the different aspects of emotionality. It is the interrelation between emotional and non-emotional, sociological and psychological/neuroscientific (and other) components of the distributed system that is important when dealing with the questions and issues presented in this article.

The main contribution of this paper is to enlarge the awareness of a successful implementation of sociologically founded concepts of social interaction. Traditionally, computer science that is working on multimodal interfaces is focussing on "hard" facts and at most on research results from the field of cognitive psychology. Nevertheless there may be some interesting sociological theories to look at, even if they seem to pose more questions than answers at a first glance.

4 References

Bellamy, A.; Hanewicz, C. (1999): Social Psychological Dimensions of Electronic Communication. In: Electronic Journal of Sociology 4/1999 (1). URL:

Bente, G.; Otto, I. (1996): Virtuelle Realität und parasoziale Interaktion. In: Medienpsychologie 8/1996 (3), 217-242.

De Angeli, A.; Gerbino, W.; Nodari, E. und D. Petrelli (1999): From tools to friends: where is the borderline? In: Online Proceedings of the Workshop on Attitude, Personality and Emotions in User-Adapted Interaction. URL:

Denzin, N.K. (1980): A Phenomenology of Emotion and Deviance. In: Zeitschrift für Soziologie 9/1980 (3), 251-261.

Fiehler, R. (1990): Kommunikation und Emotion. Theoretische und empirische Untersuchungen zur Rolle von Emotionen in der verbalen Interaktion. Berlin: de Gruyter.

Gerhards, J. (1988): Soziologie der Emotionen: Fragestellungen, Systematik u. Perspektiven. Weinheim: Juventa.

Gordon, S.L. (1981): The Sociology of Sentiments and Emotion. In: Rosenberg, M.; Turner, R.H. (Eds.): Social Psychology. Sociological Perspectives. New Brunswick: Transaction, 562-592.

Hochschild, A.R. (1979): Emotion Work, Feeling Rules, and Social Structure. In: American Journal of Sociology 85/1979 (3), 551-575.

Hochschild, A.R. (1983): The Managed Heart. Commercialization of Human Feeling. Berkeley: University of California Press

Lazarus, R.S. (1984): Thoughts on the Relations Between Emotion and Cognition. In: Scherer, K.R.; Ekman, P. (Eds.): Approaches to Emotion. Hillsdale: Lawrence Erlbaum, 247-257.

Lenzmann, B. (1998): Benutzeradaptive und multimodale Interface Agenten. Sankt Augustin: Infix

Maes, P. (1994): Agents that reduce work and information overload. In: Communications of the ACM 37/1994 (7), 31-40.

Moldt, D.; von Scheve, C. (2000): Soziologisch adäquate Modellierung emotionaler Agenten. In: Müller, M. (Ed.): Benutzermodellierung: Zwischen Kognition und Maschinellem Lernen. 8. GI-Workshop ABIS'00. Osnabrück: Institut für Semantische Informationsverarbeitung, 117-131.

Nass, C.; Steuer, J.; Tauber, E. and H. Reeder (1993): Anthropomorphism, Agency, & Ethopoeia: Computers as Social Actors. In: Adjunct Proceedings of the Conference on Human Factors in Computing Systems, INTERCHI'93 (INTERACT and CHI), Amsterdam, 111-112.

Nass, C.; Steuer, J.; Henriksen, L. and D.C. Dryer (1994): Machines, social attributions, and ethopoeia: performance assessments of computers subsequent to "self-" or "other-" evaluations. In: International Journal of Human-Computer-Studies 40/1994 (3), 543-559.

Nass, C.; Steuer, J.; Tauber, E.R. (1994a): Computers are Social Actors. In: Proceedings of the Conference on Human Factors in Computing Systems (CHI'94), "Celebrating Interdependence", Boston, 1994. New York: ACM Press, 72-78.

Ortony, A.; Clore, G.L.; A. Collins (1988): The Cognitive Structure of Emotions. Cambridge: University Press.

Tritt, K. (1991): Emotionen und ihre soziale Konstruktion: Vorarbeiten zu einem wissenssoziologischen, handlungstheoretischen Zugang zu Emotionen. Frankfurt am Main: Lang.

Daniel Moldt, Christian von Scheve
   University of Hamburg, Computer Science Department; Institute for Sociology

Adressen der Autoren

Daniel Moldt
Universität Hamburg
Fachbereich Informatik
AB Theoretische Grundlagen der Informatik
Vogt-Kölln-Str. 30
22527 Hamburg
moldt@informatik.uni-hamburg.de

Christian von Scheve
Lincolnstr. 10
20359 Hamburg
cvscheve@gmx.net

A Visual Information Seeking System for Web Search

Harald Reiterer, Gabriela Mußler, Thomas M. Mann
Universität Konstanz, FB Informatik und Informationswissenschaft

Abstract

In this paper we present the conception and the evaluation of a visual information seeking system for the Web. Our work has been motivated by the lack of good user interfaces assisting the user in searching the Web. The selected visualisations and why they have been chosen are explained in detail. A focus of this paper is on the evaluation of these visualisations as an add-on to the traditional result list presentation.

1   Introduction

Some of the main challenges of the Web are problems related to the user and his interaction with the retrieval system. There are basically two problems: *how to specify a query and how to interpret the answer provided by the system.* Surveys have shown that users have problems with the current paradigm of information retrieval systems for Web search simply presenting a long list of results (Zamir, Etzioni 1998). These long lists of results are not very intuitive for finding the most relevant documents in the result set. The empirical study by (Jansen et al. 2000) shows how users search the Web. The findings of this study are very interesting for designers of information retrieval systems for the Web. The main conclusion of this study is that Web search users seem to differ significantly from users of traditional IR systems (like online databases, CD-ROMs and online public access catalogues). As a field of future work the authors of the study address "[…] to support the continued research into new types of user interfaces, intelligent user interfaces, or the use of software agents to aid users in a much simplified and transparent manner" (Jansen et al. 2000, 226).

The above empirical findings motivated us to develop a new type of user interface for Web retrieval that supports the user in the information seeking process by providing selected visualisations in addition to the traditional result list. Systems combining the functionality of retrieval systems with the possibilities of information visualisation systems are called *visual information seeking systems*. An important aspect of visual information seeking systems is their possibility to visualise a great variety of document characteristics allowing the user to choose the most appropriate for his task.

This paper presents our main design ideas developing a visual information seeking system called INSYDER. Chapter 2 gives a brief explanation of the typical information seeking activities that could be supported by a visual information seeking system. In chapter 3 we discuss, with the focus on the visualisations, the new features of the INSYDER system. Chapter 4 presents our synchronised visualisation approach of Web search results and the results of a summative evaluation. Conclusions and an outlook are given in chapter 5.

2   Information Seeking on the WWW

One of the first steps when dealing with information seeking systems is to get an idea how to describe the information seeking process best. A good example for a high level task approach is the four phase framework for information seeking by (Shneiderman, Byrd, Croft 1997):
- Formulation: expressing the search

- Action: launching the search
- Review of results: reading messages and outcomes resulting from the search
- Refinement: formulating the next step

For the development of the INSYDER system we have chosen this framework, because from the user's point of view it covers all phases of the information seeking process in comprehensive way. Various other models describing the information seeking process can be found in (Hearst 1999).

3   New Features of the INSYDER System

During the development of the INSYDER system it was not intended to develop new visual metaphors supporting the retrieval process. The main idea was to select existing visualisations for text documents and to combine them in a new way. Nowadays there are a lot of visualisations of search results in document retrieval systems available. Our selection of existing visualisations was based on the assumption to find expressive visualisations keeping in mind the user target group (business analysts), their typical tasks (to find business data on the Web), their technical environment (typical desktop PC and not a high end workstation for extraordinary graphic representations), and the type of data to be visualised (text documents). The primary challenge from our point of view was the intelligent combination of the selected visualisation supporting different views on the retrieved document set and the documents it-self. The primary idea was to present additional information about the retrieved documents to the user in a way that is intuitive, fast to interpret and able to scale to large document sets.

Another important difference of our INSYDER system compared to existing retrieval systems for the Web is the comprehensive visual support of different steps of the information seeking process. The visual views used in INSYDER support the interaction of the user with the system during the formulation of the query (e.g. visualisation of related terms of the query terms with a graph), during the review of the search results (e.g. visualisation of different document attributes like date, size, relevance of the document set with a scatter plot or visualisation of the distribution of the relevance of the query terms inside a document with a TileBar), and during the refinement of the query (e.g. visualisation of new query terms based on a relevance feed-back inside the graph representing the query terms).

The retrieval aspects of the visual information seeking system INSYDER have not been in the primary research focus. Nevertheless the system offers some retrieval features that are not very common in today's Web search engines (cf. (Reiterer, Mußler, Mann 2000)).

It is for sure not new to combine visualisations and information retrieval aspects, but nowadays systems which do a dynamic search with a document attribute generation and the different visualisations of these attributes and document inherent data are new. Our approach aimed at getting the highest added-value for the user combining components like dynamic search, visualisation of the query and different visualisations of the results and information retrieval techniques (e.g. query expansion, relevance feedback).

A visual information seeking system for Web search   299

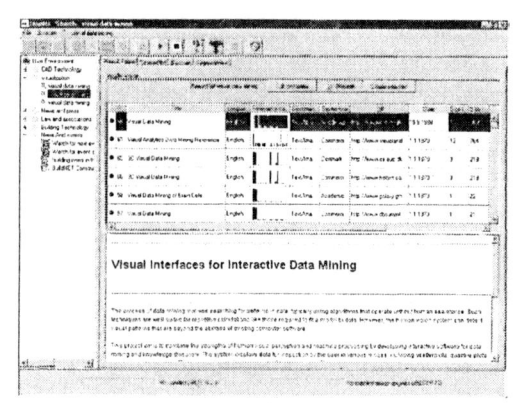

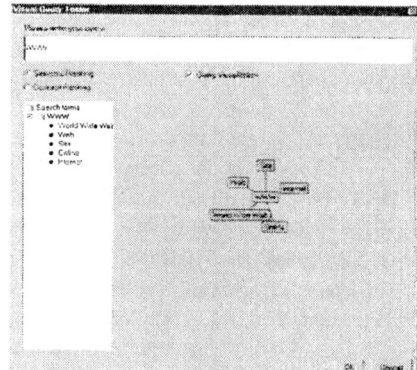

Figure 1: Result Table   Figure 2: Prototype View of the Visual Query

4   Visualisations supporting the Information Seeking Process

The scientific discipline *Information Visualization* offers a variety of approaches to provide visual representations of very large abstract information spaces. The aim is to use computer-supported, interactive, visual representations of abstract data to amplify cognition (Card et al. 1999). The research focus for the visual representations used in INSYDER is put on the review of results phase of the framework presented above. From the users point of view this is the most interesting. The formulation phase is also very important, as the users there define their information need. The implementation and design of the visualisation support for this phase is still under development, therefore only first ideas are presented in brief.

4.1   Visual Query Formulation

Users have problems formulating their information need (Nielsen 1997), (Pollock, Hockley 1997). The idea of the query visualisation is to help users to specify their information need more precisely using query expansion techniques and visualisation. From the literature it is well known that the average query consists of one or two query terms. This led to the demand of methods to overcome the problem of lacking knowledge to formulate queries. Therefore we propose a visual query, which will show the user related terms for his query (see Figure 2[1]), taking into account other successful solutions and ideas from automatic query expansion and query visualisation, e.g. (Voorhees, Harmann 1998), (Zizi, Beaudouin-Lafon 1994).

4.2   Visualisation of Results of the Information Seeking Process

The main idea behind our visual information seeking approach is to present additional information about retrieved documents to the user in a way that is intuitive, fast to interpret and which is able to scale large document sets. There are two categories of additional information that could be visualised: visualisation of document attributes, and visualisation of interdocument similarities. The second category intends to reduce the multidimensional document space to a 2-D or 3-D space so that the users will be able to visually perceive the relationships between documents. Typical approaches are document networks, spring embeddings, clustering, self-organising

---

1   For an enlarged version of the Figures and Table of this paper, see
    http://kniebach.fmi.uni-konstanz.de/pub/german.cgi/d340648/mc20001Reiterer_etal.html

maps. Our approach is restricted to the first category: the visualisation of document attributes. One important effect is the possibility to group documents that share similar attributes. We have used two different approaches depending on the additional information presented to the user:

Predefined document attributes: E.g. title, URL, server type, size, document type, date, language, relevance. The primary visual structures to show the predefined documents at-tributes are the Scatterplot and the Result Table.

Query terms` distribution: This shows how the retrieved documents related to each of the terms are used in the query. The primary visual structures to show the query terms` distribution are the Bargraph, the TileBar and the Stacked Column.

The visual information seeking system INSYDER is not a general-purpose system like traditional search engines (e.g. AltaVista). Its context of use is to support small and medium sized enterprises (SMEs) of specific application domains finding business information on the Web. So the findings of general empirical studies like the above mentioned are useful in principle but have to be completed with more specific requirements. Therefore at the beginning of the project a field study has been conducted, using a questionnaire that has been answered by 73 selected companies (SMEs) in Italy, France and Great Britain. The aim was to understand the context of use (ISO 9241 Part 11) following a human-centred design approach (ISO 13407). The following requirements are based on this field study. The typical users of the application domains of the INSYDER project are experts in one of the two business domains: building and construction or CAD software. They are typically no experts in information seeking using information retrieval systems. They know the Web and have some limited understanding of search engines. Based on the experiences of the field study different task scenarios using an information seeking system like INSYDER to find business information have been developed. Our field study shows that the formulation of the information needs is normally done in an unstructured text. The typical technical environments of the users are business PCs. The study has shown that the processing power, the RAM, and the size of the screen is limited. So we had to keep this in mind and therefore it was not possible to use sophisticated 3D visuals structures only available on high-end PCs or special workstations.

Therefore the visual mappings of web documents we have chosen are text in 1D (Bargraph, TileBar, Stacked Column) and text in 2D (Scatterplot). This final selection of the visual structures was based on the above suggestions of the field study, an extensive study of the state of the art in visualising text documents (Mann 1999) and the design goal to orientate our visual structures as far as possible on typical business graphics. The field study shows that all users have a good understanding of this kind of graphics and use them during their daily work (e.g. in spreadsheet programs). Similar conclusions, mainly based on an overview of the research done in the area of visualisation of search results in document retrieval systems, can be found in (Zamir 1998).

Another important design decision was to use a *synchronised multiple view* approach. It of-fers the user the possibility to choose the most appropriate visualisation view for his current demand or individual preferences. Our approach has similarities with the idea of „Multiple Co-ordinated Views" with „Snap-Together Visualisation (STV)" (North et al. 1999), e.g. offering the user co-ordinated views for exploring information. Other examples of visual information seeking systems following a multiple view approach can be found in e.g. (Ahlberg et al. 1995).

But there are still some drawbacks in this multiple view approach: The user interface of the system becomes more complex and therefore could be harder to use. The user can choose an inappropriate visualisation for a specific situation. To intercept the possible drawbacks a number of guidelines have been considered. The visual structures have been adapted to each other in colour, orientation and the overall style. The visualisations are synchronised in a way that a selection in one representation of the search result set will be updated immediately in the other representations.

The default presentation of the search results is a so-called ▦ *Result Table*. The main difference to the traditional result list of search engines is that all available attributes of each document are shown in different columns of the table. Each row shows one document. The user has the possibility to sort each document attribute in an increasing or decreasing order or to customise the table to his personal preferences (e.g. to show only the attributes he is interested in or to rearrange the order of the columns). Figure 1 shows an example of the Result Table for the query *visual data mining* and its results. On the left there are the different Spheres of Interest, while on the right the user sees the Result Table and an integrated browser which shows a preview of the actually selected document.

The use of the ⁙*Scatterplot* was mainly inspired by the visual information seeking systems Envision (Nowell et al. 1996) and FilmFinder (Ahlberg et al. 1994). A scatter plot is a 2D visual structure showing two variables of each document. Each document is represented by a blue coloured dot. The X and Y dimensions encode two document attributes. There are three predefined scatter plots available, each with a fixed definition of the X and Y dimension (see Figure 3): date/relevance; server type/number of documents; relevance/server type. The user also has the possibility of defining his X and Y dimensions using the available attributes for each document. The Scatterplot offers the user an easy way to navigate through the document space on the set level to find interesting search results. In Figure 3 the user has chosen the dimension server type classification on the y-axis and document type classification on the x-axis. It can be seen that most documents of the query come from commercial sites. The documents are classified into 5 categories. A square-box with a numeric label (number of documents) represents a document group (e.g. belonging to the same category or having the same relevance). Moving the mouse over a dot or square-box launches a tool tip showing important document attributes like title, size, date, category, and an abstract. Tool tips are avail-able in all visual structures. To support the exploration of the search results the user can select documents or groups of documents via mouse click and a double-click on a dot launches the selected document in the Web browser.

The use of the ▀▀ *Barchart* was mainly inspired by the work of (Veerasamy et al. 1995). The original idea of Barcharts has been adapted in several ways. Firstly, to have the same way of displaying the documents like in the other views where document details are given (Result Table, TileBar, Stacked Column), a horizontal orientation has been chosen. Therefore the Barchart is rotated by 90 degrees: top down instead of from right to left. Secondly the impression of a document as an entity is emphasised by using Gestalt principles, without disturbing the keyword orientation too much. The colours used for the different keywords are the same as for TileBars and Stacked Column. Each Barchart represents one document and shows the distribution of the relevance for each keyword of the query and the total relevance for the document. Therefore it is easy to detect if a document deals with one or more of the different keywords of the query. The headings of each column can be sorted in an increasing or de-creasing order. This function offers the user the possibility to view the distribution of the relevance of each keyword individually. Figure 4 shows the same document collection as in the Scatterplot view. The red dots at the beginning of each line symbolise that these documents have been selected (e.g. in the Scatterplot view). The visualisation shows that the first document in the view seems to be the most relevant one, as all three keywords that have been searched for appear in the document with high relevancy. As described above, also in this view documents can be selected or deselected.

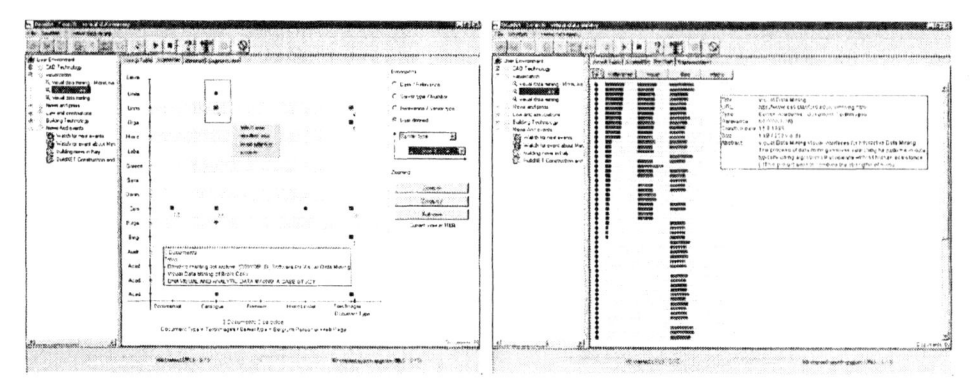

Figure 3: Scatterplot   Figure 4: Barchart view

The visual structure ■▪■ *TileBar* allows a deeper visual analysis on the document level, whereas the Scatterplots and Barchart are helpful on the document set level. The use of the TileBar was mainly inspired by the work of (Hearst 1995). Each document is represented by a rectangular bar, which is displayed next to the title of each document. The length of the rectangle indicates the length of the document. The bar is subdivided into rows that correspond to the keywords of the query. Each keyword is represented by a different colour. The bar is also subdivided into columns, where each column refers to a segment within the document. Keywords that overlap within the same segment are more likely to indicate a relevant document than keywords that are widely dispersed throughout the document. Thus, the user can quickly see if some subset of keywords overlaps in the same segment of the document. Figure 5 shows the display variant with 3 colour steps for the search with the three keywords „visual data mining". As shown by the blue, red and yellow tiles in the selected first document (title: Visual Data Mining) there are three segments with a co-occurrence of „visual" and „data" and „mining". If the user puts the mouse pointer over a segment, a tool tip occurs showing the text of this segment. A jump-into-segment feature for quick-jumps to the document-parts represented by the segments is also available. Figure 6 shows this jump-into-segment feature: a pop-up window occurs when clicking the right mouse button in the selected segment. The text of the segment is highlighted and put in the context of the whole document.

The *Stacked Column* visualisation is an adapted version of the Relevance Curve used in the Result Table. Each segment of a document is represented as a vertical column. The height of each column corresponds to the number of times all keywords occur in that segment of text. For each keyword a different colour is used to show the contribution of each keyword to the overall occurrence of each column.

For evaluation purposes there is also a static |HTML| *List* presentation in HTML-Format available in the INSYDER system (see section 4.3).

In all different views we have made extensive use of different *Interaction* techniques (e.g. direct manipulation, details-on-demand, zooming, direct selection) to give the user control over the mapping of data to visual form.

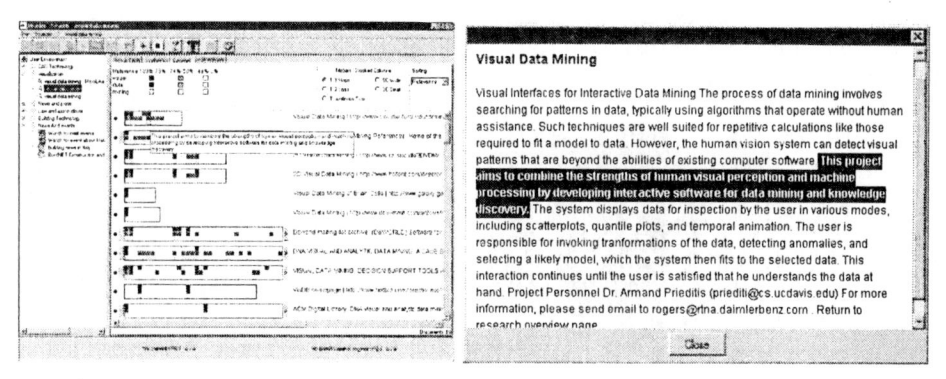

Figure 5: TileBar view

Figure 6: TileBar view - pop-up window

4.3 Evaluation of the Visualisations

The primary goal of the summative evaluation was to measure the added value of our visualisations in terms of effectiveness (accuracy and completeness with which users achieve task goals), efficiency (the task time users spent to achieve task goals), and subjective satisfaction (positive or negative attitudes toward the use of the visualisation) as dependent variables for re-viewing Web search results. Knowing advantages of the multiple view approach documented in user studies (North et al. 1999), we didn't intend to measure the effects of having Scatter-plot, Bargraph and TileBar/Stacked Column (also called SegmentView) *instead* of the List and Table. We wanted to see the added value of having these visualisations *in addition* to the Table and List.

From the factors influencing the design of a visual structure (Mann 1999) we decided to vary *target user group, type* and *number of data*, and *task* to be done. These have been determined as the independent variables. The fourth factor, the *technical environment*, was identical for all tests. The test setting covered all combinations of the different kinds of information seeking tasks (specific and extended fact finding), different kinds of users (beginners and experts), amount of results (30, 500), number of keywords of each query (1,3,8) and the chosen combinations of different visualisations (see Table 1).

4.3.1 Procedure

A short entry questionnaire was used to record demographic data of each user. Then each user got a standardised system demo using a predefined ScreenCam recording presenting each visualisation. After that each user had about 10 minutes to use the system and to ask questions if he had problems using it (learning period). The users were then asked to answer the 12 test task questions as quick as possible. All users processed the same 12 questions with the same keywords and number of hits in the same order, beginning with the 1 keyword / 30 hits specific fact finding task, followed by an extended fact finding 3 keywords / 500 hits question, then followed by a specific fact finding task with 8 keywords / 30 hits, and so on, always alternating specific fact finding and extended fact finding, with the number of keywords changing between every question in the order 1 – 3 – 8 – 1 – 3 – 8 …. The presented visualisations to answer the questions have been different between the five groups (see Table 1). Based on this planning of the controlled experiment we could assure that the five combinations of visualisations have been distributed in an equal manner to all variables. During the tasks the users were requested to „think aloud" to enable the evaluation team to understand and record their current actions. The recording of data was done with written records taken by two persons. An experimenter moderated the test session so that in the case of problems this person could help. After accomplishing the test tasks the user had to answer a questionnaire of 30 questions regarding their subjective satisfaction and to suggest improvements of the system.

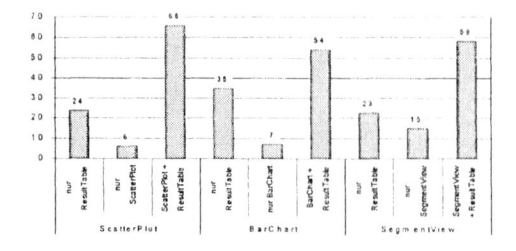

Que stion	Fact finding	collec tion size	# query terms	group 1	group 2				
1	Specific	30	1						
2	Extended	500	3						
3	Specific	30	8						
4	Extended	500	1						
5	Specific	30	3						
6	Extended	500	8						
7	Specific	500	1						
8	Extended	30	3						
9	Specific	500	8						
10	Extended	30	1						
11	Specific	500	3						
12	Extended	30	8						

Table 1: Test combinations

Figure 7: Expected added value of visualisations ex-pressed by users

4.3.2 Results

Added values of the visualisations: Figure 7 shows that in most test cases the users made use of the visualisations (using only the visualisation or using it in combination with the Result Table to answer the test questions). From this we conclude that the majority of the users expected an added value of the visualisations.

Effectiveness: The effectiveness of the visualisation is measured with the help of the degree of fulfilling the test tasks. E.g., if 8 out of the 12 tasks were solved, the effectiveness is 66,6% out of a maximum of 100%. As it can be seen in the left part of Figure 8 (Effectiveness) there was no significant advantage of using a specific visualisation combination. All visualisations performed nearly as good as the static list, which was used for reference purposes.

Efficiency: The efficiency of the visualisations has been defined as the effectiveness divided by the time the test persons needed to fulfil a test task. As no absolute minimum or best time exists for this test setting, the values derived are only comparable to each other. In Figure 8 (middle part) it can be seen that the Barchart combination performed second of all visualisation combinations. If we take into account that the Static List is something familiar to the user (well known from search engines), the Barchart has an outstanding role. Surprisingly it per-forms worst when looking at the effectiveness, but as the values are in a small interval, we do not give too much strength to this effect. Taking the efficiency values, a first interpretation would be that training effects influence the use of the Barchart the least. Also the fact that the subjects expected a high added value from using a Scatterplot combination, but a low value in effectiveness and efficiency can be taken as a hint that training effects could have a high influence on the results. This will have to be evaluated in a next step. *User Satisfaction*: The user satisfaction is derived from the final questionnaire based on a Likert-scale (-2 to +2). Therefore positive and negative values occurred. For the user satisfaction an overall value has been calculated.

Figure 8 shows that this general impression of the visualisation was satisfying. This means that the majority of the test persons thought that none of the visualisations are dispensable. They also had the impression that the visualisations helped them to solve a task. The subjective impression of the Scatterplot was the worst.

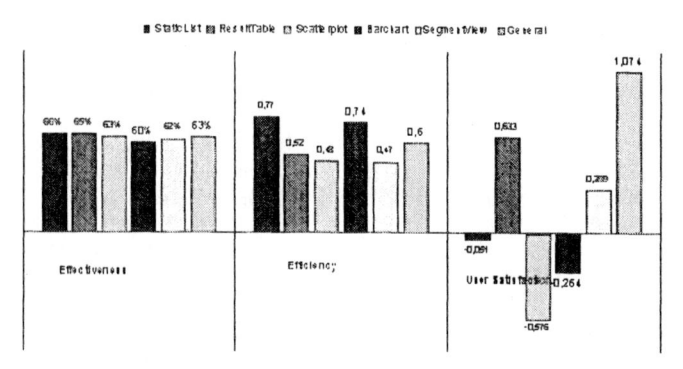

Figure 8: Overview of dependent variables

Users might have performed better, if they would have had more training time for the use of the Scatterplot and by performing better, it is likely that they have a more positive attitude towards a distinctive visualisation. Interestingly, most of the test persons were in a better mood after using INSYDER (positive mood before the test 92,5%, after the test 97,5%).

Influence of target user group, type and number of data, type of task. The numbers of documents, the numbers of keywords, the type of users, and the task type have shown to influence the efficiency of the visualisations.

5   Conclusion and Outlook

The results of the evaluation of our visual information seeking system for the Web have motivated us to go ahead. Our main design ideas for the development of a visual information seeking system for searching the Web have been successful. Most of the users make use of our synchronised multiple visual views and regarded them a nice enabling technology to find the most relevant documents in the search result. The evaluation results have shown that effectiveness and efficiency do not really increase when using visualisations, but the motivation and the subjective satisfaction do. We assume that more training time is needed to use the system effectively and efficiently.

Throughout the ideas presented above we are still working on the enhancement of the overall system. This includes the visualisations of the search results, developing specific filter functions supporting dynamic queries in combination with our visualisations, the visualisation algorithms and particularly the user interface of the whole application.

References

(Ahlberg et al. 1994) C. Ahlberg; B. Shneiderman. Visual Information Seeking: Tight Coupling of Dynamic Query Filters with Starfield Displays. In: Proc. ACM CHI'94 pp. 313-317.

(Ahlberg et al. 1995) C. Ahlberg; E. Wistrand. IVEE: An information visualization and exploration environment. In: Proc. IEEE Information Visualization 95, pp. 66-73.

(Hearst 1995) M. A. Hearst. TileBars: Visualization of Term Distribution Information in Full Text Information Access. In: Proc. ACM CHI'95; 59-66, 1995.

(Hearst 1999) M. A. Hearst. User interfaces and visualization. Modern Information Retrieval. R. Baeza-Yates and B. Ribeiro-Neto (eds.). Addison-Wesley (New York): 257-323, 1999.

(Jansen et al. 2000) B. Jansen; A. Spink A.; T. Saracevic. Real life, real users, and real needs : a study and analysis of user queries on the web. In: Information Processing and Management 36, 2000, pp. 207-227

(Koenemann, Belkin 1999) J. Koenemann and N. J. Belkin. A Case for Interaction: A Study of Interactive Information Retrieval Behavior and Effectiveness. CHI 96 - Electronic Proceedings. R. Bilger, S. Guest and M. J. Tauber (eds.). http://www.uni-paderborn.de/StaffWeb/chi96/ElPub/WWW/chi96www/papers/Koenemann/jk1_txt.htm [1999-11-11].

(Mann 1999) T. M. Mann. Visualization of WWW-Search Results. In: Proc. DEXA'99 Workshops, 1999.

(Mann, Reiterer 1999) T. M. Mann, H. Reiterer. Case Study: A Combined Visualization Approach for WWW-Search Results. IEEE Information Visualization Symposium. N. Gershon, J. Dill and G. Wills (eds.). 1999 Late Breaking Hot Topics Proc. Supplement to: G. Will, D. Keim (eds.): Proc. 1999 IEEE Symposium on In-formation Visualization (InfoVis'99). Conference: San Francisco, CA, USA, October 24-29, 1999. Los Alamitos, CA (IEEE Computer Soc. Press). San Francisco 1999: 59-62. 1999.

(Mann, Reiterer 2000) T. M. Mann, H. Reiterer. Evaluation of different Visualizations of WWW Search Results. Proc. Eleventh International Workshops on Database and Expert Systems Applications (DEXA 2000). Conference: Greenwich, UK, September 4-8, 2000 (IEEE Computer Society).

(Nielsen 1997) J. Nielsen. Search and You May Find. http://www.useit.com/alertbox/9707b.html [1999-03-18].

(North et al. 1999) C. North; B. Shneiderman. Snap-Together Visualization: Coordinating Multiple Views to Explore. University of Maryland, technical report CS-TR-4020 June 1999.

(Nowell et al. 1996) L. Nowell; R. France; D. Hix; L. Heath; E. Fox. Visualizing Search Results: Some Alternatives To Query-Document Similarity. In: Proc. ACM SIGIR '96. pp. 67-75.

(Pollock, Hockley 1997) A. Pollock and A. Hockley. What's Wrong with Internet Searching. D-Lib Magazine, 1997, http://www.dlib.org/dlib/march97/bt/03pollock.html [1999-02-01].

(Reiterer, Mußler, Mann et al. 2000) H. Reiterer, G. Mußler, T. M. Mann and S. Handschuh: INSYDER - An Information Assistant for Business Intelligence. Proceedings of the annual International ACM SIGIR Conference on Research and Development in Information Retrieval SIGIR '00, Athens 24-28 July 2000.

(Shneiderman, Byrd, Croft 1997) B. Shneiderman, D. Byrd, and W. B. Croft. Clarifying Search: A User-Interface Framework for Text Searches. D-Lib Magazine, 1997, http://www.dlib.org/dlib/january97/retrieval/01shneiderman.html [1999-08-17].

(Veerasamy et al. 1995) A. Veerasamy; S. B. Navathe. Querying, Navigating and Visualizing a Digital Library Catalog. In: Proc. DL'95. http://www.csdl.tamu.edu/DL95/papers/veerasamy/veerasamy.html [1999-03-24]

(Voorhees, Harman 1998) E. M. Voorhees and D. K. Harman (eds.): NIST Special Publication 500-242: The Seventh Text Retrieval Conference (TREC-7) Gaithersburg, Maryland (Government Printing Office (GPO)) 1998. http://trec.nist.gov/pubs/trec7/t7_proceedings.html [1999-12-20].

(Zamir, Etzioni 1998) O. Zamir and O. Etzioni. Web Document Clustering: A Feasibility Demonstration. SIGIR 1998. http://zhadum.cs.washington.edu/zamir/sigir98.ps [1999-03-23].

(Zamir 1998) O. Zamir. Visualization of Search Results in Document Retrieval Systems. General Examination's Paper, University of Washington, http://www.cs.washington.edu/homes/zamir/papers/gen.doc [2000-09-13]

(Zizi; Beaudouin-Lafon 1994) M. Zizi; M. Beaudouin-Lafon. Accessing Hyperdocuments through Interactive Dynamic Maps. Conference on Hypertext and Hypermedia Proceedings of the 1994 ACM European conference on Hypermedia technology. 126-134.

Adressen der Autoren

Prof. Dr. Harald Reiterer / Thomas M. Mann / Gabriele Mußler
Universität Konstanz
FB Informatik und Informationswissenschaft
Postfach D73
78457 Konstanz
harald.reiterer@uni-konstanz.de
thomas.mann@uni-konstanz.de
gabriela.mussler@uni-konstanz.de

Interaction With Multiply Linked Image Maps: Smooth Extraction of Embedded Text

Wallace Chigona, Thomas Strothotte, Stefan Schlechtweg

Otto-von-Guericke University of Magdeburg, Department of Simulation and Graphics

Abstract

In this paper we introduce a new technique for presenting textual information *within* images and for enabling users to interact with these texts. Our method relies on shading images using text-based dither matrices; users extract text by effectively enlarging the dither matrices to the point where text becomes legible. Transitions between matrix sizes are carried out step by step and can be implemented at interactive rates so that the process of extracting text is seen as an animation. The technique can be used in electronic books for users wishing to explore images. It also provides the first solution for working smoothly with multiply linked image maps.

Keywords: presentation techniques, smart graphics, image-text coherence, animation in user interfaces, labeling images, image maps

1 Introduction

One of the goals of interactive presentation techniques is to provide smooth transitions between states of a user interface. Abrupt transitions, such as when instantaneously replacing an object visualized on a computer screen by another object, are confusing, distracting and irritating [Shneiderman, 1992]. Instead, smooth transitions spreading over a short period of time, like having an object shrink to the point of disappearing and another one grow into appearance, give the user a chance to comprehend and appreciate the operation and its implications.

Newer inexpensive graphics hardware is enabling real-time animation to be carried out in user interfaces. This forms a technological basis for providing smooth transitions. The problem, however, is to find useful animations between states such that they provide the necessary information to users without getting in the way of the interaction tasks.

One area which has thus far largely evaded such smooth interaction is the problem of integrating images and text with one another. Yet, this topic is of vital importance in the context of electronic books: The success of this new media will be determined, in part, by the quality in which illustrations are presented and by the quality of the user interaction with such images. In this paper we address one fundamental interface issue: Given an image, smoothly integrate text associated with individual objects which the user has selected. The text should be integrated into the image with smooth transitions in real time. The amount of text should be variable.

The paper introduces the concept of *dual use of image space*: Pixels represent both text which can be read and, at the same time, shading information in images. The major advance of our paper is that we show how a smooth transition can be achieved between the representation of an object as an image to a text and vice versa employing the dual use concept in the intermediary steps.

This problem has an important application to navigation on the web. A new trend is towards multiple links associated with individual words or image maps. Solutions to the interaction tasks for such links are available in the realm of text (here, menus or similar interface elements are frequently used). To date, little has been done for multiply linked image maps. The techniques we develop in this paper are shown to solve problems which arise in that domain.

The paper is organized as follows. We first give an overview of related work. Our approach to solving the problem of smoothly extracting text from images is then presented in the following section. The methods which we use to solve the problem are described next, and user interaction is outlined. We also highlight applications of our concepts to web navigation using image maps and to reading aids for functional illiterate people. We present concluding remarks and a discussion of future work.

2 Related Work

Work on methods of embedding text in images and enabling users to extract it can combine elements of several pieces of previous work. Most important, our work was inspired by recent results by Zellweger et al. [Zellweger et al., 2000, Zellweger et al., 1998] who introduced the concept of *Fluid Documents*. Fluid Documents is a new technique for annotations which uses lightweight interactive animation to incorporate annotations in their context.

Here text flows smoothly on the screen in response to user manipulations, particularly with regard to following hyper-links. For example, if a user clicks on a link, the system makes room on the page for the title of the page being referenced, rather than jumping directly to that page. This makes it possible to manage multi-links and gives users the opportunity to decide whether they want to follow the link. There is a great esthetic appeal to the way in which Fluid Documents use animation to move about text on the screen. However, the system does not pay particular attention to images: Text can be made to flow around images, but cannot be integrated within them.

A number of methods have been developed for integrating text within images and implemented in commercially available systems. Within the area of GUIs, balloon help systems (first introduced on the Macintosh, see for example [Freeman, 1994]) place „balloons" containing help texts over an image (or a GUI component) to be labeled as the mouse hovers over it. Such balloon help systems are nowadays a common tool for Graphical User Interfaces. To avoid hiding the underlying image, specialized fonts can be used which are placed on top of an image without hiding it [Harrison & Vicente, 1996]. Hot spots can be defined which, when activated, result in following a link to another page.

In a more dynamic approach, Preim et al. [Preim et al., 1997] designed a method of labeling images by placing text in the margin and using a line to join objects and their labels. Interesting interaction issues result when the image is manipulated. The system also empowers the user to manipulate the text to precipitate corresponding changes to the image. However, this approach is well suited for short texts only.

Our work is designed to enable users to interrogate images and to obtain information about them. This concept is related to the work of Schlechtweg which deals with the illustration of long texts [Schlechtweg & Strothotte, 2000]. In this system, images and texts are presented in separate windows; manipulating the objects in one window leads to changes in the other window. For example, clicking on an object in the image results in scrolling the text to the next position which deals with the topic of the selected object. While the text is scrolled, the graphics is also manipulated smoothly (e. g., real time geometric transformations of objects). However, the system does not achieve an integration of these media, instead, the text and graphics are presented in separate windows.

Static labeling of components of images is a special research topic in cartography where text has to be integrated in a map to show names of places, rivers, buildings, etc. But also in technical illustrations, labels play an important role for understanding the depicted objects. Here, several methods for an automatic annotation or labelling have been introduced for example, by Butz et al. [Butz et al., 1991] or Vivier [Vivier et al., 1988]. All these approaches, however, work for specific images with a highly standardized set of rules for label placement.

A completely different approach to introduce text in images was suggested by Ostromoukhov and Hersch [Ostromoukhov & Hersch, 1995]. They use a special halftoning method (screening) to introduce text as artifacts into renditions. An image is subdivided into blocks each of which represents a character. As with any halftoning method, the given tone of the original image is reproduced. That means that blocks of different intensities are represented by different shapes of that particular letter. All these shapes have to be computed in advance so that this method is not suited for the interactive incorporation of arbitrary (possibly unknown) texts.

3 The Method

We assume a scenario in which the user is presented with an image and wishes to obtain textual information about individual objects being displayed. First, the user interacts with an image to select an object about which he or she wishes to extract text. This is done by simple pointing and clicking. In previous systems, the text would now typically be added into the image, either as a label beside the object, or as a balloon on top of it. Alternatively, a new browser window might be created for the text associated with the object.

Instead, our method is based on the concept of the *legibility* of the object. The underlying principle is that every image is dithered with text, except that without any further manipulation, the text is too small to be recognized.

After selecting an object, the user adjusts the legibility. In particular, the legibility is turned up by the user. This means that over time – we have found that about a second is sufficient – the letters comprising the text are enlarged, starting from a size of one pixel up to the point where the letters are large enough to be read by the naked eye. From a technical point of view, the effect of turning up the legibility is that the dither matrices used to render the selected object are enlarged quickly one pixel at a time, while the size and shading of the object are kept constant. This has the effect that as the dither matrix size increases, text begins to appear when examining the image close up.

An example will illustrate this basic concept of legibility of text in an image. Figure 1(a) shows a close-up rendition of a sword. The user now turns up the legibility; over a short period of time, the successive frames of Figure 1(b) to (d) are introduced as an animation. The text which appears is the Webster's dictionary definition of a sword [Web, 1983]. Note how the pixels representing the object are used in two ways. On the one hand, they display the object itself and are used here to the extent requested by the user; on the other hand, they display the text about the image. This dual use of the display space – shading the object and at the same time displaying a text about the object – is a new concept for intimately linking an image and the text associated with it.

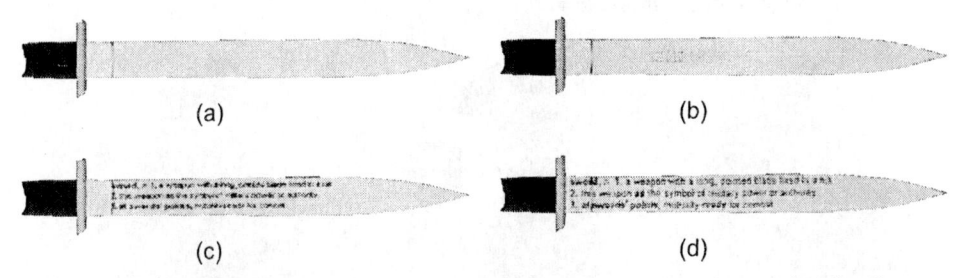

Figure 1: Turning up legibility. In an animation the dictionary definition of the objects is introduced.

4 Methods of Image to Text Transition

The concept of dual use of display space for images and text implies that compromises will be necessary. First, users are used to reading text in rectangular regions (windows), rather than in irregularly shaped regions which may be defined by the object shapes. Second, displaying text in an object whose surface varies in how much light it reflects means that the colors of the surface will be uneven; this implies that the fonts in which a text is presented will also vary to a strong extent, meaning that the text will be hard to read. Third, varying the amount of text being displayed within a region means that particular attention must be paid to issues related to the text layout and word breaks. We shall address these three issues in turn.

4.1 Object Shape

A graphical object will typically have a silhouette of an irregular shape, whereas a normal text is strictly rectangular. Hence, one task is to morph the silhouette of the object selected from its graphical shape into a rectangle. At the same time, the dimensions of the rectangle must be dynamically defined.

By default, an object morphs into a rectangle with a size equal to its bounding box. However, this may not always give satisfying results especially when the object is very narrow since most text may be clipped out. To overcome this problem, the user may specify the rectangle size which may fit the text better, for example the user may choose that the object morphs into a square window whose sides are equal to the longest side of the bounding box. The selected shape is in a sense the maximum window size, since in cases where the proposed window size is bigger than the space required to display the available text, the window automatically shrinks down to a size which is just enough to contain the text.

Morphing the silhouette of the object in question into a rectangular shape is done by linearly interpolating between the object's shape and the object's bounding box. This process yields a rectangular region which is then „filled" with text. Figure 2 shows an example of this procedure applied to a map where a region has been selected and is morphed successively into its bounding box. If the area is still too small for the text to fit in, further enlargement is necessary.

Indeed, the rectangular region for the text should be zoomable to accommodate for more text to fit in. Here, we adapted the algorithm for 2D zoom by Carpendale [Carpendale, 1999, Carpendale et al., 1997]. In this method, the 2D region is zoomed by treating it as an elastic surface spreading in 3D and selectively raising individual points. A camera placed above the surface views it, producing a distorted 2D image. Using straightforward extensions to this basic algorithm we can achieve an enlargement of the region containing the text while all areas around are distorted to provide context information.

Figure 2: Morphing the selected object into a rectangular shape.

4.2 Linearizing Object Shading

An image shaded for example with Phong shading will have pixels of varying intensity spread over its entire extent. However, readers expect text to be uniform over a line. The only non-uniformity which is acceptable is for emphasis i. e., when, for example, bold face or italic characters are used.

This means we must carry out a linearization of the object shading in order to prepare the graphical object for textual display purposes. There are several possibilities to do so. First, we can successively apply image processing filters – like a median filter – to the regions in question. However, successively applying an image processing filter is rather time consuming so that a simpler solution is more apt. Text is most readable (a) if the contrast between the background and the text is high enough, and (b) if the background itself is of a uniform color. Both can be achieved by manipulating the pixels in the desired region. To get a uniform color, we compute the medium color value of the given region and apply this value to all pixels. If the contrast between (usually black) text and (usually bright) background is too small, a color shift or scale operation can be employed which yields a lighter or darker background.

4.3 Text Layout

The regions produced by the algorithm for manipulating the object shape should ideally be well suited to display the text at hand. One effect which must be avoided, however, is that words are constantly interrupted at the end of a line and continued on the next line, making reading difficult.

The area of text layout itself has been very well studied. There are several algorithms and methods which can be used to make a paragraph of text fit to a given shape. Usually this shape is rectangular, as for instance the shape of a paragraph in this paper but can also be of any shape as it would be required by the application at hand. The most elegant way of formatting text within a given region is by applying and evaluating penalty values and rules as proposed by D. E. Knuth and used in the TEX system [Knuth, 1999]. This technique leads to very accurately formatted paragraphs.

In our application, however, a simpler approach can be chosen. A small number of rules is used to decide on the text layout. In principle, if the text lines are longer than will fit, they should be clipped along the object's right border; if the lines are much longer, a small horizontal scroll bar may be introduced. A similar rule can be constructed for the vertical case.

A minimal and a maximal font size can be selected depending on the amount of text to be displayed. For example, a small font size (which is nonetheless large enough to be read) is maintained while the text is enlarged as long as the lines do not fit in the area; only when the text fits, the font size is increased along with further increases in the size of the rectangle.

5 User Interaction

From a conceptual point of view, the three issues discussed in the last section form independent parameters which can be manipulated. However, we have found that only the legibility of the text is of importance and interest to users. Furthermore, the legibility of the text is influenced by each of the issues raised. In general, a text is the more legible the more rectangular the area is in which it is written, the more uniform the object shading over this area, and the more uniform the text layout. Hence, we need to provide users only with ac-cess to the possibility to tune the legibility. Nonetheless this raises a number of interesting questions concerning interaction.

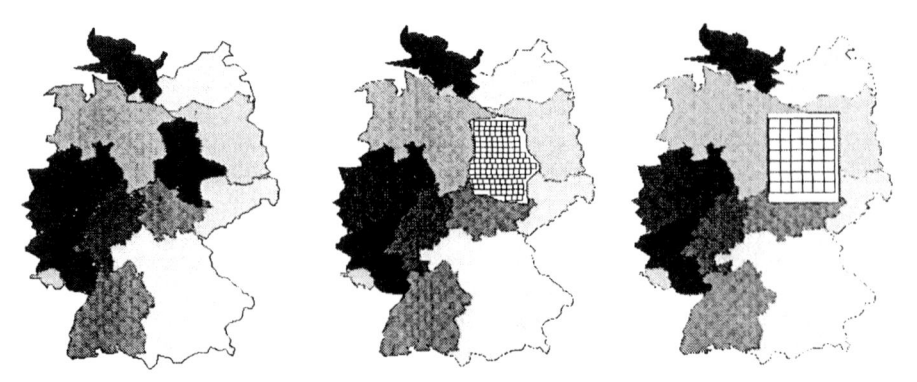

Figure 3: Extracting text. After double clicking on a region, the point size of the text is increased while at the same time the region's shape is morphed into a rectangle. For the sake of clarity we substituted the text with simple boxes.

5.1 Increasing Legibility

We maintain a loose coupling between the text and the image to allow users to select text which they would like to be displayed. The text can be either a description of the objects in the image as is often the case in technical illustration or it can be hyper-links to other related pages as it would be the case with image maps.

We have found that the sequence of operations by most users is to morph an object into a rectangle, extract text and then adjust legibility. In other words, users see the change of the object shape into a rectangle only as a step towards achieving legibility. For this reason, by default, as the shape of the object changes into a rectangle, the legibility also improves, unless the user selects otherwise.

The user extracts the embedded text from a selected object by double clicking on the object. This action evokes an animation whereby the character size grows to a point where it can be read (see Figure 3). The default time for this animation is about one second, however, the user may adjust the animation speed. After the initial animation the legibility of the text may be adjusted further.

The displayed text is not highly formatted with emphasis features like bold, italic, and a variety of fonts, because although we appreciate the role these features play in making the text more legible, we felt implementing them would slow down the system thereby making it less suitable for real time usage. To compensate for that, the user may open an additional text view window. On top of having all the formatting features, the text window also allows the user to edit the text.

An Application: The technique described so far can be used in multi-link image maps for Internet browsing. In standard image maps clicking on a sensitive part of the image takes the user straight to the linked page. In our system the legibility is first turned up to give the user a chance to preview the pages before following the links, a concept which.8 makes it possible to introduce multi-links. We have also found out that the preview phase is helpful for users in forming a smooth connection between the image and the text on the link. Figure 4 shows an example of a multi-link image map. First, the legibility of the selected region (the German state Saxony-Anhalt) is turned up making the multi-links legible. As a visual clue, text for links is underlined. In the example, the „Services" link was followed, and an Internet browser for the „Services" web page for Saxony-Anhalt was opened.

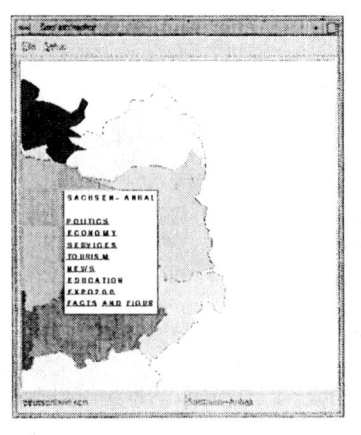

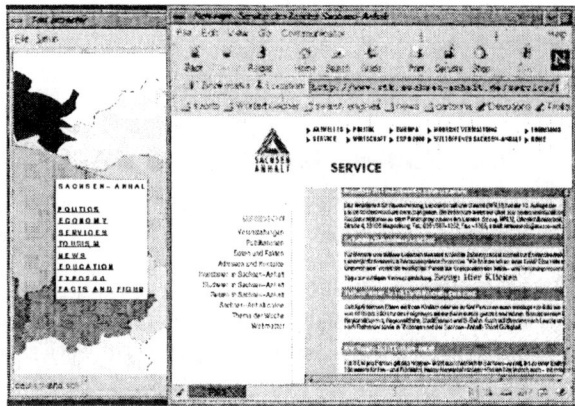

Figure 4: Using the presented techniques in multiply linked image maps. The user selects a region in the map and a list of links associated wit this region is introduced. Selecting one of these results in opening a web browser and displaying the respective page.

5.2 Decreasing Legibility

...CATCH THE FISH.
...CATCH THE FISH.
...CATCH THE FISH.
...CATCH THE FISH.
...CATCH THE 🐟.

Figure 5: Turning down the legibility of a text.

The question of „undoing" the effect of the interaction to extract text from images can be viewed as turning back the legibility. Consider, for example, a text as shown in the top row in Figure 5. The user has selected the word „fish" in a text. We can now consider this word to be the final frame of an animation which made the image of a fish „more legible", ultimately yielding the single word within a bounding box. In the process, the graphical shape of a fish was morphed into a rectangular box, the shading was completely linearized and the text restricted to the single word „fish".

The user can select the word and request an image in this place. The system reacts by applying the operation „decrease legibility" to the text. This is carried out by an animation; several frames of this animation are shown in the lower rows in Figure 5. Since this can be carried out in real time, the effect is that the word fish is changed smoothly into an image.

An Application: As an application we shall investigate the topic of the exploration of text by functional illiterate people. This topic is of considerable commercial importance. Interaction With Multiply Linked Image Maps 9 as millions of people in the western society have significant problems reading text (e. g., 50 million American adults cannot read a simple text in a newspaper, about 44 million cannot even understand the headlines in a newspaper [Literacy Volunteers of America, 2000]). Computing facilities on the web are necessary to enable these persons to participate in the information society, in general, and electronic commerce, in particular. This means that reading aids must be provided even for simple texts.

The technique of decreasing the legibility of an object and thus going from a textual display to an image is one of the possibilities to provide such reading aids. Primers for learning to read include images in place of words the letters of which are not known to the student so far. Comparing the images to the written word helps in deciphering the text. If we consider Figure 5 as being part of an interactive program for helping illiterate people in the process of learning to read, then if the letters F and S are unknown to the student, he or she cannot read the word „FISH". Providing the possibility to display an image of a fish instead opens a way to being able to read the text and possibly to learn the letters F and S.

6 Concluding Remarks and Future Work

In this paper we have addressed one of the fundamental problems associated with image-text coherence. On the computer images and text have always been handled with completely different representations (ASCII for text, graphical primitives for images). Our work takes steps toward making the difference between images and text disappear:

A text consists of a bounding box dithered with large dither matrices consisting of letters, while an image typically has an irregular shape with very small (pixel-sized) dither matrices. This view of what text is and what an image is makes it possible to neglect the fundamental difference between images and text which computer representations have forced on us since the advent of ASCII.

Another view of our work is that, in essence, we have developed a new method of labeling objects within images. Indeed, previous methods like placing textual labels next to objects and connecting these with a line, or adding a balloon with text in the vicinity of the object to be labeled in essence are electronic versions of techniques originally developed for print media. By contrast, the method we developed in this paper is a presentation style which is tuned to human-computer interaction and would not be feasible in print media.

The techniques we presented can be used in many situations in which images must be explored with respect to underlying text, or text needs to be investigated with respect to images associated with it. This is of particular relevance to e-books where users have limited facilities to interact with the computer and a limited amount of screen space. Examples of applications are in medicine or technical documentation.

References

[Web, 1983] (1983). *Webster's Desk Dictionary of the English Language*. New York: Gramercy Books.

[Butz et al., 1991] Butz, A., Herrmann, B., Kudenko, D., & Zimmermann, D. (1991). *AnnA: Ein System zur automatischen Annotation und Analyse manuell erzeugter Bilder*. Technical report, University of the Saarland, Saarbrücken.

[Carpendale, 1999] Carpendale, M. S. T. (1999). *A Framework for Elastic Presentation Space*. PhD thesis, School of Computer Science, Simon Fraser University.

[Carpendale et al., 1997] Carpendale, M. S. T., Cowperthwaite, D. J., & Fracchia, F. D. (1997). Extending distortion viewing from 2D to 3D. *IEEE CG&A*, 17(4), 42-51.

[Freeman, 1994] Freeman, D. (1994). Object Help for GUIs. In *ACM Twelfth International Conference on Systems Documentation* (pp. 34-38).

[Harrison & Vicente, 1996] Harrison, B. L. & Vicente, K. J. (1996). An Experimental Evaluation of Transparent Menu Usage. In *Proceedings of ACM CHI'96 Conference on Human Factors in Computing Systems* (pp. 391-398).

[Knuth, 1999] Knuth, D. E. (1999). *Digital Typography*. Stanford, CA: CSLI Publications.

[Literacy Volunteers of America, 2000] Literacy Volunteers of America (2000). Facts on Illiteracy in America. http://www.literacyvolunteers.org/about/ index.htm [cited 2000-08-29].

[Ostromoukhov & Hersch, 1995] Ostromoukhov, V. & Hersch, R. D. (1995). Artistic Screening. In R. Cook (Ed.), *Proceedings of SIGGRAPH'95 (Los Angeles, August 1995)*, Computer Graphics Proceedings, Annual Conference Series (pp. 219-228). New York: ACM SIGGRAPH.

[Preim et al., 1997] Preim, B., Raab, A., & Strothotte, T. (1997). Coherent Zooming of Illustrations with 3D-Graphics and Text. In *Proceedings of Graphics Interface'97 (Kelowna, Canada, May 1997)* (pp. 105-113). Toronto: Canadian Computer-Human Communications Society.

[Schlechtweg & Strothotte, 2000] Schlechtweg, S. & Strothotte, T. (2000). Generating Scientific Illustrations in Electronic Books. In *Smart Graphics. Papers from the 2000 AAAI Spring Symposium (Stanford, March, 2000)* (pp. 8-15). Menlo Park: AAAI Press.
[Shneiderman, 1992] Shneiderman, B. (1992). *Designing the User Interface*. Reading: Addison Wesley Publishing Company.
[Vivier et al., 1988] Vivier, B., Simmons, M., & Masline, S. (1988). Annotator: An AI-Approach to Engineering Drawing Annotation. *ACM Transactions on Graphics*, (3), 447-455.
[Zellweger et al., 1998] Zellweger, P. T., Chang, B.-W., & Mackinlay, J. (1998). Fluid links for informed and incremental link transitions. In *Proceedings of Hypertext'98* (pp. 50-57).
[Zellweger et al., 2000] Zellweger, P. T., Regli, S. H., Mackinlay, J. D., & Chang, B.-W. (2000). The impact of Fluid Documents on reading and browsing: An observational study. In *Proceedings of CHI 2000* (pp. 249-256).

Adressen der Autoren

Wallace Chigona / Prof. Dr. Thomas Strothotte / Stefan Schlechtweg
Otto-von-Guericke-Universität Magdeburg
FIN/ISG
Universitätsplatz 2
39106 Magdeburg
chigona@isg.cs.uni-magdeburg.de
tstr@isg.cs.uni-magdeburg.de
stefans@isg.cs.uni-magdeburg.de

Enhancing Dynamic Queries and Query Previews: Integrating Retrieval and Review of Results within one Visualization

Maximilian Stempfhuber, Bernd Hermes, Luca Demicheli, Carlo Lavalle

Informationszentrum Sozialwissenschaften (IZ), Bonn /
European Commission, DG Joint Research Centre, Space Applications Institute Strategy and Systems for Space Applications (SSSA) Unit

Abstract

The concepts of dynamic queries and query previews have shown to be useful in information systems because they allow users to search for information by directly manipulating a visual representation of the query and getting immediate and continuous feedback about the results. To enhance dynamic queries and query previews we combined them with dynamic screen layout for query formulation and a visual formalism for result presentation in a single screen. The user can refine his query and get an immediate preview of the results. Manipulating the query preview in turn directly modifies the visualization of the results without the need to switch back to a separate query screen. The combination of query, preview and result display gives us the opportunity to visualize dependencies between values of search attributes, which standard query previews do not show. The application domain is MURBANDY, a system for monitoring and modelling the change of land use in European cities.

1 Introduction

Most database systems require the user to formulate queries in high level query languages, which presumes that the user is familiar with the database structure and the query language. For relational database management systems (RDBMS) there is a *formal query language*, SQL (Structured Query Language), where conditions can be specified for filtering records. Single conditions can be combined by Boolean operators (AND, OR, NOT) to more complex terms. Boolean logic has shown to be difficult to comprehend, mostly because the operators' semantics do not exactly match their semantics in natural language, precedence is not always clear and errors are made when using brackets (Green et al. 1990, Hertzum&Frøkjær 1996).

To avoid learning a formal query language, systems like VQuery (Michard 1982), AI-STARS (Anick et al. 1990), Filter/Flow (Young&Shneiderman 1993) or DEViD (Eibl 1999) have been developed. They all try to *visualize Boolean logic* (often with reduced complexity) and apply their solutions to document or fact retrieval. In most of the cases they prove to be superior to formal query languages in regard to the time necessary for task completion or the number of user errors, but they normally separate query formulation from result display.

Dynamic queries (Ahlberg et al. 1992) and *query previews* (Doan et al. 1996) combine query formulation and display of results at the spatial and temporal level. Systems like the Dynamic HomeFinder (Williamson&Shneiderman 1992) use direct manipulation of search attributes through user interface controls instead of a formal query language. Combined with adequate visualizations, this allows fast and reversible operations whose impact on the query result is immediately visible. To improve query performance in networked information systems, where long response times can reduce the benefits of dynamic queries, query previews (Greene et al. 1999) use metadata to calculate the size of the result set in advance. Now the user is able to explore the data and refine his query before it is sent to the server.

2 Dynamic Screen Layout and Visual Formalisms

Syntax and layout of graphical user interfaces often imply a combination of the individual controls (e.g. sliders or entry fields which represent the search attributes) with Boolean operators. Since the user expects the result set to shrink the more specific his query is (the more attributes he specifies), the attributes will be combined with the AND operator.

Problems arise as soon as an indefinite number of values per search attribute can be entered, which can be multiple numerical ranges, search terms or selections from lists:

- The number of values needed is hard to define a priori. Providing too few entry fields limits the complexity of the user's query, having too many wastes screen real estate.
- Sometimes attribute values have to be selected by the user rather than entered, because entering them is error-prone or too difficult for the casual user. In this situation there is a race condition between the space needed for presenting options (e.g. list boxes) and summarizing previous selections to lower the short term memory's load (status display).
- As soon as there is no simple interpretation of how the attributes and their values are transformed into a (Boolean) query, e.g. values are combined with OR within attributes and with AND between them, the result of the query is hard to guess in advance.
- Even a query preview or the final result set may not be able to explain relations in the data, so that the user can not easily understand how search attributes and their values interact with each other and influence the result in detail.

Dynamic screen layout and tight coupling

The dynamic spatial layout of controls on the screen solves the problems related with multi-valued search attributes by adjusting the size of controls (e.g. entry fields) and rearranging them in a way so that they can hold an arbitrary number of values without wasting space that otherwise could be used for selection lists or a status display (Stempfhuber 1999). We developed a control for entering text which initially consists of one single entry field and grows or shrinks vertically with every entry that is added or deleted. Space on the screen is dynamically occupied or freed depending on the amount of data the user enters. Figure 1 show parts of the user interface of ELVIRA, an information system for market researchers, to illustrate the idea.

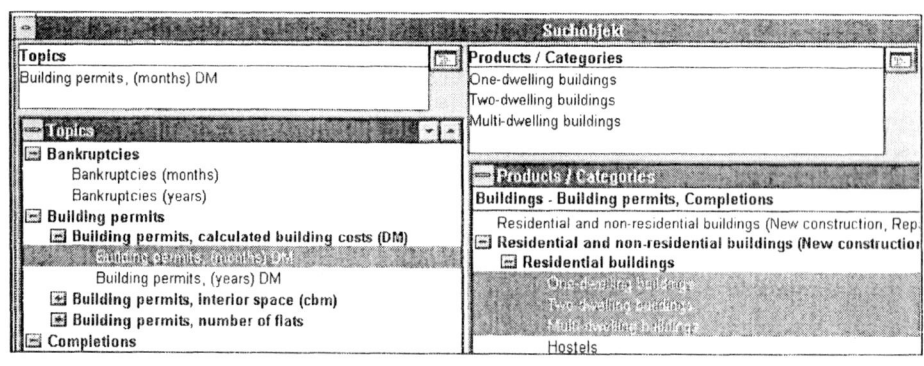

Figure 1: Tight coupling of dynamic entry fields with selection lists (Stempfhuber 1999)

To allow selection rather than manual input (recognition vs. recall), the entry field is tightly coupled with a selection list. The content of the selection list serves two functions:

- Validation of (manual) input from the user: the entry field only accepts input which can also be found in the list, but assists the user with a thesaurus.

Enhancing Dynamic Queries and Query Previews: ... 319

- Display of choices: to avoid typing errors, search terms can be selected from the list instead of being typed into the entry field.

The user can freely choose it's mode of interaction. Entering text in the entry field selects the corresponding item in the list and selecting in the list inserts the text in the entry field (same for deleting items). This tight coupling of controls together with the synchronized flow of information between them are two of the core principles of the WOB model for user interface design (Krause 1997). Both principles can directly be mapped to software design patterns and thus are clearly specified at the conceptual and the implementation level (Stempfhuber 2000).

Tight coupling is also used to synchronize permissible values of multiple search attributes and therefore to eliminate combinations of values that will lead to zero-hit queries. In figure 1 the attributes „topics" and „products / categories" are synchronized in a way that when a topic is selected, all entries from „products / categories" are removed that can not be combined with the selected topic. The dependencies between attributes are bi-directional (but not recursive) so that initially selecting a product will reduce available topics.

Status Display to Reduce Memory Load

The entry field at the same time serves as a status display. This is necessary, because the lists of attribute values tend to become rather long in real-life applications (up to 1.800 entries in some of the many nomenclatures used in ELVIRA). Scrolling those hierarchically organized lists always hides parts of them, so that the user has to remember a potentially large number of already selected items. The status display summarizes the selected items, gives a comprehensible overview of the query and at the same time reduces short term memory load.

When displaying query results, the selections lists are replaced by a result list (figure 2), while the status display still remains visible. Again, there is no need to remember the query when reviewing results and comparing them with the search conditions.

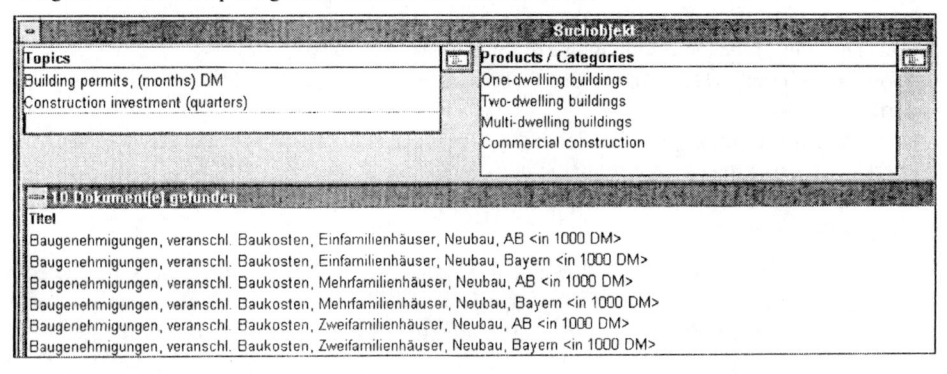

Suchobjekt	
Topics	**Products / Categories**
Building permits, (months) DM	One-dwelling buildings
Construction investment (quarters)	Two-dwelling buildings
	Multi-dwelling buildings
	Commercial construction

10 Dokument[e] gefunden

Titel
Baugenehmigungen, veranschl. Baukosten, Einfamilienhäuser, Neubau, AB <in 1000 DM>
Baugenehmigungen, veranschl. Baukosten, Einfamilienhäuser, Neubau, Bayern <in 1000 DM>
Baugenehmigungen, veranschl. Baukosten, Mehrfamilienhäuser, Neubau, AB <in 1000 DM>
Baugenehmigungen, veranschl. Baukosten, Mehrfamilienhäuser, Neubau, Bayern <in 1000 DM>
Baugenehmigungen, veranschl. Baukosten, Zweifamilienhäuser, Neubau, AB <in 1000 DM>
Baugenehmigungen, veranschl. Baukosten, Zweifamilienhäuser, Neubau, Bayern <in 1000 DM>

Figure 2: Status Display integrated into result screen

Query refinement in a one-screen-system

Another problem in information systems is support for iterative query refinement. Many systems divide query formulation and presentation of results into separate screens, which makes it not only difficult to compare query and results. It also forces the user to first develop a strategy for re-formulating the query while looking at the results (query form not visible) and then switching back to the proper screen and modifying the query (results not visible).

The solution is again to use an enhanced status display that is visible together with the query result and allows modification of the query without switching screens.

Using visual formalisms to explain query results

One weakness of the so far proposed solutions and systems presented is, that there is no direct mapping of the dependencies between query attributes or their values and the elements of the result set. Because the values of attributes are often combined with the OR operator and the attributes are combined with AND, query previews give only the total of records in the result set, but may fail to visualize which combinations of search values appear in the result set.

For the combination of two attributes with a theoretically unlimited number of attribute values we developed an interactive visualization based on the idea of visual formalisms (Nardi&Zarmer 1993). Visual formalisms are basic visualizations like maps, tables or charts, which everyone learns to read or use and which do not require knowledge or transfer of additional concepts. Metaphors, in contrast, require the user to transfer a known concept (e.g. that of a type writer) into a different domain (e.g. text processing software), which can break the metaphor and lead to difficulties in comprehension or user errors.

Attribute	B1	B2	B3	
A1	☒		☐	Σ
A2	☐	☒		
A3	☒	☐	☒	
	Σ			

Figure 3: Tabular query preview which can be modified for query refinement

Our visualization uses a two-dimensional table, where each axis denotes one attribute (figure 3). The table dynamically grows or shrinks depending on the number of values specified for each attribute. The cells of the table contain one of three possible values:
- An empty cell (null-value) signals that there is no dependency between the corresponding two attribute values.
- An unmarked checkbox denotes a dependency in the data which the user can activate (mark the checkbox by clicking the mouse) to include it in the result set.
- A marked checkbox denotes an activated dependency that will add a number of additional records to the result set.

To give the user information about how much the result set will grow when activating a checkbox, the number of records can be displayed in each cell as an option. In addition, totals for rows or columns may be useful to analyse the distribution of attributes within the database.

3 Information Retrieval in the Context of Urban Planning

For urban planning models are needed that integrate historical and current data and allow to prognosticate future development. In the project MURBANDY (Monitoring Urban Dynamics, (Lavalle&Demicheli 2000), methods for monitoring urban dynamics of European cities are developed and indicators are created, which make these dynamics and the influence on cities' peripherals understandable (see section 5).

Typical information needs

An important criteria for urban planning is the change of land use and the consumption of land in urban areas. Therefore land use data for 25 European cities has been collected and classified for four different years between 1955 and 1990. Besides the satellite images, from which part of the data has been extracted, there are coloured maps for each city and year that show land use and traffic network according to the international land use classification.

Common use cases for this data are the analysis of the change of land use for a single city within a specific period or the comparison of two cities with regard to certain classes of land use, e.g. industrial areas. In rare cases more than two cities will be compared at once. The users of the MURBANDY WWW Interface will be researchers concerned with environmental change and urban planning. It will also assist decision makers at levels from local to European government. The requirements for the prototype have been derived from previous cooperations between the MURBANDY project team at the Space Applications Institute (SAI) of the Joint Research Centre (JRC) Ispra, Italy, of the European Commision and the targeted user group. The project team at the German Social Science Information Centre (IZ), Bonn, developed alternative designs for the user interface that were peer reviewed by the SAI.

Layer 2: Use combination in result view

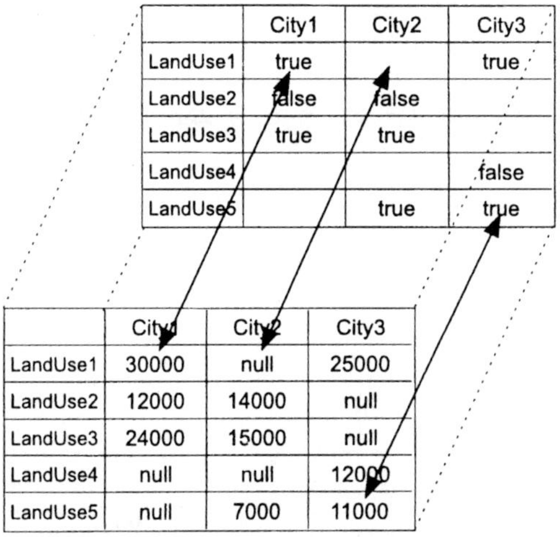

	City1	City2	City3
LandUse1	true		true
LandUse2	false	false	
LandUse3	true	true	
LandUse4			false
LandUse5		true	true

	City1	City2	City3
LandUse1	30000	null	25000
LandUse2	12000	14000	null
LandUse3	24000	15000	null
LandUse4	null	null	12000
LandUse5	null	7000	11000

Layer 1: Landuse values for cities

Figure 4: Different layers for viewing and manipulating queries

Database schema and retrieval

Let there be identifiers $c_1,....,c_n$ for the cities, $l_1,....,l_m$ for the types of land use and let $y_1,....,y_k$ be the years, when data has been recorded. Furthermore let the schema for storing the data be:

LandUseValues : {$LandUse$: $Integer$, $City$: $Integer$, $Year$: $Integer$, $Value$: $Integer$}

The query to retrieve the types of land use l_s, ..., l_t and their area for a city c_i in a year y_p is:

$$B_i = \prod_{LandUse,Value} \left(\sigma_{City=c_i \wedge Year=y_p \wedge (LandUse=l_s \vee ...LandUse=l_t)} \left(LandUseValues \right) \right)$$

To retrieve data for a combination of multiple cities and types of land use, e.g. for later comparison, the intermediary results have to be joined. The result of the join can be displayed as a table. In figure 4, layer 1 contains the results of the database query. It has to be kept in mind, that the user might not be interested in every possible combination of cities and types of land use for which data is found. To allow iterative refinement of the query, the user must be able to (permanently or temporarily) remove certain *combinations* of cities and types of land use from the result set. Completely removing a city or a type of land use from the query would not give the granularity needed for further analysis or comparison. Layer 2 in figure 4 consists of a secondary filter for the result set, where data points (non-null values) from layer 1 can be switched on and off with a boolean flag. Both layers comprise the preview metadata.

4 The MURBANDY User Interface

In MURBANDY, queries can be formulated with two entry fields - serving at the same time as status displays – together with tightly coupled selection lists (figure 5). One pair of entry field and selection list can be used to specify the types of land use and the other one for the cities that should be analysed or compared. The selection list for the types of land use is displayed as a hierarchy, the cities are listed alphabetically and as a map. The names of cities can either be typed into the entry field, selected in the selection list or marked in the map. Again, there is tight coupling between entry field, selection list, and map so that the user can freely change his mode of interaction.

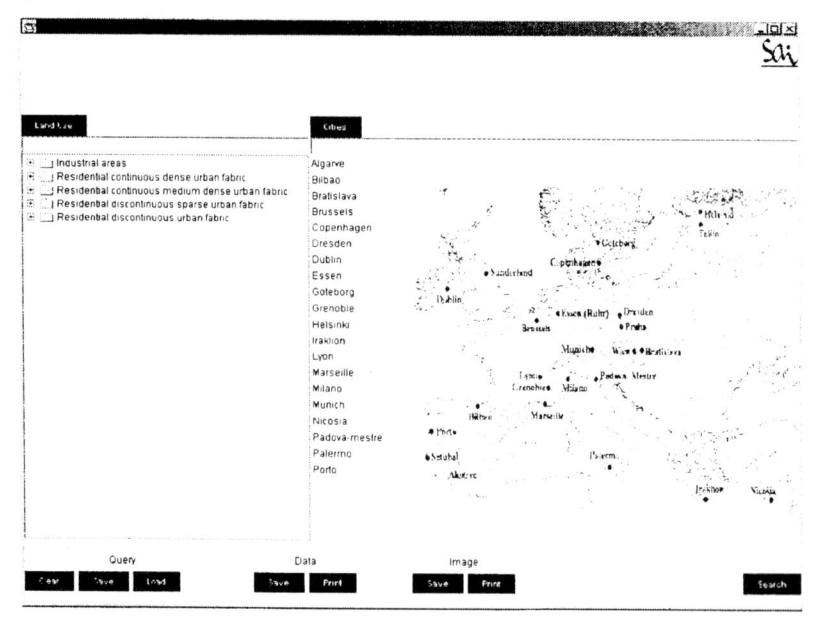

Figure 5: Initial user interface

When specifying search values, the height of the entry fields and their corresponding selection lists are dynamically adjusted (figure 6). This reduces the space needed for presentation of alternatives (which the user has already seen), and provides additional space for the status display to reduce short term memory load. At the same time, the status display allows deselecting search values without locating them again in the selection list.

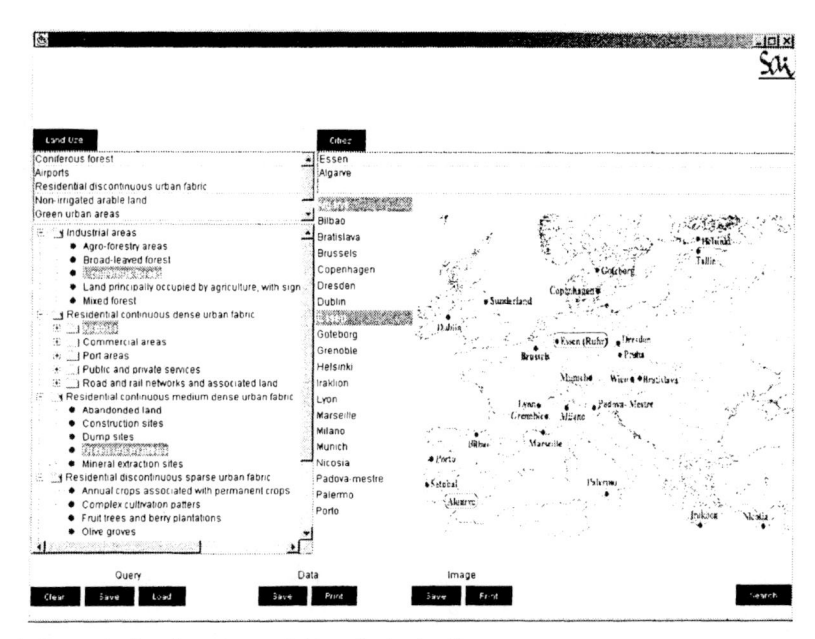

Enhancing Dynamic Queries and Query Previews: ... 323

Figure 6: Dynamically adjusted entry fields and selection lists

To omit zero-hit queries, the attributes „land use" and „cities" are tightly coupled, so that the selection of a type of land use reduces the list of cities and vice verse. The direction for adaptation is determined by the attribute which is selected first. If a type of land use is selected, only the list of cities will adapt and will not in turn lead to a adaptation of the list with the types of land use. This avoids recursion and therefore confusion of the user.

Though a query preview is calculated behind the scenes while the query is formulated, we chose to use a „Search" button to let the user state that he believes his information needs will be met. When the query is submitted, the two selection lists are hidden and the entry field for the cities is rotated by 45°, giving room for a tabular display of the query preview. The system can be configured to automatically retrieve and display the data, as seen in figure 7.

Both entry fields now serve as a status display, which can be modified by typing in or deleting search values or by clicking one of the labels „land use" or „cities" to show the selection lists again. For experienced users, this could be the only screen they work with, because it contains space saving ways of entering search values, displays preview data and visualizes the query result as map at the same time.

A cell in the preview table is empty, if no data exists for the combination of land use and city. As a default, all existing combinations (marked by a checkbox) are activated (checked) so that they are displayed in the map. Removing a check hides the land use in the corresponding map of the city. Deleting the land use from the status display changes the query eliminating the line from the preview table and therefore hides the land use in all of the maps.

Working with MURBANDY is a two-step process of search (selecting types of land use and cities) and refinement (filtering the result set), which can have an arbitrary number of iterations without switching screens. Even the analysis of the results (maps) is tightly integrated and allows query re-formulation if additional data is needed.

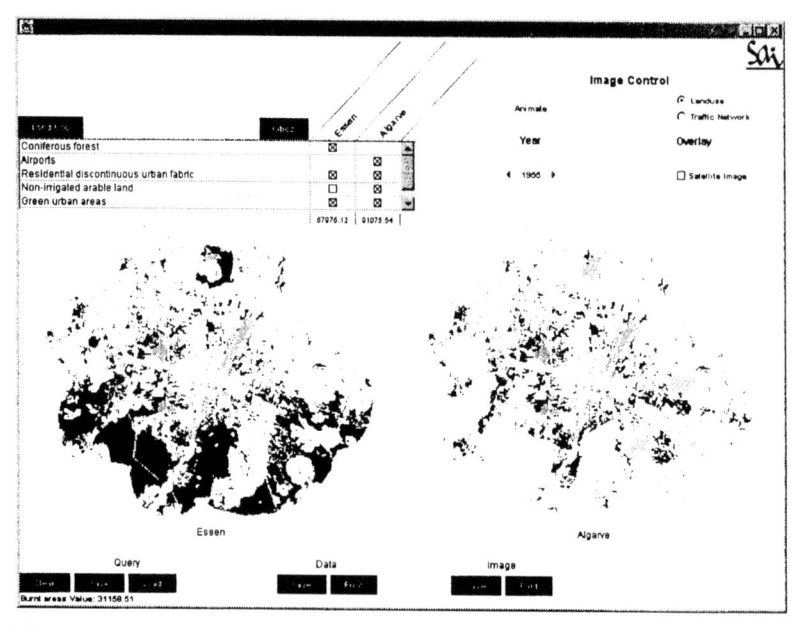

Figure 7: Displaying the result of the query

6 Application of MURBANDY

Urban sprawl is a complex process that derives from distinctive geographic, demographic and economic circumstances. The most evident effect of sprawling, which leads to extensive patterns of peripheral and suburban development, is perhaps land use change and consumption. Natural and cultural landscape features are highly threatened, and natural resource consumption and depletion occur. Moreover cities appropriate a large amount of carrying capacity, consuming resources from areas even very far away, and endangering the economic and natural equilibrium of the planet. The understanding of urban dynamics is, therefore, one of the most complex tasks in planning the sustainable development of large-scale economies. The complexity and variety of the different urban components, and of the interactions amongst them, is even more pronounced when available mapping is outdated or very poor, and where there is a general lack of standard and comparable information on cities. The current situation asks for new technologies, tools and expertise to better monitor and understand those composite environments. In this framework, the uniform monitoring of the distribution, changing patterns, and growth of human settlements, plays a very important role, and a lot of research is currently focused on the development of new methodologies based on high-technology tools.

In 1998, under the umbrella of activities carried out by CEO, a pilot study named MURBANDY (Monitoring Urban Dynamics) was launched. It initially aimed at providing a measure of the extent of urban areas, as well as of their progress towards sustainability, through the creation of land use databases for various cities. To date, such a database has been created for twenty-five European cities that have been classified with a single land use classification scheme in order to obtain homogeneous data. The study has now been extended to cover seven „mega-cities" outside Europe, and other areas are under consideration. The data were derived from satellite imagery and aerial photography, using remote sensing and GIS technologies. The database is the basis for combining environmental, economic and social data, in order to better understand dynamics and characteristics of the urban growth and related structural changes, commuting issues, and status of transport and energy infrastructures.

One of the advantages of this approach is the multi-temporal dimension of the resulting data sets, which are produced for four dates over the past fifty years, thereby enabling time-series analysis. Also, the information is collected and elaborated with precisely the same methodology in the different cities, so as to allow comparative analyses. Thus, the approach enables the analysis of each single city as a complex urban system, and facilitates comparisons among cities, by providing comprehensive, standard and homogeneous information about the areas assessed.

The MURBANDY user interface will allow scientists to retrieve and display the data collected within the project over the Internet. Additional modules for analysis of the data may be provided along with project progress and user's demands.

7 Conclusions

The user interface presented in this paper enhances dynamic queries and query previews with dynamic screen layout, tight coupling and visual formalisms. Some of these concepts have already proven to be superior to alternative user interface designs. The combination of concepts in MURBANDY has been pre-evaluated with domain experts in a heuristic user test. Tests with novice users are in progress and will be reported in the presentation of the paper.

References

1. Ahlberg, C.; Williamson, C.; Shneiderman, B. (1992). *Dynamic Queries for Information Exploration: An Implementation and Evaluation.* CHI'92 Conference on Human Factors in Computing Systems, Monterey, CA United States, 1992. pp. 619-626.
2. Anick, P.G.; Brennan, J.D.; Flynn, R. A.; Hanssen, D.R.; Alvey, B.; Robbins, J.M. (1990). *A direct manipulation interface for boolean information retrieval via natural language query.* In: Proceedings of the thirteenth International Conference on Research and Development in Information Retrieval, September 5 - 7, 1990, Brussels, Belgium. pp. 135-150.
3. Doan, K.; Plaisant, C.; Shneiderman, B. (1996). *Query previews in networked information systems.* In: Proceedings of the Third Forum on Research and Technology Advances in Digital Libraries, ADL '96, Washington, DC, May 13-15, 1996. IEEE CS Press, 1996.
4. Eibl, M. (1999). *Visualisierung im Dokument Retrieval. Theoretische und praktische Zusammenführung von Softwareergonomie und Grafik Design.* Dissertation im Fachbereich für Informatik an der Universität Koblenz-Landau.
5. Green, S.L.; Devlin, S.J.; Cannata, P.E.; Gomez, L.M. (1990). *No Ifs, ANDs, or Ors: A study of database querying.* In: International Journal of Man-Machine Studies. Vol. 32, pp. 303-326.
6. Greene, S.; Tanin, E.; Plaisant, C.; Shneiderman, B.; Olsen, L.; Major, G.; Johns, S. (1999). *The end of zero-hit queries: query previews for NASA's Global Change Master Directory.* In: International Journal on Digital Libraries. Nr. 2, pp 79-90.
7. Hertzum, M.; Frøkjær, E. (1996). *Browsing and querying in online documentation: a study of user interfaces and the interaction process.* In: ACM Transactions on Computer-Human Interaction. Vol. 3, No. 2, pp. 136-161.
8. Krause, J. (1997). *Das WOB-Modell.* In. Krause, Jürgen; Womser-Hacker, Christa (1997). *Vages Information Retrieval und graphische Benutzungsoberflächen: Beispiel Werkstoffinformation.* Konstanz. Schriften zur Informationswissenschaft Bd. 28, pp. 59-88.
9. Lavalle C., Demicheli L., Casals Carrasco P., Turchini M.,Niederhuber M.,McCormick N. (2000). *Murbandy /Moland* Technical Report European Commission Euroreport. (In press).
10. Michard, A. (1982). *Graphical presentation of boolean expressions in a database query language. Design notes and ergonomic evaluation.* Behaviour & Information Technology. Vol. 1, No. 13, pp. 279-288.
11. Nardi, B.; Zarmer, C. (1993). *Beyond Models and Metaphors: Visual Formalisms in User Interface Design.* In: Journal of Visual Languages and Computing, 1993, 4, pp. 5-33.

12. Stempfhuber, M. (1999). *Dynamic spatial layout in graphical user interfaces.* In: Bullinger, Hans-Jörg; Ziegler, Jürgen (1999). Human-Computer Interaction: Communication, Cooperation, and Application Design. Proceedings of HCI International '99, Munich, Germany, August 22-26, 1999. Vol. 2, pp. 137-141.
13. Stempfhuber, M. (2001). *ODIN - Objektorientierte grafische Benutzungsoberflächen.* Dissertation im Fachbereich für Informatik an der Universität Koblenz-Landau (to appear).
14. Williamson, C.; Shneiderman, B. (1992). *The Dynamic HomeFinder: Evaluating Dynamic Queries in a Real-Estate Information Exploration System.* ACM SIGIR'92. pp. 338-346.
15. Young, D.; Shneiderman, B. (1993). *A Graphical Filter/Flow Representation of Boolean Queries: A Prototype Implementaion and Evaluation.* In: JASIS. Vol. 44, No. 6, pp. 327-339.

Adressen der Autoren

Maximilian Stempfhuber / Bernd Hermes
Informationszentrum
Sozialwissenschaften (IZ)
Lennéstr. 30
53113 Bonn
st@bonn.iz-soz.de
hb@bonn.iz-soz.de

Luca Demicheli / Carlo Lavalle
European Commission
DG Joint Research Centre
Space Applications Institute
Strategy and Systems for Space Applications (SSSA) Unit
TP 261, Ispra (VA), I-21020, Italy
luca.demicheli@jrc.it
carlo.lavalle@jrc.it

Multimodale Recherchezugänge: Neue Wege bei der Konzeption der integrierten Informationssysteme ELVIRA und GESINE

Maximilian Eibl, Maximilian Stempfhuber
Informationszentrum Sozialwissenschaften, Berlin, Bonn

Zusammenfassung

Im vorliegenden Artikel wird die Konzeption der Retrieval-Systeme ELVIRA und GESINE beschrieben. Hierbei liegt neben der Beschreibung der verschiedenen Recherchezugänge der Fokus auf der Konzeption nicht-traditioneller Zugänge. Ein solcher Zugang besteht in einer Visualisierung, die im Rahmen einer Kooperation von Softwareergonomie und Graphik Design am Informationszentrum Sozialwissenschaften, Bonn, geschaffen wurde und ergonomischen wie ästhetischen Ansprüchen genügt. Ein anderer Zugang ist ein tabellenbasierter Visual Formalism, der speziell für die gleichzeitige Recherche in heterogenen Datenbeständen entworfen wurde.

1 Einleitung

Die am Informationszentrum Sozialwissenschaften (Bonn) entwickelten Informationssysteme ELVIRA (Elektronisches Verbandsinformations-, Recherche- und Analysesystem) und GESINE (GESIS-Datenbestände integrierendes Informationssystem) stellen zwei komplexe Informationssysteme dar, die nach dem WOB-Modell (auf der Werkzeugmetapher basierenden strikt objektorientierten grafisch-direktmanipulative Benutzungsoberflächen) gestaltet sind. Aus informationswissenschaftlicher Sicht integrieren sie das Boolesche und quantitativ-statistische Retrieval-Modelle, aus softwareergonomischer Sicht Formularzugang, UND/ODER-Gitter und Freitextsuche. Der vorliegende Artikel beschreibt die Erweiterung der Systeme um eine Visualisierung für das Dokument Retrieval und einen Visual Formalism für heterogene Faktenbestände, sowie deren konzeptuelle Integration in das WOB-Modell.

2 Softwareergonomische Grundlage: Das WOB-Modell

Das WOB-Modell (Krause 1997) stellt ein Mittelmodell dar, das die Lücke zwischen den konkreten, im Einzelfall aber oft widersprüchlichen Gestaltungsanweisungen von Styleguides und den in der Regel schwer operationalisierbaren kognitionspsychologischen Erkenntnissen und Theorien schließt. Dynamische Anpassung, kontext-sensitive Durchlässigkeit, eine modifizierbare Zustandsanzeige und der gezielte Einsatz von Metaphern und Visual Formalisms stellen wichtige Elemente des WOB-Modells dar und sollen im Ergebnis zu »natürlichen« Benutzungsoberflächen führen.

2.1 Metaphern und Visual Formalisms

Mittlerweile untrennbar mit graphischen Benutzungsoberflächen verbunden sind *Metaphern*. Gerade der Siegeszug der Desktop-Metapher gab den Startschuss für ungehemmtes metaphernbasiertes Design. Vergleicht man die verschiedenen Gestaltungsmöglichkeiten für Benutzungsoberflächen, so erkennt man: Je bildlicher und weniger textuell die Gestaltung, desto eher wird auf die Erklärungsfähigkeit von Metaphern gesetzt. Ziel der Metapher ist, dem Anwender in komplexen Situationen unauffällig Hilfestellung bei der Orientierung und Handlung zu geben, indem Analogien zu bereits bekannten Situationen hergestellt werden. Dieses Verfahren ist jedoch nicht ganz unproblematisch: »The direct consequence of this for teaching people computer systems is that the metaphors they invoke will drastically affect the success with which they are able to learn and use the system.« (Carroll&Thomas 1982, 110) Gerade die Übertragung der Semantik einer Domäne in eine andere funktioniert dabei kaum ohne Bruch der Metapher, was regelmäßig zu Interaktionsproblemen führt.

Als Alternative zu Metaphern hat sich mittlerweile der Gebrauch von *Visual Formalisms* etabliert. Johnson et al. 1993, 44 definieren sie wie folgt: »Visual Formalisms are diagrammatic displays with well-defined semantics for expressing relations. Examples of commonly used Visual Formalisms are tables, graphs, plots, panels, maps, and outlines.« Sie basieren also auf den jeweiligen Stärken der Interaktionspartner Mensch und Maschine und nutzen sowohl das visuelle Potential des Menschen als auch das analytische des Computers. Visual Formalisms setzen da ein, wo Metaphern zu Unzulänglichkeiten führen: bei der Darstellung komplexer Informationen und Beziehungen. Ihr Vorteil, eine eigene wohldefinierte Semantik aufzubauen, ist allerdings nicht so universal, wie etwa Nardi&Zarmer 1993 behaupten, sondern muss stets auf die spezielle Anwendungssituation hin untersucht werden. Generell muss gelten: »Gute Gestaltung kann sowohl metaphorische Elemente enthalten als auch photographische oder die *visual formalisms* im Sinne von Nardi/Zarmer 1993« (Krause 1996, 20).

2.2 Dynamische Anpassung und kontextsensitive Durchlässigkeit

Dynamische Anpassung und kontextsensitive Durchlässigkeit haben die Verringerung redundanter und falscher Eingaben und eine effiziente Verwendung von Bildschirmplatz zum Ziel. Die Differenzierung beider Prinzipien, zusammen mit der modifizierbaren Zustandsanzeige (siehe unten), erlaubt im Gegensatz zur allgemeineren »engen Kopplung« (tight coupling) von Oberflächenelementen (Ahlberg&Shneiderman 1994) eine formale Beschreibung durch Softwareentwurfsmuster, die Entscheidungskriterien für die Wahl der Prinzipien und Richtlinien für deren konsistente Umsetzung an die Hand geben (Stempfhuber 2001).

Bei an mehreren Stellen der Benutzungsoberfläche benötigten Eingaben oder Informationen sorgt die *kontextsensitive Durchlässigkeit* durch eine *enge Kopplung* zwischen Information und Visualisierung für Konsistenz zwischen den unterschiedlichen Sichten auf die Informationseinheit. Die Darstellung der Information kann dabei durch deduktive Prozesse beeinflusst werden (z.B. alphanumerische vs. grafische Darstellung) und sich unterschiedlicher Interaktionsmodi bedienen (z.B. Tastatur vs. Direktmanipulation).

Durch die *dynamische Anpassung* werden Oberflächenelemente zu einem *losen Verbund* zusammengefasst, in dem Zustandsänderungen eines Elements (z.B. Inhalt oder Größe) zwar kommuniziert werden, die übrigen Elemente jedoch nicht zwangsläufig darauf reagieren müssen. Typische Anwendungsbeispiele sind die Koordinierung des Inhalts von Auswahllisten, das kontext-abhängige Verdecken oder Anzeigen von Oberflächenelementen oder die dynamische Änderung des Bildschirmlayouts zur optimierten Platzausnutzung. Eine Nicht-Reaktion auf Zustandsänderungen darf das mentale Modell des Benutzers nicht stören, sondern muss innerhalb des generellen Prinzips erklärbar und damit kompatibel sein. Die Größenbeschränkung eines Fensters (Maximalgröße) kann zum Beispiel ein nachvollziehbarer Grund sein, warum dieses ab einem bestimmten Zeitpunkt nicht mehr wächst.

In ELVIRA (Krause&Stempfhuber 2001) dient die dynamische Anpassung zur Optimierung der Platzausnutzung bei der Anfrageformulierung und zur Vermeidung von Null-Antworten bei der Suche. Die kontext-sensitive Durchlässigkeit bewirkt eine Entlastung des Kurzzeitgedächtnisses während der Anfrageformulierung und der Analyse des Suchergebnisses.

Der Suchbildschirm besteht im Grundzustand (Abb. 1a) aus drei Zustandsanzeigen (oben) und damit verknüpften Auswahllisten (unten). Jede der drei Facetten »Themen«, »Branchen / Produkte« und »Länder« enthält zwei Oberflächenelemente, die interagieren (die Auswahlliste für »Länder« ist aus Platzgründen verdeckt). Die Selektion eines Eintrags in der Facette »Themen« wirkt sich modifizierend auf die Inhalte der übrigen Facetten aus, so dass in der Facette »Branchen / Produkte« nur noch die Nomenklaturen sichtbar sind, die mit dem selektierten Eintrag aus »Themen« kombiniert werden können (Abb. 1b). Gleichzeitig wurden alle selektierten Einträge in die entsprechenden Zustandsanzeigen übernommen. Der dafür benötigte Bildschirmplatz wurde durch Verkleinerung der Vorlagelisten gewonnen. Vorlageleistung und Zustandsanzeige werden *dynamisch* gegeneinander getauscht, so daß der Anfänger (recall vs. recognition) und der Fortgeschrittene (Entlastung des Kurzzeitgedächtnisses bei umfangreichen Anfragen) optimal unterstützt werden.

Damit Zustandsanzeige und zugehörige Auswahlliste zu jedem Zeitpunkt einen konsistenten Inhalt aufweisen, werden sie *eng* miteinander verbunden. Der Selektionszustand in der Auswahlliste wirkt sich zwangsläufig sofort auf die Zustandsanzeige aus. Beide Oberflächenelemente bilden den internen Systemzustand (formulierte Anfrage bzw. selektierte Suchbegriffe) konsistent ab und können in Kombination (Suchbildschirm) oder alleine (Ergebnisbildschirm ersetzt Auswahllisten durch Ergebnisliste) verwendet werden.

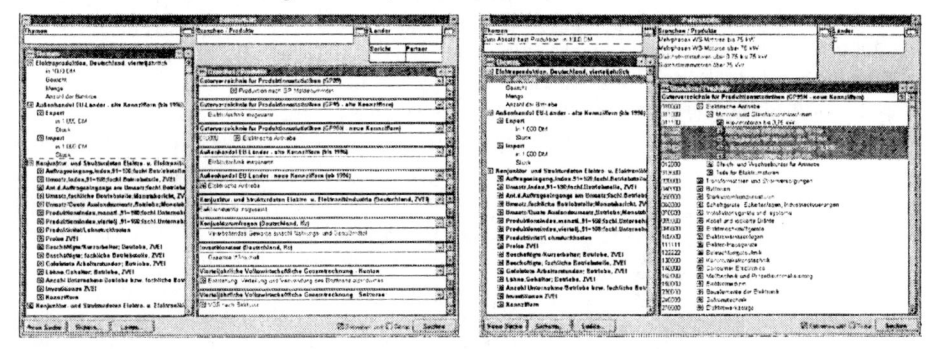

Abb. 1a&b: ELVIRA Faktenrecherche im Grundzustand und dynamisch angepasst

2.3 Modifizierbare Zustandsanzeige

Die Zustandsanzeige im WOB-Modell dient nicht nur der Entlastung des Kurzzeitgedächtnisses, sondern sie kompensiert ihren Platzbedarf auf der Oberfläche durch zusätzliche Funktionalität. Ähnlich den Hypertext Links, die gleichzeitig Ausgabe- (lesbarer Text) und Eingabecharakter (Klick verzweigt auf eine neue Seite) besitzen, stellt die Zustandsanzeige Informationen dar und erlaubt deren Löschung und Neueingabe (output-is-input-Prinzip). Hierzu enthält sie eine Leerzeile, die Eingaben über die Tastatur ermöglicht und diese (eventuell mit zusätzlichen Hilfsmitteln wie einem Thesaurus oder einer Rechtschreibprüfung) auf die zugehörige Auswahlliste abbildet. In ELVIRA können über die Zustandsanzeige auch sogenannte Warennummern oder Kennziffern eingegeben werden, die es dem fortgeschrittenen Benutzer sehr effizient ermöglichen, häufig benötigte Einträge in den teilweise über 1.800 Produkte umfassenden Nomenklaturen zu selektieren.

2.4 Zusammenfassung

Das WOB-Modell reagiert durch dynamische Anpassung, kontext-sensitive Durchlässigkeit, modifizierbarer Zustandsanzeige und der Verwendung von Metaphern und Visual Formalisms auf die Heterogenität der Anwender. Während Anfänger ein System mit hoher Selbsterklärungsfähigkeit benötigen, fordern fortgeschrittene Anwender eine konzise Darstellung, die schnelle und effiziente Arbeit zulässt. Die Differenzierung zwischen Anfängern und Fortgeschrittenen ist jedoch fließend, so dass eine Umsetzung in zwei strikt unterschiedliche Systemoberflächen wenig sinnvoll ist. Dieser Konflikt wird im WOB-Modell gelöst und kann zum Beispiel durch konsequente Ausnutzung von Domänenrestriktionen in vielen Anwendungsfällen zu benutzerfreundlichen Ein-Bildschirm-Systemen führen.

3 Integration von Softwareergonomie und Medien Design

Während Softwareergonomie den Fokus auf eine effektive und effiziente Benutzung von Benutzungsoberflächen legt, stehen beim Graphik Design ästhetische Aspekte im Vordergrund. Resultat sind stark unterschiedliche Benutzungsoberflächen, die entweder einfach zu bedienen oder ästhetisch ansprechend sind - selten aber beides. Ästhetik fand in der Softwareergonomie bislang wenig Resonanz, obwohl ästhetische Benutzungsoberflächen aus ergonomischer Sicht eine erwünschte psychologische Folge haben: Ein Anwender, für den der Computer nicht mehr graue technikfixierte Langeweile ist, lernt in der Regel schneller und besser mit einem Programm arbeiten. Die Zusammenführung beider Ansätze auf theoretischer und praktischer Ebene wird in Eibl 2000 versucht. Hier wird vorgeschlagen, Elemente der Theorie der Produktsprache in den Katalog des WOB-Modells aufzunehmen.

Die Theorie der Produktsprache wurde in den siebziger Jahren an der Hochschule für Gestaltung (Offenbach) als Antwort auf die Funktionalismuskritik entwickelt. Der Funktionalismus war in den sechziger Jahren vor allem aufgrund seiner Negierung von Zeichenhaftem im Design in Kritik geraten. Die Theorie der Produktsprache versucht die Zeichenhaftigkeit von Design auszudrücken und unterscheidet zwei Funktionen (Abb. 2). *Praktische Funktionen* beziehen sich auf die physische Produktwirkung, Produktsprache die psychische. So ist die praktische Funktion einer Türklinke die, mit ihr eine Tür öffnen zu können. Ihre *produktsprachliche Funktion* ist erkennbar zu machen, dass und wie mit ihr eine Tür geöffnet werden kann.

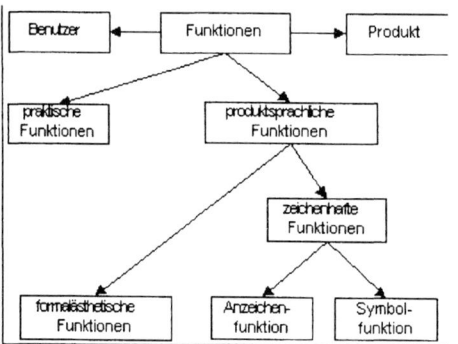

Abb. 2: Produktsprache (Gros 1983, Abb. 6)

Analog zur natürlichen Sprache wird auch bei der Produktsprache zwischen Syntax und Semantik unterschieden. Dem Syntax entsprechen dabei formalästhetische Funktionen, die weitgehend durch die Gesetze der Gestalttheorie beschrieben werden. Diese zeigen rein formal und ohne jegliche Bedeutungsbildung, wie einzelne Elemente durch ihre Positionierung, Form- und Farbgebung wirken können.

Daneben wird die Semantik durch die zeichenhaften Funktionen ausgedrückt. Diese wiederum lassen sich in *Anzeichenfunktionen* und *Symbolfunktionen* unterteilen. Anzeichenfunktionen beziehen sich dabei immer auf den Gegenstand selbst, verdeutlichen beispielsweise seine Funktionsweise, geben Auskunft über seine Stabilität, zeigen seine Bedienungsmöglichkeiten, verhindern Fehlbedienung. In oben genanntem Klinkenbeispiel verdeutlichen sie die Funktionsweise der Klinke.

Klinken können aber noch mehr Auskunft geben als nur über ihre Funktionalität. So werden in Büroräumen andere Klinkentypen zu finden sein als in Luxushotels. Eine goldverzierte geschwungene Klinke an der Bürotüre im Arbeitsamt würde sofort als unpassend ins Auge stechen. Hier kommen die *Symbolfunktionen* zu tragen. Sie erlauben es Produkten, weitergehende Ideen und Zusammenhänge zu transportieren. Symbolfunktionen übernehmen die Einordnung des Ge-

genstandes in das kulturelle Umfeld. Sie liefern Hintergrundinformationen zu einem Produkt. Anhand der Symbolfunktionen ist ein Produkt beispielsweise dem asiatischen oder europäischen Kulturraum zuordenbar. Sie geben dem Produkt eine beruflich-nüchterne oder freizeitlich-spielerische Anmutung. Auch weisen sie ein Produkt als Statussymbol aus oder ordnen es einer bestimmten Stilrichtung zu.

Abbildung 3 zeigt Schaltflächen, welche die Auswirkungen der Produktsprache verdeutlichen. Die rechte Schaltfläche wirkt im Sinne der *Formalästhetik* linkslastig. Sie drängt dem Anwender die Erwartung auf, dass rechts neben dem Schriftzug noch etwas geschieht. Die Platzierung des Schriftzuges im Zentrum hingegen gibt ihm etwas Abgeschlossenes und Schweres. Andere formalästhetische Gesichtspunkte könnten die Gruppierung von mehreren Buttons sein, um sie von andern Buttons unterscheidbar zu machen.

Abb. 3: Produktsprachliche Aspekte

Die dreidimensionale Erscheinung ist im Sinne der *Anzeichenfunktionen* - in Anlehnung an reale Drucktasten - ein Anzeichen für die Drückbarkeit der Schaltflächen, die damit über zwei Zustände Auskunft geben: gedrückt und nicht gedrückt. Ihre Formgebung ist also gleichzeitig Anzeichen für Bedienung und Zustand. Bezüglich der *Symbolfunktion* dieser Schaltflächen läßt sich zumindest sagen, dass es sich hier nicht um ein extravagantes Multimediaprogramm handeln dürfte.

4 Erweiterung der Recherchemöglichkeiten

4.1 Visualisierung für das Dokument Retrieval

Eine Erweiterung der Recherchemöglichkeiten ist der Einsatz einer Visualisierung. Diese wurde im Rahmen einer Kooperation zwischen dem Informationszentrum Sozialwissenschaften (Bonn), der Universität Koblenz-Landau und der Hochschule für Gestaltung (Offenbach) erarbeitet (Bürdek et al. 1999). Die Grundidee ist die Darstellung der möglichen Kombinationen von Suchbegriffen und der entsprechenden Anzahl von gefundenen Dokumenten. Abbildung 4 zeigt die Suchbegriffe »Mann« und »Frau« (links) zu denen 232 bzw. 2857 Dokumente gefunden wurden. Rechts davon wird die Kombination »Mann UND Frau« dargestellt, die 199 Dokumente enthält. Unter den Suchbegriffen befindet sich ein weiteres Eingabefeld zur Erweiterung der Anfrage.

Durch das Prinzip, dem Anwender die zu den Suchbegriffen möglichen Booleschen Kombinationen zusammen mit den Trefferzahlen anzubieten, wird die Last der Rechercheformulierung vom Anwender zum System hin verlagert. Der Benutzer selbst wird nicht mehr mit der oft mühsamen und fehleranfälligen Rechercheformulierung belastet, sondern wählt bequem eine vorgefertigte Anfrage aus. Diese Methode hat sich in Nutzertests gegenüber herkömmlichen textuellen Rechercheumgebungen als deutlich vorteilhaft herausgestellt. Daneben bietet die Visualisierung auch probabilistisches Ranking an, um die Ergebnisse nach Relevanz zu ordnen. Vages Retrieval liefert zu einer Dokumentmenge ähnliche Dokumente,

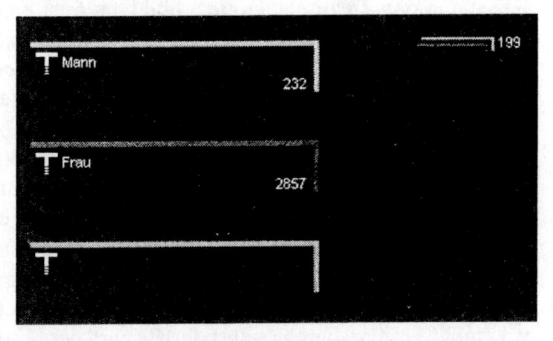

Abb. 4: Suchanfrage mit zwei Suchkriterien

ohne dass die Anfrage modifiziert werden muss, wodurch in Tests die Retrieval-Leistung nochmals verbessert werden konnte. Die Möglichkeiten der Visualisierung werden ausführlich in

Eibl 2000 beschrieben. Abbildung 5 zeigt die Visualisierung integriert in das Informationssystem GESINE.

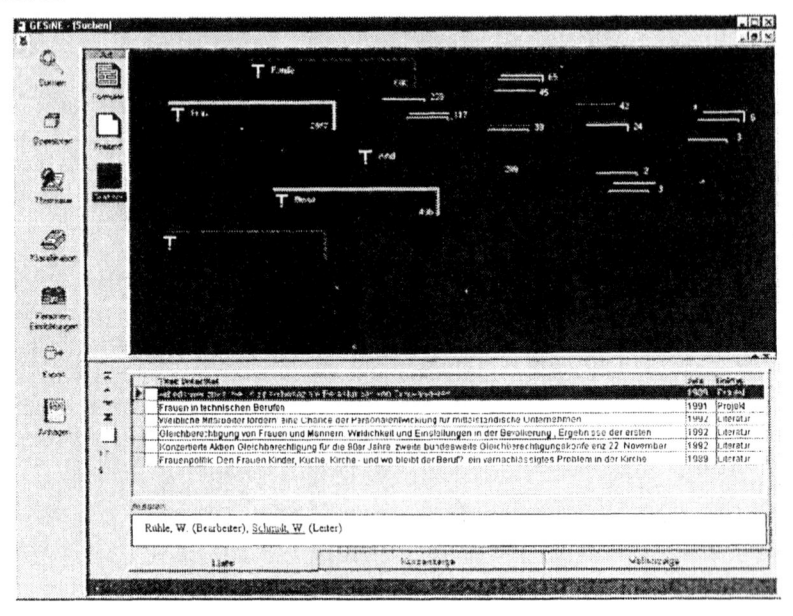

Abb. 5: GESINE mit integrierter Visualisierung

Das *gestalterische Grundelement* der Visualisierung ist der Winkel. Er wurde in einer für das Graphik Design typischen und die Softwareergonomie eher fremden hochgradig assoziativen Weise gefunden. Ziel war es, ein Gestaltungselement zu finden, das der Aufgabe, ein Retrieval-System zu formen gerecht werden kann, d.h. zum einen als durchgängiges einheitliches Gestaltungsmittel taugt und gleichzeitig den Typus des Retrieval-Systems zum Ausdruck bringen kann. Im wesentlichen beruht die Idee des Winkels auf Karteikarten, wie sie in Bibliotheken zum Teil heute noch Verwendung finden. Abbildung 6a zeigt, wie mehrere Karteikarten hintereinander gelegt erscheinen. Für die Visualisierung wurde entsprechend Abbildung 6c das verwendet, was von den hinteren Karten zu sehen ist, wobei die Kanten unten abgeschnitten wurden, um die Gestaltung optisch zu glätten. In Abbildung 6 ist eine Kombination zu sehen. Sie wird durch mehrere übereinander liegende Karten (eine pro Suchkriterium) symbolisiert. Ausgehend von dieser Abbildung wird für die Darstellung nur eines einzigen Suchkriteriums ein einzelner Winkel verwendet. Dabei ist zu bemerken, dass die Assoziation der

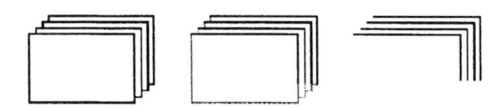

Abb. 6a,b&c: Karteikärtchenassoziation

Karteikarten ausschließlich dazu diente ein grundlegendes Gestaltungselement zu finden. Keinesfalls soll umgekehrt diese Assoziation beim Anwender hervorgerufen werden.

Die optische *Integration* der Erweiterungen richtet sich nach den formalästhetischen Gestaltungskonzepten additiv, integrativ und integral (Bürdek 1994: 191). Das probabilistische Retrieval greift in die Recherche selbst ein. Es wird der bestehenden Recherche nicht aufgesetzt, sondern wird integraler Bestandteil. Daher wurde für die Realisierung des probabilistischen Modells die integrale Gestaltungskonzeption angewandt, indem die einzelnen Elemente der Darstellung selbst unberührt bleiben und sich nur ihre Positionierung verändert. Die so erzielte symbolfunktionale Wirkung stellt die strikte Interpretation von Relevanz des Booleschen Retrievals der eher fließenden des probabilistischen auch optisch gegenüber.

Das vage Retrieval hingegen wird in der Konzeption der Visualisierung den bereits bestehenden Dokumentmengen aufgesetzt. Es wird nicht in die Recherche selbst eingegriffen, sondern das Ergebnis der Recherche zusätzlich bearbeitet und erweitert. Die Funktionalität wird gestalterisch - daher additiv - umgesetzt: Auf die bereits bestehenden Ergebnismengen wird zusätzlich ein grauer Winkel aufgesetzt. Die Positionierung der Menge bleibt jedoch unverändert. Durch die additive Formgebung wird ein zusätzlicher Retrieval-Schritt symbolisiert.

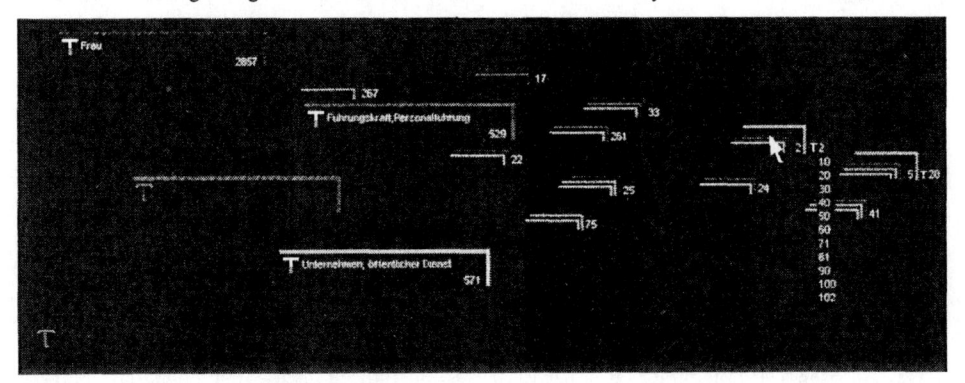

Abb. 7: Probabilistisches und vages Retrieval

In einem formellen Anwendertest wurde die Visualisierung mit den Recherchesystemen Messenger und freeWAIS verglichen. Sowohl bezüglich Precision (Visualisierung: 0.66; Messenger: 0.616; freeWAIS: 0.518) also auch bezüglich Recall (Visualisierung: 0.156; Messenger: 0.127; freeWAIS: 0.105) konnte die Visualisierung in der Booleschen Grundversion bessere Ergebnisse erzielen. Diese Werte konnten in einem weiteren Test durch den Einsatz des vagen Retrievals und probabilistischen Rankings zusätzlich deutlich optimiert werden (vgl. Eibl 2000).

4.2 Visual Formalism zur Heterogenitätsbehandlung

Genau wie die Visualisierung verlassen auch Visual Formalisms den Rahmen der durch Style Guides und Normen vorgegebenen Gestaltungsrichtlinien. Obwohl für ihre Anwendung keine vergleichbaren Regelwerke existieren, sondern zum Beispiel auf allgemeinen Grundlagen der Informationsgrafik (Tufte 1990) zurückgegriffen werden muss, zeigen sie interessante Wege auf, das »Kästchendenken« heutiger Standardoberflächen zu verlassen. Oberstes Ziel muss es aber auch hier sein, Lösungen zu finden, welche die Gebrauchstauglichkeit der Software erhöhen, vom Benutzer akzeptiert werden und in vorhandenen Lösungen integrierbar sind. Die im Abschnitt 2 bereits eingeführte Zeitreihenrecherche in ELVIRA kann als Beispiel dafür dienen, wie durch Visual Formalisms Beziehungen innerhalb der Daten einer Anwendung sichtbar gemacht werden können, die ohne ihren Einsatz zu falschen Interpretationen oder ineffizienter Bedienung führen würden.

Zur Faktenrecherche werden in ELVIRA Nomenklaturen eingesetzt, mit denen die einzelnen Zeitreihen analog zu Textdokumenten verschlagwortet sind. Die Nomenklaturen entsprechen dabei Thesauri, die spezifisch für einzelne Datenbestände sind. Da in beliebig vielen Datenbeständen gleichzeitig recherchiert werden kann, kommen mehrere Nomenklaturen gleichzeitig zum Einsatz, die in ihrer Begrifflichkeit ähnlich, stellenweise sogar gleich sein können. Die Abbildung 8 zeigt eine typische Nutzungssituation, bei der die in beiden Nomenklaturen selektierten Suchbegriffe in die dynamisch wachsende Zustandsanzeige übertragen wurden. Damit ein-

Abb. 8: Auswahllisten und Zustandsanzeige

her geht ein Verlust an Kontext: alleine aus der Zustandsanzeige erschließt sich nicht mehr, in welcher Nomenklatur die Suchbegriffe jeweils gewählt wurden.

Im Rahmen von Styleguides, die meist eine Verwendung vorhandener Oberflächenelemente nahelegen und in der Regel keine Hinweise auf konzeptuelle Erweiterungen der Oberflächensyntax geben, bieten sich nur wenig befriedigende Lösungen an, wie zum Beispiel die farbliche bzw. textuelle Codierung oder eine Gruppierung innerhalb der Zustandsanzeige nach Nomenklaturen. Diese Lösungen weisen Nachteile aufgrund der schlechten Diskriminierbarkeit beim Einsatz von Farben (es würden 20 verschiedene Farben benötigt) oder dem zusätzlichen Platzbedarf für Zwischenüberschriften in der Zustandsanzeige auf. Sie bieten eine schlechte visuellen Kopplung zwischen der Zustandsanzeige und den einzelnen Nomenklaturen. Parallel zur Zahl an Nomenklaturen wächst zusätzlich auch die Zahl der zur Diskriminierung benötigten Farben oder Symbole.

Das zu lösende Problem besteht daher in der Visualisierung der Beziehungen zwischen den zwei Attributen »Nomenklaturname« und »Nomenklatureintrag«. Auch mit zunehmender Komplexität (mehrere Nomenklaturen oder Einträge) bleibt die grundlegende Struktur gleich, lediglich die Zahl der darzustellenden Attributausprägungen erhöht sich. Der variierenden Zahl an Einträgen trägt die Zustandsanzeige bereits dadurch Rechnung, daß sich ihre Größe in vertikaler Richtung dynamisch anpasst. Es liegt daher nahe, die Horizontale in ähnlicher Weise zur Visualisierung der zweiten Dimension (Nomenklaturnamen) zu nutzen.

Die Abbildung 9 zeigt eine auf dem Visual Formalism »Tabelle« basierende Lösung, die gleichzeitig dynamische Anpassung, kontext-sensitive Durchlässigkeit und eine modifizierbare Zustandsanzeige integriert. Die ursprünglich einspaltige Zustandsanzeige wird dabei um eine zusätzliche Spalte für jede Nomenklatur erweitert,

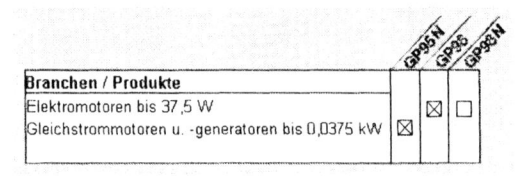

Abb. 9: Zustandsanzeige als Visual Formalism

die mit der aktuellen Anfrage in Beziehung steht. Eine Beziehung besteht dann, wenn ein Eintrag dieser Nomenklatur oder ein gleichlautender Eintrag einer anderen Nomenklatur in der Zustandsanzeige enthalten ist. Im ersten Fall muss aufgrund der kontext-sensitiven Durchlässigkeit die Auswahlliste (Nomenklatur) mit der Zustandsanzeige synchronisiert werden. Im zweiten Fall wirkt die dynamische Anpassung, wodurch sich die Oberfläche im Sinne eines intelligenten Systemverhaltens adaptiert. Auf der Basis eines einfachen Vergleichs von Zeichenketten oder - falls vorhanden - unter Zuhilfenahme einer Cross-Konkordanz ermittelt das System selbständig, welche weiteren Nomenklaturen das bisher formulierte Informationsbedürfnis (z.B. ausgewählte Produkte) befriedigen könnten.

Zur Darstellung der Einzelbeziehungen zwischen Einträgen (Zeilen) und Nomenklaturen (Spalten) wird am jeweiligen Schnittpunkt ein leeres Feld (keine Beziehung) oder ein Auswahlfeld (Beziehung besteht) angezeigt. Das Auswahlfeld erlaubt dem Benutzer die Feinparametrisierung der Suche, indem Suchbegriffe in einzelnen Nomenklaturen aktiviert oder deaktiviert werden können. Das Prinzip der modifizierbaren Zustandsanzeige wurde daher konsequent auf den Visual Formalism »Tabelle« übertragen und erweitert diesen.

5 Ausblick

Sowohl die Visualisierung als auch der Visual Formalism stellen in den aktuellen Versionen von ELVIRA und GESINE Subsysteme dar, die durch weitergehende Funktionalitäten ergänzt werden. Sie erweitern gleichzeitig das WOB-Modell um die ästhetischen Aspekte des Grafik Design und um Möglichkeiten zur Heterogenitätsbehandlung in Informationssystemen. Durch die erfolgreiche Übertragung des Visual Formalism von der Fakten- auf die Textrecherche (Stempfhuber 2001) wurde die Grundlage für eine Neugestaltung von GESINE auf der Basis der hier vorgestellten Ergebnisse gelegt, aus deren Synergie eine weitere Verbesserung von Benutzerfreundlichkeit und Retrieval-Qualität zu erwarten ist.

Literatur

Ahlberg, Christopher; Shneiderman, Ben (1994). Visual Information Seeking: Tight Coupling of Dynamic Query Filters with Starfield Displays. In: CHI'94 Human Factors in Computing Systems, Boston, Massachusetts, United States, April 24-28, 1994. S. 313-317 u. 479-480.
Bürdek, Bernhard E. (1994). Design. Geschichte, Theorie und Praxis der Produktgestaltung. 2.Auflage, Köln.
Bürdek, Bernhard E.; Eibl, Maximilian; Krause, Jürgen (1999). Visualization in Document Retrieval. In: Proceedings of the 8th HCI International'99, München, 22.-27.8.1999, Vol.2, S.102-106.
Carroll, John M.; Thomas, John, C. (1982). Metaphor and the Cognitive Representation of Computing Systems. In: IEEE Transactions on Systems, Man, and Cybernetics, Vol.SMC-12, Nr.2, März/April1982, S.107-116.
Eibl, Maximilian (2000). Visualisierung im Document Retrieval: Theoretische und praktische Zusammenführung von Softwareergonomie und Graphik Design. Bonn. [Forschungsberichte des IZ Sozialwissenschaften Band 3]
Gros, Jochen (1983). Einführung in die Grundlagen einer Theorie der Produktsprache. Hochschule für Gestaltung, Offenbach (Hrsg.). Grundlagen einer Theorie der Produktsprache, Heft 1.
Johnson, Jeff A.; Nardi, Bonnie A.; Zarmer, Craig L.; Miller, James R. (1993) ACE: Building Interactive Graphical Applications. In: Communications of the ACM, April 1993, Vol.36, Nr.4, S.41-55.
Krause, Jürgen (1996). Visualisierung und graphische Benutzungsoberflächen. IZ-Arbeitsbericht Nr. 3, Informationszentrum Sozialwissenschaften, Bonn.
Krause, Jürgen (1997). Das WOB-Modell. In: Krause, Jürgen; Womser-Hacker, Christa (1997). Vages Information Retrieval und graphische Benutzungsoberflächen: Beispiel Werkstoffinformation. Konstanz. [Schriften zur Informationswissenschaft Bd.28], S. 59-88.
Krause, Jürgen; Stempfhuber, Maximilian (Hrsg.) (2001). Integriertes Retrieval in heterogenen Daten. Text-Fakten-Integration am Beispiel des Verbandinformationssystems ELVIRA. [Forschungsberichte des IZ Sozialwissenschaften Band 4] (im Druck).
Nardi, Bonnie; Zarmer, Craig (1993). Beyond Models and Metaphors: Visual Formalisms in User Interface Design. In: Journal of Visual Languages and Computing, 1993, 4, S.5-33.
Stempfhuber, Maximilian (2001). ODIN: Objektorientierte dynamische Benutzungsoberflächen für die Recherche in heterogenen Datenbeständen. Dissertation im Fachbereich für Informatik an der Universität Koblenz-Landau.
Tufte, Edward (1990). Envisioning Information. Ceshire (Conn.).

Adressen der Autoren

Maximilian Eibl
Informationszentrum Sozialwissenschaften
Schiffbauerdamm 19
10117 Berlin
ei@berlin.iz-soz.de

Maximilian Stempfhuber
Informationszentrum Sozialwissenschaften
Lennéstr. 30
53113 Bonn
st@bonn.iz-soz.de

Eine Navigatorsicht zur Visualisierung von produktionsorientierten Datenbeständen

Gert Zülch, Sascha Stowasser
Universität Karlsruhe, Institut für Arbeitswissenschaft und Betriebsorganisation (ifab)

Zusammenfassung

Die übersichtliche Darstellung komplexer industrieller Produkt- und Produktionsdaten und die Reduzierung der damit einhergehenden Informationsflut für die Benutzer ist Ziel eines arbeitswissenschaftlich orientierten Teilprojektes im Sonderforschungsbereich 346 „Rechnerintegrierte Konstruktion und Fertigung von Bauteilen". Zu diesem Zweck wurden auf Basis experimenteller Untersuchungen kommunikationsergonomisch günstige Benutzungsoberflächen zur Visualisierung, Handhabung, Navigation und Bearbeitung objektorientierter Datenbestände entwickelt. Dabei wurde eine originäre Darstellungstechnik, die Navigatorsicht, entwickelt und mit anderen unterschiedlichen Darstellungsweisen mit Hilfe der Blickregistrierung, des Keystroke-Recordings und der Verhaltensbeobachtung verglichen. Der folgende Beitrag soll die Relevanz experimenteller Untersuchungen unterstreichen und einen Überblick über innovative Visualisierungstechniken geben, die nicht unbedingt nur auf Textform und Listen basiert.

1 Visualisierung objektorientierter Datenbestände

1.1 Einleitung und Problemstellung

Daten, Zustände, Ereignisse, Erfahrung und Wissen liegen in jedem Produktionsunternehmen in den unterschiedlichsten Formen vor und werden heutzutage zumeist innerhalb eines verteilten und vernetzten Informationssystems gespeichert, verwaltet und bearbeitet. Die systematische Sammlung und Pflege der Informationen ist ein bedeutender strategischer Faktor für die Erhaltung der Wettbewerbsfähigkeit. Eine wichtige Herausforderung für den Einsatz von Informationstechnologien besteht darin, sowohl die technische Infrastruktur für die Speicherung als auch für geeignete Modellierungs- und Visualisierungstechniken zur Repräsentation und Bearbeitung der Informationen bereitzustellen (Zülch, Fischer, Jonsson 2000).

Als Grundlage für die modell- und datenbasierte Integration wurde im Rahmen des Sonderforschungsbereiches 346 „Rechnerintegrierte Konstruktion und Fertigung von Bauteilen" mit einem objektorientierten Produkt- und Produktionsmodell (PPM) entwickelt. Das PPM bietet eine integrierte, verteilte, redundanzfreie Datenbasis zur Speicherung, Verwaltung und Bearbeitung von Informationsbeständen der Funktionsbereiche Konstruktion, Planung und Fertigung mechanischer Bauteile. Allerdings führt nach Lang und Lockemann (1995) der objektorientierte Ansatz gegenüber anderen Datenmodellen zu sehr komplex strukturierten Datenbeständen, was oftmals in einer zeitintensiven und umständlichen Suche nach Informationen resultiert. Darüber hinaus muss davon ausgegangen werden, dass mit Zunahme der Anzahl der Benutzer und den damit verbundenen Informationsbeständen und Kooperationsbeziehungen innerhalb eines verteilten Systems der Umfang der Datenbestände erheblich anwächst. Es muss erwartet werden, dass die Sachbearbeiter, die mit derartigen komplexen Informationstechnologien arbeiten, einer noch größeren Informationsflut als in hierarchisch oder relationalen Datenbeständen ausgesetzt werden. Neben dem Aspekt der Vielfältigkeit von Informationen und Aufgaben, die mittels eines verteilten und vernetzten Informationssystems in einem Unternehmen verwaltet und verarbeitet werden, muss die Unterschiedlichkeit der Benutzer und damit die benutzungsfreundliche Darstellung des Datenbankzugriffs beachtet werden. Die Benutzer eines derartigen Systems unterscheiden sich hinsichtlich ihrer Aufgaben und somit des Anwendungsbereiches des Informationssystems, der Vorbildung sowie des Verständnisses der Informationszusammenhänge.

Ein besonderer Schwerpunkt liegt in der Konzeption, Realisierung und Evaluation von kommunikationsergonomisch günstigen Benutzungsoberflächen zur Handhabung, Navigation und Bearbeitung von Datenbeständen in Unternehmen. Durch eine kommunikationsergonomisch sinnvolle Visualisierung soll es ermöglicht werden, dem Benutzer auf einfache Weise einen Überblick über die vorhandenen Daten und einen schnellen Zugriff auf einzelne Daten zu ermöglichen. Damit in Zusammenhang steht auch die Darstellung von thematischen, abstrahierenden, verdichtenden und detaillierenden Sichten auf die Datenbestände.

Im Rahmen des Sonderforschungsbereiches 346 wurden hierzu unterschiedliche Visualisierungstechniken entworfen und experimentell mittels Blickregistrierung und Keystroke-Recording untersucht, um jene herauszufinden, welchen einen möglichst schnellen, intuitiven Zugang zu den gespeicherten Informationen ermöglichen. Dieser Beitrag beschreibt die Vorgehensweise und Ergebnisse ausgewählter experimenteller Untersuchungsaspekte.

1.2 Visualisierungstechniken zur Darstellung von Objekten

In der Literatur werden unterschiedliche Ansätze zur Ordnung von Daten und Dokumenten dargestellt (z.B. Preim 1998, Shneiderman 1998, Anders 1999). Ein Grundprinzip, das häufig benutzt wird, ist die Strukturierung der Daten durch Gruppierung. Prinzipiell basieren alle hierarchisch strukturierten Darstellungen auf einem Baumdiagramm (Abbildung 1, linker Bildschirmabzug). Als Variante des herkömmlichen, in eine Richtung anwachsenden Baumdiagramms kann ein Kristallogramm, verwendet werden, d.h. ein Baumdiagramm, das von einer Wurzel aus in alle Richtungen verzweigt (Abbildung 1, rechter Bildschirmabzug). Sowohl das Baumdiagramm als auch das Kristallogramm werden in der nachfolgend erläuterten Versuchsreihe untersucht.

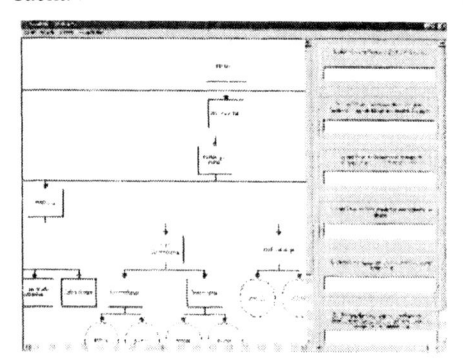

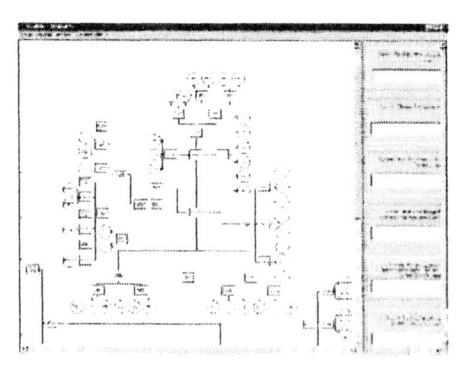

Baumdiagramm **Kristallogramm**

Abb. 1: Verschiedene Visualisierungstechniken

Das Baumdiagramm und die daraus abgeleiteten Ordnungsmethoden (z.B. Kristallogramm, Cone Tree oder Hyperbolic Tree; vgl. Shneiderman 1998) präsentieren die gesamte Datenstruktur eines Informationssystems in einer umfassenden Ansicht. Daraus resultiert das Problem, dass diese Darstellungsweisen mit zunehmender Komplexität immer unübersichtlicher werden. Es erscheint daher sinnvoll, die Sicht des Betrachters sinnvoll einzuschränken. Eine solche Einschränkung wird hier bei einer neuen Darstellungsweise vorgenommen, der Navigatorsicht: In der dafür gewählten Darstellung wird neben dem Objekt nur das vererbende Objekt der Oberklasse sowie die Subklasse aus dem Blickwinkel des Objektes visualisiert (Abbildung 2). Diese Darstellung verwendet das Sinnbild eines Autofahrers, der auf die Herkunftssicht (d.h. das übergeordnete Objekt) im Rückspiegel und auf die Voraussicht (d.h. die untergeordneten Objekte) in Form von Straßenhinweisschildern blickt. Die Straßenhinweisschilder enthalten eine Kurzbeschreibung des Objektes sowie eventuell seine Objektidentifikationsnummer. Das Armaturenbrett stellt Informationen bzw. Attribute über das aktuelle Objekt dar. Zusätzlich wird auf dem Armaturenbrett die Objekthierarchie in Form einer Netzstruktur visualisiert, um die relative Position des aktuellen Objektes innerhalb der Objekthierarchie und globale Anordnungsbeziehungen der Objekte zu bestimmen.

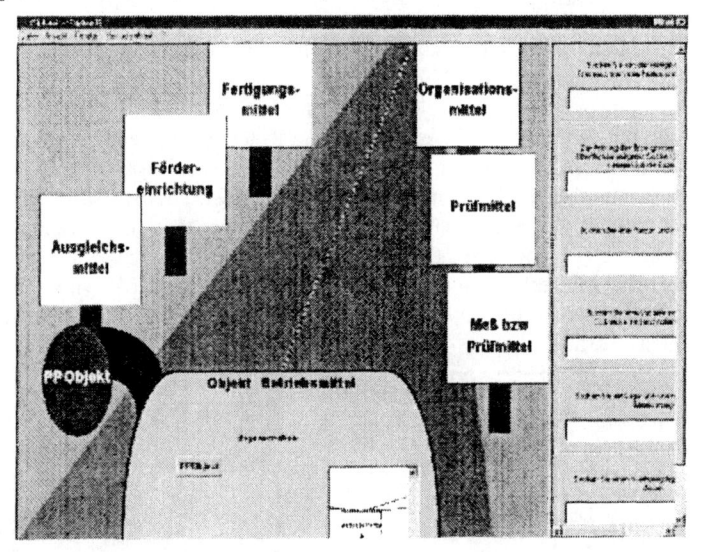

Abb. 2: Darstellung der Navigatorsicht

2 Experimentelle Untersuchungsmethoden zur Evaluation der Visualisierungstechniken

Innerhalb einer umfangreichen Untersuchungsserie zur Auffindung sinnvoller Darstellungstechniken für Produkt- und Produktionsdaten zielte ein Teilversuch auf die Evaluation dieser alternativen Visualisierungsformen ab (Abbildung 2). Zur Durchführung dieses Teilversuches wurden die drei beschriebenen Darstellungsweisen Baudiagramm, Kristallogramm und Navigatorsicht mit Datenbeständen des PPM gefüllt. Die Darstellungen des Baumdiagramms und des Kristallogramms wurden mit einer zweifachen Zoomfunktion versehen, um den Versuchspersonen sowohl eine Übersicht als auch eine abgestufte Detailsicht zu ermöglichen. Die zu erfüllende Arbeitsaufgabe bestand darin, jeweils sechs unterschiedliche Informationen zu suchen und in ein elektronisches Protokoll zu übertragen. Erfasst wurde dabei lediglich das Auffinden der Information, die Übertragung in das Protokoll wurde hingegen nicht berücksichtigt.

2.1 Durchführung der Untersuchung

In einer Untersuchungsreihe mit 20 Versuchspersonen wurde mit Hilfe der Blickregistrierung überprüft, inwieweit die entwickelten Visualisierungstechniken auf die Produkt- und Produktionsdatenbestände die Forderungen nach einer benutzungsfreundlichen Darstellung und nach einem schnellen, intuitiven Zugang erfüllen. Für die Durchführung der Untersuchung wurden Versuchspersonen aus unterschiedlichen Industrieunternehmen mit Erfahrungen in den Tätigkeitsfeldern Arbeits-, Produktions- und Fertigungsplanung eingesetzt. Alle Versuchspersonen waren männlich und erfahren in Bildschirmarbeit.

Abbildung 3 zeigt das Untersuchungskollektiv der experimentellen Untersuchungen. Die Untersuchungen wurden in fachunabhängige und fachspezifische Untersuchungen (hierunter fällt auch die in diesem Beitrag näher betrachtete Untersuchung) unterteilt. In der fachunabhängigen Untersuchung mit 20 Studenten wurden die prinzipiellen Möglichkeiten zur Darstellung von Objektmengen und der Darstellung von Beziehungen analysiert. Die fachspezifischen Untersuchungen bauten auf dieser ersten Untersuchungsphase auf und untersuchten u.a. die oben beschriebenen Darstellungsarten verschiedener Sichten auf die Datenbestände sowie die Visualisierung der Objektversionierung bzw. -historie.

Der Versuchsablauf war bei jeder Versuchsperson gleich: Vor dem Beginn des eigentlichen Versuches wurde mit Hilfe eines Sehtestgerätes eine Untersuchung der Sehschärfe sowie des räumlichen Sehvermögens der Probanden durchgeführt. Für den eigentlichen Versuch wurde den Versuchspersonen das Blickregistrierungsgerät angepasst. Hierbei wurde ein SMI-Headmounted Eyetracking Device System (HED-II) der Firma SensoMotoric Instruments eingesetzt. In einer Versuchszeit von ungefähr 60 Minuten mussten die Versuchspersonen die oben beschriebene Arbeitsaufgabe erledigen. Zum Abschluss wurde von jeder Versuchsperson ein Fragebogen ausgefüllt sowie mit ihr ein Interview durchgeführt, um die subjektiven Eindrücke der Versuchspersonen zu erfassen.

Untersuchungs-gegenstand	Fachunabhängige Untersuchungen		Fachspezifische Untersuchungen	
	Darstellung von Objektmengen	Darstellung von Beziehungen	Sichtenkonzepte	Versionierung und Historisierung
Anzahl der Versuchspersonen	20		20	
Ausbildung, Tätigkeit	Studenten verschiedener Fachrichtungen, alle erfahren in Bildschirmarbeit		Fachpersonal der Industrie (Produktions-, Arbeits- und Fertigungsplanung), alle erfahren in Bildschirmarbeit	
Durchschnittsalter	24,3 Jahre		36,2 Jahre	
Geschlecht	3 weiblich, 17 männlich		20 männlich	
Dauer der Blickregistrierung	durchschnittlich 1 Stunde (ohne Vorbereitung, Interviews...)		durchschnittlich 1 Stunde (ohne Vorbereitung, Interviews...)	

Abb. 3: Untersuchungen zur Visualisierung von Unternehmensdaten

2.2 Eingesetzte Untersuchungsmethoden

Das Labor für Kommunikationsergonomie des Instituts für Arbeitswissenschaft und Betriebsorganisation (ifab) der Universität Karlsruhe (TH) ist mit umfangreichen Analyseinstrumenten ausgerüstet, die für die Untersuchung genutzt werden konnten (z.B. Blickregistrierung, Keystroke-Recording, Sehtestgerät und Videoaufzeichnungsgeräten). Der Schwerpunkt der Auswertungen lag auf der Analyse der Blickpunkte (Fixationen), die mit Hilfe der Methode der Blickregistrierung aufgenommen wurden. Diese verhaltensorientierte Methode eignet sich insbesondere zur Analyse von Augenbewegungen während eines Problemlösungsprozesses (u.a. Grießer 1995). Das eingesetzte Blickregistrierungssystem hat sich bereits in anderen Untersuchungen bewährt (u.a. Zülch, Fischer, Paas, Stowasser 1998; Gullberg, Holmqvist 1999). Die Funktionsweise, der Aufbau des Systems und die Messgrundlage soll an dieser Stelle nicht näher erläutert werden, da dies bereits an anderer Stelle getan wurde (Zülch, Stowasser 1999). Nähere Ausführungen zu den Grundbegriffen und Messgrößen der Blickregistrierung sind auch beispielsweise bei Zwerina (1992), Grießer (1995) und Rötting (1999) zu finden.

Mittels Keystroke-Recording wurden die Interaktionen des Benutzers in Form eines Rechnerprotokolls aufgezeichnet (z.B. Grießer 1995). Dabei wird standardmäßig neben der eigentlichen Eingabe auch der zeitliche Abstand zwischen den erfolgten Eingaben protokolliert. Diese Methode eignet sich zur Analyse der taktilen Aktionen eines Benutzers mittels Tastatur bzw. Maus.

Durch strukturierte Interviews wurden ergänzende Informationen abgefragt, wie die demographischen Daten der Versuchsperson sowie ihr Ausbildungsstand und Erfahrungsbereich. Weiterhin wurden detaillierte Informationen über individuelle Vorgehensweisen sowie subjektive Eindrücke der Versuchsperson ermittelt. Die strukturierten Interviews dienen der Erfassung von Informationen, die mit dem technischen Versuchsaufbau nicht objektiv gemessen werden können.

Neben diesen experimentellen Methoden wurde das in früheren Phasen des SFB entwickelte Evaluationsverfahren PROKUS (Programm zur Durchführung kommunikationsergonomischer Untersuchungen) für die Bewertung der Benutzungsfreundlichkeit von Programmsystemen eingesetzt (Zülch, Stowasser 2000).

3 Ergebnisse der experimentellen Laborstudie

3.1 Quantitative Ergebnisse

Bezogen auf den in diesem Beitrag vorgestellten Teilversuch zeigt die Auswertung der Versuchsreihe, dass die durchschnittliche Bearbeitungszeit in Abhängigkeit von der Darstellungsweise sehr stark variiert. Im Vergleich zur durchschnittlichen Gesamtsuchzeit von 232 s, die mit der Navigatorsicht erreicht wurde, benötigten die Versuchspersonen mit dem Baumdiagramm durchschnittlich fast das 1,6-fache und mit dem Kristallogramm das 1,5-fache (Abbildung 4). Betrachtet man den Median der Gesamtsuchzeit, so verändert sich allerdings die Rangfolge: Bezogen auf den Median der Navigatorsicht beträgt der Median des Baumdiagramms das 1,2-fache und der des Kristallogramms das 1,4-fache. Die kürzeste Gesamtsuchzeit mit 123 s wurde mit der Navigatorsicht erzielt, gefolgt vom Baumdiagramm mit 145 s und dem Kristallogramm mit 191 s. Die längste Gesamtsuchzeit wurde mit dem Baumdiagramm, gefolgt von Kristallogramm und Navigatorsicht erzielt. Bemerkenswert ist, dass die Standardabweichung beim Baumdiagramm das 2,4-fache und die beim Kristallogramm das 1,8-fache der Standardabweichung der Navigatorsicht betragen.

Hinsichtlich der notwendigen Mausaktionen (Abbildung 5) benötigten die Versuchspersonen beim Kristallogramm durchschnittlich 75 Klicks zur Lösung der Suchaufgabe, beim Baumdiagramm 63 Klicks und bei der Navigatorsicht 51 Klicks. Die durchschnittlich etwas höhere Anzahl an Mausaktionen beim Kristallogramm gegenüber dem Baumdiagramm lässt sich damit erklären, dass die Versuchspersonen beim Kristallogramm häufiger zwischen den Zoomstufen wechselten. Betrachtet man die Standardabweichung, so fällt auch hier wieder der geringe Wert der Navigatorsicht (13) im Vergleich zu den Standardabweichungen des Baumdiagramms (43) und des Kristallogramms (46) auf.

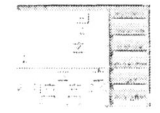

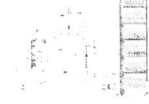

Suchzeit in s	Baumdiagramm	Kristallogramm	Navigatorsicht
Mittelwert	365	355	232
Medium	291	324	234
Minimum	145	191	123
Maximum	864	692	428
Standardabweichung	200	146	82

Abb. 4: Zeitorientierte Kennzahlen (Mittelwerte der Versuchspersonen)

Abbildung 5 listet die Mittelwerte typischer Kennzahlen der Blickregistrierung auf. Alle Daten beziehen sich ausschließlich auf den Identifikationsprozess des Auffindens eines gesuchten Objektes (die Protokollierung wird nicht beachtet). Durch den häufigen Wechsel der Zoomstufen wurde beim Kristallogramm ein geringerer Blickweg zurückgelegt als beim Baumdiagramm. Durch die meist kreisenden Blickbewegungen ist dieser Unterschied (ca. 1 %) jedoch nicht so bedeutend wie der Unterschied zwischen Baumdiagramm und Navigatorsicht (ca. 29 %). Betrachtet man den Median des zurückgelegten Blickweges, so ist der Unterschied zwischen der Betrachtung des Baumdiagrammes (28459 mm) und dem Kristallogramm (34191 mm) gravierender. Bei der Navigatorsicht weicht der Median (25775 mm) um ca. 25 % vom Median des Kristallogramms ab. Die Standardabweichungen variieren von 17434 mm bei der Navigatorsicht, über 28584 mm beim Kristallogramm bis zu 38122 mm beim Baumdiagramm.

Die Fixationsrate, d.h. die betrachteten Objekte pro Zeiteinheit, gibt die Häufigkeit von Blicksprüngen wieder und stellt somit ein Maß für die Unruhe im Blickverhalten dar. Sie ist daher ein weiteres Kriterium, das die Reihenfolge der Eignung der untersuchten Darstellungsweise für Suchaufgaben untermauert. Zieht man als weiteres Kriterium die Fixationsrate hinzu, so zeigt sich, dass das Kristallogramm und die Navigatorsicht die gleichen Fixationsraten aufweisen. Die Fixationsrate des Baumdiagrammes liegt über dem Wert der beiden anderen Darstellungen. Der Median der Fixationsrate liegt beim Kristallogramm mit 3,4 bei einer Standardabweichung von 2,2 am niedrigsten, gefolgt von der Navigatorsicht mit 3,7 (Standardabweichung 1,6) und dem Baumdiagramm mit 3,51 (Standardabweichung 2,7).

Auch die durchgeführten Interviews zeigten einhellig, dass die Navigatorsicht besser als das Kristallogramm und das Baumdiagramm zur Durchführung von Suchaufgaben geeignet ist. Lediglich eine Versuchsperson war der Meinung, mit dem Kristallogramm am besten arbeiten zu können. Alle anderen entschieden sich im Fragebogen für die Navigatorsicht.

Kennzahlen	Baumdiagramm	Kristallogramm	Navigatorsicht
Mausaktionen	63	75	51
Standardabweichung	43	46	13
Fixationsrate pro s	3,8	3,2	3,2
mittlere Sakkadenlänge in mm	37	42	45
Gesamtblickweg in mm	39743	39376	30817
Suchzeit in s	365	355	232

Abb. 5: Ausgewählte Kennzahlen der Blickregistrierung (Mittelwerte der Versuchspersonen)

3.2 Folgerungen für die Gestaltung von Benutzungsoberflächen

In vorliegender Untersuchung ging es um die Frage, wie graphische Benutzungsoberflächen gestaltet werden sollen, um den Benutzern möglichst intuitiv und benutzungsfreundlich industrielle Produkt- und Produktionsdaten anzubieten. Zusammenfassend lässt sich aus den Ergebnissen der durchgeführten Untersuchung schlussfolgern, dass zur Durchführung der vorliegenden Aufgabe die Navigatorsicht am besten zur Visualisierung der Produkt- und Produktionsdaten geeignet war. Dies zeigt sich nicht nur in den Mittelwerten der aufgeführten Kennzahlen, sondern auch in der im Vergleich zu den anderen Sichten geringeren Streuung der Kennzahlen. Die Vermutung, dass eine kompakte Darstellung wie das Kristallogramm Vorteile gegenüber einer streng strukturierten Darstellung in Form des Baumdiagramms hat, wurde nicht bestätigt. Aufgrund der Auswertung der ermittelten Kennzahlen können keine großen Unterschiede zwischen diesen beiden Sichten festgestellt werden. Aus den Untersuchungen können als Gestaltungsregeln u.a. abgeleitet werden:

- Eine allumfassende Sicht auf die Datenbestände ist wenig sinnvoll. Deshalb sollten für vorher klassifizierte Benutzergruppen speziell auf deren Informationsbedarf und Arbeitsbereich abgestellte Sichte verwendet werden.
- Inhaltlich und logisch getrennte Datenkategorien sollen in räumlichem Mindestabstand voneinander visualisiert werden.
- Die hierarchisierende Datenaufbereitung vereinfacht das semantische Verständnis der Datenobjekte für den Benutzer. Zur Visualisierung der Datenobjekte sollten die Hierarchien (z.B. Unterklasse „Drehmaschine" der Klasse „Maschinen") berücksichtigt werden.
- Relationen zwischen den Informationen müssen dem Benutzer in geeigneter Art und Weise visualisiert werden. Hierzu eignen sich sowohl graphische als auch textuelle Gestaltungselemente.
- Bei der Verwendung von Symbolen müssen diese leicht unterscheidbar sein, und ihre Bedeutung muss dem Benutzer bekannt sein.

4 Zusammenfassung und Ausblick

Eine Marktanalyse zeigt, dass Daten in kommerziellen objektorientierten Informationssystemen derzeit vorrangig in Textform und Listen dargestellt werden (Zülch, Fischer, Keller, Stowasser 1998). Die vorliegenden experimentellen Untersuchungen zeigen jedoch, dass diese traditionelle Form der Visualisierung nicht unbedingt die aus kommunikationsergonomischer Sichtweise benutzungsfreundlichste Art der Darstellung ist. Dagegen gibt es bereits in anderem Zusammenhang graphische Benutzungsoberflächen, die auf der Basis interaktiver, dreidimensionaler Visualisierung ein Volltext-Retrieval ermöglichen. So lassen sich beispielsweise bereits Dokumente und WWW-Seiten im Internet entsprechend ihrer Relevanz zueinander im dreidimensionalen Raum abbilden (Snowdon, Fahlén, Stenius 1996; Shneiderman 1998).

Heutzutage ist meist unklar, bei welchen Rahmenbedingungen eine dreidimensionale Visualisierung Vorteile bzw. Nachteile gegenüber einer zweidimensionalen Darstellung besitzt (Gershon, Eick, Card 1998). Zukünftige Forschungsarbeiten auf dem Gebiet der Software-Ergonomie müssen sich deshalb verstärkt mit der benutzungsfreundlichen Anwendung dreidimensionaler Visualisierungstechniken beschäftigen. Empirische Studien sollten derartig konzipiert und durchgeführt werden, dass sie Empfehlungen darüber aussprechen, welche Visualisierungstechnik sich für eine spezifische Situation oder ein spezielles Anwendungsgebiet eignet (Shneiderman 1998).

5 Literatur

Anders, P. (1999): Envisioning cyberspace. New York u.a.: McGraw-Hill.
Gershon, N., Eick, S.G., Card, S. (1998): Information Visualization. In: interactions 5(1998)2, S. 9-15.
Grießer, K. (1995): Einsatz der Blickregistrierung bei der Analyse rechnerunterstützter Steuerungsaufgaben. Karlsruhe, Uni Diss. (ifab-Forschungsberichte aus dem Institut für Arbeitswissenschaft und Betriebsorganisation der Universität Karlsruhe, Band 10)(ISSN 0940-0559)
Gullberg, M., Holmqvist, K.: Keeping on eye on gesture. In: Pragmatics and Cognition 7(1999)1, S. 35-65.
Lang, S.M., Lockemann, P.C. (1995): Datenbankeinsatz. Berlin u.a.: Springer.
Preim, B. (1998): Interaktive Illustrationen und Animationen zur Erklärung komplexer räumlicher Zusammenhänge. Düsseldorf: VDI.
Rötting, M. (1999): Typen und Parameter von Augenbewegungen. In: Rötting, M., Seifert, K. (Hrsg.): Blickbewegungen in der Mensch-Maschine-Systematik. Sinzheim: Pro Universitate, S. 1-18.
Shneiderman, B. (1998): Designing the User Interface. Reading MA u.a.: Addison-Wesley.
Snowdon, D., Fahlén, L., Stenius, M. (1996): WWW3D: A 3D multi-user web browser. In: WebNet'96, San Francisco CA, 1996.
Zülch, G., Fischer A.E., Keller, V., Stowasser, S. (1998): Kommunikationsergonomische Darstellungstechniken für objektorientierte Datenbestände. In: Rechnerintegrierte Konstruktion und Fertigung von Bauteilen – Kolloquium 30.06.1998. Karlsruhe Uni: Sonderforschungsbereich 346, S. 43-52.
Zülch, G., Fischer, A.E., Paas, M., Stowasser, S. (1998): Prüfarbeitsplätze in der Bekleidungsindustrie. Köln: Forschungsgemeinschaft Bekleidungsindustrie. (Bekleidungstechnische Schriftenreihe, Band 131) (ISSN1436-9664)
Zülch, G., Jonsson, U., Fischer A.E. (2000): Objektorientierte Modellierung und Visualisierung von Planungs- und Methodenwissen. In: Krallmann, H. (Hrsg.): Wettbewerbsvorteile durch Wissensmanagement. Stuttgart: Schäffer-Poeschel, S. 151-202.
Zülch, G., Stowasser, S. (1999): Einsatz der Blickregistrierung zur Gestaltung von Prüfarbeitsplätzen in der Bekleidungsindustrie. In: Zeitschrift für Arbeitswissenschaft 53(25 NF)(1999)1, S. 2-9.
Zülch, G.; Stowasser, S. (2000): Usability Evaluation of User Interfaces with the Computer-aided Evaluation Tool PROKUS. In: MMI-Interaktiv (2000)3, S. 1-17.
Zwerina, H. (1992): Erkennung von Sehzeichen in unterschiedlichen Strukturen auf dem Bildschirm. Karlsruhe, Uni Diss.

Adressen der Autoren

Prof. Dr.-Ing. Gert Zülch / Dipl-Wirtsch.-Ing. Sascha Stowasser
Universität Karlsruhe
Institut für Arbeitswissenschaft und
Betriebsorganisation (ifab)
Kaiserstr. 12
76128 Karlsruhe

gert.zuelch@mach.uni-karlsruhe.de
sascha.stowasser@mach.uni-karlsruhe.de

WEFEMIS -
ein Werkzeug zur Evaluierung interaktiver Geräte

Nico Hamacher, Jörg Marrenbach
RWTH Aachen, LS für Technische Informatik

Zusammenfassung

Die Entwicklung neuer Geräte wird heute weitgehend durch Rapid-Prototyping-Methoden und -Werkzeuge unterstützt. Diese Methoden und Werkzeuge zur Definition von Funktionalität und Verhalten eines technischen Gerätes erlauben die Aufdeckung von Schwachstellen im Entwurf. Zur Bewertung der Benutzungsfreundlichkeit schon in frühen Phasen des Entwicklungsprozesses existieren jedoch keine geeigneten Werkzeuge. In diesem Beitrag wird die Entwicklungsumgebung WEFEMIS (**W**erkzeug zur **f**ormalen und **em**pirischen Evaluierung **i**nteraktiver **S**ysteme) vorgestellt, mit dessen Hilfe es für den Entwickler möglich ist, interaktive Systeme durch formale Modelle zu spezifizieren, Softwareprototypen zu erstellen, zugehörige Benutzermodelle zu integrieren und das System mit Hilfe geeigneter Verfahren zu evaluieren. Die Erstellung des Prototypen sowie des Benutzermodells ist für den Entwickler nahezu ohne Programmieraufwand möglich. Die verschiedenen Modelle können grafisch editiert und miteinander verknüpft werden. Abschließend wird die Anwendung der Entwicklungsumgebung anhand eines Beispiels (CD-Spieler) verdeutlicht.

1 Einleitung

Bei der Entwicklung und Verbesserung von technischen Geräten spielen Prototypen eine wichtige Rolle. Sie erlauben eine frühe Evaluierung des endgültigen Produkts und können in Versuchen von Endbenutzern getestet werden.

Während die eigentliche Funktionalität eines Geräts mit Hilfe dieser Tests gut überprüft werden kann, ist die Qualität der Mensch-Maschine Kommunikation, also der Interaktion des Bedieners mit dem Gerät hinsichtlich Erwartungskonformität oder Steuerbarkeit, nicht leicht zu beurteilen.

Diese Arbeit stellt eine Entwicklungsumgebung vor, die die Erstellung von formalen Beschreibungen des Benutzerverhaltens und der Systemfunktionalität erlaubt. Derartige Spezifikationen der Mensch-Maschine Interaktion sind bereits in einem frühen Stadium des Entwicklungsprozesses möglich. Dadurch können bereits sehr früh Aussagen bzgl. der Benutzungsfreundlichkeit interaktiver Geräte getroffen werden, wodurch der finanzielle und zeitliche Aufwand für die Entwicklung deutlich reduziert werden kann.

2 Systemkonzept

Für die Evaluierung von Mensch-Maschine Schnittstellen hinsichtlich der Gebrauchstauglichkeit werden im Wesentlichen drei Kriterien berücksichtigt. Nach ISO 9241-11 (ISO 1998) werden diese mit Effektivität, Effizienz und Zufriedenheit bezeichnet. Die Effektivität beschreibt die Genauigkeit und die Vollständigkeit, mit der ein Operator ein bestimmtes Ziel oder Teilziel erreicht. Die Effizienz bezeichnet das Maß, das die Effektivität in das Verhältnis zum benötigten Aufwand setzt. Dabei ist zwischen menschlicher, zeitlicher und wirtschaftlicher Effizienz zu unterscheiden. Zufriedenheit beschreibt die Beeinträchtigungsfreiheit und die Akzeptanz des Operateurs bei der Bedienung des technischen Gerätes. Diese Kriterien legen den allgemeinen Bewertungsrahmen für die Untersuchung von Mensch-Maschine Systemen fest. Darüber hinaus werden zur weiteren Spezifikation Forderungen, wie sie z.B. in der ISO-Norm 9241 Teil 10 (ISO 1996) aufgeführt sind, berücksichtigt.

Unter Berücksichtigung der oben genannten Kriterien wird eine Umgebung entwickelt, die es dem Entwickler ermöglicht, ein technisches Endgerät frühzeitig hinsichtlich den ergonomischen Anforderungen operationalisiert zu evaluieren (Marrenbach 2000). Basierend auf einer Systemspezifikation wird zunächst ein Benutzermodell auf Grundlage der GOMS-Theorie erstellt. Ausgehend von diesem Modell kann eine Analyse der zu erwartenden Gebrauchstauglichkeit durchgeführt werden. Als Voraussetzung werden für alle Bestandteile des GOMS-Modells Zeiten festgelegt, die für die Anwendung der entsprechenden Selektionsregeln, Operatoren und Methoden erwartet werden können. Darüber hinaus besteht die Möglichkeit, ein Handbuch für das interaktive System zu generieren. Auf Basis der Spezifikation kann des weiteren ein Prototyp erstellt werden, mit dem Versuchspersonen oder Endanwendern interagieren können. Dabei werden automatisch Handlungsprotokolle erstellt, durch deren Auswertung Rückschlüsse auf die Bedienbarkeit des Prototypen, wie z.B. Lernzeiten, Bearbeitungszeiten und Fehlerraten, gezogen werden können.

Beim Entwurf und der Implementierung der Entwicklungsumgebung wird das Ziel verfolgt, soweit wie möglich vorhandene Werkzeuge für die Schritte des Entwurfs- und Prototyping-Prozesses zu verwenden. Noch nicht vorhandene Komponenten werden als Erweiterungsmodule zu bestehenden Systemen konzipiert und implementiert, um die Anzahl der verwendeten Werkzeuge so gering wie möglich zu halten.

3   Entwurf der Entwicklungsumgebung

In diesem Abschnitt werden die Komponenten der Entwicklungsumgebung und ihre Verbindungen untereinander beschrieben. Wie bereits erläutert, besteht das System aus unterschiedlichen Programmen, die miteinander kommunizieren und als Gesamtheit die Erstellung eines simulierten, lauffähigen Prototypen erlauben. Abbildung 1 zeigt die einzelnen Systemkomponenten der Entwicklungsumgebung.

Im Rahmen der Entwicklungsumgebung wird von einem Softwareprototypen ausgegangen. Die Benutzungsschnittstelle wird als grafische Benutzungsoberfläche realisiert. Das hat den Vorteil, dass die Erstellung schnell durchgeführt werden kann und Änderungen am Entwurf später leicht möglich sind. Jedoch ist die Bedienung von Softwareprototypen nicht immer vollständig mit entsprechenden Hardwarelösungen vergleichbar. Für eine erste Evaluierung zum Test der generellen Handhabung eines Gerätes sind solche Versuche indes ausreichend.

Nach dem Seeheim-Modell (Green 1984) kann das Gerätemodell in die drei Komponenten Anwendungsschnittstelle, Dialogkontrolle und Präsentationskomponente aufgeteilt werden. Die Präsentationskomponente ist der Teil eines Gerätes, den der Benutzer als Erscheinungsbild erkennt und über den die Bedienung erfolgt. Dazu gehören alle Eingabeelemente, mit deren Hilfe der Benutzer das Gerät steuert, sowie Elemente zur Visualisierung von Nutzerinformationen. Die Dialogkontrolle steuert die Präsentationskomponente. Sie stellt Daten zur Visualisierung bereit und reagiert auf Benutzereingaben. Während die Präsentationskomponente lediglich auf direkte Kommandos des Benutzers reagiert, besitzt die Dialogkontrolle zusätzliches Wissen über den Zustand des Gerätes und entscheidet, wie auf eine Aktion zu reagieren ist. Die Anwendungsschnittstelle bindet die Dialogkontrolle an die Programmlogik an. Sie legt fest, welche Funktionalität der Dialogkontrolle und darüber auch dem Benutzer zur Verfügung gestellt wird. Die Dialogkontrolle nutzt die Anwendungsschnittstelle, um Funktionen aufzurufen, die entsprechend den Eingaben des Benutzers Aktionen ausführen.

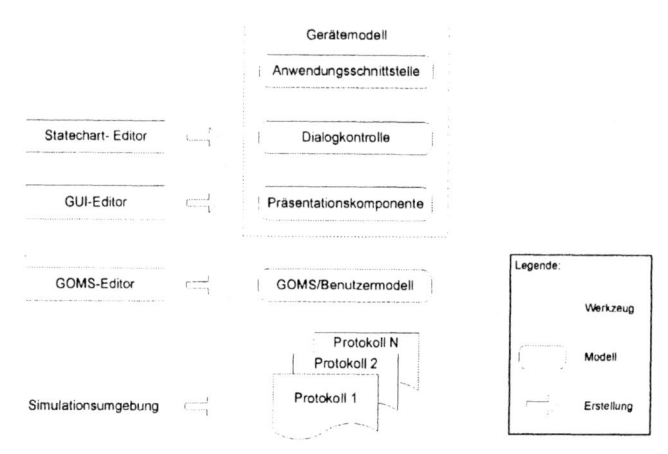

WEFEMIS - ein Werkzeug zur Evaluierung interaktiver Geräte 347

Abb. 1: Systemkomponenten der Entwicklungsumgebung WEFEMIS

Zur Gewinnung quantitativer Aussagen über Systemkomplexität und Modellkompatibilität werden, insbesondere im Hinblick auf die Werkzeugunterstützung, formale Beschreibungen der zu untersuchenden Objekte benötigt. Zur Formalisierung des Benutzermodells eignet sich unter anderem die GOMS-Modellierung, da GOMS sehr einfach und effizient in der Handhabung ist (John 1997). So misst sich der z.b. Aufwand zum Erlernen des Formalismums für Ingenieure ohne psychologische Fachkenntnisse lediglich in wenigen Tagen (Grey 1999). GOMS steht für die verschiedenen Komponenten des Modells, nämlich Goals, Operators, Methods und Selection Rules. Ziele charakterisieren die Zustände, die der Benutzer erreichen will. Die Operatoren sind die Grundfunktionen des Systems, d.h. die elementaren Interaktionstechniken. Methoden sind Folgen von Operatoren, die nacheinander angewendet werden, um ein Ziel zu erreichen. Die Auswahlregeln werden verwendet, wenn es mehrere Methoden zum Erreichen eines Zieles gibt.

3.1 Erstellung der Benutzermodelle

Das Analyse-Werkzeug soll anhand formaler Spezifikationen (Benutzermodell-Analysen) Parameter zur vergleichenden Bewertung verschiedener Entwurfsalternativen liefern. Der Schwerpunkt liegt dabei in der Analyse des dem Entwurf jeweils zugrunde liegenden Aufgabenmodells. Diese GOMS-Analyse ist zur summativen Evaluation von Systementwürfen und Prototypen geeignet. Die durch diese Analyse gewonnenen Daten können zur vergleichenden Bewertung verschiedener Alternativkonzepte herangezogen werden. Die Analyse liefert eine Vorhersage der Ausführungs- und Lernzeiten der Benutzermodelle auf Basis der Modellierung nach NGOMSL (Kieras 1988). Ferner wird eine Komplexitäts-Analyse vorgenommen. Dabei wird die Komplexität einer Aufgabe anhand der Tiefe der hierarchischen Zielstruktur, der Anzahl der Schritte (Teilziele und Operatoren) einer Methode und der Anzahl der unterschiedlichen Methoden in einem Aufgabenbaum abgeschätzt (Kieras 1988).

Den Benutzermodell-Editor zeigt Abbildung 2. Im rechten Bereich können die Ziele, Methoden und Operatoren ausgewählt bzw. eingegeben werden. Diese Strukturen werden im mittleren Bereich in Form eines Baumes dargestellt. Die Ergebnisse der Analyse lassen sich detailliert darstellen, z.B. wie häufig werden einzelne Operatoren verwendet oder wieviel Zeit wird für die gesamte Aufgabe benötigt. Bei der Analyse wird zwischen sensorischen, mentalen und motorischen Operatoren unterschieden. Für diese Operatoren werden die jeweilige Anzahl und die benötigte Zeit berechnet und grafisch dargestellt (Abbildung. 3). Ferner erfolgt eine Berechnung der Gesamtzahl der Operatoren und der entsprechende Zeitbedarf.

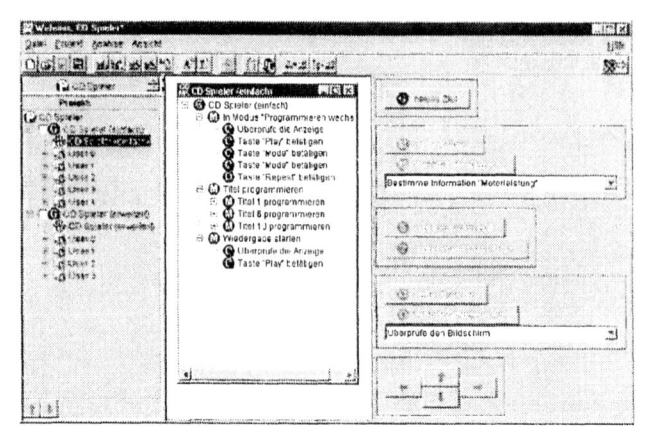

Abb. 2: Benutzermodell-Editor mit einer Beispielanwendung

3.2 Dialogkontrolle

Für die Spezifikation der Dialogkontrolle werden Zustandsübergangsdiagramme, sogenannte Statecharts, verwendet. Statecharts wurden von Harel als Erweiterung der Endlichen Automaten zur Spezifizierung von Gerätezuständen entwickelt (Harel 1987). Während Endliche Automaten nur aus gleichwertigen Zuständen und Übergängen bestehen, erlauben Statecharts die hierarchische Ineinanderschachtelung von Automaten und Zuständen. Zustände werden durch Übergänge miteinander verbunden, die den Aktionen des Benutzers oder anderen Ereignissen entsprechen und dadurch eine Veränderung des Betriebszustandes des Gerätes bewirken. Dabei können Übergänge von jeder beliebigen Hierarchiestufe in jede andere erfolgen.

Zur Generierung der Zustandsübergangsdiagramme wird das Programm Statemate der Firma i-Logix eingesetzt. Aus einem vollständig spezifizierten Statechart-Modell kann Statemate Code u.a. in der Sprache C erzeugen, der als Kontrollkomponente in einen Prototypen übernommen werden kann. Mit Hilfe der Statecharts können sowohl einfache technische Geräte als auch sehr komplexe Systeme modelliert werden (Marrenbach 1998).

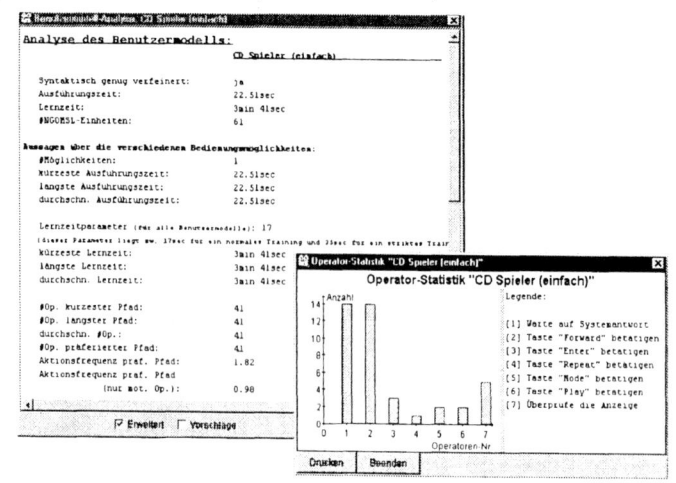

Abb. 3: Benutzermodell-Analyse - Übersicht einer Beispielanwendung

3.3 Erstellung der Benutzungsoberfläche

Als Interaktionspunkt mit dem Benutzer sieht das Seeheim-Modell die Präsentationskomponente vor. Sie enthält Elemente, die den Benutzer über den aktuellen Zustand des Gerätes informieren und Eingaben entgegennehmen. Aktionen werden an die Dialogkontrolle weitergereicht, Rückmeldungen an den Benutzer kommen ebenfalls aus dieser Komponente. Das entwickelte Werkzeug ermöglicht dem Entwickler, die grafische Benutzungsoberfläche (GUI) des Prototypen zu erstellen und zu bearbeiten. Die Erstellung einer GUI ist eine häufig durchgeführte Aufgabe, die von den meisten Software-Entwicklungsumgebungen, so auch Statemate, unterstützt wird.

3.4 Auswertung der Handlungsprotokolle

Die experimentelle Auswertung erfolgt mittels eines Handlungsinterpreters, der ähnlich wie ein Kommandosprachen-Interpreter Benutzeraktionen mit der zu Grunde liegenden Syntax, dem GOMS-Modell, vergleicht. Unerwartete Benutzeraktionen werden als Fehler interpretiert wobei anschließend eine geeignete Visualisierung der Fehlerraten erfolgt. Das System erlaubt ferner die gleichzeitige Auswertung von Protokollen mehrerer Benutzer.

3.5 Vorgehen bei der Benutzung von Wefemis

Der Einsatz des Evaluierungswerkzeugs ist unabhängig von der Entwicklung des Endgerätes und kann daher entwicklungsbegleitend in verschiedenen Phasen der Systementwicklung stattfinden. Die Benutzermodell-Analyse ist somit bereits durchführbar, wenn noch keine Spezifikation des zu evaluierenden Systems vorhanden ist. Die Spezifizierung des Gerätes durch den Entwicklungsingenieur dient als Grundlage für die darauf folgende Realisierung. Diese Spezifikation bildet zusätzlich den Ausgangspunkt für die Erstellung eines Prototypen, der von Versuchspersonen in empirischen Untersuchungen getestet werden kann. Wie bereits beschrieben lassen sich aus diesen Tests Handlungsprotokolle gewinnen, die für eine vergleichende Bewertung mit den Benutzermodellen ebenfalls in das Analyse-Modul integriert und analysiert werden können.

4 Anwendungsbeispiel

Im Folgenden wird anhand eines Beispiels die Anwendung der Entwicklungsumgebung Wefemis verdeutlicht. Um die Interaktion mit dem Benutzer und die Möglichkeiten des Benutzermodells besser darstellen zu können, wird ein Gerät modelliert, das einige Inter-aktionspunkte mit dem Benutzer aufweist, jedoch in seinem technischen Aufbau nicht allzu komplex ist. Es handelt sich dabei um einen CD-Spieler, für den zwei unterschiedliche Benutzungsoberflächen und die zugehörigen Benutzermodelle realisiert werden.

4.1 Gerätemodell

Der CD-Spieler bietet verschiedene Betriebsmöglichkeiten. Neben der Wiedergabe einer ganzen CD können auch einzelne Titel in beliebiger Reihenfolge programmiert und abgespielt werden. Darüber hinaus kann ein Titel alleine abgespielt werden. In allen Abspielmodi ist es möglich, eine wiederholte Wiedergabe zu wählen. Das Statechart des CD-Spielers ist in Abbildung 4 dargestellt. Dieses Statechart modelliert die einzelnen Zustände des CD-Spielers und die möglichen Übergänge.

Beim Anschalten durch die PLAY-Aktion wird die Wiedergabe unmittelbar gestartet. Der Benutzer kann dann noch andere Modi anwählen oder Titel programmieren. Die STOPP-Aktion schaltet das Gerät zurück in den STANDBY-Modus, wobei die Anzeige des Gerätes nur während der Wiedergabe leuchtet. Es kann weiterhin zwischen einfacher Wiedergabe und wiederholtem Abspielen gewählt werden.

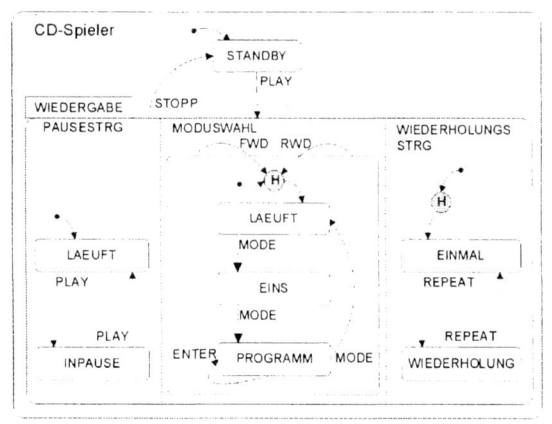

Abb. 4: Statechart zum CD-Spieler (Leuker & Marrenbach 1998)

Eine weitere parallele Kontrolle steuert den PAUSE-Modus. Die Moduswahl und die Wiederholungssteuerung wird mit einem gedächtnisbehafteten Zustand modelliert, so dass auch im ausgeschalteten Zustand (STANDBY) die aktuelle Einstellung beibehalten wird. Ist das Gerät im PAUSE-Modus, so geht diese Zustandsinformation beim Wechsel in den STANDBY-Modus jedoch verloren.

4.2 Benutzungsoberfläche

Die Benutzungsoberflächen der beiden CD-Spieler unterscheiden sich im wesentlichen hinsichtlich der Menge der zur Verfügung stehenden Tasten zur Steuerung der Funktionalität der Prototypen.

Beim Prototyp 1, dargestellt in Abbildung 5 (links), sind die Schaltflächen mit den Anfangsbuchstaben der Aktionen STOP, ENTER, MODE und REPEAT beschriftet. Die gängigen Symbole für Abspielen, Vor- und Zurückspulen werden ebenfalls direkt auf die Schaltflächen geschrieben. Das Display besteht aus Anzeigen für die Modi sowie einem Feld, welches beliebige Texte darstellen kann, z.B. die Spielzeit oder die Titelanzeige. Im Gegensatz zum ersten Prototypen stellt der erweiterte Prototyp (Abbildung 5, rechts) dem Anwender ein numerisches Tastenfeld zur Verfügung über das Eingaben, z.B. zur Programmierung von Titeln, gemacht werden können. Darüber hinaus sind die Schaltflächen mit den Funktionen beschriftet. Ein Display steht ebenfalls zur Verfügung, um Spielzeit und Titelnummer anzuzeigen.

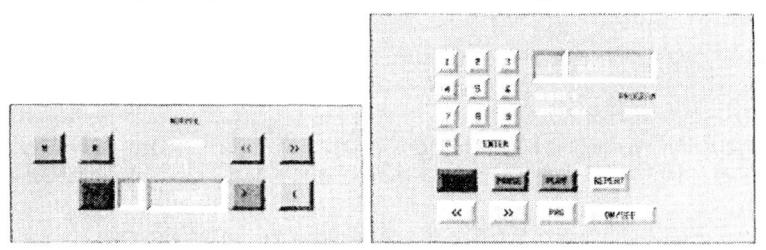

Abb. 5: Benutzungsoberfläche eines einfachen CD-Spielers (links: Prototyp 1) und eines erweiterten CD-Spielers (rechts: Prototyp 2)

4.3 Benutzermodell

Die Prototypen bieten eine Reihe von Möglichkeiten, um die Bedienung zu simulieren. Beispielhaft werden die Benutzermodelle für das Szenario „Programmierung von Titeln" erzeugt. Die Aufgabe besteht jeweils darin, die Titelfolge 1, 6 und 10 zu programmieren und anschließend das Programm abzuspielen. Für den Prototyp 1 ergibt sich das in der folgenden Abbildung (Abbildung 6) aufgezeigte linke Benutzermodell während für den erweiterten Prototypen das rechte Modell in Abbildung 6 dargestellt ist. Abbildung 7 zeigt die nebeneinandergestellte Benutzermodell-Analyse der jeweiligen Prototypen.

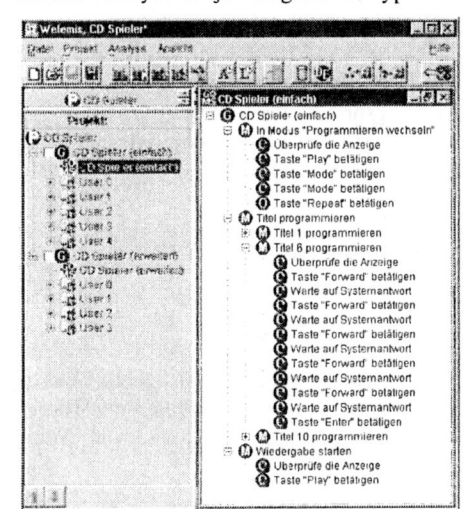

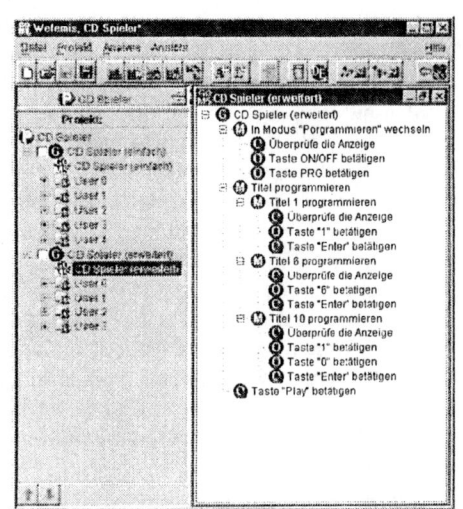

Abb. 6: Benutzermodelle des einfachen (links) und des erweiterten (rechts) CD-Spielers

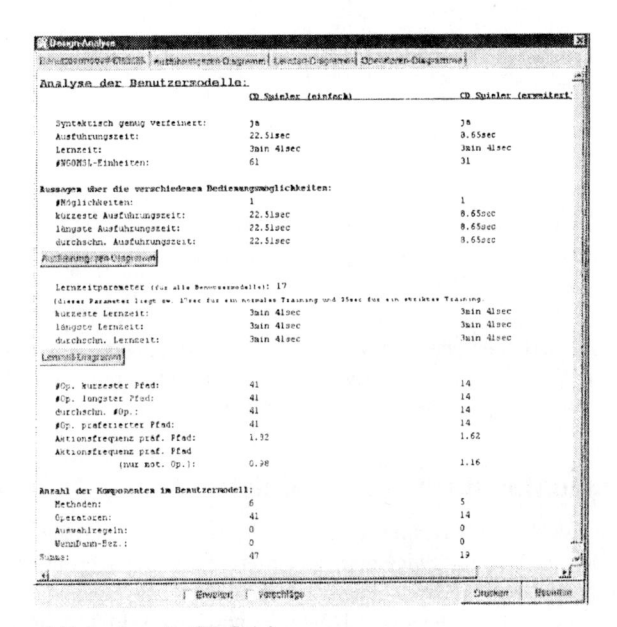

Abb. 7: Benutzermodell-Analyse der CD-Spieler

Basierend auf dem GOMS-Modell kann für das Szenario für den Prototypen 1 eine mittlere Bearbeitungszeit von 22,51 Sekunden berechnet werden. Für Prototyp 2 ergibt sich eine Ausführungszeit von 8,65 Sekunden. Diese Ergebnisse werden im Rahmen einer Versuchsreihe überprüft. Weiterhin ergibt die Analyse, dass die Anzahl der notwendigen Operatoren für den Prototypen 2 mit 14 mehr als 60 % niedriger als für Prototyp 1 (41) liegt.

4.4 Experimentelle Überprüfung der Benutzermodelle

Inwieweit die Benutzermodelle und die entwickelten Benutzungsoberflächen erwartungskonform sind, kann erst nach Durchführung einiger Experimente beurteilt werden. Im Rahmen einer empirischen Untersuchung standen insgesamt 6 Probanden pro Prototyp zur Verfügung. Jeder Proband führte das Szenario 25 mal durch (Maaßen 1998). Die analytisch gewonnenen Daten werden mit den Ergebnissen, die sich aus den Handlungsprotokollen ermitteln lassen, verglichen. Das Werkzeug ermöglicht hierfür zum einen die automatische Auswertung der Handlungsprotokolle und zum anderen die grafische Darstellung der Ergebnisse (Hamacher 2000). Beispielhaft wird die Analyse anhand der Bearbeitungszeiten vorgestellt.

Die folgende Grafik (Abbildung 8) zeigt die ermittelten Werte der Ausführungszeiten im Vergleich zur analytisch berechneten Ausführungszeit, die als durchgezogene Linie in dem Diagramm visualisiert ist. Der grau hinterlegte Balken markiert einen Toleranzbereich von +/-20%. Es ist deutlich erkennbar, dass die vorhergesagten Ausführungszeiten mit den experimentell ermittelten Werten gut übereinstimmen. Zusätzlich zeigt diese Analyse, dass der erweiterte CD-Spieler (Prototyp 2) einfacher und schneller zu bedienen ist, als der vergleichbare Prototyp 1. Die Bewertung der Komplexität bestätigt diese Aussage, da für die Bearbeitung der Aufgabe mit dem Prototypen 1 mehr Benutzeraktionen erforderlich sind als mit Prototyp 2 (vgl. Abbildung 6 und Abbildung 7).

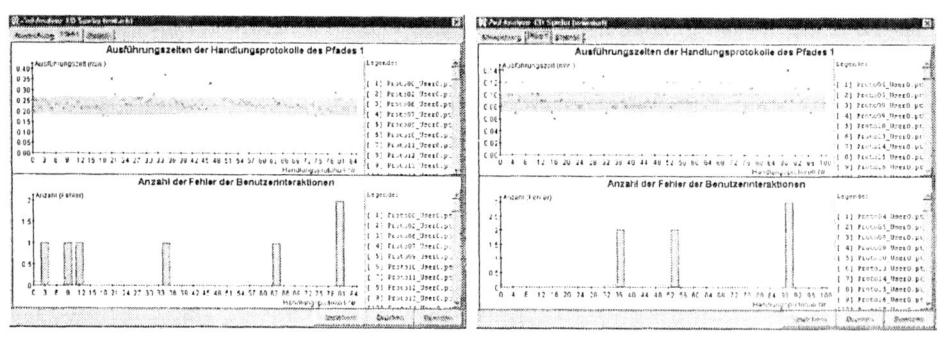

Abb. 7: Vergleich der Ausführungszeiten der jeweiligen Prototypen (analytisch vs. experimentell)

Dieses einfache Beispiel zeigt, dass die Modellierung des Benutzerverhaltens basierend auf der NGOMSL-Theorie geeignet ist, interaktive Systeme frühzeitig in der Entwicklungsphase mit der Entwicklungsumgebung formal bewerten zu können.

5 Zusammenfassung und Ausblick

In dieser Arbeit wurde die Entwicklungsumgebung Wefemis vorgestellt, die sich aus vorhandenen Werkzeugen (Statemate) und entwickelten Erweiterungen (Benutzermodell-Editor, Analysewerkzeug) zusammensetzt. Die Umgebung bietet nach der Aufgabenanalyse und der Spezifikation der Funktionalität eine durchgängige Unterstützung bei der Erstellung der Dialogkontrolle und einer grafischen Benutzungsoberfläche entsprechend dem Seeheim-Modell sowie eines normativen Benutzermodells basierend auf einem GOMS-Modell. Gleichzeitig ermöglicht die Entwicklungsumgebung die formale Evaluierung der Gebrauchstauglichkeit des spezifizierten Systems bzgl. Ausführungszeit und Fehlerraten.

Die Dialogkontrolle wird durch Statecharts in einem grafischen Editor spezifiziert. Die Erstellung und Bearbeitung des Benutzermodells geschieht mit Hilfe eines Editors, der darüber hinaus charakteristische Größen, wie Ausführungszeit und Komplexität automatisch berechnet.

Bei der Interaktion von Versuchspersonen mit dem Prototypen werden automatisch Handlungsprotokolle erzeugt, aus denen die Zeiten und Aktionen einer Bedienung hervorgehen. Diese Protokolle können mit dem Benutzermodell verglichen werden, um die prognostizierten Ausführungszeiten zu validieren und typische Fehlbedienungen zu entdecken. Die Einsatzmöglichkeiten der Entwicklungsumgebung wurden anhand einer beispielhaften Anwendung (CD-Spieler) vorgestellt.

Zukünftig sind Erweiterungen des Systems geplant. Diese betreffen im Wesentlichen die weitere Automatisierung des Entwicklungs- und Bewertungsprozesses.

6 Literaturverzeichnis

Card, S., Moran, T.; Newell, A. (1983): The psychology of human computer interaction. Lawrence Erlbaum.
Gray, W.D., Boehm-Davis, D., John, B.E., Kieras, D.E. (1999). Cognitive analysis of dynamic performance: Cognitive process analysis and modeling. Department of Psychology at George Mason University
Green, M. (1984): Report on Dialogue Specification Tools. In: Computer Graphics Forum. Vol. 3 1984, pp. 305-313.
Harel, D. (1987): Statecharts: A Visual Formalism for Complex Systems. In: Science of Computer Programming. Amsterdam: North Holland. Vol. 8, pp. 231-274.
ISO 9241 Part 11 (1998): Ergonomic requirements for office work with visual display terminals - Guidance on usability. International Organization for Standardisation, Genf.
ISO 9241-10 (1996): Ergonomic requirements for office work with visual display terminals - Dialogue principles. International Organisation for Standardisation, Genf.
John, B.E., Kieras, D.E. (1997). Using GOMS for user interface design and evaluation: Which technique?. In: ACM Transactions on Computer—Human Interaction. Vol. 3, pp. 287-319.
Kieras, D. (1988): Towards a practical GOMS model technology for user interface design. In: M. Helander (ed.), Handbook of human-computer interaction. Amsterdam: North Holland, pp. 135-157.
Hamacher, N. (2000): Entwicklung und Implementierung eines Werkzeugs zur Bewertung interaktiver Systeme basierend auf normativen Benutzermodellen. Lehrstuhl für Technische Informatik, Diplomarbeit, RWTH Aachen.
Leuker, S.; Marrenbach, J. (1998): Integrating User Models into Device Prototype Design. In: 24th Conference of the IEEE Industrial Electronics Society IECON. Aachen, Germany, pp. 2532-2534.
Maaßen, D. (1998): Untersuchung zur Ermittlung der Gebrauchstauglichkeit von Endgeräten. Lehrstuhl für Technische Informatik, Diplomarbeit, RWTH Aachen.
Marrenbach, J. (2000): Konzept eines Werkzeugs zur formalen und empirischen Evaluierung der Gebrauchstauglichkeit interaktiver Endgeräte. In: Timpe, K.-P.; Willumeit, H.-P.; Kolrep, H. (Hrsg.): Bewertung von Mensch-Maschine-Systemen. Düsseldorf: VDI. S. 283-296.

Adressen der Autoren

Dipl.-Inform. Nico Hamacher / Dipl.-Ing. Jörg Marrenbach
RWTH Aachen
Lehrstuhl für Technische Informatik
Ahornstr. 55
52074 Aachen
hamacher@techinfo.rwth-aachen.de
marrenbach@techinfo.rwth-aachen.de

Welche Unterstützung wünschen Softwareentwickler beim Entwurf von Bedienoberflächen?

Richard Oed, Anja Becker, Elke Wetzenstein
DaimlerChrysler AG, Forschung Softwaretechnologie - FT3/SP, Ulm /
Humboldt-Universität zu Berlin, Institut für Psychologie

Zusammenfassung

Die sich wandelnden Bedingungen bei der Gestaltung von Benutzungsschnittstellen durch die Zunahme softwarebasierter Lösungen führen zu veränderten Anforderungen an die Systementwickler. Dieser Entwicklungstrend erfordert eine verstärkte Unterstützung zum Aufbau und Erhalt ergonomischer Kompetenz und zur Verbesserung der Qualität von benutzerfreundlichen Software-Oberflächen. Im Rahmen des Usability-Engineering wird deshalb gefordert, ergonomische Aspekte durchgängig im gesamten Systementwicklungsprozess zu beachten. Die derzeit verfügbaren Werkzeuge für die Softwareentwicklung beschränken sich jedoch häufig auf die Unterstützung der eigentlichen Programmiertätigkeit. Um ein Unterstützungs- und Informationssystem zu entwickeln, das darüber hinaus weitere Aufgabenbereiche des Entwicklungsprozesses abdeckt, wurden Entwickler nach ihren Wünschen für ein solches System befragt. Die Ergebnisse zeigen, dass der Unterstützungsbedarf bei den Entwicklern insgesamt sehr hoch ist. Dabei wird neben Tools, die direkt der Software-Entwicklung dienen, vor allem der Zugriff auf Informationen und Werkzeuge gewünscht, die die Projektkoordination und -dokumentation betreffen. Außerdem wird konkretes ergonomisches Erfahrungswissen gegenüber allgemeinen Vorgehensmodellen bevorzugt, was bei der Gestaltung des geplanten Systems besondere Berücksichtigung finden sollte.

1 Ausgangssituation

Ohne klare Vorgaben, allein gelassen, nicht ausreichend ausgebildet, ohne richtige Unterstützung durch die Organisation und deshalb oft überfordert fühlen sich viele Entwickler moderner Benutzungsschnittstellen. Woher kommt diese Situation?

In vielen industriellen Anwendungsbereichen geht der Trend weg von Hardware-Bedienfeldern hin zu softwarebasierten Benutzungsschnittstellen. Beispiele sind etwa Systeme aus den Bereichen Unterhaltungselektronik, Haushalt („Die Mikrowelle mit Display"), Business (Kopierer, Telefone, Handys) oder Fahrzeuge (Telematiksysteme). Hier werden vor allem aus Kosten- und Wartungsgründen vermehrt Hardware- durch Software-Bedienschnittstellen ersetzt. Zudem werden in den Software-Oberflächen vorher getrennt vorhandene Hardwarebedienfelder zusammengeführt. Das führt in der Regel zu erhöhter Funktionalität und Komplexität der Bedienung am Bildschirm. Die Notwendigkeit einer benutzerfreundlichen Gestaltung unter Berücksichtigung von Grundsätzen der Dialog-Gestaltung wächst damit deutlich.

Der schnelle Technikwandel, die rasche und vermehrte Entwicklung neuer, innovativer Bedientechnologien, Anforderungen des Gesetzgebers[1], neue Standards und Normen, Anforderungen der Benutzer und Auftraggeber verschärfen die Situation. Sie führen in vielen Fällen zu einer Überforderung der Entwickler und ganzer Entwicklungsorganisationen. Diese sind auf die Entwicklung ergonomischer Systeme noch unzureichend vorbereitet (vgl. z.B. Schoeffel 1997). Es gibt teilweise deutliche Know-how-Defizite bei der MMI-Entwicklung generell und bei der

---

1 Die Bildschirmarbeitsverordnung vom 20.12.1996 und die EU-Bildschirmrichtlinie über die Mindestvorschriften bezüglich der Sicherheit und des Gesundheitsschutzes bei der Arbeit an Bildschirmgeräten vom 29.5.1990.

Kenntnis von Grundlagen der Gestaltung im Detail. Dies trifft insbesondere für Bereiche zu, die bisher eher Hardwarekomponenten entwickelt haben, bei denen aber Software-Oberflächen mehr und mehr konventionelle Hardware-Panels ersetzen. Handlungsbedarf besteht unter anderem

- beim Aufbau, dem Erhalt und dem Transfer ergonomischer Kompetenz,
- bei der effizienten Zusammenarbeit von Auftraggeber, Auftragnehmer, Entwickler und Nutzer sowie
- bei der effizienten Zusammenarbeit mehrerer Organisationseinheiten / Unternehmen in Form eines Entwicklungsverbundes (Konsortium, Joint Venture).

Für konkrete innerbetriebliche Schulungsmaßnahmen im Bereich Usability Engineering wird oftmals nur wenig Geld investiert. Auch die individuelle Weiterbildung der Entwickler durch Eigeninitiative (Literaturstudium, etc.) wird durch den starken Kosten- und Zeitdruck heutiger Projekte sehr eingeschränkt.

2 Methoden zur Entwicklung von Benutzungsschnittstellen

Die Grundprinzipien und Methoden guter Software- und Systemgestaltung sind in der wissenschaftlichen Welt bekannt und in zahlreichen Büchern sehr gut aufbereitet (Card, Moran & Newell 1983, Smith & Mosier 1986, Browne 1988, Mayhew 1992, Preece 1994, Shneiderman 1998 etc.). Allerdings reicht die bloße theoretische Kenntnis in der industriellen Praxis nicht aus. Was fehlt, ist der direkte Bezug zu den Randbedingungen im konkreten Arbeits-, Projekt- und Systemkontext aus Sicht des Entwicklers. Es gibt zahlreiche wissenschaftliche Veröffentlichungen zum Thema „Methoden und Vorgehensweisen zur Entwicklung von Benutzungsoberflächen". Die Gesamtthematik wird vornehmlich unter den Stichworten „Usability Engineering" (Nielsen 1997) und „User/Usage Centered Design" (Constantine 1999) zusammengefasst. Diese Methoden zielen auf eine ganzheitliche und durchgängige Betrachtung ergonomischer Aspekte während der Systementwicklung ab, so dass während der Gesamtlaufzeit eines Projekts das Thema „Usability"[2] ausreichend berücksichtigt wird. Es sollen sowohl Auftraggeber und Auftragnehmer als auch die späteren Benutzer der Systeme frühzeitig und kontinuierlich am Gesamtprozess beteiligt werden. Ziele sind die Verbesserung der User-Interface-Entwicklung im Rahmen von Systementwicklungsprojekten sowie letztendlich die deutliche Steigerung der Qualität von Oberflächen bezüglich Benutzerfreundlichkeit und Aufgabenangemessenheit.

Generell wird *Usability Engineering* als eine Grundmenge an Aktivitäten angesehen, die idealerweise im Laufe eines Produktlebenszyklus angewandt werden (Nielsen 1997). Der Schwerpunkt von Usability-Aktivitäten liegt dabei in frühen Phasen vor dem eigentlichen Systementwurf. Wesentliche Aktivitäten sind Benutzer-, Funktions- und Aufgabenanalyse, Analyse von existierenden Altsystemen, Definition von Usability-Zielen, Generieren paralleler Gestaltungsvarianten, Benutzerbeteiligung, Anwendung vorhandener Gestaltungsregeln, Prototyping, empirische Usability-Tests und Evaluationen, iteratives Design des Endprodukts sowie Abfrage von Benutzerfeedbacks in Feldversuchen.

Usability Engineering wird sinnvollerweise im Kontext eines typischen System-Entwicklungsprozesses angewendet. Oben genannte Aktivitäten des UE werden den verschiedenen Systementwicklungsphasen als so genannte „User Interface Design Tasks" zugeordnet (Mayhew 1992). Auf einer etwas abstrakteren Ebene wird hier zwischen den Entwicklungsphasen „Projektvorbereitung", „Anforderungsanalyse", „Entwurf", „Entwicklung" und „Installation/Inbetriebnahme" unterschieden. Dieses grundlegende Vorgehensmodell wurde 1996 von der DaimlerChrysler-Forschung aufgegriffen, um es im eigenen industriellen Umfeld praktisch anzuwenden und zu erweitern. Daraus entstand 1999 ein erweitertes Prozessmodell für Usability Engi-

---

2 Brauchbarkeit, Einsetzbarkeit, Verwendbarkeit

neering. Die einzelnen Systementwicklungsphasen werden durch spezielle Ergonomiebetrachtungen, so genannte „Prozessschritte" oder „Usability Tasks", angereichert. Das derzeitige Referenzmodell ist in Abbildung 1 dargestellt.

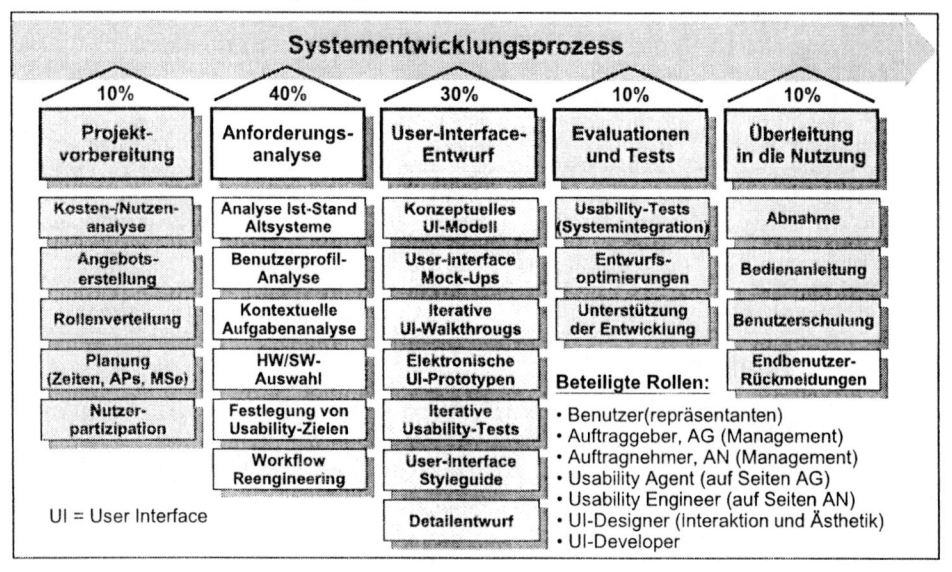

Systementwicklungsprozess				
10%	40%	30%	10%	10%
Projekt-vorbereitung	Anforderungs-analyse	User-Interface-Entwurf	Evaluationen und Tests	Überleitung in die Nutzung
Kosten-/Nutzen-analyse	Analyse Ist-Stand Altsysteme	Konzeptuelles UI-Modell	Usability-Tests (Systemintegration)	Abnahme
Angebots-erstellung	Benutzerprofil-Analyse	User-Interface Mock-Ups	Entwurfs-optimierungen	Bedienanleitung
Rollenverteilung	Kontextuelle Aufgabenanalyse	Iterative UI-Walkthroughs	Unterstützung der Entwicklung	Benutzerschulung
Planung (Zeiten, APs, MSe)	HW/SW-Auswahl	Elektronische UI-Prototypen	Beteiligte Rollen:	Endbenutzer-Rückmeldungen
Nutzer-partizipation	Festlegung von Usability-Zielen	Iterative Usability-Tests	• Benutzer(repräsentanten) • Auftraggeber, AG (Management)	
UI = User Interface	Workflow Reengineering	User-Interface Styleguide	• Auftragnehmer, AN (Management) • Usability Agent (auf Seiten AG) • Usability Engineer (auf Seiten AN) • UI-Designer (Interaktion und Ästhetik) • UI-Developer	
		Detailentwurf		

Abb. 1: Ein Referenzmodell für Usability Engineering

3 Unterstützungswerkzeuge

Auf dem Markt sind heute über 130 Werkzeuge[3] (Programmierbibliotheken, User Interface Management Systems, User Interface Builder, Icon Builder, Application Frameworks, Toolkits) bekannt (Myers, 1997), die alle den Zweck verfolgen, den Programmierer bei der Gestaltung und Programmierung der Bedienschnittstelle zu unterstützen bzw. in einigen Fällen ihm die Programmierarbeit ganz abzunehmen.

Aber die Gestaltung der Bedienschnittstelle beschränkt sich nicht, wie oft fälschlicherweise angenommen, auf das reine Programmieren, sondern ist in den komplexen Prozess des Usability Engineering eingebunden. Praktisch keines dieser 130 Werkzeuge vermittelt das nötige Wissen und unterstützt Entwickler und Programmierer in allen wichtigen Phasen dieses Usability Engineering Prozesses. In der Literatur wird die Notwendigkeit von Tools beschrieben, die in Anlehnung an CASE-Tools mit dem Begriff CAUSE-Tools (Computer Aided Usability Engineering) eingeführt wurden. Nielsen (1997) kommt in seinem Buch "Usability Engineering" zu dem Schluss: „There are multiple tasks in the usability engineering lifecycle that could be performed more efficiently with computerized tools, there are almost no such tools commercially available...".

Neben solchen mehr allgemeinen Betrachtungen von Vorgehensweisen gibt es auch eine Reihe von konkreteren Vorgehensmodellen. Ein Beispiel ist *TASK* (Beck & Janssen 1993: Technik der aufgaben- und benutzerangemessenen Software-Konstruktion). Hier wird der Forderung

---

3 Zusammenfassende Darstellung auf der Webseite der CMU Carnegie Mellon University, Pittsburgh, http://www.cs.cmu.edu/afs/cs.cmu.edu/user/bam/www/toolnames.html

nach stärkerer Aufgabenorientierung und angemessener Beteiligung der Benutzer Rechnung getragen. Ferner werden soziale, organisatorische und technische Anforderungen berücksichtigt.

Ein elektronisches Unterstützungs- und Informationssystem sollte also neben der eigentlichen Aufgabe des Softwareentwurfs ebenso all jene Bereiche abdecken, die damit mittelbar oder unmittelbar verbunden sind. In der Software-Entwicklung kommt solchen so genannten Sekundäraufgaben (Ulich 1998) eine besondere Bedeutung zu. Durch ein hohes Maß an Aufgabenunsicherheit und Aufgabeninterdependenz besteht gerade hier ein größerer Aufwand an Planung, Koordination und projektinterner Kommunikation (Brodbeck 1996). Die im Rahmen des Usability Engineering verstärkte Benutzerbeteiligung kann zudem die Bewältigung zusätzlicher Sekundäraufgaben erforderlich machen und den Entwicklungsprozess erschweren und verzögern (Selig 1986). Diesen Schwierigkeiten kann durch eine Förderung von Kooperation und Kommunikation über die Bereitstellung von adäquaten Unterstützungswerkzeugen entgegengewirkt werden.

4 Fragestellung

Zur Gestaltung eines Unterstützungs- und Informationssystems, das eine effektive Begleitung des Entwicklungsprozesses gewährleisten soll, ist eine genaue Kenntnis der Anforderungen zukünftiger Benutzer notwendig. Wandke u. a. (1999) konnten in einer 1998 durchgeführten Untersuchung zeigen, dass das Wissensmanagement einen hohen Stellenwert bei der Softwareentwicklung einnimmt. Anliegen der von uns durchgeführten Untersuchung ist einerseits die Bewertung konkreter Bestandteile eines möglichen Unterstützungssystems und deren Einordnung in die Phasen der Systementwicklung. Zum anderen interessierte uns die Differenzierung der Unterstützungswünsche in unterschiedlich strukturierten Entwicklerteams mit variierenden Aufgabenverteilungen. Dieser Aspekt wird jedoch im folgenden Beitrag nicht differenziert dargestellt. Folgende Fragen wollen wir mit unserem Beitrag beantworten:
- Welche Probleme treten während des Entwicklungsprozesses besonders häufig auf?
- Welche Elemente sollte ein elektronisches Unterstützungs- und Informationssystem enthalten? Welche Unterstützungswerkzeuge würden in einem solchen System besonders favorisiert werden?
- Welche Rolle spielen die verschiedenen Unterstützungsbereiche in den einzelnen Phasen des Systementwicklungsprozesses?

5 Methodik und Durchführung

5.1 Stichprobe

In die Untersuchung wurden 16 Personen aus Entwicklerteams vier verschiedener Unternehmen einbezogen, von denen acht als Softwareentwickler, vier als Projektleiter und drei weitere in den Bereichen Konzeption, Produktdesign, Hardwarebetreuung und Usability Testing tätig sind. Die Teams waren durch räumliche Nähe gekennzeichnet und wiesen unterschiedliche Funktions- und Aufgabenteilungen auf. Die Teilnehmer waren zwischen 25 und 40 Jahre alt und verfügten im Mittel über eine gut siebenjährige Berufserfahrung in der Systementwicklung.

5.2 Befragungsinstrumente und Durchführung

Die Befragungen wurden als Einzelinterviews durchgeführt. Zu Beginn füllten die Teilnehmer einen kurzen Fragebogen aus, der Fragen zu biographischen Daten, zur Funktion und zu den typischen Arbeitsaufgaben enthielt. Anschließend wurde ein halbstrukturiertes Interview durchgeführt, dem eine szenariobasierte Befragungstechnik zugrunde lag. Die Entwickler sollten sich dazu an ein für sie typisches Projekt erinnern und den Ablauf des Entwicklungsprozesses differenziert schildern. Dabei waren die einzelnen Arbeitsaufgaben und die damit verbundenen Kooperationen zu beschreiben und auftretende Probleme zu benennen. Außerdem sollten die Befragten angeben, woher sie sich notwendige Informationen und Werkzeuge besorgt haben und welche weitere Unterstützung sie sich zur Erleichterung der Aufgabenbewältigung gewünscht hätten.

Den zweiten Teil der Befragung bildete die skalierte Bewertung möglicher Bestandteile eines elektronischen Unterstützungs- und Informationssystems hinsichtlich ihrer Bedeutung im Entwicklungsprozess. Dazu wurde den Teilnehmern eine computerbasierte Liste mit 54 nach Unterstützungsbereichen sortierten Informationen und Werkzeugen vorgelegt (Tabelle 1).

Tab. 1: Klassifikation des Fragebogens nach Unterstützungsbereichen

Unterstützungsbereich	Beispiele aus der Bewertungsliste
Projektmanagement	ToDo-Listen, gemeinsamer Terminkalender, Meilensteinplanung
Projektinformation	Projektdokumentation, Dokumentation zu Usability-Tests
Mitarbeiterinformation	Kollegensteckbriefe, Aufgabenübersicht
Kommunikation	Chat, Diskussionsforum, Newsletter, Netmeeting
Ergonomiewissen	Ergonomie-Handbuch, Gestaltungsregeln, Vorgehensmodelle
Erfahrungswissen	Erfahrungsberichte, Projektdatenbanken, Standard-Dialoge
Allgemeine Informationen	Produktbeschreibungen, nützliche URLs
Methoden und Tools	Entwicklungsumgebungen, Evaluationstools, Checklisten

Einerseits sollten die Befragten einschätzen, für wie wichtig sie diese Unterstützungselemente halten, andererseits ihre Bedeutung für die einzelnen Phasen des Entwicklungsprozesses beurteilen, wobei zur Phaseneinteilung das in Abschnitt 2 dargestellte Referenzmodell des Systementwicklungsprozesses herangezogen wurde (vgl. Abbildung 1). Die Liste konnte außerdem um nicht genannte Elemente ergänzt werden. Um den Teilnehmern die Möglichkeit zu geben, ihre Prioritäten beim Unterstützungsbedarf noch einmal hervorzuheben, wurden sie zum Abschluss gebeten, ihre drei wichtigsten Unterstützungswünsche schriftlich zu formulieren.

Die Befragungen dauerten durchschnittlich zwei Stunden und wurden von einem Interviewer durchgeführt. Die Aussagen aus dem halbstrukturierten Interview wurden von einer zweiten Person in einem vorstrukturierten Protokollbogen festgehalten.

6 Ergebnisse

6.1 Probleme im Entwicklungsprozess

Die meisten Probleme, die von den Entwicklern in den Interviews benannt werden, betreffen organisatorische Unzulänglichkeiten im Entwicklungsprozess. Von den 16 Befragten geben 13 Probleme an, die das Projektmanagement betreffen. Häufig wurden fehlende Vorgaben hinsichtlich der Anforderungen des zu entwickelnden Systems bemängelt. Die unklaren Anforderungen führten oft zu Verzögerungen, da nachträglich Funktionalitäten eingearbeitet bzw. neue Entwürfe erarbeitet werden mussten. In diesem Zusammenhang kritisieren auch immerhin noch die Hälfte der Teilnehmer eine mangelnde oder zähe Kommunikation, ungenügende Absprachen zwischen dem Management und den Entwicklern sowie Kooperationsprobleme mit abhängigen Teilprojekten und Unterbeauftragungen. Des weiteren wünschen sich etwa 2/3 der Befragten eine sorgfältigere Dokumentation während des Entwicklungsprozesses und einen leichteren Zugriff auf diesbezügliche Ressourcen. Dies betrifft sowohl Informationen über die aktuelle Projektplanung und -koordination sowie die Dokumentation der einzelnen Phasen des Entwicklungsprozesses als auch Erfahrungen aus vorangegangenen Projekten.

6.2 Unterstützungswünsche

Insgesamt sind die im zweiten Teil der Befragung vorgelegten Unterstützungsmöglichkeiten von den Teilnehmern der Untersuchung als durchweg positiv eingeschätzt worden. Fast 90 % der möglichen Bestandteile eines elektronischen Unterstützungs- und Informationssystems wurden als eher wichtig oder sehr wichtig beurteilt. Beim Vergleich der a priori festgelegten Unterstützungsbereiche, denen die möglichen Informationen und Werkzeuge zugeordnet wurden, zeigt sich jedoch ein signifikanter Effekt auf die Bewertung der Wichtigkeit für den Entwicklungsprozess [$F(7,9) = 6.91$, $p < 0.01$]. Am wichtigsten sind den Befragten dabei unterstützende Werkzeuge und Informationen in den Bereichen Projektmanagement und Projektinformation (Abbildung 2).

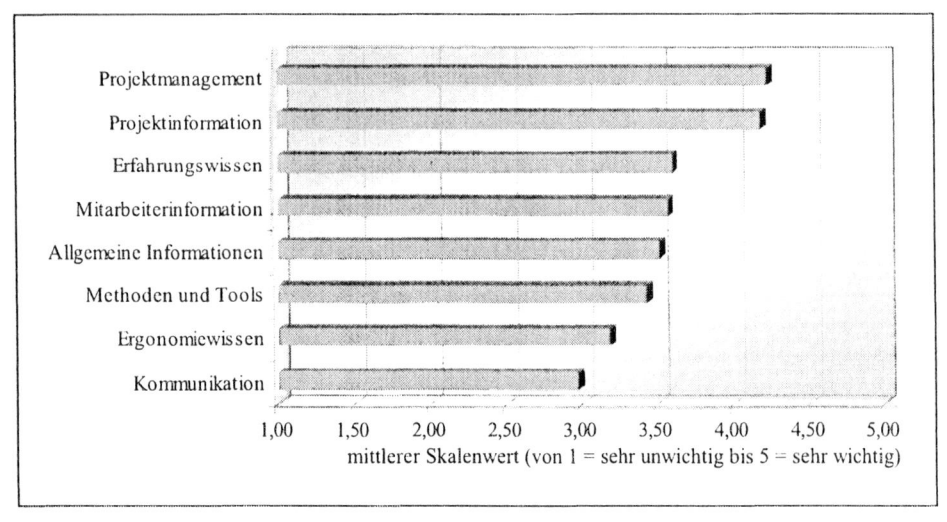

Abb. 2: Bewertung der Unterstützungselemente nach Unterstützungsbereichen

So finden sich unter den am stärksten favorisierten Elementen eines elektronischen Unterstützungs- und Informationssystems neben Programmierwerkzeugen auch Tools zum Zugriff auf Projektdokumentation, speziell der Entwurfsphase und ToDo-Listen. Werkzeuge zur Kommunikation wie Chat, Newsletter, Diskussionsforen und CSCW-Systeme werden hingegen als weniger bedeutsam angesehen (Tabelle 2). In den Interviews wurde allerdings deutlich, dass durch die enge räumliche Zusammenarbeit der Projektmitarbeiter das Gros des fachlichen Austausches informell über direkte Kontakte erfolgt und daher hier eine elektronische Unterstützung von geringerer Priorität ist. Die Möglichkeit des E-Mail-Versendens, die wegen ihrer hohen Selbstverständlichkeit sehr weit oben rangiert, stellt hierbei eine Ausnahme dar. Informationen hingegen, die direkt die projektinterne Organisation und Kooperation betreffen, werden in stärker formalisierter und aufbereiteter Weise gewünscht.

Ein Einfluss der Zugehörigkeit zu einer der vier Projektgruppen lässt sich bei der Bewertung der einzelnen Unterstützungsbereiche nicht zeigen [$F(3,12) = 0.65$, n. s.].

Tab. 2: Rangreihe der 5 wichtigsten und 5 unwichtigsten Elemente [1 = sehr unwichtig bis 5 = sehr wichtig]

Rang	Werkzeug	Wichtigkeit
1.	Projektdokumentation	4.94
2.	Entwicklungsumgebungen	4.79
3.	E-Mail	4.75
4.	Dokumentation zum User-Interface-Entwurf	4.73
5.	ToDo-Listen	4.63
⋮	⋮	⋮
50.	Schulungseinheiten, Lernprogramme, CBT	3.25
51.	Infoboard (elektronische Pinnwand), Newsletter	3.00
52.	Diskussionsforum	2.80
53.	CSCW (z. B. Application Sharing, Netmeeting)	2.77
54.	Chat	2.07

Der Wunsch nach klaren Vorgaben und einer gut gepflegten Dokumentation spiegelt sich auch in den Listen, in denen die Untersuchungsteilnehmer ihre drei wichtigsten Wünsche angeben sollten, wider. Die überwiegende Mehrheit (12 von 16) nennen unter den drei dringlichsten Unterstützungswünschen eine bessere Projektkoordination bzw. mehr Informationen und bessere Tools zu Projektmanagement und -dokumentation. Außerdem äußern gut die Hälfte der Befragten Wünsche, die sich auf den Zugriff von Erfahrungswissen bzw. die eigene Weiterbildung beziehen.

Aus den Interviews ging auch hervor, dass der Wissensabruf *on demand* gegenüber organisierten Schulungseinheiten bevorzugt wird, was den niedrigen Rangplatz dieser Angebote erklären könnte. Betrachtet man nur die Elemente, die sich in die Bereiche Erfahrungs- und Ergonomiewissen einordnen lassen, zeigt sich außerdem, dass konkrete und direkte Informationen und Erfahrungen, die einen schnellen Transfer auf aktuelle Probleme ermöglichen, am stärksten favorisiert werden (Tabelle 3).

Tab. 3: Rangplätze der Elemente zu Ergonomie-, Erfahrungswissen [1 = sehr unwichtig bis 5 = sehr wichtig]

Rang	Werkzeug	Wichtigkeit
6.	User-Interface-Styleguides	4,54
9.	Erfahrungs- und Ergebnisberichte	4,50
10.	Prototypen	4,47
12.	Problemlisten	4,38
18.	Mock-Ups erfolgreicher Oberflächen	4,21
19.	Fehlerdatenbank	4,21
23.	Handbuch der Ergonomie	4,15
24.	Standard-Dialoge und -Module	4,15
25.	Normen und Standards	4,14
26.	Wissensdatenbank	4,13
29.	Gestaltungsregeln	4,08
30.	Gut-Schlecht-Beispiele	4,08
33.	Projektdatenbanken	4,00
40.	Expertennetzwerk	3,77
41.	Vorgehensmodelle	3,77
47.	Case-based Reasoning	3,55
49.	Schulungseinheiten, Lernprogramme, CBT	3,25

6.3 Unterstützungsbedarf und die Phasen des Entwicklungsprozesses

Zur Analyse des Phasenverlaufs der Unterstützungswünsche wurden die in Tabelle 1 im Abschnitt 5.2 dargestellten Bereiche stärker aggregiert. Die Bereiche Projektmanagement, Projektinformation und Mitarbeiterinformation bilden nun den Bereich „Projektmanagement und -dokumentation", die Bereiche Erfahrungs-, Ergonomiewissen und Allgemeine Informationen wurden zum Bereich „Wissen" zusammengefasst.

Beim Vergleich der einzelnen Phasen des Entwicklungsprozesses hinsichtlich der verschiedenen Unterstützungsbereiche zeigt sich sowohl ein signifikanter Haupteffekt der Phasen [$F(4,46) = 20.27$, $p < 0.01$] als auch eine bedeutsame Wechselwirkung zwischen den Phasen und den Unterstützungsbereichen [$F(12,144) = 2.79$, $p < 0.01$]. Die Unterstützungswünsche der Befragten unterscheiden sich also sowohl in Bezug auf die Phasen des Entwicklungsprozesses als auch hinsichtlich der Unterstützungsbereiche in Abhängigkeit von der aktuellen Phase (Abbildung 3).

Den größten Unterstützungsbedarf haben die Entwickler naturgemäß in der eigentlichen Entwurfsphase. In dieser Phase wird der Zugriff auf Werkzeuge und Informationen, die Ergonomie- und Erfahrungswissen betreffen, als besonders wichtig eingeschätzt. Für die Phase der Projektplanung spielen hingegen neben den über alle Phasen hinweg favorisierten Projektmanagement und -dokumentationstools auch Kommunikationswerkzeuge eine hervorragende Rolle.

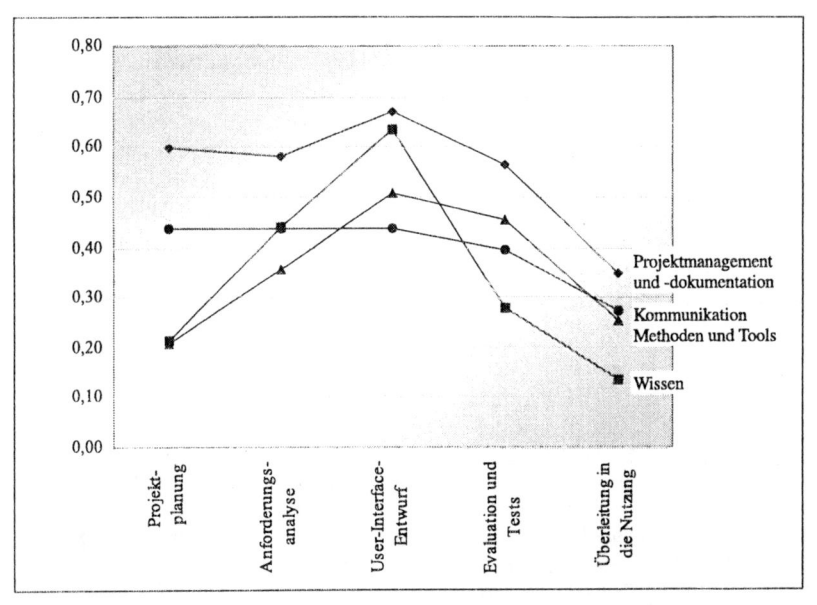

Abb. 3: Bedeutsamkeit der Unterstützungsbereiche in den Phasen des Entwicklungsprozesses

Die bisher noch geringe oder fehlende Einbeziehung der Nutzer gerade in den ersten bei-den Phasen des Entwicklungsprozesses und die mangelnde Verwendung vorhandenen Usability-Wissens aus zeitlichen, organisatorischen oder machtpolitischen Gründen erklärt, warum in diesen Phasen vergleichsweise wenig Unterstützungswerkzeuge der Bereiche „Wissen" und „Methoden und Tools" gewünscht werden. Wenn solche „Usability Tasks" nicht realisiert werden, ist es kaum verwunderlich, dass hier ein geringerer Bedarf an ent-sprechenden Werkzeugen besteht. Die Ausweitung von Usability-Aktivitäten unter Einbeziehung der Entwickler auch auf diese Entwicklungsphasen könnte jedoch zu einer zu-nehmenden Bedeutung solcher Unterstützungstools führen.

7 Schlussfolgerungen für eine Unterstützung und ein verteiltes Wissensmanagement

Die Grundprinzipien des Usability Engineering sind in der wissenschaftlichen Welt ausreichend dokumentiert und Einzelmethoden oft auch durch praktische Erfahrungen untermauert und verfeinert. Die generelle und breite Umsetzung der Gesamtmethodik „Usability Engineering" in der Praxis ist auf Basis der vorliegenden Erkenntnisse möglich. Der Mangel liegt in der ganzheitlichen und durchgängigen Unterstützung von Entwicklungsorganisationen und Software-Entwicklern. Eine Verfügbarmachung der Erkenntnisse in intuitiver und leicht zugänglicher Form in der gewohnten Arbeitsumgebung in Form eines Computer Aided Usability Engineering wird als ein erfolgversprechender Weg betrachtet.

Den Entwicklern, Projektleitern und CASE-Teamleitern müssen wesentliche Entscheidungs- und Gestaltungsgrundlagen für die User-Interface-Entwicklung möglichst direkt in ihrer täglichen Arbeitsumgebung zur Verfügung gestellt werden. Ferner sollten im Laufe der Entwicklung gesammelte (insbesondere domänenspezifische) Erkenntnisse und Erfahrungen für Folgeprojekte verfügbar gemacht werden (Lernen durch Erfahrungen). Gerade diese konkreten Erfahrungen werden von den Entwicklern als Wissensquelle stärker ge-schätzt als allgemeine Modelle und Richtlinien. Allerdings erfordern solche Elemente eine flexiblere Handhabung, da sie nicht und Richtlinien. Allerdings erfordern solche Elemente eine flexiblere Handhabung, da sie nicht nur den Wissensabruf sondern genauso die Wissens-bereitstellung durch die Nutzer selbst unterstützen müssen.

Es sollte nicht nur um die Unterstützung von Entwicklungsprojekten, sondern weiter ge-fasst auch um die Unterstützung der gesamten Organisation über Projektgrenzen hinweg gehen. Wie die Ergebnisse der Untersuchung auch zeigen, besteht neben den Unterstützungswünschen bezüglich der primären Entwicklungsaufgaben ebenso ein hoher Bedarf an Werkzeugen und Informationen, die das Projektmanagement und die Dokumentation betreffen. Diese bereitzustellen, sollte daher ebenfalls eines der vorrangigen Ziele bei der Entwicklung eines elektronischen Unterstützungs- und Informationssystems sein, um die Koordination und Kooperation in den Projekten und damit letztendlich die Qualität der Software-Entwicklung zu verbessern.

8 Literatur

Beck, A.; Janssen, C. (1993): Vorgehen und Methoden für aufgaben- und benutzerangemessene Gestaltung von graphischen Benutzungsschnittstellen. In: Menschengerechte Software als Wettbewerbsfaktor. Ger-man Chapter of the ACM - Berichte 40. Stuttgart: B.G. Teubner

Brodbeck, F. C. (1996): Kommunikation und Leistung in Projektarbeitsgruppen. Eine empirische Untersuchung an Software-Entwicklungsprojekten. Aachen: Shaker Verlag

Browne, C. M. (1988): Human-Computer Interface Design Guidelines. Norwood N.J.: Ablex Publishing

Card, S. K. ; Moran, T. P.; Newell, A. (1983): The Psychology of Human-Computer Interaction. Hillsdale, N.J.:Lawrence Erlbaum

Constantine, L. L.; Lockwood, L. A. D. (1999): Software for Use. A Practical Guide to the Models of Us-age-Centered Design. Reading, Massachusetts: Addison-Wesley

Mayhew, D. J. (1992): Principles and Guidelines in Software User Interface Design. NJ: Prentice Hall

Myers, B. A. (1997): UIMSs, Toolkits, Interface Builders. In: J. Nielsen (Eds.): Handbook of User Interface Design

Nielsen, J. (1997): Usability Engineering. London: Academic Press

Preece, J. (1994): Human-Computer Interaction. Reading, Massachusetts, 1994: Addison-Wesley

Schoeffel, R. (1997): Usability Engineering am Beispiel des Home Electronic System von Siemens und Bosch. In: Software-Ergonomie '97 - Usability Engineering: Integration von Mensch-Computer-Interaktion und Software-Entwicklung, German Chapter of the ACM - Berichte 49. Stuttgart: Teubner

Shneiderman, B. (1998): Designing the User Interface. Strategies for Effective Human-Computer Interaction. Third Edition. Reading, Massachusetts: Addison-Wesley

Selig, J. (1986): EDV-Management. Eine empirische Untersuchung der Entwicklung von Anwendungssystemen in deutschen Unternehmen. Berlin: Springer

Smith, S. L.; Mosier, J. N. (1986): Guidelines for Designing User-Interface Software. Bedford, MA: Mitre

Ulich, E. (1998): Arbeitspsychologie. Stuttgart: Schäffer-Poeschel

Wandke, H.; Dubrowsky, A. & Hüttner, J. (1999): Anforderungsanalyse zur Einführung eines Unterstützungssystems bei Software-Entwicklern. in: Arend, U.; Eberleh, E. & Pitschke, K. (Hrsg.): Software-Ergonomie ' 99. Berichte des German Chapter of ACM Nr. 53. Stuttgart : B. G. Teubner, S. 321-334

Adressen der Autoren

Dipl.-Ing. Richard Oed
DaimlerCrysler AG
Forschung Softwaretechnologie
- FT3/SP
Postfach 2360
89013 Ulm
richard.oed@daimlerchrysler.com

PD Dr. Elke Wetzenstein / Dipl.-Psych. Anja Becker
Humboldt-Universität zu Berlin
Institut für Psychologie
Oranienburger Str. 18
10178 Berlin
wetzenstein@psychologie.hu-berlin.de
anja.becker@psychologie.hu-berlin.de

Zwischen Kreativität und Methodik:
Wo bleibt die Ergonomie für den Konstrukteur?

Hartmut Rosch
DATAFLUG Consulting, Delmenhorst

Zusammenfassung

Jeder Konstrukteur des Maschinenbaus hat gelernt, wie man mit unterschiedlichen Werkzeugen und Werkzeugmaschinen umgehen muss, damit ein bestimmtes Ergebnis erzielt werden kann. Anstatt abstrakter Formulierungen sollte es virtuelle Werkzeuge geben, die ein ähnliches Arbeiten erlauben. Dazu wird aber eine Mensch-Computer-Schnittstelle benötigt, die den Bedürfnissen der Konstrukteure gerecht wird. Um die Komplexität eines Ingenieur-Arbeitsplatzes aufzuzeigen, wird im ersten Kapitel ein Überblick über die Konstruktionsmethodik und im nachfolgenden Abschnitt ein kurzer Abriss über die Methodikbausteine gegeben. Der Werkzeugkasten des Konstrukteurs stellt einige Vorgehensweisen im Zusammenhang mit CAD-Arbeitsplätzen dar. Besonders im Hinblick auf die Bildschirmarbeitsplatzverordnung folgt eine Beschreibung der Defizite im Werkzeuginventar. Eine kritische Würdigung heutiger CAD-Systeme schließt sich an. Die im Text genannten Hinweise können Ansatzpunkte zu einer neuartigen Konstrukteur-Computer-Schnittstelle sein.

Einleitung und Ziel der Arbeit

Jeder Konstrukteur des Maschinenbaus, jeder Techniker hat auf Grund der Ausbildung einige Monate oder Jahre mit der Fertigung von Werkstücken in einer Fabrik oder Werkshalle zugebracht. Dort ist gelehrt worden, wie man mit unterschiedlichen Werkzeugen und Werkzeugmaschinen umzugehen hat, um damit ein bestimmtes Ergebnis zu erzielen. Diesen Kenntnisstand gilt es zu nutzen. Anstatt abstrakter Formulierungen sollte es virtuelle Werkzeuge geben, die ein ähnliches Arbeiten erlauben. Dazu wird aber eine Mensch-Computer-Schnittstelle benötigt, die den Bedürfnissen der Konstrukteure gerecht wird und gleichzeitig dem heutigen Wissensstand und den gültigen Normen entspricht.

Um die Besonderheiten des Arbeitsplatzes und die besondere Ausbildung der Ingenieure im Zusammenhang darzulegen, wird im ersten Teil einen kurzen Überblick über die Lern-inhalte der Konstrukteure gegeben. Danach folgt eine Beschreibung der Methodikbausteine, welche im Studium gelehrt werden.

Heutzutage gehört ein CAD-Arbeitsplatz zur Grundausrüstung eines Konstruktionsbüros. Dieser ist, dem allgemeinen Trend folgend, der Schreibtisch-Metapher der Bürosoftware nachgebildet. Mit Blick auf die DIN ISO Norm 9241-10 „Ergonomische Anforderungen für Bürotätigkeiten mit Bildschirmgeräten" ist die Schreibtisch-Metapher sicher nicht der richtige Ansatzpunkt, um einen CAD-Arbeitsplatz zu beschreiben. Die Aufgaben eines Konstrukteurs sind vielfältiger als die der allgemeinen Schreib- und Verwaltungsarbeit. Neben der Erledigung des für ihn relevanten Schriftverkehrs kommen noch Arbeiten hinzu, die von der Dokumentation der Idee bis zur Erstellung eines Zeichnungssatzes zur Herstellung des realen Produktes reichen. Vor diesem Hintergrund lassen sich die Defizite im Werkzeug- und Methodeninventar aufzeigen.

Ziel dieser Arbeit ist es, die Komplexität eines Konstrukteurarbeitsplatzes darzulegen. Gleichzeitig werden Hinweise gegeben, die die Möglichkeiten der Software-Ergonomie bieten. Anhand einiger Beispiele wird aufgezeigt, wo der ergonomische Gesichtspunkt effizienzsteigernd umgesetzt werden kann.

Kurzer Überblick über die Konstruktionsmethodik

Ein ergonomisches System muss den Arbeitsabläufen des Benutzers gerecht werden. In der Bildschirmarbeitsverordnung (BildscharbV 1996) sind einige Grundsätze vorgegeben, aber die Praxis sieht doch häufig anders aus. Um zu erkennen, welche Erwartungshaltung die Konstrukteure an ein CAD-System haben, werden zuerst einige Grundlagen der Konstruktionslehre erläutert.

Um die Konstruktionsmethodik im Zusammenhang mit einer Konstruktion zu betrachten, sei zunächst die Definition einer Konstruktion vorangestellt. Spur und Krause (Spur, Krause 1984) definieren eine Konstruktion so: „Unter einer Konstruktion wird sowohl die Zusammensetzung einzelner Teile zu einem Ganzen, als auch die Gestaltung der einzelnen Teile verstanden." Nach dieser Definition ist Konstruieren nicht nur Zusammensetzen, Formen und Gestalten, sondern auch Entwerfen, Bilden und Erfinden. Als Nebenbedingung gilt, eine Konstruktion ist nach den vorgegebenen Regeln der Technik ein zusammengefügtes Funktionssystem. Zusätzlich müssen beispielsweise noch Festigkeitsnachweise erbracht werden, die mit der üblichen Bürosoftware zu erstellen sind.

Konstruieren gilt als zielorientierter, darstellender Prozess, der die Gestaltung von Teilfunktionen und deren Zusammensetzung zu einer Gesamtfunktion zusammenfasst. Auch Pahl und Beitz (Pahl, Beitz 1993) definieren Konstruieren als methodischen Ablauf einzelner Arbeitsabschnitte, denen einzelne Arbeitsergebnisse zugeordnet werden können. In dem o.a. Lehrbuch werden alle Ebenen des Konstruktionsprozesses ausführlich methodisch besprochen und beispielhaft belegt. Aus der fachlichen Orientierung resultiert die besondere Konzentration auf die Gestaltungsebene, für die ein System von Prinzipien, Richtlinien und Regeln weniger in Form methodischer Schrittfolgen vorgeschrieben, sondern mehr durch Lehrbeispiele demonstriert wird.

Pahl interessierte sich speziell für die Entwicklung von Baureihen und Baukästen sowie der Kostenanalyse mit dem Ziel der frühzeitigen Erkennung. Beitz hat die methodisch fundierte Entwicklung von Normen und ihre modulare Strukturierung vorangetrieben.

Ehrlenspiel (Ehrlenspiel 1985) untersuchte andere Aspekte der Konstruktionslehre. Er ging dem Problem nach, wie kostengünstiger zu konstruieren sei. Unter seiner Leitung sind verstärkt CAD-Systeme betrachtet und Expertensysteme entwickelt worden. Er verfolgte das Ziel, eine Kostenfrüherkennung beim Konstruktionsprozess zu ermöglichen. Dabei stellte er fest, dass in der Praxis anders konstruiert als im Studium gelehrt wird. Aufbauend auf diesem Wissensstand befasste sich Rutz erstmals in seiner Dissertation (Rutz 1985) über das „Konstruieren als gedanklicher Prozess" und stellte fest, dass mentale Modelle wichtig beim Konstruieren sind.

Der Begriff „mentale Modelle" spielt im Verlauf der Zeit eine große Rolle. Versucht man doch über diesen Begriff Denkabläufe des Konstrukteurs zu erkennen, quasi implizit eine für den Konstrukteur angepasste Ergonomie zu entwickeln.

Zusammenfassend ist festzustellen, dass in der Konstruktionsmethodik die Suche nach rationalen Prozessen vorherrschend war. Allen gemeinsam ist die überwiegende Fokussierung auf die dem Konstruktionsprozess folgenden Fertigungsverfahren. Es sind vereinzelte Arbeiten bekannt, in der der Konstrukteur als Handelnder eine große Rolle spielt, hauptsächlich aber in der Anwendung von Prozessen geschult wird. Die notwendigen Erfahrungen werden dabei den Konstruktionsvorschriften und Konstruktionskatalogen entnommen. Deutlich erkennbar wird es in der VDI-Richtlinie 2221 „Methodik zum Entwickeln und Konstruieren technischer Systeme und Produkte" (VDI-Richtlinie 2221 (1993)) beschrieben.

Die Methodikbausteine der Konstrukteure

Schon früh wurde die Möglichkeit durchgängiger Unterstützung der Denkprozesse durch Computer, der Informationsbereitstellung und der Dokumentation geprüft und dabei für viele Denkebenen methodisch fundierte Programme bzw. Programmpakete entwickelt. Diesem Aspekt haben sich in Berlin speziell Spur und Krause (Spur, Krause 1984) gewidmet. Aus diesen Arbeiten entstand das CAD-System COMPAC (Spur, Germer 1987), mit dem die Grundlagen für das geometrische Modellieren gelegt wurde. Einen ähnlichen Ansatz verfolgte Seifert (Seifert 1986) aus dem das kommerzielle Produkt PROREN hervorging. Ergonomische Gesichtspunkte spielten zu dieser Zeit noch keine große Rolle.

Unabhängig von den anfänglichen CAD-Arbeiten, wurde die Prozessmodellierung für die Konstrukteure vorangetrieben. Der Kulminationspunkt war die Verabschiedung der VDI-Richtlinie 2221 (VDI-Richtlinie 2221 (1993)). Danach besteht das begriffliche Problem darin, den Konstruktionsprozess zunächst sinnvoll in zeitlich aufeinander folgende Teilprozesse aufzuteilen. Diesen werden dann inhaltliche Merkmale zugeordnet. In Bild 1 ist ein solcher Vorgehensplan dargestellt.

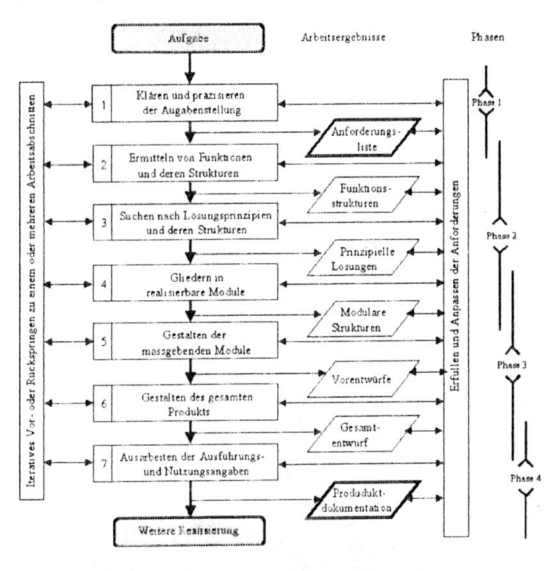

Bild 1: Vorgehensplan zum Entwerfen und Konstruieren (VDI-Richtlinie 2221 (1993))

Dieses prozessähnliche Ablaufschema läßt sich zur einfacheren Handhabung in wenige prinzipielle Schwerpunkte aufteilen. Nach einer solchen Aufteilung ist es einfacher die Schwerpunkte der Konstruktionsarbeit abzuschätzen. Zwischen der konstruktiven Aufgabenstellung und ihrer Lösung in Form von Werkstattzeichnungen kann man drei Phasen unterscheiden:
- Konzeptphase
- Entwurfsphase
- Ausarbeitungsphase

In der Konzeptphase wird versucht, der Aufgabe entsprechend, ein erstes Modell aus dem Gedächtnis, oder aus dem Erfahrungswissen aufzuzeichnen (Dylla 1990). Dabei kann dieses heuristische Wissen in Form eines mentalen geometrischen Modells vorliegen, aber auch in Form von Funktionsbausteinen. In dieser Phase wird aus dem mentalen Modell ein gesichertes Konzept, welche mit zeichnerischen Mitteln dargestellt werden kann.

In der Entwurfsphase wird das gefundene Konzept in maßstabsgetreue Entwurfszeichnungen umgesetzt. Sie detaillieren das Konzept und machen deutlich, mit welchen Platzverhältnissen zu rechnen ist. Auch können sie Aufschluss über die Bewegungsabläufe geben. Dabei stellt sich häufig heraus, dass mehr oder weniger große Teile der Konstruktion wiederholt gezeichnet werden müssen, also modifiziert werden. Diese Phase nimmt einen wesentlichen Teil der Arbeitszeit ein. In einer Änderungskonstruktion ist sie die maßgebliche Phase. Von der VDI-Richtlinie wird sie nur wenig erfasst. Am Ende der Entwurfsphase steht im wesentlichen eine maßstäbliche Zusammenstellung der Konstruktion. Mit diesen Informationen ist auch die Stückliste nach Inhalt und Stückzahl bekannt.

In der Ausarbeitungsphase erhält beispielsweise eine Welle ihre Fase[1], Rundungen und Freistiche[2] je nach den fertigungstechnischen Gegebenheiten des Betriebes. Sie wird bemaßt, mit Toleranzangaben und/oder mit Qualitätsangaben, wie Angaben über die Rauhtiefe des Werkstückes oder die Güte des Rundlaufs einer Welle, versehen. Gegebenenfalls werden Details noch vergrößert dargestellt. Die Werkstattzeichnung wird fertig beschriftet und für die Werkstatt wird eine Zeichnung auf Papier mit Hilfe eines Plotters ausgegeben.

Nach der o.a. Bildschirmarbeitsplatzverordnung und der DIN EN ISO 9261-10 „Grundsätze der Dialoggestaltung" (DIN EN ISO 9241-10 (1996)) könnte man davon ausgehen, dass den drei Teilphasen mindestens drei, dem jeweiligen Kenntnisstand der Benutzer angepasste, unterschiedliche Dialoggestaltungen desselben CAD-Programms zur Verfügung gestellt werden müsste. Doch dem ist nicht so, eher überfrachtet man ein Programm mit unzähligen Kommandos, die für jeden etwas bieten. Herausgegriffen sei als Beispiel SolidWorks (Solidworks 1999) mit der Baugruppen-, Bauteile-Modellierung und Blechbearbeitung in einem Paket.

Die Versuche, konstruktionswissenschaftliche Erkenntnisse in die praktische Tätigkeit des Ingenieurs zu überführen, haben unübersehbar gemacht, dass nicht vorzugsweise sequentiell, den globalen Ablaufmodellen folgend, gearbeitet wird. Für den praktischen Gebrauch könnten wahlfrei zugreifbare, dem jeweiligen Anwendungsfeld aufbereitete Methodenbaukästen, bzw. Expertensysteme bereitgestellt werden, so Ehrlenspiel und Rutz in ihrem 1987 veröffentlichten Aufsatz (Ehrlenspiel, Rutz 1987).

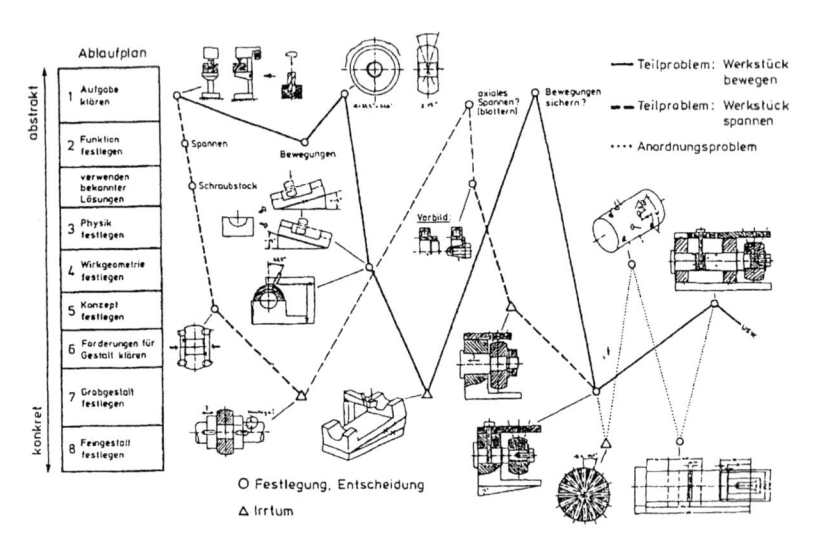

Bild 2: Ablauf eines Problemlösungsprozesses; aus (Ehrlenspiel, Rutz 1987)

In dieser Arbeit wurde aufgezeigt, dass eine gewisse Diskrepanz zwischen dem vermitteltem Wissen und dem eigenen heuristischem Wissen deutlich auftritt. Es wird ausgeführt, dass trotz des Methodikwissens der Konstrukteure, diese sich im Prozessraum frei bewegen (siehe dazu Bild 2). Je nach Modell und mentaler Vorstellung während des Konstruierens wird nicht nach der gelehrten Methodik vorgegangen, sondern man läßt sich von dem eigenem heuristischem Wissen leiten. Demzufolge kann man die Einhaltung einer Methodenfolge nicht erkennen.

---

1   Abschrägung einer Kante
2   Hohlkehle für senkrecht zueinander stehenden Flächen (Fertigungsmerkmal)

Aus gutem Grund ist deshalb kein CAD-System auf dem Markt, dass entsprechend der VDI-Richtlinie erst die Teilprozesse vollständig abarbeiten lässt, um dann erst den nächsten Teilprozess zulassen. Trotzdem ist eine Unterstützung für den Konstrukteur möglich, lässt man die Erstellung von Wirkgeometrien oder die Eingabe einfacher Funktionen zu, um später mit diesen weiter zu arbeiten.

Der Werkzeugkasten der Konstrukteure

Neben dem oben erwähntem Methodikwissen hat der Konstrukteur noch eine Reihe weiterer Werkzeuge zur Verfügung. Das sind in erster Linie CAD-Systeme, die es für die unterschiedlichsten Rechnertypen gibt. Neben den im Einsatz befindlichen 3D-CAD-Systemen findet man, vor allem in kleineren Konstruktionsbüros, in der überwiegenden Zahl noch 2D-CAD-Systeme vor. Ihre Effizienzsteigerung ist eng mit dem Begriff „Customizing" (Cords et. al. 1995) verbunden und ist ein erster Schritt zur benutzerorientierten Gestaltung interaktiver Systeme (DIN EN ISO 13407 (1998)).

Die Schreibtisch-Metapher hat sich auch für CAD-Systeme durchgesetzt, denn dadurch lässt sich ein dialog- und ein objektorientierter Ansatz (Manipulationen an Objekten) wählen. Der Anwender sieht auf dem Bildschirm eine Repräsentation des jeweiligen Objektes, ein Textdokument oder eine grafische Ausgabe des noch zu erstellenden Werkstückes. Um mit bzw. an dem Objekt zu arbeiten, muss der Anwender es zunächst selektieren und im nächsten Schritt die gewünschte Aktion wählen. Das könnte nach der Werkstatt-Metapher das Feilen oder Fräsen sein, ist aber meistens das Verschieben von Flächen (Aufdicken) oder aber auch das Entgraten anstatt Abschrägen von Kanten. Das Programm wird dabei über eine Dialogschnittstelle gesteuert. Über ein Menü, das hierarchisch gegliedert ist, können sämtliche Eingabemodi gewählt werden.

Weil eine echte Interaktion mit dem zu erstellenden Werkstück als nicht nötig oder zu aufwendig erachtet wird, degenerieren die Schnittstellen in fast allen Fällen zu einfachen Benutzungsschnittstellen, sogenannten Graphical User Interfaces (GUI). Exemplarisch wird in Bild 3 gezeigt, wie eine Benutzungsoberfläche (Rosch 1997) auf der Basis von AutoCAD in der Praxis realisiert werden kann. In diesem Fall soll das Erstellen und Manipulieren von 3D-Objekten durch flache Menübäume und charakteristische Piktogramme erleichtert werden.

Bild 3: Beispiel einer Benutzungsschnittstelle

Auch dieser Ansatz ist noch weit davon entfernt, eine Unterstützung des Denkens beim Konstruieren zu leisten. Nicht umsonst wird festgestellt, dass 54 % der Konstrukteure sehr häufig oder immer Skizzen zur Vorbereitung der Arbeit am CAD-System anfertigen (Weißhahn et. al. 2000) und 39 % der Befragten gaben an, dass sie immer Skizzen während der Arbeit am CAD-System benutzen.

Daraus kann man annehmen, dass der Dialog mit dem CAD-System nicht aufgabenangemessen ist, denn es unterstützt den Benutzer wenig, um seine Arbeitsaufgabe effektiv und effizient zu erledigen. Zusätzlich kann man die Zahlen auch so interpretieren, dass die Skizzen als Dokumentation oder als Gedächtnisstütze beliebt sind. Aber dann fehlt es an effektiven Skizziermöglichkeiten für *dreidimensionale* Gegenstände bei gleichzeitiger Benutzung passender Eingabegeräte um doch noch einigermaßen effizient zu arbeiten.

Einige Verbesserungen hat es inzwischen gegeben. Der Anwender kann bei einigen CAD-Programmen die Konstruktionsrelationen, z.B. „senkrecht auf" oder „parallel zu" jederzeit abfragen, auswerten, modifizieren und löschen. Eine nachträgliche Änderung der Konstruktionsrelationen ist genau so möglich wie eine Änderung der Geometrie, so dass mit den neueren Systemen geometrische, konstruktionslogistische und konstruktionstechnische Änderungen gleichermaßen vorgenommen werden können.

In der 3D-Modellierung hat sich die Feature-Modellierung als effektive Technik etabliert. Features stellen einen ganz anderen Modellierungsprozess dar. Geometrische Formelemente, mit denen die üblichen Konstruktionsfunktionen abdeckt werden wie Gewinde, Bohrung, Freistich, Wellenabsatz oder Nut, erlauben das Zusammensetzen und Bearbeiten von Teilen genauso wie in der realen Welt. Das Besondere daran ist, dass diese Formelemente einerseits in sich parametrisch sind und andererseits auch untereinander parametrische Beziehungen haben können (Roller 1995). Von Features spricht man, wenn zusätzliche Fertigungsmerkmale, Formeln oder Regeln als Technologie- und beliebige andere Daten vollständig assoziativ an das Formelement gekoppelt sind. Das Formelement stellt das im CAD-System verwendete Gestaltelement dar.

Das explizite Definieren von Zwangsbedingungen an den Grundkörpern und den Featureelementen ist ein arbeitsintensiver Prozess. Dabei werden geometrische Relationen wie beispielsweise rechte Winkel, Koplanarität, Symmetrie oder Stetigkeitsbedingungen definiert. Auch für diese Art der Benutzung von CAD-Systemen sollte eine intuitive Benutzungsschnittstellen geschaffen werden, die eine solche Definition erleichtern und den Benutzer fehlerfreier arbeiten lässt.

Defizite im Werkzeug- und Methodeninventar

Die in vielen Fällen vorhandene zweidimensionale Eingabetechnik behindert eine notwendige Auseinandersetzung mit der Featuretechnik.

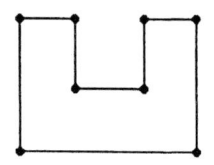

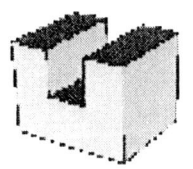

Bild 4:   Übergang eines zweidimensionalen Eingabevorganges zu einem 3D Modell

Sie ist sozusagen nichts anderes als die vertraute 2D orientierte Konstruktionsumgebung, siehe Bild 4 links, kombiniert mit der 3D-Modellierung (Solidworks 1999), Bild 4 rechts. Die scheinbar leichte Anwendung eines sogenannten „Skizzierwerkzeuges" in Verbindung mit der sehr anwendungsfreundlichen automatischen Möglichkeit der Übernahme von Parameterbemaßungen führt dazu, dass die Features nur als sinnvolles geometrisches Hilfsmittel gesehen werden. Die Vorteile der Features im Konstruktionsprozess werden dabei gar nicht oder nur bruchstückhaft erkannt.

Die Werkzeuge, mit denen die Konstrukteure die 3D-Objekte bearbeiten und bewegen, sind in vielen Fällen dieselben geblieben, wie sie auch bei den traditionellen 2D-Systemen benutzt werden. D. h. die Benutzung von Tastatur, Tablett oder Maus ist obligatorisch. Entsprechend umständlich gestalten sich deshalb vor allem jene Operationen, die dazu dienen, das Objekt räumlich zu bewegen, um es so auf den Bildschirm derart zu platzieren, dass es optimal betrachtet und bearbeitet werden kann. Will der Benutzer die Objekte vergrößern, verschieben oder drehen, so muss die eigentliche Konstruktionsarbeit unterbrochen und die entsprechenden Menüfunktion ausgeführt werden.

Wie weiter oben festgestellt wurde, scheinen Skizzen eminent wichtig zu sein. Eine weitere Interpretation der häufigen Benutzung von Skizzen sei hier zur Diskussion gestellt.

Schon früh wurde beschrieben, dass der Ingenieur vorzugsweise visuelle Eindrücke verarbeitet, die er bevorzugt als räumliches Modell darstellt (Bach 1973). Am Anfang entsteht oft ein diffuser Gesamteindruck der Endlösung, ein mentales Modell im dreidimensionalem Raum. Diese Ganzheit enthält im Keim bereits alle weiteren Einzelheiten, die im Vorgang des Entwerfens entfaltet werden. Auch Dörner (Dörner 1998) schreibt, dass man erst eine unbestimmte Idee hat, die im Verlauf der Konstruktion immer mehr präzisiert wird.

Damit müsste man auch dem Konstrukteur im Sinne der Bildschirmarbeitsverordnung einen Arbeitsplatz bieten, der ganzheitliches Arbeiten unterstützt. Es sollte eine dreidimensionale Skizziertechnik angeboten werden, die den Medienbruch, Skizzieren auf Papier – Darstellen am 3D-CAD-System, minimiert. Skizziertechnik in so fern, als das man beim Erstellen dieser „Skizzen" schnell 3D-Objekte benutzen kann, die schon in der Vorstellungswelt vorhanden sind. Unmaßstäbliches einfaches Verbinden von Objekten sollte auch möglich sein, in der Detailierungsphase sollten dann Bemaßungen hinzugefügt werden können. Selbstverständlich sollte ein so gemischtes Modell in jeder Stufe speicherbar sein.

Bei dieser Arbeitsweise wird auch das Umdenken von zweidimensionalen Ansichten auf eine dreidimensionale Gestalt vermieden und so die Denktätigkeit für andere Aufgaben freigehaltenen.

Der Beweis, dass methodenbewusst effektiver gearbeitet wird, steht ebenso aus, wie vergleichende empirische Befunde. Die Diskrepanz zwischen den Möglichkeiten empirischer (experimenteller) Forschung und der bisher getriebenen phänomenologischen Studien in der konstruktionswissenschaftlichen Forschung bleibt weiter bestehen. Erst in letzter Zeit sind vertiefende Untersuchungen (Sachse 1999) bekannt geworden.

An dieser Stelle stellt sich auch die Frage, ab das Ablaufschema nach der VDI-Richtlinie 2221 dem eigentlichen Arbeitsablauf entspricht. Festzuhalten ist, dass er nicht dem Denkschema der Konstrukteure entspricht (Ehrlenspiel, Rutz 1987). Sie ist sicherlich hilfreich für einige Konstruktionstätigkeiten, aber nicht für die Masse der täglich anfallenden Konstruktionen.

Heutige CAD-Systeme

Der Einsatz von 3D-CAD-Systemen ermöglicht es, die räumliche Gestaltvorstellung des Konstrukteurs direkt in Geometrie umzusetzen. Sie haben sich besonders in den Bereichen bewährt, in dem die einmal definierte Geometrie für nachfolgende Fertigungsschritte bereitgestellt wird oder wo es gilt, komplexe räumliche Geometrien einzugeben, z.B. in der Pkw-Herstellung.

In vielen Systemen gibt es funktionale Defizite infolge der nicht angepassten Bedienung der CAD-Systeme an die Denkweise der Konstrukteure (Büttner et. al. 1994). Viele der heutige Systeme leiden unter falschen Bedienmetaphern. Zur Erzeugung einer Bohrung werden noch immer Zylinder von dem Grundkörper subtrahiert. Selbst wenn man neuerdings von einer Bohrung spricht, hat sich das dahinter liegende Verfahren noch nicht geändert.

Das es auch anders geht, zeigt das folgende positive Beispiel: Aus einer Interaktion „Positionieren einer Schraube" kann die Zuordnung der beiden Features Schraube und Gewinde abgeleitet werden. Die Schraube und das Gewinde wird zunächst auf konzeptueller Ebene geometrisch als Zylinder approximiert. Die Information der Funktionalität definiert, dass die beiden Zylinder koaxial mit gleichem Radius sein müssen, wobei ein Freiheitsgrad, nämlich eine Translation, bestehen bleibt. Dieser Translationsfreiheitsgrad kann noch durch „Festziehen" der Schraube eliminiert werden.

Diese Vorgehensweise spricht den Konstrukteur eher an. Ziel sollte es daher sein, schon in der Dialogschnittstelle Begriffe und Funktionen bereitzustellen, die für die Konstruktionsarbeit förderlich ist.

Darüber hinaus ist ein Manipulationsdefizit festzustellen. Die Werkzeuge, mit denen die Konstrukteure die 3D-Objekte bearbeiten und bewegen, sind in vielen Fällen dieselben geblieben, wie sie auch bei den traditionellen 2D-Systemen benutzt werden. D.h. die Benutzung von Tastatur, Tablett oder Maus ist obligatorisch. Die Eingabe von räumlichen Geometriedaten geschieht mit den eben genannten zweidimensionalen Medien, wie der Maus oder dem Tablett. Hier fehlt einfach die dritte Dimension, die durch trickreiche Programmierung kompensiert werden soll. Das führt zu Zweideutigkeiten, weshalb man häufig nicht in einer Ansicht (Dimetrie o.ä.), sondern mit mehreren, orthogonal zueinander stehenden Ansichten arbeitet. Das führt zu kleineren Darstellungen, die zur exakten Arbeit wieder vergrößert werden müssen, was einen zusätzlichen Arbeitsaufwand bedeutet.

Entsprechend umständlich gestalten sich deshalb vor allem jene Operationen, die dazu dienen, das Objekt räumlich zu bewegen, um es derart auf dem Bildschirm zu platzieren, dass es optimal betrachtet und bearbeitet werden kann. Will der Benutzer die Objekte vergrößern, verschieben oder drehen, so muss die eigentliche Konstruktionsarbeit unterbrochen und die entsprechenden Menüfunktion ausgeführt werden. Durch das umständliche Manipulieren von Objekten im 3D-Raum und das Hantieren mit den Objekten im 3D-Raum ist das Arbeiten am CAD-System nicht sehr ergonomisch und effektiv.

Eine zusätzliche mentale Hürde ist die zweidimensionale Darstellung des Objektes senkrecht zur zweidimensionalen Eingabeebene. Üblicherweise bewegt man die Maus oder den Stift des Tabletts auf dem Arbeitstisch, während das Ergebnis auf dem Monitor zu sehen ist. Hier findet erhebliche Koordinationsarbeit statt, nämlich zwischen der Vermutung, wo der Cursor des Eingabegerätes sei und dem tatsächlichem Ort auf dem Bildschirm. Hier fehlt eine geeignete Rückkopplung zwischen der angezeigten Position und dem aktuellen Ort auf der Arbeitsunterlage. Die bisherige visuelle Rückkopplung ist einfach nicht ausreichend.

Die Visualisierung von räumlichen Objekten beruht jedoch bis heute auf einer reinen 2D-Darstellung. Durch die Projektion räumlicher Geometrien auf zweidimensionale Ebenen (Bildschirm) muss ein Informationsverlust hingenommen werden. In unserer Vorstellungswelt und auch im realen Leben sind wir an eine dreidimensionale Darstellung gewöhnt und haben aus diesen Gründen ein erhebliches Wahrnehmungsdefizit.

Wie eingangs erwähnt, hat jeder Konstrukteur des Maschinenbaus einige Monate die handwerklichen Tätigkeiten eines Facharbeiters kennen gelernt und einige Werkstücke selbst mit Hammer, Feile, Bohrer usw. bearbeitet. In einem CAD-System erstellt man Zylinder, Kegel usw. die man untereinander subtrahiert, addiert oder vereinigt. Hier herrscht ein großes Verständigungsdefizit zwischen dem Gebrauch von gegenständlichen Werkzeugen und der mathematikähnlichen Sprache, die noch in vielen Systemen anzutreffen sind.

Das gilt ganz besonders für die Eingabe und Modifikation von Freiformflächen im CAD-System. Dazu muss der Konstrukteur an Knotenpunkten ziehen und schieben, um letztendlich die gewünschte Form an einer anderen Stelle zu erhalten. Die Mathematik (Knotenpunkte) sollte aber im Verborgenen bleiben. Dafür ist eher eine direkte Manipulation des Linienzuges anzustreben. Die Erstellung von Modellobjekten und Modelliermethoden sollte für den Konstrukteur intuitiv erkennbar sein.

Es ist durchaus im Sinne der schon genannten Bildschirmarbeitsplatzverordnung und den einschlägigen DIN Normen, wenn man den Konstrukteur mit werkzeugähnlichen Handhabungen unterstützt. Es entlastet das kognitive Denken und man ist frei für andere Denktätigkeiten. Als Beispiel sei der Facharbeiter genannt, welcher mit natürlichem Instinkt zu Aluminium und Feile greift, um schnell einen Prototypen zu erstellen.

In diesem Sinne sind Ansätze zu einen gegenständlichem CAD-System zu erkennen (Specker 1999). Es bemüht Gegenstände aus unterschiedlichsten Disziplinen, häufig jedoch die der einfachen Handwerker. Industrielle Werkzeuge, wie sie heute in einer Fabrik üblich sind, kommen nicht vor. Mit Hilfe von Rapid Prototyping soll ein permanentes dreidimensionales Werkstück entstehen, das so den Konstrukteur unterstützt. Es verfolgt einen anderen Ansatz und bleibt so hinter der Forderung nach kreativen Werkzeugen in der Vorentwicklungsphase zurück. Auch Fragen zu einer Dialogschnittstelle bleiben offen.

Schlussbemerkung

Erste Ansätze sind gemacht, allerdings von der Seite der Arbeitspsychologie. Auf der anderen Seite fehlen Arbeiten, die eine Zusammenarbeit zwischen den Informatikern, den „geometrischen" Mathematikern und dem Konstrukteur aufzeigt. Man benötigt den Informatiker zur Erstellung einer „Konstruktions-Benutzungsschnittstelle (KBS)", den Mathematiker zur Erstellung angepasster Modellierwerkzeuge und den Konstrukteur mit seinem Methodikwissen und der gleichzeitig dieses Werkzeug effizient nutzen will.

In vielen Bereichen ist es wichtig, komplizierte räumliche Verhältnisse zu verstehen und zu begreifen. Hier ist das „Begreifens" nicht nur im übertragenen, sondern auch im gegenständlichem Sinn gemeint. Virtual Reality (VR) Methoden bieten sich hier an. Sie können als ein komplexe Mensch-Computer-Schnittstellen betrachtet werden. Vielversprechende Einzelergebnisse werden in der Literatur genannt (Taylor et.al. 1995). Eine Kombination, welche die bisher vorgestellten Bedingungen erfüllen müsste, liegt noch nicht vor.

Für den optimalen Einsatz von CAD-Systemen, gerade in der Vorentwurfsphase, sind noch erhebliche Anstrengungen notwendig, um aufbauend auf den jetzigen Systemen, ein ergonomisches und effizientes Arbeiten zu ermöglichen.

Literatur

Bach, K.(1973): Denkvorgänge beim Konstruieren. In: Konstruktion 25, (1973) S. 1-5
Büttner, K.; Reinemuth, J.; Birkhofer, H. (1994): Effizienzsteigerung bei der rechnergestützten Konstruktionstätigkeit durch Synthese aus CAD und Virtueller Realität. IPA / IAO-Forum „Virtual Reality '94" Anwendungen und Trends, 9./10. Feb. 94, Inst. der FhG Stuttgart-Vaihingen
BildscharbV (1996): Bildschirmarbeitsverordnung. http://www.bma.de/bmahome/gesetz/bildschirmarbeit.html
Cords, D.; Krohn, M.; Walz, M. (1995): Customizing von CAD-Systemen - Ein Leitfaden zur CAD-Systemanpassung. Gesellschaft für Informatik, Fachgruppe 4.2.1 „CAD"
DIN EN ISO 9241-10 (1996): Ergonomische Anforderungen für Bürotätigkeiten mit Bildschirmgeräten. Berlin: Beuth
DIN EN ISO 13407 (1998) (Norm-Entwurf): Benutzer-orientierte Gestaltung interaktiver Systeme. Berlin: Beuth
Dörner, D. (1998): Thought and Design Research Strategies, Single-case Approach and Method of Validation. In: Designers, The Key to Successful Product Development, H. Frankenberger, P. Badke-Schaub, H. Birkhofer (Eds.), Berlin: Springer
Dylla, N. (1990): Denk- und Handlungsabläufe beim Konstruieren. Konstruktionstechnik München, Bd. 5, München, Wien, Hanser, Zugl.: München, Techn. Univ., Diss.
Ehrlenspiel, K. (1985): Kostengünstig Konstruieren. Berlin: Springer
Ehrlenspiel, K.; Rutz, A. (1987): Konstruieren als gedanklicher Prozess. In: Konstruktion 39, (1987), S. 409-414
Pahl, G.; Beitz, W. (1997): Konstruktionslehre, Methoden und Anwendung. Berlin: Springer
Roller, D. (1995): CAD - Effiziente Anpassungs- und Variantenkonstruktion. Berlin: Springer
Rosch, H. (1997): CAD und VRML - VRML sei Dank. In: AutoCAD-Magazin, Nr. 5, S. 20-23
Rutz, A. (1985): Konstruieren als gedanklicher Prozess. Diss., TU München, Fak. für Maschinenwesen

Sachse, P. (1999): Unterstützung des entwerfenden Problemlösens im Konstruktionsprozess durch Prototyping. In: Design Thinking, P. Sachse, A. Specker (Hrsg.), Zürich: vdf Hochschulverlag

Seifert, H. (1986): Rechnerunterstütztes Konstruieren mit PROREN. In: Schriftenreihe des Inst. für Konstruktionstechnik der Ruhr-Universität Bochum, Hefte 86.2, (I und II)

SolidWorks (1999): SolidWorks 99, Einführung, Grundkurs. SolidWorks Corp., Concord, MA

Specker, A. (1999): Gegenständliches CAD. In: Design Thinking, P. Sachse, A. Specker (Hrsg.), Zürich: vdf Hochschulverlag

Spur, G., Germer, H.-J. (1987): Introduction to the System COMPAC. In: Computer Aided Engineering Systems Handbook. Vol. 1. J. Puig-Pay, C. A. Brebbia. (Hrsg), Berlin: Springer, S. 125-156

Spur, G.; Krause, F.-L. (1984): CAD-Technik, Lehr- und Arbeitsbuch für die Rechner-unterstützung in Konstruktion und Arbeitsplanung. München, Wien: Hanser

Taylor, R.; Bayliss, G.; Bowyer, A.; Willis, P. (1995): A Virtual Workshop For Design by Manufacture. 15th ASME Intl. Computers in Engineering Conf., 17-21st Sept., Boston, USA

VDI-Richtlinie 2221 (1993): Methodik zum Entwickeln und Konstruieren technischer Systeme und Produkte. Düsseldorf: VDI

Weißhahn, G.; Pache, M.; Hacker, W.; Lindemann, U.; Römer, A. (2000): Unterstützungsmöglichkeiten des konstruktiven Entwicklungsprozesses. In: Konstruktion 7/8 - 2000, S.61-66

Adressen der Autoren

Hartmut Rosch
DATAFLUG Consulting
Aug.-Hinrichs-Str. 32
27753 Delmenhorst
rosch@zfn.uni-bremen.de

Computer Aided Improvement of Human-Centered Design Processes

Eduard Metzker, Michael Offergeld
DaimlerChrysler AG, Forschung & Technologie, Ulm

Abstract

With the increasing relevancy of usability as a software quality factor, a growing demand for tools that support the special activities of HCD (human-centered design) processes within the industrial software development community is expected to arise. To elicit initial requirements for tool support, we analyzed the real tasks of developers of four major companies engaged in the development of highly interactive systems, the problems incurred and the burning support issues. Inspired by the results of this survey we developed REUSE, a system that facilitates the elicitation, organization and effective reuse of best practices and artifacts concerning HCD activities and makes their performance more efficient. An initial formative evaluation with future users showed that REUSE is able to improve the utilization of HCD methods within the development process of interactive systems and overcomes some limitations of related approaches.

1 Introduction

HCD methodologies like Usability Engineering [1, 2], Contextual Design [3] or Usage-Centered Design [4] have been successfully applied through various projects. They have proved that they have dramatically been able to improve usability and user acceptance of interactive software systems if they are applied in the correct development context.

On the other hand specific knowledge about exactly how to most efficiently and smoothly integrate HCD methods into established software development processes [2] is still missing. Little research has been done on integrating methods and tools of HCD in the development process and gathering knowledge about interface design in a form that can capture relationships between specific development contexts and applicable methods, tools and heuristics [5].

One vital step toward bridging this gap is to provide the people involved in HCD processes with a tool to effectively support their activities. Existing tools for supporting HCD processes beyond computer-aided design of user interfaces (e.g. (semi-) automatic GUI builders [6]), largely focus on two aspects of the process: supporting the performance and evaluation of usability tests, e.g. [7-9], or supporting developers accessing guidelines, e.g. [5, 10, 11].

Most of these approaches assume that there is already a well-established HCD process in place that is practiced by the development team and that provides use of the proposed methods and tools.

To examine this assumption, we initiated a survey to find out what kind of development process for interactive systems is practiced by development organizations engaged in engineering highly interactive systems. The study comprised an analysis of the typical tasks the members of the development teams have to perform and the common difficulties encountered as related to HCD activities.

Taking the results of this survey into account, we had to revise some of the assumptions about requirements for a tool to support HCD processes. These new findings have influenced the development of REUSE, a tool to support the introduction, establishment and continuous improvement of HCD processes under the constraints discovered in the survey.

In this paper we present the structure, performance and results of the survey. We explain the conclusions drawn and their impact on the design and development of the REUSE system. We present the main concepts and major components of REUSE and show how the system addresses those problems identified in our survey. Initial results of a formative evaluation and their effects on future developments are also presented. Finally, we discuss work related to our approach and take a look at future research issues.

2 Examining hcd Processes In Practice

To be able to construct a tool for the effective support of HCD processes, we needed in-depth knowledge of the future users of such a tool and their requirements. This led to the following central questions:
- What kind of development process for interactive systems is practiced by the development organizations in their projects?
- What typical tasks do the developers have to solve?
- What problems are typical for the development process?
- What kind of support is needed?

2.1 Performance of the survey

The survey was elaborated, performed and evaluated in collaboration with industrial psychologists[12]. A total of 16 employees from four major companies[1] involved in the development of highly interactive software systems were selected. The respondents are engaged in developing these systems in projects from diverse domains: military systems, car driver assistance technology or next-generation home entertainment components. The questioning was performed by a single interviewer and the answers were recorded by a second person in a pre-structured protocol document. Each interview took between 90-150 minutes.

2.2 Results

The results of the survey on tool support for HCD processes can be summarized as follows:

The organizations examined are practicing highly diverse individual development processes, however non of the HCD development models proposed by [1-4] are exactly used.

The persons who are entrusted with the ergonomic analysis and evaluation of interactive systems are primarily the developers of the products. External usability or human factors experts or a separate in-house ergonomics department are seldom available. Furthermore, few of the participants were familiar with basic methods like user profile analysis or cognitive walkthrough.

The HCD methods that are considered to be reasonable to apply by the respondents are often not used for the following interrelated reasons:
- There is no time allocated for HCD activities: they are neither integrated in the development process nor in the project schedule.
- Knowledge needed for the performance of HCD tasks is not available within the development team.
- The effort for the application of the HCD tasks is estimated to be too high because they are regarded as time consuming.

---

1 DaimlerChrysler Aerospace (DASA) in Ulm, Sony in Fellbach, Grundig in Fuerth and DaimlerChrysler in Sindelfingen (all sites are located in Germany)

2.3 Survey conclusions

The results of the survey led to the following conclusions regarding the requirements of a software tool to support HCD processes:

- Requirement 1: Support flexible HCD process models
  The tool should not force the development organization to adopt a fixed HCD process model as the practiced processes are very diverse. Instead, the tool should facilitate a smooth integration of HCD activities into the individual software development process practiced by the organization. Turning technology-centered processes into human-centered processes should be seen as a continuous process improvement task where organizations learn which of the methods available best fit in certain development contexts, and where these organizations may gradually adopt new HCD methods.
- Requirement 2: Support evolutionary development and reuse of HCD experience
  It was observed that the staff entrusted with ergonomic design and evaluation often lacks a special background in HCD methods. Yet, as the need for usability was recognized by the participating organizations, they tend to developed their own in-house usability guidelines and heuristics. Recent research [13-16] supports the observation that such usability best practices and heuristics are, in fact, compiled and used by software development organizations. Spencer [15], for example, presents a streamlined cognitive walkthrough method which has been developed to facilitate efficient performance of cognitive walkthroughs under the social constraints of a large software development organization. However, from experiences collected in the field of software engineering [17] it must be assumed that, in most cases, best practices like Spencer's are unfortunately not published in either development organizations or the scientific community. They are bound to the people of a certain project or, even worse, to one expert member of this group, making the available body of knowledge hard to access. Similar projects in other departments of the organization usually cannot profit from these experiences. In the worst case, the experiences may leave the organization with the expert when changing jobs. Therefore, the proposed tool should not only support high-level human factors methods but also allow the organizations to compile, develop and evolve their own approaches.
- Requirement 3: Provide means to contextualize HCD knowledge
  HCD methods still have to be regarded as knowledge-intensive. Tools are needed to support developers with the knowledge required to effectively perform HCD activities. Furthermore, the tool should enable software development organizations to explore which of the existing methods and process models of HCD works best for them in a certain development context and how they can refine and evolve basic methods to make them fit into their particular development context.
- Requirement 4: Support efficient performance of HCD activities
  There is a definite need for tool support when it comes to enabling efficient performance of otherwise tedious and time consuming HCD activities. Otherwise, these essential activities fall victim to the no-time-to-sharpen-the-saw-because-too-busy-cutting-the-wood syndrome. With respect to requirement 2, this means that the tool has to support the efficient elicitation, organization and reuse of best practices and artifacts relating to HCD tasks. The proposed tool should increase the efficiency of these activities - not introduce additional efforts for questionable benefits.

3 The Reuse System

To transfer the above requirements into a software tool that supports the elicitation, organization and reuse of HCD knowledge the related best practices and artifacts are represented and organized using the concepts of a context model and a set of USEPACKs (Usability Engineering Experience Package).

The REUSE system (Repository for Usability Engineering Experience) provides four components for manipulating USEPACKs and context models, shown in the architecture depicted in Figure 1. The components of REUSE will be discussed in more detail after introducing the concepts of USEPACKs and context models. We differentiate between two virtual roles played in the utilization of the REUSE system: readers who search, explore and apply USEPACKs and authors who create, compile and organize USEPACKs.

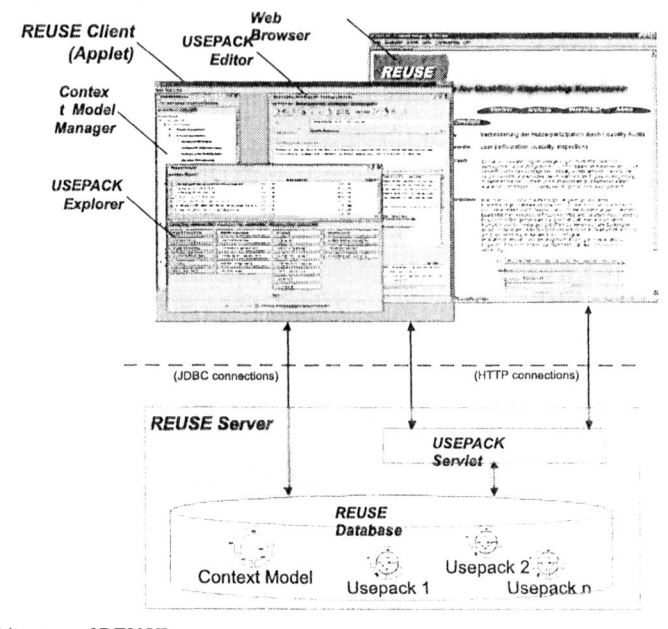

Figure 1: Architecture of REUSE

3.1 The USEPACK concept

A USEPACK is a semi-formal notation for structuring knowledge relating to HCD activities. It encapsulates best practices on how to most effectively perform certain HCD activities and includes the related artifacts like documents, code fragments, templates and tools that facilitate the compliance with the best practice described.

A USEPACK is structured into five sections:
- The core information permits authors to describe the main message of a USEPACK. It is organized according to the pyramid principle for structuring information [18]. The information first presented to the reader has a low level of complexity, allowing the reader to quickly decide if the USEPACK is worth further exploration. With further reading, the degree of complexity rises, introducing the reader to the experience described. The core information section includes the fields title, keywords, abstract, description and comments.
- The context situation describes the development context related to the experience in question. The context situation is generated by using the context model, allowing the authors and readers of USEPACKs to utilize a shared vocabulary for contextualizing and accessing USEPACKs.

- A set of artifacts, such as checklists for user profile analysis or templates for usability test questionnaires, facilitates the efficient compliance with the best practice. They represent an added value to the readers of a USEPACK. Artifacts allow readers to regain time spent on exploring the package by using the supplied artifacts to simplify their work.
- A set of semantic links pointing to other USEPACKs or external resources which, for example, support or contradict the best practice described. By interlinking USEPACKs and connecting them to external resources, like web pages, a net of related experiences can be created to provide more reliable information than through the isolated sets of USEPACKs.
- The administrative data section is used to store data like the author(s) of the package, the date of creation, access rights and statistical data such as the number of accesses to the package and a user rating.

3.2 The context model concept

The context model serves as a template to construct the context situation for USEPACKs - a semi-formal description of the context in which the information of a USEPACK can be applied. It is organized in a tree structure, divided into sections which contain groups of context factors. On the one hand, authors can use the context model to easily construct a description of the context in which the information of a USEPACK can be applied by selecting appropriate context factors from the model. On the other hand, readers can use the context model to specify a context situation which reflects the development context for which they need support in the form of USEPACKs.

Currently a context model containing the following five sections is used:
- The process context section provides context factors to describe elements of the development process used, such as process phases (e.g. 'User Interface Design') as well as roles (e.g. 'Usability Engineer') and deliverables (e.g. 'User Interface Styleguide') related to the experience in question.
- The project context section provides context factors to describe project constraints like the size of the development team, budget or project duration which are related to the experience cited.
- The domain context section provides context factors to describe elements of the domain related to the experience described. Top-level context factors of this section specify domains in terms like 'home entertainment systems' or 'car driver assistance systems', which can be subsequently refined to capture more detailed domain attributes.
- The technology context section provides context factors to describe features of technologies related to the experience described like 'gesture recognition' or 'speech input'.
- The quality context section provides context factors to describe quality factors of standards (e.g. ISO9241-11 [19] with quality factors such as self-descriptiveness or error tolerance) related to the experience in question.

Users never work directly on the context model, instead they manipulate the model by interacting with components of the REUSE system. These components hide much of the complexity of the context model and provide appropriate means for the manipulation of each section of the context model.

3.3 Components of REUSE

The USEPACK editor component makes it possible for authors to create a new USEPACK, to delete packages and to change or comment on existing packages. To support this task, the editor includes specialized assistants for work on the related sections of a USEPACK.

The USEPACK explorer provides different views of the set of USEPACKs available and various filters to facilitate convenient browsing and retrieval of those USEPACKs. The USEPACK explorer facilitates the search for USEPACKs that share certain context factors specified by the reader. An example for one of these filters is the process context filter, which builds a graphical representation of the HCD process model defined in the process context section of the context model. By directly selecting process elements in the graphical representation, the reader can easily create a context situation for a query.

The context model manager component enables users to edit and extend the currently used context model with new context factors, e.g. to adapt REUSE to new process models or application domains. By this means, the REUSE module and the underlying models about processes, projects, domains, technologies and quality standards can be evolved in concert with the growing amount of experience to meet the needs of the organization.

The USEPACK servlet displays USEPACKs on a standard web browser in read-only mode and allows convenient browsing of the net of linked USEPACKs.

3.4 Use Cases for the REUSE system

The following two use cases show the utilization of the REUSE system.

3.4.1 Use Case 1: Capturing an new experience

A usability expert of a development organization conceived a new approach for efficient performance of cognitive walkthroughs in large software development projects, called the streamlined cognitive walkthrough method. He captures his experience by using the USEPACK editor to generate and describe a new USEPACK. Table 1 shows an excerpt of the information which is to be recorded in this USEPACK.

Table 1 : Sample excerpt of the information of a USEPACK

Title:	*Performing streamlined cognitive walkthroughs* (SCW)
Abstract:	Contains a short outline of the advantages of the SCW over the original cognitive walkthrough
Description:	Contains a description of the SCW and its four ground rules.
Artifacts:	Contains a template for the agenda of a SCW session, a template for recording the critical output of a SCW and a document describing the details of the SCW method.
Context- Situation:	The described experience is linked to the process phase 'User Interface Design and Evaluation' and the process step 'Iterative User Interface Walkthroughs' as well as to the process phase 'Evaluation an tests'. Furthermore the experience was gained in a large development organization with a large development team. In the context situation of this USEPACK these context factors are marked.

Figure 2 shows the how the core information section and the artifacts of the USEPACK are presented in the USEPACK editor. Figure 3 shows how the description of the context situation is done in the USEPACK editor. The user can visually manipulate the context situation by using controls like check boxes and sliders - no textual input is required.

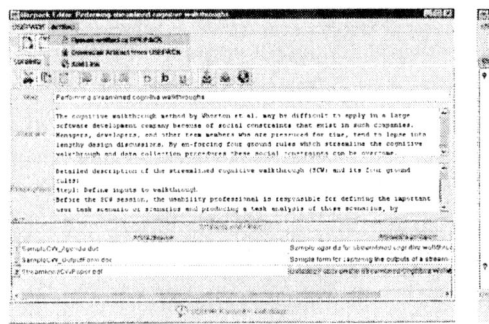

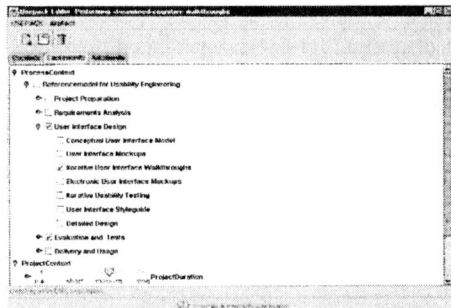

Figure 2 : Editing the core information   Figure 3 : Editing the context information

3.4.2 Scenario 2: Reusing an existing experience

A usability novice within the development organization has to perform a streamlined cognitive walkthrough because the usability expert is not available in his project. In order to look for experiences how to perform this task he utilizes the USEPACK explorer to search for adequate information. Starting with the graphical overview of the usability process model, he focuses on experiences in the field of iterative user interface walkthroughs by selecting the process step 'Iterative User Interface Walkthroughs' in the process context filter. As a result the USEPACK with the title ' Performing streamlined cognitive walkthroughs' is shown to him. By exploring the USEPACKs core information and its context situation he can easily decide if this USEPACK is useful in his development context and he can exploit the USEPACKs artifacts to perform streamlined cognitive walkthroughs. Later on he is able to extend the existing USEPACK by adding his own experiences.

In this way an organization is able to augment its development processes with REUSE to facilitate an organizational learning process in HCD.

4 Evaluation

A formative evaluation [1] was conducted in order to gain feedback about the usefulness of the functionality of REUSE and the usability of its components. Thinking-aloud [21] was selected as test method.

4.1 Participants

Six participants who were selected to cover several roles of potential users of the REUSE system were identified for the evaluation. The group consisted of one usability engineer, one user interface designer, one usability inspections specialist and three UI developers, each with professional experience in the development of highly interactive systems.

4.2 Procedure

First, the participants were allowed to play and experiment with the system for some time. Then the participants had to read a global scenario introducing them to the test tasks. The next steps included reading the three main test tasks. To fulfill these tasks, the participants had to make extensive use of all the features and components of REUSE.

A usability lab was deployed to simultaneously record the interactions on the screen, the participant and the comments from the participant. After all usability test sessions had been performed, we analyzed the video tapes and documented the usability problems, new design ideas and suggestions for improvement identified by the participants during the operation of REUSE.

4.3 Results

In the first phase of exploration of the system some participants encountered difficulties in understanding the concepts of context models and context situations. However, these difficulties disappeared when the participants were introduced to the system by reading the scenarios and test tasks. All participants were able to completely solve all test tasks without interventions by the test staff.

Most usability problems were caused by the context model manager component. This component offered the users only a low level of abstraction concerning the concept of the context model. For the related activities of maintaining and extending context models the users demanded for a more proactive support.

No major usability problems were discovered in the USEPACK editor. Users easily constructed USEPACKs guided by the USEPACK template and contextualized USEPACKs supported by the context situation assistant.

The participants highly appreciated the browsing features of the USEPACK explorer which facilitated easy exploration of the information space. They were especially enthusiastic about the overall idea of sharing their knowledge with their colleagues and profit from experiences of previous projects.

5 Related Work

A line of research related to the approach presented concentrates on augmenting the design process by offering tools for working with guidelines. Most of this work focuses on the effective organization and presentation of existing guidelines, e.g. Smith & Mosier's 'Guidelines for Designing User Interface Software' [23], styleguides, e.g. the 'OSF/Motif Styleguide' [24] and national or international standards like 'ISO9241-11' [19] by using tools like SIERRA [25], GuideBook [26] or HyperSAM [27]. A comprehensive summary of this work was compiled by Vanderdonckt [10].

One major concern regarding these approaches is the danger of getting 'decontextualized' guidelines [5, 10, 28]. Decontextualization in this regard means that it often remains unclear in which development context the described guidelines should be applied, thus complicating their access, interpretation and the estimation of their potential utility. REUSE offers a comprehensive solution to these problems by providing a context model shared between authors and readers of USEPACKs, thus explicitly facilitating contextualization of guidelines. By their open, evolving nature, context models enable the users to keep track of the application context of guidelines even if the underlying processes, technologies, domains and quality standards are still evolving.

6 Conclusions

We performed a survey to examine the development processes of companies engaged in the development of highly interactive software systems and found a high potential for improvement regarding HCD activities. The concepts and components implemented in REUSE represent an initial step towards an open tool geared for supporting HCD processes to facilitate efficient, painless performance of HCD activities. First results of a formative evaluation showed that REUSE meets the requirements elicited in the survey, is well accepted by the users and overcomes some limitations of related approaches.

7 Acknowledgments

This research was sponsored in part by the BMBF[2] award #01 IL 904 B7 of the EMBASSI[3] project. We would like to thank all participants of our studies.

8 References

1. J. Nielsen, Usability Engineering: Morgan Kaufman Publishers, 1994.
2. D. J. Mayhew, The Usability Engineering Lifecycle: A Practioner's Handbook for User Interface Design: Morgan Kaufman, 1999.
3. H. Beyer and K. Holtzblatt, Contextual Design: Defining Customer-Centered Systems: Morgan Kaufmann Publishers, 1998.
4. L. L. Constantine and L. A. D. Lockwood, Software for Use: A Practical Guide to the Models and Methods of Usage-Centered Design: Addison-Wesley, 1999.
5. S. Henninger, „A Methodology and Tools for Applying Context-Specific Usability Guidelines to Interface Design," Interacting with Computers, vol. 12, 2000.
6. B. A. Myers, „User Interface Management Systems," in Wiley Encyclopedia of Electrical and Electronics Engineering, vol. 23, J. G. Webster, Ed. New York: John Wiley & Sons, 1999, pp. 42-58.
7. M. Macleod and R. Rengger, „The Development of DRUM: A Software Tool for Videoassisted Usability Evaluation," presented at BCS Conference on People and Computers VIII HCI'93, Lougborough, 1993.
8. D. Uehling and K. Wolf, „User Action Graphing Effort (UsAGE)," presented at ACM Conference on Human Aspects in Computing Systems CHI'95, Denver, 1995.
9. G. Al-Quaimari and D. McRostie, „KALDI: A Computer-Aided Usability Engineering Tool for Supporting Testing and Analysis of Human-Computer Interaction," presented at CADUI99: Computer Aided Design of User Interfaces, Louvain-la-Neuve Belgium, 1999.
10. J. Vanderdonckt, „Development Milestones Towards a Tool for Working with Guidelines," Interacting with Computers, vol. 12(2), 1999.
11. D. Grammenos, D. Akoumianakis, and C. Stephanidis, „Integrated Support for Working with Guidelines: The Sherlock Guideline Management System," Interacting with Computers, vol. 12, (2),2000.
12. E. Wetzenstein and A. Becker, „Requirements of Software Developers for a Usability Engineering Environment," Artop Institute for Industrial Psychology, Berlin 2000.
13. S. Weinschenk and S. C. Yeo, Guidelines for Enterprise-wide GUI design. New York: Wiley, 1995.
14. P. A. Billingsley, „Starting from Scratch: Building a Usability Programm at Union Pacific Railroad," Interactions, vol. 2, pp. 27-30, 1995.
15. R. Spencer, „The Streamlined Cognitive Walkthrough Method: Working Around Social Constraints Encountered in a Software Development Company," presented at CHI2000, The Hague, Netherlands, 2000.
16. S. Rosenbaum, J. A. Rohn, and J. Humburg, „A Toolkit for Startegic Usability: Results from Workshops, Panels and Surveys," presented at CHI 2000, The Hague, Netherlands, 2000.
17. V. R. Basili, G. Caldiera, and H. D. Rombach, „Experience Factory," in Encyclopedia of Software Engineering, vol. 1, J. J. Marciniak, Ed. New York: John Wiley & Sons, 1994, pp. 528-532.
18. B. Minto, The Pyramid Principle - Logic in Writing and Thinking, 3 ed. London: Minto International Inc., 1987.
19. ISO/TC 159 Ergonomics, „Ergonomic requirements for office work with visual display terminals - Part 11: Guidance on usability," ISO International Organization for Standardization ISO 9241-11:1998(E), 1998.
20. ISO/TC 159 Ergonomics, „Human-centered Design Processes for Interactive Systems," ISO International Organization for Standardization ISO 13407:1999(E), 1999.
21. A. H. Jørgensen, „Using the thinking-aloud method in system devlopment," in Designing and Using Human-Computer Interfaces and Knowledge Based Systems. Amsterdam: Elsevier Science Publishers, 1989, pp. 743-750.

---

2   Bundesministerium für Bildung und Forschung: German Ministry for Education and Research
3   Elektronische, Multimediale Bedien- und Service Assistenz: Electronic, Multimedia Operating and Service Assistance

22. DaimlerChrysler Aerospace AG, DaimlerChrysler AG, Siemens Electrocom GmbH, Carl Zeiss Oberkochen, and Technical University of Ilmenau, „OSVA Final Report - Chapter 7.2: Experience Based Usability Engineering," Technical University of Ilmenau 01 IS 605 A4, Mai 1999 1999.
23. S. L. Smith and J. N. Mosier, „Guidelines for Designing User Interface Software," The MITRE Coporation, Bedford ESD-TR-86-278 MTR-10090, 1986.
24. Open Software Foundation, OSF/Motif Styleguide. Englewood Cliffs: Prentice-Hall, 1992.
25. J. Vanderdonckt, „Accessing Guidelines Information with SIERRA," presented at IFIIP Conference on Human Computer Intercation Interact'95, Lillehammer, Norway, 1995.
26. K. Ogawa and K. Useno, „GuideBook: design guidelines," Special Interest Group on Human Computer Interaction SIGCHI, vol. 27, pp. 38-39, 1995.
27. R. Ianella, „HyperSAM: a management tool for large user interface guideline sets," Special Interest Group on Computer Human Interaction SIGCHI, vol. 27, pp. 42-43, 1995.
28. F. d. Souza, „The use of Guidelines in Menu Interface Design: Evaluation of a Draft Standard," presented at 3rd IFIP Conference on Human Computer Interaction (INTERACT'90), Cambridge, 1990.
29. J. Kolodner, Case-based Reasoning: Morgan Kaufmann Publishers, 1993.
30. Sun Microsystems, „Forte for Java - Development Tools for the latest Java Technology," : Sun, 2000.

Adressen derAutoren

Eduard Metzker / Michael Offergeld
DaimlerChrysler AG
Forschung & Technologie
Wilhelm-Runge-Str.11
89013 Ulm
eduard.metzker@daimlerchrysler.com
michael.offergeld@daimlerchrysler.com

Mobile Informationssysteme –
Hard- und Softwaregestaltung im sozialen Kontext

Florian Dengler, Wolfgang Henseler, Hansjörg Zimmermann
Deutscher Multimedia Verband e.V., Düsseldorf

Neuartige mobile Informationssysteme zeichnen sich dadurch aus, dass sie ihren Benutzern die Möglichkeiten geben werden, jegliche Art von Information, Produkt oder Serviceleistung (*anything*), zu jedem Zeitpunkt (*anytime*) an jedem beliebigen Ort dieser Welt (*anywhere*) in einer adäquaten Form individuell zugeschnitten (*anyhow*) bereitzustellen. Diese neuen Informations- und Kommunikationsmöglichkeiten setzen ein verändertes Verständnis vom Umgang mit den Dingen voraus. Dieses gilt es zu gestalten. Wenn die Dinge „intelligent" werden (Meta-Medien), bedarf es einer medienadäquaten Sprache, die sich in der Hard- und Softwaregestaltung widerspiegelt. Die bis dato objektbezogene Mensch-Produkt-Kommunikation wandelt sich zunehmend zu einem intersubjektiven Dialog. Dabei beginnen die Dinge im Kontext mit dem Menschen oder ihrer Umgebung intelligent zu agieren.

In zwei Workshops wird dieses neue Verständnis unter dem Aspekt der Hard- und Softwaregestaltung analysiert und die damit verbundenen Auswirkungen auf Mensch und Gesellschaft untersucht.

Workshop 1 – Anforderungen an die Hardware-Gestaltung für eine mobile Gesellschaft

Der Workshop wird sich vor diesem Hintergrund mit Aspekten der Hardwaregestaltung beschäftigen und aufzeigen, wie Mensch-Computer-Schnittstellen künftig aussehen könnten. Neben der medienadäquaten Ausnutzung technologischer Möglichkeiten spielt vor allem die Nutzungskomponente „Mensch" eine zentrale Rolle. Die Frage nach dem Aussehen der Dinge, die einen permanent begleiten werden, ohne dabei aufdringlich zu sein, sowie deren produktsprachliche Ausgestaltung sollen in visionären Ansätzen dargestellt und erarbeitet werden. Die Auflösung der Hardware durch deren Miniaturisierung (Schrumpftechnologie), die Verlagerung der Produktkommunikation auf die Software sowie deren autonom adaptiven Fähigkeiten werden unser Weltbild gravierend verändern. Der Workshop soll konfrontieren mit einer Zukunft, die bereits Gegenwart ist, und zum Nachdenken auffordern.

Gleichzeitig soll aber auch eine kritische Betrachtung geleistet werden. In Abhängigkeit von neuen Technologien, insbesondere den interaktiven Medien werden neue Lebens- und Arbeitsbedingungen entstehen. Der Begriff der Mobilität gewinnt durch UMTS zunehmend an Bedeutung, ihre Handhabung muss jedoch menschenwürdig gestaltet werden. Die Qualität der Arbeits- und Lebensbedingungen wird gekoppelt sein an die Qualität dieser mobilen Geräte. Unterwirft sich der Mensch der Technik oder schafft er es, sie so zu gestalten, dass sie ihm das Leben angenehmer macht, sein Aktionsspektrum erweitert und seinen Erfahrungshorizont vergrößert? Der Wandel zur mobilen Informations- und Wissensgesellschaft setzt nicht nur technische Lösungen voraus, sondern auch menschenadäquate Schnittstellen. Die Dinge müssen bei der Entwicklung zunehmend vernetzter gedacht werden.

Relevante Fragen des Workshops werden sein: Wie müssen die Dinge aussehen, damit sie uns möglichst effizient unterstützen und auch akzeptiert werden? Welches sind die Komponenten, die bei der Gestaltung und Strukturierung zukünftiger IT-Produkte eine entscheidende Rolle spielen? An was sollte sich eine menschenadäquate Hardware-Gestaltung orientieren? Wie lassen sich technologische Machbarkeit und menschliche Bedürfnisse vereinbaren? Wie werden die mobilen Systeme unsere Gesellschaft, Kultur und Arbeit in Zukunft beeinflussen?

Workshop 2 – Mobile Informationssysteme: Mekka der Produktdesigner, Trauma der Interfacedesigner?

Mit der ständigen Weiterentwicklung der Hardware in Form sogenannter Microdevices wandelt sich nicht nur die Art und Weise, wie Daten ausgegeben werden, also die Form und Größe der Displays und Screens. Auch die Form der Interaktion wird sich vollkommen verändern, da wir uns früher oder später von Keyboard und Mouse, so wie wir sie heute noch kennen, verabschieden werden. Die permanente Verkleinerung der Hardware stellt große Herausforderungen an die Gestaltung der Interfaces. Bisher konnte man davon ausgehen, dass der User an seinem Arbeitsplatz oder zu Hause an seinem Rechner sitzt und sich konzentriert durch die inhaltlichen Strukturen bewegt. Dies wird sich in Zukunft verändern: Die neuen Devices sind portabel, kommen also überall zum Einsatz, ob im Verkehr, in der Bar, am Strand oder auf dem Sportplatz. Auf kleinsten Displays müssen Navigation und Inhalt so gestaltet sein, dass auch im größten Chaos und unter ungünstigsten Bedingungen die Systeme genutzt werden können. Was bisher für das Netz und für 14"-Bildschirme entwickelt wurde ist künftig obsolet.

Um wirklich effektive und innovative Lösungen entwerfen zu können, muss man sich von mittlerweile „klassischen" Navigations- und Interaktionsmethoden lösen. Wearable Computers, multimodale Steuerung durch Bewegung, Sprache oder äußere Einflüsse, umgebungsabhängige Funktionalitäten, innovative Formen der Absenderkennung und mehr zeigen die Vielfalt der Entwicklungsmöglichkeiten von Software in diesem Bereich.

Ziel des Workshops wird es sein, die enormen Veränderungen in der Informationswiedergabe und die damit verbundenen „Einschränkungen" aufzuarbeiten. Daraus läßt sich dann das phantastische Potential, das in der Entwicklung dieser mobilen Systeme liegt, ableiten. Gleichzeitig werden die Einflüsse mobiler Systeme auf unsere Gesellschaft perspektivisch analysiert und hierfür Lösungen erarbeitet.

Organisation der Workshops: Deutscher Multimedia Verband

Moderation: Hansjörg Zimmermann, die argonauten

Workshop 1 (Hardware-Gestaltung) –
Anforderungen an die Hardware-Gestaltung für eine mobile Gesellschaft

Wolfgang Henseler, GFT | PIXELFACTORY
Thomas Gerlach, via 4

Workshop 2 (Software-Gestaltung) –
Mobile Informationssysteme: Mekka der Produktdesigner, Trauma der Interfacedesigner?

Florian Dengler, frogdesign
Andreas Krajewski, 360°

Adressen der Autoren

Hansjörg Zimmermann
die argonauten -
agentur für interaktive
kommunikation
und markendialog gmbh
Osterwaldstrasse 10, Haus C
80805 München

Prof. Dr. Wolfgang Henseler
GFT | PIXELFACTORY GMBH
Domstrasse 43
63067 Offenbach

Florian Dengler
frogdesign gmbh
Torstrasse 105-107
10119 Berlin

Kommunikation und Kooperation im Wissensaustausch in virtuellen Verbünden

Peter Mambrey, Volkmar Pipek, Gregor Schrott

GMD - FIT.CSCW, St. Augustin, ProSEC, Universität Bonn, Institut für Informatik III, Universität Frankfurt, Institut für Wirtschaftsinformatik und Informationssysteme

In diesem Workshop sollen sich ForscherInnen und PraktikerInnen zusammenfinden, die sich mit Entstehung, Motivation und Unterstützung von Wissensaustauschprozessen in Virtuellen Verbünden (Virtuelle Organisationen, Virtuelle Communities, Communities of Practice, Community Networks, Bürgernetze, etc.) beschäftigen. Gegenüber Organisationen mit stabilen Strukturen und Prozessen ist der Wissensaustausch in Verbünden durch die Volatilität von Beziehungen und die gering ausgeprägten Strukturen wesentlich schwerer sozio-technisch zu unterstützen. Es handelt sich beim Wissensaustausch in virtuellen Verbünden um Kommunikation, aber auch um Kooperation in und über dynamische, verteilte, noch zu erschließende Wissenslandschaften und nicht um fest umrissene Aufgaben und Strukturen.

Entsprechend der auf internationaler Ebene unter Stichworten wie „Community Informatics", „Knowledge Communities", „Virtual Communities", „Community Networks" diskutierten Formen des computerunterstützten Wissensaustausches in eher schwach oder gar nicht organisierten Verbünden ist es das Ziel des Workshops, in diesem noch jungen Forschungszweig einen Abgleich zwischen Problemen aus der Praxis und existierenden Ideen und Konzepten aus der Forschung herbeizuführen und zur Klärung folgender Fragen beizutragen:

- In welchem Verhältnis stehen unterschiedliche Interpretationen des Begriffes „Community" zu den dort stattfindenden Wissensaustauschprozessen bzw. deren Unterstützung?
- Welche Faktoren können Wissensaustausch motivieren? Wie können diese Faktoren gestärkt werden (technisch, organisatorisch)?
- Wie kann Wissen kollaborativ entstehen? Welche Faktoren beeinflussen Effizienz und Effektivität dieses Prozesses?
- Wie müssen Werkzeuge aussehen, die Wissensaustausch und Wissensarbeit vor dem besonderen Hintergrund virtueller Verbünde unterstützen?
- Welche Grenzen und Möglichkeiten bieten moderne Technologien bei der Einbindung schwach motivierter Nutzergruppen („casual user")?
- Welche Rolle spielt das Engagement einzelner Mitglieder einer Knowledge Community für den Wissensaustauschprozess als Ganzem?

Neben der Unterstützung des „eigentlichen" Wissensaustausches im jeweiligen Interessensgebiet ist auch die Frage des Wissensaustausches über die Funktionalität der als Medium dienenden Technologie (Hardware und Software) und dessen Gestaltung interessant.

Dieser Workshop fungiert auch als offene Fortsetzung des Workshops „Kommunikation und Koordination in Knowledge Communities", der, von einem Teil der obigen Antragsteller veranstaltet, gemeinsam mit 22 Teilnehmern zu einem großen Erfolg innerhalb der deutschen Konferenz über Computerunterstützte Gruppenarbeit (DCSCW'2000) gemacht werden konnte. Es wurde damals vereinbart, sich auch auf weiteren Konferenzen um ein entsprechendes Forum zum Ideenaustausch zu bemühen.

Weitere Informationen finden Sie unter: http://www.wissenslandschaft.de/muc/

Adressen der Autoren

Peter Mambrey
GMD-FIT.CSCW
Schloss Birlinghoven
53754 St. Augustin
mambrey@gmd.de

Volkmar Pipek
Universität Bonn
Institut für Informatik III
Römerstr. 164
53117 Bonn
pipek@cs.uni-bonn.de

Georg Schrott
Universität Frankfurt
Institut für
Informationssysteme
Mertonstr. 17
60054 Frankfurt
gschrott@wiwi.uni-frankfurt.de

Design for All
Konzepte, Umsetzungen, Herausforderungen

Frank Leidermann, Michael Pieper, Harald Weber
Institut für Technologie und Arbeit, Universität Kaiserslautern /
GMD-FIT, St. Augustin / Institute of Computer Science - FORTH, Heraklion

Zusammenfassung

Design for All zielt darauf ab, im Entwicklungsprozess von technologischen Systemen (proaktiv) die vielfältigen Anforderungen zu berücksichtigen, die sich aus der Heterogenität von Benutzergruppen sowie der Variabilität des Benutzungskontextes ergeben. Im Rahmen des Workshops wird dieser Ansatz anhand von Konzepten und Umsetzungsbeispielen vorgestellt, diskutiert und in Bezug zur Arbeit der TeilnehmerInnen gesetzt. Aus den gemeinsam erarbeiteten Herausforderungen und Chancen sollen zukünftige Handlungsfelder bzw. Forschungsfragen abgeleitet werden.

1 Zielgruppe

Personen, die in Analyse, Design, Entwicklung und Einführung von computer-basierten Technologien involviert sind, und anstreben, diese Systeme für eine möglichst breite Zielgruppe nutzbar (*usable*) und akzeptierbar (*acceptable*) zu gestalten.

2 Inhalt und Aufbau

2.1 Motivation

Nach einer kurzen Einführung soll gemeinsam die Vielfältigkeit von Benutzungsanforderungen erschlossen werden, die sich aus der *Heterogenität von Benutzergruppen* ableitet (z.B. in Bezug auf Alter, Erfahrungsgrad, Fähigkeiten, Fertigkeiten, Bedürfnisse, Präferenzen, Beeinträchtigungen, Behinderungen oder kulturellen Hintergrund), aber auch aus der zunehmenden Verbreitung von *mobilen* bzw. *kooperativen* Anwendungen, die einen dynamisch variierenden (räumlichen, sozialen bzw. organisatorischen) *Benutzungskontext* mit sich bringen. In einem Brainstorming sollen dabei sowohl der jeweilige berufliche Hintergrund der TeilnehmerInnen als auch die individuellen Erfahrungen als IKT-Benutzer mit einfließen.

Aus dieser Vielfalt resultieren zahlreiche Herausforderungen, die sich auf den gesamten *Entwicklungsprozess* beziehen, angefangen von der Anforderungsanalyse über Design und Implementierung bis hin zu Evaluation und Einführung von IKT-Produkten. In diesem Zusammenhang spielen software-ergonomische Usability- und Accessibility-Standards und Gestaltungsrichtlinien, wie sie bspw. in der DIN 66234, der ISO 9241 oder der Web Accessibility Initiative des World-Wide-Web Konsortiums festgelegt werden, eine grundlegende Rolle.

2.2 Existierende Konzepte und Umsetzungen

Im zweiten Teil werden Beispiele aus unterschiedlichen Anwendungsbereichen erläutert bzw. demonstriert, in denen *Design for All* erfolgreich umgesetzt wurde, begonnen bei der Gestaltung öffentlicher Gebäude über Gebrauchsgegenstände bis hin zu Produktwerbung und Web-Site-

Designs. Die Präsentation dieser Umsetzungen werden durch Hintergrundinformationen zu den verwendeten Ansätzen und Methoden ergänzt.

Anschließend werden erste existierende *HCI*-Ansätze und -Methoden vorgestellt, die auf ein proaktives *Design for All* abzielen (bspw. Best-Practice-Beispiele im Bereich Web-Browser-Technologien). Dabei wird Wert auf eine *sozio-technologische* Betrachtungsweise gelegt, die nicht nur die technische, sondern auch die individuell-sozialen und die organisatorischen Ebenen berücksichtigt.

In diesem Zusammenhang wird proaktives Design for All auch abgegrenzt von anderen Ansätzen, die durch die Entwicklung von Spezialanfertigungen oder durch nachträgliche (*reaktive*) Anpassungen für einzelne Benutzer(gruppen) charakterisiert sind. Vor- und Nachteile der verschiedenen Herangehensweisen sollen anhand gesammelter Erfahrungen und Evaluationsergebnissen gemeinsam diskutiert bzw. erarbeitet werden.

2.3 Transfer und Ausblick

Die Praxisbeispiele und relevante Gestaltungsrichtlinien bilden den Ausgangspunkt für eine abschließende Diskussion mit den TeilnehmerInnen, welche Aspekte aus dem speziellen Anwendungsbereich (z.B. Architektur, Werbung, Industriedesign, Stadtplanung) abstrahierbar und in den eigenen Arbeitsbereich übertragbar sind. Kurz-Statements der TeilnehmerInnen, in denen Bezüge zur eigenen Arbeit aufgezeigt werden sollen, dienen zur Ableitung von Forschungsfragen bzw. Handlungsfeldern und zur Skizzierung von Bereichen für potenzielle zukünftige Kooperationen.

3 Ergebnisse

Die Ergebnisse des Workshops sind unter der Kontaktadresse von Frank Leidermann erhältlich.

Adressen der Autoren

Frank Leidermann
Universität Kaiserslautern
Institut für Technologie und Arbeit
Gottlieb-Daimler-Straße
67663 Kaiserslautern
fleider@sozwi.uni-kl.de

Dr. Michael Pieper
GMD - FIT.MMK
Schloss Bilringhoven
53754 St. Augustin
michael.pieper@gmd.de

Harald Weber
HCI&AT Lab
I.T.E./FORTH
Science and Technology Park of Crete
71110 Heraklion, Crete
Griechenland
harald@ics.forth.de

Heuristische Evaluation von Web-Sites

Werner Schweibenz
Fachrichtung 5.6 Informationswissenschaft, Universität des Saarlandes

Zusammenfassung

Der Workshop bietet eine Einführung in das Web Usability Engineering am Beispiel einer expertenorientierten Evaluationsmethode zur Verbesserung der Benutzerfreundlichkeit von Web-Sites. Vorgestellt wird die heuristische Evaluation von informationsorientierten Web-Sites mit den *Heuristics for Web Communication*. Am Beispiel einer Usability-Studie wird die Durchführung, sowie Vor- und Nachteile einer heuristischen Evaluation vorgestellt.

Zielgruppe

Online-Redakteure und Webdesigner

Inhalt

Die heuristische Evaluation ist eine anerkannte Methode des Usability Engineering. Unter heuristischer Evaluation versteht man, „dass eine geringe Zahl von Gutachtern die Benutzerschnittstelle eines Produktes untersucht und überprüft, inwieweit diese mit bestimmten Usability Prinzipien (Heuristiken) übereinstimmt" (Eichinger 1999). Gegenüber anderen Methoden des Usability Testing (z.B. Produkttests mit Benutzern und der Methode des lauten Denkens) hat die heuristische Evaluation den Vorteil, dass sich der zeitliche und finanzielle Aufwand in Grenzen hält, da die Prüfmethoden leicht zu erlernen, anzuwenden und schnell durchzuführen sind. Verschiedene Untersuchungen haben die heuristische Evaluation als sehr effizient beschrieben. Bereits ein einzelner Prüfer erkennt etwa 35 Prozent der Usability Probleme, drei bis fünf Gutachter finden etwa 75 Prozent aller Usability Probleme. Die heuristische Evaluation mit den *Heuristics for Web Communication* erfolgt in einem Team von vier bzw. fünf Gutachtern. Die Gutachter prüfen individuell, inwieweit die zu evaluierende Web-Site den Anforderungen der Heuristiken entspricht. Das Ergebnis der heuristischen Evaluation ist eine Liste von Usability-Problemen, die unter Bezugnahme auf die Heuristiken genau beschrieben und beim Redesign behoben werden können. Um die gefundenen Usability-Mängel zu objektivieren und die Prioritäten beim Redesign festzulegen werden die Usability-Probleme nach einem Ratingverfahren bewertet. Bei diesem Severity Rating nach Nielsen werden die Mängel in fünf Kategorien eingeteilt (Tabelle 1). Dabei spielten Fragen der Häufigkeit und Persistenz der Usability-Probleme ebenso eine Rolle, wie der Einfluss, den sie auf die Benutzer haben.

Tabelle 1: Kategorien des Severity Rating nach Nielsen

0	Kein Usability-Problem (eigentlich überhaupt kein Problem)
1	Kosmetisches Problem (nur beseitigen, wenn genügend Zeit ist)
2	Kleines Usability-Problem (geringe Priorität bei der Beseitigung)
3	Großes Usability-Problem (hohe Priorität bei der Beseitigung)
4	Usability-Katastrophe (muss unbedingt beseitigt werden)

Die *Heuristics for Web Communication* wurden speziell für das Web entwickelt und basieren auf den Erkenntnissen der Forschungsgebiete Text- und Bildverständlichkeit, Hypertextnavigation, Webdesign und Usability Testing.

Die Heuristik *Displaying Information on the Web* berücksichtigt das gesamte Spektrum der visuellen Darstellungsmöglichkeiten im Web. Sie untersucht,
- wie man dargestellte Elemente gut erkennbar bzw. lesbar gestaltet,
- wie sie logisch angeordnet werden sollen,
- wie Bilder, Illustrationen und Bewegtbilder eingesetzt werden sollen.

Die *Heuristic for Web Navigation* befasst sich mit der Navigation aus der Sicht der Hypertexttheorie. Sie untersucht,
- wie Links und Orientierungsinformation gestaltet sein sollten und
- wie Navigationsmittel koordiniert sein sollten.

Die *Role Playing Heuristics* behandelt die Rollenverteilung und den Rollenwechsel zwischen Autor und Leser von Webseiten basierend auf der Forschung zur Hypertext-Rhetorik. Sie untersucht,
- welche Rollen Autor und Leser einnehmen und
- wie sich das Rollenverhältnis von Autor und Leser gestaltet.

Die *Text Comprehension Heuristic* behandelt die Verständlichkeit von Webseiten basierend auf der Forschung zur Textverständlichkeit. Sie untersucht
- wie der Text geschrieben und organisiert sein soll,
- wie man Glaubwürdigkeit erreicht.

Die Heuristik *Web Data Collection for Analyzing and Interacting with Your Users* befasst sich mit der Analyse der Besucher einer Web-Site und wie die Beziehungen zwischen Anbieter und Besuchern und zwischen Besuchern untereinander verbessert werden können. Sie untersucht
Serverlogdaten zur Analyse der Benutzung und der Besucher einer Website und Mittel, wie eine Beziehung und ein Gemeinschaftsgefühl mit den virtuellen Besuchern hergestellt werden kann.

Literatur

Eichinger, A. (1999): Usability. Internet, URL http://pc1521.psychologie.uni-regensburg.de/student2001/Skripten/Zimmer/usability.html. Version: 07/98. Letzter Zugriff: 05.12.00.

Jost, J./Schütz, B./Schweibenz, W. (1999): Heuristische Evaluation von Webseiten. In: tekom-Jahrestagung 1999 in Mannheim. Zusammenfassungen der Referate. Stuttgart: tekom. S. 127-128

Heuristics for Web Communication. Special Issue of the Journal of Technical Communication, 47 (3) August 2000.

Heuristics for Web Communication. Revised Heuristics from the Workshop (August 1999). Internet, URL http://www.uwtc.washington.edu/international/workshop/1999/post-workshop/heuristics/default.htm.

Nielsen, J. (1999): Heuristic Evaluation. In: useit.com. Internet,
URL http://www.useit.com/papers/heuristic/. Version: 04/99. Letzter Zugriff: 05.12.00.

Adressen der Autoren

Werner Schweibenz
Universität des Saarlandes
Studiengang Informationswissenschaft
Nauheimer Str. 91
70372 Stuttgart
w.schweibenz@zr.uni-sb.de

Menschengerechte Wissensverarbeitung: Was kann das sein?

Rudolf Wille
TU Darmstadt und ErnstSchröderZentrum für Begriffliche Wissensverarbeitung e.V.

Zielsetzung
Angestrebt wird, ein möglichst breites und überzeugendes Antwortspektrum zu der Themenfrage des Workshops zu erhalten. Um dieses Ziel bemüht sich seit 1993 das Darmstädter ErnstSchröderZentrum *für Begriffliche Wissensverarbeitung*, in dem sich Wissenschaftlerinnen und Wissenschaftler aus Human- und Sozialwissenschaften, Mathematik, Informatik und Informationswissenschaft zusammengefunden haben. Sie wollen einem drohenden Abbau kognitiver Autonomie durch Wissens- und Informationssysteme, die vom Menschen nicht mehr kontrollierbar sind, entgegenwirken. Sie befürworten deshalb Methoden und Instrumente der Informations- und Wissensverarbeitung, die Menschen im rationalen Denken, Urteilen und Handeln unterstützen und den kritischen Diskurs fördern.

Zielgruppe
Jeder ist angesprochen, der im Bereich der Informations- und Wissensverarbeitung tätig ist oder allgemein an Fragen der Informations- und Wissensverarbeitung in unserer Gesellschaft interessiert ist.

Inhalt
Um diskutieren zu können, was eine menschengerechte Wissensverarbeitung sein kann, ist zunächst offenzulegen, welches Wissensverständnis dabei zugrundegelegt werden soll. Die Arbeit des Darmstädter ErnstSchöderZentrums *für Begriffliche Wissensverarbeitung* bezieht sich auf ein menschenbezogenes Wissensverständnis, nach dem „anspruchsvolles Wissen nur durch bewusste Reflexion, diskursive Argumentation und zwischenmenschliche Kommunikation auf der Grundlage lebensweltlicher Vorverständnisse, kultureller Konventionen und persönlicher Wirklichkeitserfahrungen entsteht und weiterlebt". Im Ulmer *Forschungszentrum für anwendungsorientierte Wissensverarbeitung* wird dagegen Wissen nicht nur menschenbezogen verstanden, sondern in einer Vielfalt von Systemen von der atomaren bis zur globalen Ebene als präsent angesehen; hier wird Wissen relativ „zu einer Aufgabe und einem Gütemaß für die Erfüllung der Aufgabe definiert, wobei das Erfüllungsmaß auch relative Performance- oder Überlebensfähigkeit sein kann."

Schon an den zwei skizzierten Sichtweisen kann deutlich werden, dass unterschiedliche Verständnisse von Wissen auch unterschiedliche Verständnisse der Verarbeitung von Wissen hervorbringen. So erscheint es als konsequent, dass im Ulmer Forschungszentrum Wissensverarbeitung in einem Modell verortet wird, „das Input und Operatorenverwendungen so organisiert, dass die gestellte Aufgabe in einer bestimmten Qualität, unter Umständen relativ zu Alternativen, gelöst wird". Das menschenbezogene Wissensverständnis im Darmstädter Zentrum macht dagegen eine Spannung zwischen dem sich im menschlichen Denken bildenden Wissen und der mehr technisch-formalen Verarbeitung deutlich. Allerdings findet Wissensverarbeitung nicht nur außerhalb des Menschen in Computern oder anderen Medien statt, sondern geschieht auch im Denken der Menschen, was auf eine enge Beziehung von Logik und Wissensverarbeitung verweist. Insofern beinhaltet die Frage nach einer menschengerechten Wissensverarbeitung auch die nach einer menschengerechten Logik, die umfassender zu verstehen ist als die seit Frege stark mechanisierte mathematische Logik.

Das Thema menschengerechte Wissensverarbeitung fordert ferner dazu heraus, über die Repräsentation von Wissen in Daten und Informationen nachzudenken. Geht man davon aus, dass (kurz gesagt) Daten als Zeichen mit Syntax verstanden werden können, Information als Daten mit Bedeutung und Wissen als internalisierte Informationen verbunden mit der Fähigkeit, sie zu nutzen, dann hat man die Rolle des Menschen bei dem jeweiligen Übergang zwischen Daten und Informationen bzw. zwischen Informationen und Wissen zu klären. Auf welcher Ebene die Verarbeitung von (repräsentiertem) Wissen durch den Computer oder mit seiner Unterstützung jeweils durchgeführt werden kann und was das für Menschen bedeutet, ist eine Grundfrage, die ein breites Spektrum von Antworten herausfordert; dabei dürfte es immer wieder notwendig werden zu klären, was menschengerechte Wissensverarbeitung meint.

Wichtig für die Auseinandersetzung mit der Thematik des Workshops ist, eine Vielfalt konkreter Anwendungen der Wissensverarbeitung präsent und verständlich zu machen. In der Arbeit des ErnstSchröderZentrums hat sich bewährt, Anwendungen der Wissensverarbeitung danach zu beurteilen, welche allgemeinen Denkhandlungen durch sie unterstützt werden; Beispiele solcher Denkhandlungen sind: Erkunden, Suchen, Erkennen, Identifizieren, Untersuchen, Analysieren, Bewusstmachen, Entscheiden, Verbessern, Restrukturieren, Behalten, Informieren etc. Der Bezug zu derartigen Denkhandlungen erleichtert die Reflexion darüber, in welchem Maße eine konkrete Wissensverarbeitung als menschengerecht angesehen werden kann oder nicht.

Arbeitsformen

Im Workshop, für den drei Stunden vorgesehen sind, sollen Kurzvorträge von 15 Minuten gehalten werden mit anschließender Diskussion, was jeweils Arbeitseinheiten von ca. 30 Minuten ergibt. Für eine zusammenfassende Diskussion am Schluß sollen mindestens 30 Minuten zur Verfügung stehen. Eine Dokumentation des Workshops wird angestrebt.

Grenzen für die Teilnehmeranzahl

Die Teilnehmeranzahle sollte 100 nicht überschreiten.

Unterlagen für die Teilnehmer

Als Literatur zur Vorbereitung werden die folgende Sammelbände empfohlen:

R. Wille, M. Zickwolff (Hrsg.): *Begriffliche Wissensverarbeitung: Grundfragen und Aufgaben.* B.I.-Wissenschaftsverlag, Mannheim 1994.

G. Stumme, R. Wille (Hrsg.): *Begriffliche Wissensverarbeitung: Methoden und Anwendungen.* Springer, Heidelberg 2000.

Zum schnellen Einstieg eignet sich die Arbeit (kann ggf. als Preprint zugeschickt werden):

R. Wille: *Begriffliche Wissensverarbeitung: Theorie und Praxis.* Informatik-Spektrum (erscheint im Dezember-Heft 2000)

Die besondere Rolle der Logik in der Wissensverarbeitung thematisiert die Arbeit:

S. Prediger: *Mathematische Logik in der Wissensverarbeitung: Historisch-philosophische Gründe für eine Kontextuelle Logik.* Mathematische Semesterberichte 47, Heft 4 (2000)

Adressen der Autoren

Prof. Dr. Rudolf Wille
Technische Hochschule Darmstadt
FB4 Mathematik AG 1
Schloßgartenstr. 7
64289 Darmstadt
wille@mathematik.tu-darmstadt.de

„Mensch und Computer in Bewegung".
Theater, Bewegung und Improvisationen

Michael Müller-Klönne
Düsseldorf, freier Trainer für Improvisations- und Bewegungstheater

Ziele des Workshops sind

- einen anderen Zugang zum und andere Wege der Verständigung über das Tagungsthema „Mensch und Computer" anzubieten;
- eine Möglichkeit zu bieten, auf der Bühne alle denkbaren und undenkbaren Situationen und Welten zu erschaffen;
- gleichzeitig Sinne, Gedanken und Gefühle anzusprechen;
- eigene Aktivitäten zu ermöglichen.

Wie gehen wir vor?

Eigene Visionen, Ideen, Grundbedürfnisse oder aber auch Utopisches, Phantasievolles und Lustiges sollen zusammengetragen und in Bildern und Szenen dargestellt werden. Die Arbeitsweise lehnt sich an Formen wie Sketch, Improvisationstheater, Bewegungstheater und Experimentelles Theater an.

Ergebnisse

Entstehungsprozess und Ergebnis können mit Photos und Videofilmen dokumentiert und bei vorhandenen technischen Möglichkeiten für eine Internet-Darstellung aufbereitet werden. Höhepunkt ist ein Live-'Auftritt' bei der Abschlussveranstaltung.

Wer kann teilnehmen?

Eingeladen sind alle, die mit auf eine spannende Abenteuerreise gehen wollen. Schauspielerische Erfahrungen sind nicht notwendig. Es sollten mindestens 6 und höchstens 15 Personen teilnehmen.

Dauer

Insgesamt 9 Arbeitsstunden, möglicherweise verteilt auf drei Tage sowie ca. 10 Minuten für die Vorführung.

Wer hatte die Idee und wer leitet den Workshop?

Dieser Theaterworkshop auf der MC 2001 ist ein Vorschlag von TECHNIK & LEBEN e.V. in Bonn. Er wird geleitet von *Michael Müller-Klönne* (Düsseldorf, freier Trainer für Improvisations- und Bewegungstheater).

TECHNIK & LEBEN e.V.[1] ist ein Beratungs- und Schulungsinstitut für Betriebs- und Personalräte. Wurzel des Vereins ist der vor über 20 Jahren in Bonn am Fachbereich Informatik gegründete Arbeitskreis Rationalisierung, der sich mit dem Thema „Informatik und Gesellschaft" auseinander gesetzt hat. TECHNIK & LEBEN e.V. hat sich in dieser Zeit von einem Kreis kritischer InformatikerInnen zu einem Institut mit interdisziplinärer, kreativer und offener Arbeitsweise entwickelt.

Im Rahmen unseres Projektes QuaMoMo[2] haben wir einige Ideen und Ergebnisse in Form eines Bewegungstheaterstücks unter professioneller Anleitung künstlerisch dargestellt[3].

Adressen der Autoren

Michael Müller-Klönne
TECHNIK & LEBEN e.V.
Bonner Talweg 33-35
53113 Bonn
tul@technik-und-leben.de
www.technik-und-leben.de

---

1 www.technik-und-leben.de
2 „QuaMoMo" steht für „**Qua**lifizierung und Beratung von Betriebs- und Personalräten als **Mo**deratoren und **Mo**toren innovativer betrieblicher Beteiligungs-, Qualifizierungs- und Restrukturierungsprozesse"
3 Buchholz, U./ Busch, B. u.a.: Das Projekt QuaMoMo - Dokumentation. Kap. 3.6 „Künstlerische Darstellung". Bonn 1998

Die Epistemologie der Medienkunst

Hubertus von Amelunxen, Michael Herczeg
Universität Düsseldorf, International School of New Media, Lübeck /
Universität Lübeck, Institut für Multimediale und Interaktive Systeme, International School of New Media, Lübeck

Unterscheidet sich die Medienkunst von anderen Künsten? Sind künstlerische Fertigkeiten der Zeichen-, Mal- oder Baukunst mit jenen vergleichbar, derer es bedarf, Betriebssysteme oder Datenbanken zu konzipieren um damit Grundlagen für interaktive Installationen zu schaffen? Bedarf es einer eigenen Heuristik für die Medienkunst? In den großen Epochen der Kunst seit der Renaissance ist keinem Werk eine solche Aufmerksamkeit widerfahren wie dem Medienwerk. Seit den 50er Jahren des 20. Jahrhunderts gibt es parallele Entwicklungen in der Kunst, der Informations- und der Kommunikationstheorie, die nicht nur über das Moment des Ästhetischen, sondern über die Besonderheit und jeweilige Übersetzbarkeit von Formen des Wissens eine Annäherung finden. Medienkunst und Informatik hatten bisher nur über informationsästhetische oder semiologische Ansätze Räume der Berührung gefunden, meist jedoch mit Fragestellungen, Begrifflichkeiten oder Desiderata, die aus den jeweils eigenen Disziplinen erwachsen waren.

Computer berührten sich mit der Kunst zunächst im Zeichenbegriff. Sie sind in der Lage Zeichen zu generieren, diese zu kommunizieren und zu verarbeiten. Computer können wie kein anderes Artefakt komplexe Zeichensysteme in Form von Zeichenhierarchien oder anderen Strukturen aufbauen und diese flexibel aber definiert codieren und decodieren. Im Algorithmus und der abstrakten Maschine erlauben uns Computer komplexe Zeichen als dynamische Systeme zu interpretieren und diese in der Interpretation kontrolliert, oder wenn wir es wollen, zufällig zu variieren. Durch die im Bereich der multimedialen Systeme ständig entstehenden und sich weiterentwickelnden, an der menschlichen Sensorik und Motorik orientierten Ein- und Ausgabekanäle entstehen Interaktionsmöglichkeiten mit der algorithmischen Maschine, die die menschliche Wahrnehmung stimulieren, verwirren und täuschen. Aus diesem stärker werdenden Kräftefeld erwachsen kulturell eingebettete soziotechnische Konsequenzen, die die Medienkunst aufgreift und in neuer oder aus Bekanntem transformierter Form präsentiert. Dabei wird der Computer bislang jedoch noch viel zu sehr als geschlossenes System und anzuwendendes System begriffen anstatt seine Fähigkeiten als programmierbare abstrakte Maschine zu nutzen, mit der wir Matrix und Gehalt für die Kulturtechniken des 21. Jahrhunderts bilden.

Anhand einiger signifikanter Beispiele aus der Medienkunst werden wir während des eintägigen Workshops die „Zustände von Wissen" in Kunst und Informatik diskutieren und analysieren, wie sie in den Bestand einer Kulturwissenschaft aufgenommen und auch Teil eines Schulfaches werden könnten, das in der Zusammenführung von Visueller Kommunikation (visual culture), Medienkunst und Informatik gründen könnte. Der Workshop möchte gezielt bildungspolitische und bildungsökonomische Fragen einbeziehen, welche die Defizite von Bildung und Weiterbildung in der Informationsgesellschaft benennen.

Adressen der Autoren

Prof. Dr. Hubertus von Amelunxen
Heinrich-Heine-Universität
An den Eichen 1
24242 Felde
h.amelunxen@netsurf.kiel.de

Prof. Dr. Michael Herczeg
Institut für Multimediale und Interaktive Systeme
Technik Zentrum Lübeck, Gebäude 5
Seelandstr. 1a
23552 Lübeck
herczeg@informatik.mu-luebeck.de

Kommunikationsdesign und Visualisierung von Informationen

Udo Bleimann, Harald Reiterer
Fachhochschule Darmstadt, Universität Konstanz

Besonderes Anliegen der Organisatoren ist es, die Themengebiete *Kommunikationsdesgin* (Teilgebiet der Gestaltung) und des *Information Visualization* (Teilgebiet der Mensch-Computer-Interaktion) miteinander ins Gespräch zu bringen um voneinander zu lernen. Dazu werden von beiden Disziplinen jeweils exemplarische Ergebnisse vorgestellt, um die unterschiedlichen Sicht- und Herangehensweisen bei der Visualisierung von Information deutlich zu machen. Dadurch sollen im Kreise der Workshopteilnehmer Diskussionen initiiert werden, die zu einem Erfahrungsaustausch und zu einem gegenseitigen Lernen beitragen. Der Workshop zielt daher auf die aktive Einbeziehung aller Teilnehmer in den Gesprächs- und Erkenntnisprozess und ist nicht als „Tagung in der Tagung" gedacht.

Der zeitliche Umfang liegt bei drei bis vier Stunden, wobei bei interessanten Diskussionen kein abrupter Abbruch vorgesehen ist. Der Workshop wendet sich an eine Gruppe von möglichst nicht mehr als 30 Personen, da ein größerer Kreis das angestrebte Gespräch sehr erschweren würde.

Folgender Ablauf ist geplant:

1 Selbsterfahrung für die Teilnehmer

In den ersten 30 Minuten ist ein Gruppenspiel geplant, das von einem Kommunikationstrainer angeleitet wird. In diesem „Spiel" geht es um nonverbale Kommunikation; es ist absolut voraussetzungslos. Es ermöglicht jedem Teilnehmer eine Selbsterfahrung, die als Grundlage für die anschließenden Vorträge und Gespräche sehr hilfreich ist.

2 Vorträge und Systemdemonstrationen

Im informativen Hauptteil des Workshops sollen die beiden „Schulen" der visuellen Informationsbewältigung exemplarisch vorgestellt werden, um die Ansätze einer Annäherung im dritten Teil fundiert diskutieren zu können.

Aus dem Bereich des Kommunikationsdesigns sind dazu zwei Kurzbeiträge geplant.

2.1 Demonstration des interaktiven Projekts „Infoline":

Studenten des *Media System Design* der FH Darmstadt (ein fachübergreifender Studiengang) stellen den Prototyp eines Event Management Tools vor, das am Beispiel einer fiktiven Kulturwoche die visuelle Information, Response Erfassung und Bedarfsplanung eines Events über das Internet ermöglicht (Projektleitung: Prof. Bleimann, Prof. Puttnies). Hierbei wird u.a. auch das gemeinsame Vorgehen von Designern, Informatikern und Wirtschaftlern demonstriert.

2.2 Vortrag Prof. Dr. Hans Puttnies (FH Darmstadt): „Information Image Design - Thesen und Beispiele zur bildmäßigen Optimierung von Informationsprozessen".

Ausgangspunkt ist das zentrale Problem der Ratio in der Mensch-Computer-Kommunikation: wesentliche unbewusste Fähigkeiten des Menschen, die in der Mensch-zu-Mensch-Kommunikation entscheidend sind, kommen nicht zum Einsatz. Der Kurzvortrag zeigt einen Denkansatz, der die Langsamkeit des textbasierten, hierarchischen Informationsflusses durch eine vorrationale Visualisierung überwinden will.

Aus dem Bereich des „Information Visualization" sind folgende Kurzbeiträge geplant:

2.3 Vortrag Prof. Dr. Daniel Keim (Uni Konstanz): „Design von pixelorientierten Visualisierungstechniken" (Visual Data Mining).

Präsentation visueller Verfahren zur Darstellung sehr großer Datenmengen, wie man sie heute typischerweise in vielen Datenbanksystemen findet.

2.4 Vortrag/Demonstration Prof. Dr. Harald Reiterer (Uni Konstanz): „Visualisierung von Suchergebnissen von Web-Recherchen".

Es werden aktuelle Erkenntnisse und praktische Ergebnisse aus dem EU-Forschungsprojekt INSYDER vorgestellt.

3 Offene Diskussion zu neuen Ansätzen der Informationsvisualisierung

Hier wird versucht, eine Synthese der Erfahrungen und Ergebnisse aus den beiden oben vorgestellten Bereichen zu finden, wobei die Selbsterfahrung hoffentlich eine gute Basis bieten wird. Eine offene Diskussionsrunde unter Beteiligung aller Teilnehmer soll zu diesem Ziel führen. Wesentliche Fragen werden dabei u.a. sein:
- Was kann man voneinander lernen?
- Wie kann man gemeinsam bessere Ergebnisse erzielen?

Die Vorträge und Demonstrationen werden durch entsprechende Unterlagen ergänzt, die allen Teilnehmern beim Workshop zur Verfügung gestellt werden.

Zum Workshop-Thema kann folgende Literatur empfohlen werden:

Card K. S., Machinlay J. D., Shneiderman B.: *Readings in Information Visualization*. Morgan Kaufmann Publishers, San Francisco 1999

Ware C.: *Information Visualization*. Morgan Kaufmann Publishers, San Francisco 2000

Tufte Edward R.: *The Visual Display of Quantitative Information*. Graphics Press, Cheshire, Connecticut 1983

Tufte Edward R.: *Envisioning Information*. Graphics Press, Cheshire, Connecticut 1990

Tufte Edward R.: *Visual Explanations*. Graphics Press, Cheshire, Connecticut 1997.

Adressen der Autoren

Prof. Dr. Udo Bleimann
Fachhochschule Darmstadt

udo@bleimann.de

Prof. Dr. Harald Reiterer
Universität Konstanz
FB Informatik und Informationswissenschaft
Postfach D73
78457 Konstanz
harald.reiterer@uni-konstanz.de

Mensch-Computer-Interaktion in allgegenwärtigen Informationssystemen

Michael Beigl, Hans-W. Gellersen, Norbert Streitz

TecO, Universität Karlsruhe / GMD-IPSI, Darmstadt

Zusammenfassung

Mit der Entwicklung allgegenwärtiger Informationssysteme entstehen Alternativen zu traditionellen Formen der Mensch-Computer-Interaktion, die sich stärker am Menschen und seinen Aktivitäten orientieren. Grundlegend ist in diesem Zusammenhang die Einbettung von Computern als Sekundärartefakt in Gegenständen, Geräten und Umgebungen um diese als Mensch-Informations-Schnittstellen, bzw. für die Mensch-Mensch-Kooperation „im wirklichen Leben" zu erschließen. Ziel dieses Workshops ist, im kleinen Teilnehmerkreis sowohl mensch-bezogene als auch technologische Fragestellungen zu diesem Thema aufzugreifen.

Einführung

Computer sind heute Primärartefakte. Wer mit ihnen interagieren will, muss sich von anderen Dingen ab- und dem Computer zuwenden. Dabei ist zu beachten, dass der Mensch ja eigentlich primär nicht an der Interaktion mit dem Computer selbst interessiert ist, sondern an der Interaktion mit Informationen, bzw. der Kommunikation und Kooperation mit anderen Menschen. Im Zuge der gegenwärtigen Informatisierung aller Lebensbereiche werden dieses Interaktionsmodell und die scharfe Trennung zwischen virtueller Welt und realer Welt daher zunehmend in Frage gestellt. Aktuelle Visionen - Ubiquitous Computing, Calm Computing, The Invisible Computer und Disappearing Computer - sehen Computer nun zunehmend als Sekundärartefakt, eingebettet in Informationsgeräten, Unterhaltungselektronik, Gebrauchsgegenständen, Räumen, Gebäuden und Plätzen.

Als Sekundärartefakt treten Computer in den Hintergrund, und die Mensch-Computer-Interaktion wird verwoben mit der Handhabung der Primärartefakte, in die sie eingebettet sind. Artefakte, die so im Prinzip als Mensch-Computer-Interaktionsobjekte erschlossen werden, können klein (z.B. Computer am Schlüsselbund) oder groß (z.B. interaktive Wände), und mobil (z.B. „Wearable") oder räumlich verankert (z.B. intelligente Möbel) sein. Die Mensch-Computer-Schnittstelle kann minimiert (z.B. in dedizierten Informationsgeräten), wahrnehmungstransparent (z.B. durch Selbstverständlichkeit und Allgegenwart) oder tatsächlich unsichtbar (z.B. eingebettete Sensorik und Perzeption) werden. Sie kann sich auf einzelne Artefakte beziehen, auf räumlich verteilte Artefaktsysteme oder auf dynamische Artefakt-Aggregationen. Für den Gestaltungsprozess unbewusster und allgegenwärtiger Interaktion wird die teilweise vorherrschende Ansicht hinterfragt, auf der einen Seite Menschen und soziale Systeme auf „Nutzer" und auf der anderen Seite Funktionalität im dynamischen Technologieverbund auf „Anwendungen" zu reduzieren.

Ziele des Workshops

Der Workshop will gezielt Forscher, Entwickler und Anwender aus dem interdisziplinären Umfeld von „Mensch & Computer" zusammenbringen. Ziel ist, sowohl mensch-bezogene als auch technologische Fragestellungen zur Mensch-Computer-Interaktion in allgegenwärtigen Informationssystemen aufzugreifen. Die Leitfragen hierzu sind

Welche Implikationen haben neue Paradigmen und Technologien der Mensch-Computer-Interaktion für den Menschen, und welche Anforderungen haben Menschen an allgegenwärtige Mensch-Computer-Schnittstellen?
- Wenn „Schnittstellen" unsichtbar werden: wie kann der Mensch sie verstehen? Was passiert bei Fehlfunktion oder Absturz von Systemen?
- Wie viel Kontrolle wollen Menschen an ihre Umwelt abtreten? Ist es überhaupt wünschenswert oder akzeptabel, dass Alltagsgegenstände „intelligent" werden?
- Kann der Schutz der Privatsphäre überhaupt noch gewährleistet werden, wenn Computer und Schnittstellen allgegenwärtig sind? Kann der Fluss persönlicher Information durch allgegenwärtige Netze kontrolliert oder überhaupt noch nachvollzogen werden?
- Verändern allgegenwärtige Computer das alltägliche Leben und wenn ja, wie? (vgl. gesellschaftliche Wirkung von Mobiltelefon und Internet)
- Wie erschließen sich den Menschen Interaktionsmöglichkeiten in öffentlichen Räumen und Umgebungen, wenn Dialoge nicht mehr explizit sondern implizit sind?
- Wie kann die öffentliche und gemeinsame Nutzung von allgegenwärtigen Systemen ermöglicht werden, die Menschen unterstützt ohne auf ihre Mitmenschen störend zu wirken?
- Wie können Schnittstellen entworfen werden, die nicht monopolisierend sind? Wie können funktionale Gestaltung, Ästhetik und Ausdruck verbunden werden?

Welche Implikationen haben neue Paradigmen der Mensch-Computer-Interaktion für die technische Gestaltung von Schnittstellen?
- Wie wird Interaktion in bestehende Artefakte integriert, und welche neuen interaktiven Artefakte werden als Bausteine für allgegenwärtige Schnittstellen entstehen?
- Nach welchen Gesichtspunkten können Schnittstellen räumlich über verschiedene Geräte und Artefakte verteilt werden? Wie ist die Koordination zu gestalten?
- Wie kann bei der erwarteten Vielfalt von Geräten und interaktiven Artefakten kohärente Benutzerinteraktion erreicht werden?
- Welche Implikationen hat die Integration von Sensoren (=> Perzeption) und Aktuatoren (=> Aktion/Reaktion) für die Mensch-Computer-Interaktion?

Adressen der Autoren

Michael Beigl / Hans-Werner Gellersen
Universität Karlsruhe
Telecooperation Office (TecO)
Vincenz-Prießnitz-Str. 1
76131 Karlsruhe
hwg@teco.edu

Norbert Streitz
GMD-IPSI
Dolivostr. 15
64293 Darmstadt

Accessibility von Arbeitsplätzen für blinde Menschen

Wolfgang Wünschmann, Martin Engelien, Hans-Günther Dierigen
TU Dresden, Institut für Angewandte Informatik

1 Zielstellung

Es sollen an ausgewählten Beispielen methodische Schwerpunkte zur positiven Beeinflussung der Accessibility von Arbeitsplätzen für blinde Menschen dargestellt und diskutiert werden. Auf diesen Beispielen aufbauend soll während des Workshops ein Argumentekatalog erarbeitet werden. Dieser soll helfen, Gestaltungsprinzien für „Informationssysteme hoher Accessibility" auf der Grundlage von Aufwands-zu-Nutzensverhältnissen beurteilen zu können.

Am Beispiel der Extremsituation einer bestimmten Bevölkerungsgruppe (hier blinder und sehbehinderter Menschen) soll die These untersetzt werden, dass auch unter extrem heterogenen Bedingungen die kooperative Nutzung von Datennetzen die Effizienz des Einsatzes personeller und materieller Ressourcen für die Bildung und berufliche Integration benachteiligter Menschen wesentlich erhöhen kann.

Es soll die Praxiswirksamkeit des „Gesetzes zur Bekämpfung der Arbeitslosigkeit Schwerbehinderter" unterstützt werden.

2 Zielgruppen

Bedingt durch die Vielfalt der Einflussgrößen auf die Accessibility von Benutzungsoberflächen ist auch die Struktur der Zielgruppen weit gefächert:
Soft- und Hardware-Ergonomen, Endbenutzer (vorzugsweise blinde und sehbehinderte Menschen), Softwareentwickler, Schulungspersonal, Usability-Spezialisten, Soziologen, Psychologen, Anwender von Informationssystemen, Politiker......

3 Inhalt

Vermittlung eines Überblicks über Auswirkungen datennetzgestützter Arbeitsweisen auf die gesellschaftliche Integration blinder und sehbehinderter Menschen, speziell betreffend:
- Berufsfelder und Arbeitsmarktsituation für blinde Menschen,
- Bildungsangebote und Literaturzugang für blinde Menschen.
- Vermittlung von Erfahrungen aus dem Aufbau und Betrieb einer „Virtual Community Engine" mit dem Anspruch barrierearmer Kooperation blinder und sehender Menschen .
- Vorstellung der Funktionalität spezieller technischer Hilfsmittel für blinde Menschen mit Betonung von Accessibility-Aspekten.

4 Arbeitsprogramm

Teil 1: Grundlagen, zeitlich konzentriert, Workshop-Block I

Kurzvorträge mit Diskussion zur Strukturierung des Problemfeldes:
- *Benutzersicht*
Erfahrungen blinder Endbenutzer mit Call Center - Arbeitsplätzen

- *Entwicklersicht*
  Anforderungsanalysen bei Softwareentwicklung, Praxisbezug:
  Call Center - Software als spezielle Ausprägung einer VCE?
- *Anwendersicht*
  Anforderungen an Customer Relationship - Arbeitsplätze
- *Ausbildersicht*
  Entwicklung neuer Berufsfelder für blinde Menschen: Vom Telefonisten zum ....?
- *Arbeitsqualität mit Call Center – Bezug*
  (Stressaspekte, Arbeitsplatzbindung, Persönlichkeitsmerkmale....)
- *Accessibility - Grundsätze*
- *Bezug des Workshops zum Gesamtprogramm der Konferenz*

Zusammenfassung des Inhaltes von Teil 1 mit Aufgabenzuordnungen für Teile 2 und 3.

Teil 2: Praxisbezug, zeitlich verteilt, parallel zu Vortragsprogramm

Vorstellung von Arbeitsplätzen (aktiv am Internet, spezielle Interaktionsformen blinder und sehbehinderter Benutzer, KONUS - VCE Konzeption einer barrierearmen Version)

Zusammenfassung von Gesprächsinhalten mit Aufbereitung für Teil 3

Teil3: Ergebnisverdichtung, zeitlich konzentriert, Workshop-Block II

Zusammenfassungen aus den Teilen 1 und 2, Hervorhebung neuer Wege zur Verbesserung der Integration sehgeschädigter Menschen in die Arbeitswelt.

Fortführung der Diskussion und Erarbeitung eines Argumentekatalogs. Es soll als Nebeneffekt ein Beitrag entstehen für eine künftig intensivere deutsche Beteiligung an internationalen Standardisierungsvorhaben zum Thema Accessibility (einschließlich einer möglichst fortlaufenden Analyse und Bewertung internationaler Forschungsergebnisse, von Produktentwicklungen sowie sozialpolitischer Gesetzgebung mit Accessibility-Bezug).

5 Unterlagen für Teilnehmer

Thesenpapiere, hauptsächlich abgeleitet aus Arbeitsergebnissen des Projektes KONUS, gefördert im Rahmen der InnoRegio-Initiative des BMBF, vgl. http://www.region-konus.de

Adressen der Autoren

Prof. Dr.-Ing. Wolfgang Wünschmann
Technische Universität Dresden
Fakultät für Informatik
01062 Dresden
wuenschmann@inf.tu-dresden.de

Dr.-Ing. Hans-Günther Dierigen /
PD Dr.-Ing. Martin Engelien
Technische Universität Dresden
Institut für Angewandte Informatik
01062 Dresden

Abwicklung internetbasierter Lehre: Erfahrungen und Perspektiven

Birgit Bomsdorf und Oliver Schönwald
FernUniversität Hagen

Abstract

Lehren und Lernen findet zunehmend unter Nutzung der Internettechnologien statt. Gegenstand dieses Workshops ist die Abwicklung der Lehre über das Internet im Sinne einer ganzheitlichen Veranstaltung. So wird es um die Aspekte der Organisation und Durchführung unter Einbindung geeigneter, unterstützender Technologien gehen. Zielsetzung ist damit, die im Bereich der Abwicklung von Lehre im Internet gesammelten Erfahrungen auszutauschen, um voneinander zu lernen, aber auch, um existierende Probleme zu thematisieren. Ausgehend von den dabei identifizierten Defiziten sollen dann Vorschläge für die Realisierung künftiger Lehrumgebungen herauskristallisiert und diskutiert werden.

1 Zielgruppe

Der Workshop richtet sich an Teilnehmer aus verschiedenen Bereichen, d.h.
- an Lehrende mit Bezug zur internetbasierten Lehre,
- an Entwickler entsprechender Werkzeuge und Plattformen und
- an Forscher im Bereich internetbasierter Lehr- und Lernumgebungen, aber auch an Lernende (wie Studenten) und Administratoren mit Interesse an dieser Thematik.

2 Inhalt und Arbeitsformen

Innerhalb dieses Workshops wollen wir die im Bereich der Abwicklung von Lehre im Internet gesammelten Erfahrungen austauschen, um voneinander zu lernen, aber auch, um existierende Probleme zu thematisieren. Hierbei wird es *nicht* um die bereits vielfach diskutierte Erstellung und Aufbereitung von Inhalten, sondern vielmehr um die nicht weniger bedeutsame und problematische Abwicklung der Lehre im Sinne einer ganzheitlichen Veranstaltung gehen. Im Vordergrund stehen damit Fragen wie
- Wie wird internetbasierte Lehre derzeit durchgeführt (u.a. welche Techniken werden eingesetzt)?
- In welchen Bereichen der Abwicklung erweisen sich die verschiedenen Techniken als nützlich oder auch als problematisch? (Z.B. erleichtert ein Skript, über das sich Studenten zu einem Seminar anmelden, die Themenplanung, während die Moderierung einer vorlesungsbezogenen/vorlesungsbegleitenden Newsgroup sehr aufwendig sein kann.)
- Was können wir aus existierenden Defiziten lernen? Welche Eigenschaften sollte eine Lehrumgebung haben?

Zu Beginn des Workshops wird in die Workshop-Thematik und deren Motivation eingeführt; u.a. werden hierzu die Moderatoren von den innerhalb des Projektes *Virtuelle Universität* gesammelten Erfahrungen berichten, die sich sowohl auf die Abwicklung internetbasierter Lehre als auch auf die Entwicklung entsprechender Lehrumgebungen beziehen. Zudem werden in diesem Kontext zentrale Fragestellungen vorgestellt, wobei die oben genannten den Ausgangspunkt bilden.

Innerhalb dieser Einführungsphase wird es eine „Tischrunde" geben, in der die Teilnehmer die Möglichkeit haben, sich kurz vorzustellen und auf ihre bisherigen Berührungspunkte sowie auf ihr Interesse bezüglich der Workshopthematik einzugehen. Hierbei können sie weitere Fragestellungen vorschlagen, die sie innerhalb des Workshops diskutieren möchten.

Insgesamt ist der Workshop als eine interaktive und kommunikative Veranstaltung geplant. Ausgangspunkt der Diskussion bilden die verschiedenen Fragestellungen, wobei sich die Teilnehmer zunächst auf die für sie relevantesten bzw. interessantesten einigen. Entsprechend der Zielsetzung wird diese Phase zeitlich den meisten Raum des Workshops einnehmen und aus der Betrachtung der existierenden Situation sowie der Diskussion notwendiger Eigenschaften von Lehrumgebungen bestehen.

3 Unterlagen

Zu dem Workshop existiert eine Web-Seite unter http://merlin.fernuni-hagen.de/netzlehre/mci2001/ws.html, die Informationsmaterial zu der Thematik dieses Workshops enthält, u.a. eine detailliertere Beschreibung und Motivation zum Workshop sowie Links zu relevanten anderen Web-Seiten, ggf. Positionspapiere der Teilnehmer und einen Bericht der Workshopergebnisse.

Innerhalb des Workshops erhalten die Teilnehmer ein Handout der Folien, die innerhalb der Vorstellungsphase verwendet werden.

Adressen der Autoren

Birgit Bomsdorf / Oliver Schönwald
Fernuniversität Hagen
Praktische Informatik I
Feithstr. 142
58084 Hagen
birgit.bomsdorf@fernuni-hagen.de
oliver.schoenwald@feruni-hagen.de

Gestaltungsunterstützende Methoden für die benutzer-zentrierte Softwareentwicklung

Kai-Christoph Hamborg, Marc Hassenzahl, Rainer Wessler
Universität Osnabrück, FB Psychologie / User Interface Design GmbH, München

1 Zielsetzung des Workshopsstellung

Die sorgfältige Analyse des Nutzungskontextes eines Softwareprodukts und die Formulierung sich daraus ergebender Anforderungen sind zentrale Aufgaben im Rahmen einer „benutzer-zentrierten Softwareentwicklung" gemäß ISO 13407. Auf der Basis dieser Informationen entstehen in der Regel erste Entwürfe und Prototypen, die dann evaluiert und weiter verbessert werden, bis ein zufriedenstellendes Softwareprodukt entsteht. Eine Vielzahl unterschiedlicher Methoden sind für jede dieser einzelnen Aufgaben vorgeschlagen und bereits erfolgreich erprobt worden. Doch zeigt sich in der Praxis eine nicht zu unterschätzende Lücke zwischen den Ergebnissen der Anforderungsanalyse und der tatsächlichen Gestaltung der Benutzungsoberfläche – die sogenannte „design gap". Obwohl sich das Problem, die Lücke zu schließen, d.h. die Ergebnisse der Anforderungsanalyse in die konkrete Benutzungsoberfläche zu transformieren, für jeden Gestaltungspraktiker stellt, stehen doch nur relativ wenige, explizit **gestaltungsunterstützende** Methoden zur Verfügung.

Ziel des Workshops ist es, im Dialog mit Praktikern, „weiße Flecken" in der „Landschaft" der gestaltungsunterstützenden Methoden aufzudecken und zu ergründen. So soll eine Agenda des Entwicklungsbedarfs für praktikable gestaltungsunterstützende Methoden entstehen. Diese Agenda kann ein wertvoller Impuls zur verstärkt anwendungsorientierten Ausrichtung wissenschaftlicher Methodenentwicklungen sein.

Im Rahmen des Workshops wird zunächst eine Taxonomie ausgewählter gestaltungsunterstützender Methoden vorgestellt.

Beispielhaft werden dann zwei neue Methoden präsentiert.
- „Structured Hierarchical Interviewing for Requirement Analysis" (SHIRA) ist eine Interviewtechnik, die zu einem sehr frühen Zeitpunkt ansetzen kann. SHIRA versucht die konkrete Bedeutung von Produktattributen wie „einfach", „innovativ", „kontrollierbar" oder „eindrucksvoll" für eine mögliches Softwareprodukts zu explorieren und zu verstehen. Dabei wird eine Brücke vom Attribut (Attributebene) über seine Bedeutung für ein mögliches Softwareprodukt (Kontextebene) zu konkreten Gestaltungsvorschlägen der Benutzer (Gestaltungsebene) geschlagen. Ein Beispiel für eine solche „Brücke": Ein Interviewpartner erwartet von einem Heim-Automatisierungs-System, dass es „einfach" ist, was unter anderem für ihn bedeutet, dass es ihn „nicht bevormunden" darf; konkret darf es z.B. keinen „oberlehrerhafter Ton, 'hast Du auch den Schlüssel eingesteckt?'" verwenden. Die Rekonstruktion der persönlichen Sichtweisen potentieller Benutzer (ihre Erwartungen, Einstellungen, Bedürfnisse etc.) soll dem Gestaltungspraktiker die Transformation abstrakter Anforderungen in eine konkrete Benutzungsoberfläche erleichtern.
- Kelly's „Repertory Grid Technique" z.B. ist eine Methode aus der Persönlichkeits-(Differenziellen) Psychologie die zur Exploration des Gestaltungsraums eines Softwareprodukts eingesetzt werden kann. Dazu ist es notwendig, zuerst eine Reihe von Entwürfen anzufertigen, z.B. als Ergebnis einer „parallel design"-Übung. Die Entwürfe dienen als Reizmaterial, mit dessen

Hilfe die persönliche Sichtweise der potentiellen Benutzer (ihre Erwartungen, Einstellungen, Bedürfnisse etc.) in Form sog. „persönlicher Konstrukte" erhoben werden. Beispiele für solche Konstrukte sind „fachmännisch – unseriös" oder „hat Spaß gemacht – ernsthaft, gut für die Arbeit". Gestaltungspraktiker können ein Gefühl dafür entwickeln, wie ihre Gestaltungsentwürfe von potentiellen Benutzern wahrgenommen werden und welcher Entwurf den Anforderungen an die Software am ehesten genügt. Vorteile und Nachteile einzelner Entwürfe können so den „ernsthaften" Entwurf der Benutzungsoberfläche leiten. Die „Repertory Grid Technique" zielt eher noch als SHIRA auf „Verstehen durch Gestalten", da konkrete Entwürfe benötigt werden. Allerdings ist es auch vorstellbar, diese Technik mit abstrakten Bedienkonzepten durchzuführen.

Die Taxonomie, sowie die beispielhaft vorgestellten Methoden, sollen in dem Workshop zur Diskussion gestellt werden. Die Taxonomie soll ggf. komplettiert werden. Interessante Punkte sind dabei:
- in der Praxis eingesetzte, informelle Vorgehensweisen zur Transformation von Anforderungen in Benutzungsoberflächen,
- praktische Erfahrungen bzgl. der Grenzen bestimmter schon eingesetzter Methoden,
- Anforderungen an gestaltungsunterstützende Methoden, die von bekannten Methoden bisher nicht berücksichtigt wurden.

2 Literatur

Scheer, J.W. & Catina, A. (1993): Einführung in die Repertory Grid-Technik. Band 1: Grundlagen und Methoden. Bern, Göttingen, Toronto, Seattle: Huber.
Wood, L.E. (1998): User Interface Design. Boca Raton: CRC Press.
Hassenzahl, M. & Wessler, R. (angenommen) Capturing design space from a user perspective: the Repertory Grid Technique revisited. In: International Journal of Human-Computer Interaction.

Adressen der Autoren

Dr. Kai-Christoph Hamborg
Universität Osnabrück
FB Psychologie und
Gesundheitswissenschaften
Arbeits- und Organisationspsychologie
Seminarstr. 20
49069 Osnabrück
khamborg@uos.de

Marc Hassenzahl / Rainer Wessler
Usability Engineering
Usability Design GmbH
Dompfaffweg 10
81823 München
marc.hassenzahl@uidesign.de

Interdisziplinäre Arbeit: Wunsch oder Wirklichkeit?

Kerstin Röse, Jürgen D. Mangerich
Universität Kaiserslautern, ZMMI / Zühlke Engineering GmbH, Eschborn-Frankfurt

Diskussion zur aktuellen Situation der interdisziplinären Forschung in der Praxis und an Universitäten. Wir wollen alle Interessenten einladen sich an der Diskussion zu beteiligen. Jeder soll seine Erfahrungen und auch Probleme einbringen.
Im Rahmen der Diskussionen dieses Workshops sollen die folgenden Fragestellungen diskutiert und auch (wenn möglich) beantwortet werden.

Ziel/ Thema:

Welche Disziplinen müssen für eine erfolgreiche interdisziplinäre Zusammenarbeit im Bereich der Mensch-Computer/Maschine-Interaktion zusammen kommen? Sind es Informatiker, Ingenieure und Psychologen oder müssen in Zukunft auch weitere Disziplinen hinzukommen?

Hier ist durch die PUI's und durch die Thematik des „umbiquitous und wearable computing" eine zunehmende Palette an Gestaltungsaufgaben zu berücksichtigen. Kommunikationswissenschaftler für Bereiche der Gestenerkennung, Sprachwissenschaftler im Bereich der natürlichsprachlichen Interaktionsgestaltung, u.a. Es sind nicht nur Erfahrungen aus anderen Disziplinen gefragt, es entstehen auch zunehmend neue Berufsbilder, z.B. Ausbildungen als Web-Designer oder Multimedia-Redakteur.

Welche Eigenschaften sind für ein Teammitglied Voraussetzung, um in einem Interdisziplinären Team erfolgreich mitarbeiten zu können?

Jedes Teammitglied muss in der Lage sein, die eigene Fachdisziplin angemessen und überzeugend zu vertreten und sein Wissen in die interdisziplinäre Zusammenarbeit einzubringen. Neben dieser Grundvoraussetzung müssen auch noch einige weitere persönliche Fähigkeiten wie: Flexibilität, Kommunikationsvermögen, Streitkultur, gute Aufnahmefähigkeit, sicheres Allgemeinwissen, Interesse an den andere Disziplinen – gesunde Neugier, u.a. vorhanden sein.

Wie ist eine erfolgreiche interdisziplinäre Zusammenarbeit zu gestalten und wie sollte das Management für eine solche Arbeit aussehen?

Interdisziplinäre HCI (HMI) Teams sind oft eine Zusammensetzung von mehreren Spezialisten aus den jeweiligen Fachgebieten. Man kann auch von einem Team aus High-Potentials sprechen. Neben den allseits bekannten Problemen der Teamarbeit kommt hier der Faktor der Interdisziplinarität hinzu. Durch unterschiedlichen fachlichen Hintergrund ist ein höherer Kommunikationsbedarf gegeben, um Mehrdeutigkeiten in Aufgabenstellungen und Informationen zu vermeiden. Die Ideen und Belange eines jeden Teammitgliedes und somit einer jeden Disziplin sind zu berücksichtigen. Nach der Ansicht von Rasmussen (IAE 2000) sollte bei einer interdisziplinären Zusammenarbeit immer eine andere als die dominierende bzw. zugeordnete Disziplin die Leitung solcher Teams übernehmen. Dadurch ist eine Berücksichtigung aller Belange gewährleistet.

Wie sieht es mit einer gleichgewichtigen Verteilung der Disziplinen aus? Einzelkämpfer oder Teamwork?

Um eine Anpassung einer oder mehrerer Disziplin an eine dominierende Disziplin zu vermeiden, muss in interdisziplinären Teams ein „gesundes Gleichgewicht" bestehen. Nur so ist eine Vermeidung der oft zu beobachtenden Einzelkämpfersituationen zu vermeiden.

Ein informeller Austausch interdisziplinärer HCI(HMI)- Teams ist notwendig. Zum einen können Erfahrungen hinsichtlich der Zusammenarbeit in solchen Teams ausgetauscht werden. Zum anderen besteht die Möglichkeit, dass sich die Teammitglieder auch in Fachgruppen einer jeweiligen Disziplin zusammen finden, um den Fachaustausch innerhalb der eigenen Disziplin zu pflegen, denn die Wichtigkeit dieses Aspektes wird oft unterschätzt. Wird ein solcher disziplinspezifischer Fachaustausch versäumt, dann kommt es oft zu den schon oben erwähnten Anpassungsphänomenen. Neue fachliche Impulse fehlen und dies kann oft einen negativen Einfluss auf die Gesamtqualität der interdisziplinären Zusammenarbeit haben.

Wie sind die bisherigen Erfahrungen bei der Zusammenarbeit? Kann oder muss ein Methodenaustausch intensiviert werden?

Ein Methodenaustausch ist eigentlich nur möglich, wenn eine Methode anwendungsorientiert vermittelt wird. Dies heißt in der Praxis, dass die Mitglieder - in der Regel durch beobachtendes Lernen - sich gegenseitig mit ihrem Wissen ergänzen und bereichern. Damit eine anwendungssichere Wissensvermittlung möglich ist, muss jedoch oft auch der wissenschaftliche bzw. methodische Hintergrund erläutert werden. Oft wird auch von einem teaminternen Wissensmanagement gesprochen. Für die teaminterne Weiterbildung wird oft keine Zeit bei der Planung von Projektarbeiten berücksichtigt. Das Gleiche gilt für den erhöhten Kommunikationsaufwand solcher interdisziplinären Zusammenarbeit. Dies sind jedoch anfallende Zeiten bei einer solchen Form der Arbeit, die zur Sicherung einer guten Arbeitsqualität solcher Teams unabdingbar sind. Bisherige Situation: Überstunden, die bei richtiger Planung vermeidbar wären.

Wie ist es mit der Anerkennung interdisziplinärer Arbeit? Gibt es Unterschiede in Realität und Praxis? Worauf sind diese zurückzuführen und was kann zur Verbesserung der Situation unternommen werden?

Heute ist es teilweise noch ein Problem bei gewissen Projekten die Notwendigkeit zur Gründung eines interdisziplinären Teams zu begründen. Durch die zunehmende Komplexität der zu gestaltenden Systeme und Applikationen und die wachsenden Benutzeranforderungen wird interdisziplinäre Arbeit im Bereich von HCI (HMI) in den nächsten Jahren jedoch immer selbstverständlicher werden, denn anders sind kommende Aufgabenstellungen nicht mehr zu bewältigen. Dies bedeutet jedoch strukturelle Wandlungen in der Arbeitswelt, um eine Grundlage für interdisziplinäre Teams zu schaffen. Diese strukturellen Veränderungen betreffen den industriellen und den universitären Bereich. Die Industrie muss bereit sein auch fachfremde Kräfte zu rekrutieren und diesen nicht nur ein „Training on the Job" anzubieten, sondern diese Fachkräfte als hochqualifizierte Fachkräfte anzuerkennen und sie für ihre interdisziplinären Teams einzustellen. Einige deutsche Firmen haben den Trend der zeit erkannt, der Großteil ist bisher jedoch nicht dazu bereit. Bei den Universitäten haben sich ebenso wie in der Industrie einige interdisziplinäre Teams zusammengefunden. Hier ist die Problematik jedoch im Bereich der Forschungsförderung gegeben. Die deutschen Forschungsförderstrukturen verlangen eine eindeutige Zuordnung zu einer Fachdisziplin. Dies lässt sich meist aus dem Anwendungsfall heraus bestimmen, jedoch ist es ein Problem interdisziplinäre Teamzusammenstellungen und Fragestellungen zu beantragen. Eigentlich eine Grundvoraussetzung für ein erfolgreiches Arbeiten und Forschen im Bereich der HCI (HMI), aber bisher noch mit vielen Hürden verbunden.

Da gerade strukturelle Veränderungen ein sehr zäher Prozess sind, gilt es gemeinsam eine Lobby für die interdisziplinären Teams der HCI(HMI) zu schaffen, um den zukünftigen Arbeitsanforderungen angemessen gegenüber treten zu können und die interdisziplinäre Zusammenarbeit als ein Selbstverständnis anerkannt zu bekommen.

Weitere Schritte zur Selbstverständlichkeit der interdisziplinären Zusammenarbeit sind zum einen ein disziplinen-übergreifender Fachausschuss (oder Verband), der die Belange der interdisziplinär und somit fachfremd arbeitenden Fachkräfte vertritt und ihre Arbeit unterstützt. Sich auf die Probleme interdisziplinärer Zusammenarbeit konzentriert, Lösungshilfen anbietet und solche Dinge wie z.B. Supervisionen o.ä. organisiert. Des weiteren sollte sich ein solcher Fachausschuss um die medienwirksame Veröffentlichung der Problematik kümmern, um eine langfristige strukturelle Veränderung bewirken zu können. (evtl. auf Initiativen wie: Useware-Forum und MMI-interaktiv hinweisen)

Um die Wichtigkeit der interdisziplinären Zusammenarbeit im Bereich der HCI (HMI) zu unterstreichen, fehlen bisher Studien o.ä., die eine Aussagen oder einen Nachweis über die Effektivität solcher Teams erbringen. Hier besteht Nachholbedarf.

Zum Workshop:

Zielgruppe: Praktiker und Wissenschaftler aller Fachrichtungen, mit Interesse an oder Erfahrungen mit interdisziplinärer Arbeit. Erfahrungen in interdisziplinären Teams ist somit von Vorteil, aber nicht Bedingung.

Inhalt: Anliegen ist ein Erfahrungsaustausch und die Vermittlung erfolgreicher Arbeitsstrategien zur interdisziplinären Zusammenarbeit, insbesondere im Bereich der Useware-Entwicklung. *Wie soll dies erreicht werden?*

Zuerst soll ein Überblick zur aktuellen Situation interdisziplinärer Teams sowie bereits bekannter Studienergebnisse zu Problemen der Projektarbeit im Bereich der Software-Entwicklung gegeben werden. Auf dieser Basis sollen die Schnittstellen sowie die Denk- und Handlungsbarrieren der interdisziplinären Zusammenarbeit erarbeitet werden. Im Anschluss daran werden erfolgreiche Arbeitsstrategien entwickelt und vorgestellt.

Beteiligungsmöglichkeit: Interessierte Teilnehmer werden gebeten ein „Position Paper" zum Thema zu schreiben und an die Organisatoren zu senden. Aus dem Paper muss der Standpunkt sowie die Erwartung an den Workshop deutlich werden. Der Umfang sollte eine A4-Seite nicht überschreiten.

Ergebnisse: Die Ergebnisse des Workshops werden durch die Organisatoren zu einem Ergebnisbericht zusammengefasst und allen Workshopteilnehmern zugänglich gemacht.

Teilnehmerzahl: Maximal 20 Teilnehmer

Adressen der Autoren

Kerstin Röse
Universität Kaiserslautern
ZMMI LS für Produktionsautomatisierung
Postfach 3049
67663 Kaiserslautern
roese@mv.uni-kl.de

Jürgen D. Mangerich
Zühlke Engineering GmbH
Mergenthalerallee 1-3
65760 Eschborn-Frankfurt
juergen.mangerich@zuehlke.com

WAP - Interaktionsdesign und Benutzbarkeit

Albrecht Schmidt, Tom Gross, Oliver Frick
TecO, Universität Karlsruhe, albrecht@teco.uni-karlsruhe.de
GMD-FIT, Sankt Augustin, tom.gross@gmd.de
SAP AG, CEC Karlsruhe, o.frick@sap.com

Zusammenfassung

Das Wireless Application Protocol (WAP) eröffnet neue Möglichkeiten, aber auch neue Herausforderungen für die Gestaltung und Entwicklung von mobilen, nomadischen Informationssystemen. In diesem Workshop sollen die Stärken und Schwächen von WAP in Bezug auf benutzerorientierte Gestaltung und technische Machbarkeit erörtert werden. Dazu werden Teilnehmer aus Wissenschaft und Praxis zu Vorträgen und zum Erfahrungs- und Ideenaustausch eingeladen. Insgesamt soll in diesem Workshop Wissen zu Interaktionsdesign und Benutzbarkeit von WAP gesammelt werden.

Zielgruppe

Der Workshop bietet ein Forum, in dem sich Praktiker und Wissenschaftler, die sich mit dem Entwurf, der Entwicklung und dem Test von WAP-Applikationen und den daraus resultierenden Fragestellungen beschäftigen, Erfahrungen austauschen und gemeinsam neue Ansätze entwickeln können. Zur Zielgruppe gehören insbesondere Informatiker, Psychologen, Designer und Soziologen, welche sich mit Möglichkeiten des ubiquitären Informationszugriffs und den sich ergebenden Problemstellungen beschäftigen.

Beiträge können in Form von Positionspapieren oder kurzen Aufsätzen, die Forschungsprojekte beschreiben, eingereicht werden. Einreichungen sollten in einem Umfang von 2-5 Seiten in elektronischer Form (PDF bevorzugt) an albrecht@teco.uni-karlsruhe.de gesendet werden. Aus den Einreichungen werden von einem Programmkomitee die Teilnehmer und Vortragenden ausgewählt.

Inhalt und Aufbau

Kleine mobile Geräte wie Mobiltelefone, Pager und PDA finden eine immer größere Verbreitung. Die Interaktion der Benutzer mit mobilen Endgeräten unterscheidet sich dabei konstruktionsbedingt signifikant von der Interaktion mit üblichen Arbeitsplatzrechnern. Folglich sind neue Methoden zur Analyse und Bewertung der Benutzbarkeit von Anwendungen auf mobilen Endgeräten erforderlich. Ziel des Workshops ist es ein umfassendes Verständnis für die grundlegenden Fragestellungen, welche sich im Umfeld des ubiquitären Informationszugriffs mit WAP-Endgeräten ergeben, zu erarbeiten. Insbesondere sollen Antworten und Ansätze in den folgenden Teilbereichen ausgearbeitet werden:
- Was sind die Besonderheiten von WAP-Anwendungen, wie werden sie benutzt und was ergibt sich daraus für das Interaktions- und Navigationsdesign? Welche Methoden können verwendet werden, um Interaktions- und Navigationsdesign zu beschreiben und zu entwickeln?
- In welchen Anwendungsbereichen lässt sich WAP positionieren? Wo sind Grenzen durch die Benutzbarkeit gegeben und wo entsteht ein Mehrwert (z.B. M-Commerce, Communities, Auskunftssysteme)? Wie läßt sich eine WAP-Anwendung in ein großes System einfügen?

- Wie kann man die Benutzbarkeit von WAP-Anwendungen beurteilen? Wie können Werkzeuge aussehen, welche die Entwicklung und Optimierung der Interaktion unterstützen?
- Welche Randbedingungen (technisch, politisch und sozial) erschweren es, WAP-Anwendungen zu erstellen, die eine hohe Akzeptanz erfahren? Was sind Wünsche an einen zukünftigen Standard?

Im Workshop wird es eine kleine Zahl an Vorstellungen von Projekten und Forschungsvorhaben, die sich mit den speziellen Themen und Charakteristika von WAP-Anwendungen für mobile Endgeräte beschäftigen, geben. Ein Schwerpunkt des Workshops liegt auf gemeinsamer Diskussion, die sowohl im Plenum als auch in Untergruppen durchgeführt wird. Die Teilnehmeranzahl wird auf 15 Personen begrenzt, um ein großes Maß an Interaktion zwischen den Teilnehmern zu gestatten.

Unterlagen für Teilnehmer

Auf der Workshop-Webseite (http://www.teco.uni-karlsruhe.de/wapws01/) sind ab sofort aktuelle Informationen zum Workshop abrufbar. Nach Ende der Einreichungsfrist werden dort auch die von den Teilnehmern eingereichten und vom Komitee ausgewählten Beiträge veröffentlicht. Nach der Veranstaltung werden die erarbeiteten Ergebnisse ebenfalls auf dieser Webseite der Allgemeinheit zur Verfügung gestellt; potentiell wird auch in der Folge des Workshops eine gemeinsame Veröffentlichung der Teilnehmer durchgeführt. Die für den Workshop angenommenen Beiträge werden auf dieser Webseite und ebenfalls in gedruckter Form veröffentlicht.

Literatur

1. Tom Gross und Thomas Koch. Ubiquitous Computing: Neue Herausforderungen für die Gestaltung von Benutzerschnittstellen Mobiler Geräte. it+ti - Informationstechnik und technische Informatik, (akzeptiert).
2. Tom Gross und Wolfgang Prinz. Gruppenwahrnehmung im Kontext. In Verteiltes Arbeiten - Arbeit der Zukunft, Tagungsband der Deutschen Computer Supported Cooperative Work Tagung - DCSCW 2000 (11.-13. Sep., München, Deutschland). Teubner, Stuttgart, 2000. pp. 115-126.
3. Albrecht Schmidt, Henning Schröder und Oliver Frick. WAP - Designing for Small User Interfaces. ACM CHI 2000 Extented Abstracts, Conference on Human Factors in Computing Systems. April 2000. pp 187-8. Eine erweiterte Version wurde im August 2000 im SAP Design Guilde (www.sapdesignguild.org) veröffentlicht.
4. Albrecht Schmidt, Antti Takaluoma und Jani Mäntyjärvi. Context-Aware Telephony over WAP. Second International Symposium on Handheld and Ubiquitous Computing (HUC2k), Bristol, England. Sep. 2000.

Adressen der Autoren

Albrecht Schmidt
Universität Karlsruhe
Telecooperation Office (TecO)
Vincenz-Prießnitz-Str. 1
76131 Karlsruhe

Tom Gross
GMD-FIT
Schloss Birlinghoven
53754 St. Augustin
tom.gross@gmd.de

Oliver Frick
SAP Aktiengesellschaft
SAP CEC
Neurottstr. 16
69190 Walldorf

„Die Geschichte von der Insel 2001".
Eine Schreibwerkstatt

Barbara Schlüter, Ingeborg Töpfer, Ulrich R. Buchholz
Technik & Leben e. V., Bonn

Ziel dieser Schreibwerkstatt ist es, einen Raum anzubieten, in dem Geschichten, Gedichte oder andere Texte über den utopischen Umgang der Menschen mit dem Computer entstehen. Gleichzeitig können die Teilnehmer und Teilnehmerinnen Ideen und Herangehensweisen für kreatives Schreiben kennenlernen.

Arbeitsweise

Eigene Visionen, Ideen, Utopien, Fantasien zum Thema „Mensch und Computer" sollen sprachlich ausgemalt und gestaltet werden. Die Arbeitsformen sind vielfältig und kreativ: Inputs, Moderation, Kreativitätstechniken, Einzel- und Gruppenarbeit, Präsentationen und gegenseitige Würdigung, Lesung.

Ergebnisse

Die Ergebnisse können während der Abschlussveranstaltung in Form einer kleinen Lesung präsentiert und auch im Tagungsband veröffentlicht werden.

TeilnehmerInnen

Eingeladen sind alle, die Spaß am Schreiben und an Utopien haben und/oder einige Möglichkeiten des kreativen Schreibens kennen lernen wollen. Es sollten mindestens sechs Personen teilnehmen. Nach oben gibt es keine Begrenzung.

Dauer

Insgesamt 2 x 3 Arbeitsstunden sowie ca. 15 Minuten während der Abschlussveranstaltung.

Name des Workshops und Leitung

Diese Schreibwerkstatt auf der MC 2001 ist ein Vorschlag von TECHNIK & LEBEN e.V. in Bonn. Sie wird geleitet von *Barbara Schlüter* und *Ulrich R. Buchholz*. *Barbara Schlüter* arbeitet seit 15 Jahren in der Jugendberufshilfe und ist Betriebsrätin bei „Lernen Fördern e.V." in Siegburg. Sie hat mehrere Schreibwerkstätten geleitet. *Ulrich R. Buchholz* arbeitet als Technik- und Organisationsberater bei Technik & Leben e.V. in Bonn.
    TECHNIK & LEBEN e.V.[1] ist ein Beratungs- und Schulungsinstitut für Betriebs- und Personalräte. Wurzel des Vereins ist der vor über 20 Jahren in Bonn am Fachbereich Informatik gegründete Arbeitskreis Rationalisierung, der sich mit dem Thema „Informatik und Gesellschaft" auseinander gesetzt hat. TECHNIK & LEBEN e.V. hat sich in dieser Zeit von einem Kreis kriti-

---

1   www.technik-und-leben.de

scher InformatikerInnen zu einem Institut mit interdisziplinärer, kreativer und offener Arbeitsweise entwickelt.

1983 haben wir im Rahmen einer Veröffentlichung über „Textverarbeitung"[2] die „Geschichte von der Insel" geschrieben. In dieser Geschichte wird beschrieben, wie Sekretärinnen eines Unternehmens heimlich die Vorteile der Textverarbeitung (Zeitgewinn) nutzen, um mehr Zeit für Familie, Kinder, Interessen und politische Aktivitäten zu haben und wie sie diese Bereiche in ihren Arbeitsalltag integrieren. Die Geschichte wurde in Seminaren eingesetzt und ist damals von einer Bielefelder Jugendgruppe verfilmt worden[3].

Idee von Technik & Leben e.V. ist es, während der Tagung eine kreative Schreibwerkstatt anzubieten, bei der einzelne oder mehrere neue Texte über den utopischen Umgang von Menschen mit dem Computer entstehen sollen.

Adressen der Autoren

Ulrich R. Buchholz
TECHNIK & LEBEN e.V.
Bonner Talweg 33-35
53113 Bonn
tul@technik-und-leben.de
www.technik-und-leben.de

---

2   Arbeitskreis Rationalisierung Bonn: Dem Bildschirm ausgeliefert? Formen, Stand, Tendenzen der Textverarbeitung - mit der Geschichte von der Insel. In: EDV, Textverarbeitung, Bildschirmarbeit. Verlag die Arbeitswelt. Berlin 1983.
3   Buchholz U./ Heß K.: „Die Geschichte von der Insel" oder wie man/ frau aufs festland kommt. In: Philipzig, H./ Zimmermann, B.: Mit Mut und Phantasie - neue Technik gestalten! VSA-Verlag. 1989.

Computernutzung durch blinde und sehbehinderte Menschen:
Produktqualität, Ausbildungskonzepte, Web-Standards

Heike Gaensicke, Torsten Junge, Thomas Lilienthal

D.I.A.S. GmbH / Daten, Informationssysteme und Analysen im Sozialen, Hamburg

Abstract

Der Zugang zu den neuen Kommunikationstechnologien stellt an blinde und sehbehinderte Computernutzer und -nutzerinnen spezifische Anforderungen. So erfordert der Umgang mit dem Computer spezielle Hilfsmittel und Kenntnisse, die die Zugänglichkeit zu Information und Kommunikation erst ermöglichen. Unter den Stichworten Gebrauchstauglichkeit von Hilfsmitteln, Qualitätsstandards von Computerschulungen und Richtlinien blinden- und sehbehindertengerechten Webdesigns wollen wir gemeinsam mit Experten, Anwendern und Entwicklern im Rahmen dieses Workshops gegenwärtige Probleme und zukünftige Erfordernisse diskutieren.

Zielgruppe

Wir möchten Interessenten und Interessentinnen aus unterschiedlichen Arbeitsbereichen herzlich einladen, aktiv mit Beiträgen an diesem Workshop teilzunehmen. Anwender sind ebenso angesprochen wie Experten und Entwickler. Der Workshop soll in enger Abstimmung und unter Beteiligung der Verbände und Organisationen aus dem Blinden- und Sehbehindertenbereich durchgeführt werden.

Inhalt des Workshops

Der Workshop ist in zwei thematische Blöcke unterteilt, einerseits die Zugänglichkeit von PC und Internet für Blinde und Sehbehinderte und andererseits die Aneignung und Vermittlung von kommunikationstechnischem Wissen.

PC und Internet für Blinde und Sehbehinderte zugänglich machen - Konzepte zur praktischen Umsetzung von accessibility-Forderungen

An drei Fragestellungen sollen Möglichkeiten der praktischen Umsetzung von accessibility-Forderungen diskutiert und Eckpunkte für zukünftige Maßnahmen nutzerorientierten Einflussnahme erarbeitet werden:
- Hilfsmittel zur Computernutzung: Führen Qualitätsstandards und Vergleichstests zu besseren Produkten?
- Information und Beratung: Wie soll ein verbrauchernahes Beratungsnetzwerk aussehen?
- Webdesign als Design for all: Zugänglichkeitsstandards praktisch umsetzen – aber wie?

Hilfsmittel zur Computernutzung: führen Produktstandards und Vergleichstests zu besseren Hilfsmitteln?

Blinde und sehbehinderte Menschen sind auf spezielle Hilfsmittel angewiesen, um effektiv am PC arbeiten zu können. Probleme gibt es bei der Auswahl geeigneter Computerhilfsmittel. Häufig genügen diese nicht den Anforderungen, und es mangelt an aktuellen und objektiven Informationen zum Leistungsspektrum.

Am Beispiel des vom BMA geförderten Projektes INCOBS (Informationspool Computerhilfsmittel für Blinde und Sehbehinderte (www.dias.de/incobs/index.html)) soll über Produktstandards oder Qualitätssicherungsverfahren für Computerhilfsmittel diskutiert werden. Es sollen Eckpunkte für den Informationsbedarf von Beratern und Anwendern zum Thema Computerhilfsmittel für Blinde und Sehbehinderte erarbeitet werden:

Was muss ein Prüfverfahren abdecken?
- Individuelle Nutzeranforderungen
- Funktionalität der Brückensoftware und Zugänglichkeit der Anwendungsprogramme
- Unterschiedliche Produktphilosophien und ergonomische Konzepte

Information und Beratung: Wie soll ein verbrauchernahes Beratungsnetzwerk Computerhilfsmittel für Blinde und Sehbehinderte aussehen?

Wer als Anwender, betrieblicher EDV-Beauftragter oder Berater eines Kostenträgers geeignete Computerhilfsmittel beschaffen will, ist auf Unterstützung angewiesen oder muss Expertenwissen abrufen. Die notwendige Berücksichtigung individueller Nutzervoraussetzungen und Arbeitsplatzanforderungen, Unterschiede im Leistungsspektrum und kurze Entwicklungsintervalle der Produkte erschweren die Auswahl geeigneter Hilfsmittel.

Diskutiert werden soll:
- Welche Anforderungen sind an eine entsprechende Informationsplattform im Internet zu stellen?
- Welche Informationen benötigen Berater, betriebliche Experten und Anwender?
- Wie müsste ein bundesweites Beratungsnetzwerk Computerhilfsmittel für Blinde und Sehbehinderte aussehen?

Webdesign als Design for all: Zugänglichkeitsstandards praktisch umsetzen – aber wie?

Die Auseinandersetzung mit Regelwerken zur Gestaltung zugänglicher Web-Angebote wird auf Seiten der Wissenschaft bereits seit geraumer Zeit thematisiert. Auch Verbände und Selbsthilfeorganisationen der Blinden und Sehbehinderten sehen die Zugänglichkeit des Internets als wesentliche Aufgabe und haben entsprechende Initiativen ergriffen. Hierzu gehören öffentlichkeitswirksame Maßnahmen wie der „Gordische Knoten" und die Propagierung von Web-Design-Empfehlungen ebenso, wie der Aufbau beispielhafter Web-Sites von Landes- und Bundesorganisationen.

Am Beispiel eines geplanten Projektes/Dienstleistungsangebotes der Blinden- und Sehbehindertenorganisationen, das Web-Designer beim Aufbau zugänglicher Internetangebote beraten und praktisch unterstützt, soll über Stärken und Schwächen dieser praktischen Maßnahmen zur Situationsverbesserung diskutiert werden. Ziel ist es, auf Grund gewonnener Erfahrungen Strategien für eine bessere Berücksichtigung der Belange blinder und sehbehinderter Internetnutzer zu entwickeln.

Lehren und Lernen - EDV-Schulungen und Computerfunktionalität beim E-Learning

Im Zeitalter moderner Computer- und Internettechnik erlangen computerbasierte Lernsysteme zunehmend Bedeutung. Die Vorteile liegen auf der Hand: flexible, individuelle und vor allem zeitnahe Wissensvermittlung oder Wissensvertiefung.

Durch spezielle Hilfsmittel zur Umsetzung von Bildschirminformationen in synthetische Sprache, Blindenschrift und vergrößerte Zeichen wird das Internet für blinde und sehbehinderte Menschen zugänglich. Mit dem Internet wird es möglich, an Informationen zu gelangen, die bisher nur Sehenden vorbehalten waren.

Neben der berechtigten sozialpolitischen Forderung einer Teilhabe behinderter Menschen an den neueren Entwicklungen der Informationsgesellschaft, kommen also alltäglich spezielle technische, didaktische und soziale Schwierigkeiten auf Menschen mit Behinderung zu. Sie brauchen für die Computerbedienung und -nutzung häufig spezielle Hard- und/oder Software (z. B. Brailledisplays, Großschriftsoftware). EDV-Schulungskonzepte für blinde und sehbehinderte Nutzer müssen diese speziellen Hardware- und Softwareausstattungen berücksichtigen und in die individuell zugeschnittenen, arbeitsplatz- und aufgabenbezogenen Schulungen integrieren. Um erwerbstätigen blinden und sehbehinderten Computeranwendern eine integrierte EDV-Ausbildung in ihrem Unternehmen zu ermöglichen, müssen die betrieblichen EDV-Dozenten in der Handhabung von elektronischen Hilfsmitteln ausgebildet werden. Ebenso müssen sie über die entsprechende behindertengerechte Methodik zur Ausbildung von sehbehinderten oder blinden Computeranwendern verfügen.

Wie können Telelearn-Projekte erfolgreich durchgeführt werden?

Welche Anforderungen für die didaktische Arbeit bei EDV-Schulungen erwachsen aus den besonderen Bedürfnissen blinder und sehbehinderter Computernutzer?

Wir wollen mit erfahrenen Projektleitern, Lehrern, technischen Entwicklern und Betroffenen über ihre Erfahrungen sprechen. Wir wollen mit Schulungsexperten die Möglichkeiten eines einheitlichen Maßstabes, Schulungskonzepte und -formen für Computernutzer mit Behinderung diskutieren und die Dimensionen und Potentiale des Telelehren und -lernen ausloten.

Arbeitsformen

Für jeden der beiden Blöcke stehen max. 1 1/2 Stunden zu Verfügung. In dem Workshop sollen Kurzvorträge von 15 Minuten gehalten werden mit anschließender Diskussion.

Kontakt zu Veranstaltern

Wir laden alle Interessenten und Interessentinnen ein, einen eigenen Beitrag zum Workshop in Form eines Positionspapiers einzureichen. Diese werden innerhalb des Workshops vorgestellt und diskutiert. Die Publizierung der Ergebnisse wird angestrebt.

Bitte senden Sie die Ihren Beitrag bis zum 10. Februar schriftlich oder per E-Mail an Frau Heike Gaensicke (gaensicke@dias.de).

Adressen der Autoren

Heike Gaensicke / Thorsten Junge / Thomas Lilienthal
DIAS GmbH
Neuer Pferdemarkt 1
20359 Hamburg
gaensicke@dias.de
junge@dias.de

Trends im Wearable Computing

Michael Boronowsky, Ingrid Rügge, Anke Werner
Technologie-Zentrum Informatik, Fachbereich Mathematik/Informatik, Universität Bremen

Abstract

„Wearable Computing" ist nicht nur ein Schlagwort, sondern eine sich aktiv entwickelnde Technologie. Dieser interdisziplinäre Workshop widmet sich der Beantwortung folgender in diesem Kontext relevanter Fragen:
- Welche Erfahrungen mit dem praktischen Einsatz von Wearable Computern liegen bereits vor? In welche Richtung weisen die laufenden Forschungs- und Entwicklungsarbeiten?
- Wie müssen sich die verschiedenen Komponenten (Hard- und Software) entwickeln? Ist die heutige Konfiguration eines Wearable Computers bereits das Optimum? Welche ergonomisch motivierten Eigenschaften von Ein- und Ausgabegeräten sowie von Software müssen für die soziale Akzeptanz und eine sinnvolle Interaktion mit dieser Technologie realisiert werden?
- Lassen sich anwendungsübergreifende Charakteristika des Wearable Computing identifizieren, die dieses neue Paradigma eindeutig vom Desktop Computing, von Virtual Reality und von Ubiquitous Computing abgrenzen? Wo liegen die Gemeinsamkeiten?

1 Zielgruppen

Der Workshop wendet sich an Technologie-EntwicklerInnen und diejenigen, die Technologie aus – im weitesten Sinne – ergonomischer Perspektive betrachten. Als TeilnehmerInnen werden ForscherInnen und AnwenderInnen erwartet, die bereits an oder mit der Technologie „Wearable Computer" arbeiten oder sich mit der Umsetzung des Konzepts „Wearable Computing" auseinander gesetzt haben. Da dieser Forschungs- und Anwendungsbereich noch sehr jung ist und eine Vielzahl unterschiedlicher Faktoren seine Etablierung beeinflussen, ist eine frühe Einflussnahme seitens VertreterInnen verschiedener Disziplinen überaus wünschenswert, z.B. aus Informatik, Ergonomie, Kognitionswissenschaft, Arbeitswissenschaft, Elektrotechnik, Produktionstechnik, ...

2 Inhalt

Neben der Euphorie darüber, wo die Technologie des Wearable Computing in ferner Zukunft überall Einzug gehalten haben wird und neben der Enttäuschung über die heute häufig noch sehr unhandliche Hardware und fehlende Software scheint ein Trend in der Hard- und Softwareentwicklung erkennbar zu sein, der sich z.B. aus der Hardwarekonfiguration heutiger Wearable Computer und aus zahlreichen wissenschaftlichen Veröffentlichungen herauskristallisiert. Diesen Trend gilt es zu hinterfragen: Lässt sich die Entwicklung des Wearable Computing sowohl hardwareseitig als auch softwaretechnologisch für die nächsten 5-10 Jahre vorhersagen? Wohin konvergiert der aktuelle Trend? Welche technologische Richtung ist erstrebenswert? In welchen Anwendungsbereichen sind die innovativsten Veränderungen zu erwarten? Welche neuen Formen der Interaktion zwischen Mensch und Computer zeichnen sich ab?

Eine solche Abschätzung kann nur auf der Grundlage bisheriger Erfahrungen mit Wearable Computern erfolgen und muss darüber hinaus Erkenntnisse aus der Ergonomie, der Kognitionsforschung, den Arbeitswissenschaften und insbesondere aus den Anwendungen – soweit sie übertragbar sind – integrieren. Der interdisziplinäre Diskurs in diesem Workshop könnte dazu führen, Charakteristika des Wearable Computing zu benennen, die jenseits bekannter Paradigmen wie Desktop Computing, Virtual Reality und Ubiquitous Computing liegen. Ausgangspunkte sind die bisherigen Erfahrungen aus konkreten Anwendungen oder mit Prototypen und deren kritischer Reflexion sowie die Erwartungen von ForscherInnen und AnwenderInnen. Der Workshop kann zu einer realistischen Einschätzung führen, die auf einer Synergie der heutigen Gegebenheiten, deren Kritik und den Visionen basiert.

3   Arbeitsform und Ergebnisverbreitung

Jede TeilnehmerIn reicht zum Workshop ein Thesenpapier, ein kurzes Statement oder einen kleinen Erfahrungsbericht ein und erhält während des Workshops die Gelegenheit, die eigene These oder Argumentation durch eine Präsentation, Demonstration o.ä. darzulegen. Die in dieser „Vorstellung" getroffenen Kernaussagen werden in der anschließenden Zusammenschau zu einer Prognose zusammengestellt, die ihrerseits diskursiv auf ihre Konsistenz geprüft wird. Alle eingereichten Beiträge sowie ein Protokoll der Ergebnisse des Workshops werden auf den Web-Seiten des Workshops veröffentlicht:
http://www.tzi.de/wearable/mc2001/

4   Literatur

[1] Baber, C. et al. (1999): Ergonomics of wearable computers. In: Mob. Netw. Appl. 4, 1 (März 1999), S. 15-21
[2] Boronowsky, M. (2000): Applying Wearable Computers in an Industrial Context, In: Proc. International Conference on Wearable Computing ICWC2000, McLean, VA, USA, 16./17. Mai 2000.
[3] Mann, S. (1998): Definition of „Wearable Computer", In: Proc. International Conference on Wearable Computing ICWC-98, Fairfax VA, USA, Mai 1998.
[4] Picard, R. W.; Healey, J. (1997): Affective Wearables. In: Personal Technologies, Vol. 1, No. 4, S. 231-240
[5] Rhodes, B.J. (1997): The Wearable Remembrance Agent: A System for Augmented Memory, In: Proc. 1st International Symposium on Wearable Computers, Cambridge, Massachusetts, USA, 13./14. Oktober, 1997.
[6] Rügge, I. et al. (Hrsg.) (1998): Arbeiten und begreifen: Neue Mensch-Maschine-Schnittstellen. LIT Verlag: Münster, 1998
[7] Schlieder, C. (1997): Thesen zur kognitiven Ergonomie von Inferenzsystemen. In: Proc. KI'97, Workshop „Inferenzsysteme aus logischer und kognitiver Sicht".
[8] Weiser, M. (1993): Some Computer Science Problems in Ubiquitous Computing, In: Communication of the ACM, Vol. 36, No. 7, S. 75-85.
[9] Werner, A., Kirste, T., Schumann, H. (1997): Die Herausforderungen des Mobile Computings – Die Anwendungsperspektive, In: Proc. AAA97, Darmstadt, Deutschland, Oktober 1997.

Adressen der Autoren

Michael Boronowsky / Ingrid Rügge /
Anke Werner
Universität Bremen
Technology-Zentrum Informatik
Universitätsallee 21-23
28359 Bremen

michaelb@tzi.de / ruegge@tzi.de /
anke@tzi.de
http://www.tzi.de/wearable/mc2001

Vom Umgang mit der Zeit im Internet

Uta Pankoke-Babatz, Ulrike Petersen
GMD-FIT

Ziel

Wir möchten mit Ihnen sowohl kulturelle, psychologische als auch technische und gestalterische Aspekte des Themas „Zeit und Internet" diskutieren, Ihre Arbeiten und Überlegungen dazu kennenlernen und mit Ihnen einen Überblick über aktuelle Aktivitäten und Forschungen zu diesem Thema erarbeiten.

Interessenten und Interessentinnen aus unterschiedlichen Fachrichtungen mit theoretischen oder praktischen Beiträgen sind herzlich eingeladen.

Einführung in das Thema „Zeit und Internet"

Räumliche und zeitliche Distanzen sind im Internetzeitalter leicht zu überwinden. Groupware, Chat-Räume, MUDs, E-Mail, Newsgruppen und das Netz selbst eröffnen neue Wege, um schnell auf Informationen zuzugreifen, Informationen zu teilen, sich zu „treffen", miteinander „ins Gespräch" zu kommen und zusammen zu arbeiten. Zu jedem Zeitpunkt und von jedem Ort der Welt kann man „in Verbindung sein". Neue Gemeinschaften wachsen (Rheingold, 1994 ; Turkle, 1999). Es ist leichter geworden, Kontakte auch über große Distanzen zu pflegen. Der Austausch ist schneller geworden. Korrespondenz kann heute in wenigen Minuten per E-Mail erledigt werden.

Das Internet hat seinen eigenen Rhythmus und beeinflusst unseren Rhythmus. Allgemein ist der Umgang mit Zeit ein kulturelles Phänomen (Schad, 1993). Alexander Hall (Hall, 1973) bringt dies mit „time talks" auf den Punkt. Nach Robert Levine läuft der Umgang mit Zeit intuitiv und fast unbewusst ab, wobei Zeitkonzepte vor allem kulturelle Spezifika aufweisen (Levine, 1997) aber auch von den persönlichen Möglichkeiten abhängen. Die Erfindung und flächenweite Nutzung von Uhren hat die Bedeutung von Pünktlichkeit und unser Empfinden für Zeit verändert. Ebenso verändert auch das Internet den Umgang mit Zeit.

Das Internet hat unser tägliches Leben und unsere Arbeitsprozesse beschleunigt. Kommunikationssysteme wie Chat-Räume, E-Mail, Newsgruppen, Virtuelle Welten eröffnen uns neue Interaktionsformen. Gleichwohl erleben wir unerwartete Effekte im Umgang mit der Zeit. Wir verbringen z.B. oft viel mehr Zeit im Netz, als wir ursprünglich geplant hatten. Individuelle Arbeitsrhythmen werden durch Wartezeiten und technische Unterbrechungen gestört. Levine gibt Beispiele dafür, dass das Wartenlassen von Personen ein Ausdruck von Macht ist (Levine, 1997). In welchem Maße sind wir bereit, unsere Zeiteinteilung dem Rhythmus des Internet anzupassen? Räumen wir dem Internet damit Macht ein?

Zeit spielt eine wichtige Rolle in der Strukturierung realweltlicher Kommunikation. Sie dient der Koordination. Verständigungsprozesse basieren auf den zeitlichen Ordnungen der Äußerungen. Zeitliche Folgen von Äußerungen werden zur Identifikation von Gesprächszusammenhängen genutzt. Anders dagegen bei elektronischer Kommunikation, insbesondere bei asynchroner Kommunikation. Zeitliche Verzögerungen können auftreten und zeitliche Ordnungen von Beiträgen können für die KommunikationspartnerInnen unterschiedlich sein. Die intuitiven Interpretationen von zeitlichen Ordnungen, Pausen und Unterbrechungen in der Kommunikation

(Watzlawik et al., 1967) können daher nicht einfach aus der Alltagswelt in die elektronische Welt übertragen werden. Dies kann zu Störungen im Verständigungsprozess und damit auch der sozialen Beziehungen führen. Die Dynamik asynchroner Kommunikation und Kooperation bedarf weiterer Analysen.

Im Workshop möchten wir die Wirkungen von zeitlichen Effekten des Internet auf die individuellen Arbeitsweisen, aber auch auf Kooperations- und Kommunikationssituationen betrachten. Gesellschaftliche und kulturelle Aspekte, Praxiserfahrungen und technische Probleme und Lösungen sollen behandelt werden.

Literatur zum Thema

Hall, E.T. (1973). The Silent Language. Anchor Books: New York, 1973.
Levine, R. (1997). Eine Landkarte der Zeit - Wie Kulturen mit der Zeit umgehen. Piper,: München, 1997.
Rheingold, H. (1994). Virtuelle Gemeinschaft. Addison-Wesley: Bonn, 1994.
Schad, W. (1993). Vom Verstehen der Zeit. In: Was ist Zeit? Die Welt zwischen Wesen und Erscheinung, Kniebe, G. (Eds.). Verlag Freies Geistesleben: Stuttgart, 1993, 112-150.
Turkle, S. (1999). Leben im Netz. Identität in Zeiten des Internet. In: Rororo Sachbuch. Rororo: 1999.
Watzlawik, P., Beavin, J.H. & Jackson, D.D. (1967). Pragmatics of Human Communication. W.W. Norton&Company Inc.: New York, 1967.

Organisatorisches

Interessenten und Interessentinnen werden gebeten, ihren Beitrag zum Workshop in Form eines Positionspapiers einzureichen. Die Positionspapiere werden im Web veröffentlicht. Positionspapiere werden vorgestellt und diskutiert.

Beiträge

Wenn Sie beabsichtigen, am Workshop teilzunehmen und ein Positionspapier einzureichen, schicken Sie bitte so bald als möglich eine Email an Uta Pankoke und Ulrike Petersen. Für Ihre offizielle Anmeldung benutzen Sie bitte die Web Seiten der Mensch & Computer 2001 Anmeldung.

Bitte schicken Sie ihr Positionspapier per E-Mail an zeit2001@gmd.de
Benutzen Sie bitte für die Positionspapiere die Formatvorlagen der M&C Konferenz: mc2001.informatik.uni-hamburg.de/layout.html.

Zeitplan

bald möglichst: Email mit Interessenbekundung
Mi, 7. Februar 2001: Einreichung der Positionspapiere
Mi, 7. März 2001, 14.00 - 18.00: Durchführung des Workshops

Grenzen für Anzahl der TeilnehmerInnen: max. 20 TeilnehmerInnen

Adressen der Autoren

Uta Pankoke-Babatz / Ulrike Petersen
GMD-FIT
Schloss Birlinghoven
53754 St. Agustin
uta.pankoke@gmd.de
ulrike.petersen@gmd.de

Online-Mediation

Oliver Märker, Thomas F. Gordon, Matthias Trénel

GMD St. Augustin, AIS / WZB Wissenschaftszentrum Berlin für Sozialforschung

Call for papers: http://ais.gmd.de/~maerker/online-mediation/workshop.html

Abstract

Unter Online-Mediation sind internet gestützte Verfahren zu verstehen, welche die Kommunikation zwischen Konfliktparteien konstruktiv gestalten. Erste Anwendungen sind in jüngster Zeit vor allem bei Streitfällen im E-Commerce und in umstrittenen Planungsverfahren von öffentlichem Interesse entstanden. Der Workshop soll Potenziale und Gestaltungsaspekte von Online-Mediation identifizieren und dabei auf Beiträgen aus der Software-Entwicklung, aus der Mediationspraxis, aus der Stadt- und Regionalplanung und aus der sozialpsychologischen cvK-Forschung aufbauen.

Zielgruppe

Mediationspraktiker (Umwelt- und Wirtschaftsmediation), Verhandlungs- und Konfliktforscher (z.B. Sozialpsychologen), Raumplaner aus Forschung- und Praxis (z.B. Geographen), Informatiker, Software-Entwickler und Usability Engineers, Gründer von Internetangeboten zur außergerichtlichen Konfliktbeilegung.

Inhalt / Aufbau

Zur Orientierung dienen dem Workshop drei (noch weiter zu konkretisierende) Fragen, die in einem vorab verschickten Thesenpapier erläutert werden:
1. Wie gut funktionieren aktuelle Ansätze der Online-Mediation?
2. Welche Visionen von Online-Mediation haben wir?
3. Welche Gestaltungs- und Entwicklungsaspekte von Online-Mediation sind in der nächsten Zeit vorrangig zu berücksichtigen?

Im ersten Teil des Workshops (Vormittag) wird 4-6 Einreichungen die Gelegenheit zur Präsentation hinsichtlich der Anforderungen der Praxis an die Gestaltung von Online-Mediation und den status quo der Software- und Verfahrensentwicklung gegeben. Hier sollen sowohl Mediationspraktiker zu Wort kommen als auch Anbieter von Online-Mediation und Softwareentwickler.

Im zweiten Teil (Nachmittag) sollen 2-3 Einreichungen eher theoretische Aspekte der Gestaltung von Online-Mediation beleuchten, z.B. planungstheoretische oder sozialpsychologische Aspekte, und Strategien der benutzerfreundlichen Entwicklung von Online-Mediationsverfahren.

Auf der Grundlage der Vorträge sollen im dritten Teil (Nachmittag) die drei Ausgangsfragen des Workshops erörtert werden. Moderation und Kleingruppenarbeit (aufgeteilt nach Anwendungsfeldern wie E-Commerce oder Raumplanung) sollen eine effektive Diskussion sicherstellen.

Angaben zu Unterlagen / Ergebnisverbreitung

Folgende Unterlagen und weiter Informationen zum Workshop können unter zur Vorbereitung abgerufen werden: Thesenpapier mit Orientierungsfragen für den Workshop von Märker & Trénel, Positionspapiere der Teilnehmer und Beiträge der Referenten. Es ist geplant, die Vorträger und weitere eingereichte Beiträge sowie Arbeitsergebnisse abschließend in einem eigenen Sammelband zu publizieren.

Literatur

Boos, M., Jonas, K., & Sassenberg, K. (Eds.). (2000). Computervermittelte Kommunikation in Organisationen. Göttingen: Hogrefe.

Cona, F.A. (1997): Application of Online Systems in Alternative Dispute Resolution, in: Buffalo Law Review, Vol. 45, S. 975 -999

Döring, N. (1999). Sozialpsychologie des Internet. Die Bedeutung des Internet für Kommunikationsprozesse, Identitäten, soNr. 4, S. 115 -130

Ferenz, Michèle, Colin, Rule (1999): RULENET. An Experiment in Online Consensus Building. In: Susskind, L. et al. (ed.): „The Consensus Building Handbook. A Comprehensive Guide to Reaching Agreement", Thousand Oaks, London, New Dehli.

Fietkau, H.-J., Weidner, H. (1998): Umweltverhandeln. Konzepte, Praxis und Analysen alternativer Konfliktregelungsverfahren, Berlin

Fietkau, H.-J. (2000): Psychologie der Mediation. Lernchancen, Gruppenprozesse und Überwindung von Denkblockaden in Umweltkonflikten, Berlin

Gordon Th.F., Karacapilidis, N., Voss, H. , Zauke, A. (1997): Computer-mediated cooperative spatial planning, in: H. Timmermans (Hrsg.): Decision Support Systems in Urban Planning, S. 299 - 309 London, Weinheim, New York

Märker, Oliver & Thomas Christaller (1999): Internetgestützte Raumplanung - „Neue Planungskultur" im Internet? In: Baum, Thomas & Stephan Wilforth (Hrsg.): Planung - Interaktion - Kommunikation. RaumPlanung spezial, volume 3, pages 56-86. Dortmund.

Märker, Oliver & Barbara Schmidt-Belz (2000): Online Mediation for Urban and Regional Planning. In: Cremers, Armin B. & Klaus Greve (Hrsg.): Umweltinformatik ' 00 / Computer Science for Environmental Protection ' 00. Umweltinformation für Planung, Politik und Öffentlichkeit / Environmental Information for Planning, Politics and the Public, Bd. 1, S. 158-172. Marburg.

Schmidt-Belz, B., Rinner, C., Gordon T.F. (1998): GeoMed for Urban Planning - First User Experiences, in: Laurini, R., Makki, K., Pissinou N. (Hrsg.): ACM-GIS'98, Proceedings of 6th International Symposium on Advances in Geographic Information Systems, S. 82 - 87, Washington, D.C. (USA)

Zilleßen, H. (1991): Alternative Dispute Resolution—Ein neuer Verfahrensansatz zu Optimierung politischer Entscheidungen. Lokale Konfliktregelung durch kooperative
Verhandlung und Vermittlung (Mediation), in: T. Bühler (Stiftung Mitarbeit) (Hrsg.): Demokratie vor Ort. Modelle und Wege der lokalen Bürgerbeteiligung, Beiträge zur Demokratieentwicklung von unten, Bd. 2, S. 126 -146.

Zilleßen, H. (1999): Die Stellung der Mediation im politischen System der Demokratie, in: KON:SENS, Zeitschrift für Mediation,ziale Beziehungen und Gruppen. Göttingen: Hogrefe.

Donahey M.S. (1999): Current Developments in Online Dispute Resolution, in: Journal of International Arbitration, Vol. 16, Vol. 2, Bd. 5, S. 278 -282, Berlin

Adressen der Autoren

Oliver Märker / Thomas F. Gordon
GMD Forschungszentrum Informationstechnik GmbH/Institut für Autonome Intelligente Systeme
Schloss Birlinghoven
53754 St. Augustin
oliver.maerker@gmd.de
thomas.gordon@gmd.de

Matthias Trénel
WZB Wissenschaftszentrum Berlin für Sozialforschung
Abt. Normbildung und Umwelt
Reichpietschufer 50
10785 Berlin
trenel@medea.wz-berlin.de
http://www2.psychologie.hu-berlin.de/orgpsy/mitarbeiter/trenel.htm

Informatisierung der Arbeit:
Praxis - Theorie - Empirie

Bettina Törpel, Eva Hornecker, Anette Henninger

Universität Bonn, ProSEC / Universität Bremen, artec / TU Chemnitz, FB Informatik

Abstract

Computeranwendungen sind als neue Arbeitsmittel dabei, Arbeit grundsätzlich zu verändern. Notwendig sind Bestandsaufnahmen dieser neuen Realität aus lokalen sowie globalen Perspektiven, um neue Handlungsperspektiven zu erarbeiten.

Im Workshop soll der Versuch unternommen werden, zum Thema „Informatisierung der Arbeit" verschiedene Perspektiven aus Praxis, Politik und Forschung zusammenzuführen.

Der Austausch soll dazu dienen, Praxiserfahrungen und deren analytische oder empiriegeleitete Konzeptualisierungen in den verschiedenen Disziplinen und Praxisfeldern in deren Wechselwirkungen interdisziplinär zu diskutieren. Neben thematischen Impulsreferaten und Diskussion sollen in Arbeitsgruppen konkrete betriebliche Fallstudien diskutiert werden.

Zielgruppen

Der Workshop richtet sich an VertreterInnen aus Praxis, betrieblicher Interessenvertretung und Forschung.

Inhalt

Computeranwendungen sind als neue Arbeitsmittel dabei, Arbeit grundsätzlich zu verändern: betroffen sind etwa die Arbeitstätigkeiten, die Zusammenarbeit zwischen Arbeitenden, die Struktur des Alltags der Einzelnen, deren Erleben, die gesellschaftliche Arbeitsteilung/Kooperation u. v. m. Notwendig sind Bestandsaufnahmen dieser neuen Realität, aus lokalen Perspektiven, etwa anhand der Beschreibung von konkreten betrieblichen Veränderungen, sowie aus intermediären (Organisationstheorie etc.) und globalen Perspektiven (Gesellschaftstheorie, geschichtliche Betrachtungen usf.). Damit können wir dazu beitragen, weitere Handlungsperspektiven zu erarbeiten. Vielversprechende Ansätze existieren etwa bereits in so unterschiedlichen Bereichen wie Industrie-/Techniksoziologie, Softwaretechnik, Arbeitswissenschaft, Produktionstechik, Sprachwissenschaft, Softwaretechnik, CSCW, Arbeitspsychologie, Technikgeschichte und Frauen-/Geschlechterforschung. Leitfragen könnten sein:

- Was eigentlich bedeutet die Informatisierung der Arbeit für verschiedene Bereiche?
- Welche Formen nehmen Subjektivität, Entfaltung und Unterwerfung im Zuge der fortschreitenden Informatisierung der Arbeit an?
- Welche historischen Kontinuitäten und Brüche existieren bzgl. Informatisierung der Arbeit?
- Wie entwickelt sich das Verhältnis von Arbeitstätigkeiten, Arbeitsmitteln, Arbeitsbeziehungen und gesellschaftlicher Arbeitsteilung/Kooperativität?

Arbeitsformen

Neben thematischen Impulsreferaten und Diskussion sollen in Arbeitsgruppen konkrete betriebliche Fallstudien diskutiert werden, wobei die Tauglichkeit und Reichweite verschiedener Praxis-, Theorie- und Empiriekonzepte geprüft wird. Die Tagungsunterlagen werden den angemeldeten Teilnehmerinnen und Teilnehmern rechtzeitig zur Vorbereitung zur Verfügung gestellt.

Die Moderation des Workshops übernehmen Bettina Törpel (Institut für Informatik, Universität Bonn), Eva Hornecker (Forschungszentrum Arbeit und Technik, Universität Bremen) und Dr. Annette Henninger (Fakultät für Informatik, Technische Universität Chemnitz).

Teilnahme am Workshop

Es besteht keine Begrenzung für die Anzahl der Teilnehmenden. Interessentinnen und Interessenten werden gebeten, sich bei Dr. Annette Henninger anzumelden.

Teilnehmerinnen und Teilnehmer, die einen eigenen Beitrag einreichen möchten, können bis zum **31.01.2001** unter dieser Adresse per E-Mail Theoriebeiträge, Praxisberichte, Fallstudien und/oder Positionspapiere einreichen. Die Organisatorinnen des Workshops werden einen Review-Prozess initiieren und bis zum **15.02.2001** über Annahme oder Ablehnung der Beiträge entscheiden.

Anmeldung und Information

Dr. Annette Henninger
Fakultät für Informatik, Professur für Künstliche Intelligenz
Technische Universität Chemnitz, 09107 Chemnitz
Tel. 0371 / 531 1392 (Mo. – Do.)
E-mail: Annette.Henninger@informatik.tu-chemnitz.de

Adressen der Autoren

Eva Hornecker
Universität Bremen
Forschungszentrum Arbeit und Technik
Enrique-Schmidt-Straße (SFG)
28334 Bremen
eva@artec.uni-bremen.de

Bettina Törpel
Universität Bonn
Institut für Informatik III
ProSEC
Römerstr. 164
53117 Bonn
beetee@cs.uni-bonn.de

Dr. Annette Henninger
Technische Universität Chemnitz
Professur Künstliche Intelligenz
09107 Chemnitz
annette.henninger@informatik.tu-chemnitz.de

UML und Aufgabenmodellierung: Softwaretechnik und HCI im Dialog

Birgit Bomsdorf, Gerd Szwillus
Universität Paderborn, FB Mathematik/Informatik /
FernUniversität Hagen, Praktische Informatik I

Abstract

Bei der Entwicklung hochgradig interaktiver Systeme wird die Aufgabenangemessenheit der entwickelten Systeme, insbesondere der Mensch-Maschine-Schnittstelle, gefordert. Damit ist die Modellierung aus der Sicht des Anwenders und seiner Aufgaben wesentlicher Bestandteil des Entwurfs einer Mensch-Maschine-Schnittstelle, der gleichzeitig aber auch unter Berücksichtigung softwaretechnischer Aspekte erfolgen muss. Innerhalb des Workshops werden diese beiden Modellierungswelten anhand der in der Softwaretechnik etablierten UML (Unified Modeling Language) und der im HCI-Bereich bekannten Aufgabenmodellierung untersucht. Hierbei sollen Affinitäten und Unterschiede dieser Bereiche aufgezeigt, existierende Integrationsansätze betrachtet und angewendete Konzepte zueinander in Bezug gesetzt werden.

1 Zielgruppe

Dieser Workshop richtet sich an Teilnehmer der Tagung, die sich in Theorie, Forschung oder industrieller Praxis mit der Entwicklung interaktiver Systeme beschäftigen und dabei mit dem Problem der Modellierung von Mensch-Maschine-Schnittstellen konfrontiert werden. Der Tätigkeits- und Wissenshintergrund kann dabei in den Gebieten Softwaretechnik oder Mensch-Maschine-Kommunikation liegen – insbesondere würden Interesse, Kenntnisse und Erfahrungen der Teilnehmer auf den Gebieten Modellierung von Benutzungsschnittstellen (speziell Aufgabenmodellierung), Systemanalyse, Aufgabenanalyse und objektorientierte Modellierung (speziell UML-Modellierung) den Workshop bereichern.

2 Inhalt und Arbeitsformen

Dieser Workshop bietet Raum zum Dialog zwischen den beiden Modellierungswelten - UML auf der einen und Aufgabenmodellierung auf der anderen Seite. Innerhalb einer allgemeinen Einführungs- und Vorstellungsphase wird einerseits zunächst in die Workshopthematik eingeführt und andererseits wird jeder Teilnehmer die Möglichkeit haben, sich, seinen fachlichen Hintergrund und sein Interesse an der Thematik kurz vorzustellen. Anschließend werden
- die beiden grundsätzlichen Blickwinkel bei der Erstellung interaktiver Systeme,
- die Modellierung mit UML, insbesondere Konzepte zur Beschreibung des UI,
- die Aufgabenmodellierung und
- die Bezüge zwischen diesen Modellierungsansätzen
- in kompakter Form dargestellt, um dem Workshop eine gemeinsame Begriffsbasis zu geben.

An die Vorstellungs- und Vortragsphase schließt sich als Kern des Workshops die Diskussion an. Ausgangspunkt bilden hierbei Fragestellungen wie:
- Welches sind gemeinsame und unterschiedliche Konzepte der beiden Modellierungswelten?
- Wo liegen Berührungs- bzw. Überschneidungspunkte?

- Wie wird UML verwendet, erweitert bzw. angepasst, um Aspekte der Benutzungsschnittstelle und ihrer Aufgabenorientierung zu beschreiben?
- Wie wird die Aufgabenmodellierung verwendet, um daraus die Gestaltung der Benutzungsschnittstellen abzuleiten?
- Welche Modellierungsdefizite bestehen weiterhin auf Seiten der UML, welche auf Seiten der Aufgabenmodellierung? Wie sollten beiden Ansätze sich demgemäß weiterentwickeln?

Anhand dieser Diskussionsvorschläge, die innerhalb des Workshops erweitert werden können, können sich die Teilnehmer auf die für sie relevantesten bzw. interessantesten Fragestellungen einigen. Die Diskussion ist als sehr interaktive und kommunikative Phase geplant, die etwa die Hälfte der Gesamtzeit einnehmen wird, wobei es gegen Ende des Workshops eine Zusammenfassung der Ergebnisse geben wird.

3 Unterlagen

Zu dem Workshop existiert eine Web-Seite unter der URL

http://www.uni-paderborn.de/cs/ag-szwillus/mci/mci2001/ws.html,

die Informationsmaterial zu der Thematik dieses Workshops enthält, u.a. eine detailliertere Beschreibung und Motivation zum Workshop, Links zu relevanten anderen Web-Seiten, ggf. Positionspapiere der Teilnehmer und einen Bericht der Workshopergebnisse.

Innerhalb des Workshops erhalten die Teilnehmer ein Handout der Folien, die innerhalb der Vorstellungsphase verwendet werden.

Adressen der Autoren

Gerd Szwillus
Universität Paderborn
Fachbereich Mathematik/Informatik
Fürstenallee 11
D-33102 Paderborn
szwillus@uni-paderborn.de

Birgit Bomsdorf
FernUniversität Hagen
Praktische Informatik I
Feithstr. 142
D-58084 Hagen
birgit.bomsdorf@fernuni-hagen.de

Designing Service Communities

Kathrin Möslein, Renate Eisentraut, Michael Koch
TU München, Allg. und Ind. BWL / Psychologie / Informatik

Communities sind Beziehungsnetzwerke, in denen sich Menschen aufgrund ähnlich gelagerter Interessen, Werte, Ziele oder Probleme zusammenfinden. Sie tauschen Informationen aus oder lösen gemeinsam bestimmte Probleme. Für Dienstleister gewinnt diese „informelle" Organisationsform zunehmend an Bedeutung. Kunden erwarten von Dienstleistern anstelle einfacher Services zunehmend Problemlösungen, die oft weit über das Leistungs- und Kompetenzspektrum eines einzelnen Dienstleistungsanbieters hinausgehen. Gleichzeitig wandeln sich jedoch die Kundenwünsche und –bedürfnisse mit immer höherer Dynamik, so dass die Gestaltung langfristig stabiler, formaler Service-Organisationen zur Bewältigung derart komplexer Problemstellungen aus ökonomischer Sicht keine effiziente Antwort auf die marktlichen Anforderungen darstellt.

Vor diesem Hintergrund entstehen Beziehungsnetzwerke auf mehreren Ebenen:
- Beziehungsnetzwerke zwischen Kunden zur Schaffung von Markttransparenz, Generierung von Marktmacht und Interessenbündelung (C2C-Perspektive),
- Beziehungsnetzwerke zwischen Kunden und Dienstleistern zur Bündelung von Kundenwünschen, Kommunikation von Serviceangeboten und interaktiven Gestaltung individueller Services (B2C-Perspektive) sowie
- Beziehungsnetzwerke zwischen Dienstleistern zur Erweiterung des eigenen Leistungsspektrums, der Kombination von Leistungsangeboten und der Generierung nachhaltiger Serviceinnovationen (B2B-Perspektive).

Die Beziehungsnetzwerke zwischen Dienstleistern stehen im Zentrum dieses Workshops zum Thema „Designing Service Communities". Der Workshop wird der Frage nachgehen, wie solche Service Communities entstehen und welche Möglichkeiten des Designs von Service Communities im Hinblick auf innovative Formen der Interaktion zwischen Dienstleistern sowie der Kundeninteraktion bestehen.

Zielgruppe des Workshops sind Wissenschaftler und Praktiker, die sich mit dem Design neuer Formen der Dienstleistungsorganisation in modularen, verteilten und virtuellen Strukturen befassen. Der Workshop will insbesondere interessante Ansätze aus den Teilprojekten zum Themenschwerpunkt „Gestaltungsansätze in neuen Dienstleistungsbereichen" des BMBF-Programms „Innovative Dienstleistungen" mit weiteren Forschungs- und Praxisinitiativen im Bereich der Dienstleister- und Kundeninteraktion zusammenführen.

Die Themen des Workshops ranken sich um die Frage, wie Service Communities entstehen und welche Möglichkeiten des Designs von Service Communities im Hinblick auf innovative Formen der Dienstleister- und Kundeninteraktion bestehen. Zu behandelnde Themenfelder sind u.a. die folgenden Designaspekte:
- Design der Dienstleisterinteraktion innerhalb von Service Communities
- Gestaltungsformen der Kundeninteraktion von Service Communities
- Gestaltung des Vertrauensaufbaus in Service Communities
- Designaspekte der Infrastruktur von Service Communities

Workshop-Programm, Workshop-Präsentationen und Kernpunkte der Workshop-Diskussion werden auf den Webseiten des BMBF-Projektes „TiBiD – Telekooperation in Beziehungsnetzwerken für informationsbezogene Dienstleistungen"[1] unter http://www.telekooperation.de/tibid/ verfügbar gemacht.

Adressen der Autoren

Dr. Katrin Möslein
Technische Universität München
Allgemeine und Industrielle BWL
(AIB)
Leopoldstr. 139
80804 München
moeslein@ws.tum.de

Renate Eisentraut
Technische Universität
München
LS für Psychologie
Arcisstr. 21
80290 München
eisentraut@ws.tum.de

Michael Koch
Technische Universität München
LS Informatik XI
Arcisstr. 21
80290 München
kochm@in.tum.de

---

1 BMBF-Forschungsprojekt „Telekooperation in Beziehungsnetzwerken für informationsbezogene Dienstleistungen" (Arbeitsorganisation); Laufzeit: 01.12.1999 – 31.01.2003; Förderkennzeichen: 01HG9991/2.

TOWER
Theatre of Work Enabling Relationships

Wolfgang Prinz
GMD-FIT, Sankt Augustin

Motivation

In a co-located team, members typically learn from a wide range of cues about the activities of the other members, about the progress in the common task and about subtle changes in group structures and the organization of the shared task environment. Most of this group awareness is achieved without specific effort. A distributed team – even if its cooperation is based on a state-of-the-art groupware system – today is far from a similar level of awareness and opportunity for spontaneous, informal communication. This reduces the effectiveness of the joint effort, and makes cooperation a less satisfying experience for the team members. The TOWER system[1] aims to bring the wealth of clues and information that create awareness and cohesion in co-located teams to the world of virtual teams and to present them in a Theatre of Work.

This information is valid for the mutual orientation in cooperative work processes but also for the social interaction. Organisations are more and more restructured around virtual teams. They loose opportunities for innovation through the causal sharing of knowledge induced by traditional chance encounters such as the copier or the coffee machine.

Fig. 1: View of the TOWER world showing a populated document landscape derived from BSCW workspaces

TOWER aims to support group awareness and chance encounters through a 3D environment that is at the heart of the Theatre of Work. Avatars performing symbolic actions represent users and their current actions on shared objects. Avatars of users who work in a similar context appear spatially close in the 3D environment. The Avatars perform symbolic actions that illustrate events in an information space, episodes of interaction or non-verbal behaviour.

System Overview

The TOWER system is composed by a number of interworking components. Figure 2 illustrates the overall TOWER architecture. It consists of:

---

1   The TOWER system is being developed in the IST-10846 project TOWER, partly funded by the EC. Partners are GMD-FIT (coordinator), blaxxun interactive AG, BT, UCL-Bartlett School of Architecture. More information on TOWER as well as a demonstrator can be found at: http://tower.gmd.de

- A number of different activity sensors that capture and recognise user activities in a real and virtual work environment and that submit appropriate events.
- An Internet-based event & notification infrastructure that receives events and forwards these events to interested and authorised users.
- A space module that dynamically creates 3D spaces from virtual information environments, e.g. shared information workspaces such as Lotus Notes and that adopts existing spaces to the actual usage and work behaviour of the users that populate these spaces.
- A symbolic acting module that transforms event notifications about user actions into symbolic actions, i.e. animated gestures of the avatars that represent users and their activities in the environment.
- A 3D multi-user environment that interoperates with the symbolic acting and space module for visualisation and interaction.
- The 3D visualisation is complemented by ambient interfaces integrated into the physical workplace providing activity visualisation methods beyond the standard desktop.
- A DocuDrama component that transforms sequences of event notifications and history information into a narrative of the past cooperative activities.

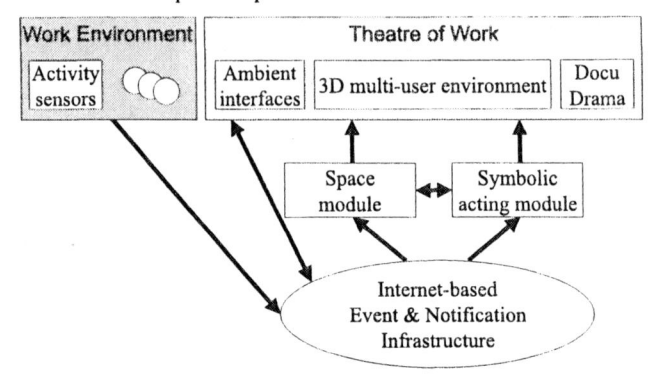

Fig. 2: Illustration of the TOWER architecture

Status

A first prototype of the TOWER system is available and demonstrated at the conference. This prototype allows the mapping of documents that are contained in shared folders of the BSCW[2] system into a 3D landscape. The layout is based on document attributes such as type, author, keywords, or containment relationships. Activities of users in the BSCW system are captured by sensors and forwarded to the event and notification infrastructure. The symbolic acting module interprets these events and directs the symbolic actions of the user avatars in the 3D environment. Users who visit the 3D environment can thus see ongoing activities of their colleagues in a shared document environment. In another usage scenario the system is used to visualise visitor activities on a web site.

Adressen der Autoren

Wolfgang Prinz
GMD-FIT
Schloss Birlinghoven
53754 St. Augustin

2   http://bscw.gmd.de

Interactive Graphical Reading Aids for Functional Illiterate Web Users

Marcel Goetze, Thomas Strothotte

Department of Simulation and Graphics, University of Magdeburg

The IGAR-Browser

The poster introduces the prototypical system IGAR-Browser (IGAR - Interactive Graphically Aided Reading) see Figure 1 for an overview.

Figure 1: The prototypical implemention of the IGAR-Browser. Beside the document the browsing tools (left), and the tools to activate reading aids(right) are placed. Within the document all forms of graphical reading aids are shown: including pictures overlaying the text; together with the referring word; inserted into a sentence and the picture line at the bottom of the document.

Due to the assumption that functional illiterate users have at least some basic experiences with pen and paper and functional illiterate users have never used a computer before the system is based on a paper document metaphor and differs from the standard windows interface. The prototypical IGAR-Browser runs on a personal computer connected to a pen-based, flat-panel tablet display. The display can be used like a sheet of paper; this includes the possibility to use the pen to move along a line of text or point directly on an unknown word and so to identify the user's location within the text. For users with computer experience the mouse is still usable. For interaction with the system we defined a set of tools based on pen-based direct manipulation which can be divided into those for interaction with the document and those serving as reading aids.

The tools for interaction with the document consist of tools for browsing and tools for navigation in the document or for controlling it.

Browsing tools

Based on the assumption that functional illiterate people are able to find a web page of interest and on the fact that functional illiterate users are not able to write a URL, the system starts with a homepage which can be regarded as a directory or table of contents. To come back to this page the user can point at the home symbol in the upper left-hand corner of the screen. Webpages can be linked together and users can follow the link by pointing on it. After having followed a link the user can move back to the previous page by pointing on the back-symbol (see Figure 1).

Document navigation

Pages can occupy more space than it is available on the screen split. In this case the webpage is cut into multiple pages and 'dog-ears' appear at the bottom of the document. The dog-ears give a visual cue that the document is separated into multiple pages and by pointing on it the user can navigate through the whole document, page by page.

Tools serving as reading aids

Each web page is analyzed and parsed for known words stored in a database of word-picture combinations. Furthermore, the web page is parsed for 'Graphical Alternate Tags' (GATs). Each word which has a graphical reading aid underneath is underlined as shown in Figure 1. The system provides different types of reading aids which can be activated by pointing on the desired symbol on the right hand side of the screen space. The system switches between the following modes:

Phonetic mode: By clicking on the microphone symbol the user activates the speech output. The user now can point on a single word and get a speech output.

Pictogram mode: This is the focal point of our work. The user should be able to include different forms of graphical reading aids. Depending on the user's knowledge of the part of the text he/she has currently read we implemented three different steps of giving reading aids. The user/reader can choose between (see Figure 1):

1. Picture-Tip: The user reads a word which he/she has seen before but can not just decipher the meaning (the user only needs this little 'aha-experience'). The user can move the pointer over the part of the text or point directly on this part the picture is shown dynamically, overlaying the text.
2. Primer + Text: The user has no idea about the part of the text and therefore needs permanent shown reference between text and picture. The reader now can point on the desired part of the text using the button on the pen (the same as the right mouse-button) and the picture is included within an sentence together with the text.
3. Primer-Principle: In this case the user knows the meaning of the word but still wants to have the picture included within the text (e.g. for learning purposes). The reader can let the system include the picture within the line of text.

Picture sequence mode: This mode is activated in addition to both previously described techniques. The function displays a complete line of pictures representing the line of text which the user currently interacts with, at the bottom of the document. The special word the user reads (points to) is dynamically highlighted (see Figure 1 for details).

All three steps (Point 1-3) follow each other by pointing on the desired part of the text/picture and pressing the button on the pen or the right mouse-button. In every step the user should have the possibility to see both the text and the picture at least dynamically displayed.

Adressen der Autoren

Marcel Goetze / Prof. Dr. Thomas Strothotte
Otto-von-Guericke-Universität Magdeburg
Fakultät für Informatik
Institut für Simulation und Graphik
Universitätsplatz 2
39106 Magdeburg
tstr@isg.cs.uni-magdeburg.de
goetze@isg.cs.uni-magdeburg.de

Situation Awareness-Training für Fluglotsenschüler[1]

Sandro Leuchter, Thomas Jürgensohn
Zentrum Mensch-Maschine-Systeme, ISS-Fahrzeugtechnik, TU Berlin

In diesem Bericht präsentieren wir eine neuartige Trainingsumgebung für den Flugsicherungsbereich. Sie ist eine Anwendung einer bereits existierenden Implementierung eines Kognitiven Modells der Fluglotsenleistungen (MoFL: Niessen et al. 1998). Das Kognitive Modell basiert auf dem Rahmenkonzept und der Implementierungsumgebung ACT-R (*adaptive control of thought – rational*: Anderson & Lebiere 1998). ACT-R ist eine Theorie über die kognitive Architektur des Menschen, in der mentale Vorgänge in Produktionssystemen mit subsymbolischen Anteilen abgebildet werden.

Fluglotsen der Streckenflugkontrolle haben die Aufgabe, Flugzeugbewegungen zu beobachten und durch (Sprechfunk-) Anweisungen an die Piloten gefährliche Annäherungen zwischen Flugzeugen auf wirtschaftliche Weise zu verhindern. Das hauptsächliche Hilfsmittel der Fluglotsen ist der Radarschirm, auf dem eine grafische Repräsentation des aktuellen Verkehrs dargestellt wird. Die Anforderungen, die aus der Aufgabe des Lotsen erwachsen, sind:
- Kenntnis über alle aktuellen Positionen der Luftfahrzeuge zu haben,
- die Positionen fortzuschreiben, um zukünftige gefährliche Annäherungen zu erkennen, und
- die flexible zeitliche Sequenzierung der anstehenden Verarbeitungsbedürfnisse zu planen.

Zum Erfüllen dieser Anforderungen muss der Lotse ein mentales Modell der Verkehrssituation aufbauen und aufgrund der sich ständig ändernden Positionen der und Konstellationen zwischen Luftfahrzeugen aktuell halten, also eine hohe *„situation awareness"* haben. Dieses mentale Modell wird von den Fluglotsen selbst ihr *„picture"* genannt (s. z.B. Whitfield & Jackson 1982; *situation awareness* bei Fluglotsen: Endsley & Smolensky 1998).

Das kognitive Modell MoFL bildet die mentalen Prozesse erfahrener Lotsen der Streckenflugkontrolle im wesentlichen in fünf Modulen („Datenselektion", „Antizipation", „Konfliktresolution", „Update" und „exekutive Kontrolle") ab, die durch drei Informationsverarbeitungszyklen („Monitoring", „Antizipation" und „Konfliktresolution") verbunden werden. Besonderes Augenmerk wurde auf die Strukturierung, Aufbau und Aufrechterhaltung der Repräsentation der Verkehrssituation, also das *„picture"*, gelegt.

Diese Simulation der Experten-Strategien zur Informationsaufnahme und -verarbeitung läuft online in einem Verkehrssimulator parallel zum Lotsenschüler mit. Es resultiert eine aktuelle Repräsentation der Verkehrssituation im simulierten *„picture"*. Sie wird dazu benutzt, die Aufmerksamkeit des Lotsenschülers auf relevante Objekte und Konstellationen zu lenken, indem eine entsprechende Einfärbung der Elemente des Radarschirms der Verkehrssimulation vorgenommen wird (*„attention guiding"*: Bass 1998). Durch die zeitliche Steuerung analog zu den Prozessen erfahrener Fluglotsen ergibt sich ein Training der *„situation awareness"* für Konstellationen und Strukturen im zu trainierenden Luftraumsektor.

Das Lenken der Aufmerksamkeit in der Trainingssituation verspricht eine Verbesserung der Strategien der Kontrolle komplexer dynamischer Systeme. Gopher (1993) beschreibt entsprechende Befunde beim Training von Kampfpiloten. Mit einem Spielprogramm, in dem ein komplexes eigendynamisches Problem gelöst werden muss, wurde die Aufmerksamkeitsverteilung

---

[1] Diese Arbeit wurde durch ein Stipendium der Flughafen Frankfurt am Main Stiftung unterstützt.

durch visuelle Hinweise bewusst gelenkt. Je nach Grad der Aufmerksamkeitslenkung in diesem Spiel wurde eine unterschiedliche Leistung in realen Flügeinsätzen im Training erzielt. Dies galt insbesondere für Flugsituationen, in denen eine hohe kognitive Belastung nötig war. Daraus kann geschlossen werden, dass Techniken zur Aufmerksamkeitslenkung im Training einen Einfluss auf die Ausprägung von Strategien und somit auf die Kontrolle realer dynamischer Mensch-Maschine-Systeme haben.

Andere Methoden, um die Darbietung der Simulation an den Trainee anzupassen, sind für die Streckenflugsicherung nicht anwendbar: Eine Diagnose des Kenntnisstandes des Fluglotsenschülers ist nicht möglich, weil in einem realistischen Streckenflugsicherungsszenario Eingriffe der Fluglotsen nur selten vorkommen. Die Hauptaufgabe ist die (visuelle) Überwachung und Antizipation der Flugverläufe. Eine Diagnose des Zustandes des simulierten Flugverkehrs über vordefinierte Ereignisse oder Verkehrsstrukturen ist ebenfalls nicht möglich, weil die Lotsen in jedem Augenblick unterschiedlich eingreifen könnten und damit der mögliche Zustandsraum zu groß würde. Die Eingriffe lassen sich nur schwer nach ihrer Qualität bewerten, weil unterschiedliche z.T. gegensätzliche Ziele mit einem Eingriff verfolgt werden können, so dass auch keine allgemeinen Muster in dem resultierenden Verkehrs erkannt werden können.

Das beschriebene Trainingssystem wird gegenwärtig mit Studenten evaluiert. Es wird angestrebt, den Ansatz, den Zustand des technischen Systems durch Kognitive Modelle analog zu den mentalen Prozessen und Repräsentationen der Operateure zu diagnostizieren, auf Trainingssituationen in anderen Domänen mit dynamischen Mensch-Maschinen-Systemen anzuwenden (z.B. für Wartenbediener oder Piloten).

Anderson, J.R. & Lebiere, C. (1998). *Atomic Components of Thought*. Hillsdale, N.J.: Erlbaum.
Bass, E.J. (1998). Towards an intelligent tutoring system for situation awareness training in complex, dynamic environments. In B.P. Goettl, H.M. Halff, C.L. Redfield & V.J. Shute (eds), *Intelligent tutoring systems. ITS'98*. Berlin: Springer. S. 26 – 35.
Gopher, D. (1993). The Skill of Attention Control: Acquisition and Execution of Attention Strategies. In: D.E. Meyer & S. Kornbloom (eds), *Attention and Performance XIV: Synergies in Experimental Psychology, Artificial Intelligence, and Cognitive Neuroscience*. Cambridge, MA: The MIT Press. S. 299–322.
Endsley, M.R. & Smolensky, M.W. (1998). Situation Awareness in Air Traffic Control: The Picture. In: M.W. Smolensky & E.S. Stein (eds), *Human Factors in Air Traffic Control*. S. Diego: Academic Pr. S. 115–154.
Niessen, C., Leuchter, S. & Eyferth, K. (1998). A psychological model of air traffic control and its implementation. In: F.E. Ritter & R.M. Young (eds), *Proceedings of the second European conference on cognitive modelling (ECCM-98)*. Nottingham: University Press. S. 104 – 111.
Whitfield, D. & Jackson, A. (1982). The Air Traffic Controller's Picture As an Example of Mental Models. In: G. Johannsen & J.E. Rijnsdorp (eds), *Proceedings of the IFAC Conference on Analysis, Design, and Evaluation of Man-Machine Systems*. London: Pergamon Press. S. 45 –52.

Adressen der Autoren

Sandro Leuchter
Technische Universität Berlin
Zentrum-Mensch-Maschine-Systeme
Jebensstr. 1
10623 Berlin
sandro.leuchter@zmms.tu-berlin.de

Thomas Jürgensohn
TU Berlin
ISS-Fahrzeugtechnik
Gustav-Meyer-Allee 25
13355 Berlin
juergensohn@zmms.tu-berlin.de

Adaptive Oberflächen im Prototypen-Entwicklungsprozess

Stephanie Aslanidis, Brigitte Steinheider
Institut für Arbeitswissenschaft und Technologiemanagement, Universität Stuttgart

Ausgangslage

Im Sonderforschungsbereich 374 „Entwicklung und Erprobung innovativer Produkte – Rapid Prototyping" an der Universität Stuttgart werden die Anforderungen und Möglichkeiten der frühen Phasen der Prototypenentwicklung, schwerpunktmäßig in der Automobilindustrie, untersucht. Die frühen Phasen bestehen in der Regel aus schlecht strukturierten Problemlösungsprozessen. Bestandteile sind die Ideengenerierung und -bewertung, sowie die Konzepterarbeitung und Produktplanung (Herstatt 1999). Kennzeichnend dabei sind eine Vielzahl von Iterationsschritten, die ein hohes Maß an Koordination und Abstimmung zwischen unterschiedlichen und interdisziplinären Teams erfordern. Ein derart dynamisches Umfeld erfordert auch einen dynamischen Zugang zum individuellen Arbeitsraum. Diesen stellt in den meisten Fällen eine grafische Bildschirmoberfläche dar.

In dem Teilprojekt C2 „Adaptive Benutzungsoberflächen" des Sonderforschungsbereiches wird die Frage behandelt, wie eine angemessene Gestaltung der grafischen Oberfläche die Bewältigung der täglichen Arbeit und den Informationsfluss optimal unterstützen kann.

Neben der Auswahl der Inhalte und den Navigationsmöglichkeiten spielt die Form der Visualisierung der Informationen eine entscheidende Rolle.

Hier geht der Trend in den letzten Jahren zur Informationscodierung mittels Symbolen und deren Darstellung in dreidimensionalen Szenen. Untersuchungen zeigen, dass in diesen Darstellungsformen Vorteile liegen können (Zülch 2000, Kim 1999). Die menschliche Fähigkeit bildliche Informationen schnell zu verarbeiten oder die virtuelle Vergrößerung des vorhandenen Arbeitsraumes (der Bildschirmoberfläche) sind Argumente, die für derartige Vorteile sprechen.

Wir möchten der Frage nachgehen, ob im Falle eines Engineeringportals der Gebrauch der Raummetapher und damit eine dreidimensionale Darstellung Vorteile birgt und welche Symbole für eine allgemeinverständliche Kodierung der im Engineering benötigten Informationen verwendet werden können.

Projektbeschreibung

Der im Teilprojekt C2 entwickelte Zugang für Konstrukteure im Prototypingprozess stellt die für Konstrukteure relevanten Informationen in den Mittelpunkt und macht diese direkt zugänglich. Symbolisiert wird diese Gewichtung durch die Darstellung einer Karosserie im Zentrum des Raumes. Zusätzlich sind ergänzende Informationen aus den Bereichen Simulation, Planung, Kosten, Qualität und Rapid-Prototyping verfügbar. Diese Bereiche sind durch entsprechende Symbole abgebildet, die in dreidimensionaler Optik am Rande des Raumes angeordnet sind.

Abb.1: Engineeringlabor

Umgeben ist die Szene von einer Navigationsleiste zur Auswahl der Bauteile und einer Applikationsleiste, die den Zugang zu benötigten Anwendungen ermöglicht.

Ausblick

Neben der Darstellung der Information sind die Auswahl der Inhalte und die Navigation wesentliche Faktoren für die erfolgreiche Gestaltung eines Portals. Die individuelle Anpassbarkeit erfordert die Identifizierung geeigneter nutzerabhängiger Parameter, die sich auch auf die Auswahl und Darstellung von Metaphern und Symbolen auswirken kann. Im Sonderforschungsbereich 374 wird daran gearbeitet, solche Parameter für Vorgänge im Entwicklungsprozess zu spezifizieren.

Literatur

Herstatt, C (1999): Theorie und Praxis der frühen Phasen des Innovationsprozesses. In: ioManagement 10, 80-91.

Kim, J.(1999): An empirical study of navigation aids in customer interfaces. In: Behaviour and Information Technology 18-3, 213-224.

Zülch, G. (2000): Sonderforschungsbereich 346. Rechnerintegrierte Konstruktion und Fertigung von Bauteilen. Arbeits- und Ergebnisbericht 1.1.1997-31.12.1999. Universität Fridericana Karlsruhe.

Adressen der Autoren

Stephanie Aslanidis / Dr. Brigitte Steinheider
Universität Stuttgart
Fraunhofer Institut für Arbeitswirtschaft
und Organisation
Nobelstr. 12
70569 Stuttgart
stephanie.aslanidis@iao.fhg.de
brigitte.steinheider@iao.fhg.de

Walkthrough vs. Videokonfrontation - Vergleich zweier Methoden zur formativen Software-Evaluation

Meike Döhl
Universität Osnabrück

Einleitung

Für die iterative Software-Entwicklung spielt die formative Evaluation unter Einbeziehung (potenzieller) Benutzer eine wichtige Rolle. Um gute Erfolge zu erzielen und gleichzeitig den Kostenaufwand der formativen Evaluation zu rechtfertigen, ist es notwendig, möglichst effektive und effiziente Verfahren zu entwickeln bzw. zu identifizieren.

Vor diesem Hintergrund wurden im Rahmen eines Kooperationsprojektes zwischen der Universität Osnabrück und einem E-Commerce-Anbieter die Methoden Videokonfrontation und Walkthrough bei der Evaluation einer Website angewendet und verglichen. Sowohl Videokonfrontation als auch Walkthrough können eingesetzt werden, um Benutzbarkeitsprobleme in interaktiven Systemen zu identifizieren. Teilnehmer sind bei beiden Methoden potenzielle Benutzer des Systems.

Der Vergleich wurde als Evaluationsstudie angelegt; im Vordergrund stand die Bewertung unter realistischen Bedingungen und nicht die Untersuchung der Wirkweisen der Methoden.

Die Evaluationsmethoden

Bei der Videokonfrontation bearbeiten die Benutzer Aufgaben mit der Software und werden dabei vom Testleiter beobachtet und gefilmt. Gemeinsam schauen sich beide anschließend die Videoaufzeichnung an; der Testleiter bittet den Teilnehmer, die Abläufe besonders im Hinblick auf aufgetretene Probleme zu kommentieren und stellt u.U. gezielte Nachfragen. Es wurden acht Einzelsitzungen mit Videokonfrontationstechnik durchgeführt.

Das Walkthrough ist ein Gruppenverfahren. Hier bearbeiten die Teilnehmer gemeinsam Aufgaben mit der Software oder Website. Dazu können die jeweiligen Bildschirmsichten mittels Videobeamer auf eine Leinwand projiziert werden. Die Teilnehmer werden bei jedem Aufgabenschritt zu ihrer favorisierten Vorgehensweise befragt; das mehrheitlich bevorzugte Vorgehen wird vom Moderator ausgeführt. Anschließend werden alle Teilnehmer befragt, ob ihre Erwartungen von der Software erfüllt wurden und ob der Arbeitsschritt Probleme barg. Es wurde ein Walkthrough mit vier Teilnehmern durchgeführt.

Auswertung und Ergebnisse

Ziel des Methodenvergleichs sind Aussagen zu Effektivität und Effizienz von Videokonfrontation und Walkthrough. Gegenstand der Auswertung sind daher Anzahl und Qualität der von den Teilnehmern gemachten Anmerkungen zum evaluierten System sowie der Durchführungsaufwand der Methoden. Zusätzlich wurde ermittelt, wie groß der Bereich von Ergebnis-Überschneidungen zwischen Videokonfrontation und Walkthrough ist.

Mit der Videokonfrontation wurden 2,5 Mal so viele Benutzbarkeitsprobleme gefunden, wie mit dem Walkthrough.

Mithilfe der Videokonfrontation wurden absolut, aber auch relativ zur Anzahl der gefundenen Benutzbarkeitsprobleme mehr schwere Probleme gefunden als beim Walkthrough.

Sowohl Videokonfrontation als auch Walkthrough führten überwiegend zu speziellen Anmerkungen, die sich auf bestimmte Funktionen oder spezifische Probleme beziehen. Generelle Anmerkungen, die für ein Redesign weniger hilfreich sind, kamen relativ wenig vor.

Das thematische Spektrum der Anmerkungen unterschied sich bei beiden Methoden nicht signifikant. Trotzdem waren die Ergebnis-Überschneidungen zwischen den Methoden gering: Nur 3,83% der insgesamt gefundenen Benutzbarkeitsprobleme wurden übereinstimmend durch beide Methoden identifiziert.

Der Zeitaufwand war für die Videokonfrontation ca. 1,5 Mal so groß wie für das Walkthrough. Der finanzielle Aufwand kann für die Videokonfrontation bis zu 2 Mal so groß wie für das Walkthrough geschätzt werden.

Dabei fällt der relative Aufwand für die Entdeckung eines Benutzbarkeitsproblems bei der Videokonfrontation günstiger aus als beim Walkthrough. Beim Walkthrough ist der finanzielle Aufwand zur Entdeckung irgendeines Benutzbarkeitsproblems 1,3 Mal so groß wie bei der Videokonfrontation. Betrachtet man lediglich die wichtigeren, schweren Benutzbarkeitsprobleme, so liegt das Verhältnis gar bei 1 : 2,4 zugunsten der Videokonfrontation.

Schlussfolgerungen

Die Ergebnisse legen nahe, die Wahl der Methoden zur formativen Evaluation von Budget und Zielsetzung abhängig zu machen. Bei einem kleinen Budget wäre ein Walkthrough besser als keine Evaluation. Ein mittleres Budget könnte genutzt werden, um mithilfe mehrerer Videokonfrontationssitzungen verstärkt auch schwere Probleme zu identifizieren. Bei einem großen Budget stellt sich die Frage, ob eine Methodenkombination sinnvoller wäre, um möglichst viele Benutzbarkeitsprobleme zu identifizieren, als viele Durchgänge derselben Methode. Diese Frage kann mithilfe der vorliegenden Studie nicht eindeutig beantwortet werden. Zwar deuten die geringen Ergebnis-Überschneidungen zwischen Videokonfrontation und Walkthrough auf den Nutzen einer Methodenkombination hin. Allerdings fallen auch die Redundanzen innerhalb der Methoden noch so gering aus (Videokonfrontation 17%; Walkthrough 13 %), dass von weiteren Sitzungen derselben Methode noch ein deutlicher Zusatznutzen zu erwarten wäre.

Adressen der Autoren

Meike Döhl
Universität Osnabrück
Katharinenstr. 105
49078 Osnabrück
mdoehl@uos.de

Towards a Task-Based System Administration Tool for Linux Systems

Ernianti Hasibuan, Gerd Szwillus
Universität Paderborn, Fachbereich Mathematik/Informatik

Abstract

The growing popularity of computers in all areas of daily life leads to the situation that an increasing number of people with diverse know-how of computers and software use these systems. The more computers leave specialized usage areas but get literally everywhere, the more knowledge and skill is needed in the user community to administer these systems. While wide-spread user interface desktops claim to be „end-user friendly", easy to administer and to maintain, or even close to being self-administering, reality shows that this is not the case. In this research we seek to find out about what the task in system administration are, how they are supported currently, and which properties a task-based system for helping users to maintain their system should provide. As a test-bed for this research we primarily use Linux, as an open and flexible operating system with growing popularity in industry, academia, and on private computers.

1 Users have to be System Administrators

The use of computer has profilerated in almost all areas of our work and private life. Although most of the time the users interact with the computer doing their work, they also have to administer their system to some degree. There are devices and supporting tools for these tasks on the market, claiming to be „easy to use". Therefore, users tend to operate everything by themselves and start acting as the system administrator, at least for their own computer. Currently, Linux gains strongly in popularity in competition to the market-leader, the Microsoft Windows$^{(tm)}$ systems. The Linux system offers a high flexibility in the configuration of user interface. There is a trade-off, however, with the complexity of configuring and administering the system. With Linux gaining popularity, however, the end user now has to do the system administrator ("sysadmin") tasks himself.

2 Tools for System Administration Tasks

Various tools have been proposed to help users in administering their system; usually these tools employ various dialog models. One possibility is that the user directly edits configuration files using the command line interface. Other user administering systems use text-based menus, yet other special sysadmin programs come with a Graphical User Interface (GUI). Comparing the different interaction styles, we found that the GUI approach does not always provide a better mechanism for performing sysadmin tasks. Although in some situations a visual representation of the system helps the administrator, it can create problems in other situations in terms of precision and clear semantics. If we seek to support system administration for a large group of tasks and users, we need to adopt the system to the type of dialogue model the user is familiar with and which is appropriate for correct and efficient performance of the task.

3 First Findings

We conducted a two-phase study, making use of observations combined with interviews with new Linux users. In the first phase, we wanted to find out what the typical administration tasks are and look into different user interface design alternatives for sysadmin tasks.

Typical tasks we found were: **User Management** (using account and password, create a user, etc), **File Management** (creating or opening a file, copying or deleting a file), **Hardware Management** (using and installing devices, etc), **System Management** (installing, adding or removing tools or applications from the system, etc), and **Network Management** (connecting to the Internet, browsing, reading, replying or managing email). Interestingly enough, we found that users tend to be willing to do some administrating system jobs motivated by the chance of having more control over the system. As stated by Thimbleby [], users invest "a lot of themselves" to learn how to handle a system, even if the system is bad.

With respect to different user interface styles, we found that one alternative can be optimal for some types of users while performing poorly for others. Systems which are easy to learn may cause users to dive into the system more eagerly, after passing the basic learning steps. User skills grow over a period of time while using the system, and many users show high adaptability to a system since they continue using it after few months and learn to use the system on their own without any formal training.

In the second phase, using the results from the first phase, we tried to isolate a profile of those users who are currently performing sysadmin tasks on their own machines on whatever system they use. We found that they are people who use computers in their daily work. Their computer experience level is quite high, with practical computer exposure for at least the last 3 years. They are mainly close to academia, research and education environments, or in Internet related business. All have used MS Windows in their working environment and have a clear picture of the concepts found in MS Windows. Most of them have already heard about the Linux system, but only a small part of the participants use it. Participants responded positively to Linux, finding that the system offered powerful functionality needed to maintain, manage, and administer it. They expressed their intention to use it in the future, as they needed a stronger and more stable system. There are still problems, however, when switching to Linux: For one thing, there are significant conceptual differences to systems like MS Windows. Second, people criticized the help and documentation information of not being well organized.

4   Future Work

We are currently evaluating the data gathered on a more precise and formal basis. This will enable us to find variables influencing the user acceptance to Linux. Also, we will look into the sysadmin tasks and find critical points that need further analysis to make them more simple. We will turn our findings into a formal task model and a user model of the sysadmin job in a computer system, thus yielding information on properties an appropriate tool should have. We think that the task model of sysadmin for the „home user" has to be parameterized to different user classes; hence, we aim at creating a user interface which adjusts itself to the user and his tasks.

Bibliography
1. Thimbleby, H. (1990): User Interface Design. ACM Press, London, p. 41.

Adressen der Autoren

Erniati Hasibuan
Uni-Gesamthochschule Paderborn
Fachbereich 17 - Informatik
Fürstenallee 11
33102 Paderborn
ernie@upb.de

Gerd Szwillus
Universität Paderborn
FB 17 Mathematik / Informatik
Fürstenallee 11
33102 Paderborn
szwillus@upb.de

Joy of use –
Determinanten der Freude bei der Software-Nutzung

Michael Hatscher
Fachgebiet Arbeits- und Organisationspsychologie, Universität Osnabrück

Hintergrund

Das Thema *„joy of use"* hat in den letzten Jahren einige Beachtung gewonnen: Glass (1997) sieht Freude und Spaß beim Benutzen als eine der wichtigsten Eigenschaften kommender technischer Artefakte an; Norman (1993) fragt: „Why is it more fun to read about the new technologies than to use them?", und Cooper (1999) bezeichnet als „desirability" einer Software deren Eigenschaft, bei den Menschen Gefühle von Glück und Zufriedenheit auszulösen. Auch in der Industrie wird auf positive Erfahrungen im Umgang mit der Software – zumindest im Marketing – gern hingewiesen: So findet sich sowohl bei Microsoft (für Windows Me) als auch bei Apple (für MacOS X) und Be (für BeOS) der Hinweis darauf, dass das Arbeiten mit den jeweiligen Betriebssystemen mehr Spaß machen werde bzw. angenehmer sei, und SAPs EnjoySAP-Projekt reagiert ebenfalls auf die gestiegenen Erwartungen der Kundschaft in Bezug darauf, dass eine Software nicht nur effiziente Aufgabenerledigung ermöglichen solle.

Bei den gerade dargestellten Projekten und Aussagen fehlt eine schlüssige Definition von *joy of use* – so bleibt offen, ob es sich um ein reales Phänomen oder um ein Marketinginstrument handelt. Ebensowenig werden konkrete Aussagen über Einflussgrößen auf die freudvolle Nutzungserfahrung getroffen.

Anliegen der Arbeit

Es sollte eine Definition zum Begriff *„joy of use"* geleistet werden. Außerdem ging es darum, Einflussgrößen festzustellen, die zum Empfinden von Freude bei der Softwarenutzung beitragen. Eine ausführlichen Literaturrecherche ließ erste Vermutungen zum Charakter von *joy of use* zu sowie die Größen Software-Ergonomie und (Industrie-)Design als wichtig erscheinen.

Vorgehen

Auf der Grundlage der Rechercheergebnisse wurde ein Interviewleitfaden mit 18 halboffenen Fragen entwickelt, mit dem Informationen zum Charakter und zu den Implikationen von *joy of use* erhoben wurden. In Interviews (Dauer: zwischen 30 und 92 Minuten) wurden neun Experten aus den Feldern Software-Ergonomie, Informatik, Industrie-Design und Grafik-Design zu ihren Überlegungen zum Thema befragt. Die Interviews wurden qualitativ ausgewertet.

Ergebnisse

Joy of use stellt sich – in Analogie zu *ease of use* – als dynamisches Phänomen dar, auf das Eigenschaften der Software, des Nutzers und des Kontextes einen Einfluss ausüben. Bei der Frage, wann Nutzer *joy of use* empfinden, spielen Expertise, persönlichkeitspsychologische und motivationale Merkmale (wie Neugier oder Umgang mit Komplexität) sowie das Geschlecht eine Rolle. Auf Seiten der Software wird sind Funktionalität bzw. unauffälliges Funktionieren, den Nutzer ästhetisch ansprechende Gestaltung sowie kleine, aber überwindbare Hindernisse (bzw. Verletzungen der Erwartungskonformität) von Bedeutung. Dem Kontext kommt ein vermittelnder Einfluss auf *joy of use* zu: In einer (durch Stress etc.) aversiven Umgebung werden Nutzer trotz Freude-förderlicher Passung der eigenen Merkmale und der Eigenschaften der Software keine Empfindung von *joy of use* erleben können, während dies in einer weniger stresshaften Umgebung möglich sein wird.

Joy of use wird von den interviewten Experten als ein Thema angesehen, das jetzt schon wichtig ist oder aber wichtig sein wird; es wird erwartet, dass sich durch *joy of use* Veränderungen ergeben in Bezug auf die Qualität der Arbeit (mehr Spaß im Alltag, höhere Effizienz der Arbeit der Nutzer, höhere Motivation und Arbeitszufriedenheit) und die Wahrnehmung der Software (Vertrauen / partnerschaftliches Verhältnis zur Software, gern und mehr mit der Software arbeiten, höhere Akzeptanz).

Um dafür zu sorgen, dass Nutzer beim Gebrauch eines Softwareprodukts *joy of use* empfinden, sind in der Entwicklung einige Punkte zu berücksichtigen: Nutzerzentrierte Entwicklung lag allen Experten am Herzen, und die Berücksichtigung von Design bzw. das Anstreben eines „stimmigen" Verhältnisses von Inhalt und Form (bzw. Ergonomie und Design) wurde von den meisten Interviewten empfohlen. Außerdem solle man gelungene Lösungen in anderen Gebieten (z.B. Spielen) oder Produkten untersuchen, technisch gut und interdisziplinär bzw. im Team entwickeln und für Freude im Entwicklungsteam sorgen.

Zur Frage, ob *joy of use* durch Usability im Sinne der ISO 9241-11 bereits abgedeckt wird, lässt sich aufgrund der Divergenz der Expertenaussagen aus den Interviews selbst keine Aussage treffen; da software-ergonomische Eigenschaften der Software aber einen Beitrag leisten zu *joy of use*, kann geschlossen werden, dass sich *joy of use* außerhalb der Usability befindet. Das bestehende Usablility-Konzept könnte um diese Facette erweitert werden.

Die als Hauptziel der Arbeit zu leistende Definition von *joy of use* lautet wie folgt:

Joy of use eines Software-Produkts ist das freudvoll-genussreiche Erleben der Qualität der Interaktion und der Möglichkeiten, die sich für einen bestimmten Nutzer in einem bestimmten Kontext als Folge des überwiegend unauffälligen, hervorragenden Funktionierens und aufgrund der den Nutzer ästhetisch ansprechenden Gestaltung durch motivierten und den Zielen und Interessen des Nutzers entsprechenden Gebrauch der Software manifestiert.

Cooper, A. (1999): The Inmates are running the Asylum: Why High-Tech Products drive us crazy and how to restore the Sanity. Indiana, IN: SAMS.
Glass, B. (1997): Sweapt away in a sea of evolution: New challenges and opportunities for usability professionals. In: Liskowsky, R.; Velichkovsky, B. M. & Wünschmann, W. (Hrsg.): Software-Ergonomie '97. Usability Engineering: Integration von Mensch-Maschine-Interaktion und Software-Entwicklung. Stuttgart: B.G. Teubner, S. 17-16.
Hatscher, M. (2000): Joy of use – Determinanten der Freude bei der Softwarenutzung. Unveröffentlichte Diplomarbeit am Fachbereich Psychologie und Gesundheitswissenschaften, Universität Osnabrück. http://www.incthings.de/download/Diplom_HiRes.pdf.zip (ca. 11MB).
Norman, D. A. (1993): Things that Make Us Smart. Defending Human Attributes in the Age of the Machine. Reading, MA: Perseus.

Adressen der Autoren

Michael Hatscher
Universität Osnabrück
Teilfachgebiet Arbeits- und Organisationspsychologie
Herminenstr. 9
49080 Osnabrück
michael.hatscher@incthings.de

Exploration und Präsentation von Diagrammen sozio-technischer Systeme in SeeMe

Thomas Herrmann, Kai-Uwe Loser
Universität Dortmund, Fachbereich Informatik

Die Gestaltung sozio-technischer Systeme wird durch die Modellierungsmethode SeeMe unterstützt (Herrmann & Loser 1999). Diagramme auch in anderen Notationen können in realen Anwendungen schnell sehr komplex und umfassend werden. Sowohl in Präsentationen, als auch bei der Erstellung und Rezeption von solchen Diagrammen überfordert die Menge an dargestellten Informationen schnell die individuelle Fähigkeit zur Wahrnehmung. Dass maximale Explizitheit zu minimaler Verständlichkeit führt, ist ein in der Kommunikationstheorie bekanntes Problem (Ungeheuer 1987). Dies wirkt sich in vielen Situationen von Projekten aus: Mühsam entwickelte Diagramme können beispielsweise nicht direkt in Präsentationen und Diskussionen eingesetzt werden. Statt dessen werden zusätzlich vereinfachte Diagramme erstellt, um sie breiterem Publikum zu präsentieren. Ein möglicher Weg, derartige Probleme anzugehen, besteht darin, in einem Werkzeug Diagramme interaktiv individuell und situationsbezogen anpassbar und präsentierbar zu machen. Betrachter sollen einerseits innerhalb der existierenden semantischen Beziehungen, die relevanten und interessanten Inhalte ansteuern können (Exploration). Andererseits sollen solche Navigationswege wiederholbar werden, um sich einem Erzählfluss anzupassen und diese in Präsentationen wieder abrufen zu können. Dabei ist es auch wichtig angemessene variierende Abstraktionsniveaus wählen zu können. Der in Java 2 entwickelte Prototyp EasySeeMe setzt dazu eine Reihe von Konzepten zur flexiblen Präsentation von Prozessmodellen um, wie sie in Herrmann 1999 beschrieben wurden.

Präsentierbare Strukturen für Diagramme

Als Basis für die flexible Präsentation werden bei der Erstellung von Diagrammen semantische Strukturen erzeugt, deren Möglichkeiten durch Metamodelle festgelegt werden. Für das dynamische Verändern sind im Prototypen zwei Konstrukte von entscheidender Bedeutung: Einbettungshierarchien stellen die Basis zur schrittweisen Vergröberung bzw. Verfeinerung eines Diagramms dar. Weiterhin erzeugt das Notationselement der Relation Verweise auf weitere Elemente einer Darstellung. Beide werden dazu genutzt Hinweise, Residuen im Sinne von Furnas (1997), in der aktuellen Ansicht eines Diagramms zu integrieren. Die dargestellten Residuen werden dann zur Navigation und Steuerung der Ansicht benutzt (schwarze Pfeile und schwarze Halbkreise im Screenshot).

Explorieren von Diagrammen durch Ein- und Ausblenden

Auf Basis der aufgebauten Strukturen ist ein Mechanismus implementiert, der es ermöglicht flexibel Elemente aus- und wieder einzublenden: In einer gegebenen Ansicht eines Modells können beliebig Elemente entfernt werden, wobei entsprechende Residuen in der Darstellung erzeugt werden. Dies wird verwendet, um aus einem Bereich der Diagramme heraus zu navigieren und Darstellungen zu vereinfachen. Existierende Residuen in einem Diagramm weisen immer auf weitere ausgeblendete Elemente des Modells hin. Durch Anwahl der Residuen, werden die Elemente, auf die verwiesen wird, eingeblendet. Dabei werden Residuen, die ebenfalls auf hinzugeblendete Elemente verweisen entfernt. So können sich Nutzer weitere Inhalte hinzublenden. Drei Arten von Residuen werden verwendet (s. Screenshot): Um sich Verfeinerungen eines Elements anzeigen zu lassen werden schwarze Halbkreise angewählt, die sich innerhalb eines Elements befinden. Nach außen ragende Halbkreise weisen auf fehlende übergeordnete Elemente hin. Verdickte schwarze Pfeile wiederum werden gewählt um Elemente einzublenden, die Beziehungen zu Elementen in der aktuellen Darstellung haben.

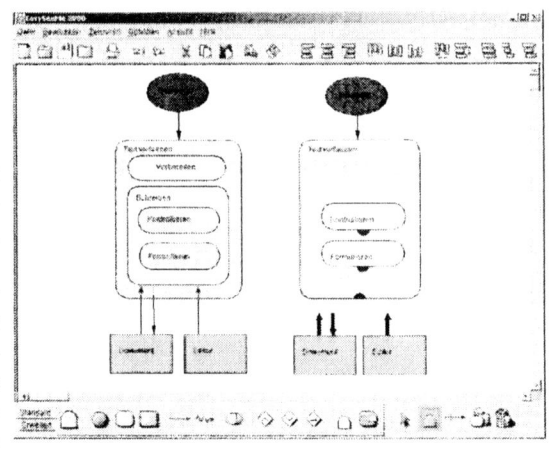

Vorbereitung von Präsentationen

Ausblendeschritte werden im Werkzeug so protokolliert, dass sie beim Wiedereinblenden die Reihenfolge der Darstellung steuern. Durch geeignete Wahl der Sequenz der Ausblendungen können Präsentationen in ihrer Erzählstruktur vorbereitet werden. Die Wahl der dargestellten Detaillierungsebenen ist durch die gegebene Flexibilität beim Ein- und Ausblenden ebenfalls an ein Auditorium anpassbar. Bei Bedarf bleibt jedoch zum Zeitpunkt der Präsentation das gesamte Modell ohne Wechsel der Darstellung über die Residuen erreichbar.

Ein weiteres Hilfsmittel zur Vorbereitung von Präsentationen mit dem *EasySeeMe*-Editor sind sogenannte Snapshots, mit denen Ansichten abgelegt werden können. Komplexe Wechsel einer Darstellung sind auf diese Weise mit einem Interaktionsschritt abrufbar.

Literatur

Furnas, George W. (1997): Effective View Navigation. In: Proceedings of the CHI'97. Conference on Human Factors in Computing Systems. pp. 367-374.

Herrmann, Th.; Loser, K.-U. (1999): . Behavior & Information Technology: Special Issue on Analysis of Cooperation and Communication 18(5). pp. 313-323.

Herrmann, Th. (1999): Design von Informationswelten. Proceedings Software-Ergonomie 99 (Walldorf/ Baden, Germany, March 1999). S. 123-136.

Ungeheuer, G. (1987): Kommunikationstheoretische Schriften 1. Aachen, 1987.

Adressen der Autoren

Thomas Hermann / Kai-Uwe Loser
Universität Dortmund
FB 4: Informatik & Gesellschaft
44221 Dortmund
hermann@iug.informatik-uni-dortmund.de
loser@iug.informatik-uni-dortmund.de

Nutzerverhalten bei hypertextbasierten Lehr-Lernsystemen

Anja Naumann, Jacqueline Waniek, Josef F. Krems
Allgemeine Psychologie und Arbeitspsychologie, Institut für Psychologie, TU Chemnitz

Ziel der vorliegenden Untersuchung war es, in Zusammenarbeit mit dem Fachbereich Anglistik der TU Chemnitz, im Rahmen der DFG-Forschergruppe „Neue Medien im Alltag", Charakteristika der Nutzung eines internetbasierten Lehr-Lernsystems für englische Grammatik (Chemnitz Internet Grammar) empirisch zu ermitteln. Erwartet wurden dabei Unterschiede im Nutzerverhalten in Abhängigkeit vom Nutzerprofil, welches z.B. Ausbildungsstand, Computererfahrung und Vorwissen beinhaltet. Des weiteren wurden Unterschiede im Nutzerverhalten, basierend auf der Komplexität der Aufgabe, erwartet. Eine vorangegangene eigene Studie (vgl. Naumann, Waniek & Krems, 1999) zu orientierenden Texten zeigte bereits, dass Hypertexte beim reinen Lesen hinsichtlich Wissenserwerb und Orientierungsproblemen linearen elektronischen Texten deutlich unterlegen sind. Weiterhin ergab sich aber, dass beim Lösen von Suchaufgaben mit Hilfe dieser Texte die Hypertexte nicht schlechter abschnitten als die linearen Texte und für die Hypertexte sogar weniger Orientierungsprobleme berichtet wurden. Basierend auf diesem Ergebnis sollte nun in der vorliegenden Studie überprüft werden, ob eine Aufgabenspezifität im Nutzerverhalten auch bei instruierenden Texten vorliegt.

An der Untersuchung nahmen 30 Studierende der Anglistik (1.-12. Semester) mit mittlerer Computererfahrung teil. Dabei lasen die Versuchsteilnehmer in einer Sitzung ein Kapitel (Present Continuous) der Internet Grammar durch und lösten in einer weiteren Sitzung vorgegebene Aufgaben mit Hilfe eines anderen Kapitels (Present Perfect) dieser Internet Grammar. Die Chemnitz Internet Grammar besteht aus einem Regel-, einem Beispiel- und einem Übungsteil und wurde in der vorliegenden Untersuchung in einer für den Laboreinsatz modifizierten Version verwendet. Erhoben wurden dabei jeweils das Vor- und Nachwissen der Versuchsteilnehmer mit Hilfe von Tests, die Angaben zur Person, die Orientierungsprobleme und die Beurteilung des Textes über Fragebögen und das Navigationsverhalten über Logfile-Protokolle. Beim Present Perfect wurde zusätzlich die Anzahl der gelösten Aufgaben erfasst.

Es zeigten sich folgende Ergebnisse: Beim vollständigen Durchlesen der Internet Grammar (Present Continuous) wurde mehr Wissen erworben als beim Lösen von Aufgaben mit Hilfe der Internet Grammar (Present Perfect). Sowohl beim Lesen als auch beim Lösen von Aufgaben war der Wissenszuwachs für Personen mit viel Vorwissen geringer als für Personen mit weniger Vorwissen.

Nach dem *Lesen* des Kapitels Present Continuos ergab sich für die Gesamtgruppe ein statistisch bedeutsamer Wissenszuwachs. Personen, die öfter auf die Übersichtsseite klickten und sich dort auch länger aufhielten, erwarben weniger Wissen. Die Orientierung scheint also vom eigentlichen Lernen abzulenken. Weiterhin führten Personen, die berichteten, sie arbeiten gern mit Computern, mehr Übungen im Text durch, und Personen, die den Text interessant fanden, beurteilten den Versuch als weniger anstrengend. Es ergab sich kein Zusammenhang zwischen dem Wissenszuwachs und der Computernutzung/-erfahrung, der Häufigkeit der Internetnutzung, den berichteten Orientierungsproblemen, der Gesamtlesezeit, der Anzahl angeklickter Seiten, der Anzahl durchgeführter Übungen, der Beurteilung des Textes und dem restlichen Navigationsverhalten.

Für das *Lösen von Aufgaben* mit Hilfe des Kapitels Present Perfect ergab sich nur ein geringer, statistisch nicht bedeutsamer Wissenszuwachs. Personen mit viel Vorwissen hatten auch viel Nachwissen und lösten auch mehr Aufgaben richtig. Weiterhin erwarben die Personen, die sich länger auf den Regelseiten und länger auf den insgesamt gelesenen Seiten aufhielten, mehr Wissen, lösten aber weniger Aufgaben richtig. Die Gruppe von Personen, die den größten Wissenszuwachs hatte, d.h. also am meisten vom Kapitel Present Perfect profitierte, verbrachte auch mehr Zeit auf den Beispielseiten und hatte weniger Orientierungsprobleme als die Gruppe mit dem geringsten Wissenszuwachs. Während der Wissenserwerb sich also mit der Aufenthaltsdauer auf den gelesenen Seiten erhöht, verschlechtert sich die Lösung der Aufgaben. Das „Nichtfinden" von Informationen im Text scheint also mit einem beiläufigen Erwerb von Wissen einherzugehen. Es ergab sich kein Zusammenhang zwischen dem Wissenszuwachs und der Computernutzung/-erfahrung, der Häufigkeit der Internetnutzung, der für die Lösung der Aufgaben benötigten Zeit, der Anzahl richtig gelöster Aufgaben, der Anzahl im Text durchgeführter Übungen, der Beurteilung des Textes und dem restlichen Navigationsverhalten.

Zusammenfassend ist festzustellen, dass sich auch bei instruierenden Hypertexten im Hinblick auf die Aufgabenkomplexität Unterschiede im Wissenserwerb und Navigationsverhalten zeigen. Für beide Aufgaben werden aber auch hier die für Hypertext bekannten Orientierungsprobleme deutlich. Im Gegensatz zum Vorwissen, was einen deutlichen Einfluß auf den Wissenserwerb hat, scheinen andere Personenmerkmale, wie z.B. die Erfahrung im Umgang mit Hypertext oder der Ausbildungsstand, nicht so relevant zu sein.

Resultierend aus diesen Ergebnissen und den noch folgenden Analysen der Navigationspfade einzelner Nutzergruppen sollen in einem nächsten Schritt konkrete Gestaltungsvorschläge zur Optimierung der Internet Grammar entwickelt werden (z.B. Einbau von Orientierungshilfen, um häufiges Klicken auf die Übersichtsseite zu vermeiden).

Literaturangabe

Naumann, A., Waniek, J. & Krems, J.F. (1999). Wissenserwerb, Navigationsverhalten und Blickbewegungen bei Text und Hypertext. In: U.-D. Reips (Hrsg.). *Aktuelle Online-Forschung – Trends, Technik, Ergebnisse*. Online Press (WWW document). URL: http://dgof.de/tband99/

Adressen der Autoren

Anja Naumann / Jacqueline Waniek / Prof. Dr. Josef Krems
Technische Universität Chemnitz
Institut für Psychologie
Allg. Psychologie und Arbeitspsychologie
09107 Chemnitz
anja.naumann@phil.tu-chemnitz.de
jacqueline.waniek@phil.tu-chemnitz.de
josef.krems@phil.tu-chemnitz.de

Postgraduale Weiterbildung zum/r Wissensmanager/in

Richard Pircher
Donau-Universität Krems

Die kulturellen, intellektuellen und technologischen Bedingungen und Möglichkeiten des Umganges mit Daten, Informationen und Wissen befinden sich im Wandel. Führungskräfte von Organisationen sind mit Konkurrenten konfrontiert, die durch professionelles Wissensmanagement Wettbewerbsvorteile erringen. Vor allem in den USA ansässige und global tätige Unternehmen verfügen teilweise über einen Vorsprung im Umgang mit diesen Möglichkeiten.

Die Zielsetzung des Managements der Ressource Wissen stößt auf zahlreiche Problemstellungen unterschiedlichster Ebenen: mangelnde Vertrauensbasis, psycho-soziale Widerstände, mangelhafte Infrastruktur, fehlende Soft Skills der Mitarbeiter, reduzierte Controlling-Instrumente, und vieles mehr.

Der/die Wissensmanager/in bzw. Top-Manager/in, der/die die Herausforderung der bewussten „Bewirtschaftung" des verfügbaren Know-hows annimmt, findet sich vor einer vielschichtigen, transdisziplinären Problemstellung wieder. An ein postgraduales Weiterbildungsangebot Wissensmanagement stellen die Teilnehmer/innen die Anforderung, in berufsbegleitender Form die Grundlagen für den Erwerb der Fähigkeit zur Lösung dieser Problemstellung zu erhalten.

Mit dem zweisemestrigen, berufsbegleitenden Universitätslehrgang Wissensmanagement wurde unter Einbeziehung eines internationalen Expertenkreises ein Curriculum entwickelt, das ein adäquates Unterrichtsprogramm der wesentlichen Disziplinen einschließt. Als wesentliche Erweiterung des erarbeiteten Konzeptes ist die Erkenntnis zu sehen, dass das Informationsmanagement auf inhaltlicher Ebene (Library and Information Science) als Teilbereich des Wissensmanagements verstanden wird. So traf Karl-Erik Sveiby die Aussage: „Many early initiatives to transfer skills an information can be labelled „Knowledge Management", libraries being one, schools and apprenticeships others." Bukowitz und Williams stellen in The Knowledge Management Fieldbook fest: „Teamed up with knowledge managers and subject matter experts, cybrarians can guide employees to Internet sites that contain useful information. Cybrarians add Internet expertise to their already considerable skills in deftly searching on-line databases. For example ... corporate information specialists help content developers locate highly specific information on business processes even when research requests begin as nebulous."

Neben der Konzeption der Lehrgangsinhalte wird im Vortrag auch die Planung eines Forschungsprojektes vorgestellt. Der Universitätslehrgang Wissensmanagement wird empirisch begleitet durch eine quantitative und zwei qualitative Befragungen von österreichischen Unternehmen bzw. Managern/innen, um die Praxistauglichkeit der angebotenen Inhalte sowohl vor als auch nach Beginn und Absolvierung des Lehrganges zu evaluieren.

Themenbereiche

Die Inhalte des Lehrganges setzen sich aus folgenden Themenbereichen zusammen, wobei wir laufend bestrebt sind, aktuelle Entwicklungen zu berücksichtigen und dafür qualifizierte Lehrbeauftragte zu gewinnen.

Konzepte und Grundlagen des Wissensmanagements

Die Grundlagen umfassen die Behandlung der wichtigsten Konzepte und Vertreter mit einer Einführung in die Terminologie des Wissensmanagements. Fallstudien illustrieren diese Einführung. Die Kernaktivitäten im Management expliziter Information – Information Retrieval, Informationserschließung und -strukturierung – sind ebenfalls Teil der Grundlagen. Vor allem in diesem Bereich wird die interdisziplinäre Kommunikation mit den Mitgliedern des inhaltlich verwandten Lehrganges Bibliotheks- und Informationsmanagement gefördert.

Mensch und Organisation

Dieser Bereich der Veranstaltungen beinhaltet folgende Themengebiete:
- Personelle Aspekte: Führungsdisziplinen, Psychologie, Change Management, Coaching, Moderation, etc.
- Kommunikationsmanagement
- Instrumente, Praktiken (Barrieren, Erfolgsfaktoren, Gestaltungsmaßnahmen, organisatorische Verankerung; z. B. Yellow Pages, Skill Matrix, Wissensgemeinschaften, Wissensmeetings, Organisationsstrukurierung, Space Management, Lessons Learned-Aktionen, Audit-Werkzeuge, Wissenserhebungstechniken, Gratifikationssysteme/Incentives, ...)

Technologie

Als technologisch orientierte Inhalte werden vermittelt:
- Wissensrepräsentation und Wissensmodellierung
- Dokumentenmanagement
- Aufbau von strukturierten Datenbanken und von Intranet-basierten Informationssystemen, Organizational Memories, Aufbau und Betrieb von Knowledge-Bases/Systemen und von Knowledge-Centres
- „Business Intelligence" (Data Warehouses, Data Mining, CRM, Workflowmanagement- und Groupware-Programme, ...)
- Competitive Intelligence, Environmental Scanning

Etablierung des Wissensmanagements

Anhand von **Case Studies** werden Problemstellungen aus der Praxis veranschaulicht. Diese verdeutlichen transparent die unterschiedlichsten Herausforderungen und Lösungswege exemplarisch und praxisrelevant.

In diesem thematischen Modul wird der **Prozessaspekt** des Wissensmanagements betont. Es handelt sich dabei um einen kontinuierlichen Prozess, der nach der Durchführung eines Wissensmanagement-Projekts keineswegs als abgeschlossen betrachtet werden kann. Um die Pflege der Wissensbasis und deren Ausbau sicherzustellen, ist Wissensmanagement systematisch und langfristig in die Geschäftsprozesse zu integrieren.

Adressen der Autoren

Mag. Richard Pircher
Donau-Universität Krems
Zentrum für Informationsmanagement
und Technische Dokumentation
Dr. Karl Dorek Str. 30
3500 Krems
Österreich
pircher@donau-uni.ac.at

„Being There, Doing IT":
from User-centred to User-led Development

Alexander Voß, Rob Procter, Robin Williams
University of Edinburgh

Research from such fields as human-computer interaction, participatory design and computer supported collaborative work has acknowledged the importance of actual working practice for the development and operation of information systems. Consequently, a number of approaches have been developed to make the systems development process more *"user-centred"*. However, such attempts have been limited to *"informing prior design"*, that is, they have tried to put more knowledge about the context of use into the artefact. The division between design and use and between "designer" and "user" of information systems has not changed and so the fundamental asymmetries that underlie systems development in terms of expertise and control remain unaddressed. The basic model of innovation remains a linear one of diffusion from inception to use.

Experience from the study of science and technology points to the need to see technological development as involving non-linear processes of negotiation between diverse players that are influenced not only by technical issues but also by social circumstances (Williams and Edge 1996). Artefacts (e.g. information systems) are not generally stable but evolve over time, to some extent in their physical form (or logical configuration) and to a great degree in their meaning within a context of use. Requirements do not exist as an objective given that may be readily captured, but are the result of processes of negotiation, experience with existing practices and artefacts, as well as visions of future practices and artefacts. Processes of *social learning* lead to innovations *after* the initial design and implementation of an artefact as people attribute meaning to it within the context of use, *"domesticating"* the artefact. Also, changes to the artefact itself or the social organisation around it may be taken up in other contexts, a process that James Fleck has called *innofusion* (from "innovation" and "diffusion", Fleck 1993).

Thus, it may be argued, approaches that focus on the initial stages of development miss the point. There is a sizeable amount of literature that discusses the problems of "bringing the users' views into design" (see e.g. Axtell et al. 1997). Such problems are hardly surprising if we accept that users' views evolve as they try to make IT systems work in their particular context of activity. An artefact that stands outside the context of use simply has no *meaning* within the context of use and thus users find it difficult to speak about it. If we want to close the gap between designer and user, between design and use, we have to make the development process itself meaningful in the context of use and vice versa. IT systems developers have to become part of the *working culture* that they are developing systems for and their work has to be part of the overall working practice in that context. Such a reconceptualisation of development work opens up the possibility of long-term cooperation between IT-professionals and other professionals.

Traditionally, users were confronted with the *make-or-buy* alternative (Brady and Williams 1992) of either creating their own applications software or buying a packaged solution. Today, new *pick-n-mix* approaches to technology supply emerge as users combine readily available *standard components* to match their needs. With the right combination of component technologies and social organisation (esp. on-site cooperation with IT professionals), development can take on the character of *"bricolage"* (Buscher et al. 1996), developing systems *bottom-up* instead of top-down. Users are able to play a more direct role in the development of their information systems, exploiting opportunities for social learning as ideas, experiences, and innovations are shared between individuals and groups. A match between needs and functionality is achieved as *design in use* (Greenbaum and Kyng 1991) becomes a reality. Such a scenario describes a development process that is *user-led* rather than merely user-centred.

Two projects are currently under way at the University of Edinburgh (Voß et al. 2000; Hartswood et al. 2000) that aim to explore the viability of such user-led development processes in the context of large organisations. Setting up user-led development projects with researchers acting as facilitators (and thus participant observers) in a hospital department and in a plant manufacturing diesel engines, we hope to capture some of the social and technical factors that facilitate or hinder such processes. One important issue is the importance that user-led development be kept in alignment with the broader, *strategic concerns* of IT services management. In studies in the financial sector, Procter et al. (1996) observed the emergence of new, specialist groups within IT departments working closely with users and acting simultaneously as *facilitators* and *gatekeepers* of technical change. The current projects will investigate whether such models for the *management of user-led development* are transferable to different organisational contexts. In particular, we are interested in the effects that different needs for *security* (medical records) and *dependability* (production) have.

Axtell, C. M., Waterson, P. E., and Clegg, C. W. (1997): Problems integrating user participation into software development. In: International Journal of Human-Computer Studies Vol. 47, pp. 323–345.
Brady, T., Tierney, M., and Williams, R. (1992): The commodification of industry applications software. Industrial Corporate Change, Vol. 1(3).
Buscher, M., Mogensen, P., and Shapiro, D. (1996): Bricolage as a Software Culture. In: Wagner, I. (ed.): Proceedings of the COST A4 Workshop on Software Cultures. Technical University of Vienna.
Fleck, J. (1993): Innofusion: Feedback in the Innovation Process. In: Stowell, F. A. et al. (editors): Systems Science. Plenum Press. pp. 169–174.
Greenbaum, J. and Kyng, M. (1991): Design at Work: Cooperative Design of Computer Systems. Lawrence Erlbaum.
Hartswood, M., Procter, R., Rouncefield, M., and Sharpe, M. (2000): Being there and doing IT: A case study of a co-development approach in healthcare. In: PDC 2000 Proceedings of the Participatory Design Conference. T. Cherkasky, J. Greenbaum, P. Mambrey, J. K. Pors (Eds.), New York. pp. 102-201.
Procter, R., Williams, R., and Cashin, L. (1996): Social Learning and Innovations in Multimedia-based CSCW. ACM SIGOIS Bulletin, December. ACM Press, pp 73–76.
Voß, A., Procter, R., and Williams, R. (2000): Innovation in Use: Interleaving day-to-day operation and systems development. In: PDC 2000 Proceedings of the Participatory Design Conference. T. Cherkasky, J. Greenbaum, P. Mambrey, J. K. Pors (Eds.). New York. pp. 192-201.
Williams, R. and Edge, D. (1996): The social shaping of technology. In: Research Policy Vol. 25, pp. 865–899.

Adressen der Autoren

Alexander Voß
Buschweg 35
51519 Odenthal

Adressen

Herausgeber

Krause, Prof. Dr. Jürgen
  Informationszentrum Sozialwissenschaften, Lennéstr. 30, 53113 Bonn;
  Universität Koblenz-Landau
  E-Mail: jk@bonn.iz-soz.de

Oberquelle, Prof. Dr. Horst
  Universität Hamburg, Fachbereich Informatik, Angewandte und sozialorientierte
  Informatik (ASI), Vogt-Kölln-Str. 30, 22527 Hamburg
  E-Mail: oberquelle@informatik.uni-hamburg.de

Oppermann, Prof. Dr. Reinhard
  GMD FIT, Forschungszentrum Informationstechnologie GmbH, 53754 St. Augustin
  E-Mail: reinhard.oppermann@gmd.de

Eingeladene Vorträge

Encarnação, Prof. Dr.-Ing. Dr. José Luis
  Fraunhofer-Institut für, Graphische Datenverarbeitung, Rundeturmstr. 6, 64283 Darmstadt
  E-Mail: jle@igd.fhg.de

Holtzblatt, Karen
  InContext Enterprises, Inc., 249 Ayer Rd, Suite 304, Harvard, MA 01-451-1133, USA
  E-Mail: karen@incent.com

Stephanidis, Dr. Constantine
  HCI&AT Lab, I.T.E./FORTH, Science and Technology Park of Crete, 71110 Heraklion,
  Crete, Griechenland
  E-Mail: cs@ics.forth.gr

Trogemann, Prof. Dr. Georg
  Kunsthochschule der Medien, Fachbereich Kunst- und Medienwissenschaften,
  Peter-Welter-Platz 2, 50676 Köln
  E-Mail: trogemann@lmr.khm.de

Angenommene Vorträge, Workshops, Poster

Arnold, Patricia
  Universität der Bundeswehr, Malerwinkel 6, 22607 Hamburg
  E-Mail: pa@provi.de

Aslanidis, Stephanie
  Universität Stuttgart, Institut für Arbeitswissenschaft und Technologiemanagement IAT,
  Nobelstr. 12, 70569 Stuttgart
  E-Mail: stephanie.aslanidis@iao.fhg.de

Baier, Helge
  Universität Dortmund, Fachbereich VII, Graphische Systeme, Otto-Hahn-Str. 16,
  44221 Dortmund

Baumgarten, Thorb
  Heinrich-Hertz-Institut für Nachrichtentechnik Berlin GmbH, Einsteinufer 37,

Becker, Dipl.-Psych. Anja
Humboldt-Universität zu Berlin, Institut für Psychologie, Oranienburger Str. 18,
10178 Berlin
E-Mail: anja.becker@psychologie.hu-berlin.de

Beigl, Michael
Universität Karlsruhe, Telecooperation Office (TecO), Vincenz-Prießnitz-Str. 1,
76131 Karlsruhe

Bente, Prof. Dr. Gary
Universität zu Köln, Psychologisches Institut, Bernhard-Feilchenfeld-Str. 11, 50969 Köln
E-Mail: bente@uni-koeln.de

Bleimann, Prof. Dr. Udo
Fachhochschule Darmstadt
E-Mail: udo@bleimann.de

Bomsdorf, Birgit
Fernuniversität Hagen, Praktische Informatik I, Feithstr. 142, 58084 Hagen
E-Mail: birgit.bomsdorf@fernuni-hagen.de

Boronowsky, Michael
Universität Bremen, Technology-Zentrum Informatik, Universitätsallee 21-23,
28359 Bremen
E-Mail: michaelb@tzi.de

Buchholz, Ulrich R.
TECHNIK & LEBEN e.V., Bonner Talweg 33-35, 53113 Bonn
E-Mail: tul@technik-und-leben.de

Chigona, Wallace
Otto-von-Guericke-Universität, FIN/ISG, Universitätsplatz 2, 39106 Magdeburg
E-Mail: chigona@isg.cs.uni-magdeburg.de

Clases, Christoph
ETH Zürich, Institut für Arbeitspsychologie, Nelkenstr. 11, 8092 Zürich, Schweiz
E-Mail: clases@ifap.bepr.ethz.ch

Demicheli, Luca
European Commission, DG Joint Research, Centre, SSSA Unit, TP 261, 21020 Ispra (VA),
Italien
E-Mail: luca.demicheli@jrc.it

Dengler, Florian
frogdesign gmbh, Torstrasse 105-107, 10119 Berlin

Deponte, Jens
Universität Dortmund, Fachbereich VII, Graphische Systeme, Otto-Hahn-Str. 16,
44221 Dortmund

Dierigen, Dr.-Ing. Hans-Günther
Technische Universität Dresden, Institut für Angewandte Informatik, 01062 Dresden

Döhl, Meike
Universität Osnabrück, Katharinenstr. 105, 49078 Osnabrück
E-Mail: mdoehl@uos.de

Eibl, Maximilian
Informationszentrum Sozialwissenschaften in der Außenstelle der GESIS,
Schiffbauerdamm 19, 10177 Berlin
E-Mail: ei@berlin.iz-soz.de

Eisentraut, Renate
   Technische Universität München, LS für Psycholologie, Arcisstr. 21, 80290 München
   E-Mail: eisentraut@ws.tum.de

Engelien, PD Dr.-Ing. Martin
   Technische Universität Dresden, Institut für Angewandte Informatik, 01062 Dresden

Frick, Oliver
   SAP Aktiengesellschaft, SAP CEC, Neurottstr. 16, 69190 Walldorf

Fuchs-Kittowski, Dipl.-Inform. Frank
   Fraunhofer ISST, Nollstr. 1, 10178 Berlin
   E-Mail: frank.fuchs-klitowski@isst.fhg.de

Gaensicke, Heike
   DIAS GmbH, Neuer Pferdemarkt 1, 20359 Hamburg
   E-Mail: junge@dias.de

Gediga, Günther
   Universität Osnabrück, FB Psychologie und Gesundheitswiss., Institut f. Evaluation und Marktanlysen, Brinkstr. 19, 49143 Jeggen

Gellersen, Hans-Werner
   Universität Karlsruhe, Telecooperation Office (TecO), Vincenz-Prießnitz-Str. 1, 76131 Karlsruhe
   E-Mail: hwg@teco.edu

Goetze, Marcel
   Otto-von-Guericke-Universität Magdeburg, Fakultät für Informatik, Institut für Simulation und Graphik, Universitätsplatz 2, 39106 Magdeburg
   E-Mail: goetze@isg.cs.uni-magdeburg.de

Gordon, Thomas F.
   GMD Forschungszentrum Informationstechnik GmbH / Institut für Autonome, Intelligente Systeme, Schloss Birlinghoven, 53754 St. Augustin
   E-Mail: thomas.gordon@gmd.de

Gross, Tom
   GMD-FIT, Schloss Birlinghoven, 53754 St. Augustin
   E-Mail: tom.gross@gmd.de

Grote, Prof. Dr. Gudela
   ETH Zürich, Institut für Arbeitspsychologie, Nelkenstr. 11, 8092 Zürich, Schweiz

Grund, Sven
   ETH Zürich, Institut für Arbeitspsychologie, Nelkenstr. 11, 8092 Zürich, Schweiz

Hamacher, Dipl.-Inform. Nico
   RWTH Aachen, Lehrstuhl für Technische Informatik, Ahornstr. 55, 52074 Aachen
   E-Mail: hamacher@techinfo.rwth-aachen.de

Hamborg, Dr. Kai-Christoph
   Universität Osnabrück, FB Psychologie und Gesundheitswissenschaften, Arbeits- und Organisationspsychologie, Seminarstr. 20, 49069 Osnabrück
   E-Mail: khamborg@uos.de

Hasibuan, Erniati
   Uni-Gesamthochschule Paderborn, Fachbereich 17 - Informatik, Fürstenallee 11, 33102 Paderborn
   E-Mail: ernie@upb.de

Hassenzahl, Marc
Usability Engineering, Usability Design GmbH, Dompfaffweg 10, 81823 München
E-Mail: marc.hassenzahl@uidesign.de

Hatscher, Michael
Universität Osnabrück, Teilfachgebiet Arbeits- und, Organisationspsychologie, Herminenstr. 9, 49080 Osnabrück
E-Mail: michael.hatscher@incthings.de

Henninger, Dr. Annette
Technische Universität Chemnitz, Professur Künstliche Intelligenz, 09107 Chemnitz
E-Mail: annette.henninger@informatik.tu-chemnitz.de

Henseler, Prof. Dr. Wolfgang
GFT I PIXELFACTORY GMBH, Domstrasse 43, 63067 Offenbach

Herczeg, Prof. Dr. Michael
Institut für Multimediale und Interaktive Systeme, Technik Zentrum Lübeck, Gebäude 5, Seelandstr. 1a, 23552 Lübeck
E-Mail: herczeg@informatik.mu-luebeck.de

Hermes, Bernd
Informationszentrum Sozialwissenschaften, Lennéstr. 30, 53113 Bonn
E-Mail: hb@bonn.iz-soz.de

Hornecker, Eva
Universität Bremen, Forschungszentrum Arbeit und Technik, Enrique-Schmidt-Straße (SFG), 28334 Bremen
E-Mail: eva@artec.uni-bremen.de

Horz, Holger
Universität Mannheim, Lehrstuhl Erziehungswissenschaften II, Kaiserring 14-16, 68131 Mannheim
E-Mail: holger.horz@phil.uni-mannheim.de

Hurtienne, Jörn
Heinrich-Herz-Institut für Nachrichtentechnik Berlin GmbH, Einsteinufer 37, 10587 Berlin
E-Mail: hurtienne@hhi.de

Jung, Bernhard
Universität Bielefeld, Technisch Fakultät, AG Wissenbasierte System, Universitätsstr. 25, 33615 Bielefeld
E-Mail: jung@techfak.uni-bielefeld.de

Junge, Thorsten
DIAS GmbH, Neuer Pferdemarkt 1, 20359 Hamburg

Jürgensohn, Thomas
TU Berlin, ISS-Fahrzeugtechnik, Gustav-Meyer-Allee 25, 13355 Berlin
E-Mail: juergensohn@zmms.tu-berlin.de

Klischewski, Ralf
Universität Hamburg, Fachbereich Informatik/SWT, Vogt-Kölln-Str. 30, 22527 Hamburg
E-Mail: klischew@informatik.uni-hamburg.de

Koch, Michael
Technische Universität München, LS Informatik XI, Arcisstr. 21, 80290 München
E-Mail: kochm@in.tum.de

Kopp, Stefan
Universität Bielefeld, Technisch Fakultät, AG Wissenbasierte System, Universitätsstr. 25, 33615 Bielefeld
E-Mail: skopp@techfak.uni-bielefeld.de

Krämer, Nicole C.
Universität zu Köln, Psychologisches Institut, Bernhard-Feilchenfeld-Str. 11, 50969 Köln
E-Mail: nicole.kraemer@uni-koeln.de

Krems, Prof. Dr. Josef
TU Chemnitz, Institut für Psychologie, Allg. Psychologie und Arbeitspsychologie, 09107 Chemnitz
E-Mail: josef.krems@phil.tu-chemnitz.de

Kritzenberger, Dr. Huberta
Med. Universität zu Lübeck, Institut für Multimediale und Interaktive Systeme, Technik Zentrum Lübeck, Gebäude 5, Seelandstr. 1a, 23552 Lübeck
E-Mail: kritzenberger@informatik.mu-luebeck.de

Kuckartz, Prof. Dr. Udo
Philipps-Universität Marburg, Institut für Erziehungswissenschaft, Wilhelm-Röpke-Str. 6b, 35032 Marburg
E-Mail: kuckartz@mailer.uni-marburg.de

Latoschik, Marc E.
Universität Bielefeld, Technisch Fakultät, AG Wissenbasierte System, Universitätsstr. 25, 33615 Bielefeld
E-Mail: marcl@techfak.uni-bielefeld.de

Lavalle, Carlo
European Commission, DG Joint Research, Centre, SSSA Unit, TP 261, 21020 Ispra (VA), Italien
E-Mail: carlo.lavalle@jcr.it

Legrady, Prof. Dr. George
Merz-Akademie Stuttgart, Teckstr. 58, 70190 Stuttgart
E-Mail: george.legrady@merz-akademie.de

Leidermann, Frank
Universität Kaiserslautern, Institut für Technologie und Arbeit, Gottlieb-Daimler-Straße, 67663 Kaiserslautern
E-Mail: fleider@sozwi.uni-kl.de

Leubner, Christian
Universität Dortmund, Fachbereich VII, Graphische Systeme, Otto-Hahn-Str. 16, 44221 Dortmund
E-Mail: leubner@ls7.cs.uni-dortmund.de

Leuchter, Sandro
Technische Universität Berlin, Zentrum-Mensch-Maschine-Systeme, Jebensstr. 1, 10623 Berlin
E-Mail: sandro.leuchter@zmms.tu-berlin.de

Lilienthal, Thomas
DIAS GmbH, Neuer Pferdemarkt 1, 20359 Hamburg

Loser, Kai-Uwe
Universität Dortmund, FB 4: Informatik & Gesellschaft, 44221 Dortmund
E-Mail: loser@iug.informatik-uni-dortmund.de

Maaß, Prof. Dr. Susanne
Universität Bremen, FB Mathematik und Informatik, Bibliotheksstr. 1, 28359 Bremen
E-Mail: maass@informatik.uni-bremen.de

Magerkurth, Carsten
GMD-Forschungszentrum für, Informationstechnik GmbH, IPSI, Dolivostr. 15,
64293 Darmstadt
E-Mail: magerkur@darmstadt.gmd.de

Mambrey, Peter
GMD-FIT.CSCW, Schloss Birlinghoven, 53754 St. Augustin
E-Mail: mambrey@gmd.de

Mangerich, Jürgen D.
Zühlke Engineering GmbH, Mergenthalerallee 1-3, 65760 Eschborn-Frankfurt
E-Mail: juergen.mangerich@zuehlke.com

Mann, Thomas M.
Universität Konstanz, Informatik und Informationswissenschaft, Postfach D73,
78457 Konstanz
E-Mail: thomas.mann@uni-konstanz.de

Märker, Oliver
GMD Forschungszentrum Informations-, technik GmbH/Institut für Autonome, Intelligente
Systeme, Schloss Birlinghoven, 53754 St. Augustin
E-Mail: oliver.maerker@gmd.de

Marrenbach, Dipl.-Ing. Jörg
RWTH Aachen, Lehrstuhl für Technische Informatik, Ahornstr. 55, 52074 Aachen
E-Mail: marrenbach@techinfo.rwth-aachen.de

Metzker, Eduard
DaimlerChrysler AG, Forschung & Technologie, Wilhelm-Runge-Str. 11, 89013 Ulm
E-Mail: eduard.metzker@daimlerchrysler.com

Moldt, Daniel
Universität Hamburg, Fachbereich Informatik, AB Theoretische Grundlagen der
Informatik, Vogt-Kölln-Str. 30, 22527 Hamburg
E-Mail: moldt@informatik.uni-hamburg.de

Moranz, Claudia
Zehntfeldstr. 199, 81825 München
E-Mail: cmoranz@gmx.de

Möslein, Dr. Katrin
Technische Universität München, Allgemeine und Industrielle BWL (AIB),
Leopoldstr. 139, 80804 München
E-Mail: moeslein@ws.tum.de

Müller-Klönne, Michael
TECHNIK & LEBEN e.V., Bonner Talweg 33-35, 53113 Bonn
E-Mail: tul@technik-und-leben.de

Mußler, Gabriele
Universität Konstanz, Informatik und Informationswissenschaft, Postfach D73,
78457 Konstanz
E-Mail: gabriela.mussler@uni-konstanz.de

Naumann, Anja
    Technische Universität Chemnitz, Institut für Psychologie, Allg. Psychologie und
    Arbeitspsychologie, 09107 Chemnitz
    E-Mail: anja.naumann@phil.tu-chemnitz.de

Naumann, Johannes
    Universität zu Köln, Lehrstuhl Allg. Psychologie, Psychologisches Institut,
    Herbert-Lewin-Str. 2, 50931 Köln
    E-Mail: johannes.naumann@uni-koeln.de

Oed, Dipl.-Ing. Richard
    DaimlerCrysler AG, Forschung Softwaretechnologie - FT3/SP, Postfach 2360, 89013 Ulm
    E-Mail: richard.oed@daimlerchrysler.com

Offergeld, Michael
    DaimlerChrysler AG, Forschung & Technologie, Wilhelm-Runge-Str. 11, 89013 Ulm
    E-Mail: michael.offergeld@daimlerchrysler.com

Pankoke-Babatz, Uta
    GMD-FIT, Schloss Birlinghoven, 53754 St. Agustin
    E-Mail: uta.pankoke@gmd.de

Paul, Hansjürgen
    Institut Arbeit und Technik, im Wissenschaftszentrum NRW, Munscheidstr. 14,
    45886 Gelsenkirchen
    E-Mail: paul@iatge

Petersen, Ulrike
    GMS AIS, Schloss Birlinghoven, 53754 St. Augustin
    E-Mail: ulrike.petersen@gmd.de

Pieper, Dr. Michael
    GMD - FIT.MMK, Schloss Bilringhoven, 53754 St. Augustin
    E-Mail: michael.pieper@gmd.de

Pipek, Volkmar
    Universität Bonn, Institut für Informatik III, Römerstr. 164, 53117 Bonn
    E-Mail: pipek@cs.uni-bonn.de

Pircher, Mag. Richard
    Donau-Universität Krems, Zentrum für Informationsmanagement, und Technische
    Dokumentation, Dr. Karl Dorek Str. 30, 3500 Krems, Österreich
    E-Mail: pircher@donau-uni.ac.at

Prante, Thosten
    GMD-Forschungszentrum für, Informationstechnik GmbH, IPSI, Dolivostr. 15,
    64293 Darmstadt
    E-Mail: prante@darmstadt.gmd.de

Prinz, Wolfgang
    GMD-FIT, Schloss Birlinghoven, 53754 St. Augustin

Reiterer, Prof. Dr. Harald
    Universität Konstanz, FB Informatik und Informationswissenschaft, Postfach D73,
    78457 Konstanz
    E-Mail: harald.reiterer@uni-konstanz.de

Richter, Tobias
Universität zu Köln, Lehrstuhl Allg. Psychologie, Psychologisches Institut,
Herbert-Lewin-Str. 2, 50931 Köln
E-Mail: tobias.richter@uni-koeln.de

Röder, Rupert
Peter-Weyer-Str. 9, 55129 Mainz
E-Mail: rroeder@mail.mainz-online.de

Rosch, Hartmut
DATAFLUG Consulting, Aug.-Hinrichs-Str. 32, 27753 Delmenhorst
E-Mail: rosch@zfn.uni-bremen.de

Röse, Kerstin
Universität Kaiserslautern, ZMMI LS für Produktionsautomatisierung, Postfach 3049,
67663 Kaiserslautern
E-Mail: roese@mv.uni-kl.de

Rüdiger, Berit
Berufliches Schulzentrum Schwarzenberg, Steinweg 10, 08340 Schwarzenberg
E-Mail: ruediger@bsz.szb.sn.schule.de

Rügge, Ingrid
Universität Bremen, Technologie-Zentrum Informatik, Universitätsallee 21-23,
28359 Bremen
E-Mail: ruegge@tzi.de

Schlechtweg, Stefan
Otto-Guericke Universität Magdeburg, Institut für Simulation und Graphik,
Universitätsplatz 2, 39106 Magdeburg
E-Mail: stefans@isg.cs.uni-magdeburg.de

Schmidt, Albrecht
Universität Karlsruhe, Telecooperation Office (TecO), Vincenz-Prießnitz-Str. 1,
76131 Karlsruhe

Schönwald, Oliver
Fernuniversität Hagen, Praktische Informatik I, Feithstr. 142, 58084 Hagen
E-Mail: oliver.schoenwald@feruni-hagen.de

Schröter, Sven
Universität Dortmund, Fachbereich VII, Graphische Systeme, Otto-Hahn-Str. 16,
44221 Dortmund

Schrott, Georg
Universität Frankfurt, Institut für Informationssysteme, Mertonstr. 17, 60054 Frankfurt
E-Mail: gschrott@wiwi.uni-frankfurt.de

Schulz, Karsten
DSTC, Brisbane, Australien

Schweibenz, Werner
Universität des Saarlandes, Studiengang Informationswissenschaft, Nauheimer Str. 91,
70372 Stuttgart
E-Mail: w.schweibenz@zr.uni-sb.de

Schweikhardt, Dr. Waltraud
Universität Stuttgart, Institut für Informatik, Breitwiesenstr. 20-22, 70565 Stuttgart
E-Mail: schweikh@informatik.uni-stuttgart.de

Seifert, Katharina
  Technische Universität Berlin, FG Mensch-Maschine-Systeme, Jebensstr. 1,
  10623 Berlin
  E-Mail: seifert@zmms.tu-berlin.de

Sowa, Timo
  Universität Bielefeld, Technisch Fakultät, AG Wissenbasierte System, Universitätsstr. 25,
  33615 Bielefeld
  E-Mail: tsowa@techfak.uni-bielefeld.de

Specht, Marcus
  GMD-HCI, Schloss Birlinghoven, 53754 St. Augustin
  E-Mail: marcus.specht@gmd.de

Steinheider, Dr. Brigitte
  Universität Stuttgart, Institut für Arbeitswissenschaft und Technologiemanagement IAT,
  Nobelstr. 12, 70569 Stuttgart
  E-Mail: brigitte.steinheider@iao.fhg.de

Stempfhuber, Maximilian
  Informationszentrum, Sozialwissenschaften, Lennéstr. 30, 53113 Bonn
  E-Mail: st@bonn.iz-soz.de

Stowasser, Dipl-Wirtsch.-Ing. Sascha
  Universität Karlsruhe, Institut für Arbeitswissenschaft und, Betriebsorganisation (ifab),
  Kaiserstr. 12, 76128 Karlsruhe
  E-Mail: sascha.stowasser@mach.uni-karlsruhe.de

Streitz, Norbert
  GMD-IPSI, Dolivostr. 15, 64293 Darmstadt

Strothotte, Prof. Dr. Thomas
  Otto-von-Guericke-Universität Magdeburg, Fakultät für Informatik, Institut für Simulation
  und Graphik, Universitätsplatz 2, 39106 Magdeburg
  E-Mail: tstr@isg.cs.uni-magdeburg.de

Szwillus, Gerd
  Universität Paderborn, FB 17 Mathematik / Informatik, Fürstenallee 11, 33102 Paderborn
  E-Mail: szwillus@upb.de

Thissen, Prof. Dr. Frank
  Hochschule für Bibliotheks- und, Informationswesen Stuttgart, Offenburger Str. 4,
  76199 Karlsruhe
  E-Mail: fthissen@acm.org

Törpel, Bettina
  Universität Bonn, Institut für Informatik III, ProSEC, Römerstr. 164, 53117 Bonn
  E-Mail: beetee@cs.uni-bonn.de

Trénel, Matthias
  WZB Wissenschaftszentrum Berlin für Sozialforschung, Abt. Normbildung und Umwelt,
  Reichpietschufe 50, 10785 Berlin
  E-Mail: trenel@medea.wz-berlin.de

Vogel-Adham, Elk
  Fraunhofer ISS. Nollstr. 1, 10178 Berlin
  E-Mail: elke.vogel@isst.fhg.de

von Amelunxen, Prof. Dr. Hubertus
Heinrich-Heine-Universität, An den Eichen 1, 24242 Felde
E-Mail: h.amelunxen@netsurf.kiel.de

von Scheve, Christian
Lincolnstr. 10, 20359 Hamburg
E-Mail: cvscheve@gmx.net

Voss, Ian
Universität Bielefeld, Technisch Fakultät, AG Wissenbasierte System, Universitätsstr. 25, 33615 Bielefeld
E-Mail: voss@techfak.uni-bielefeld.de

Voß, Alexander
Buschweg 35, 51519 Odenthal

Wachsmuth, Prof. Dr. Ipke
Universität Bielefeld, Technisch Fakultät, AG Wissenbasierte System, Universitätsstr. 25, 33615 Bielefeld
E-Mail: ipke@techfak.uni-bielefeld.de

Waniek, Jacqueline
Technische Universität Chemnitz, Institut für Psychologie, Allg. Psychologie und Arbeitspsychologie, 09107 Chemnitz
E-Mail: jacqueline.waniek@phil.tu-chemnitz.de

Weber, Harald
HCI&AT Lab, I.T.E./FORTH, Science and Technology Park of Crete, 71110 Heraklion, Crete, Griechenland
E-Mail: harald@ics.forth.de

Weicker, Nicole
Universität Stuttgart, Institut für Informatik, Breitwiesenstr. 20-22, 70565 Stuttgart
E-Mail: weicker@informatik.uni-stuttgart.de

Werner, Anke
Universität Bremen, Technologie-Zentrum Informatik, Universitätsallee 21-23, 28359 Bremen
E-Mail: anke@tzi.de

Wetzenstein, PD Dr. Elke
Humboldt-Universität zu Berlin, Institut für Psychologie, Oranienburger Str. 18, 10178 Berlin
E-Mail: wetzenstein@psychologie.hu-berlin.de

Wille, Prof. Dr. Rudolf
Technische Hochschule Darmstadt, FB4 Mathematik AG 1, Schloßgartenstr. 7, 64289 Darmstadt
E-Mail: wille@mathematik.tu-darmstadt.de

Wischy, Markus Alexander
Siemens ZT SE2, Otto-Hahn-Ring 6, 81730 München
E-Mail: markus.wischy@mchp.siemens.de

Wissen, Michael
Fraunhofer IAO, Nobelstr. 12, 70569 Stuttgart
E-Mail: michael.wissen@iao.fhg.de

Wünschmann, Prof. Dr.-Ing. Wolfgang
   Technische Universität Dresden, Fakultät für Informatik, 01062 Dresden
   E-Mail: wuenschmann@inf.tu-dresden.de

Zallmann, Margita
   Universität Bremen, FB Mathematik und Informatik, Bibliotheksstr. 1, 28359 Bremen
   E-Mail: marza@informatik.uni-bremen.de

Ziegler, Prof. Dr.-Ing. Jürgen
   Fraunhofer IAO, Nobelstr. 12, 70569 Stuttgart
   E-Mail: juergen.ziegler@iao.fhg.de

Zimmermann, Hansjörg
   die argonauten - agentur für interaktive kommunikation und markendialog gmbh,
   Osterwaldstrasse 10, Haus C, 80805 München

Zülch, Prof. Dr.-Ing. Gert
   Universität Karlsruhe, Institut für Arbeitswissenschaft und, Betriebsorganisation (ifab),
   Kaiserstr. 12, 76128 Karlsruhe
   E-Mail: gert.zuelch@mach.uni-karlsruhe.de